严寒地区碾压混凝土坝技术研究
——以 SETH 为例

王立成　蒋小健　郭勇邦　等著

黄河水利出版社
·郑州·

内 容 提 要

本书针对严寒地区恶劣气候条件下碾压混凝土坝的建设，为了进一步提高严寒地区碾压混凝土坝的筑坝技术，优化施工工艺水平，推广新技术、新材料，从气候条件、地基基础、建筑条件等方面做了全面的论述。而且在 SETH 工程中，在坝工设计、施工工艺、建筑材料温控措施等方面不断改进并持续创新，这对于提高严寒地区碾压混凝土坝的建设管理、设计、施工、监理等方面的水平，对整个工程避免裂缝产生及裂缝处理具有非常重要的意义。

本书可供水利水电、地质、建设管理、施工单位、安全监测等有关部门的人员及未来从事相关专业工作的大、中专院校学生参考使用。

图书在版编目(CIP)数据

严寒地区碾压混凝土坝技术研究:以 SETH 为例/王立成等著.
—郑州:黄河水利出版社,2019.7
ISBN 978-7-5509-2464-2

Ⅰ.①严… Ⅱ.①王… Ⅲ.①寒冷地区-碾压土坝-混凝土坝-研究 Ⅳ.①TV642.2

中国版本图书馆 CIP 数据核字(2019)第 167799 号

组稿编辑:简 群 电话:0371-66026749 E-mail:931945687@ qq.com

出 版 社:黄河水利出版社
地址:河南省郑州市顺河路黄委会综合楼 14 层 邮政编码:450003
发行单位:黄河水利出版社
发行部电话:0371-66026940、66020550、66028024、66022620(传真)
E-mail:hhslcbs@ 126.com
承印单位:虎彩印艺股份有限公司
开本:787 mm×1 092 mm 1/16
印张:30.75
字数:790 千字 印数:1—1 000
版次:2019 年 7 月第 1 版 印次:2019 年 7 月第 1 次印刷

定价:168.00 元

本 书 编 委 会

主　　任：黄红建

副 主 任：王立新　程发林

委　　员：(按姓氏笔画排序)

马荣鑫　王文己　王立成　王江海　孔西康

宁　钟　朱金帅　朱衍贺　李时成　李秀丽

张　明　张延荣　房　彬　赵　琳　赵云飞

秦明豪　郭勇邦　常江宝　蒋　睿　蒋小军

蒋小健　谢绍红

编写人员：金　鹏　李岳东　贾　静　于　野　赵　健

秦永涛　刘顺萍　刘春锋　胡国智　徐　丽

高　诚　李　娅　李浩瑾　李佳隆

前　　言

　　碾压混凝土是 20 世纪 80 年代以来发展较快的一种新的筑坝技术,主要是把土石坝施工中的碾压技术应用于混凝土坝,取自自卸汽车或由皮带输送机将干硬混凝土运到仓面,以推土机平仓,分层填筑,振动压实成坝,具有水泥用量少、温控措施简单、施工速度快、建设工期短、工程造价低等诸多优点。

　　我国严寒地区冬季严寒漫长,夏季炎热干燥,大风天气多,极端最低气温可达 -40 ℃,而最高气温也在 40 ℃以上,最大温差达 80 ℃以上,并且冬季月平均气温在 -20℃以下,具有典型的寒、热、风、干的气候特点。在这样恶劣的气候条件下修建碾压混凝土坝,大坝极易产生温度裂缝。从国内已建工程出现的裂缝看,北方严寒地区碾压混凝土重力坝常出现以下情况:上、下游坝面的劈头裂缝,强约束区长间歇顶面的纵向裂缝,永久底孔导流底孔四周环形裂缝及越冬层面附近上、下侧水平施工缝的开裂,裂缝控制非常困难。

　　本书结合 SETH 水利工程的建设,全面地总结、分析了严寒地区碾压混凝土坝设计、施工、管理、监理等经验与筑坝技术,在碾压混凝土坝设计理论、施工工艺优化、新技术新材料推广等方面得到了进一步提高,不断取得进步和创新。书中所列的坝工设计、坝基处理、施工工艺和建筑材料、建设管理等技术和指标,可以在严寒地区碾压混凝土坝建设中得到推广和应用。

　　本书的出版,将对严寒地区碾压混凝土坝的建设产生积极的影响,对从事碾压混凝土坝建设管理、设计、施工、监理等技术工作者有一定的借鉴意义,对今后严寒地区碾压混凝土坝筑坝技术水平的提高有促进作用。

　　本书撰写过程中,得到了阿勒泰水利局、SETH 管理处、清河县水利局领导的关心和帮助,甘肃省水利水电工程局、四川二滩国际工程咨询有限责任公司、中国水利水电科学研究院、中水北方勘测设计研究有限责任公司等单位同仁参与了本书的部分撰写工作,并给予了大力支持,在此表示感谢!

　　本书金鹏、李岳东、贾静撰写了第一部分第一章至第三章,于野、赵健、秦永涛、刘顺萍、刘春锋、胡国智、徐丽、高诚、李娅、李浩瑾、李佳隆撰写了第一部分第四章至第七章。

　　另外,本书出版过程中,王晓红、于荣海两位编辑给予了很大帮助,在此一并表示感谢!

作　者

2019 年 7 月 18 日

目　　录

第二部分 工程技术论文

第一部分

工程勘测设计

第一章 工程设计概况

第一节 工程概况

SETH水利枢纽位于新疆阿勒泰地区青河县乌伦古河上游河段,是乌伦古河流域规划确定的唯一具有多年调节能力的水库,可控制乌伦古河近全部径流,工程任务为:以供水和防洪为主,兼顾灌溉和发电,并为加强乌伦古河流域水资源管理和水生态保护创造条件。水库总库容2.94亿 m^3,水库多年平均供水量2.58亿 m^3,设计水平年改善灌溉面积27.61万亩(1亩=666.67 m^2),电站装机27.6 MW。工程建成后,可使下游沿线乡镇防洪标准的洪水重现期由10年提高到20年,县城防洪标准由20年提高到30年。

本工程等别为Ⅱ等,工程规模为大(2)型。拦河坝(含挡水坝段、表孔和底孔坝段、放水兼发电引水坝段等)为2级建筑物,坝后工业和生态放水管、过鱼建筑物和水电站厂房为3级建筑物。拦河坝设计洪水重现期为100年一遇,校核洪水重现期为1 000年一遇。泄水建筑物消能防冲设计洪水标准50年一遇。水电站厂房设计洪水标准取50年一遇,校核洪水标准200年一遇。工程抗震设防类别为乙类,主要建筑物的地震设计烈度采用工程区地震基本烈度即Ⅷ度设计。

水库正常蓄水位1 027 m,死水位986 m,防洪高水位1 028.24 m(P=3.33%),设计洪水位1 028.24 m(P=1%),校核洪水位1 029.94 m(P=0.1%),总库容2.94亿 m^3,调节库容2.33亿 m^3,防洪库容0.21亿 m^3,死库容0.08亿 m^3,多年平均发电量8 488万 kW·h。

本枢纽工程主要由拦河坝(碾压混凝土重力坝)、泄水建筑物(表孔和底孔坝段)、放水兼发电引水建筑物(放水兼发电引水坝段)、坝后式电站厂房和过鱼建筑物等组成,大坝轴线方位角SE144.09°,最大坝高75.5 m,坝顶高程为1 032.0 m,防浪墙顶高程为1 033.20 m,从左岸至右岸布置1#~21#共21个坝段,坝顶总长372.0 m。坝体上游坝面高程986.0 m以上铅直,以下坡比1:0.15;下游坝面高程1 018.0 m以上铅直,以下坡比1:0.75。左岸1#~9#和右岸15#~21#坝段为非溢流挡水坝段,10#坝段为底孔坝段,11#坝段为表孔坝段,12#坝段为隔墩坝段,13#坝段为放水兼发电引水坝段,14#坝段为门库坝段。过鱼建筑物布置在右岸,通过诱鱼口诱鱼进入集鱼池,捕捞进运鱼箱,利用电动葫芦吊运运鱼箱,通过排架经排架顶部设置的卷扬机运至坝顶平台,最后通过下游布置的回转吊车,吊运至库区。

SETH水利枢纽工程施工总工期42月,于2017年底开工。

第二节 勘测设计及审批

一、勘测设计过程

2008年9月,受阿勒泰地区乌伦古河流域管理处委托,新疆水利水电勘测设计研究院联合

中水北方勘测设计研究有限责任公司共同承担 SETH 水利枢纽工程的勘测设计工作;

2009 年 3 月,两设计单位编制完成《新疆 SETH 水利枢纽工程项目建议书》(以下简称《项目建议书》);

2009 年 5 月,《项目建议书》通过新疆水利水电规划设计管理局审查;

2009 年 11 月,江河水利水电咨询中心组织专家对《项目建议书》进行了技术咨询;

2010 年 8 月,水利部水利水电规划设计总院对《项目建议书》进行了预审;

2012 年 5 月,水利部水利水电规划设计总院对《项目建议书》进行了审查,并于 2013 年 12 月对修改后的《项目建议书》进行了审核;

2014 年 5 月,水利部以水规计[2014]182 号文通过《项目建议书》审查;

2015 年 3 月,中国国际工程咨询公司对《项目建议书》进行了评估,5 月以咨农发[2015]1080 号文通过评估;

2015 年 10 月,水利部水利水电规划设计总院对《可研报告》进行了审查;

2016 年 1 月,水利部以水规计[2016]42 号文通过《可研报告》审查;

2016 年 7 月,国家发改委评审中心对《可研报告》进行了评估;

2016 年 8 月,国家发改委以发改农经[2016]1761 号文通过《可研报告》;

2017 年 5 月,水利部以水规计[2017]196 号文批复了《初设报告》。

二、环境影响报告书审批

2016 年 5 月编制完成了《新疆 SETH 水利枢纽工程环境影响报告书》,2016 年 5 月 9 日环保部以环审[2016]62 号文对该报告书进行了批复。

经批复的环境影响报告书主要结论如下:

SETH 水利枢纽为 2009 年 3 月国务院批复的《新疆额尔齐斯河流域综合规划》中确定的乌伦古河控制性工程,并已列入《全国大型水库建设总体安排意见(2013—2015 年)》。《额尔齐斯河流域综合规划环境影响报告书》也于 2010 年 1 月通过环保部审查,评价结论认为 SETH 水利枢纽工程建设是可行的。

经评价,在灌区节水、引额供水二期补水改变了乌伦古河流域水资源配置的前提下,SETH 水利枢纽的建设,实现了对乌伦古河径流的多年调节,改变了年际、年内丰枯不均的现象,在确保了坝址、顶山水文站、福海水文站主要控制断面生态基流的基础上,通过压缩农业用水,实现新增工业供水;提高了灌溉及生态供水保证率;使乌伦古河向吉力湖供水量达到 2.84 亿 m³;结合堤防工程建设,坝址以下沿河两岸乡镇防洪标准由 10 年一遇提高到 20 年一遇,将福海县城防洪标准由 20 年提高到 30 年,保障沿岸群众生命财产安全;开发利用水能资源,改善区域能源结构;对促进边疆少数民族贫困地区经济社会可持续发展,维护边疆社会稳定具有重要作用。

工程建设对环境的主要不利影响表现在:SETH 水库调蓄、水电站发电及灌区引水引发的河流水文情势变化,对河谷生态、水生生态与鱼类的影响;高坝大库蓄水造成的水温结构改变以及下泄水温的沿程变化以及由此产生对鱼类的影响;工程占地及水库淹没对库坝区 3 窝河狸栖息地的破坏;新建拦河大坝对鱼类的阻隔影响;施工期环境影响。此外,还存在管理不到位的情况下挤占生态用水及入乌伦古湖水量减少的风险。

通过枢纽发电进水孔设置叠梁门取水方案,减缓下泄低温水的影响;将库坝区 3 窝河狸迁移到库尾以上河段,同时对该河段河谷林草进行封育,为迁移后的河狸创造良好栖息环境,并加强后期监测;修建升鱼机,建设增殖放流站,减缓大坝阻隔影响,补充鱼类资源;对施工期"三废"及噪声采取措施进行防治。此外,还制定了保障生态用水及入乌伦古湖水量的措施及要求。根据预测评价结论和环保措施布局制定了环境监理、各环境要素监测方案。

在采取相应的环境保护措施后,可使工程建设不利影响得到较大程度的减缓,使环境影响降低在自然与社会环境可承受的限度内。从环境保护角度分析,只要认真落实各项环境保护措施和环境监测方案,加强环境保护管理和监督,在建设和运行过程中注重对自然生态环境的保护,SETH 水利枢纽工程无重大环境制约因素,其建设是可行的。

三、建设用地预审手续办理

2016 年 3 月,中华人民共和国国土资源部对《关于新疆 SETH 水利枢纽工程用地预审的初审意见》(新国土资发[2016]33 号)、《关于对新疆 SETH 水利枢纽工程建设项目用地预审的申请》(阿地乌管字[2016]6 号)及相关材料进行了审查,以《关于新疆 SETH 水利枢纽工程建设用地预审意见的复函》(国土资预审字[2016]27 号)同意通过用地预审。

四、建设项目水资源论证

2016 年 2 月 26 日,水利部黄河水利委员会在郑州组织召开会议,对《新疆 SETH 水利枢纽工程水资源论证报告书》(以下简称《报告书》)进行了审查,并提出审查意见。根据审查意见,业主对《报告书》进行了修改完善后,提交了《新疆 SETH 水利枢纽工程水资源论证报告书》(报批稿)。2016 年 3 月 22 日,水利部黄河水利委员会(简称"黄委")以黄水调[2016]107 号"黄委关于新疆 SETH 水利枢纽工程水资源论证报告书的批复"对报告书进行了批复。

五、水土保持方案审批

2015 年 10 月 21 日,水规总院主持在北京召开会议,对《新疆 SETH 水利枢纽工程水土保持方案报告书》(送审稿)进行了审查,并提出审查意见。根据审查意见,对报告书进行了补充和完善,提交《新疆 SETH 水利枢纽工程水土保持方案报告书》(报批稿)。2016 年 3 月 23 日,水利部以水保函[2016]42 号"水利部关于新疆 SETH 水利枢纽工程水土保持方案的批复"对报告书进行了批复。

六、主要施工进度

SETH 水利枢纽工程是国务院确定的 172 项重大水利工程之一,也是 2016 年全国开工建设的 20 项重点水利工程项目之一。自 2016 年 4 月起,项目业主、工程监理、设计代表及施工单位陆续进驻施工现场,并开始管理生活区、进场道路、坝下交通桥和施工通讯系统等的建设。

工程于 2016 年 10 月 10 日开工建设,于 2017 年 10 月 22 日截流,目前正在建设中。

第二章　水文及工程规划

第一节　设计洪水

一、水文基本资料

乌伦古河流域设有国家基本水文站5个,观测至今,虽然整个流域内站网密度较小,但基本每一条大支流上都建有一个水文站,控制了天然来水量。测站分布及资料情况见表2-1。从表中可看出,有4个水文站资料年数在49年以上;1987年在布尔根河设立了塔克什肯水文站,虽建站较晚,但也已有20多年观测资料。

表2-1　　　　　　　　　　　乌伦古河流域水文站及资料情况一览表

河名	站名	集水面积（km²）	测站位置		设站及资料情况		资料年数
			东经	北纬	设站	资料起止年份	
大青河	大青河	1 702	90°19′	46°44′	1 960.5	1962—2010	49
小青河	小青河	1 326	90°24′	46°40′	1 960.5	1962—2010	49
布尔根河	塔克什肯	10 300	90°46′	46°13′	1 988.1	1988—2009	22
乌伦古河	二台	18 375	90°09′	46°03′	1 956.9	1957—2014	58
乌伦古河	福海	33 589	87°30′	47°04′	1 956.9	1957—2010	54

另外,水管部门曾设顶山临时站1个,顶山站为福海县在乌伦古河干流下游设立的水管站,现已撤消,20世纪80年代有7年观测资料,资料较少,未经整编。二台水文站位于SETH水利枢纽下游约20 km。

二台水文站是乌伦古河的干流控制站,建于1956年9月,位于青河县SETH乡境内。二台水文站测验河段比较顺直,河床由小卵石和细沙组成,断面冲淤变化较小,测验河段内沿河水面宽变化不大,断面控制条件良好,水位流量关系呈单一曲线。枯水期有分流现象,上游河段沙洲、浅滩较多。基本水尺断面位于左岸,测站基面高程842 m,水位采用假定高程以米计。

根据国家重要水文站划分标准和《河流流量测验规范》(GB 50179—1993)中各类精度水文站划分标准,二台水文站属流量一类、泥沙二类测验精度的国家重要水文站,担负着乌伦古河水量、水质的控制和汛期的报汛任务。测验项目有水位、流量、悬移质单沙、冰情目测等。枯水期流量测验采用两段制,每天的8:00、20:00;汛期一般采用3段,洪水期,2 h测1次,大洪水发生时加密测次,尽量抓住洪峰。采用缆道流速仪测流,泥沙不定期取样测验。

二台水文站资料由新疆水文水资源局和阿勒泰地区水文局提供,SETH水利枢纽水文分析计算主要依据的测站资料,经过了水文水资源局审定,测验、整编方法和成果精度符合部颁规范要求。对资料进行分析,比较二台水文站 1969、1985、1989 年实测河道大断面表明,大断面年际间变化很小,点绘二台水文站 1966、1969、1985 年的实测水位流量关系,关系稳定一致;对大青河、小青河及塔克什肯水文站与二台水文站同期实测资料分析,上下游关系合理。经复核,未发现基本资料有不合理之处,实测资料是可靠的。

二台站有 58 年径流系列,具有一定的代表性。1957—2014 年系列中,既有 1957—1961 年和 1984—1994 年丰水段,也有 1974—1983 年枯水段及 1995—2009 年平偏枯水段;1981—1983 年是连续 3 年特枯水段。1957—2014 年二台站径流差积曲线见图 2-1。

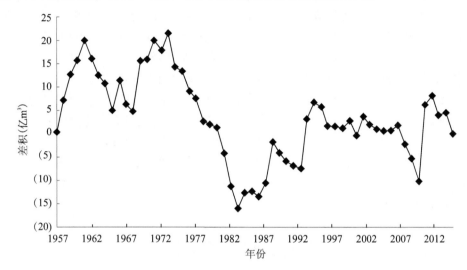

图 2-1　二台水文站天然年径流量差积曲线

二、洪水特性

乌伦古河的洪水主要由季节性积雪消融形成,洪水类型主要分为融雪型洪水和降水融雪混合型洪水,春末夏初大量的冰雪消融是河流洪水形成的最基本的原因。洪水历时一般 5～10 d,洪水受气温影响较大,峰形多呈现一日一峰的变化规律,上游山区日变化显著,随沿程支流洪水的汇入,日变化相对减弱。

(一) 融雪型洪水

乌伦古河流域山区降水相对丰沛,冬季积雪期长,积雪量大,这就为发生融雪型洪水提供了较为丰富的物质条件。每年春季,随着气温的回升,积雪消融补给河流,每次大的升温过程,必伴随一次大的融雪洪水的发生。融雪型洪水具有明显的日变化,涨洪较平缓,一般一日一峰。

(二) 降水融雪混合型洪水

乌伦古河流域汛期比较集中,从各主要控制站年最大洪峰发生次数及频次统计情况可见,5—6 月发生大洪水的机率最大,因为 5—6 月随着夏季气温急剧升高,流域内积雪逐步进入强烈消融期,这个时期又是降水较多的时期,降水降到雪面,又促使积雪更强烈的消融,从而形成降水融雪混合型洪水。这类洪水峰高量大,持续时间长,危害最大。

三、历史洪水资料

乌伦古河流域没有调查到历史洪水资料。

额尔齐斯河1966年6月和1969年5月发生了自解放以来最大的两场洪水。兵团农十师勘测设计院于1966年6月22日在距喀腊塑克站下游70 km的北屯养鹿场实测到该次洪水的洪峰流量为1 740 m³/s。另外,1984年原阿勒泰水文水资源勘测大队(现阿勒泰水文水资源勘测局)因引额济海工程的需要,在锡泊渡和引额济海工程渠首河段进行了洪水调查,主要调查了1969年的大洪水情况,利用比降法计算出1969年大洪水洪峰流量为1 818 m³/s。乌伦古河流域1966年6月和1969年5月实测到了大洪水,1969年是1957—2014年56年中实测最大洪峰620 m³/s,2010年是1957—2012年56年中实测第二大洪峰564 m³/s,根据暴雨洪水特性、调查与实测洪水对比分析,额尔齐斯河与乌伦古河大洪水基本上同步发生。

1994年9月新疆水利水电勘测设计研究院组织技术人员在"635"枢纽河段进行历史洪水调查,在调查中找到了1969年大洪水的痕迹,并用水面曲线法推算出最大洪峰流量为1 900 m³/s,与阿勒泰水文水资源勘测局的调查值接近。在这次历史洪水调查中,调查到额尔齐斯河在1912年发生了一次大洪水,据所访问的当地老乡回忆,该次洪水较1969年洪水还要大。在"635"河段查找到1912年洪水的洪痕,用水面曲线法和比降法推算出洪峰流量为2 400 m³/s。经调查考证认为这次历史洪水调查成果比较可靠。

四、初设阶段设计洪水

二台水文站及坝址河段没有调查到历史洪水,用实测洪水系列计算的设计洪水成果,存在偏小的可能。根据暴雨洪水特性、调查与实测洪水对比分析,额尔齐斯河与乌伦古河大洪水基本上同步发生,考虑到额尔齐斯河调查到了1912年历史洪水,采用《水利水电工程设计洪水计算规范》(SL 44—2006)附录A.2的方法计算1 000年一遇($P=0.1\%$)校核洪水抽样误差为19%。

临近河流布尔津河,为额尔齐斯河的一级支流。群库勒水文站位于布尔津县冲乎尔乡的布尔津河上,QBT坝址下游30 km处,集水面积8 422 km²。QBT水库可研阶段设计洪水,采用了实测系列并加入了历史洪水的频率适线成果。群库勒站实测1957—2007年洪水峰量系列频率适线成果与群库勒站实测1957—2007年洪水峰量系列加入1931年历史洪水设计洪水成果比较,1 000年一遇($P=0.1\%$)设计洪水成果相对差为17%~23%。

根据《水利水电工程设计洪水计算规范》(SL 44—2006)"对大型工程或重要的中型工程,用频率分析法计算的校核标准设计洪水,应对资料条件、参数选用、抽样误差等进行综合分析检查,如成果有偏小可能,应加安全修正值,修正值不宜超过设计值的20%"。为了设计安全,二台水文站校核洪水($P=0.1\%$)加大20%使用。

SETH水利枢纽位于乌伦古河干流二台水文站以上,二台水文站与坝址区间流域面积325 km²,两者面积相差1.8%,区间无大支流汇入,本次坝址设计洪水直接采用二台水文站设计洪水成果(见表2-2)。

表 2-2　　　　　　　　　　　　坝址设计洪水成果表

项目	P（%）									
	0.1	0.1 * 1.2	0.2	0.5	1	2	3.33	5	10	20
洪峰流量（m^3/s）	1 024	1 230	934	816	726	636	569	516	425	333
24 h 洪量（亿 m^3）	0.843	1.012	0.769	0.672	0.598	0.524	0.469	0.425	0.350	0.275
3 d 洪量（亿 m^3）	2.260	2.712	2.060	1.800	1.600	1.400	1.260	1.140	0.939	0.737
5 d 洪量（亿 m^3）	3.640	4.368	3.320	2.900	2.580	2.260	2.020	1.840	1.510	1.190
7 d 洪量（亿 m^3）	4.880	5.856	4.460	3.890	3.460	3.030	2.720	2.460	2.030	1.590

五、洪水地区组成

乌伦古河峡口水库以上沿河有 1 镇 5 乡,其中恰库尔图镇为中游中心镇,位于峡口水库上游约 40 km,确定峡口水库断面为防洪控制断面。复核后设计洪水维持可研阶段成果,洪水地区组成与可研阶段一致。

峡口水库控制流域面积 21 635 km^2,SETH 水库控制流域面积 18 050 km^2,两水库区间面积为 3 585 km^2,两种洪水地区组成方式见表 2-3。调节计算结果表明,SETH 水库库容较大,具有洪水调节能力,两种洪水地区组合方式水库调节成果基本一致,均满足拟定的防洪任务;采用峡口水库断面与 SETH 水库坝址同频率,SETH 坝址—峡口水库区间相应的洪水地区组成方式。SETH 水库出库流量过程与区间洪峰叠加,为峡口水库防洪控制断面流量过程。

表 2-3　　　　　　　　峡口水库防洪控制断面以上洪水地区组成

洪水地区组成方式	项目	洪水要素	不同频率设计值			说明
			3.33%	5%	10%	
峡口水库断面与 SETH 坝址—峡口水库区间同频率、SETH 水库以上相应	峡口设计	洪峰流量（m^3/s）	616	553	446	本次计算采用黄委审查成果
			630	569	463	
		3 d 洪量（亿 m^3）	1.37	1.24	1.01	
		7 d 洪量（亿 m^3）	2.92	2.63	2.14	
	SETH—峡口区间同频	洪峰流量（m^3/s）	61	53	38	
		3 d 洪量（亿 m^3）	0.131	0.112	0.080	
		7 d 洪量（亿 m^3）	0.221	0.188	0.134	
	SETH 相应	3 d 洪量（亿 m^3）	1.239	1.129	0.930	
		7 d 洪量（亿 m^3）	2.699	2.442	2.007	

续表 2-3

洪水地区组成方式	项目	洪水要素	不同频率设计值			说明
			3.33%	5%	10%	
峡口水库断面与 SETH 坝址同频率，SETH坝址—峡口水库区间相应	峡口设计	洪峰流量（m³/s）	630	569	463	
		3 d 洪量（亿 m³）	1.37	1.24	1.01	
		7 d 洪量（亿 m³）	2.92	2.63	2.14	
	SETH 同频	洪峰流量（m³/s）	569	516	425	
		3 d 洪量（亿 m³）	1.26	1.14	0.939	
		7 d 洪量（亿 m³）	2.72	2.46	2.03	
	SETH—峡口区间相应	3 d 洪量（亿 m³）	0.110	0.100	0.071	
		7 d 洪量（亿 m³）	0.200	0.170	0.110	

第二节　泥沙和冰情

一、泥沙淤积分析

二台水文站为设计代表站，二台水文站自 1984 年有较完整的泥沙刊印资料。根据二台水文站 1984—2015 年观测资料统计，多年平均径流量 10.10 亿 m³，多年平均悬移质输沙量 19.61 万 t，多年平均含沙量 0.19 kg/m³。来沙量主要集中在 4—7 月，占全年来沙量的 95.8%。根据当地河流泥沙特点，推移质入库沙量按悬移质的 10% 计，即多年平均推移质输沙量为 2 万 t，则多年平均输沙量为 21.6 万 t。

库容曲线由库区 1/10 000 地形图量算，库区断面资料为 2008 年 10 月实测，下坝址 51 个横断面，上坝址 38 个。水库设计输沙量取 22 万 t。天然河道比降为 1.85‰，经计算排沙比按悬移质入库沙量的 10% 计，悬移质泥沙干容重为 13 kN/m³，推移质为 15 kN/m³，水库淤积按三角洲形态，经计算三角洲顶坡比降为 0.7‰，前坡比降 2.1‰，尾部段比降 1.2‰，坝前比降 1.5‰。计算结果，SETH 水库运用 50 年后坝前泥沙淤积高程为 974.2 m，100 年后址坝前泥沙淤积高程为 977.72 m。

二、冰　情

阿勒泰地区位于高纬地带、西伯利亚边缘，整个冬季受蒙古-西伯利亚冷高压控制，冬季气候干冷，严寒漫长，正常年份达 6 个月。整个冬季，河流结冰封冻，河冰厚而坚实，汽车可在河流冰面上行驶。乌伦古河流域位于阿勒泰地区的东南部，冬季气温很低，青河气象站 1971—2012 年实测最低气温为 -47.7 ℃。河流封冻期长，一般 10 月进入初冰期，次年 4 月开始解冻，一般年份河段冰厚达 1 m 左右，上游河段封冻天数约 150 d，下游河段约 130 d。

据 SETH 水利枢纽附近二台水文站 1957—2015 年实测冰情资料统计:初冰一般在 10 月下旬,最早结冰日期为 10 月 2 日,最晚 11 月 26 日;终冰一般在 4 月中旬,最早终冰日期 3 月 25 日,最晚 4 月 30 日;初终冰天数平均 167 d,最长 195 d,最短 149 d。河流一般 11 月中旬封冻,最早开始封冻日期为 11 月 8 日,最晚 12 月 12 日;河流一般在 4 月上旬解冻,最早解冻日期为 3 月 20 日,最晚日期为 4 月 26 日,最长封冻天数为 158 d,最大河心冰厚历年最大 1.36 m,历年最小 0.48 m,多年平均 0.91 m。

根据二台水文站实测资料统计,冬季的 1—3 月及 11、12 月,实测最大流量 37 m³/s,各月的最大流量均在 13 m³/s 以上。各月的最小流量中最大 1.66 m³/s,最小为 0,河道断流。

2012 年 6 月和 2014 年 8 月分别到现场走访调查,SETH 大桥迎水面桥墩没有冰撞击的痕迹,近年来该河段没有大的冰灾。乌伦古河未出现过冰上过水现象,说明无连底冻;封河期未出现过冰灾;开河期河道流冰冰块最大尺寸约 3 m×4 m,乌伦古河出现过冰坝,但由于河床低于两岸,未有明显冰灾出现。据 SETH 乡别斯铁列克村 70 岁老汉努尔别克介绍,记忆中仅有 1970 年和 2003 年两次冰清。

1970 年 4 月,在二台水文站附近修建龙口,施工围堰(由树桩、石块组成)阻塞河道。当年 5 月气温升高,山上积雪融化,流量急剧增加,导致河道水鼓冰开,大量冰凌下泄,受围堰阻挡影响,冰块运行受阻,导致水位壅高,最后在水头压力作用下,压垮围堰,险情结束。

2003 年春天,3 月份温度较高,乌伦古河迅速解冻,流冰冰块大的有 5~10 m²,再加上河道内取水堆石龙口造成阻水的原因,冰块堆积,使 SETH 村附近河段水位局部抬高,河水漫滩。但 10 多分钟后水流通畅,一周内浮冰在河漫滩上自由化掉。据 SETH 乡别斯铁列克村 70 岁老汉努尔别克讲,这是他第一次见发生这样的冰灾。

SETH 水利枢纽河段结冰期长,冰厚度大,施工导流阶段河道和水流条件发生变化,建议施工导流阶段加强气温、水情监测及预报,导流设计应考虑河道束窄水位涌高,施工围堰考虑防冰措施。

第三节　水利和动能

一、径流调节

(一)基本资料

1.坝址天然径流

SETH 水库坝址 1957—2014 年多年平均天然径流量为 10.50 亿 m³,最大年径流量为 26.89 亿 m³,最小年径流量为 3.41 亿 m³,乌伦古河径流不仅年际变化大,年内变化也很大,汛期 5—8 月径流占全年 75%,坝址天然径流过程见水文章节报告。

2.设计入库径流

调节计算中,在各灌区计算断面进行水量平衡,水文系列沿用可研阶段成果,SETH 水库坝址入库径流为坝址天然入库径流扣除水库上游工农业用水。水库以上灌区包括大小青河灌区、布尔根河灌区、查干河灌区和阿拉图拜灌区,设计水平年需水量为 1.97 亿 m³。由于大小青河灌区、查干河、布尔根河灌区分散于各支流上,取水口分散,水库遇枯水年时,按照用水要求引水,根据1957—2014年长系列资料统计计算,多年平均引水量为1.87亿 m^3。上游水库蒸发渗漏损失为0.11亿 m^3,灌溉水回归水量为0.24亿 m^3,坝址多年平均入库径流为8.77亿 m^3。

(二)水库运行方式和运行水位

水库运行时,水库来水量首先满足二台断面、顶山断面和福海断面的生态基流要求,其次是满足流域生活和工业用水要求,最后是农业灌溉和河谷林生态用水,当出现枯水年时,首先破坏的是河谷林生态用水,其次是农业灌溉,最后是工业生活,遇到连续枯水年时各用水户供水量相应减少。

1.供水调度运行方式

SETH水利枢纽的工程任务以供水和防洪为主,兼顾灌溉和发电,并为加强乌伦古河流域水资源管理和水生态保护创造条件。喀英德布拉克水库、阿拉图拜水库、SETH水库和峡口水库为干流水库,可以向坝址以下各个灌区供水;顶山水库、东方红水库、福海水库和哈拉霍英水库为旁引式平原水库,分别向对应顶山灌区、乌包灌区、福海灌区和哈拉霍英灌区供水。

为了加强流域水资源管理,在水库运行时要考虑各项用水户的用水目标要求,水库调度运行分为供水期调度原则和蓄水期调度原则。

(1)供水期调度原则:供水时先下后上,当天然径流小于灌区需水时,水库动用调节库容补水,先由平原水库向各自对应平原水库灌区供水,再依次由干流水库向中下游灌区供水。

(2)蓄水期调度原则:蓄水时先上后下,当天然径流大于灌区需水时,水库不动用库容,扣除灌区用水后的天然径流可向水库补水。

2.防洪调度运行方式

(1)当入库洪水小于20年一遇水库安全控泄流量395 m^3/s,且小于泄流建筑物泄流能力时,自由泄流,库水位保持在正常蓄水位。

(2)当入库洪水大于20年一遇水库安全控泄流量395 m^3/s时,控制水库下泄流量为395 m^3/s,水库滞洪,库水位升高;当水库水位达到20年一遇防洪高水位1 027.88 m时,若库水位继续升高,控制水库下泄流量为水库30年一遇控泄流量479 m^3/s,直至水库达到30年一遇防洪高水位1 028.24 m。

(3)当水库水位达到30年一遇防洪高水位1 028.24 m时,若入库流量小于库水位最大泄量,水库控制泄量使出库流量不大于入库流量,不造成人造洪峰影响下游河道安全;当入库流量大于库水位相应泄量时,水库敞泄。

3.生态调度运行方式

SETH水利枢纽控制乌伦古河径流,经调节后注入吉利湖,同时设计水平年引额二期工程向乌伦古湖补水。

丰水年时,吉利湖入湖水量较多,引额二期工程向乌伦古湖补水应适当减少补水量,防止湖面面积过大淹没铁路公路。

枯水年及平水年时,引额二期工程向乌伦古湖补水要受吉利湖和乌伦古湖的水位差控制,当吉利湖水位与乌伦古湖水位差接近0.4 m时,引额二期工程停止向乌伦古湖补水,防止咸水从乌伦古湖倒灌至吉利湖。

二、特征水位选择

(一)死水位选择

由于 SETH 水库灌区从水库下游引水,因此,灌区引水对死水位没有要求。水库死水位选择主要考虑泥沙淤积和水工建筑物布置。

底孔坝段布置于大坝的 10# 坝段,采用有压坝式进水口。根据泥沙淤积计算,SETH 水库坝前 50 年泥沙淤积高程为 974.2 m。为使进口在最低水位时保持有压流,不致产生贯通式漏斗漩涡将空气及污物卷入,需要保持足够的淹没水深。根据坝前 50 年泥沙淤积高程,底孔底板高程976.0 m,考虑孔高 5.6 m 和 4.4 m 淹没水深,水库的死水位确定为 986 m。

为了分析抬高水库死水位的经济性,水库死水位以 986 m 为基础(对应水库正常蓄水位为1 027 m),拟定水库死水位方案为 994 m,在保持调节库容不变的情况下,对应水库正常蓄水位为 1 028 m。水库死水位抬高以后,水库正常蓄水位相应抬高,工程投资增加,而工程效益增加仅体现电站发电量的增加。

通过径流调节计算,在保持调节库容不变的情况下,水库死水位由 986 m 抬高至 994 m,电站多年平均发电量增加 126 万 kW·h,按照上网电价 0.2 元/(kW·h)计算,每年增加发电效益约 26 万元,而死水位由 986 m 抬高至 994 m 时(相应水库正常蓄水位由 1 027 m 提高至 1 028 m)工程投资增加 3 335 万元,差额投资内部收益率小于 0,说明抬高死水位以后发电收入不足以补偿工程投资的增加,抬高死水位不经济,本阶段经过复核,SETH 水库死水位仍推荐 986 m。

(二)正常蓄水位选择

正常蓄水位方案拟定主要考虑满足工程任务、全流域社会经济用水和生态用水要求需要调节库容为 2.33 亿 m³,按照推荐死水位 986 m 计算,相应水库正常蓄水位为 1 027 m。为了论证正常蓄水位抬高至 1 027 m 的经济合理性,本次拟定了正常蓄水位 1 025、1 026 m 进行比较;为了论证正常蓄水位进一步抬高的经济性,本次拟定了正常蓄水位为 1 028、1 029 m 方案,因此,正常蓄水位共拟定了 1 025、1 026、1 027、1 028、1 029 m 五个方案,各正常蓄水位方案的死水位均为 986 m。

(1)从满足供水要求来说,方案三、四、五均能满足本流域需水要求,而方案一、二不能完全满足流域需水要求。

(2)从供水量来说,1 025~1 027 m 正常蓄水位抬高而工业供水量增幅降低的主要原因是由于在连续枯水期 1981—1983 年的工业供水量需要通过水库调节,增加 1 m³ 供水量需要约 3 m³ 的库容,随着供水量的增加,即水库正常蓄水位达到 1 028 m 时,水库需要连续调节1974—1983 年中的 6 年,即每增供 1 m³ 工业供水需要约 6 m³ 库容,而当水库正常蓄水位达到1 029 m 时,每增供 1 m³ 工业供水需要约 11 m³ 库容。

(3)从工程投资来看,正常蓄水位从 1 025 m 提高至 1 029 m 投资增加分别为 4 002 万、3 449 万、3 335 万、4 075 万元。

(4)从经济内部收益率来看,按供水水价 1.6 元/m³、上网电价 0.2 元/(kW·h)计算,正常蓄水位从 1 025 m 提高至 1 027 m 差额内部收益率为 15.1% 和 16.8%,大于社会折现率 8%;正常蓄水位从 1 027 m 提高到 1 029 m,每年增加供水水量为 287 万 m³ 和 159 万 m³,由于流域主要工业已经明确,新增工业供水效益将在 2030 年后发挥效益,因此,正常蓄水位从 1 027 m 提高至 1 029 m 差额内部收益率为 6.0% 和 2.8%,小于社会折现率 8%。

综上所述,本阶段经过复核,推荐 SETH 水库正常蓄水位为 1 027 m。

(三)汛期限制水位

SETH 水利枢纽推荐坝型为碾压混凝土重力坝,由校核洪水位控制坝高,降低汛限水位可以降低校核洪水位,节省工程投资。水库在汛期降低水位运行,该汛期限制水位作为洪水调节计算的起调水位。为了比较合理的汛限水位方案,本次选择两个方案进行比较,方案一为兴利库容和防洪库容重合一部分,即汛限水位为 1 026 m,正常蓄水位 1 027 m;方案二为兴利库容和防洪库容不重合即汛限水位就是正常蓄水位 1 027 m。

水库正常蓄水位 1 027 m,汛期水库水位降低时供水效益降低,同时降低坝高和减少水库淹没投资极少,效益较差,因此,水库在汛期仍保持在 1 027 m 运行,即水库不单设汛限水位。

(四)最低发电水位

对混流式水轮机,一般推荐最大净水头与设计水头的比值在 1.07~1.11 之间,同时兼顾使最小净水头与设计水头的比值大于或等于 0.65。

当水库最低发电水位为 1 000 m 时,经对本水头段的 HLA551、HLA296、HLA616、HL260D 等模型转轮进行模拟计算,对于 HLA296 及 HLA616 模型转轮,单位转速已处在模型综合曲线之外,不能满足水轮机稳定运行的要求;对于 HL260D 及 HLA551 模型转轮,虽然此时单位转速尚处于模型综合特性曲线内(边缘处),但其工况点的效率下降 6%~8%(相对于水库水位为 1 005 m 时的工况点),抗气蚀性能下降,而年发电量仅增加了约 40 万 kW·h,发电机稳定性降低,运行维护难度增大。

当最低放电水位从 1 005 m 降低到 1 000 m 时,降低加权平均水头降低了 0.1 m,降幅约为 0.2%,基本不影响加权平均水头的选择,因此,机电设备投资不变;发电效益每年增加约 8 万元;但选定的水轮机抗气蚀性能下降,运行维护难度增大。因此,综合考虑水轮机和发电机稳定性和运行维护的要求,最低发电水位取为 1 005 m。

三、装机容量选择

乌伦古河流域国民经济需水以农业需水为主,主要需水过程在每年的 10 月—翌年 3 月,生态、工业、人畜生活需水全年较平均,流域径流特点为连丰连枯,年内分布不均匀;本水库为多年调节水库,需将丰水年段水量存蓄,在枯水年段时将按需水过程下放满足。SETH 水电站发电调度需服从供水调度,但由于水库下泄流量变化较大,导致出力变化亦较大,电站如果仅设置大机组,在非灌溉期 10 月—翌年 3 月下泄流量较小时则不能发电,为了合理利用水能资源,设置大、小机组。

(一)小机组装机容量选择

SETH 水电站约 35% 的时间出力小于 3.6 MW,该时间正处于非灌溉期 10 月—翌年 3 月,此时水库仅下泄生态基流和工业及人畜用水,流量较小,而且 10 月—翌年 3 月该地区气温低,受冰情影响,水库下泄水量不能剧烈变化,因此,水库无法调峰运行,为了获得更多的电能,须设小机组。

SETH 水库电站装机容量按该时期满足 90% 最小出力的要求确定,小机组装机容量为

3.6 MW。

（二）大机组装机容量选择

灌溉期为充分利用水量，大机组装机容量拟定 22、24、26 MW 三个大机组装机容量方案。从投资上来说，随着大机组装机容量的增大，机电投资差逐渐增加，土建投资差逐渐增加，总投资差随着装机容量的增加而增加；从年发电量来说，随着大机组装机容量的增大，增加的发电量呈降低趋势，补充发电利用小时数也逐渐降低；根据投资差额和电量效益计算的差额内部收益率上来看，当总装机容量从 27.6 MW 增加以后，差额内部收益率低于 8%，增加装机容量不再经济。

四、洪水调节

（一）河道安全泄量

根据现状洪灾情况，乌伦古河中游防洪控制断面为峡口水库出库断面，考虑到区间洪水的加成和 SETH 水库的控泄情况，由峡口水库断面的安全泄量推算至 SETH 水库出库断面；乌伦古河下游防洪控制断面为福海县城。

峡口水库以上河道安全泄量为 448 m^3/s，在发生 20 年一遇洪水时，区间洪水同频洪峰流量 53 m^3/s，坝址洪峰流量 516 m^3/s，SETH 水库断面最大下泄流量不能大于 395 m^3/s。

福海县城安全泄量为 420 m^3/s，考虑峡口水库至福海县城段河道的坦化比例 1‰后，相应峡口断面最大泄量为 540 m^3/s，扣除 SETH 至峡口区间同频洪水洪峰流量 61 m^3/s 后，SETH 水库断面最大下泄流量不能大于 479 m^3/s。

（二）调洪原则

（1）当入库洪水小于 20 年一遇水库安全控泄流量 395 m^3/s，且小于泄流建筑物泄流能力时，自由泄流，库水位保持在正常蓄水位。

（2）当入库洪水大于 20 年一遇水库安全控泄流量 395 m^3/s 时，控制水库下泄流量为 395 m^3/s，水库滞洪，库水位升高；当水库水位达到 20 年一遇防洪高水位时，若库水位继续升高，控制水库下泄流量为水库 30 年一遇控泄流量 479 m^3/s，直至水库达到 30 年一遇防洪高水位。

（3）当水库水位达到 30 年一遇防洪水位时，若入库流量小于库水位相应泄量，水库控制泄量不大于入库流量，不造成人造洪峰影响下游河道安全；当入库流量大于库水位相应泄量时，水库敞泄。

（三）计算成果

按照上述所确定的原则及方法，对各计算方案进行了洪水调节计算，SETH 水库正常蓄水位为 1 027 m，水库 $P=5\%$ 防洪高水位 1 027.88 m，水库 $P=3.33\%$ 防洪高水位 1 028.24 m，水库设计洪水位 1 028.24 m，校核洪水位 1 029.94 m。

第四节　水库回水计算

SETH 水库 5 年一遇洪水和 20 年一遇洪水情况下回水末端均在断面 DM33，距坝址约 26.5 km，回水水位分别为 1 027.89 m 和 1 028.35 m；正常蓄水位情况下回水末端在断面 DM35，距坝址约 28.41 km，回水水位为 1 028.44 m。

库尾右岸东特村部分居民住宅位于右岸台地上,沿河谷呈条带状分布,右岸库尾居民住宅高程基本为 1 029 ~1 034 m;左岸阿克加尔村部分居民住宅位于左岸台地上,沿河谷呈条带状分布,左岸库尾居民住宅高程基本为 1 028 ~1 034 m。根据冰情计算分析,水库上游天然情况下处于冰塞封河状态,水库建成投入运行后,库尾冰塞不高于天然冰塞高程,同时不高于 20 年一遇洪水回水高程,因此,并未增加淹没范围。

SETH 水库的回水末端位于乌伦古河与布尔根河汇合口下游 13.8 km,不会对布尔根河自然保护区产生影响。

第五节　流域水资源管理制度及措施

一、水资源管理制度

(一)建立健全权威高效、相互沟通、民主协商的管理体制

在目前乌伦古河流域管理委员会的框架下,吸收利益相关者共同参加,形成相应的议事协商规则、联席会议制度、信息共享机制,统筹协调县域之间、部门之间的利益分配关系,使流域重大水资源决策建立在民主协商的基础上,并使各有关方面的要求在决策过程中得到充分体现,从而平衡各种利益,有效防范用水争端,以实现乌伦古河水资源的一体化管理。

(二)因地制宜、因时制宜,不断更新制定切实可行的流域水资源综合规划

随着流域经济社会发展,会不断出现的新情况,需要根据不断发展的形式,制定新任务、新目标,针对乌伦古河水资源短缺、年际年内丰枯比较大的特性和水资源供需矛盾的突出特点,利用信息技术、数字化技术等高科技手段,及时采集、传输、分析流域水资源及相关的大量、动态的信息如降水、径流、用水、需水、水质以及经济社会情况等,对乌伦古河流域水资源量作出系统评价和一致性处理。在此基础上,重点分析乌伦古河流域的水资源承载能力和水环境承载能力、节水潜力和节水措施,进而作出乌伦古河流域未来的用水模式和需水量预测。据此,对水资源进行合理配置,提出重大水资源配置工程的布局和实施意见,分析水资源配置对饮水安全、工农业供水安全、生态环境用水安全的保障程度并制定相应的对策措施,提出水资源可持续利用的制度建设和规划实施保障。

(三)建立和完善乌伦古河水资源管理配套法规并加强水资源管理能力建设

强化水资源统一管理,不断提高水资源管理水平。加强水功能区管理,突出保护饮用水水源地。在水资源管理能力建设上,要做到管理机构明晰、人员结构合理、技术设备先进、规章制度健全、档案管理规范、基础工作扎实。同时,应加强水资源管理工作的考核,完善考核制度。加强对水资源管理工作的指导,并依据考核结果给予奖惩。

(四)以水权管理为核心,实行严格的乌伦古河水资源管理制度

按照国家法律法规,以需水管理为基础,严格执行取水许可制度和建设项目水资源论证制度并加强监管。加强乌伦古河水量统一调度,协调上下游、左右岸、干支流用水矛盾,在满足城乡居民生活用水的基础上合理安排生产、生态用水,保障流域供水安全和生态用水安全。

（五）建立流域水资源管理信息发布和公众协同参与机制

一是坚实的信息和科技基础是实施流域水资源管理的重要支撑。其中完善的流域监测网络和现代信息技术应用，对进行流域自然、社会、经济的综合决策与管理至关重要。

二是开展宣传教育、提高公众意识。组织各种各样的宣传教育活动，使水资源管理理念深入人心；只有提高流域内公众的意识，让其自觉和主动地参与水资源管理，才能真正实现流域水资源管理的目标。

二、流域水资源管理措施

现状乌伦古河流域干流存在 34 座引水渠首，部分引水渠首因修建年代久远，渠首工程损坏严重，处于带病运行状态，加之配套设施不齐全，枯水期压坝截水的工作量非常大，每年投入的人力、物力、财力过多，给当地农牧民带来很大的负担，上访事件时有发生。现状取水口较多，无序引水现象严重，用水期间上游各引水龙口争相引水，往往造成下游无水可引，灌溉高峰期用水矛盾突出。

为加强水资源的统一管理，阿勒泰地区地委、行署 2007 年成立了乌伦古河流域管理处，以流域委员会的形式对灌区进行水管理，在流域内行使水行政主管部门的职责，统一管理干流上的水利工程，并负责实施流域的水资源开发、利用、治理、节约和保护工作。为了合理分配水资源量，解决现状引水渠首众多且无序引水的情况，需要进行节水改造和整合渠首，提高水资源利用的效益和效率，达到节约和保护水资源的目的，使每条支流上均有一座控制性引水渠首，支流灌区自成体系。

结合引水条件，地形，灌区位置等因素，经过充分论证，提出将现有的 34 座渠首整合为 15 座渠首的整合方案，见表 2-4。

三、水量分配方案

丰水年及平水年分水量：首先保证二台断面、顶山断面和福海断面的生态基流要求，按照灌溉正常需水供水，工业生活正常供水，各水库蓄水后其余水量补充下游湿地及乌伦古湖。

枯水年分水量：首先保证二台断面、顶山断面和福海断面的生态基流要求，生态按正常需水的 55% 供水，常规灌溉按正常需水的 80% 供水，滴灌正常供水，工业生活正常供水，其余水量补充下游湿地及乌伦古湖。

较枯水年分水量：首先保证二台断面、顶山断面和福海断面的生态基流要求，常规灌及滴灌按正常需水的 60% 供水，生态按正常需水的 45% 供水，工业生活正常供水，其余水量补充下游湿地及乌伦古湖。

特枯水年分水量：首先保证二台断面、顶山断面和福海断面的生态基流要求，常规灌及滴灌按正常需水的 60% 供水，生态按正常需水的 45% 供水，工业生活按正常需水的 95% 供水，其余水量补充下游湿地及乌伦古湖。

连续特枯水年分水量：首先保证二台断面、顶山断面和福海断面的生态基流要求，灌溉正常需水的 50% 供水，生态按正常需水的 35% 供水，工业生活按正常需水的 90% 供水，其余水量补充下游湿地及乌伦古湖。

表 2-4 乌伦古河干流渠首整合一览表

序号	渠首所在行政区	现状渠首名称	整合后渠首
1	青河县	青河 SETH 牧业引水枢纽	青河 SETH 牧业引水枢纽
2		别斯铁列克村渠首	
3		萨尔哈仁渠首	
4		玉塔斯渠首	
5		开令渠首	
6	富蕴县	SETH 北干渠首	富蕴 SETH 牧业引水枢纽
7		SETH 南干渠首	
8		牧业村引水渠首	
9		阿克哈仁渠首	哈希翁引水枢纽
10		哈希翁渠首	
11		恰克图村渠首	
12		乔山拜渠首	
13		温都哈拉渠首	温都哈拉引水渠首
14		良种队渠首	
15		米炭渠首	
16		乔什尕托别渠首	
17		黄泥滩渠首	黄泥滩渠首
18		萨尔铁列克渠首	萨尔铁列克渠首
19		喀勒布尔根渠首	喀勒布尔根渠首
20		杜热大坝渠首	杜热大坝渠首
21		克孜尔加渠首	
22		峡口水库渠首	峡口水库渠首
23	福海县	唐巴勒渠首	萨尔胡松渠首
24		萨尔胡松渠首	
25		喀乡调水渠首	已废除
26		顶山水库渠首	顶山水库渠首
27		乌包渠首	
28		福海水库渠首	福海水库渠首
29		喀乡南干渠首	
30		喀乡北干渠首	
31		喀乡五队渠首	
32		哈拉霍英水库渠首	哈拉霍英水库渠首
33		福海监狱公安大渠渠首	福海监狱公安大渠渠首
34		人民渠渠首	人民渠渠首
合计		34 座	15 座

第三章 工程地质

第一节 勘察工作简介

项目建议书阶段勘测工作于 2008 年 9 月 20 日开始,2009 年 2 月提交项目建议书阶段勘察报告。2012 年 5 月 26—29 日水利部水利水电规划设计总院组织专家对《项目建议书》进行审查。

2009 年 6—9 月、2012 年 11 月及 2014 年 7—9 月开展可行性研究阶段勘测工作,2015 年 7 月 12—14 日,江河水利水电咨询中心组织专家对《新疆 SETH 水利枢纽工程可行性研究报告》进行咨询;2015 年 10 月 18—20 日,水利部水利水电规划设计总院组织专家对《新疆 SETH 水利枢纽工程可行性研究报告》进行审查。

2016 年 7 月 6—11 日,国家发改委国家投资项目评审中心组织专家在北京对《新疆 SETH 水利枢纽工程可行性研究报告》进行评估。

根据勘察任务书[计任(2015)10 号]要求,在可行性研究阶段勘察成果的基础上,进一步查明各类建筑物及水库区的工程地质条件,为选定建筑物形式、轴线、工程总布置提供地质依据。对选定的各类建筑物的主要地质问题进行评价,提供设计所需的相关参数和资料,满足工程初步设计阶段勘察深度的要求。

初步设计阶段勘察于 2015 年 6—10 月及 2016 年 4—6 月开展外业工作,工作范围包括区域、库区、坝址及天然建筑材料,

工程地质勘察工作以地质测绘、勘探(钻孔、竖井、探坑、探槽)为主,辅以物探测试(地面综合物探、洞壁地震波测试、孔内声波测试、静弹模测试和孔内录像)、岩石试验(原位大剪试验、中型剪试验、原位变形试验和室内物理力学试验)、土工试验(现场密度、颗分、渗透测试及室内试验)等,完成主要勘察工作量见表 3-1 和表 3-2。

表 3-1　　　　　　　　　　初步设计阶段完成勘察工作量

工作内容		比例	单位	完成工作量		
				项目建议书	可行性研究	初步设计
区域	资料收集复核		项	1	—	1
	区域地质调查	1:200 000	km²	10 000	170	10
	探坑、探槽		m³	420	430.6	—
	地震安全性评价		项	1	—	—
库区	地质测绘	1:10 000	km²	133.75	3.9	
	实测地质剖面	1:10 000	km/条	—	9.52/16	—
	钻探		m/孔	—	284.3/5	125/2

工作内容		比例	单位	完成工作量		
				项目建议书	可行性研究	初步设计
库区	探井		m/井	—	110.4/63	—
	探坑、探槽		m³	305.4	435.6	—
	土工试验		组	—	44	—
坝址	地质测绘	1:2 000	km²	3.70	3.60	—
	地质测绘	1:1 000	km²	—	—	1.04
	剖面地质测绘	1:1 000	km/条	2.8/3	1.3/3	3.247/10
	钻探		m/孔	305/5	802/14	1 968.4/39
	钻孔压水试验		段次	49	182	321
	综合物探剖面		km	0.66	1.94	—
	声波测井		m/孔	185.2/3	517.2/14	1 480.2/39
	孔内录像		m/孔	—	63.8/2	1 800.9/39
	孔内静弹模		点/孔	—	—	29/3
	洞内动弹模		点/组	—	—	48/6
	电阻率测试		点	—	11	—
	井温测量		m/孔	—	—	237/3
	探洞		m/洞	—	77/2	—
	探洞地质编录统计		m/洞	—	77/2	—
	洞壁地震波测试		m/洞	—	144/2	—
	洞内岩体变形测试		点(组)	—	4	6
	现场大剪试验		组	—	—	2
	结构面中型剪试验		组	—	—	10
	岩石室内试验		组	6	20	24
	岩石磨片鉴定		块	8	1	4
	土工试验		组	—	32	—
	水质简分析		组	3	9	6
	探井		m/井	—	111.1/35	—
	探坑、探槽		m³	184	600	—

表 3-2 可行性研究阶段完成勘察工作量

工作内容			比例	单位	完成工作量		
					项目建议书	可行性研究	初步设计
天然建筑材料	C2 砂砾料	测绘	1:2 000	km²	0.14	0.24	—
		探井		m/井	36.2/12	72.2/25	—
		实测剖面	1:1 000	km	2.32	2.04	—
		土工试验		组	12	22	
	C3 砂砾料	测绘	1:2 000	km²	0.31	0.57	
		钻探		m/孔	—	—	52/5
		探井		m/井	39.8/12	187.2/58	111.9/34
		实测剖面	1:1 000	km	4.64	12.708	
		土工试验		组	9	34	21
		碱活性试验		组	—	4	4
	C5 石料	钻探		m/孔	—	80/2	
		测绘	1:2 000	km²	0.464	0.464	
		实测剖面	1:1 000	km	3.28	3.09	
		岩石试验		组	6	6	
		碱活性试验		组			3
	C6 石料	钻探		m/孔	—	80/2	160/4
		测绘	1:2 000	km²	—	0.44	—
		实测剖面	1:1 000	km		3.10	
		岩石试验		组		10	6
		碱活性试验		组	—	2	4

第二节 区域地质

工程位于新疆维吾尔自治区阿勒泰地区的青河县境内,工程区地处欧亚大陆腹地,属大陆性寒冷气候,多严寒,少酷暑,冬夏冷暖悬殊,春、秋两季变化不明显。多年平均降水量 107.8 mm,平均水面蒸发量达 1 580 mm。多年平均气温 3.6 ℃,气温年际变化不大,年内变化很大,极端最高气温 40.9 ℃,极端最低气温 -42.0 ℃。历年最大风速 21.0 m/s,最大冻土深度 239 cm。

工程区北部及东北部为阿尔泰山山脉,主峰海拔高程 4 374 m,山脉由西北往东南延伸。西南部为准噶尔盆地。乌伦古河流域地势东北高西南低,以已建 SETH 取水枢纽为界,上游为低山—高山区,地形起伏,山坡多呈缓坡状,靠近乌伦古河地形切割较强烈,局部形成陡坎;下游为冲洪积平原,地形平坦。工程区属于低山丘陵区,海拔高程多在 930~1 300 m。

工程区广泛分布泥盆系、石炭系、新近系及第四系地层。泥盆系岩性为安山玢岩、凝灰岩、凝灰质砂岩等。石炭系岩性为安山玄武玢岩、凝灰岩、角砾凝灰岩等。新近系岩性为橙红色粉砂岩、泥岩及石膏。第四系主要为中更新统冲积物及上更新统、全新统冲积物，主要分布在河流两岸各级阶地、山前斜坡、山间洼地及下游冲洪积平原。侵入岩在工程区分布广泛，以华力西中期为主，岩性主要为中、酸性岩。

根据《新疆维吾尔自治区区域地质志》，在大地构造上本区位于准葛尔—北天山褶皱系（Ⅱ）北部，属于北天山优地槽褶皱带（Ⅱ₁）之加波萨尔复背斜（Ⅱ²₁₋₁）范围。该构造单元北以额尔齐斯—玛因鄂博断裂为界，南以纳尔曼德断裂为界。

区域内断裂发育，其中北西—南东向构造最为发育，断裂规模宏大，是区域控制性构造，可分3个构造带。

第一构造带：由青格里—布尔根背斜组成，分布在青格里河流域及布尔根河以北，玛因鄂博乌拉以南广大地区。

第二构造带：主要由中泥盆统到中石炭统地层组成的一系列北西向线状褶皱、断裂和少量规模不大的褶皱以及走向北东、北东东、东西向断层组成。分布在乌伦古河二台地段之东北部克孜勒他乌、恰贝尔提山、卡拉尕依巴斯他乌等广大地区。工程库坝区位于该构造带，主要褶皱和断裂有：①羊查干—牙马土乌拉向斜；②恰贝尔提—卡拉尕依巴斯他乌背斜；③接勒的卡拉他乌向斜；④卡美斯巴斯他乌背斜；⑤克孜勒—卡拉尕依巴斯他乌逆断层；⑥恰贝尔提正断层（可可托海—二台活动断裂）。

第三构造带：主要由乌伦古背斜及其西南部的一系列断裂构造组成。分布在乌伦古河二台地段的西南部。乌伦古背斜主要由泥盆系及上泥盆系构成，背斜轴沿NW310°延伸，向北西倾没，两翼倾角60°～70°。在乌伦古背斜西南有3条相互平行的北西向逆断层发育，断层切割使泥盆系平顶山组、北塔山组及托让格库都克组组成的背斜破坏而成断块，断层有明显的小阶梯，高差一般在数米到十多米。沿断层伴随有破碎岩及蚀变作用带，有1～2 cm宽白色石英脉沿断层带分布，沿断层局部有超基性岩侵入，断层倾角65°～70°。

第三节　库区工程地质

一、水库区工程地质条件

(一)地形地貌

水库正常蓄水位为1 027 m，水面沿河长33.63 km。库区处于侵蚀、剥蚀低山地貌区。

库区上游段河道稍顺直，下游段弯曲。总体来看，上游从布尔根河河口至冬特村南侧，以低山为主，河道开阔，局部有小的弯曲，河流大致呈南北向；再往下游，河流进入山区，河道狭窄曲折，多呈"S"形。河道平均纵坡坡降1.57‰，其中库尾至冬特村坡降1.21‰，冬特村至上坝址坡降1.97‰。

地形相对高差50～150 m，山坡多呈缓坡状，自然坡角10°～30°，靠近河道被乌伦古河切割，局部形成陡坎。

库区两岸局部有阶地发育。在冬特村附近右岸见到Ⅰ级阶地和Ⅲ级阶地。Ⅰ级阶地为堆积阶地，Ⅲ级阶地为侵蚀堆积阶地。

库区冲沟发育,冲沟平时多干涸,在降雨后可形成洪水。个别大冲沟有地下水出溢,形成下降泉,水量一般小于 1 L/s。

(二)地层岩性

库区出露有泥盆系、石炭系及第四系。地层由老到新详述如下。

1. 泥盆系(D)

中统托让格库都克组(D_2t):岩性为玢岩及凝灰岩、凝灰质砂岩、钙质砂岩、粉砂岩夹生物灰岩。厚度 1 600 多 m。分布在恰贝尔提山到卡拉尕依巴斯他乌一带及二台西南地区,呈北西向延伸。主要分布于库区上游。

中统北塔山组(D_2b):岩性为长石砂岩、粉砂质泥岩、凝灰岩、凝灰质砂岩、角砾岩及砂质灰岩。厚约 1 200 m。分布在青格里河西岸及布尔根河北岸,在乌伦古河西南也有出露,呈北西向延伸。

中统平顶山组(D_2p):岩性为粉砂岩、粉砂质泥岩、钙质砂岩夹凝灰岩及灰岩。厚约 1 000 m。分布在二台西南侧,呈北西向延伸。

上统喀热干德组(D_3k):岩性为安山玢岩、玄武玢岩及凝灰质砂岩、粉砂岩及砾岩层。厚度约 800 m。分布在乌伦古河两岸、二台沿乌伦古河西南岸,呈北西向延伸。在库区范围内广泛分布。

上统阿尔曼铁组下亚组(D_3a^a):岩性为砾岩、凝灰质砂岩、粉砂岩、泥岩、千枚岩、片岩。厚度 800~1 000 m。分布在东南卡美斯巴斯塔乌泉及二台西南地区,呈北西向延伸。主要分布库区上游。

上统阿尔曼铁组上亚组(D_3a^b):岩性为粉砂岩、凝灰质砂岩、砾岩、凝灰岩、玢岩夹千枚岩、灰岩。厚度约 1 000 m。分布在卡拉先格尔、克孜勒他乌北坡、接勒的卡拉他乌及布尔根河南岸 1731 高地,呈北西向延伸。主要分布于库区尾部及上游。

2. 石炭系(C)

下统南明水组(C_1n):岩性为含砾砂岩、砂岩、粉砂岩、泥岩、千枚岩夹安山玢岩、钠长斑岩及凝灰岩。厚度约 2 000 m。分布在玛因鄂博乌拉南坡,呈带状展布,恰贝尔提山西坡及西部,呈北西向延伸。

中统巴塔玛依内山组(C_2b):岩性为玢岩、斜长玢岩、玄武岩、中酸性侵入岩及凝灰岩、硅质岩、硅化粉砂岩。厚度约 800 m。分布在巴羊查干乌拉东部的 1970 高地,另外在西部亦有少量出露。呈北西向延伸。在库区及坝址范围内广泛分布。

中统苏都库都克组(C_2sd):岩性为中酸性侵入岩及凝灰岩夹炭质页岩、泥质砂岩及砂岩。厚度约 1 600 m。分布在苏都库都克一带,呈近东西向的条带状分布,在乌伦古河北及喀依其南、大布赛东部有零星出露。在库区下游零星分布。

3. 第四系(Q)

中更新至上更新统(Q_{2-3}^{dl+pl}):岩性有碎石、砾石、砂土。该层厚度变化大,一般不超过 30 m。为坡积、洪积物,分布在山前及大的冲沟中,分布广泛。

中更新至上更新统(Q_{2-3}^{pl}):岩性有砾石、碎石、砂及粉质黏土。该层厚度变化大,一般不超过 30 m。为洪积物,分布在大的冲沟中,分布广泛。

上更新至全新统(Q_{3-4}^{pl}):岩性有砾石、碎石、砂及粉质黏土。该层厚度变化大,一般不超过 15 m。为洪积物,分布在冲沟中,分布广泛。

上更新至全新统(Q_{3-4}^{al+pl}):岩性有砾石、砂及粉质黏土。该层厚度变化大,一般不超过 15 m。为冲洪积物,主要沿乌伦古河及冲沟中发育,分布广泛。

全新统(Q_4^{dl+pl}、Q_4^{al+pl}、Q_4^{dl}):岩性有砂砾石及碎石夹土、砂砾石、碎石。该层厚一般不超过 20 m。为坡洪积、冲洪积及坡积物,主要沿冲沟、乌伦古河及山坡处发育,分布广泛。

4.侵入岩

侵入体在工程区分布广泛,主要为超基性、基性、中性、酸性及近碱性岩类,其中以中、酸性为主。超基性及少数酸性侵入岩多与区域性断裂有关。

(三)地质构造

工程库坝区位于第二构造带,主要由中泥盆统到中石炭统组成的一系列北西向线状褶皱、断裂和少量规模不大的褶皱以及走向北东、北东东、东西向断层组成。对主要褶皱和断裂叙述如下。

1.褶皱

(1)羊查干—牙马土乌拉向斜:向斜位于羊查干乌拉一带,向南延伸到牙马土乌拉地带,呈向北西翘起的短轴向斜,其长度与宽度之比小于 3:1。向斜两翼由上泥盆系喀热干德组(D_3k)凝灰质砂岩、粉砂岩、长石砂岩及安山玢岩、玄武玢岩组成,翼部倾角 50°~60°,向斜核部由中石炭系巴塔玛依内山组(C_2b)中性火山岩及火山喷发沉积岩组成,与翼部泥盆系之间为角度不整合接触。

(2)恰贝尔提—卡拉尕依巴斯他乌背斜:位于羊查干乌拉东北坡及西北恰贝尔提山,由于众多断裂发育破坏作用使复式背斜被切割呈断块出现,仅在卡拉尕依巴斯他乌泉一带褶皱才表现清楚。背斜轴由中泥盆系组成,两翼由上泥盆系凝灰质砂岩、粉砂岩、千枚岩及火山岩组成。组成背斜轴部的中泥盆系与翼部上泥盆系为不整合接触,但在东北翼被克孜勒他乌—卡拉尕依巴斯他乌逆断层所切割,使不整合接触面局部保存。背斜轴走向约 310°,两翼岩层倾角 40°~50°,背斜西北侧被恰贝尔提山一带的北北西向断裂及北东走向平移断层所切割,背斜遭到破坏和改造,岩层走向呈舒缓弯曲,同时受酸性侵入岩侵入作用,使背斜翼部小型褶曲发育。该背斜通过工程的库区。

(3)接勒的卡拉他乌向斜:位于布尔根河以南接勒的卡拉他乌地带,向斜东北翼被卡拉先格尔—接勒的卡拉他乌逆断层所切割,西南翼以克孜勒他乌—卡拉尕依巴斯他乌逆断层为轴与恰贝尔提—拉尕依巴斯他乌背斜相共轭。向斜由上泥盆系上部由凝灰角砾岩、钠长斑岩、千枚岩、凝灰砂岩、片岩组成。褶皱轴方向 310°,两翼倾角 50°左右。向斜中部被接勒的卡拉他乌花岗岩体及乌土布拉克花岗闪长岩所占据,向西北延伸至克孜勒他乌一带仅见向斜西南翼,东北翼被断层切割,向斜轴被东西向平移断层所错动。向斜西南翼上泥盆系中部地层褶曲发育,在卡拉尕依巴斯他乌地区形成两个明显的同层褶皱,向斜、背斜轴向与整个向斜轴延伸方向一致。

(4)卡美斯巴斯他乌背斜:位于布尔根河以南卡美斯他乌东南地带,北端被卡拉先格儿—接勒的卡拉他乌逆断层所切割。褶皱轴延伸方向 310°左右,并向东南倾没。背斜轴部由上泥盆系阿尔曼铁组下亚组构成,西南翼由阿尔曼铁组上亚组构成,大部分被北西向断裂所切割。东北翼由阿尔曼铁组上亚组地层组成。两翼倾角一般在 60°左右,东北翼逐渐平缓,以角度不整合出现的中石炭统平缓褶皱发育,形成几个次一级同层褶皱,多为短轴开阔形态,两翼岩层倾角一般在 30°~40°。在岩层走向弯曲地段有两个岩盘式花岗岩侵入,显示出旋转构造特征。

2.断层

(1)克孜勒—卡拉尕依巴斯他乌逆断层(F10):位于卡拉尕依巴斯他乌背斜与接勒的卡拉

他乌向斜的分界线,向东南延伸,北部被南北向的山前平移断层所切割。断层具有明显的构造阶梯及构造谷,局部有蚀变及酸性岩脉侵入,普遍有退色及强片理化。绿片岩的片理及绢云母排列方向与断层平行,个别地段有角砾岩(如卡拉尕依巴斯他乌北坡)。断层面倾向南西,倾角在60°以上。断层被走向北东的平移断层所切割。

(2)恰贝尔提正断层:位于恰贝尔提山西南坡,呈北北西延伸的正断层,长达30 km以上。构造形迹明显,伴随构造作用有蚀变现象,并见有花岗岩和灰岩角砾,断层面陡立,倾向北东。由于燕山期及其以后的构造叠加,使构造形迹更加明显,断层面走向不平整,形成一个高2~3 m不等的构造阶梯,具有正断层性质,上盘新生界松散堆积物下降约2 m。该断层与克孜勒他乌—卡拉尕依巴斯他乌逆断层之间还有数条北西向延伸的性质不明的断层,它们在地貌形态上十分明显,沿断层两侧有蚀变现象,片理、劈理发育。

(四)水文地质

根据埋藏条件,库区两岸地下水可分为孔隙潜水和孔隙、裂隙潜水两类。

1.第四系松散堆积物孔隙潜水

孔隙潜水赋存于河流及大冲沟内堆积的第四系冲洪积砂砾石层中,接受山区冰雪融水以及大气降水的补给,各沟谷内自成体系,没有相对统一的地下水位,沿沟谷总体流向乌伦古河,随季节变化较大,沟谷地下水埋深稍浅,多小于3 m。多以潜流形式流入乌伦古河。

2.基岩孔隙、裂隙潜水

基岩孔隙、裂隙潜水赋存于基岩孔隙、裂隙中,接受山区冰雪融水、第四系松散堆积物孔隙潜水及大气降水补给。除蒸发外,多以泉水排向沟谷或以潜流形式向乌伦古河排泄,露出地表形成下降泉,最终汇入乌伦古河。

勘察期间观测的泉水,部分泉水点出露距乌伦古河较远。泉水出露均高于河水位,有的甚至高于水库正常蓄水位。

二、水库区工程地质问题及评价

(一)库区渗漏

库区位于乌伦古河中上游,属侵蚀、剥蚀中低山峡谷地貌,乌伦古河为区域最低侵蚀基准面。两岸山体浑厚,基岩裸露。水库两岸均有高于正常蓄水位的泉水出露,泉水顺着沟谷向河流排泄。库盆岩体由泥盆系、石炭系的玢岩、玄武玢岩、凝灰岩、凝灰砂岩、钙质砂岩、粉砂岩、角砾岩等组成,微新岩体透水性总体较差。库区构造较发育,但多数充填紧密、胶结较好。除坝址左岸近坝单薄山体地段外,水库其他地段不存在永久渗漏问题。

(二)库岸稳定

水库岸坡以基岩岸坡为主,上游左岸局部存在松散堆积物岸坡。根据库岸形态和岩性特征分为两段,分述如下。

1.库尾至冬特村下游 C1 砂砾料场

库尾至冬特村 C1 砂砾料场段约 10 km 范围,河道开阔,大致呈南北向,局部有小的弯曲。河流两侧以低山为主,岸坡多较平缓,局部稍陡,坡高一般 10~30 m。岸坡右岸多为基岩岸坡,岩石风化、卸荷强烈,坡脚有少量崩积物。左岸多为松散堆积物,坡度平缓,尤其在冬特村下游 6.3~11.8 km(距坝址 19.1~24.6 km)松散堆积物分布较为集中,局部坡度 10°~20°。水库蓄水后,在库水及风浪作用下,左岸松散堆积物局部可能会产生坍塌及库岸再造。

采用卡丘金长期塌岸预测公式进行估算:

$$S_t = N \left[(A+h_p+h_B)\cot\alpha + (h_s-h_B)\cot\beta - (A+h_p)\cot\gamma \right]$$

初步估算塌岸段累计长度约 5.5 km,宽 8~12 m,合计面积约 0.05 km²。

右岸岩体中断层及岩层走向以北西向为主,倾角多以陡倾角为主,缓倾角发育较少,对库岸边坡稳定有利。岸坡稳定主要受岩体风化、卸荷控制,因此岸坡失稳的形式主要为崩塌及掉块,失稳的规模有限,对水库的影响主要是淤积,由于其规模小,对水库的影响不大。库尾段岸坡整体稳定。蓄水后,局部可能产生小的崩塌现象,初步估算塌岸段累计长度约 5.5 km,合计面积约 0.05 km²。

2.冬特村下游 C1 砂砾料场至坝址

该段河道以峡谷为主,河道狭窄、弯曲,多呈"S"形。岸坡多较陡峻,坡高一般 30~70 m。岸坡均为基岩岸坡,岩石表部风化、卸荷强烈,陡坎处坡脚多有坡崩积物,厚度多小于 5 m。

岩体中断层及岩层走向以北西向为主,与河道大部分交角较大。岩体中节理、裂隙多以陡倾角为主,缓倾角较少发育。岸坡稳定主要受岩体风化、卸荷控制,失稳的形式主要为崩塌及掉块,失稳的规模有限,对水库的影响主要是淤积,影响不大。该段库岸岩体整体稳定,局部可能产生小的崩塌及掉块,对工程影响不大。

(三)水库浸没

库区正常蓄水位 1 027.0 m 时,水库回水末端水位 1 028.5 m,回水长 28.41 km。回水至布尔根河与青格里河汇合口下游约 13.5 km 处冬特村(原红旗公社五队)附近。

冬特村附近河水位 1 027~1 030 m,河两岸漫滩发育,漫滩地面高程 1 027~1 033 m,主要为林地和草场。岩性主要为第四系全新统冲洪积物,上部为低液限粉土、低液限黏土及粉土质砂,厚 0.4~2.5 m;下部为砂砾石,厚度一般大于 3 m。漫滩外侧左岸有坡洪积碎石土和基岩岸坡,右岸主要为基岩岸坡。

1.农田和建筑物浸没评价

水库蓄水后,库尾和两岸漫滩 1 028.5 m 高程以下将被淹没,高程 1 028.5~1 032 m 之间无农田和永久建筑物,故库区不存在农田和永久建筑物浸没问题。

2.草场浸没影响分析

库尾乌伦古河两岸为草场,根据发改委可研评估意见要求,初步设计阶段对库区沿岸草场浸没问题进行分析评价。

根据阿地草字[2015]19 号文《关于对 SETH 水利枢纽水库浸没区一等一级草场影响论证的意见》"从对乌伦古河流域已建的萨尔铁列克水库、克孜赛水库的水库浸没区现场调查情况来看,两水库的浸没区面积分别为 217 亩和 284 亩,产草量由原来的 510 kg 提高到 565 kg,草类基本没有变化,均为禾本科和豆科,根据以上两座已建水库的调查,水库浸没区对乌伦古河流域一等一级草场没有影响"。

(四)水库诱发地震

库区外围区域性活动断裂发育,靠近水库区的有可可托海—二台活动断裂、克孜勒—卡拉尕尔依巴斯他乌活动断裂、乌伦古河活动断裂等。二台活动断裂应力主要集中在断裂的西北端,其南端两个分支分布在坝址下游,距坝址最近的距离分别为 2.2 km 和 7.0 km;克孜勒—卡拉尕尔依巴斯他乌断裂在库尾以北 10.4 km 处通过,水库蓄水对断裂基本没有影响;乌伦古河活动断裂距坝址较近,最近约600 m,该断裂属晚更新世活动断裂,全新世未发现活动迹象。上述断裂分布在水库外围,库内没有区域性断裂和活动断层通过。

库内规模不大的小型断裂较发育,其构造岩多挤压紧密。库坝区未见岩溶发育,库盆岩体透水性总体不强,预计水库蓄水后,水文地质条件变化不大。本工程初拟坝高75.5 m,坝前水位抬高约60 m,且为河道型水库,水体面积不大,因水库蓄水形成的外荷载及孔隙水压力改变较小,水库蓄水对外围活动性断裂影响甚微。水库蓄水后,诱发较强地震的可能性较小。

第四节　枢纽区工程地质

一、枢纽区工程地质概况

(一)地层岩性

坝址位于剥蚀低山区,地面高程970~1 110 m,高差约140 m。河谷呈不对称"U"型谷,总体走向NE向,谷底宽约150 m。河道较平缓,坡降约1.2‰。主河槽偏向右岸,宽约50 m,勘察期间水深0.7~2.0 m。河漫滩主要分布在河床两岸,生长有杨、柳科植物。

两岸山体基岩裸露,山顶呈浑圆状,高程1 100~1 110 m。右岸岸坡较陡,坡度约42°,沿岸多有陡壁分布。左岸岸坡稍缓,坡度约30°,局部见有陡壁。

(二)地层岩性

坝址基岩主要为华力西期(γ_4^{2f})侵入体,侵入体外围主要为石炭系地层,河床、沟谷等分布有第四系松散堆积物,分述如下。

1.华力西期(γ_4^{2f})侵入体

华力西期(γ_4^{2f})侵入体以岩基形式在坝址范围分布,平面上呈长椭圆形,长1.95 km,宽1.15 km。岩性主要为钾长辉长岩、二长辉长岩及石英正长岩岩脉,分述如下。

钾长辉长岩:肉红色,中、细粒半自形粒状结构,块状构造。岩石由钾长石(35%~55%)、斜长石(20%~25%)、石英(10%~15%)、角闪石(5%~10%)、单斜辉石等组成。粒径一般0.1~1.5 mm,个别斜长石可达2.0 mm。斜长石主呈半自形—近半自形板状,杂乱状分布,具绢云母化、高岭土化,局部绿泥石化、葡萄石化、绿帘石化等。钾长石主呈近半自形板状,少量它形粒状,杂乱及填隙状分布。石英主呈它形粒状,填隙状分布。角闪石呈半自形—近半自形柱状、粒状,零散分布。单斜辉石呈半自形—近半自形柱状、粒状,局部可见,近无色,局部绿泥石化等。

二长辉长岩:灰褐色,中、细粒半自形粒状结构,块状构造。岩石由斜长石(50%~65%)、辉石(15%~35%)、钾长石(10%~15%)、石英(5%~10%)、角闪石(3%~5%)、单斜辉石等组成。粒径一般0.1~2.0 mm。斜长石主呈半自形板状、长板状,杂乱状分布,具绢云母化、高岭土化、皂石化、葡萄石化等。钾长石部分呈半自形—近半自形板状,零散状分布,部分呈它形粒状,呈斜长石环边状产物,为正长石,具高岭土化。石英呈它形粒状,填隙状分布于长石粒间,少量与钾长石呈文象交生状。辉石主呈半自形—近半自形柱状、粒状,杂乱状分布,皂石化、局部葡萄石化、绿泥石化、碳酸盐化等多呈假像,较少见单斜辉石残留。角闪石主呈它形柱状、粒状,主呈辉石反应边存在,零散可,显褐色,多色性明显。不透明矿物呈黑色粒状,多呈零散状分布。

石英正长岩($\zeta\pi$):砖红色,细粒半自形粒状结构,块状构造,以岩脉形式出露地表。岩石由钾长石(70%~80%)、斜长石(5%~10%)、石英(10%~15%)及少量气液期矿物等组成。粒径一般0.1~1.0 mm。钾长石主呈半自形板状,杂乱状分布,为正长石,具高岭土化,少量钾长石与石英呈文象交生状,交生体填隙于长石粒间。斜长石主呈半自形板状,零散可见,高岭土化、绢云母化较明显。石英部分呈它形粒状,部分与钾长石呈文象交生状,个别石英呈近半自形粒状。其他矿物主要为绿帘石,少量为葡萄石、绿纤石,主呈纤状、纤柱状等,集合体多呈束状、放射状等聚集,填隙于长石粒间,零散可见。

2. 石炭系中统巴塔马依内山组(C_2b)

岩性主要为玄武岩、凝灰岩及砂岩,局部夹泥质粉砂岩、凝灰质砂岩。按岩性和工程性状可划分为四段,均呈带状分布,各段主要特征如下。

第一段(C_2b^a):以玄武岩为主,灰、灰绿色,中细粒,斑状、似斑状结构,似块状构造,局部含有凝灰岩夹层。分布在坝址左岸及下游区,厚度大于200 m。

第二段(C_2b^b):以凝灰岩为主,灰、灰褐色,岩屑凝灰结构,薄层—中厚层状构造,夹有玄武岩透镜体,局部与凝灰岩相间出露。分布于坝址左岸山体,厚度250~500 m。

第三段(C_2b^c):岩性为凝灰岩、砂岩夹泥质粉砂岩,灰、灰褐色,粉细粒结构,薄层—中厚层状构造,局部夹有玄武岩透镜体。呈带状分布于两岸山体,出露厚度200~350 m。

第四段(C_2b^d):岩性为凝灰岩,灰、灰褐色,岩屑凝灰结构,薄层—中厚层状构造,局部夹有玄武岩透镜体,呈带状分布于右岸山体,出露厚度80~200 m。

3. 第四系

主要为全新统冲积(Q_4^{al})、冲洪积(Q_4^{al+pl})、坡洪积(Q_4^{dl+pl})及崩坡积(Q_4^{col+dl})砂砾石和碎石。分布于河床、河漫滩、冲沟及坡脚处,厚度一般小于5 m。

(三)地质构造

1. 断层

华力西期(γ_4^{2f})侵入岩中断层发育较少,侵入体周边地层中断层较发育,主要有区域性乌伦古河断裂F11,左岸单薄山脊溢洪道处石炭系地层中断层f27,左岸上游石炭系地层中断层f34,侵入体南侧与石炭系地层接触面断层f37及石炭系地层中小断层f(1)—f(3),侵入体中发育小断层f(4)—f(8)等。

根据《水利水电工程地质测绘规程》(SL 299—2004),F11属于Ⅰ级结构面,属区域性断层;f27属于Ⅱ级结构面,为大断层;f34和f37属于Ⅲ级结构面,属中型断层;f(1)—f(8)属于Ⅳ级结构面,为小断层。

F11即乌伦古河断裂是区域性构造,距坝址最近600 m,基本沿乌伦古河的西南岸展布,长约130 km。总体走向NW,倾向SW,倾角60°~80°,为右旋走滑逆断层。断裂在乌伦古河被第四系覆盖,为晚更新世活动断裂,未发现全新世活动迹象。

F37为坝址侵入体与石炭系接触部位断层,即侵入体与其南侧地层为断层接触,延伸长1 km左右。

F27位于当地材料坝方案的溢洪道附近,发育于石炭系内部的断层,延伸长7 km。

坝址区发育8条小型断层,规模不大,延伸长50~680 m,破碎带宽度0.05~3 m,主要由碎裂岩、糜棱岩组成。

坝址左岸下游f37与F11断层之间岩体破碎,冲沟处局部覆盖层较厚,为了解f37、f27和F11延伸情况及f37与F11断层之间岩体中有无其他构造发育,现场进行EH4大地电磁测深。

实测覆盖层卡尼亚视电阻率 ρ_k 为 10~50 Ω·m;断层破碎带卡尼亚视电阻率 ρ_k 为 20~300 Ω·m,较完整—完整基岩(泥质砂岩夹砂岩或砂岩夹泥质砂岩)卡尼亚视电阻率 ρ_k 为 300~500 Ω·m 范围内;较完整—完整基岩(凝灰岩)卡尼亚视电阻率 ρ_k 为 600~1 200 Ω·m;较完整—完整基岩(玄武岩)卡尼亚视电阻率 ρ_k 为 1 000~3 000 Ω·m;侵入岩视电阻率 600~2 000 Ω·m。

实测剖面较好地反映了断层 f37、f27 和 F11 延伸及分布情况,测线内没有发现其他大断层分布。

2.裂隙

基岩体中裂隙大致可分为以下四组:①NE40°~70°;②NW270°~300°;③NE10°~20°;④NW320°~330°。其中,①组裂隙最为发育,②组裂隙次之,③、④组裂隙局部发育。

受岩体风化和卸荷作用的影响,地表裂隙多张开,张开度 1~50 mm,多有岩屑充填,个别有少量泥质物充填,部分裂隙有白色方解石脉充填。在新鲜岩体内节理裂隙发育程度相对较弱,多呈微张开—闭合状态。

根据坝址 1:1 000 地质测绘,坝址两岸侵入岩中发育一些较大裂隙。根据《水利水电工程地质测绘规程》(SL 299—2004),裂隙 L1—L82 属于Ⅳ级结构面,为大裂隙。

大裂隙在强风化岩体张开明显,在弱、微风化岩体中多呈微张—闭合状态。

坝址大裂隙主要分布在地形起伏较大的陡坎附近,倾角多较陡,一般大于 60°。地形平缓地段,大裂隙发育较少。由坝址平面地质图和左右岸平洞节理裂隙走向玫瑰花图可以看出,坝址优势节理裂隙以①NE40°~70°组为主,该组裂隙与可流方向近一致,与坝轴线(NW324°)呈大角度相交。

延伸长度大于 30 m 的大裂隙,其倾角一般较陡,地表附近多具一定的张开度,张开宽度以 1~5 cm 为主,个别达 10 cm,一般垂直岸坡发育,对边坡稳定及坝基抗滑稳定影响不大。

缓倾角大裂隙,延伸长度一般小于 30 m,以闭合为主,个别张开度小于 3 cm。相比较,缓倾角大裂隙对工程边坡稳定及坝基抗滑稳定影响较大,工程施工中需注意其不利影响,局部发育地段采取深挖等处理。

坝基侵入体外围石炭系凝灰岩、砾岩层理产状左岸为 NW302°~330°NE∠56°~72°,右岸为 NE30°~83°NW∠23°~44°。

(四)物理地质现象

坝址区物理地质现象主要为岩体风化、卸荷和崩塌等。

1.岩体风化与卸荷

岩体风化以物理风化为主要特征,化学风化微弱。不同部位和岩性岩体风化程度不均一。两岸地表多为强风化,风化深度一般随高程的增加逐渐变大,在河床部位无强风化带或强风化带较薄。在断层带和节理密集带中风化作用加剧。

据钻孔揭露,岩体垂直风化厚度:左岸强风化带厚度 0.4~16.2 m,平均 3.27 m;弱风化带厚度 1.25~10.20 m,平均 4.49 m,XZK27 孔附近风化深度较大。右岸强风化带厚度 0.70~15.50 m,平均 4.21 m;弱风化带厚度 1.40~14.80 m,平均 7.64 m,其中 XZK7、XZK30、XZK38 附近风化深度较大。河床强风化带厚度 0.00~5.30 m,平均 2.15 m;弱风化带厚度 0.65~18.70 m,平均 5.42 m。根据左、右岸平洞资料,左岸 PD1 平洞强风化带水平厚度 0.0~13.6 m,弱风化带水平厚度 13.6~33.6 m;右岸 PD2 平洞强风化带水平厚度 0.0~12.9 m,弱风化带水平厚度 12.9~23.2 m。

卸荷作用主要在陡坎、陡壁处表现明显,缓坡地段卸荷作用不明显。

2.崩塌

坝址左、右岸均为基岩岸坡,右岸以凹岸为主,岸坡较陡,坡度约42°,往上游多有陡壁分布。左岸以凸岸为主,岸坡稍缓,坡度约30°,局部见有陡壁。岸坡整体基本稳定,受风化和卸荷影响,坝址崩塌现象多见,但规模不大。右岸岸坡陡峻,坡脚多有崩塌的碎石堆积。左岸稍平缓,仅局部有少量崩塌碎石堆积。

(五) 水文地质

坝址区地下水类型主要有孔隙潜水和裂隙潜水。

1.松散层孔隙潜水

松散层孔隙潜水主要赋存于河床及两侧的第四系冲积砂卵砾石、坡洪积碎石中,接受大气降水和河水补给。勘察期间,地下水位高程968.7~969.2 m,略高于河水位。地下水位随河水位升降而变化。

2.基岩裂隙潜水

基岩裂隙潜水主要赋存于凝灰岩及侵入岩中,据勘察期间观测资料,基岩地下水位969.2~982.3 m,高于同期河水位。基岩裂隙潜水主要接受大气降水补给,最终以下降泉或潜流的形式向河谷排泄。

在坝址钻孔中进行了442段压水试验,其中:左岸19个钻孔进行了158段次压水试验,其中岩体透水率大于100 Lu有1段,占总段次的0.63%;10~100 Lu有47段,占总段次的29.75%;3~10 Lu有59段,占总段次的37.34%;1~3 Lu有47段,占总段次的29.75%;小于1 Lu有4段,占总段次的2.53%。孔深30 m以上岩体透水性稍强,岩体透水率1.7~156 Lu,多属中等透水—弱透水性。孔深30 m以下岩体透水性有减弱趋势,XZK26、XZK27、XZK28、XZK35、XZK64、XZK66钻孔孔深30~40 m段岩体呈中等透水性。孔深60 m以下岩体透水率小于3 Lu。

坝址河床10个钻孔进行了104段次压水试验,其中岩体透水率大于100 Lu有1段,占总段次的0.96%;10~100 Lu有35段,占总段次的33.65%;3~10 Lu有25段,占总段次的24.04%;1~3 Lu有41段,占总段次的39.42%;小于1 Lu有2段,占总段次的1.92%。孔深40 m以上岩体透水性稍强,差异明显,渗透剖面中透镜体分布较为普遍,多为中等透水—弱透水性,岩体透水率1.0~150 Lu。孔深40 m以下岩体透水性减弱趋势明显,XZK29、XZK63、XZK65钻孔孔深40~60 m呈中等透水性,其他钻孔多为弱透水性,孔深60 m以下岩体透水率基本小于3 Lu。

右岸17个钻孔进行了180段次压水试验,其中岩体透水率大于100 Lu有8段,占总段次的4.60%;10~100 Lu有50段,占总段次的28.74%;3~10 Lu有77段,占总段次的44.25%;1~3 Lu有37段,占总段次的21.26%;小于1 Lu有2段,占总段次的1.15%。孔深50 m以上岩体透水率稍强,差异明显,多为中等透水—强透水性,局部为弱透水性,岩体透水率1.2~170 Lu。孔深50 m以下除XZK44、XZK59孔岩体透水性稍强外,其他钻孔岩体为弱透水性,岩体透水率1.2~9.6 Lu,平均3.6 Lu。孔深75 m以下岩体透水率多小于3 Lu,16段压水试验中有8段小于3 Lu。孔深85 m以下除XZK59孔外,其他钻孔岩体透水率均小于3 Lu。

坝址河水的化学类型为$HCO_3^- \cdot SO_4^{2-} - Ca^{2+} \cdot (K^+ + Na^+)$或$HCO_3^- \cdot SO_4^{2-} - Mg^{2+} \cdot (K^+ + Na^+)$型,矿化度242~364 mg/L,属于淡水,pH值7.57~8.08,HCO_3^-含量1.69~4.54 mmol/L,Mg^{2+}含量7.05~34.99 mg/L,SO_4^{2-}含量64.36~124.88 mg/L,河水对普通混凝土无腐蚀性,对钢筋混凝土结构中钢筋无腐蚀,对钢结构具弱腐蚀性。

坝址辉长岩钻孔(XZK3、XZK8、XZK11、XZK18、XZK28)地下水化学类型为$HCO_3^- \cdot SO_4^{2-} -$

（K⁺+Na⁺）·Ca²⁺或HCO₃⁻-Ca²⁺·Mg²⁺或SO₄²⁻-Ca²⁺·（K⁺+Na⁺）型,矿化度188~396 mg/L,属于淡水,pH值7.17~7.53,HCO_3^-含量0.84~3.23 mmol/L,Mg^{2+}含量4.62~12.88 mg/L,SO_4^{2-}含量30.74~183.47 mg/L,地下水对普通混凝土除XZK28孔具重碳酸盐弱腐蚀外,其他无腐蚀性,对钢筋混凝土结构中钢筋无腐蚀,对钢结构具弱腐蚀性。

坝址左岸单薄山脊钻孔（XZK15、XZK56）地下水化学类型为HCO₃⁻·SO₄²⁻-（K⁺+Na⁺）·Ca²⁺或HCO₃⁻·SO₄²⁻-（K⁺+Na⁺）·Ca²⁺型,矿化度372~378 mg/L,属于淡水,pH值7.15~7.40,HCO_3^-含量2.15~2.32 mmol/L,Mg^{2+}含量7.05~14.34 mg/L,SO_4^{2-}含量123.92~127.76 mg/L,地下水对普通混凝土无腐蚀性,对钢筋混凝土结构中钢筋无腐蚀,对钢结构具弱腐蚀性。

二、枢纽区开挖后建筑物地基利用岩体质量

（一）坝基主要工程地质问题

1.坝基开挖及建基岩体选择

坝址地层主要为第四系松散堆积物和华力西期（γ_4^{2f}）侵入岩。两岸斜坡地段基岩出露,松散覆盖层主要分布在河床及两侧滩地。其中:左岸松散堆积物上部为坡积及洪积物,下部为冲积物,总厚度2~6 m;现代河床及其右侧主要为冲洪积物,厚度一般4~8 m;右岸松散堆积层厚度2.5~4.5 m,左岸比右岸覆盖层厚,上游比下游厚。

第四系松散堆积物厚度不大,结构松散,成分较杂,砾石粒径大小不均,渗透性强,不能满足混凝土坝坝基要求,需要全部挖除。

强风化岩体因结构面发育,多张开,岩体破碎,不满足高混凝土重力坝对坝基的要求,建议挖除。

建议以弱风化带中下部—新鲜岩体为坝基。

坝基岩体中节理裂隙较发育,为提高坝基岩体的整体性和抗变形能力,进行固结灌浆是必要的。

2.坝基抗滑稳定问题

1）地形条件

坝址两岸山体宽厚,坝址段河道顺直,河床没有深切冲沟、跌坎和基岩深槽等可能构成临空面的地形。总之,坝区无明显不利于坝基抗滑稳定的地形条件。

2）坝基岩石强度和完整性

坝基为坚硬致密的钾长辉长岩和二长辉长岩,均为坚硬岩类。坝基开挖至弱风化下部及微风化带,岩体结构为块状、次块状,岩体类别则以AⅡ类为主。

综合判断,坝基岩体完整或较完整,强度高,不存在因岩体整体强度不足造成的坝基浅表层滑动问题。

3）坝基及下游岩体结构面发育情况

坝基岩体中裂隙主要有2组,其走向为①NE40°~70°和②NW270°~300°,③NE10°~20°和④NW320°~330°仅少量发育。其中,左坝肩裂隙走向以①组为主,右坝肩裂隙走向以②组为主。

从地质测绘情况来看,裂隙大致可分为四组:①NE40°~70°,②NW270°~300°,③NE10°~20°,④NW320°~330°。裂隙倾角15°~30°有3条,30°~45°有9条,45°~60°有14条,60°~75°

有 43 条, 75°~90° 有 20 条。倾角小于 30° 占 3.37%, 多闭合无充填。

左坝肩 Ⅳ 级结构面主要为大裂隙。根据地质测绘, 左岸有 L11(产状 NW283°SW∠65°)、L12(产状 NW277°SW∠61°)、L15(产状 NE60°SE∠64°)、L16(产状 NW278°SW∠76°)、L17(产状 NE85°SE∠68°)、L18(产状 NE75°NW∠69°)、L54(产状 NE20°NW∠80°)、L55(产状 NE20°NW∠79°)、L56(产状 NW293°SW∠69°)、L61(产状 NE45°SE∠32°)几条大裂隙, 除 L61 倾角较缓(倾角 32°, 倾向左岸, 其走向与坝轴线走向 NW324° 交角 81°, 呈大角度相交)外, 其他裂隙倾角 61°~80°, 均为陡倾角裂隙。L61 位于坝轴线以上, 对坝基抗滑稳定影响不大。

左岸 PD01 探洞揭露裂隙 68 条, 均为 Ⅴ 级结构面。延伸长度一般 2~4 m, 其中延伸长度大于 10 m 的有 5 条。68 条裂隙中倾角小于 30° 的有 19 条, 占裂隙总数的 28%, 多为岩屑或方解石脉充填, 部分胶结较好。19 条缓倾角裂隙, 按产状主要有两组: NW295°~320°SW∠15°~28°, 共 9 条; NE45°~65°NW∠16°~29°, 共 8 条。PD01 探洞揭露到 2 条小断层, 均为陡倾角。

从左岸钻孔录像资料来看, 测段总长 159.14 m, 共揭露裂隙 221 条, 裂隙密度 1.39 条/m。裂隙倾角集中在 30°~75°, 占 78.5%; 倾角小于 30°, 占 19.3%; 倾角大于 75°, 占 2.2%。

总之, 左岸岩体中裂隙间距一般大于 50 cm, 属块状结构, 岩体中裂隙以陡倾角为主, 缓倾角裂隙局部发育。

右岸 Ⅳ 级结构面包括 f(4)、f(5) 断层和大裂隙。f(4)、f(5) 断层走向分别为 NW314° 和 NW324°, 与坝轴线近平行, 倾角分别为 57° 和 67°, 由于其倾角较陡, 对坝基抗滑稳定影响较小。

右岸发育的大裂隙中, 与坝轴线大角度相交的有 L46、L46-1、L48(产状 NE54°SE∠78°)、L36、L38、L60、L80, 裂隙倾角 64°~75°。与坝轴线小角度相交的有 L80-1、L80-2、L80-3、L80-5、L40(产状 NW307°SW∠56°), 裂隙倾角 56°~74°。两类大裂隙对坝基抗滑稳定影响均不大。

右岸 PD02 探洞揭露裂隙 75 条, 均为 Ⅴ 级结构面。延伸长度一般 2~4 m, 其中延伸长度大于 10 m 的有 4 条。75 条裂隙中倾角小于 30° 的有 8 条, 占裂隙总数的 11%, 多为岩屑或方解石脉充填, 部分胶结较好。8 条缓倾角裂隙, 产状主要为: NW281°~328°SW∠12°~28°。探洞揭露的裂隙面多平直、粗糙状, 张开度 1~5 mm, 多为岩屑或方解石脉充填。

根据左岸的钻孔录像资料, 测段总长 296.63 m 测段共揭露裂隙 320 条, 裂隙密度 1.08 条/m。裂隙倾角集中在 30°~75°, 占 66.9%; 倾角小于 30°, 占 21.8%; 倾角大于 75°, 占 11.4%。

总之, 右岸岩体中裂隙间距一般大于 50 cm, 属块状结构, 岩体中裂隙以陡倾角为主, 缓倾角裂隙局部发育。

4) 河床

河床附近 14 个钻孔中统计裂隙 564 条, 均为 Ⅴ 级结构面。大部分裂隙倾角在 45°~75° 之间。裂隙倾角小于 30° 的有 87 条, 占裂隙总数的 15.42%; 坝轴线附近钻孔 XZK8、XZK9、XZK28、XZK29 揭露裂隙倾角小于 30° 的共 46 条, 占 4 个钻孔揭露裂隙总数的 20.09%。钻孔揭露裂隙除部分闭合外, 大部分为岩屑及岩脉紧密充填, 未见泥质物。

按照钻孔录像资料, 河床 18 个钻孔测段长 647.58 m, 裂隙共 1 260 条, 裂隙密度 1.95 条/m。裂隙倾角集中在 15°~75°, 占 87.2%; 倾角小于 30°, 占 31.3%; 倾角大于 75°, 占 4.8%。

总之, 河床岩体中裂隙间距一般大于 50 cm, 属块状结构, 岩体中裂隙以陡倾角为主, 缓倾角裂隙局部发育。

5) 坝基深层抗滑稳定条件分析

(1) 滑动面构成分析。工程坝基为侵入岩, 主要为块状岩体、次块状岩体, 以 AⅡ 类为主。

坝基中未发现大的断层发育,结构面主要为构造裂隙,为Ⅳ、Ⅴ级结构面,并以陡倾角为主。岩体中缓倾角裂隙局部发育,多属随机分布,连通差,性状较好,抗剪强度高,难以构成统一的滑动面。

（2）切割面构成分析。切割面分为纵向切割面和横向切割面两类。拦河坝轴线方向为NW324°,按此推算库水推力方向大体为SW234°。河床坝基及抗力体位置Ⅲ级和更高级别的结构面不发育,可能构成切割面主要为Ⅳ、Ⅴ级结构面即构造裂隙。根据推力方向与结构面产状关系分析,可以得到如下认识：

第①组裂隙走向为NE40°~70°,主要为陡倾角,较发育,裂隙走向与推力方向相近,可构成纵向切割面。考虑到裂隙性状较好,纵向切割面具有较高的抗剪强度。

第②裂隙走向为NW270°~300°,第④组裂隙走向为NW320°~330°,两者走向与坝轴线方向相近,可构成上游切割面。

裂隙分布有与坝轴线近平行及垂直方向走向,倾角以陡倾角为主,由此分析坝基岩体局部地段可形成横向和纵向切割面。

（3）坝后抗力体条件。坝后河床地形平坦,没有深切冲沟、跌坎等不利的地形条件。覆盖层厚度与坝基处相近,没有基岩深槽等发育。

坝后岩体与坝基一致,发育有大裂隙、小断层及节理裂隙,属Ⅳ、Ⅴ级结构面,未发现Ⅲ级和更高级别的结构面。岩体中构造裂隙发育程度中等,岩体呈块状、次块状,从钻孔揭露情况来看,坝基浅部岩体局部有缓倾角结构面发育,但连续性差,且结构面性状较好,坝后岩体较完整,抗力体条件好。

根据上述分析判定,由于坝基岩体为块状、次块状结构,虽然局部有缓倾角结构面发育,但很难形成连续的滑动面,因此,坝基不存在深层抗滑稳定问题,大坝抗滑稳定主要取决于混凝土与基岩接触面。施工开挖过程中,必要时可进行局部处理。

3.坝基渗漏与渗透稳定性

1）坝基及绕坝渗漏量

坝基为华力西期（γ_4^{2f}）辉长岩侵入岩,坝基范围无断层发育,节理裂隙为主要含水透水通道,坝基渗漏为裂隙式渗流。根据钻孔压水试验成果,坝基岩体渗透性不均一。总体看,上部岩体渗透性强,随深度增加,岩体渗透性逐渐变弱。左岸孔深30 m以上岩体透水性较强,多为中等透水—弱透水性;孔深30 m以下岩体透水性有减弱趋势,岩体以弱透水性为主,局部呈中等透水性。河床孔深40 m以上岩体透水性较强,差异大,多为中等透水—弱透水性;孔深40 m以下岩体透水性减弱,多为弱透水性。右岸孔深50 m以上岩体透水性强,差异明显,多为中等透水性,局部为弱透水性;孔深50 m以下岩体透水性减弱,多为弱透水性。

水库蓄水后,坝区将存在坝基和绕坝渗漏问题,渗漏类型以基岩裂隙渗漏的形式为主。

（1）渗漏计算数学模型。坝基开挖深10~18 m,至弱风化岩体下部及新鲜岩石。建基面下部岩体为中等透水—弱透水性。工程坝基防渗标准为3 Lu,即坝基岩体透水率小于3 Lu按相对隔水层考虑。坝基岩性均一,为节理化岩体坝基,渗漏量估算采用巴甫洛夫斯基公式：

$$Q = kTB\frac{H}{L+T}$$

（2）岩体渗透系数。根据坝址钻孔压水试验资料,坝基至隔水层43段压水试验,岩体透水率2.6~170 Lu,平均21 Lu,渗漏计算中渗透系数 k 取 5×10^{-3} cm/s。

(3)渗漏量计算。根据巴甫洛夫斯基计算公式,坝基渗漏量为 0.192 m^3/s(即 16 589 m^3/d)。坝区两岸地下水位低缓,略高于河水位。水库蓄水后,库水将绕过坝肩向两岸及坝下游渗流。

绕坝渗漏计算采用公式:

$$Q = 0.366kH(H_1 + H_2)\lg \frac{B}{r_0}$$

左岸绕坝渗漏量为 0.149 m^3/s(即 12 873 m^3/d);右岸绕坝渗漏量为 0.175 m^3/s(即 15 120 m^3/d)。

综合以上分析计算结果,在不考虑防渗措施的前提下,坝基及两岸绕坝渗漏总量为 0.516 m^3/s。

2)坝基岩体渗透稳定性

坝基岩体中未发现大的断层,结构面以构造裂隙为主,规模不大,多呈闭合状态,连通性差,且多无充填物。因此,坝基岩体的渗透稳定性良好。

3)坝基岩体可灌性分析

坝址河床及两岸钻孔中进行的 355 段压水试验成果,岩体透水率 0.5~170 Lu,总体以弱透水为主。岩体渗透性不一,渗透性主要受裂隙发育情况控制。上部岩体渗透性强,随深度增加,岩体渗透性逐渐变弱。

钻孔录像显示,坝基岩体中裂隙局部发育,以陡倾角裂隙为主,呈闭合—张开状,裂隙张开度一般小于 2.0 mm,个别较大,多无充填,部分张开较大者有方解石或岩屑充填,部分裂隙的裂隙面粗糙或有黄色锈膜。

总体看,坝基岩体是可灌浆的,通过灌浆可有效降低岩体的渗透性,提高岩体的整体性和抗变形能力。为保证灌浆效果,灌浆施工前应开展灌浆试验。

4)坝基渗流控制措施建议

从前述分析的情况来看,坝基岩体渗透稳定性好,坝基渗漏为裂隙散流形式,不存在大的集中渗漏问题。基于此,建议坝基渗流控制以降低坝基扬压力、减少渗漏量为主要目标。

从钻孔压水试验成果看,随深度增加岩体透水率降低趋势明显。坝轴线处岩体透水率小于 3 Lu 埋深 40.00~85.00 m,相应高程 905.33~989.03 m。考虑到岩体渗透性不均一,建议防渗帷幕进入透水率小于 3 Lu 岩体以下一定深度。

坝址两岸地下水位低缓,无相对隔水层,不具备完全封闭条件,建议防渗帷幕长度根据绕坝渗漏量综合考虑。

坝基岩体渗透性不均一,局部结构面发育,建议加强帷幕灌浆和适当加密坝基排水孔。

4.左岸近坝单薄山脊渗漏与渗透稳定性

坝址左岸近坝地段(距坝轴线 60~460 m)山体单薄,可能存在永久渗漏问题,以下予以详细说明。

1)地形条件

单薄山脊长约 0.4 km,山脊顶高程 1 040~1 070 m,高出正常蓄水位 12.5~42.5 m。在正常蓄水位 1 027 m 处山脊宽度 53~160 m。其中包含 2 个垭口:XZK15 孔处单薄山脊长约 80 m,正常蓄水位 1 027 m 处山体厚度 53~75 m;XZK16 孔处(即溢洪道部位)单薄山脊长约 60 m,正常蓄水位 1 027 m 处山体厚度约 60 m。

2)岩性与构造条件

单薄山脊由中石炭系 C_2b 地层钙质砂岩、粉砂岩、含砾砂岩、泥质粉砂岩、泥岩及凝灰岩等组成。岩层走向与山脊走向近垂直,岩层倾角陡。岩体中结构面发育,岩体破碎。

岩层产状 NW302°~330°NE∠56°~72°,靠近坝址砂岩与华力西期(γ_4^{2f})侵入岩为断层接触(f37),f37 产状 NW275°SW∠60°~80°,单薄山脊南侧为区域控制地貌断层——乌伦古河断裂(F11),其产状 NW308°SW∠61°。单薄山脊介于 F11 与 f37 之间,岩体结构面发育,以北西向为主。受构造影响,单薄山脊岩体较为破碎。

3)岩体渗透性

根据钻孔压水试验成果,单薄山脊处岩体透水率多数小于 10 Lu,最大为 100 Lu。地表因风化、卸荷及构造影响,岩体较为破碎,透水性稍强。从钻孔压水试验统计资料看,表部 0~25 m 岩体的透水率平均值为 25 Lu,为中等透水性,25 m 以下岩体的透水率平均值为 2.7 Lu,为弱透水性。

4)渗漏边界条件

单薄山脊北侧为左坝肩雄厚华力西期(γ_4^{2f})侵入岩(以辉长岩为主),侵入岩与石炭系地层接触带(f37)附近山体开始变得单薄,即钻孔 XZK15 以北 45 m 处为渗漏的北侧边界,南侧以乌伦古河断裂(F11)为界。

根据钻孔压水试验成果,岩体表部因风化、卸荷影响,岩体较为破碎,透水性稍强。XZK14 孔上部岩体多为弱透水,其中 15~20 m 段呈中等透水,孔深 30 m 以下岩体透水率均小于 3 Lu。XZK4 孔 10~30 m 岩体弱透水与中等透水相当。XZK15 孔上部岩体多为弱透水,其中 15~20 m 段压水不起压,孔深 30 m 以下岩体透水率均小于 3 Lu。钻孔 XZK15 孔 35 m 以下均呈弱透水,45 m 以下岩体透水率均小于 3 Lu。XZK24、XZK25 孔深 30 m 以下岩体透水率均小于 3 Lu。

强-弱风化岩体多为中等透水性,下部弱-微风化岩体多为弱透水性。因此,渗漏地段以地表强-弱风化岩体为主。

根据单薄山脊处钻孔 XZK14、XZK56、XZK15、XZK57、XZK16、XZK24 和 XZK25,地下水位 981.60~1 009.68 m,低于水库正常蓄水位(1 027 m)18.8~46.9 m,山脊岩体上部一般为弱-中等透水性,据此判断在单薄山脊存在永久渗漏问题,其中垭口部位渗径短,为主要渗漏地段。

库水由上游经过单薄山体中节理裂隙、断层破碎带向下游渗漏,最终排泄到坝址下游的乌伦古河。

5)渗漏类型

由于单薄山脊岩性为砂岩、泥岩及凝灰岩,岩体中结构面发育,结构面多挤压紧密,因此该处渗漏类型以基岩裂隙渗漏的形式为主。

6)渗漏量估算

单薄山脊渗漏主要在上部弱-中等透水性的强-弱风化岩体,其下部为弱、微透水性,问题不大。为简化计算,将透水率小于 3 Lu 的岩体视为相对隔水底板。

假定同一含水岩组渗透性相同,为各向同性透水岩体,在此条件下,单薄山脊的渗漏量均可采用裘布依公式进行计算:

$$Q = kB \frac{H_1 - H_2}{L} \cdot \frac{h_1 + h_2}{2}$$

渗透系数主要依据钻孔压水试验成果确定,透水率取大值平均值(见表 3-3)。

垭口处山体单薄、风化强烈并有断层通过,岩体渗透性强,是主要渗漏区段。根据单薄山脊的地形及正常蓄水位线,将单薄山脊的渗漏计算分为 2 个垭口和 2 个山脊。

表 3-3 单薄山脊渗漏计算参数分析表

工程位置	孔号	孔口高程 (m)	相对隔水底板高程 (m)	透水层厚度 (m)	库水位至相对隔水层高差 (m)	岩体透水率大值平均 (Lu)	渗透系数计算选用值 (cm/s)
XZK15—XZK56 垭口	XZK56	1 036.28	981.28	55	45.72	12.7	4×10⁻³
	XZK04	1 010.98	低于980.98	>30	>46.02		
	XZK15	1 034.90	1 004.9	30	22.1		
XZK24 山脊	XZK24	1 048.94	1 018.94	30	8.06	10	
XZK16—XZK57 垭口	XZK57	1 034.00	979.0	55	48	6.8	2×10⁻³
	XZK16	1 032.51	987.51	45	39.49		
XZK25 山脊	XZK25	1 054.98	1 024.98	30	2.02	12	

XZK15—XZK56 垭口:位于坝址侵入体的南侧,山脊高程 1 034.9～1 042.8 m,垭口宽度 B 为 105 m,平均渗径长 L 为 120 m。

XZK24 山脊:位于两垭口之间,山脊高程 1 042.0～1 070.2 m,山脊宽度 B 为 125 m,平均渗径长 L 为 160 m。

XZK16—XZK57 垭口:位于面板堆石坝方案的溢洪道处,山脊高程 1 032.5～1 045.0 m,垭口宽度 B 为 85 m,平均渗径长 L 为 180 m。

XZK25 山脊:位于最南侧,山脊高程 1 045.0～1 074.85 m,山脊长 B 为 120 m,平均渗径长 L 为 200 m。

单薄山脊渗漏计算成果见表 3-4。

表 3-4 单薄山脊渗漏计算

位置	渗漏段宽度 B(m)	平均渗径 L(m)	H_1-H_2 (m)	h_1+h_2 (m)	渗透系数 k (cm/s)	渗漏量 Q (m³/s)
XZK15 垭口	105	120	25	45	4×10⁻³	0.02
XZK24 山脊	125	160	10	15	2×10⁻³	0.001
XZK16 垭口	85	180	40	70	2×10⁻³	0.013
XZK25 山脊	120	200	10	15	2×10⁻³	0.001
合计						0.035

计算结果显示,单薄山体的总渗漏量为 0.035 m³/s,渗漏主要集中在 2 个垭口处。

7)库区渗漏评价

通过上述计算,预计水库蓄水后左岸单薄山体的渗漏量约为 0.035 m³/s,乌伦古河多年平均径流量为 33 m³/s,则左岸单薄山体渗漏量约占入库径流量的 1‰。虽然渗漏量不大,但渗漏段较为集中且山体单薄,岩体中结构面发育,较为破碎,建议采取防渗处理措施,并进行必要的监测工作。

5.两岸坝肩边坡稳定性

坝址两岸基岩裸露,均为华力西期(γ_4^{2f})侵入岩(以辉长岩为主)。

1)左岸

左岸岸坡稍缓,坡角约30°,坝肩局部见有陡壁,左岸岸坡高差约63 m。发育3组裂隙,以走向 NE25°~55°最为发育,走向 NW275°~295°次之,裂隙倾角61°~80°为主,局部见缓倾角裂隙,走向为 NE45°~50°倾向 NW,倾角约为22°,结构面粗糙且起伏差大。边坡及结构面赤平投影见图3-1。

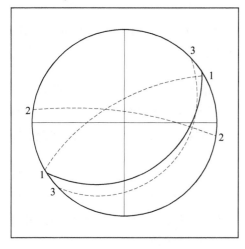

（a）左岸结构面赤平投影　　　　　　　（b）右岸结构面赤平投影

图 3-1　左右岸边坡结构面赤平投影

由赤平投影图可知:

第1组裂隙与岸坡走向相近,倾向相反,即倾向坡内,对岸坡稳定影响不大;第2组裂隙与岸坡大角度相交,倾角较陡,对岸坡稳定性影响不大;第3组裂隙与岸坡近平行,倾向坡外,倾角平缓,该组裂隙局部发育,延伸短,单条裂隙对岸坡稳定性影响不大。

第1组和第2组、第1组和第3组裂隙交线倾向坡内,对岸坡稳定性无影响。第2组与第3组裂隙交线倾向坡外,且其倾角小于坡角,易形成不稳定楔形体而产生滑动破坏。由于第3组裂隙局部发育,延伸长度有限,局部可能形成不利组合而发生滑动破坏。

根据钻孔录像成果,左坝肩岩体裂隙倾角多在30°~75°,占78.5%;倾角小于30°,占19.3%;倾角大于75°,占2.2%。裂隙倾向以 NE(上游)向为主,其次为 SW(下游)向,倾向 NW(河床)和 SE(左岸山体)的较少。

由于左岸边坡较缓,缓倾角结构面性状较好,缓倾角裂隙发育不多,边坡整体稳定。第2组与第3组裂隙存在不利组合,形成潜在楔形滑动体,施工开挖中需注意其不利影响。表层因风化和卸荷作用岩体破碎,局部可能有掉块或小范围崩塌等现象,规模小,影响不大。

2)右岸

右岸岸坡较陡,坡度约42°,多有陡壁分布,高差约95 m。发育3组裂隙,以走向 NE15°~35°最为发育,走向 NW275°~285°次之,裂隙倾角多大于45°;局部见缓倾角裂隙,走向为 NE65°~75°,倾向 SE,倾角约27°,结构面粗糙,向山体内延伸较短,为1~3 m,与其他的陡倾角裂隙组合,易形成不稳定岩体,但规模较小。

由赤平投影图可知:

第 1 组裂隙与岸坡走向相近,倾向坡外,倾角比岸坡陡,对岸坡稳定影响不大;第 2 组裂隙与岸坡大角度相交,倾角较陡,对岸坡稳定影响不大;第 3 组裂隙与岸坡近平行,倾向坡外且倾角平缓,影响岸坡稳定性。

第 1 组和第 2 组裂隙交线倾向坡外,倾角比岸坡陡,对岸坡稳定性影响不大;第 1 组与第 3 组裂隙、第 2 组与第 3 组裂隙交线均倾向坡外,交线倾角小于坡面倾角,易形成不稳定楔形体而产生滑动破坏。由于第 3 组裂隙局部发育,延伸长度有限,该组裂隙单条及与第 1 组、第 2 组裂隙组合均可以形成不利组合而发生滑动破坏。

根据钻孔录像成果,右坝肩裂隙倾角集中在 30°~75°,占 66.9%;倾角小于 30°,占 21.8%;倾角大于 75°,占 11.4%。裂隙倾向以 NE(上游)向为主,其次为 NW(右岸山体)向,倾向 SW(下游)和 SE(河床)的较少。

由于边坡岩体坚硬,且较完整,右岸边坡整体稳定。第 3 组裂隙倾向坡外,倾角较缓,虽然其局部发育,对岸坡稳定产生不利影响;同时,第 3 组与第 1 组和第 2 组裂隙均存在不利组合,形成潜在楔形滑动体,施工开挖中需注意其不利影响。地表因风化卸荷,岩体稳定性差,局部可能存在有掉块或小范围崩塌等现象,但影响不大。

(二)拦河坝各坝段工程地质问题

拦河坝坝型为碾压混凝土重力坝,从左岸至右岸布置 1#~21# 共 21 个坝段,坝顶总长 372.0 m。左岸 1#~9# 和右岸 15#~21# 坝段为非溢流挡水坝段、10# 坝段为底孔坝段、11# 坝段为表孔坝段、12# 坝段为隔墩坝段、13# 坝段为放水兼发电引水坝段、14# 坝段为门库坝段。

1.左岸 1#~6# 坝段

左岸天然岸坡坡角约 30°,坝肩局部见有陡壁,坡高约 63 m。岸坡基岩裸露,为华力西期 (γ_4^{2f}) 侵入岩(以辉长岩为主),坡脚(4# 坝段部分、5#~6# 坝段)地表有坡洪积碎石土分布,厚 3~7 m。岩体强风化带厚 0.40~16.20 m,平均 3.27 m;弱风化带厚 1.25~10.20 m,平均 4.49 m。地下水位 968.65~969.66 m。坝基岩体具弱–中等透水性,岩体透水率随深度增加而减小,透水率小于 3 Lu 高程为 915.62~981.30 m。

坝基开挖深度 7~19 m,建基面高程 971.19~1 032.00 m。坝基为弱风化下部或微风化–新鲜岩体,块状、次块状结构,以 AⅡ 类为主,占 80%~90%,局部为 AⅢ 类,占 10%~20%,未发现大的结构面发育。

天然岸坡整体稳定。局部可能存在不利于边坡稳定的结构面组合,需及时处理。

岩体风化差异明显,局部构造裂隙发育,需采取适当深挖、加强固结灌浆等措施进行处理。

2.河床 7#~15# 坝段

河床地表松散堆积物发育,主要为冲洪积砂砾石,厚 1~8 m。下伏基岩为华力西期 (γ_4^{2f}) 侵入岩(以辉长岩为主),基岩面高程 962.14~975.92 m。强风化带厚度 0.00~5.30 m,平均 2.15 m;弱风化带厚度 0.65~18.70 m,平均 5.42 m。坝基岩体以弱等透水性为主,岩体透水率随深度增加而减小,透水率小于 3 Lu 高程为 905.33~928.10 m。坝基开挖深度 8.50~13.83 m,建基面高程 956.50~965.40 m。坝基为弱风化岩体下部及微风化岩体,块状、次块状结构,以 AⅡ 类为主,占 85%~90%,局部为 AⅢ 类,占 10%~15%,未发现大的不利结构面。

岩体风化差异明显,局部构造裂隙发育,需采取适当深挖、加强固结灌浆等措施进行处理。

地下水位与河水位相近,基坑开挖将存在涌水问题,需采取排水措施。

3.右岸 16#~21#坝段

右岸天然岸坡约 42°,较陡峻,多有陡壁分布,高差约 95 m。岸坡基岩裸露,为华力西期(γ_4^{2f})侵入岩(以辉长岩为主),岩体强风化带厚度 0.70~15.50 m,平均 4.21 m;弱风化带厚度 1.40~14.80 m,平均 7.64 m。地下水位 968.40~970.08 m,低于水库正常蓄水位。坝基岩体具弱-中等透水性,岩体透水率随深度增加而减小,透水率小于 3 Lu,高程为 932.80~989.03 m。

坝基开挖深度 9.8~26.2 m,建基面高程 956.50~1 032.00 m。坝基为弱风化岩体下部及微风化岩体,块状、次块状结构,以 AII 类为主,占 80%~90%,局部为 AIII 类,占 10%~20%,未发现大的不利结构面。

天然岸坡整体稳定。对影响边坡稳定的局部块体采取清除、随机锚杆的方式进行处理。

岩体风化差异明显,局部构造裂隙发育,需采取适当深挖、加强固结灌浆等措施进行处理。

(三)其他建筑物工程地质与评价

1.坝后式电站工程地质与评价

1)基本地质条件

厂房布设于大坝下游右岸漫滩,地面高程 968.4~970.9 m,西北侧为右坝肩基岩边坡,上部坡度约 26°,下部 25~31 m 较陡峻,坡度 38°~70°。

厂房漫滩处有第四系松散堆积物分布,主要为冲洪积的砂砾石,夹少量碎石,厚度 5.2~7.9 m。下伏基岩为华力西期(γ_4^{2f})侵入岩(以辉长岩为主),基岩顶面高程 965.56~969.01 m,强风化岩体厚 1.45~5.30 m,底高程 961.31~965.00 m;弱风化岩体厚 0.65~3.80 m,底高程 960.64~961.95 m。

岩土电阻率分为 2 层结构,第一层覆盖层埋深 5~8 m,电阻率 21~160 Ω·m,平均 71 Ω·m;第二层为基岩,电阻率 660~3 000 Ω·m,平均 1 550 Ω·m。河水电阻率 21.3~22.9 Ω·m,平均值 22.2 Ω·m。

2)工程地质评价

厂房地段松散层为强透水的第四系冲洪积砂砾石,基岩风化层渗透性也较强,基坑开挖时存在基坑涌水问题,需要做好防渗措施。

厂房建基面高程 958.20~960.8 m,位于弱风化岩体底部及微风化岩体上部,岩体以 AII 类为主,局部为 AIII 类,岩体承载力和抗变形能力较高。

厂区西北侧为基岩边坡,坡高而陡峻,现状整体稳定。受风化、卸荷及构造影响表层岩体破碎,建议采取适当措施予以处理。

厂房开挖边坡高 7.6~12.7 m,建议开挖边坡:基岩 1:0.35~1:0.75,覆盖层 1:1.5~1:2.5。

2.消能建筑物工程地质与评价

表孔及底孔坝段消力池合二为一,位于主河床中部偏左侧,池底高程 961 m,池长 80 m,宽 23.5 m,尾坎顶高程 970 m,尾坎顶宽 2 m,坡度 1:1。边墙采用半重力式挡土墙,墙顶高程 975 m。消力池后接 20 m 防冲护坦,护坦底板厚度 1 m。

1)基本地质条件

消力池布置在主河道偏左侧,地面高程 967.8~973.0 m。覆盖层为第四系冲洪积砂砾石,厚 1.0~5.2 m。下伏基岩为华力西期(γ_4^{2f})侵入岩(以辉长岩为主)。根据河床 XZK33、XZK36 和 XZK40 钻孔资料,基岩顶面高程 965.56~967.15 m。强风化岩体厚 0.20~4.25 m,底高程 961.31~

965.85 m;弱风化岩体厚 0.65~4.50 m,底高程 960.66~961.35 m。消力池底高程 959 m,尾坎顶高程 970 m。

2)工程地质评价

消力池地表覆盖层为第四系冲洪积砂砾石,厚 1.0~5.2 m。松散,不均一,渗透性强,基坑开挖时存在基坑涌水问题,需要做好排水措施。

消力池建基面高程 959 m,位于微风化—新鲜岩体中。岩体以 AⅡ类为主,局部为 AⅢ类。边坡开挖高 4.8~10 m。建议开挖边坡:基岩 1:0.35~1:0.75,覆盖层 1:1.5~1:2.5。

尾坎段位于第四系冲洪积砂砾石中,抗冲刷能力差,允许不冲流速采用 0.7~1.0 m/s,建议采取防冲刷措施。

现状条件下,地下水位高于河水位,并随河水位而变化。水库蓄水后,地下水位将有所抬高,应注意基础抗浮稳定,做好排水等措施。

3.过鱼建筑物工程地质与评价

1)基本地质条件

过鱼建筑物采用诱鱼口诱鱼,通过排架+运鱼电瓶车+回转吊方案,整个方案可概括为"诱鱼口诱鱼+集鱼池集鱼+捕捞进集鱼箱+电动葫芦吊运+运鱼电瓶车运送至坝脚+塔吊吊运至库区"系统。

鱼道布置在坝下游右岸,地面高程 969.87~1 004.0 m,岸坡基岩裸露,下游河床诱鱼口处地表分布第四系冲洪积砂砾石,厚 1.0~2.1 m。基岩为华力西期(γ_4^{2f})侵入岩(以辉长岩为主),强风化岩体厚 4.0~5.3 m,弱风化岩体厚 1.1~14.8 m。

2)工程地质评价

过鱼建筑物除诱鱼口有第四系松散堆积分布外,其他段基岩裸露,基础置于岩石上,岩体承载力可满足建筑物的要求。

建筑物的地基遇到结构面发育,岩体较为破碎处适当深挖。开挖边坡高 5~10 m,建议开挖边坡:基岩 1:0.35~1:0.75,覆盖层 1:1.5~1:2.5。

4.施工导截流建筑物工程地质与评价

导流挡水建筑物由上、下游土石围堰和混凝土纵向导墙组成。施工导流采用河床分期导流,左右岸基坑全年施工的导流方式。导流泄水建筑物为坝体预留导流底孔及上游引渠和下游明渠。

1)上游围堰

围堰处河床地面高程 968~969 m,往两岸逐渐增高,左岸河边坡度 5°~17°,右岸河边坡度 17°~25°,斜坡地段基岩出露部位坡度变陡、一般为 30°~40°。覆盖层有第四系冲洪积砂砾石,河床处厚 2~3 m,漫滩处厚 3~7 m;两岸斜坡底部有坡洪积碎石土堆积,左岸厚 1~2 m,右岸厚 1~6 m。下伏基岩为华力西期(γ_4^{2f})侵入岩(以辉长岩为主)。根据围堰处钻孔资料,基岩面高程 963.74~967.99 m。

左、右岸坡洪积碎石土松散,不均一,碎石集中处多有架空,厚度不大,不宜作为地基,建议清除。

河床部位冲洪积砂砾石,天然密度平均值 2.12 g/cm³,相对密度平均值 0.68,自然休止角平均值 34.3°,不均匀系数(C_u)平均值 182,曲率系数(C_c)平均值 2.0。从整体上看,砂砾石级配良好,具有较高的承载力,清除浅部含植物根系松散层、大块石(1~3 m)后可作为围堰地基。砂砾石渗透性强,需做好防渗处理措施。

2）下游围堰

围堰处河床地面高程967~968 m,往两岸逐渐增高,河边坡度5°~23°,斜坡地段基岩出露部位坡度变陡,一般为30°~40°。覆盖层有第四系冲洪积砂砾石,河床处厚1~3 m,漫滩处厚2~4 m;两岸斜坡底部有坡洪积碎石土堆积,厚1~3 m。下伏基岩为华力西期(γ_4^{2f})侵入岩(以辉长岩为主)。根据围堰处钻孔资料,基岩面高程965.45~968.39 m。

左、右岸坡洪积碎石土松散,不均一,碎石集中处局部有架空,厚度小,不宜作为地基,建议清除。

河床部位冲洪积砂砾石,天然密度平均值2.12 g/cm³,相对密度平均值0.68,自然休止角平均值34.3°,不均匀系数(C_u)平均值182,曲率系数(C_c)平均值2.0。从整体上看,砂砾石级配良好,具有较高的承载力,清除浅部含植物根系松散层、大块石(1~3 m)后可作为围堰地基。砂砾石渗透性强,需做好防渗处理措施。

3）导流明渠、纵向导墙

明渠部位地形平缓,进出口处稍低,坝轴线处稍高,地面高程968~978 m。

松散堆积物上部为坡洪积碎石土,厚1~3 m,下部为冲洪积砂砾石,厚2~6.5 m。下伏基岩为华力西期(γ_4^{2f})侵入岩(以辉长岩为主)。根据明渠附近的钻孔资料,基岩顶面高程967.49~970.67 m。

明渠底高程968.4~971.0 m,除坝轴线附近局部进入基岩外,大部分位于冲洪积砂砾石中。开挖边坡高1~7 m,建议开挖边坡1:1.5~1:2.5。

上下游纵向导墙为碾压混凝土结构。导墙处第四系松散堆积物厚度不大,结构松散,成分较杂,建议挖除,以下伏完整基岩为导墙地基。

渠底和左侧边坡多为第四系松散堆积物,其抗冲刷能力差,允许不冲流速采用0.7~1.0 m/s,建议采取防冲刷处理措施。

第五节　天然建筑材料

混凝土重力坝方案设计所需混凝土粗骨料(砾料)100×10⁴ m³,细骨料(砂料)50×10⁴ m³。工程区块石料丰富,砂砾石料主要沿河流的阶地、漫滩分布。勘察中对4个料场进行了详查,其中C2和C3为沿河流的阶地、漫滩分布的砂砾石料场,C5、C6为坝址附近的石料场。

一、砂砾石料

(一)C2砂砾石料场

1.料场概况

料场位于坝址下游河漫滩上,距坝址约1.3 km,有简易砂石路相通,交通便利。料场地形平缓,滩地相对高差1~3 m。料场范围长约1.0 km,平均宽120 m。地面高程968~973 m。

料场可用层为第四系冲洪积砂砾石(Q_4^{al+pl}),松散,砾石含量60%~85%,粒径一般0.5~12 cm,次圆状,偶含蛮石;砂为中粗砂,含量15%~40%。顶部0.2~2.3 m为粉土、碎石土或粉砂层,含植物根系。地下水埋深一般超过3 m,受河水位影响大。

2.勘探和试验

现场竖井采用网状布置,共布置33个探井,井间距39~70 m,最大勘探深度3.6 m;同时,在竖井中采用刻槽法取样进行试验。

3.储量计算

储量计算采用平均厚度法,以平行断面法复核。由于顶部多有无用层分布,需清除。以最大勘探深度为下限,料场面积约12.8×10⁴ m²,有用层平均厚度2.1 m,储量26.8×10⁴ m³,剥采比为1:2.47。

4.质量评价

砂料含泥量(9.8%)偏高,其他指标满足或基本满足混凝土细骨料质量要求。砾料软弱颗粒含量(0.41%~9.52%)局部偏高,其中5~10 mm粒径的软弱颗粒含量0.2%~41.2%,平均14.3%,10~20 mm粒径的软弱颗粒含量0.0%~18.1%,平均4.9%;其他指标满足或基本满足混凝土粗骨料质量要求。

根据可研阶段C1料场试验成果,分析认为C2料场砂砾石料为可能具有潜在有害反应的活性骨料。

(二)C3砂砾石料场

1.料场概况

料场位于已建SETH取水枢纽下游乌伦古河右岸河漫滩,距上坝址直线距离20 km,有简易砂石路相通,交通便利。料场地形平缓,地面高程937.0~940.6 m,相对高差1~3 m。料场范围长约0.89 km,平均宽约350 m。

料场可用层为第四系冲洪积层(Q_4^{al+pl}),松散,砾石含量54%~86%,粒径一般0.5~6 cm,次圆状,偶含蛮石,砂为中粗砂,含量14%~46%。局部段顶部分布有粉土层,一般厚0.2~1.4 m,最厚处达2.6 m。勘察期间地下水位埋深一般0.6~3.1 m,水位高程935.3~938.0 m,受河水位影响较大。

2.勘探和试验

现场竖井采用网状布置,共布置70个探井,井间距30~70 m,最大勘探深度4.6 m。同时在竖井中采用刻槽法取样进行试验。2015年6月布置5个钻孔(C3ZK1~C3ZK5),孔深10~12 m,有用层厚6.9~9.2 m,平均8.4 m。

3.储量计算

储量计算采用平均厚度法,以平行断面法复核。由于顶部多有无用层分布,需清除。有效层的上限以其顶板再扣除0.2 m为界,料场勘探深度内均未揭穿有用层底界,以最大勘探深度为下限,料场面积29.78×10⁴ m²,有用层平均厚度8.60 m,有用层储量238.0×10⁴ m³。料场剥离层厚度0.2~3.9 m,平均0.76 m,无用层剥离量22.53×10⁴ m³;剥采比为1:10.6。

4.质量评价

砂料除含泥量(0.7%~11.3%)偏高,细度模数(1.62~3.20)局部偏小外,其他指标满足或基本满足混凝土细骨料质量要求。

砾料轻物质含量0%~0.54%,平均为0.01%,超标;软弱颗粒含量0.11%~12.44%,其中C3TJ1(6.1%)、C3TJ2(7.1%)、C3TJ9(9.6%)、C3TJ10(12.0%)、C3TJ19(7.2%)和 C3TJ20(5.9%)6个探井软弱颗粒含量超标,零散分布,其他36个探井软弱颗粒总含量小于5%,其中5~10 mm粒径的软弱颗粒含量大部分超标,10~20 mm粒径的软弱颗粒含量个别超标,20~40 mm粒径的软弱颗粒含量超标较少;其他指标满足或基本满足混凝土粗骨料质量范要求。

根据碱活性试验(化学法、砂浆棒法)成果,C3料场砂砾石料为具有潜在有害反应的活性骨料。

综合比较 C2 和 C3 砂砾石料场,C3 料场质量较优,两料场骨料成分相近,作为混凝土骨料均为具有潜在有害反应的活性骨料。料场其他指标满足或基本满足混凝土骨料质量要求。

二、石   料

(一)C5 石料场

1. 料场概况

料场位于下坝址下游乌伦古河右岸,距下坝址约 0.8 km(直线距离),沿简易砂石路距下坝址约 2.5 km,交通便利。料场地面高程 975~1 141 m,局部相对高差达 60 m。料场长约 730 m,宽 550 m,。

料场有用层为石炭系中统苏都库都克组(C_2sd)玄武岩、含砾砂岩及凝灰岩,局部发育正长斑岩岩脉。其中玄武岩分布于料场山体上部,厚 10~40 m;中部为含砾砂岩,夹砂岩,分布于山体中部,厚度 30~45 m;下部以凝灰岩为主,厚度大于 60 m。据钻孔揭露,岩体强风化带下限深度约 8.5~16.5 m,弱风化带下限深度约 34 m。

剥离层为表部含植物根系风化岩及冲沟底部第四系全新统坡洪积物,厚度一般 3~4 m。沟底第四系全新统坡洪积物(Q_4^{dl+pl}),物质组成以碎石为主,夹粉土,结构松散。碎石主要为玄武岩、含砾砂岩,分选性很差,粒径一般在 2~17 cm,棱角状。广泛分布于坡脚及冲沟底部,厚度一般 1~3.5 m。

钻孔未揭露到地下水,推测地下水位 960~1 060 m,高于河水位。

2. 勘探和试验

块石料场采用地质测绘、钻探及取样试验方法进行勘察,最大勘探深度 40 m。

3. 储量计算

储量计算采用平行断面法计算,料场勘探深度以岸坡坡脚为底界,料场面积约 35.2×10⁴ m²,有用层厚 30~80 m,储量 1 410×10⁴ m³。

4. 质量评价

料场玄武岩、含砾砂岩及凝灰岩饱和单轴抗压强度 42~178 MPa,软化系数 0.33~0.99,平均值大于 0.66,干密度 2.53~2.75 g/cm³,各项试验指标满足块石料的质量要求。

(二)C6 石料场

1. 料场概况

料场位于坝址上游乌伦古河右岸,距坝址 0.7~1.2 km(直线距离),交通便利。料场范围长约 740 m,宽 490 m,地面高程 990~1 050 m,局部相对高差达 40 m。

料场有用层为华力西期(γ_4^{2f})侵入岩(以辉长岩为主),青灰、灰褐色,中细粒辉长结构,块状-似块状构造,矿物以辉石、长石为主,含有少量石英。下游局部段钾长岩含量增高,呈浅肉红色。据钻孔揭露,岩体强风化带下限深度 0.8~6.0 m,弱风化带下限深度 7.9~13.6 m。

剥离层为表部含植物根系风化岩及冲沟底部第四系全新统坡洪积物,表部风化岩剥离层厚 1.0~6.2 m,一般为 3~5 m。沟底第四系全新统坡洪积物(Q_4^{dl+pl}),物质组成以碎石为主,夹粉土,结构松散。碎石主要为侵入岩,分选性很差,粒径一般在 1~10 cm,棱角状。广泛分布于坡脚及冲沟底部,厚度一般在 1~3 m。

钻孔未揭露到地下水,推测地下水位 970~990 m,高于河水位。

2. 勘探和试验

块石料场采用地质测绘、钻探及取样试验方法进行勘察,最大勘探深度 40 m。

3. 储量计算

储量计算采用平行断面法计算,料场Ⅰ区面积 35.1×10^4 m^2、Ⅱ区面积 7.91×10^4 m^2,有用层厚 20~60 m,总储量 1 700×10^4 m^3。

4. 质量评价

料场辉长岩饱和单轴抗压强度 63~149 MPa,软化系数 0.45~0.99,平均 0.75,冻融质量损失率小于 1%,干密度 2.72~2.79 g/cm^3,各项试验指标满足块石料的质量要求。

根据碱活性试验(化学法、砂浆棒法)成果,辉长岩为非活性骨料。

综上所述,C5、C6 石料场储量满足工程需要。C5 为玄武岩和凝灰岩,C6 为侵入岩,质量基本满足块石料质量要求,可作为混凝土人工骨料料源。料场开采条件较好,靠近坝址,交通便利,运距较近。

坝基开挖料与 C6 料场岩性相同。根据试验成果,坝基岩体岩石饱和单轴抗压强度 63.1~149.0 MPa,平均 102.0 MPa,属坚硬岩;软化系数 0.45~0.99,平均 0.75;干密度 2.72~2.79 g/cm^3,平均 2.76 g/cm^3;冻融质量损失率小于 1%;试验指标基本满足混凝土人工骨料原岩质量技术指标的要求。坝址弱、微风化岩石可作为人工骨料使用。

第四章 工程布置及建筑物

第一节 工程等级标准及设计依据

一、工程等别

SETH 水利枢纽工程位于新疆阿勒泰地区青河县,是额尔齐斯河流域乌伦古河上游的控制性工程,水库总库容 2.94 亿 m³,水库多年平均供水量 2.58 亿 m³,设计水平年改善灌溉面积 27.61 万亩,电站装机 27.6 MW。根据《水利水电工程等级划分及洪水标准》(SL 252—2000)的规定,确定工程等别为 II 等工程,工程规模为大(2)型。

二、建筑物级别及设计标准

按照工程等别为 II 等工程,确定枢纽主要建筑物大坝(含挡水坝段、表孔和底孔坝段、放水兼发电引水坝段等)为 2 级建筑物,坝后工业和生态放水管、过鱼建筑物为 3 级建筑物,电站厂房为 3 级建筑物。大坝的设计洪水标准为 100 年一遇,校核洪水标准为 1 000 年一遇。水电站厂房设计洪水标准为 50 年一遇,校核洪水标准为 200 年一遇,泄水建筑物消能防冲设施按 50 年一遇设计。

三、设计基本资料

(一)气象资料

多年平均气温	3.6 ℃
最高月平均气温	20.2 ℃
最低月平均气温	−15.3 ℃
极端最高气温	40.9 ℃
极端最低气温	−42.0 ℃
多年平均蒸发量	1 571.8 mm(20 cm 蒸发皿)
多年平均年最大风速	18.8 m/s(富蕴县气象站)
重现期 50 年的年最大风速	28.1 m/s(富蕴县气象站)
盛行风向	W、WNW
最大冻土深度	2.39 m

（二）水库特征水位及流量

正常蓄水位	1 027.00 m
防洪高水位	1 028.24 m
设计洪水位	1 028.24 m(1%)
校核洪水位	1 029.94 m(0.1%)
死水位	986 m
50 年洪峰流量	636 m³/s
100 年洪峰流量	726 m³/s
200 年洪峰流量	816 m³/s
1 000 年洪峰流量	1 230 m³/s

（三）泥沙资料

多年平均入库水流含沙量	0.19 kg/m³
悬移质多年平均入库沙量	21.6 万 t
推移质多年平均入库沙量	2 万 t
水库运行 50 年坝前泥沙淤积高程	974.2 m
水库运行 100 年坝前泥沙淤积高程	977.72 m
淤沙内摩擦角	$\phi = 10°$
淤沙浮容重	$\gamma'_{沙} = 9$ kN/m³

（四）地震

根据《中国地震动峰值加速度区划图》（GB 18306—2015），本工程区地震动峰值加速度为 0.20g，地震动反应谱特征周期为 0.45 s，相应地震基本烈度为Ⅷ度。根据《水工建筑物抗震设计规范》（SL 203—1997）规定，工程设计烈度为Ⅷ度。

（五）地基特性及设计参数

坝址区岩体结构面地质参数采用值见表 4-1。

（六）坝基扬压力

河床坝段上游主排水幕处渗透压力强度系数	$\alpha_1 = 0.25$
岸坡坝段上游主排水幕处渗透压力强度系数	$\alpha_1 = 0.35$

（七）混凝土容重及抗剪断参数

碾压混凝土容重	23.5 kN/m³
常态混凝土容重	24.0 kN/m³
钢筋混凝土容重	24.5 kN/m³
碾压混凝土层间抗剪断强度	$f' = 1.0, c' = 1.1$ MPa
常态混凝土的抗剪断强度	$f' = 1.1, c' = 1.3$ MPa

表 4-1 坝址区岩体及结构面地质参数采用值

岩体类别	岩性	风化程度	允许承载力（MPa）	弹性模量（GPa）	变形模量（GPa）	饱和抗压强度（MPa）	抗剪强度指标		
							C'（MPa）	f'	f
A_{II}	γ_4^{2f} 侵入岩	微-新	4~5	18~20	11~13	100	1.4~1.6	1.20~1.30	—
A_{III}		弱风化	2.5~3	12~14	6~8	60	0.9~1.1	0.90~1.10	—
A_{IV}	γ_4^{2f} 侵入岩、构造带	强风化	1~1.5	4~6	1~3	—	0.3~0.4	0.60~0.70	—
A_{V}	γ_4^{2f} 侵入岩、构造带	全风化	—	1~2	0.5~1	—	0.05~0.1	0.40~0.50	—
裂隙			—	—	—	—	—	—	0.40~0.50
混凝土/岩		弱风化	—	—	—	—	0.7~0.9	0.80~0.95	0.55~0.65
		微-新	—	—	—	—	1.0~1.2	0.85~1.00	0.65~0.75

(八) 各建筑物抗滑稳定安全系数

坝基面抗滑稳定安全系数不应小于表 4-2 的规定。

表 4-2 坝基面抗滑稳定安全系数

荷载组合	K'	K
基本组合	3.0	1.05
特殊组合(1)	2.5	1.00
特殊组合(2)	2.3	1.00

坝基面及坝体应力应符合表 4-3 的规定。

表 4-3 坝基面及坝体应力规定

工况	坝基面应力	坝体应力
运用期	在各种荷载组合下(地震荷载除外)，坝踵垂直应力不应出现拉应力，坝趾垂直应力应小于坝基容许压应力	坝体上游面的垂直应力不出现拉应力(计扬压力)，坝体最大主压应力，不应大于混凝土的允许压应力值
施工期	坝趾垂直应力允许有小于0.1 MPa的拉应力	坝体任何截面上的主压应力不应大于混凝土的允许压应力。在坝体的下游面，允许有不大于0.2 MPa的主拉应力

岩基上厂房整体抗滑稳定安全系数不应小于表 4-4 的规定。

表 4-4   厂房整体抗滑稳定安全系数

荷载组合	K'	K
基本组合	3.0	1.10
特殊组合 I	2.5	1.05
特殊组合 II	2.3	1.00

电站厂区挡土墙抗滑稳定安全系数不应小于表 4-5 的规定。

表 4-5   边墙抗滑稳定安全系数规定值

荷载组合	按抗剪强度公式计算的安全系数 K_c	按抗倾覆公式计算的安全系数 K_c	建基面最大压应力	建基面拉应力
基本组合	1.08	1.5	小于基岩的容许压应力	不出现
特殊组合 I	1.03	1.3		小于 0.2 MPa
特殊组合 II	1.00	1.3		

护坦抗浮稳定安全系数允许值见表 4-6。

表 4-6   护坦抗浮稳定安全系数允许值

荷载组合	消力池护坦
基本组合	1.2
特殊组合	1.0

2、3、4 级边坡抗滑稳定最小安全系数应满足表 4-7 的规定。

表 4-7   边坡抗滑稳定安全系数标准

运用条件	抗滑稳定安全系数标准		
	2 级	3 级	4 级
正常运用条件	1.25~1.20	1.20~1.15	1.15~1.10
非常运用条件 I	1.20~1.15	1.15~1.10	1.10~1.05
非常运用条件 II	1.10~1.05		1.05~1.00

各水工建筑物的合理使用年限见表 4-8。

表 4-8 各水工建筑物的合理使用年限

建筑物类别	建筑物级别	合理使用年限(a)
拦河坝	2	100
坝后工业和生态放水管	3	50
过鱼建筑物	3	50
管理用房	3	50
电站厂房	3	50

主要建筑物的坝体混凝土分区见表 4-9。

表 4-9 主要建筑物的坝体混凝土标号分区表

部位	混凝土类别	级配	指标
大坝内部	碾压混凝土	三级配	$C_{90}20W4F50$
廊道周围、坝基斜坡段	变态混凝土	三级配	$C_{90}20W6F50$
边墩及不便碾压部位	常态混凝土	三级配	$C_{28}25W6F300$
坝顶部位	常态混凝土	三级配	$C_{28}25W6F300$
溢流面、消力池底板上部	常态抗冲磨混凝土	二级配	$C_{28}40W6F300$
溢流面、消力池底板过渡混凝土	常态混凝土	三级配	$C_{28}30W6F200$
上游防渗层	变态混凝土 富胶凝碾压混凝土	二级配	$C_{90}20W6F300$ $C_{90}20W6F100$
下游坝面	变态混凝土 富胶凝碾压混凝土	二级配	$C_{90}20W4F200$
基础垫层	常态混凝土	三级配	$C_{28}20W6F50$

第二节 枢纽布置

SETH 水利枢纽工程主要由拦河坝(碾压混凝土重力坝)、泄水建筑物(表孔和底孔坝段)、放水兼发电引水建筑物(放水兼发电引水坝段)、坝后式电站厂房和过鱼建筑物等组成。

该枢纽坝型为碾压混凝土重力坝,坝顶高程 1 032.0 m,最大坝高 75.5 m,坝顶宽度 9 m,坝段总长 372.0 m。左岸挡水坝段 1#~9#坝段,坝段分缝采用切缝形成永久缝的形式,横缝间距为 18 m,坝顶宽度为 9 m。

河床坝段为 10#~14#坝段,根据布置表孔及底孔的不同要求,坝段分缝采用 15~18 m,泄水及引水建筑物均布置于此坝段。

右岸挡水坝段为 15#~21#坝段,坝段分缝间距为 18 m,坝顶宽度为 9 m。

厂房与过鱼建筑物均布置在右岸,其中 10#坝段为底孔坝段,11#坝段为表孔坝段,13#坝段为放水兼发电引水坝段,电梯井布置在 15# 坝段,运鱼塔吊布置在 17# 坝段,12# 坝段布置为隔墩坝段,布置有表孔油泵房,14# 坝段为门库坝段,布置有叠梁门门库和清污抓斗门库。采用河床分期导流的方式,整个过程如下:

(1)形成左岸导流底孔及上、下游导墙,河床截流,导流底孔过水。

(2)接着将围堰加高培厚至设计高程,并完成高喷灌浆。

(3)围堰挡水,导流底孔过水,在此期间,开挖右岸基坑,浇筑右岸坝体、泄水建筑物及电站厂房。

(4)坝体挡水,导流底孔过水;在此期间,继续浇筑坝体及泄水建筑物,并进行机组安装。

泄水建筑物采用溢流表孔与底孔并排布置于河床坝段的方案。因采用坝后式厂房,为减小泄洪雾化、水面波动对厂房尾水的影响,采用底流消能的方式。

根据调洪原则,泄洪任务由溢流表孔和泄洪底孔联合承担,在校核洪水位 1 029.94 m 水位下,表、底孔联合泄放洪水量 1 056.0 m^3/s,此时溢流表孔最大下泄流量为 722.0 m^3/s。

溢流表孔坝段宽度为 18.0 m,采用单独表孔方案,表孔净宽 10.0 m,孔口堰顶高程 1 019.0 m。表孔堰面曲线为 WES 曲线,其方程为堰面曲线方程为 $y = 0.075\ 5x^{1.85}$,后接 1:0.75 直线段,再用半径为 20 m 的反弧段与顶高程为 959.0 m 的消力池底板连接。

表孔及底孔坝段共用一个消力池,消力池采用整体 U 型槽,池底高程 959.0 m,总池长 105.55 m,采用中隔墙分割,宽度分别为 13 m 和 10 m,尾坎顶高程 968.5 m,尾坎顶宽 2 m,后以坡度 1:1 连接到海漫护坦,边墙及中隔墙墙顶高程 977.0 m。消力池后接长 30 m、厚 1 m 的钢筋混凝土防冲护坦及长 12 m 的抛石防护区。

溢流表孔顶部设有弧形工作闸门,弧形工作闸门由液压启闭机控制,在弧形闸门上游设置平板检修门门槽,检修门由坝顶门机控制。

放水兼发电引水建筑物布置在河床坝段,采用有压坝式取水口,后接坝内压力钢管。

放水兼发电引水坝段,坝段宽度 18 m,坝顶宽度 24 m,采用有压坝式进水口,进口底高程 979 m,后接管径 4.5 m 的压力钢管。取水口由进口段、拦污栅、分层取水叠梁门、检修闸门及渐变段组成,均为钢筋混凝土结构。拦污栅采用直立式布置,利用坝顶门机吊装清污抓斗清污。

第三节 挡水建筑物设计

一、坝体断面

坝体断面按实体混凝土重力坝设计,碾压混凝土重力坝断面设计主要依据《混凝土重力坝设计规范》(SL 319—2005),一般采用刚体极限平衡法和材料力学法确定坝体断面。要求设计断面抗滑稳定及坝体应力值都符合规范要求,并力求体型简单、施工方便和结构布置要求。

对表孔溢流坝段、河床部位非溢流坝段 16# 坝段、底孔坝段、隔墩坝段及放水兼发电引水坝段等几个具有控制作用的典型断面坝体抗滑稳定及坝体应力进行了计算分析,坝体抗滑稳定系数采用抗剪断公式计算,各个计算工况下,安全系数满足规范要求;采用抗剪公式计算,各个工况下,安全系数满足规范要求,坝体基本三角形顶点高程 1 032.0 m,坝体上游高程 986.00 m 以下坝坡1:0.15,以上铅直,下游面高程1 020.00 m以下坝坡1:0.75。非溢流坝段坝顶宽度取9 m,表孔坝段取29.5 m,引水坝段24 m。

二、结构设计

(一)坝顶高程及坝顶宽度

正常蓄水位1 027.00 m,防洪高水位1 028.24 m,设计洪水位1 028.24 m(1%),校核洪水位1 029.94 m(0.1%)。风区长度1 100 m。

波浪要素计算采用官厅水库公式计算,计算风速按规范要求如下:

坝址处汛期多年平均年最大风速,即18.8 m/s;

正常运用条件下计算风速为重现期50年的年最大风速,即28.1 m/s;

非常运用条件下计算风速为多年平均年最大风速,即18.8 m/s;

风向与垂直于坝轴线的法线的夹角:0.00°;

坝前地面高程:968.5 m;

坝顶高程计算结果见表4-10。

表4-10　　　　　　　　　　　　坝顶高程计算结果表　　　　　　　　　　单位:m

运用工况	超高			相应水位	计算结果
	$h_{1\%}$波高	h_z	安全超高 h_c		
正常蓄水位	1.486	0.574	0.5	1 027.00	1 029.560
校核洪水位	0.960	0.34	0.4	1 029.94	1 031.640
防洪高水位	1.571	0.613	0.5	1 028.24	1 030.924

根据《混凝土重力坝设计规范》(SL 319—2005)中第8.1.4条,溢流坝顶检修交通桥的板(梁)底高程应高出最高洪水位0.5 m以上(取0.7 m),跨度10 m的门机轨道梁高取1.2 m,确定桥面高程为1 032.0 m。由于坝顶布置门机轨道和交通要求,坝顶高程取为1 032.0 m,满足规范要求。

碾压混凝土重力坝的坝顶宽度应满足设备布置、运行、检修、交通和碾压混凝土的施工要求,《碾压混凝土重力坝设计规范》(SL 314—2004)中规定坝顶顶宽度不宜小于5 m,国内建成的高碾压混凝土重力坝坝顶宽度一般为7~17 m。

坝址区处于严寒地区,坝体地震设防烈度为Ⅷ度,坝顶宽度(下游折坡点处)必须满足冰压力及抗震要求。经对下游折坡点处进行冰压力和抗震强度复核计算,类比国内碾压混凝土重力坝的坝顶宽度;并考虑各坝段闸门槽的布置、坝顶门机运行要求、坝顶交通运用、电缆沟布置以及坝顶观测的要求,最后拟定坝顶宽度如下:左岸1#~9#及右岸15#~21#非溢流坝段坝顶宽度9 m;10#坝段坝顶宽度29.5 m;11#坝段坝顶宽度23 m;12#坝段坝顶宽度23.0 m;13#、14#坝段坝顶宽度24.0 m。

(二)坝顶布置

大坝在15#坝段布置一个电梯井和楼梯间,井筒上游面紧靠坝顶交通道,距坝轴线9.0 m。坝顶设门库分别设置在10#、12#、14#坝段,用于放置底孔检修门、表孔检修门、放水兼发电取水口叠梁门和检修门等,门库上部设置预制混凝土盖板。放水兼发电取水口叠梁门门机轨距7.85 m,检修门门机轨距6.5 m,以坝轴线为参照,上游侧轨道距坝轴线4.35 m,下游侧轨道布置在坝轴线下游1 m。

坝顶设置1条宽度为5 m的交通道路,表孔溢流坝段跨表孔部分为预制交通桥,在12#隔墩坝段布置表孔液压启闭机操作室。

坝顶设2台门机,运行范围为13#放水兼发电引水坝段及14#门库坝段之间以及10#底孔坝段和14#门库坝段之间。

坝顶布置有2台门机、表孔闸门液压启闭机油泵房、柴油机房、低压配电室等。坝顶上游侧布置观测用引张线沟槽。坝顶下游侧布置电缆沟以及1.2 m高的栏杆。

(三)坝内廊道布置

坝体设置灌浆及主排水廊道和两排基础排水廊道,并间隔设有横向基础排水廊道、扬压力观测廊道。灌浆及主排水廊道断面形式为城门洞型,尺寸3 m×3.5 m。基础排水廊道、横向基础排水廊道、扬压力观测廊道的断面尺寸均为2 m×3 m,帷幕灌浆中心线距离廊道上游侧内墙1.0 m,坝基主排水孔距离主帷幕线2.4 m。

在15#坝段设置电梯井及楼梯井,连通坝顶至坝底部962.00 m灌浆及排水廊道,为坝内主要交通通道。下游廊道出口分别设在1#左岸非溢流坝段下游1 018.00 m高程、右岸21#非溢流坝段下游1 016.50 m高程、15#坝段973.8 m高程。

(四)坝体防渗设计

坝体采用二级配富胶凝碾压混凝土防渗方案。考虑到坝面处碾压困难,在坝面处设0.8 m厚的变态混凝土。根据规范要求防渗层水力坡降 $i = 15$ 考虑,并考虑坝址区冻土深度及结合施工条件,防渗层按3 m厚设计,并在上游坝面喷涂高分子防水材料2 mm。

(五)坝体分缝及止、排水设计

1. 坝体分缝设计

根据建筑物布置、结构、施工浇筑条件及混凝土温度控制仿真计算等因素,考虑本工程所处恶劣环境,全坝段横缝间距控制在20 m以内,其中左岸1#~9#非溢流坝段及右岸15#~21#宽度18 m;10#底孔坝段为16 m,11#表孔溢流坝段为18 m,12#隔墩坝段为15 m,13#放水兼发电引水坝段为18 m,14#门库坝段17 m。坝体不设纵缝。

2. 坝体止水设计

坝体设置止水的位置包括:坝体横缝迎水面、坝体廊道和孔口跨横缝处。

河床坝体坝高高于70 m设置2道铜止水加1道橡胶止水,分别离上游坝面1.0、1.6、2.1 m;坝高低于70 m设置2道铜止水,分别离上游坝面1.0 m和1.6 m。在坝基设置止水基座,止水片埋入基座内0.5 m,止水基座采用锚筋固定在基岩上。坝下游面最高尾水位以下横缝处及坝体廊道跨横缝处设1道铜片止水。

3. 坝体、坝基排水设计

为使横缝渗水和局部发生的漏水尽快排除,避免渗水或漏水改变坝体渗流场,在横缝止水后设置排水管,排水管距上游铜片止水0.5 m,管径300 mm。并设置横向排水管与廊道相连。

坝基排水是排除透过帷幕的渗水及基岩裂隙中的潜水,在坝基各排水廊道内设置排水孔幕,与灌浆帷幕构成一个完整的坝基防渗排水系统,以降低扬压力,保证坝体的稳定。坝基下共设 3 道排水幕。

坝基各纵向排水廊道通过横向廊道形成坝基排水网络。引水坝段上游排水廊道,表、底孔、左、右岸非溢流坝段排水廊道的渗水均汇集到设在 11# 坝段的集水井中,用排水泵将井内集水抽排至坝外。

(六)坝体、坝基渗控分析

挡水坝段坝体及坝基渗流量见表 4-11。

表 4-11　　　　　　　　　　　　挡水坝段坝体及坝基渗流量　　　　　　　　　　　单位:L/s

部位	流量
上游坝面	-0.43×10^{-4}
排水管及廊道	0.28×10^{-4}
坝体下游面	-0.11×10^{-5}
上游坝基	-0.23×10^{-1}
坝踵主排水	0.12×10^{-1}
副排水	0.59×10^{-2}
下游地面	-0.12×10^{-2}
左岸绕坝渗流	-0.32×10^{-2}
右岸绕坝渗流	-0.26×10^{-2}

注:负值为入渗水量,正值为出渗水量。

(七)坝体层面结合处理设计

碾压混凝土的抗渗性主要取决于碾压混凝土施工层面和坝体裂缝的渗透性。碾压混凝土坝体层面易产生冷缝并造成渗水通道,是坝体产生渗漏的主要原因。碾压混凝土层面的质量直接关系到坝体混凝土的质量。

工程区属于寒冷地区,冬季时间长,多年平均气温为 3.6 ℃。1 月份的多年平均气温为 -15.3 ℃,极端最低气温为 -42 ℃。七月份的多年平均气温 20.2 ℃,极端最高气温为 40.9 ℃,气候条件对碾压混凝土施工较为不利。尤其是越冬层面开裂更是一个普遍现象,而一旦越冬层面出现水平裂缝,则可能影响坝体的整体性和稳定。如果裂缝贯穿上、下游,则会出现渗水现象,在冬季会在下游坡形成大量挂冰,影响坝体的安全及耐久性。

因此,参考其他工程经验,从提高层面结合强度、便于施工控制,初步考虑采用以下措施加强碾压混凝土层间结合。

(1) V_c 值在仓面上控制为 5~8 s,以初凝时间作为施工铺筑间歇控制时间,使得在下层混凝土初凝前的允许覆盖时间内浇注好上一层混凝土,上层混凝土的骨料颗粒得以嵌入到下层层面内。夏季高温季节施工按较小的 V_c 值控制,低温季节按照较高的 V_c 值控制,结合碾压试验建立 V_c 值动态管理。

(2)本工程设计选用层面铺设胶凝材料净浆的方式和层面刷毛处理。对已初凝或层面间隔时间超过 24 h 而无法刷毛的层面,在铺净浆前先作凿毛处理,对已经初凝,层面间隔时间未超过 24 h 而可刷毛的,在铺浆前对层面作刷毛处理。

(3)在夏季高温季节浇筑混凝土时,应采取仓面喷雾技术,对仓面混凝土进行增湿保水,防止混凝土表面发干变白而影响碾压混凝土层间结合质量,另一方面利用仓面喷雾形成雾化区,改变仓面小气候。

(4)一方面采用高效缓凝剂延缓混凝土初凝时间,另一方面加快上层混凝土覆盖速度。坝体三级配混凝土碾压层间间歇时间不超过混凝土初凝时间,坝体二级配防渗混凝土层间间歇时间不超过混凝土初凝时间,且层层铺浆,以利于层间结合。

(5)对于越冬层面,严格控制上、下层碾压混凝土温差及越冬结合面上下游附近的内外温差。通过越冬层面冬季的保温蓄热,使越冬层面底部一定范围混凝土温差损失较小;再有就是控制下年新浇混凝土的最高温度;最后通过加强越冬结合面附近上下游侧的保温,在原来大坝上下游侧保温的基础上,再加强越冬结合面附近上下游侧的保温。

(6)为防止越冬层面开裂渗水,在越冬层面与次年新浇混凝土之间设置一道铜片止水带。

(八) 坝体混凝土分区设计

坝体混凝土标号分区见表 4-12。

表 4-12   坝体混凝土标号分区表

部位	混凝土类别	级配	指标
大坝内部	碾压混凝土	三级配	$C_{90}20W4F50$
廊道周围、坝基斜坡段	变态混凝土	三级配	$C_{90}20W6F50$
边墩及不便碾压部位	常态混凝土	三级配	$C_{28}25W6F300$
坝顶部位	常态混凝土	三级配	$C_{28}25W6F300$
溢流面、消力池底板上部	常态抗冲磨混凝土	二级配	$C_{28}40W6F300$
溢流面、消力池底板过渡混凝土	常态混凝土	三级配	$C_{28}30W6F200$
上游防渗层	变态混凝土 富胶凝碾压混凝土	二级配	$C_{90}20W6F300$ $C_{90}20W6F100$
下游坝面	变态混凝土 富胶凝碾压混凝土	二级配	$C_{90}20W4F200$
基础垫层	常态混凝土	三级配	$C_{28}20W6F50$

三、大坝混凝土设计

大坝混凝土的设计配合比见表 4-13、4-14。

表 4-13

建议的常态混凝土试验配合比

混凝土部位	技术要求	编号	水泥品种	水灰比	粉煤灰掺量(%)	纤维	材料用量(kg/m³)								
							水	水泥	粉煤灰	砂	小石	中石	大石	减水剂	引气剂
溢流面消力池底板上部	抗冲磨混凝土 C40W6F300	S1	普硅水泥	0.31	10	—	135	392	44	608	725	483	—	3.484	0.105
溢流面消力池底板上部	抗冲磨混凝土 C40W6F300	S3	普硅水泥	0.31	10	CTF850 纤维素	139	404	45	601	716	477	—	3.587	0.112
一般结构混凝土	C30W6F300	S14	普硅水泥	0.35	20	—	127	290	73	652	743	496	—	2.903	0.080
边墩及不便碾压部位	C25W6F300	S8	抗硫水泥	0.45	20	—	115	204	51	637	415	554	415	2.044	0.033
基础垫层	C20W6F50	S12	抗硫水泥	0.50	20	—	115	184	46	665	414	552	414	1.840	0.028

表 4-14

建议的碾压混凝土试验配合比

混凝土部位	技术要求	编号	水泥品种	水灰比	粉煤灰掺量(%)	材料用量(kg/m³)								
						水	水泥	粉煤灰	砂	小石	中石	大石	减水剂	引气剂
上游防渗层	C_{90}20W8F300	N9	普硅	0.45	45	99	121	99	759	793	529	—	1.760	0.095
上游防渗层	C_{90}20W8F300	N3	中热	0.45	45	97	119	97	773	791	527	—	1.724	0.086
下游坝面	C_{90}20W4F200	N10	普硅	0.50	45	95	105	86	773	808	539	—	1.520	0.076
下游坝面	C_{90}20W4F200	N1	中热	0.50	45	94	103	85	775	810	540	—	1.504	0.086
大坝内部	C_{90}20W4F50	N14	普硅	0.50	55	89	80	98	708	431	575	431	1.424	0.062
大坝内部	C_{90}20W4F50	N6	中热	0.50	55	86	77	95	702	437	583	437	1.376	0.060

四、基础处理设计

(一) 大坝建基面及开挖边坡设计

根据坝址基岩风化卸荷程度等实际情况,结合岩层物理力学指标及混凝土与基岩接触面抗剪断强度指标,河床溢流坝段建基面基本置于弱风化下部至微风化层,两岸挡水坝段建基面置于弱风化中上部,最低建基高程956.50 m。

坝基开挖边坡:微-新岩体1: 0.2~1: 0.3;弱风化岩体1: 0.3~1: 0.5;强风化岩体1: 0.5~1: 0.75。

基坑及边坡应将强风化带、弱风化带及卸荷带挖除,将坝基坐落在弱风化带下部新鲜岩体上。坝基遇断层时,应采将断层挖除,用混凝土塞回填,跨断层铺设钢筋网。

(二) 坝基防渗设计

上游帷幕深度控制在岩层透水率不超过3 Lu,坝基部位主帷幕深度约为60 m以上。右岸坝肩处延伸入右岸230 m,使帷幕延伸至相对隔水层。

在裂隙较发育的部分河床坝段设两排帷幕,在左岸两处垭口部位设置两排帷幕,其余左右岸坝段设置一排帷幕。两排帷幕布置,副帷幕设在上游侧,向上游倾斜5°~10°,主帷幕设在下游侧,垂直布置,主副帷幕孔距均为2.0 m。

(三) 坝基固结灌浆设计

对整个坝基及消力池基础进行固结灌浆。灌浆深度为6 m,消力池基础5 m孔深。基础灌浆布孔范围超出基础轮廓3~6 m,间排距均为3 m,对软弱破碎带采取加密、加深或采取其他的工程措施。固结灌浆在有混凝土覆盖的情况下进行,根据大坝承受的水头及地质情况,确定固结灌浆最大压力$P_{max} = 0.7$ MPa。

(四) 坝坡接触灌浆

为预防坝体混凝土侧向收缩出现张开缝隙,导致渗漏,开挖边坡陡于1: 1的坝基,为防止沿陡坡面渗流,加强混凝土与坝基岩体的结合,陡坡坝体与接触面进行接触灌浆。每个灌区均设有灌浆管路、止浆片和出浆盒,管路通至各灌浆站,灌浆站一般设在坝内廊道。

五、坝体稳定及应力计算

(一) 坝基抗滑稳定及应力分析

根据枢纽布置特点和剖面设计,大坝建基面位于弱风化中部,地质勘察结论表明,坝基地质状况基本相同,选取表孔溢流坝段、底孔坝段、放水兼发电引水坝段、隔墩坝段及河床部位非溢流坝段作为代表性断面计算大坝抗滑稳定和应力。

1. 计算简图

计算简图如图4-1、4-2。

2. 坝体抗滑稳定计算公式

因坝基岩体较好,坝体抗滑稳定按抗剪断强度公式计算:

$$K' = \frac{f' \sum W + C'A}{\sum P}$$

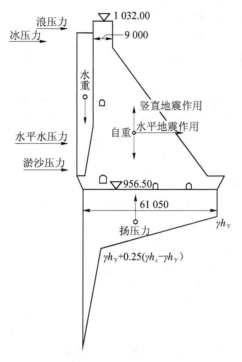

图 4-1 非溢流坝段抗滑稳定计算简图(高程单位:m;尺寸单位:mm)

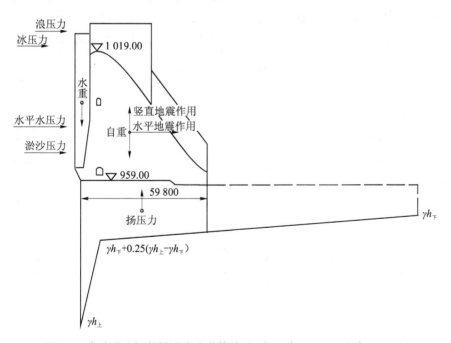

图 4-2 表孔溢流坝段抗滑稳定计算简图(高程单位:m;尺寸单位:mm)

式中 K'——按抗剪断强度计算的抗滑稳定安全系数。相应规范规定:基本组合情况 $K' \geq$
3.0,特殊组合情况 $K' \geq 2.5$;

f'——坝体混凝土与坝基接触面的抗剪断摩擦系数,取 $f' = 0.85$;

C'——坝体混凝土与坝基接触面的抗剪断凝聚力,MPa,取 $C' = 0.8$ MPa;

$\sum W$——作用于坝体上的全部荷载对滑动平面的法向分值,kN;

A——坝基接触面面积,m^2;

$\sum P$——作用于坝体上的全部荷载对滑动平面的切向分值,kN。

坝基应力采用材料力学法,按以下公式计算:

$$\sigma_y = \frac{\sum W}{A} \pm \frac{\sum Mx}{J}$$

式中 σ_y——坝踵、坝趾垂直应力,kPa;

$\sum W$——作用于坝段上或 1 m 宽坝长上全部荷载(包括扬压力,下同)在坝基截面上法向
力的总和,kN;

$\sum M$——作用于坝段上或 1 m 宽坝长上全部荷载对坝基截面形心轴的力矩总和,kN·m;

A——坝段或 1 m 宽坝长的坝基截面积,m;

x——坝基截面上计算点到形心轴的距离,m;

J——坝段或者 1 m 宽坝长的坝基截面对形心轴的惯性矩,m^4。

3. 坝体抗滑稳定及坝基应力计算成果

计算结果见表 4-15、4-16,由计算结果可知,在各种工况下,坝体与坝基岩石接触面抗剪断
安全系数均满足规范要求。

坝体碾压混凝土的极限强度取为 20 MPa。混凝土抗压安全系数基本组合为 4.0,特殊组合
为 3.5,则混凝土容许压应力基本组合为 5.0 MPa,特殊组合为 5.7 MPa。在各种工况下,坝趾
和坝踵均不产生拉应力,压应力值亦小于基岩和混凝土的容许压应力,满足规范要求。

表 4-15 坝体抗滑稳定计算成果表

坝段	计算工况	抗剪断安全系数 K'	抗剪安全系数 K	规范要求值
表孔溢流坝段	正常挡水工况	3.248	1.176	3.0/1.05
	设计洪水位工况	3.512	1.287	3.0/1.05
	冰冻工况	3.233	1.170	3.0/1.05
	校核洪水工况	3.745	1.402	2.5/1.00
	地震工况	2.614	—	2.3
非溢流坝段	正常挡水工况	3.364	1.091	3.0/1.05
	设计洪水位工况	3.247	1.052	3.0/1.05
	冰冻工况	3.349	1.086	3.0/1.05
	校核洪水工况	3.102	1.004	2.5/1.00
	地震工况	2.767	—	2.3

续表 4-15

坝段	计算工况	抗剪断安全系数 K'	抗剪安全系数 K	规范要求值
底孔溢流坝段	正常挡水工况	3.417	1.111	3.0/1.05
	设计洪水位工况	3.242	1.062	3.0/1.05
	冰冻工况	3.401	1.106	3.0/1.05
	校核洪水工况	3.122	1.004	2.5/1.00
	地震工况	2.806	—	2.3
隔墩坝段	正常挡水工况	3.692	1.471	3.0/1.05
	设计洪水位工况	3.273	1.192	3.0/1.05
	冰冻工况	3.433	1.273	3.0/1.05
	校核洪水工况	3.107	1.124	2.5/1.00
	地震工况	2.822	—	2.3
放水兼发电引水坝段	正常挡水工况	3.560	1.264	3.0/1.05
	设计洪水位工况	3.212	1.051	3.0/1.05
	冰冻工况	3.545	1.258	3.0/1.05
	校核洪水工况	3.055	1.007	2.5/1.00
	地震工况	2.861	—	2.3

表 4-16　　　　　　　　　　　　坝基应力计算成果表　　　　　　　　　　　单位:MPa

坝段	计算工况	上游正应力	下游正应力	基岩容许压应力	混凝土容许压应力
表孔溢流坝段	正常挡水	0.423	1.065	3.0	4.9
	设计洪水位	0.308	1.216	3.0	4.9
	冰冻	0.406	1.082	3.0	4.9
	校核洪水	0.195	1.390	3.0	5.7
	完建	1.497	0.458	3.0	5.6
	地震工况	0.116	1.327	3.0	5.6
非溢流坝段	正常挡水	0.477	0.923	3.0	4.9
	设计洪水位	0.423	0.975	3.0	4.9
	冰冻	0.461	0.939	3.0	4.9
	校核洪水	0.360	1.036	3.0	5.6
	完建	1.543	0.201	3.0	5.6
	地震	0.200	1.060	3.0	5.6

坝段	计算工况	上游正应力	下游正应力	基岩容许压应力	砼容许压应力
底孔溢流坝段	正常挡水	0.595	0.812	3.0	4.9
	设计洪水位	0.524	0.827	3.0	4.9
	冰冻	0.579	0.828	3.0	4.9
	校核洪水	0.495	0.885	3.0	5.7
	完建	1.672	0.178	3.0	5.6
	地震工况	0.283	1.040	3.0	5.6
隔墩坝段	正常挡水	0.823	0.970	3.0	4.9
	设计洪水位	0.680	0.825	3.0	4.9
	冰冻	0.739	0.819	3.0	4.9
	校核洪水	0.616	0.871	3.0	5.6
	完建	1.437	0.417	3.0	5.6
	地震	0.204	1.129	3.0	5.6
放水兼发电引水水坝段	正常挡水	0.419	1.222	3.0	4.9
	设计洪水位	0.254	1.148	3.0	4.9
	冰冻	0.404	1.238	3.0	4.9
	校核洪水	0.180	1.203	3.0	5.6
	完建	1.549	0.521	3.0	5.6
	地震	0.091	1.502	3.0	5.6

(二)岸坡坝段坝基抗滑稳定及应力分析

1. 计算方法

计算采用刚体极限平衡法进行稳定分析,计算中假定如下:

(1)假定边坡坝段基底面与平台基岩间的正应力、剪应力在水平面两个方向呈线性分布。

(2)坝基坡面扬压力考虑帷幕、但不考虑排水作用,扬压力水头由上游水头按直线变化降至下游水头。

(3)计算中选取整个坝段进行抗滑稳定计算。

2. 计算结果

左岸 1# 边坡坝段稳定计算结果见表 4-17、4-18。

表 4-17 1#坝段抗滑稳定及坝基应力计算结果

项目		安全系数 K	安全系数 K'	地基应力(kPa)	
				σ_{min}	σ_{max}
正常挡水工况	顺水流方向	1.378	3.442	0.489	0.905
	垂直水流方向	1.231	3.276		
设计洪水位工况	顺水流方向	1.268	3.225	0.436	0.957
	垂直水流方向	1.132	3.082		
冰冻工况	顺水流方向	1.352	3.356	0.473	1.029
	垂直水流方向	1.207	3.196		
校核洪水工况	顺水流方向	1.233	3.213	0.373	0.194
	垂直水流方向	1.101	3.062		
地震工况	顺水流方向	1.218	2.625	0.204	1.129
	垂直水流方向	1.086	2.511		

表 4-18 21#坝段抗滑稳定及坝基应力计算结果

项目		安全系数 K	安全系数 K'	地基应力(kPa)	
				σ_{min}	σ_{max}
正常挡水工况	顺水流方向	1.295	3.289	0.474	0.886
	垂直水流方向	1.197	3.045		
设计洪水位工况	顺水流方向	1.213	3.633	0.423	0.936
	垂直水流方向	1.121	3.362		
冰冻工况	顺水流方向	1.276	3.274	0.458	0.903
	垂直水流方向	1.180	3.031		
校核洪水工况	顺水流方向	1.195	3.950	0.362	0.994
	垂直水流方向	1.106	3.654		
地震工况	顺水流方向	1.183	2.635	0.194	0.186
	垂直水流方向	1.095	2.438		

由计算结果可以看出,1#与21#坝段垂直水流及顺水流方向抗滑都满足规范要求。

(三)坝体层间抗滑稳定及应力分析

1. 计算层面

SETH 水利枢纽碾压混凝土重力坝的最大坝高为 75.5 m,坝基最低高程 956.5 m,根据施工上升层跨及间歇期情况,分别选取了 966.5、975.5、984.5、993.5 m 四个高程进行了层间稳定及应力计算。

2. 计算参数

本次计算采用的抗剪断参数值主要参照同类工程的经验,按正常层面进行抗风险性分析。初步确定坝内碾压混凝土的抗剪断参数为:正常层面 $f' = 1.0$，$c' = 1.1$ MPa;考虑施工质量及间歇期影响,对参数进行适当折减,间歇期层面取 $f' = 0.88$，$c' = 0.97$ MPa,进行抗风险分析。

3. 计算公式

计算方法和公式同坝基抗滑稳定及应力分析。

4. 计算成果与结论

坝体层间抗滑稳定和应力计算成果见表4-19。

表4-19 坝体层间抗滑稳定和应力计算成果

荷载组合			抗滑稳定安全系数 K'	上游面垂直应力（MPa）	下游面垂直应力（MPa）
966.5 m 高程	基本组合	正常蓄水位	5.36	0.64	0.95
		设计洪水位	5.16	0.59	1.00
		冰冻情况	5.33	0.63	0.97
	特殊组合	校核洪水位	4.90	0.53	1.07
		正常水位+地震	4.34	0.36	1.16
		完建期	不滑动	1.42	0.11
		$f' = 1.0, c' = 1.1$ MPa			
975.5 m 高程	基本组合	正常蓄水位	6.04	0.68	0.71
		设计洪水位	5.75	0.63	0.77
		冰冻情况	5.98	0.66	0.74
	特殊组合	校核洪水位	5.42	0.56	0.83
		正常水位+地震	4.85	0.42	0.91
		完建期	不滑动	1.31	0.054
		$f' = 1.0, c' = 1.1$ MPa			
984.5 m 高程	基本组合	正常蓄水位	6.02	0.62	0.58
		设计洪水位	5.68	0.56	0.63
		冰冻情况	5.93	0.59	0.61
	特殊组合	校核洪水位	5.28	0.49	0.70
		正常水位+地震	4.82	0.39	0.75
		完建期	不滑动	1.22	-0.020
		$f' = 0.88, c' = 0.97$ MPa			
993.5 m 高程	基本组合	正常蓄水位	8.34	0.58	0.43
		设计洪水位	7.75	0.53	0.48
		冰冻情况	8.14	0.55	0.47
	特殊组合	校核洪水位	7.10	0.47	0.55
		正常水位+地震	6.62	0.39	0.58
		完建期	不滑动	1.04	-0.027
		$f' = 1.0, c' = 1.1$ MPa			

计算结果显示,随着坝高的不断增加,设计要求的抗剪断强度也随之增加,同时也验证了坝内混凝土的分区形式以及层间抗剪断参数的选取是合理的。

(四)坝体深层抗滑稳定计算

1. 计算方法

计算采用《混凝土重力坝设计规范》(SL 319—2018)中附录 E 的等安全系数法,如图 4-3 所示。

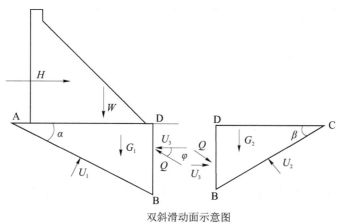

双斜滑动面示意图

图 4-3　缓倾角深层抗滑稳定计算简图

按抗剪断强度公式有:

$$K'_1 = \frac{f'_1\left[(W+G_1)\cos\alpha - H\sin\alpha - Q\sin(\varphi-\alpha) - U_1 + U_3\sin\alpha\right] + c'_1 A_1}{(W+G_1)\sin\alpha + H\cos\alpha - U_3\cos\alpha - Q\cos(\varphi-\alpha)}$$

$$K'_2 = \frac{f'_2\left[G_2\cos\beta - Q\sin(\varphi+\beta) - U_2 + U_3\sin\beta\right] + c'_2 A_2}{Q\cos(\varphi+\beta) - G_2\sin\beta - U_3\cos\beta}$$

式中　K'_1、K'_2、K'——按抗剪断强度计算的抗滑稳定安全系数;

　　　W——作用于坝体上全部荷载(不包括扬压力,下同)的垂直分值,kN;

　　　H——作用于坝体上全部荷载的水平分值,kN;

　　　G_1、G_2——分别为岩体 ABD、BCD 重量的垂直作用力,kN;

　　　f'_1、f'_2——分别为 AB、BC 滑动面的抗剪断摩擦系数,本计算中选取 $f'_1 = f'_2 = 0.7$;

　　　c'_1、c'_2——分别为 AB、BC 滑动面的抗剪断凝聚力,kPa;本计算中选取 $c'_1 = c'_2 = 620$ kPa;

　　　A_1、A_2——分别为 AB、BC 面的面积,m²;

　　　α、β——分别为 AB、BC 面与水平面的夹角,本计算中选取 $\alpha = 15°$、$\beta = 37°$;

　　　U_1、U_2、U_3——分别为 AB、BC、BD 面上的扬压力,kN;

　　　Q、ϕ——分别为 BD 面上的作用力及其与水平面的夹角。夹角 ϕ 值需经论证后选用,从偏于安全考虑 ϕ 可取 0°。

各工况下非溢流坝段深层抗滑稳定安全计算结果见表 4-20。

根据计算结果可知,坝体抗滑稳定安全系数满足要求,但缓倾角结构面浅于 2.5 m,将影响工程安全,考虑安全留有余地,施工期将 2.5 m 之内的部分缓倾角结构面挖除,回填混凝土。

表 4-20   坝体抗滑稳定计算成果表

坝段	计算工况	抗剪断安全系数 K'	规范要求值
8# 溢流 坝段	正常挡水工况	3.054	3.0
	设计洪水位工况	3.006	3.0
	冰冻工况	3.047	3.0
	校核洪水工况	2.925	2.5
	地震工况	2.704	2.3

六、坝体混凝土温控设计

(一) 基本资料

1. 水文资料

SETH 水利枢纽位于新疆阿勒泰地区,多年平均气温 3.6 ℃,极端最高气温 40.9 ℃,极端最低气温 -42.0 ℃。二台站 43 年(1959—1969 年、1975—2006 年)$\phi20$ cm 蒸发皿蒸发资料统计,多年平均蒸发量为 1 571.8 mm;最大年蒸发量为 2 073.5 mm(1965 年),最小年蒸发量为 1 247.7 mm(1987 年),夏半年 4—9 月水面蒸发量为 1 312.9 mm,占年蒸发量的 83.5%,冬半年 10 月—次年 3 月水面蒸发量量为 258.9 mm ,占年蒸发量的 16.5%;最大月蒸发量 265.0 mm,出现在 6 月;最小月蒸发量 18.3 mm,出现在 12 月。二台站气温和降水量统计见表 4-21。

表 4-21   平均气温和降水量统计表

项目	1 月	2 月	3 月	4 月	5 月	6 月	7 月	8 月	9 月	10 月	11 月	12 月	年
平均气温(℃)	-15.3	-11.3	-4	5.9	13.6	18.7	20.2	18.2	11.8	3.7	-6	-12.7	3.6
降水量(mm)	4.1	3.7	5.9	9.1	8.9	13	18.1	11.2	9.1	7.5	9.7	7.4	107.7

2. 基岩混凝土参数指标

基岩混凝土参数指标见表 4-22。

表 4-22   基岩混凝土参数指标

项目	常态混凝土 C20	碾压混凝土 C20
导热系数(kJ/mhK)	6.6	5.4
导温系数(m²/h)	0.002 8	0.002 6
比热(kJ/kg·K)	0.98	0.87
线膨胀系数(×10⁻⁶/K)	6.1	6.1

续表 4-22

项目	常态混凝土	碾压混凝土
	C20	C20
容重（kN/m³）	2 394	2 382
弹模（GPa），t 为龄期	$E_c = 1.36\ln t + 12.48$	$E_c = 3.22\ln t + 6.21$
泊松比	0.167	0.167
极限拉伸（×10⁻⁶）	1.3	1.2
绝热温升	$Q_t = 25.56 \times (1 - e^{-0.830\,1\,t^{0.452\,5}})$	$Q_t = 20.04 \times (1 - e^{-0.808\,2\,t^{0.473\,4}})$

表 4-23 基岩的参数指标

弹模（GPa）	容重（kN/m³）	比热（kJ/kg·K）	放热系数（kJ/m²hK）	导热系数（kJ/mhK）	泊松比	线胀系数（×10⁻⁶/K）
7.5	27.1	0.72	10.8	7.236	0.25	7

表 4-24 胶凝材料水化热试验结果

水泥品种	混凝土类别	各龄期水化热（J/g）							回归分析	
		1d	2d	3d	4d	5d	6d	7d	回归方程式	相关系数
富蕴抗硫水泥+20%粉煤灰	常态	135	182	209	225	238	248	260	$Q_t = 298.21 \times (1 - e^{-0.607\,6\,t^{0.612\,0}})$	0.999 0

表 4-25 单位体积水泥用量采用值 单位:kg/m³

类别	标号	单位体积水泥用量	单位体积粉煤灰用量
常态	C20	154	66
碾压	C20	109	89

3. 保温材料

保温采用聚氨酯硬质泡沫喷涂,施工期冬季在采取保温措施的同时,覆盖保温被,计算中未考虑棉被的保温作用。聚氨酯硬质泡沫喷涂导热系数 0.027 W/(m²·K)

4. 混凝土温度应力允许值

允许拉应力计算公式为:

$$[\sigma] = E\varepsilon_t / K$$

式中 E——混凝土弹性模量;

ε_t——极限拉伸;

K——安全系数。

E 和 ε_t 都与混凝土龄期有关,对于后期混凝土均按龄期 180 d 计算,取 $K = 1.4$。常态混凝土极限拉伸值取 0.85×10^{-4},碾压混凝土极限拉伸值取 0.7×10^{-4}。

C20 常态混凝土允许拉应力为:

$$[\sigma] = E\varepsilon_t/K = 25.5 \times 10^9 \times 0.85 \times 10^{-4}/1.4 = 1.548 \text{ (MPa)}$$

C20 碾压混凝土允许拉应力为:

$$[\sigma] = E\varepsilon_t/K = 25.5 \times 10^9 \times 0.70 \times 10^{-4}/1.4 = 1.275 \text{ (MPa)}$$

(二)坝体稳定温度场计算

稳定温度场计算成果如图 4-4、4-5 所示。

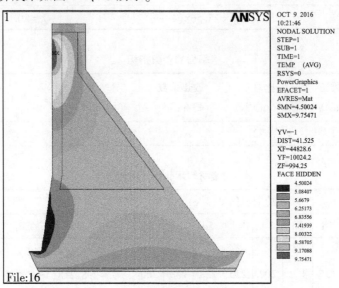

图 4-4　下游无水稳定温度场分布云图

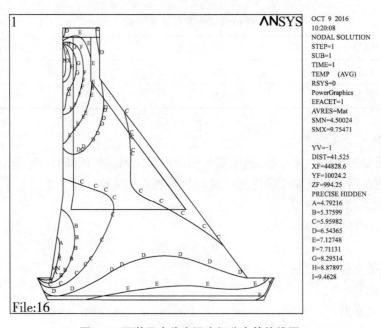

图 4-5　下游无水稳定温度场分布等值线图

(三) 温度控制标准

1. 基础允许温差

基础温差系指建基面 0.4L(L 为浇筑块长边尺寸)高度范围的基础约束区内混凝土的最高温度和该部位稳定温度之差。

当基础约束区混凝土 28 d 龄期的极限拉伸值不低于 0.7×10⁻⁴时,基岩变形模量与混凝土弹性模量相近,薄层连续升高时,其碾压混凝土坝基混凝土允许温差采用表 4-26 规定的数值。

表 4-26 碾压混凝土的基础容许温差

距离基础面高度 h(m)	浇筑块长边长度 L(m)		
	30 m 以下	30~70 m	70 m 至通仓
0~0.2L(强约束区)	15.5 ℃	12 ℃	10 ℃
0.2~0.4L(弱约束区)	17 ℃	14.5 ℃	12 ℃

2. 坝体混凝土各月浇筑温度及允许最高温度

根据坝体稳定温度场计算成果以及基础容许温差,拟定坝体混凝土各月浇筑温度,见表 4-27。

表 4-27 混凝土各月浇筑温度

月份		4	5	6	7	8	9	10
月平均气温		5.9	13.6	18.7	20.2	18.2	11.8	3.7
月浇筑温度(℃)	1 区	自然入仓	自然入仓	15	16	15	自然入仓	自然入仓
	2 区	自然入仓	自然入仓	自然入仓	自然入仓	自然入仓	自然入仓	自然入仓
	3 区	自然入仓	自然入仓	自然入仓	自然入仓	自然入仓	自然入仓	自然入仓
冷却水温度(℃)	1 区	—	—	河水	河水	河水	—	—
	2 区	—	—	河水	河水	河水	—	—
	3 区	—	—	—	—	—	—	—

3. 入仓温度

施工期间,6—8 月份入仓温度取 15~16 ℃,4、5、9 月和 10 月份采取自然入仓,入仓温度计算如下:

$$T_0 = [0.92(m_{ce}T_{ce} + m_{sa}T_{sa} + m_g T_g) + 4.2T_w(m_w - \omega_{sa}m_{sa} - \omega_g m_g) + c_1(\omega_{sa}m_{sa}T_{sa} + \omega_g m_g T_g) - c_2(\omega_{sa}m_{sa} + \omega_g m_g)] \div [4.2m_w + 0.9(m_{ce} + m_{sa} + m_g)]$$

$$T_{B \cdot p} = T_0 + (T_a - T_0)(\theta_1 + \theta_2 + \cdots + \theta_n)$$

式中 T_0——混凝土拌合物的温度,℃;

m_w、m_{ce}、m_{sa}、m_g——水、水泥、砂、石用量,kg;

T_w、T_{ce}、T_{sa}、T_g——水、水泥、砂、石的温度,℃;

ω_{sa}、ω_g——砂、石的含水率,%;

C_1、C_2——水的比热容,kJ/(kg·K);及溶解热,kJ/kg;

$T_{B \cdot P}$——混凝土入仓温度,℃;

T_0——混凝土出机口温度,℃;

T_a——混凝土运输时的气温,℃;

t——运输时间,min;

$\theta_i (i=1,2,3,\cdots n)$——温度回升系数,混凝土装、卸、转运每次 $\theta=0.032$,混凝土运输时, $\theta=A$;A 为混凝土运输过程中温度回升系数;计算中高程 984 m 以下 $\theta_1 + \theta_2 + \cdots + \theta_n$ 取 0.148,高程 984 m 以上 $\theta_1 + \theta_2 + \cdots + \theta_n$ 取 0.120 4。

4. 上、下层温差控制标准

考虑到碾压混凝土的抗裂性能较低,其极限拉伸值小于常态混凝土,在间歇期超过 28 d 的老混凝土面上继续浇筑时,老混凝土面上、下 1/4L 范围内的新浇混凝土平均温度与老混凝土平均温度之差控制标准为不大于 10 ℃。

5. 内外温差控制标准

为了不使碾压和常态混凝土产生太大的表面温度应力,防止发生表面裂缝,必须对混凝土的内外温差进行限制,考虑碾压混凝土早期抗裂性能较常态混凝土为低,早期形成的允许内外温差为 12 ℃,中后期形成的内外温差为 14 ℃。

施工过程中内外温差较难控制,可以控制混凝土最高温度来代替,由此可以得到碾压混凝土允许的最高温度,结合以上要求和仿真计算,并参考当地类似的工程经验,坝体碾压混凝土允许的最高温度见表 4-28。

表 4-28　　　　　　　　　　坝体混凝土允许出现最高温度

时间		4 月	5 月	6 月	7 月	8 月	9 月	10 月
碾压混凝土允许出现最高温度（℃）	1 区	18	20.5	22	22	22	20.5	16
	2 区	20	23	24.5	24.5	24.5	23	18
	3 区	24	32	34	34	34	32	23

注:1 区指基础强约束区,2 区指基础弱约束区,3 区指基础约束区外;对于填塘、陡坡部位的混凝土按照强约束区允许出现的最高温度执行。

(四) 坝体不稳定温度场计算成果分析

1. 浇注方案

方案 A:不采取保温和冷却措施。

方案 B:全程采取保温措施,不采取冷却措施。

方案 C:仅冬季停工期采取保温措施,不采取冷却措施。

方案 D:全程采取保温措施,采取冷却措施。

方案 E:不采取保温措施,采取冷却措施。

根据施工进度安排,对碾压混凝土重力坝进行施工期全过程温度场仿真计算。

经计算坝体各方案最高温度统计见表 4-29～4-31。

表 4-29 各方案坝体沿高程最高温度统计表

高程 z(m)	方案 A		方案 B		方案 C		方案 D		方案 E	
	温度 (℃)	出现时间 (d)	温度 (℃)	出现时间 (d)	温度 (℃)	出现时间 (d)	温度 (℃)	出现时间 (d)	温度 (℃)	出现时间 (d)
956.5	30.26	751	31.08	884	31.04	884	17.58	3	19.77	107
957.5	30.17	723	31.10	884	31.06	884	16.29	13	19.98	107
959.0	30.34	703	31.18	884	31.14	884	19.23	24	20.05	107
960.5	30.56	641	31.31	884	31.27	884	20.31	36	20.31	36
962.0	30.96	549	32.51	59	31.44	867	23.43	48	22.67	48
963.5	32.17	65	32.54	67	34.89	427	24.45	60	24.45	60
965.0	34.35	77	34.87	78	34.86	78	26.67	72	26.67	72
966.5	35.85	88	36.77	89	36.77	89	28.26	83	28.26	83
968.0	36.52	99	37.69	100	37.69	100	28.82	94	28.82	94
969.5	36.96	110	38.26	112	38.26	112	29.23	105	29.23	105
971.0	37.00	121	38.44	123	38.44	123	29.27	116	29.27	116
972.5	37.02	196	38.17	134	38.17	134	28.35	127	28.35	127
974.0	37.57	179	37.88	179	37.88	179	28.22	138	28.22	138
975.5	39.61	162	39.61	162	39.61	162	28.50	150	28.50	150
978.5	35.05	187	36.17	197	36.17	197	23.51	171	23.51	171
981.5	26.92	212	31.09	223	31.09	223	20.05	219	19.98	472
984.5	22.58	779	28.45	884	28.44	884	21.75	884	20.05	472
987.5	23.68	401	28.31	884	28.30	401	27.66	398	23.53	400
990.5	27.41	415	31.57	414	31.57	414	31.54	414	27.40	415
993.5	30.67	429	34.89	427	34.89	427	34.89	427	30.67	429
996.5	32.82	453	36.77	450	36.77	450	36.77	450	32.82	453
999.5	35.87	462	40.07	461	40.07	461	40.07	461	35.87	462
1002.5	36.86	477	41.16	478	41.16	478	41.16	478	36.86	477
1005.5	36.38	502	40.42	504	40.42	504	40.45	504	36.38	502
1008.5	36.53	514	40.72	513	40.72	513	40.72	513	36.53	514
1011.5	34.53	532	39.24	535	39.24	535	39.24	535	34.53	532
1014.5	31.57	544	36.99	549	36.99	549	36.99	549	31.57	544
1017.5	27.73	563	30.59	571	30.59	571	30.59	571	27.73	563
1020.5	23.02	583	26.48	583	26.48	583	26.48	583	23.02	583
1023.5	20.07	837	23.82	746	23.82	746	23.82	746	20.17	837
1027.0	22.94	768	30.96	757	30.96	757	30.96	757	22.94	768
1029.9	28.79	775	28.85	775	28.85	775	28.85	775	28.79	775
1032.0	20.24	837	20.29	837	20.29	837	20.29	837	20.24	837

注:各方案各高程最高温度出现位置均在坝中。

表 4-30 各方案坝体沿高程最低温度统计表

| 高程 | 方案 A | | 方案 B | | 方案 C | | 方案 D | | 方案 E | |
z(m)	温度 (℃)	出现 时间 (d)	温度 (℃)	出现 时间 (d)	温度 (℃)	出现 时间 (d)	温度 (℃)	出现 时间 (d)	温度 (℃)	出现 时间 (d)
956.5	−14.48	656	5.99	1	0.06	579	5.99	1	−14.54	656
957.5	−14.89	656	3.17	3	−0.54	579	2.93	3	−14.92	656
959.0	−15.02	656	5.68	11	−0.59	579	5.45	12	−15.04	656
960.5	−15.15	656	9.14	23	−0.61	579	9.01	24	−15.16	656
962.0	−15.28	656	12.10	35	−0.70	579	9.74	269	−15.28	656
963.5	−14.78	656	13.95	1	11.54	398	11.76	79	−14.86	656
965.0	−14.81	656	17.00	1	17.00	1	12.97	546	−14.89	656
966.5	−14.82	656	17.00	1	17.00	1	13.68	842	−14.90	656
968.0	−14.81	656	17.00	1	17.00	1	14.25	884	−14.89	656
969.5	−14.81	656	17.00	1	17.00	1	14.81	884	−14.89	656
971.0	−14.81	656	17.00	1	17.00	1	15.35	884	−14.89	656
972.5	−14.80	656	17.00	1	17.00	1	15.85	884	−14.89	656
974.0	−14.81	656	17.00	1	17.00	1	16.22	157	−14.89	656
975.5	−14.81	656	15.24	1	15.24	1	15.24	1	−14.88	656
978.5	−14.82	656	11.72	1	11.72	1	11.72	1	−14.88	656
981.5	−14.83	656	6.27	191	6.27	191	6.04	191	−14.91	291
984.5	−14.95	291	−0.43	214	−0.43	214	−0.59	214	−14.98	291
987.5	−14.82	656	3.30	369	3.30	369	3.30	369	−14.86	656
990.5	−14.81	656	7.74	383	7.74	383	7.74	383	−14.83	656
993.5	−14.78	656	11.54	398	11.54	398	11.54	398	−14.79	656
996.5	−14.76	656	14.22	1	14.22	1	14.22	1	−14.76	656
999.5	−14.73	656	17.00	1	17.00	1	17.00	1	−14.73	656
1002.5	−14.71	656	17.00	1	17.00	1	17.00	1	−14.71	656
1 005.5	−14.70	656	17.00	1	17.00	1	17.00	1	−14.70	656
1 008.5	−14.68	656	17.00	1	17.00	1	17.00	1	−14.68	656
1 011.5	−14.69	656	13.21	1	13.21	1	13.21	1	−14.69	656
1 014.5	−14.71	656	10.40	1	10.40	1	10.40	1	−14.71	656
1 017.5	−14.75	656	6.83	1	6.83	1	6.83	1	−14.75	656
1 020.5	−14.89	656	4.55	562	4.55	562	4.55	562	−14.89	656
1 023.5	−15.04	656	−0.44	579	−0.44	579	−0.44	579	−15.04	656
1 027.0	3.68	735	3.69	735	3.69	735	3.69	735	3.68	735
1 029.9	6.83	1	6.83	1	6.83	1	6.83	1	6.83	1
1 032.0	8.59	1	8.59	1	8.59	1	8.59	1	8.59	1

注:各方案各高程最低温度出现位置均在坝体上游或下游面。

表 4-31　　　　　　　　　　坝体各方案越冬层面最低温度统计表

施工方案	984.5 m			1 023.5 m		
	温度(℃)	出现位置	出现时间(d)	温度(℃)	出现位置	出现时间(d)
A	-14.95	下游坝面	291 (2019.1.16)	-15.04	上游坝面	656 (2020.1.16)
B	-0.43	上游坝面	214 (2018.10.31)	-0.44	上游坝面	579 (2019.10.31)
C	-0.43	上游坝面	214 (2018.10.31)	-0.44	上游坝面	579 (2019.10.31)
D	-0.59	坝中	214 (2018.10.31)	-0.44	坝中	579 (2019.10.31)
E	-14.98	下游坝面	291 (2019.1.16)	-15.04	上游坝面	656 (2020.1.16)

从表 4-32～4-37,根据施工期温度场计算成果,经分析可以看出:

(1)在坝体高程 956.5～957.5 m 常态混凝土垫层区,该部分为基础强约束区。按规范要求,当常态混凝土极限拉伸值不低于 $0.85×10^{-4}$,浇筑块长边长度 40 m 以上时,基础强约束区基础容许温差为 14～16 ℃,该部位稳定温度场约为 7.7 ℃,则该部位的最高温度允许达到 21.7～23.7 ℃。

在坝体高程 957.5～968 m 范围内,该部位碾压混凝土位于基础强约束区;按规范要求,当碾压混凝土极限拉伸值不低于 $0.70×10^{-4}$,浇筑块长边长度 30～70 m 时,基础强约束区基础容许温差为 12～14.5 ℃,该部位稳定温度场约为 6.5 ℃,则该部位的最高温度允许达到 18.5～21 ℃。

在坝体高程 968～981.5 m 范围内,该部位碾压混凝土位于基础弱约束区;按规范要求,当碾压混凝土极限拉伸值不低于 $0.70×10^{-4}$,浇筑块长边长度 30～70 m 时,基础强约束区基础容许温差为 14.5～16.5 ℃,该部位稳定温度场约为 6.0 ℃,则该部位的最高温度允许达到 20.5～22.5 ℃。

在坝体高程 981.5～1 032 m 范围内,该部位为非约束区。

(2)方案 A、B、C 不采取冷却措施,基础垫层区最高温度 31 ℃左右,强约束区最高温度 37 ℃左右,弱约束区最高温度 39.61 ℃,非约束区最高温度 41.16 ℃。

方案 D、E 采取冷却措施,基础垫层区最高温度 19.98 ℃,强约束区最高温度 28.82 ℃左右,弱约束区最高温度 29.27 ℃,非约束区最高温度 41.16 ℃。

从温度场计算成果可以看出,埋设冷却水管,浇筑后 3 d 通水,通水 20 d,坝体温度可降低 13 ℃左右,可见采取埋设冷却水管降低坝体温度是有效的。

(3)施工过程中冬季停工两次,停工高程分别在 984.5 m 及 1 023.5 m。

方案 A、E 不采取保温措施,越冬层面最低温度-15 ℃左右,出现在 2019 年 1 月 16 日和 2020 年 1 月 16 日。

方案 B、C、D 采取保温措施,越冬层面最低温度-0.5 ℃左右,出现在 2018 年 10 月 31 日和 2019 年 10 月 31 日,冬季停工前。

(4)坝体表层温度随外界环境温度变化比较明显,坝体内部温度受外界环境温度影响很小,其温度在混凝土浇筑后 1 个月左右达到最高值并开始缓慢下降。

表 4-32

坝体各方案最高温度（℃）统计表

施工方案	基础垫层区			强约束区			弱约束区			非约束区		
	温度（℃）	出现位置 z(m)	出现时间（d）	温度（℃）	出现位置 z(m)	出现时间（d）	温度（℃）	出现位置 z(m)	出现时间（d）	温度（℃）	出现位置 z(m)	出现时间（d）
A	30.26	956.5	751（2020.4.20）	36.52	968	99（2018.7.8）	39.61	975.5	162（2018.9.9）	36.86	1 002.5	477（2019.7.21）
B	31.10	957.5	884（2020.8.31）	37.69	968	100（2018.7.9）	39.61	975.5	162（2018.9.9）	41.16	1 002.5	478（2019.7.22）
C	31.04	957.5	884（2020.8.31）	37.69	968	100（2018.7.9）	39.61	975.5	162（2018.9.9）	41.16	1 002.5	478（2019.7.22）
D	16.29	956.5	3（2018.4.3）	28.82	968	94（2018.7.3）	29.27	971	116（2018.7.25）	41.16	1 002.5	478（2019.7.22）
E	19.98	957.5	107（2018.7.16）	28.82	968	94（2018.7.3）	29.27	971	116（2018.7.25）	36.86	1 002.5	477（2019.7.21）

注：A 无保温无冷却水，B 全年保温无冷却水，C 仅冬季保温无冷却水，D 全年保温通冷却水，E 无保温有冷却水。

表 4-33

各方案坝体沿高程最大拉应力统计表

高程 z(m)	方案 A			方案 B			方案 C			方案 D			方案 E		
	应力值(MPa)	出现时间(d)	出现位置	应力值(MPa)	出现时间(d)	出现位置	应力值(MPa)	出现时间(d)	出现位置	应力值(MPa)	出现时间(d)	出现位置	应力值(MPa)	出现时间(d)	出现位置
956.5	1.93	259	上游坝面	1.26	375	坝中	1.86	375	坝中	0.35	13	上游坝面	1.66	259	下游坝面
957.5	1.49	229	上游坝面	1.02	321	上游坝面	1.91	367	上游坝面	0.74	3	坝中	1.58	259	下游坝面
959	1.74	259	下游坝面	1.53	357	下游坝面	2.61	367	下游坝面	1.07	11	坝中	1.84	259	上游坝面
960.5	2.04	259	上游坝面	1.84	371	上游坝面	3.13	367	上游坝面	1.10	407	坝中	1.73	259	上游坝面
962	1.95	229	上游坝面	1.16	37	上游坝面	3.29	367	上游坝面	1.25	419	坝中	1.35	229	上游坝面
963.5	3.30	259	上游坝面	1.01	483	坝中	1.00	483	坝中	1.22	431	坝中	2.50	259	上游坝面
965	3.47	259	上游坝面	1.09	483	坝中	1.08	483	坝中	1.13	443	坝中	2.61	259	上游坝面
966.5	3.45	259	上游坝面	1.09	507	坝中	1.08	507	坝中	1.02	507	坝中	2.56	259	上游坝面
968	3.41	259	上游坝面	1.06	507	坝中	1.05	507	坝中	0.91	873	坝中	2.48	259	上游坝面
969.5	3.40	259	上游坝面	0.96	97	上游坝面	0.96	97	上游坝面	0.75	883	坝中	2.42	259	上游坝面
971	3.38	261	上游坝面	0.96	107	上游坝面	0.96	107	上游坝面	0.73	105	上游坝面	2.37	261	上游坝面
972.5	3.42	259	上游坝面	0.99	119	上游坝面	0.99	119	上游坝面	0.75	115	上游坝面	2.37	259	上游坝面
974	3.45	253	上游坝面	1.01	129	上游坝面	1.01	129	上游坝面	0.74	127	上游坝面	2.35	253	上游坝面
975.5	3.36	253	下游坝面	1.05	141	上游坝面	1.05	141	上游坝面	0.80	137	下游坝面	2.38	287	上游坝面
978.5	3.78	283	下游坝面	1.59	157	上游坝面	1.60	157	上游坝面	1.20	151	上游坝面	3.01	287	下游坝面
981.5	3.66	259	下游坝面	1.70	181	上游坝面	1.70	181	上游坝面	1.24	171	上游坝面	2.60	289	下游坝面

续表 4-33

高程 z(m)	方案 A			方案 B			方案 C			方案 D			方案 E		
	应力值 (MPa)	出现时间 (d)	出现位置	应力值 (MPa)	出现时间 (d)	出现位置	应力值 (MPa)	出现时间 (d)	出现位置	应力值 (MPa)	出现时间 (d)	出现位置	应力值 (MPa)	出现时间 (d)	出现位置
984.5	3.23	665	下游坝面	1.90	213	下游坝面	1.90	213	下游坝面	1.38	195	上游坝面	2.28	643	下游坝面
987.5	3.16	655	下游坝面	1.64	373	下游坝面	1.64	373	下游坝面	1.60	371	下游坝面	2.49	649	下游坝面
990.5	3.11	655	下游坝面	1.44	387	下游坝面	1.44	387	下游坝面	1.44	387	下游坝面	2.60	623	上游坝面
993.5	3.19	655	下游坝面	1.33	403	下游坝面	1.33	403	下游坝面	1.32	403	下游坝面	2.87	623	上游坝面
996.5	3.24	655	下游坝面	1.31	421	下游坝面	1.31	421	下游坝面	1.31	421	下游坝面	3.03	623	上游坝面
999.5	3.47	623	上游坝面	1.25	435	上游坝面	1.25	435	下游坝面	1.25	435	下游坝面	3.31	623	上游坝面
1 002.5	3.69	623	上游坝面	1.34	453	上游坝面	1.34	453	下游坝面	1.34	453	下游坝面	3.57	623	上游坝面
1 005.5	3.76	623	上游坝面	1.35	471	上游坝面	1.35	471	下游坝面	1.35	471	下游坝面	3.63	623	上游坝面
1 008.5	3.91	623	上游坝面	1.35	487	上游坝面	1.35	487	下游坝面	1.35	487	下游坝面	3.82	623	上游坝面
1 011.5	3.94	623	上游坝面	1.45	507	上游坝面	1.45	507	下游坝面	1.47	507	下游坝面	3.90	623	上游坝面
1 014.5	3.82	623	下游坝面	1.50	523	下游坝面	1.50	523	下游坝面	1.50	523	下游坝面	3.75	623	上游坝面
1 017.5	3.99	625	下游坝面	1.62	545	上游坝面	1.62	545	上游坝面	1.62	545	上游坝面	3.39	625	下游坝面
1 020.5	2.86	595	下游坝面	1.75	563	下游坝面	1.75	563	下游坝面	1.75	563	下游坝面	2.64	593	下游坝面
1 023.5	1.78	595	坝中	1.83	579	上游坝面	1.83	579	上游坝面	1.83	579	上游坝面	1.77	595	坝中
1 027	2.13	755	上游坝面	1.45	739	坝中	1.45	739	坝中	1.45	739	坝中	2.15	755	上游坝面
1 029.9	1.29	771	下游坝面	1.32	755	上游坝面	1.32	755	上游坝面	1.32	755	上游坝面	1.13	771	下游坝面
1 032	1.51	773	坝中	1.47	773	坝中	1.47	773	坝中	1.47	773	坝中	1.39	773	坝中

表 4-34

各方案坝体中心线沿高程最大拉应力统计表

高程 z(m)	方案 A		方案 B		方案 C		方案 D		方案 E	
	应力值(MPa)	出现时间(d)	应力值(MPa)	出现时间(d)	应力值(MPa)	出现时间(d)	应力值(MPa)	出现时间(d)	应力值(MPa)	出现时间(d)
956.5	0.44	375	1.26	375	1.86	375	0.03	15	1.09	375
957.5	0.82	3	0.82	3	0.82	3	0.74	3	1.04	383
959	1.41	395	1.21	13	1.26	395	1.07	11	1.14	395
960.5	1.25	407	1.16	25	1.20	407	1.10	407	1.13	407
962	1.06	37	1.06	37	1.08	419	1.25	419	1.09	419
963.5	0.99	431	1.01	483	1.00	483	1.22	431	1.01	431
965	1.02	443	1.09	483	1.08	483	1.13	443	0.94	443
966.5	0.95	453	1.09	507	1.08	507	1.02	507	0.88	507
968	0.84	175	1.06	507	1.05	507	0.91	873	0.84	507
969.5	0.75	95	0.95	507	0.94	507	0.75	883	0.81	507
971	0.75	107	0.86	579	0.85	519	0.64	105	0.76	519
972.5	0.76	117	0.76	117	0.76	117	0.65	115	0.73	519
974	0.78	129	0.78	129	0.78	129	0.63	127	0.74	327
975.5	0.80	139	0.80	139	0.80	139	0.69	137	0.79	527
978.5	1.55	159	1.55	159	1.55	159	1.10	151	1.05	543
981.5	1.62	179	1.61	179	1.61	179	1.23	171	1.18	565
984.5	2.25	289	1.68	213	1.68	213	1.31	213	1.72	289

续表 4-34

高程 z(m)	方案 A 应力值 (MPa)	方案 A 出现时间 (d)	方案 B 应力值 (MPa)	方案 B 出现时间 (d)	方案 C 应力值 (MPa)	方案 C 出现时间 (d)	方案 D 应力值 (MPa)	方案 D 出现时间 (d)	方案 E 应力值 (MPa)	方案 E 出现时间 (d)
987.5	1.38	371	1.43	371	1.43	371	1.41	371	1.41	483
990.5	1.23	387	1.23	387	1.23	387	1.23	387	1.62	483
993.5	1.09	403	1.22	785	1.22	785	1.25	785	1.74	499
996.5	1.00	421	1.16	807	1.16	807	1.16	807	1.60	501
999.5	0.96	435	1.17	825	1.17	825	1.16	827	1.56	517
1 002.5	1.02	453	1.07	839	1.07	839	1.05	839	1.65	867
1 005.5	0.95	471	0.96	471	0.96	471	0.95	473	1.60	867
1 008.5	1.03	489	1.05	489	1.05	489	1.05	489	1.62	871
1 011.5	1.16	511	1.18	511	1.18	511	1.19	507	1.52	869
1 014.5	1.32	527	1.28	527	1.28	527	1.28	527	1.37	869
1 017.5	1.59	545	1.47	545	1.47	545	1.47	545	1.55	545
1 020.5	1.59	561	1.53	561	1.53	561	1.53	561	1.56	561
1 023.5	1.78	595	1.73	579	1.73	579	1.73	579	1.77	595
1 027	1.25	737	1.45	739	1.45	739	1.45	739	1.15	737
1 029.9	1.28	771	1.31	757	1.31	757	1.31	757	1.12	771
1 032	1.51	773	1.47	773	1.47	773	1.47	773	1.39	773

表 4-35

常态混凝土 C20 部分最大拉应力统计表

方案	应力值（MPa）	出现时间（d）	高程（m）	出现位置
A	1.93	259（2018.12.15）	956.5	上游坝面
B	1.47	773（2020.5.12）	1 032	坝中
C	1.86	375（2019.4.10）	956.5	坝中
D	1.47	773（2020.5.12）	1 032	坝中
E	1.66	259（2018.12.15）	956.5	下游坝面

表 4-36

碾压混凝土 C20 部分最大拉应力统计表

方案	应力值（MPa）	出现时间（d）	高程（m）	出现位置
A	3.99	625（2019.12.16）	1 017.5	下游坝面
B	1.90	213（2018.10.30）	984.5	下游坝面
C	3.29	367（2019.4.2）	962	上游坝面
D	1.83	579（2019.10.31）	1 023.5	上游坝面
E	3.90	623（2019.12.14）	1 011.5	上游坝面

表 4-37

各方案越冬层面最大拉应力统计表

高程 z(m)	方案 A			方案 B			方案 C			方案 D			方案 E		
	应力值（MPa）	出现时间（d）	出现位置	应力值（MPa）	出现时间（d）	出现位置	应力值（MPa）	出现时间（d）	出现位置	应力值（MPa）	出现时间（d）	出现位置	应力值（MPa）	出现时间（d）	出现位置
984.5	3.23	665	下游坝面	1.90	213	下游坝面	1.90	213	下游坝面	1.38	195	上游坝面	2.28	643	下游坝面
1 023.5	1.78	595	坝中	1.83	579	上游坝面	1.83	579	上游坝面	1.83	579	上游坝面	1.77	595	坝中

（5）采取保温材料进行保温，上游坝面喷涂 10 cm 厚聚氨酯硬质泡沫，保温后的等效热价换系数 $\beta_s = 0.961\,2$ kJ/(m²·h·K)，下游坝面喷涂 8 cm 聚氨酯硬质泡沫，保温后的等效热价换系数 $\beta_s = 1.198\,8$ kJ/(m²·h·K)，混凝土浇筑初凝后开始保温，全年保温。经温控仿真计算，坝体温度和应力情况将得到改善，可见喷涂 8 cm/10 cm 聚氨酯硬质泡沫材料进行保温是有效的。

（五）坝体应力场计算成果分析

根据温度场计算结果，对碾压混凝土重力坝进行了施工期全过程温度徐变应力场仿真计算。

（1）常态混凝土 C20 允许拉应力值 1.548 MPa。方案 B、D 全程保温，常态混凝土部分最大拉应力 1.47 MPa 满足要求。方案 A、C、E 不采取保温措施或仅冬季采取保温措施，常态混凝土部分最大拉应力 1.66~1.93 MPa，不满足要求。

（2）碾压混凝土 C20 允许拉应力值 1.275 MPa。方案 A、E 不采取保温措施，最大拉应力达 3.99 MPa。方案 C 仅冬季采取保温措施，最大拉应力达 3.29 MPa。方案 B 全程保温不采取冷却措施，最大拉应力 1.90 MPa，出现在弱约束区与非约束区交界层，且是第一次越冬面。方案 D 全程保温且采取冷却措施，最大拉应力 1.83 MPa，出现在非约束区，且是第二次越冬面。

（3）坝体因为在冬季无法施工长时间停歇而造成越冬面，坝体在高程 984.5 m（2018-11-01—2019-03-31）长间歇和 1023.5 m（2019-11-01—2020-03-31）长间歇时，坝体的温度应力较大。坝体长间歇层面部位出现较大的拉应力区的主要原因是：在坝址区，由于冬季长时间停歇而造成越冬面，产生过大的上下层温差，加之内标温差的作用，在越冬面出现较大的拉应力。

（4）坝体温度应力沿坝高的分布与温度场的分布基本相吻合，高温区温度应力大，低温区温度力相对较小。

（5）从不同高程水平截面应力包络图可以看出：坝体表面应力较大，坝体内部应力较小。

（六）温控措施

根据本次温控仿真计算成果、坝体施工进度安排及坝址区气候条件，提出如下温控措施：

（1）在满足混凝土设计强度前提下，优化混凝土配合比，减少发热量，降低混凝土的绝热温升。

（2）混凝土施工期一般在每年的 4—10 月，冬季停止混凝土施工。为节省温控费用，需合理安排施工进度。施工面积大的混凝土尽量安排在一天的低温时段施工，在高温季节浇筑混凝土时，建议采取以下措施降低混凝土温升：①混凝土骨料约占每方混凝土比重的 90%，因此，骨料的温控对于降低混凝土的出机口温度至关重要。可在骨料场料堆顶上搭设凉棚，挡住直射阳光，减少阳光直射引起骨料的温升。②可以增加堆料高度，各料场应尽量多储备骨料以加大成品堆料高度，要求堆料有适当的高度。建立制冷场，采用在储料仓内风冷粗骨料的方法，以有效降低混凝土浇筑温度。③对散装水泥、粉煤灰要求用储存罐储存，水泥、粉煤灰罐要表面涂刷白色漆并用白色帆布外包，以反射阳光，减少储存罐的吸热率。混凝土运输过程中自卸汽车混凝土运输过程中加盖保温设施，由专人负责保温设施覆盖，并减少运转次数。加强混凝土运输的施工组织与管理，加快混凝土入仓及覆盖速度，缩短混凝土暴露时间。④在混凝土内埋设冷却水管，在上覆混凝土浇筑 3 d 后，开始通水对混凝土进行冷却降温，连续通水 20 d 为一个时段。尽量避开白天中午阳光直射的施工时段，利用早晚和夜间低温时段浇筑混凝土。提高混凝土入仓强度，及时摊铺及时碾压及时保温，尽量缩短上下层结合间隔时间。

（3）对于温度较高超过规范约束区容许温差要求，在该区域应采取如预冷混凝土骨料、对碾压混凝土进行仓面喷雾及加强保温等其他多种温控措施以将最高温度控制在允许范围内。

（4）大坝越冬保护措施。碾压混凝土由于大量掺加粉煤灰，水化热散发延迟，且通仓浇筑，层面短间歇，散热不多，造成坝体达到稳定温度场需数十年之久。在漫长的降温过程中遇到冬季长间歇混凝土停浇，会造成混凝土内外温差过大，其上下游面会出现较大的拉应力。本工程施工期为每年4—10月，11月进入停工期，此时混凝土浇筑龄期短，强度低，而内部水化热温升导致坝体内外温差很大。坝体上游、下游面采取喷涂10、8 cm厚聚氨酯泡沫作为永久保温措施。在2018年11月至2019年3月坝面高程984.5 m铺设5层2 cm厚聚聚氨酯泡沫作为临时保温措施，具体做法：首先在越冬层面上铺设防水彩条布，在其上喷涂厚2 cm的聚氨酯泡沫；待聚氨酯泡沫成型硬化后，在其上铺设一层防水彩条布，再喷涂2 cm聚氨酯泡沫，重复上述步骤，直至铺设5层为止。在2019年11月至2020年3月坝面高程1 023.5 m铺设5层2 cm厚聚氨酯泡沫作为临时保温措施。

（5）上游面配置温度钢筋。

七、坝体抗震设计

根据《中国地震动参数区划图》（GB 18306—2015），工程区地震动反应谱特征周期为0.45 s，地震动峰值加速度为0.20g，相当于地震基本烈度Ⅷ度。本工程主要建筑物的地震设计烈度采用工程区地震基本烈度即Ⅷ设计。

本工程最大坝高75.50 m，坝体需要做抗震设计。

（一）坝体有限元计算

选取非溢流坝段（15#坝段）、底孔坝段（10#坝段）及表孔坝段（11#坝段）进行三维有限元计算。

1. 计算原理

进行坝体、岩体整体三维有限元计算分析。计算单元采用八结点三维实体单元、接触单元及质量元计算。

2. 计算模型、单元剖分

假定模型沿坝体上下游方向为x方向，顺水流向为正方向；平行坝轴线方向为y方向，指向左岸为正方向；铅垂方向为z方向，垂直向上为正方向。

（二）计算成果

重力坝10#坝段、11#坝段及15#坝段各工况坝体主应力最大等值线区域值、最大值及其位置见表4-38~4-40。表中应力均以拉应力为正；压应力为负，单位为MPa。

表4-38　　　　10#坝段各工况最大等值线区域值、极值及其位置表　　　　单位：MPa

工况	第1主应力			第3主应力		
	大部分区域	最大	位置及说明	大部分区域	最大	位置及说明
工况1	−0.33~0.005	0.34	最大拉应力位于上游坝踵和底孔处，拉应力区宽度小于坝底宽度的0.07倍	−0.21~−1.29	−3.44	最大压应力位于底孔油泵房侧墙折角处
工况2	−0.36~−0.004	0.37		−0.25~−1.48	−3.94	
工况3	−0.29~0.09	0.47		−0.25~−1.39	−3.66	

表 4-39　　　　　　　　11#坝段各工况最大等值线区域值、极值及其位置表　　　　　　　单位:MPa

工况	第 1 主应力			第 3 主应力		
	大部分区域	最大	位置及说明	大部分区域	最大	位置及说明
工况 1	-0.16～-0.04	0.09	最大拉应力位于上游坝踵及边墙处,拉应力区宽度小于坝底宽度的 0.07 倍	-0.26～-1.24	-3.21	最大压应力位于下游边墙折角处
工况 2	-0.12～0.03	0.18		-0.28～-1.36	-3.51	
工况 3	-0.14～0.29	0.51		-0.31～-1.45	-3.72	

表 4-40　　　　　　　　15#坝段各工况最大等值线区域值、极值及其位置表　　　　　　　单位:MPa

工况	第 1 主应力			第 3 主应力		
	大部分区域	最大	位置及说明	大部分区域	最大	位置及说明
工况 1	-0.21～-0.08	0.32	最大拉应力在上游坝踵,拉应力区宽度小于坝底宽度的 0.07 倍	-0.36～-1.76	-3.17	最大压应力位于下游坝趾处
工况 2	-0.09～0.05	0.49		-0.39～-1.91	-3.43	
工况 3	-0.17～0.27	0.73		-0.38～-1.88	-3.38	

坝体碾压混凝土的极限强度取为 20 MPa。混凝土抗压安全系数基本组合为 4.0,特殊组合为 3.5,则混凝土容许压应力基本组合为 5 MPa,特殊组合为 5.7 MPa。在各种工况下,坝踵有局部拉应力,但范围很小,满足规范要求。坝体各工况压应力值亦小于基岩和混凝土的容许压应力,满足规范要求。根据上述有限元计算结果,并类比国内已建工程的抗震检测资料以及科研成果。碾压混凝土重力坝遇地震时,坝体的垂直向地震动应力发生较大损伤的部位主要为下游折坡处、靠近下游折坡处的坝面、上游坝踵以及上游折坡处。坝体水平地震动应力自上游向下游逐渐增大,坝址附近水平动应力最大,下游折坡处和坝踵部位的水平向动应力也较大,这些部位的拉应力一般都超过混凝土的抗拉强度,引起坝面开裂。因此,对这 3 个部位进行加强,具体措施如下:

(1)在坝顶下游折坡处,采用贴角混凝土的方式对该部位加强。

(2)在上游折坡处、下游折坡处布置钢筋,以防止在地震荷载作用下产生的裂缝进一步发展;

(3)河床部位坝缝处止水采用两道铜片止水+一道橡胶止水带,相应的止水铜鼻子加大。

八、导流底孔坝段有限元计算

(一)计算条件

左岸 8#挡水坝段底部 971.00 m 高程的 8.0 m×5.0 m 底孔为施工导流专用,无永久用途,属临时性水工泄水建筑物。因孔口较大,且属于宽扁形状,为确定坝体结构应力情况,选取底孔导流坝段(8#坝段)进行三维有限元计算。

1. 计算原理

进行坝体、岩体整体三维有限元计算分析。计算单元采用八结点三维实体单元、接触单元及质量元计算。

2. 计算模型、单元剖分

假定模型沿坝体上下游方向为 x 方向,顺水流向为正方向;平行坝轴线方向为 y 方向,指向左岸为正方向;铅垂方向为 z 方向,垂直向上为正方向。

(二)计算成果

重力坝 8# 坝段各工况坝体主应力最大等值线区域值、最大值及其位置见表 4-41。表中应力均以拉应力为正;压应力为负,单位为 MPa。

表 4-41   8# 坝段各工况最大等值线区域值、极值及其位置表   单位:MPa

工况	第 1 主应力			第 3 主应力		
	大部分区域	最大	位置及说明	大部分区域	最大	位置及说明
工况 1	-0.16~0.41	0.41	最大拉应力在上游闸墩与坝体连接位置附近	-0.33~-2.39	-2.39	最大压应力在上游闸墩位置附近
工况 2	-0.15~-0.42	0.42		-0.13~-2.25	-2.25	
工况 3	-0.03~-0.35	0.35		-0.43~-2.91	-2.91	

8# 坝段正常组合最大主拉应力位于在上游闸墩与坝体连接位置附近,最大等值线值为 0.42 MPa;最大主压应力值位于在上游闸墩位置附近,最大等值线为 -2.39Pa。荷载特殊组合中,蓄水位 1+地震工况最大主拉应力值在上游闸墩与坝体连接位置附近,第 1 主应力最大等值线值分别为 0.35 MPa,最大主压应力值位于在上游闸墩位置附近,最大等值线为 -2.91Pa。

九、导流底孔封堵

左岸 8# 挡水坝段底部 971.00 m 高程的 1-8.0 m×5.0 m 底孔为施工导流专用,无永久用途,属临时性水工泄水建筑物,其级别为 4 级,在完成导流泄水任务后将用混凝土进行封堵。

导流底孔堵头为永久性水工挡水建筑物,与大坝具有同样的作用和同等的重要性,其级别为 2 级。

(一)堵头运用条件

混凝土堵头的最小长度取决于挡水水头,按最高水位(1 000 年一遇校核洪水位)1 029.94 m,即最大水头 58.94 m。

(二)封堵堵头长度

混凝土堵头的最小长度取决于其挡水水头,其长度必须满足在设计水头的总推力作用下保持稳定。最小长度可根据极限平衡条件由下式求出,计算公式如下:

$$P = L(A \cdot r \cdot f / k_1 + S \cdot \lambda \cdot C / k_2)$$ (参见《施工组织设计手册》2-8-241)

式中　L——封堵混凝土堵头的最小长度,m;

　　　k_1——摩擦力的安全系数,一般为 1.05~1.15,在此取 1.1;

k_2——凝聚力的安全系数,一般为 4.0~6.0,在此取 5.0;

P——作用水头之推力,t;

A——底孔的断面积,$A=40 \, m^2$;

r——混凝土的容重,在此取 2.4 t/m^3;

f——混凝土与混凝土的摩擦系数,$f=1.1$;

S——底孔的断面周长,$S=13 \, m$;

λ——抗剪断面积有效系数,一般为 0.70~0.75,在此取 0.70;

C——混凝土与岩石(混凝土与混凝土)接触面的抗剪断凝聚力,$C=1.3 \, MPa$。

计算得保持稳定所需的封堵混凝土堵头的最小长度为 8.0 m。

按照水工专业的相关要求,在确保坝体稳定和工程安全的前提下,导流底孔为全长封堵,其封堵长度为 40 m。

(三)堵头结构设计

堵头混凝土采用常态二级配微膨胀混凝土,标号 $C_{28}20W8F300$,浇筑段长 40 m。

为使堵头混凝土与导流底孔顶拱及边墙混凝土之间的接缝有良好粘结性,对底孔周边原结构混凝土保护层做凿毛处理。

堵头混凝土浇筑在第 4 年 4 月中开始,在第 4 年 5 月初浇筑完毕,第 4 年 5 月底混凝土堵头初步具备挡水条件。为防止产生温度裂缝,根据温控计算结果,查的此时导流底孔周边混凝土温度约为 5.5 ℃,新老混凝土温差不大于 20 ℃,确定此时堵头混凝土的最高温升为 25.5 ℃。通过计算可知,4 月份混凝土出机口温度约为 6.0 ℃,4 月份平均气温 5.9 ℃,考虑运输过程中的温度损失,取入仓温度为 5.9 ℃。考虑常态混凝土 $C_{28}20W8F300$ 最高绝热温升约为 25.5 ℃,浇筑后堵头混凝土的最高温度将达到 31.4 ℃,因堵头混凝土的处于导流底孔内部,无散热面,故不能满足温控要求。需要埋设冷却水管进行通水冷却,冷却水管布置平行坝轴线呈梅花形,按 1.5 m(浇筑层厚)×1.5 m(间距)布置。仓面蛇形水管距上游坝面 2.0~2.5 m,距离下游坝面 2.5~3.0 m,距离横缝、坝体孔及洞周边 1.5~2.0 m,单根水管长度不大于 200 m。

冷却水管采用直径 32 mm 的高密度聚乙烯管,壁厚 2.15 mm,导热系数大于 1.6 kJ/(m·h·K)。初期通水采用河水冷却,水管通水流量约为 18~20 L/min,混凝土温度和水温之差应不超过 22 ℃,冷却时混凝土日降温幅度不应超过 0.6~1 ℃,水流方向每半天改变 1 次,使混凝土块体均匀冷却。

混凝土通水当出水温度达到 24~26 ℃时且通水时间超过 10 d,即可闷温,闷温时间 3~5 d;当闷温不超过 25.5 ℃时可结束通水。

导流底孔堵头分层浇筑,分层厚度为 2.0 m。

回填灌浆在整个导流洞洞顶范围内进行,堵头混凝土浇筑时,在导流洞顶部预埋 $\phi76$ mm 的 PVC 回填灌浆管,待堵头混凝土达到设计强度 70% 时,对顶部进行回填灌浆。灌浆压力取 0.3~0.4 MPa。为防止漏浆,在堵头中间及前后两端的堵头混凝土与周边混凝土之间各设止水(浆)片 1 道。

接缝(触)灌浆在堵头混凝土温度降至或接近稳定温度后实施,并在堵头承受荷载之前完成。灌浆压力取 0.3~0.5 MPa

为检测堵头工作情况,在堵头内埋设无应力计、无应力套筒、温度计、测缝计、水工电缆、电缆保护管等观测仪器。

（四）堵头施工安排

导流底孔下闸选择在第 3 年 11 月初。堵头混凝土浇筑在第 4 年 4 月中开始，在第 4 年 5 月初浇筑完毕，第 4 年 5 月底混凝土堵头初步具备挡水条件。

（五）临时生态放水管封堵

坝下 DN1 600 mm 临时生态放水管封堵长度根据水工专业的相关要求亦为（坝内部分）全长封堵，长度约为 40 m。

埋管封堵控制闸阀室布置在坝内，大坝灌浆廊道上方，采用人工操作。坝下埋管封堵工作面位于坝后明渠内，需要人工开挖。

埋管封堵回填灌浆等要求同导流底孔封堵。

第四节　泄水建筑物设计

SETH 水利枢纽工程等级为 Ⅱ 等，工程规模为大（2）型，泄水建筑物为 2 级建筑物。设计洪水标准为 100 年一遇，最大下泄流量 $Q=726\ \text{m}^3/\text{s}$，校核洪水标准为 1 000 年一遇，最大下泄流量 $Q=1\ 056\ \text{m}^3/\text{s}$。

一、运行方式

防洪调度运行方式：

（1）当入库洪水小于 20 年一遇水库安全控泄流量 395 m^3/s，且小于泄流建筑物泄流能力时，自由泄流，库水位保持在正常蓄水位。

（2）当入库洪水大于 20 年一遇水库安全控泄流量 395 m^3/s 时，控制水库下泄流量为 395 m^3/s，水库滞洪，库水位升高；当水库水位达到 20 年一遇防洪高水位 1 027.88 m 时，若库水位继续升高，控制水库下泄流量为水库 30 年一遇控泄流量 479 m^3/s，直至水库达到 30 年一遇防洪高水位 1 028.24 m。

（3）当水库水位达到 30 年一遇防洪高水位 1 028.24 m 时，若入库流量小于库水位最大泄量，水库控制泄量使出库流量不大于入库流量，不造成人造洪峰影响下游河道安全；当入库流量大于库水位相应泄量时，水库敞泄。

（4）本工程泥沙含量较少，并且考虑生态放水一般下放表层水的要求，在 30 年一遇洪水以下只开表孔，下放表层洪水，表孔局开控泄；在 30 年一遇洪水以上，底孔和表孔均下泄洪水，考虑运行和调度方便，底孔全开，表孔局开控泄；在不造成人造洪峰情况下，500 年一遇洪水以上底、表孔全开下泄洪水；考虑工程调度运行安全，底孔应适机打开或检修，满足工程安全运用要求。

二、型式选择

（一）底孔设置及孔口尺寸

根据水库防洪调度运行方式，枢纽需要采用表、底孔联合泄洪；坝址区地震设计烈度为Ⅷ度，需考虑水库放空;死水位 986 m 时,需要从底孔为下游提供工业及农业用水,用水量约 55 m³/s。综上所述,需设置底孔。

综合底孔运行条件和要求,最终确定底孔出口孔口尺寸为 3 m×4 m,满足以上要求。经计算,利用底孔单独放空 1 019m 至底孔高程库容时,放空时间为 38 d,满足工程安全要求。

(二)表底孔布置型式及表孔尺寸选择

根据本工程的泄水规模,表孔选择金属结构制作、安装容易,运行管理灵活,安全性高的一孔型式。根据计算,表孔尺寸为 1 m×10 m。

(三)堰顶高程确定

经综合比选,确定堰顶高程为 1 019 m。

(四)消能工消能方式确定

消能型式的选择遵循消能充分、流态好并与下游水位衔接平顺,对河床及两岸冲刷小,并利于检修的原则。本工程坝基岩体较好,应优先采用挑流消能,但经初步计算,采用常规(15°~35°)的 18.0°挑角的连续挑坎时,设计洪水工况时表孔泄流挑距为 85 m,冲坑深度 15 m。冲坑位置位于鱼道诱鱼进口附近,对过鱼建筑物产生影响,采用底流消能对下游诱鱼口的影响小,远低于挑流消能对诱鱼口的影响;采用挑流时冲坑影响电站厂房;挑射水流淘刷下游岸坡,可能使其滑塌,堵塞下游河道。河床挡水坝段最大坝高 75.5 m,介于高坝和中坝分界部位,工程采用底流消能,可使下游水流流态稳定;采用底流消能,减少了冬季泄水雾化结冰对建筑物产生的危害,如采用挑流消能,在冬季运行时,建筑物边壁容易产生冰凌,对建筑物产生危害,影响建筑物发挥正常功能;本工程采用坝后式厂房,与表孔坝段并排于河床部位,采用底流消能可以将泄洪雾化对厂房的影响降到最低。综上所述,本工程泄水建筑物推荐采用底流消能方式。

(五)表孔结构型式

溢流表孔坝段宽度为 18.0 m,表孔为开敞式溢流孔,主要承担泄洪任务,采用 WES 实用堰堰型,堰顶高程为 1 019.0 m,堰顶上游曲线采用 1/4 椭圆曲线,方程为 $x^2/2.782+y^2/1.572=1$。为便于闸门布置,堰顶设 0.716 m 水平直线段,下游是 WES 幂曲线,方程为 $y=0.075\,5x^{1.85}$,下游坝面坡度为 1:0.75,反弧段半径为 20.0 m,与溢流坝面和消力池底板相切。表孔设置 1 孔,净宽为 10.0 m,边墩厚 4.0 m,下游导墙厚 2.5 m。表孔设平板检修闸门及弧形工作闸门,检修闸门由坝顶门机控制,工作闸门采用液压启闭机控制,油泵站设在表孔外侧坝段的坝顶。表孔堰顶设 1 跨净跨为 10.0 m 的预制 T 型梁桥,桥面高程为 1 032.0 m、宽为 5.0 m。

(六)底孔结构型式

底孔为泄洪设施,采用弧形工作闸门的有压坝体泄水孔型式,孔长(水平投影)约 30.56 m,进口孔口尺寸为 3.0 m×5.6 m,出口孔口尺寸为 3.0 m×4.0 m,考虑到死水位 986.0 m 时,下游工农业用水 55 m³/s,根据规范计算的最小淹没深度为 4.26 m,进口底坎高程取为 976.0 m,进口淹没深度为 4.4 m。底孔进口顶部采用椭圆曲线,其方程为 $x^2/5.62+y^2/1.92=1$,侧面采用半径为 1.5 m 的圆弧曲线,下缘采用半径为 1.5 m 的圆弧曲线,其后设置一道平板事故检修闸门,门槽处的孔口高度为 5.6 m。闸门槽后底部接抛物线段,方程为 $y=0.025x^2$,其后采用长约 18.3 m 的有压斜坡段连接到弧门处,斜坡坡度 1:4;为消除出口处的负压,顶部采用 1:3.392 9 全程压坡。检修门与工作门之间的洞段采用全断面钢板衬护,以降低坝体渗透压力,减少渗透量。出口后底孔宽度由 3 m 扩散到消力池处变为 10 m,与消力池底的连接采用半径为 20.0 m

的圆弧曲线。底孔进口检修闸门由坝段门机控制,出口工作弧门采用液压启闭机控制。

消能方式采用底流消能方式,表孔及底孔坝段消力池,消力池采用整体 U 型槽,池底高程 959.0 m,池长 105.55 m,采用中隔墙分割,宽度分别为 13 m 和 10 m,尾坎顶高程 968.5 m,尾坎顶宽 2 m,后以坡度 1:1 连接到海漫护坦,边墙及中隔墙墙顶高程 977.0 m。消力池后接长 30 m、厚 1 m 的钢筋混凝土防冲护坦及长 12 m 的抛石防护区。

三、泄流能力计算

(一)表孔泄流能力计算

1. 堰面曲线选择

表孔净宽 10.0 m,设单孔,孔口堰顶高程 1 019.0 m。表孔堰面曲线为 WES 曲线,其方程为堰面曲线方程为 $y=0.075\ 5x^{1.85}$,后接 1:0.75 直线段,再用半径为 20 m 的反弧段与顶高程为 963 m 的消力池底板连接。

2. 泄流能力计算

根据《混凝土重力坝设计规范》(SL 319—2005)附录 A.3 公式计算:

$$Q = Cm\varepsilon\sigma_s B\sqrt{2g}H_w^{3/2}$$

式中　Q——泄流量,m³/s;

　　　C——上游面坡度影响修正系数,上游面铅直时,取 $C=1.0$;

　　　m——流量系数;

　　　ε——侧收缩系数;

　　　σ_s——淹没系数,视泄流的淹没程度而定;

　　　B——泄流过水断面净宽,m;

　　　H_w——计入行近流速的堰上总水头,m。

(二)底孔泄流能力计算

底孔采用有压坝体泄水孔型式,布置 1 孔,进口孔口尺寸为 3.0 m×5.6 m,进口段采用喇叭口型式,其后设置检修门,出口尺寸为 3.0 m×4.0 m,门槽后的泄水孔采用全断面钢板衬护。

根据《混凝土重力坝设计规范》(SL 319—2005)附录 A.3 公式计算:

$$Q = \mu A_k\sqrt{2gH_w}$$

式中　Q——泄流量,m³/s;

　　　A_k——出口处的面积,m²;

　　　H_w——上下游水位差,m;

　　　μ——孔口流量系数,对长有压底孔,需计算沿程和局部水头损失后确定,经计算 $\mu=0.843$。

各水位下表孔的流量系数值和泄流量计算结果见表 4-42。

由表 4-42 可知,正常蓄水位 1 027.0 m 时,泄流能力为 761.7 m³/s;设计水位 1 028.24 m 时,泄流能力 880.1 m³/s;校核洪水位 1 029.94 m 时,泄流能力 1 056.0 m³/s,泄流建筑物的泄流能力满足要求。

表 4-42 　　　　　　　　　泄流能力汇总表

库水位 (m)	泄流量(m³/s)		总泄量 (m³/s)
	表孔	底孔	
1 027.0	435.7	325.912	761.65
1 027.5	481.3	327.438	808.71
1 028.0	528.3	328.956	857.30
1 028.24	550.4	329.683	880.06
1 029.0	626.5	331.972	958.48
1 029.94	721.4	334.783	1 056.22
1 030.0	727.7	334.961	1 062.62

四、消能工计算

(一)消力池布置

消力池底板与溢流坝面间的连接反弧半径为 $R=20$ m,消力池采用整体 U 型槽,池底高程 959.0 m,底板厚 4.0 m,由底孔部位最低点计算起的池长为 80.0 m,加上前部连接段,消力池总池长 105.55 m,采用中隔墙分割,宽度分别为 13 m 和 10 m,尾坎顶高程 968.5 m,尾坎顶宽 2 m,后以坡度 1:1 连接到海漫防冲护坦,边墙及中隔墙墙顶高程 977.0 m。消力池后接 30 m 厚度 1 m 钢筋混凝土防冲护坦及 20 m 抛石防护区。

(二)消力池水力计算

水力学计算公式如下。

(1)坝脚处的收缩水深计算公式:

$$E_0 = h_c + \frac{q^2}{2g\varphi^2 h_c^2}$$

式中　h_c——收缩断面处的水深,m;

　　　E_0——以消力池底板顶高程为基准面的泄水建筑物上游总能头,m;

　　　q——收缩断面处的单宽流量,m³/(s·m);

　　　g——重力加速度,m/s²;

　　　φ——流速系数。

(2)跃后水深计算公式:

$$h_c'' = \frac{h_c}{2}(\sqrt{1+8Fr_c^2}-1)$$

式中　h_c''——跃后水深,m。

(3)收缩断面弗汝德数计算公式:

$$Fr_c = \frac{q}{h_c\sqrt{gh_c}}$$

式中 Fr_c——收缩断面弗汝德数。

（4）消力池坎高计算公式：

$$c = \sigma h_c'' + \frac{q^2}{2g\,(\sigma h_c'')^2} - \left(\frac{q}{\sigma_s m \sqrt{2g}}\right)^{2/3}$$

式中 c——坎式消能池的坎高，m；

　　σ——安全系数，一般 $\sigma = 1.05 \sim 1.10$；

　　h_c''——坝址处的收缩水深的跃后水深，m；

　　q——消力池的单宽流量，$\mathrm{m^3/(s \cdot m)}$；

　　σ_s——过坎水流淹没系数，若为自由溢流，$\sigma_s = 1.0$；

　　m——过坎水流流量系数，可取 0.42。

（5）消力池池长计算公式：

$$L_k = 6(h_c'' - h_c)$$

式中 h_c''——跃后水深，m；

　　h_c——收缩断面处的水深，m。

（6）过坎水流为自由溢流或淹没溢流的判别准则为：

$$\frac{h_s}{H_{10}} = \frac{h_t - c}{H_{10}} > 0.45 \,(\text{自由溢流}, \sigma_s = 1.0)$$

$$\frac{h_s}{H_{10}} = \frac{h_t - c}{H_{10}} \leq 0.45 \,(\text{淹没溢流}, \sigma_s \text{查《水力计算手册》中表 4-2-2})$$

式中 h_s——由坎顶起算的下游水深，m；

　　h_t——下游河道的水深，m；

　　H_{10}——坎顶以上的总水头，m。

$$H_{10} = \left(\frac{q}{m\sqrt{2g}}\right)^{2/3}$$

根据相应规范规定，消力池按 50 年一遇洪水标准设计，$P = 2\%$ 时需泄流量 636 $\mathrm{m^3/s}$，相应坝前水位 1 028.24 m，相应坝轴线下游 160 m 处（接近消力池尾端）水位为 972.1 m。消力池消能计算成果见表 4-43。

表 4-43　　　　　　　　　　　　　消能计算成果表

计算工况	部位	泄流量（$\mathrm{m^3/s}$）	收缩断面水深（m）	跃后水深（m）	消力坎高度（m）	池深（m）	消力池长度（m）
联合泄流	表孔	306.3	0.74	11.99	1.0	6.29	62.1
	底孔	329.7	0.99	14.50	0.65	8.00	74.6
单独泄流	表孔	479.0	1.15	14.98	0.89	7.8	76.4
单独泄流	底孔	329.7	0.99	14.48	1.0	7.6	74.4

(三) 消力池底板抗浮稳定计算

设置锚筋的消力池底板抗浮稳定计算公式为:

$$F_s = \frac{W_c + W_w + P}{U + Q}$$

$$W_c = \gamma_c A h$$

$$W_w = \gamma_w A (h_1 + h_2) / 2$$

$$U = \gamma_w A (h' + h'') / 2$$

$$P = (\gamma_r - 10) T A$$

$$T = S - L/3 - 30d$$

$$Q = 1.5 K_p \beta_m \gamma_w A v^2 / g$$

式中　F_s——抗浮稳定安全系数;

W_c——底板自重,kN;

W_w——底板上水压力,kN;

P——采用锚固措施时,地基的有效自重,kN;

U——底板下的扬压力,kN;

Q——底板上的脉动压力,kN;

γ_c——底板混凝土重度,kN/m^3;

γ_w——水重度,kN/m^3;

A——底板计算面积,m^2;

h——底板厚度,m;

h_1——底板首端水深,m;

h_2——底板末端水深,m;

h'——底板首端扬压力,m;

h''——底板末端扬压力,m;

γ_r——锚固地基岩体的重度,kN/m^3;

T——锚固地基有效深度,m;

S——锚筋锚入地基深度,m;

L——锚筋间距,m;

d——锚筋直径,m;

K_p——脉动压强系数;

β_m——面积均化系数;

v——相应设计状况下水流计算断面的平均流速,m/s,对消力池水流,可取收缩断面的平均流速。

在未设置锚筋的情况下,消力池底板抗浮稳定安全系数见表4-44,各工况均小于规范允许值,即底板不稳定。因此,采取锚筋加固的方式对消力池底板进行加固,以满足底板抗浮要求。当在消力池上设置直径 ϕ28 mm、间排距 2.0 m、入岩长度 7.5 m 的锚筋底板即可满足抗浮稳定要求。

消力池底板抗浮稳定计算成果见表4-44。

表 4-44   消力池底板抗浮稳定计算成果

荷载组合	设计工况	抗浮稳定安全系数		
		未设锚筋	设锚筋	规范允许值
基本组合	1. 正常运行	0.855	1.291	1.0~1.2
	2. 设计水位泄洪	0.849	1.280	1.0~1.2
	3. 检修	0.968	1.482	1.0~1.2
偶然组合	4. 校核水位泄洪	0.825	1.238	1.0~1.2

五、水工模型试验

为验证河床集中泄洪消能布置的合理性,对工程的表、底孔进行了整体水工模型试验,试验成果表明,可研阶段推荐的消力池布置方式存在如下问题:

(1)表底孔联合泄洪时,消能不充分,水流出池流速为 16.8 m/s 左右。

(2)表孔、底孔单独泄洪时,水流侧向回流严重,池内水流流态极段紊乱,流态不好。

(3)底孔单独泄洪时,水流流速过大,未在池中形成完整水跃,水流呈抛射状出池。

(4)消力池中水位较高,水流翻过消力池边墙进入厂区。

针对上述问题,对消力池体型进行修改,将消力池加深 4 m,总池长加长 25.55 m;底孔出口宽度由原来的 7 m 扩为 10 m;在消力池中增加隔墙,使表孔、底孔消能单独消能;增加消力池边墙高度,将墙顶高程有原来的 975.0 m 调整为 977.0 m。经过以上调整,模型试验结果如下:

(1)设计水位和校核水位下,表、底孔实测下泄流量均大于设计计算值,说明表、底孔的设计规模满足泄量要求。

(2)试验各工况下,表、底孔闸前水流相对平稳,表孔控泄运行时,闸门前水流产生轻微震荡,表、底孔进口体型合理。

(3)各泄洪工况消力池的出池水流均较平稳。消能建筑物下泄设计标准洪水时,底孔消力池的消能率为 70%,表孔消力池的消能率为 73%,表孔消力池出坎平均流速为 5.08 m/s,底孔消力池出坎平均流速为 6.8 m/s。

(4)消力池出口左岸存在回流,下游河道桩号 0+160.30—0+175.00 河道处有回流,最大回流流速为 1~2 m/s,并且未对水流流势造成不良影响。

(5)表孔控泄运行时,表孔堰面弧线中间位置、弧线和直线相接位置均有负压产生,发生在弧线中间位置。各试验工况下,底孔堰面和孔口四周的时均压力均为正值。

(6)消力池底板时均压力均为正值,且顺水流方向逐渐增大。

(7)消力池边墙的脉动压力最大值发生在旋滚区水流紊动最为剧烈的位置,而后沿程逐渐减小;消力池底板脉动压力在跃首附近水跃最大紊动强度区域达到最大,随后沿流程逐渐衰减,但在衰减的总趋势下有时也有小幅起伏。

(8)电站尾水渠内和鱼道进口前水位波动均较小,最大约为 20 cm。

(9)消能建筑物设计洪水标准时,水流时有翻越边墙溢出,建议加高消力池边墙高度。

(10)表孔闸门的运用方式可参考表孔闸门控泄时水位与流量关系曲线,高水位、大流量、大开度情况下,检修门槽内有明显漩涡产生,闸门前水流发生震荡,建议避免此种闸门运用方式。

六、表孔及底孔闸墩结构三维有限元分析

(一)计算模型

计算取整个坝段建立三维有限元计算模型进行变形与应力计算。底孔坝段底孔在运行时结构和荷载对称,取半个坝段建立三维有限元模型,按中墩对称面无沿坝轴向位移进行计算。底孔的体形考虑了门槽、操作廊道等孔洞的实际尺寸。表孔平板闸门承受的水压力传到门槽下游侧轨道上。底孔弧形闸门承受的水压力通过支铰作用于下游坝体上。

表孔计算模型底部的约束条件为铅垂向无位移,跨中无轴向位移,下游边无顺水流方向位移。底孔计算模型底部的约束条件为固定,对称面无轴向位移,下游开挖面无顺水流方向位移,上游开挖面自由,承受水压力。

(二)计算荷载

计算荷载如下:

(1)坝体结构自重。混凝土容重取 $\gamma = 24$ kN/m³。

(2)静水压力。清水容重 10 kN/m³,汛期设计、校核洪水浑水容重 11.5 kN/m³。表孔、底孔闸门槽、闸墩头部及侧面、溢流堰面等与水接触的部位,承受静水压力。

(3)闸门推力。闸门推力指闸门所受门重、水压力、浪压力等荷载传至闸墩上的荷载。弧形闸门的推力分解为顺水流水平方向、垂直方向两个分力。表孔闸门全关挡水时,弧门所受总水压力约为 6 693.4 kN,总水压力与水平线夹角为 14.519 51°,闸门支铰平面与总水压力作用方向垂直。底孔闸门全关挡水时总水压力值为 $F = 4 583$ kN,与水平线的夹角为 23.4°。

(5)动水压力。闸门开启,闸墩承受侧向动水压力。侧向动水压力值,沿高度可假定从闸墩底部至水面线为直线分布。水面线及闸墩底部压力强度由水工模型试验确定。

(三)计算结果

1. 表孔闸墩计算结果

各计算工况表孔闸墩底部正应力见表 4-45。

表 4-45   表孔闸墩底部正应力计算成果表   单位:MPa

计算工况		正常蓄水位(冰压力)	校核洪水位	正常蓄水位(冰压力)+地震
纵向正应力	最大值	-0.09	-0.10	0.06
	最小值	-0.33	-0.34	-0.27

注:表中压力应为负,拉应力为正。

从表 4-45 可知,表孔闸墩底部纵向在正常蓄水位(冰压力)工况和校核洪水位工况下均为压应力,按构造配筋;在正常蓄水位(冰压力)+地震工况存在局部应力集中,需加强配筋。

各计算工况表孔闸墩与牛腿连接位置第 1 主应力计算成果见表 4-46。

表 4-46   **表孔闸墩与牛腿连接位置第 1 主应力计算成果表**   单位:MPa

计算工况		正常蓄水位(冰压力)	校核洪水位	正常蓄水位(冰压力)+地震
第 1 主应力	最大值	0.46	0.46	0.54
	最小值	0.10	0.10	0.17

注:表中压力应为负,拉应力为正。

从表 4-46 可知,表孔闸墩与牛腿链接位置有一定的拉应力,需扇形配筋。

2. 底孔闸墩计算结果

各计算工况底孔闸墩底部正应力计算成果见表 4-47。

表 4-47   **各工况底孔闸墩底部正应力计算成果表**   单位:MPa

计算工况		正常蓄水位(冰压力)	校核洪水位	正常蓄水位(冰压力)+地震
纵向正应力	最大值	−0.48	−0.34	0.30
	最小值	−1.21	−0.99	−0.58

注:表中压力应为负,拉应力为正。

从表 4-47 可知,底孔闸墩底部纵向在正常蓄水位(冰压力)工况和校核洪水位工况下均为压应力,按构造配筋;在正常蓄水位(冰压力)+地震工况存在局部应力集中,需加强配筋。

各计算工况底孔闸墩与横梁链接位置第 1 主应力计算成果见表 4-48。

表 4-48   **底孔闸墩与横梁链接位置第 1 主应力计算成果表**   单位:MPa

计算工况		正常蓄水位(冰压力)	校核洪水位	正常蓄水位(冰压力)+地震
第 1 主应力	最大值	0.18	0.19	0.49
	最小值	0.07	0.07	0.10

注:表中压力应为负,拉应力为正。

从表 4-48 可知,底孔闸墩与横梁链接位置有一定的拉应力,需扇形配筋。

第五节　放水兼发电引水建筑物

一、取水口设计

坝址区为严寒地区,水库蓄水后,水库水温呈垂向分层分布,库表水温和库底水温温差较大。放水兼发电取水口底高程为 979.0 m,下放的库水水温与天然气温相差较大,对下游生态和农业灌溉将产生影响。因为水体置换期较长的库区,水温分层,会引起深水层的水质恶化;其次,对水生生物产生影响,坝址区乌伦古河鱼类产卵季节为 4—7 月,鱼类产卵所耐受的最低温度一般为 18 ℃。低温水的下放,水的溶氧量及水化学成分将发生变化,进而影响鱼类和饵料生物的衍生,降低鱼类的新陈代谢能力;低温水的下放,限制下游灌区地温的提高,导致农业减产。为避免低温水对下游生态环境的不利影响,取水口采用分层取水的方式。

二、放水兼发电取水口布置

放水兼发电取水口布置于13#坝段,采用有压坝式进水口,后接坝内压力钢管。取水口由开敞式进口段、拦污栅、分层取水叠梁门、检修门槽及渐变段组成,均为钢筋混凝土结构。拦污栅采用直立式布置,利用坝顶门机吊装清污抓斗清污。拦污栅设2孔,孔口净宽4.5 m,相应的过栅流速为0.868 m/s。拦污栅后2.5 m设置叠梁门,叠梁门至平板检修闸门槽孔口9.75 m。拦污栅、叠梁门以及检修闸门均采用坝顶门机机控制。

三、水力学计算

(一)引用流量及水头损失

1. 流速

发电引水钢管直径4.5 m:采用一管三机,放水及发电引水钢管最大引用流量63.9 m³/s;总管段最大流速4.02 m/s,支管段直径2.6 m,最大流速5.21 m/s。

生态引水钢管直径1.5 m:引用流量为4.83 ~11.49 m³/s(其中,工业供水约为1.5 m³/s,生态供水枯水年供3.33 m³/s、丰水年供9.99 m³/s),流速为2.73 ~6.50 m/s。

2. 水头损失

3台机发电,洞内流量63.9 m³/s,管路最大总水头损失为3.02 m。

(二)进口底板高程确定

水库最低发电水位1 005.0 m,初拟放水兼发电引水钢管底板高程979.0 m。为使取水口在最低水位时保持有压流,不致产生贯通式漏斗漩涡将空气及污物卷入,需要保持足够的淹没水深。根据规划相关资料,在死水位986 m生态引水钢管引水月份为3—6月份,此时段最大引用流量为11.49 m³/s,按此工况计算进口淹没。

(1)从防止产生贯通式漏斗漩涡考虑,最小淹没深度按照"戈登公式"估算:

$$S = CVd^{1/2}$$

式中　S——孔口淹没深度,m;

　　　V——孔口断面流速,m/s;

　　　d——孔口高度,m,

　　　C——与进口形状有关的系数,一般为0.55~0.73,此处取0.73。

(2)从保证进水口内为压力流,最小淹没深度S按下式计算:

$$S = K\left[\Delta h_1 + \Delta h_2 + \Delta h_3 + \Delta h_4 + \Delta h_5 + \frac{V_5^2}{2g}\right]$$

式中　S——最小淹没深度,应不小于1.5;

　　　K——安全系数,应不小于1.5,计算中取为1.5;

　　　Δh_1——拦污栅水头损失;

　　　Δh_2——有压进水口喇叭段水头损失;

Δh_3——闸门槽水头损失；

Δh_4——压力管道渐变段水头损失；

Δh_5——沿程水头损失。

计算结果见表 4-49。

表 4-49   进水口淹没深度计算成果   单位:m

部位	计算方法	最小淹没深度 S	计算最小淹没高程	实际淹没高程
放水兼发电取水口	（1）	0.88	984.68	986.0
	（2）	0.68	984.40	

根据计算结果，实际淹没高程均大于计算所需的最小淹没高程，所取取水口底板高程满足要求。

（三）通气孔面积

通气孔在检修门井后墙内布置一圆孔，直径 1.0 m，面积 0.785 m²。

放水及发电引水钢管检修门井后设置通气孔，其作用为发生故障下门时向洞内补充空气；在检修完成后向引水洞充水时向外排出空气。根据水利水电工程《钢闸门设计规范》规定，快速闸门通气孔面积按发电管道面积的 3%~5% 选定。本工程按规范取值。

引水钢管:通气孔面积为（3%~5%）×20.25 m² = 0.61~1.01 m²，因进口采用的是检修门而非快速门，通气孔面积可相应减小，实际布置的通气孔面积满足通气要求。

四、压力钢管计算

13# 坝段中的坝内压力钢管应视为钢管、钢筋和混凝土组成的多层管共同承受内水压力，全部外压应由钢管承受。坝体外岔管及支管段按明钢管考虑，由钢管承担全部内水压力。

（一）结构计算基本参数

引水建筑物级别为 2 级，结构安全级别 Ⅱ 级。

钢板的弹性模量 E_s 为 2.06×10^5 MPa，泊松比 $\nu_s = 0.3$，线膨胀系数 $\alpha_s = 1.2 \times 10^{-5}$/K，重度 γ_s 为 78.5×10^{-6} N/mm³。钢材力学性能见表 4-50。

表 4-50   钢材力学性能表

钢号	厚度（mm）	屈服强度 σ_s（MPa）	抗拉强度 σ_b（MPa）
Q345R	3~16	345	510~640
	>16~36	325	500~630
	>36~60	315	490~620

（二）内水压力

1. 按明管单独承受内水压力

$$\sigma_{\theta 1} = \frac{Pr}{t} < [\sigma]$$

式中　P——管道内最大内水压力,MPa;

　　　r——钢管内半径,mm;

　　　t——钢管管壁计算厚度,mm;

　　　$\sigma_{\theta 1}$——钢衬按明管单独承受内水压力时的应力,MPa;

　　　$[\sigma]$——钢管允许应力,MPa。

2.钢管、钢筋与混凝土联合承受内压的应力分析

在最大内水压力作用下,钢管外围坝体混凝土不应出现贯穿裂缝,并计及钢管与混凝土间的施工缝隙和温度缝隙影响。

混凝土有未开裂、未裂穿和裂穿 3 种情况。

当已知建筑物尺寸和材料的变形性能,可先假设钢管壁厚 t 和钢筋折算壁厚 t_3,判断混凝土是否裂穿。若未裂穿,可由下式求出混凝土的相对开裂深度 ψ。如图 4-6、4-7 所示。

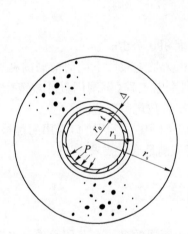

图 4-6　混凝土未开裂情况

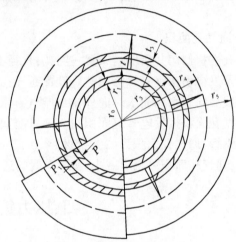

图 4-7　混凝土部分开裂情况

$$\psi \frac{1-\psi^2}{1+\psi^2}\left\{1+\frac{E't}{E'_c r_0}\left(1+\frac{t_3 r_0}{t r_3}\right)\left[\ln\left(\psi \frac{r_5}{r_3}\right)+\frac{1+\psi^2}{1-\psi^2}+\mu'_c\right]\right\}=\frac{\left(P-E'\dfrac{\Delta t}{r_0^2}\right)r_0}{[\sigma_1]r_5}$$

其中 $\psi=\dfrac{r_4}{r_5}$,$E'=\dfrac{E}{1-\mu^2}$,$E'_c=\dfrac{E_c}{1-\mu_c^2}$,$\mu'_c=\dfrac{\mu_c}{1-\mu_c}$,$\psi \leqslant r_0/r_5$,$\psi$ 有双解,应取其小值。若求出,表示混凝土没有开裂。

式中　r_3——钢管层外内半径,mm;

　　　r_4——混凝土开裂区外半径,mm;

　　　r_5——混凝土层外半径,mm;

　　　ψ——混凝土相对开裂深度;

　　　t——钢管计算壁厚,mm;

　　　t_3——钢筋折算壁厚,mm;

　　　Δ——钢管与混凝土之间的缝隙值,mm;

　　　E'——平面应变问题的钢材弹性模量,MPa;

　　　E——钢材弹性模量,MPa;

E_c——混凝土弹性模量,MPa;

μ——钢材泊松比;

μ_c——混凝土泊松比;

$[\sigma_1]$——混凝土允许拉应力,MPa。

通过上述计算,混凝土每延米配不小于 5Φ28@200 钢筋(钢筋折算壁厚 $t_3 = 3.08$ mm)时,$\psi < r_0/r_5$,说明混凝土未开裂。

混凝土未开裂,按下式计算:

$$P_1 = \frac{P - \dfrac{E'\Delta t}{r_0^2}}{1 + \dfrac{E't}{E_c' r_0}\left(\dfrac{r_5^2 + r_0^2}{r_5^2 - r_0^2} + \mu_c'\right)}$$

$$\sigma_{\theta 1} = (P - P_1) r_0 / t \le \varphi [\sigma]$$

$$\sigma_{\theta 2} = P_1 (r_5^2 + r_0^2) / (r_5^2 - r_0^2) \le [\sigma_1]$$

式中　P_1——钢管传至钢筋混凝土的内水压力,MPa;

　　　$\sigma_{\theta 1}$——钢管环向拉应力,MPa;

　　　$\sigma_{\theta 2}$——混凝土最大环向拉应力,MPa;

　　　φ——焊缝系数;

　　　$[\sigma]$——钢管允许拉应力,MPa。

经计算,钢管应力最大值为 92.61 MPa,小于允许应力 196 MPa,满足规范要求。

3.坝体渗流水压力

坝体渗流水压力可假定沿管轴线直线分布,钢管上游端为 αH,坝下游面处为零。αH 中 H 为上游正常蓄水位时钢管上游端的静水头;α 为折减系数,最小外压不应小于 0.2 MPa。经计算,最大外压为 0.432 MPa。

4.抗外压稳定分析

加劲环间管壁的临界外压 P_{cr} 采用米赛斯公式计算:

$$P_{cr} = \frac{Et}{(n^2-1)\left(1 + \dfrac{n^2 l^2}{\pi^2 r^2}\right)^2 r} + \frac{E}{12(1-\mu^2)} \times \left[n^2 - 1 + \frac{2n^2 - 1 - \mu}{1 + \dfrac{n^2 l^2}{\pi^2 r^2}}\right] \frac{t^3}{r^3}$$

$$n = 2.74 \left(\frac{r}{l}\right)^{\frac{1}{2}} \left(\frac{r}{t}\right)^{\frac{1}{4}}$$

式中　P_{cr}——临界外压,MPa;

　　　E——钢材弹性模量 MPa;

　　　n——相应于最小临界压力的波数,取相近的整数;

　　　l——加劲环间距,mm;

　　　μ——钢材泊松比;

　　　r——钢管内半径,mm;

　　　t——钢管管壁计算厚度,mm。

加劲环的临界外压:

$$P_{cr} = \frac{\sigma_s F}{r_1 l}$$

式中　P_{cr}——临界外压,MPa;

　　　σ_s——钢材屈服点,MPa;

　　　F——加劲环有效截面积(包括管壁等效翼缘),mm²;

　　　r_1——钢管内半径,mm。

通过计算综合分析,钢管壁厚由抗外压稳定控制,管壁厚取 22 mm,钢管采取加劲环式,主管每隔 2 m 设一道高 200 mm、厚 22 mm 的加劲环。钢材为 Q345R。

(五)岔管结构计算

引水管路全程共分为 1# ~ 4# 岔管,均按"卜"形布置,采用月牙肋结构,最大公切球直径分别为 5.40、4.32、3.12、2.16 m。

岔管均按明岔管考虑,按膜应力计算管壁厚度公式如下:

$$t_{y1} = \frac{pr}{\sigma_{R1} \cos A}$$

按局部膜应力计算管壁厚度公式如下:

$$t_{y2} = \frac{k_2 pr}{\sigma_{R2} \cos A}$$

岔管厚度取 t_{y1} 与 t_{y2} 的大值。

式中　t_{y1}——按膜应力计算的管壁厚度,mm;

　　　t_{y2}——按局部膜应力计算的管壁厚度,mm;

　　　p——内水压力设计值,采用正常水位 3 台机弃荷的内压值,0.74 MPa;

　　　r——该节管壳计算点到旋转轴的旋转半径,取 1.2 倍管径,mm;

　　　A——该节钢管半锥顶角,(°);

　　　k_2——腰线转折角处应力集中系数,取 2;

　　　σ_{R1}——压力钢管结构构件按整体膜应力计的抗力限值;

　　　σ_{R2}——压力钢管结构构件按局部膜应力加弯曲应力计的抗力限值。

钢材采用 Q345R 压力容器钢,计算结果见表 4-51。

表 4-51　　　　　　　　　　　　　岔管结构计算成果表

部位	t_{y1}(mm)	t_{y2}(mm)	p(MPa)	整体膜应力 σ_{R1}（MPa）	局部膜应力+弯曲应力膜应力 σ_{R2}（MPa）	钢材
岔管 1	24.82	27.28	0.74	136.96	141.28	Q345R
岔管 2	22.12	25.98	0.74	132.12	140.35	Q345R
岔管 3	17.15	19.13	0.74	125.67	138.46	Q345R
岔管 4	13.76	16.36	0.74	123.46	135.69	Q345R

根据计算厚度,考虑腐蚀层 2 mm 和其他管壁段采用钢板规格,最终各岔管厚度确定为 30、30、22、22 mm。

第六节　电站厂房及开关站设计

一、基本资料

发电厂房为 3 级建筑物,设计洪水重现期为 50 年,校核洪水重现期为 200 年。正常尾水位按 2 台大机组加 1 台小机发电设计,额定流量为 $Q=63.9 \text{ m}^3/\text{s}$,相应尾水位为 968.84 m;最低尾水位按 1/2 台小机组发电设计,设计流量为 $Q=4.3 \text{ m}^3/\text{s}$ 时,相应尾水位为 967.69 m。厂房布置在坝址下游坝脚处,厂房洪水标准为设计洪水频率 $P=2\%$ 时,尾水处河床水位为 972.10 m;校核洪水频率为 $P=0.5\%$ 时,尾水处河床水位为 972.69 m。发电机层高程为 974.00 m,厂坪高程为 973.80 m。

二、厂区布置

电站采用坝后式电站,布置在河床右侧。主厂房基础均置于弱风化岩层上,副厂房基础置于坝后回填素混凝土上。厂区建筑物由主厂房、副厂房、尾水建筑物和管理用房等组成。主厂房包括主机间和安装间两部分,安装间布置于主机间右侧;副厂房包括二次副厂房、一次副厂房及户内站用变压器、GIS 室等,副厂房布置于主厂房上游侧。2 台 110 kV 主变设置在副厂房上游侧室外。厂区地坪高程为 973.80 m,厂区在主厂房上游侧有主通道与右岸进厂公路相连,主变压器左侧布置回车场,尾水平台布置有门机,并有通道与厂坪区连通。现场管理房布置于主厂房下游尾水右岸。厂区周围边坡底部设置排水沟。

三、发电厂房及开关站布置

(一) 主厂房控制高程及尺寸

主厂房由 2 个机组段(大机)和安装间组成,1 台小机布置在安装间下部,机组段从上至下依次为发电机层、水轮机层、蜗壳层、尾水管层等。

大机安装高程为 965.20 m,小机安装高程为 965.00 m。发电机层高程为 974.00 m,水轮机层高程为 968.50 m,大机尾水管底高程为 959.50 m,小机尾水管底高程为 958.90 m,主厂房建基面高程为 957.00 m,从发电机层高程至尾水管基础底高程厂房下部结构高 17.0 m。

厂房屋架底高程为 988.70 m,厂房顶高程定为 991.20 m。厂自发电机层高程至厂房屋顶高度为 17.2 m,主厂房总高度为 34.2 m。

机组间距 12.5 m,主机间总长为 28.0 m。厂房上游侧布置有进水蝶阀,距机组中心线 9.3 m,下游侧距机组中心线 5.7 m,发电机层厂房净宽度(排架柱净距)为 15.0 m,主厂房跨度为 18.0 m。

安装场地面高程为 974.0 m,与发电机层同高。安装场长度为 20.5 m。

(二) 主机间布置

主厂房内布置 2 台混流式水轮发电机组,单机容量 12 MW,水轮机型号 HL251-LJ-185,发电机型号 SF12-20/350。厂内设置 1 台 75/20 t 电动桥式起重机,桥机跨度 L_k = 15.0 m,桥机轨道顶高程 984.20 m。

主厂房为钢筋混凝土结构,水轮机层为板梁或墙体结构,水轮机层以下为大体积混凝土结构,发电机层以上为板梁和排架结构,屋架为网架结构。

厂内布置从上至下依次为发电机层、水轮机层、蜗壳层、尾水管层,各层布置如下:

发电机层高程为 974.00 m,发电机采用埋入式布置,发电机顶部设置盖板。上游侧布置配电柜,下游侧布置控制柜,在第一象限内布置蝶阀吊物孔,吊物孔尺寸为 4.4 m×2.4 m。发电机层上、下游侧均设置运行通道。在 1# 机组第四象限设置楼梯。

水轮机层高程为 968.50 m,每台机组在蝶阀位置右侧布置油压装置。水轮机层以下大体积混凝土结构内是金属蜗壳和尾水管。在机组中心线上游侧设有检修集水井和渗漏集水井。

(三)安装间布置

安装间位于主机间右侧,总长度为 20.5 m,跨度为 18.0 m。安装间地面高程为 974.00 m,与发电机层同高。安装间内布置 2 个吊物孔,吊物孔尺寸分别为 7.5 m×3.0 m 和 2.6 m×1.7 m,下游侧布置楼梯。

安装间地下一层(高程 968.50 m 层)与水轮机层同高,主要布置油处理室、油罐室、空压机室、风机房;布置和上层相对应的吊物孔和楼梯。

安装间下部布置 1 台混流式水轮发电机组,单机容量 3.6 MW,水轮机型号 HL231-WJ-100,发电机型号 SFW3.6-12/214。

(四)上游副厂房

副厂房为框架结构,尺寸为 60.40 m×21.03 m×16.60 m(长×宽×高)。地上 3 层,局部 4 层;地下 1 层。地上部分建筑面积为 2 390 m²。地下一层为高低压盘柜室、风机房等;地上一层为直流盘室、蓄电池室、电缆层及设备室等,室内地面标高 974.00 m;二层为中控室层、继电保护室、计算机室、交接班室和 GIS 室,室内标高 978.20 m;出线架设置在 GIS 室屋顶,屋顶结构标高 989.20 m,屋顶女儿墙顶高 990.40 m;三层为电源室、调度管理自动化中心、通讯设备室、水情测报室、通信值班室、监测控制室、工具间及会议室等,室内标高 983.30 m,屋顶结构标高 987.80 m,屋顶女儿墙顶高 989.00 m;局部四层为电梯机房,室内标高为 987.80 m。

副厂房建筑高度为 16.60 m。地下一层层高 5.0 m,首层层高 4.20 m,二层层高 5.10 m,其中 GIS 室层高 11.00 m;三层层高 4.50 m,局部四层层高为 3.30 m。

副厂房地下一层布置两部室内楼梯;地上布置三部室内楼梯,一部电梯,满足副厂房的垂直、水平交通及安全疏散。

主变压器 2 台,布置在副厂房上游侧,变压器之间及两侧设置防火墙,防火墙高度高于变压器油枕顶部 0.3 m,长度长出贮油池(坑)两端各 0.5 m。

(五)尾水建筑物

电站下游校核尾水位为 972.69 m,考虑安全超高,尾水平台高程为 974.00 m。尾水平台顺水流方向长 7.75 m,垂直水流方向宽 42.52 m,尾水闸门孔口尺寸为 2 孔 4.5 m×4.0 m(大机)及 1 孔 4.0 m×2.6 m(小机),闸门采用移动式门机启闭。

大机尾水管出口及尾水闸底板高程为 959.50 m,小机尾水管出口及尾水闸底板高程为 958.90 m,尾水池底板以 1∶4 的反坡至高程 967.50 m,反坡起点高程为 958.90 m,反坡段长 34.4 m、宽 38.52 m,两侧为钢筋混凝土挡土墙,右侧边墙前段采用衡重式,后段采用悬臂式;左侧边墙与消力池边墙联为一体,挡墙顶高程为 974.00 m。反坡段后接 15 m 护坦,水流入主河床。尾水(池)渠底采用 0.8 m 厚钢筋混凝土防护。

(六)管理用房

现场管理用房位于厂区右侧下游的台地上;厂区附近,框架结构,设有办公室、防汛值班室、食堂、库房等,建筑面积 1 200 m²。

后方管理用房设在阿勒泰地区,框架结构,设有管理办公室、防汛值班室、食堂、警卫室、库房等,建筑面积 2 770 m²。

四、厂房整体稳定及地基应力分析

分别选主机间、安装间为计算单元初步进行厂房稳定分析和地基应力计算。主机间计算单元取顺水流方向长度为 24.30 m,垂直水流方向宽度为 28.0 m;安装间计算单元取顺水流方向长度为 24.30 m,垂直水流方向宽度为 20.5 m。

(一)稳定及基底应力计算公式

1. 稳定计算

1)抗滑稳定计算

抗剪断强度计算公式:

$$K' = \frac{f'\sum W + c'A}{\sum P}$$

式中　K'——按抗剪断强度计算的抗滑稳定安全系数;

　　f'、c'——岩基上厂房基础底面与地基间的抗剪断摩擦系数及凝聚力,kPa;

　　A——滑动面受压部分的计算截面积,m²;

　　$\sum W$——全部荷载对滑动面的法向分力值(包括扬压力),kN;

　　$\sum P$——全部荷载对滑动面的切向分力值(包括扬压力),kN。

抗剪强度计算公式:

$$K = \frac{f\sum W}{\sum P}$$

式中　K——按抗剪强度计算的抗滑稳定安全系数;

　　f——滑动面的抗剪摩擦系数。

2)抗浮稳定计算

厂房抗浮稳定计算公式:

$$K_f = \frac{\sum W}{U}$$

式中　K_f——抗浮稳定安全系数,任何情况下不得小于 1.1;

　　$\sum W$——机组段(或安装间段)的全部重量(力),kN;

　　U——作用于机组段(或安装间段)的扬压力总和,kN。

2. 地基应力计算公式

$$\sigma = \frac{\sum W}{A} \pm \frac{\sum M_x y}{J_x} \pm \frac{\sum M_x x}{J_y}$$

式中　σ——厂房基底面上法向正应力,kPa;

　　　ΣW——作用于机组段(或安装间段)上全部荷载在计算截面上法向分力的总和,kN;

　　　A——厂房地基计算截面受压部分的面积,m²;

　　　ΣMₓ、ΣMᵧ——作用于机组段(或安装间段)上全部荷载对计算截面形心轴x、y的力矩总和,kN·m;

　　　x、y——计算截面上计算点至形心轴x、y的距离,m;

　　　Jₓ、Jᵧ——计算截面对形心轴x、y的惯性矩,m⁴。

(二)计算结果

主机间及安装间计算结果见表4-52、4-53。

表4-52　　　　　　　　　　　　　主机间稳定和应力计算成果表

组合情况		抗滑稳定		抗浮稳定	地基应力(kPa)	
		K'	K	K_f	σ_{min}	σ_{max}
基本组合	正常运行1(下游设计洪水位)	3.05	2.14	1.88	105.50	160.31
	正常运行2(下游最低水位)	10.91	7.66	2.66	116.95	237.06
特殊组合1	机组检修(下游检修水位)	7.92	5.56	2.42	103.59	222.85
	机组未安装(下游设计洪水位)	2.70	1.89	2.09	130.29	165.72
	非常运行(下游校核洪水位)	2.41	1.69	2.01	132.82	152.57
特殊组合2	地震情况(下游正常尾水位)	3.12	2.19	2.40	150.87	180.13

表4-53　　　　　　　　　　　　　安装间稳定和应力计算成果表

组合情况		抗滑稳定		抗浮稳定	地基应力(kPa)	
		K'	K	K_f	σ_{min}	σ_{max}
基本组合	正常运行1(下游设计洪水位)	3.17	2.22	1.62	10.57	218.28
	正常运行2(下游最低水位)	9.25	6.49	2.37	68.06	242.30
特殊组合1	机组检修(下游检修水位)	6.93	4.86	2.13	57.38	230.35
	机组未安装(下游设计洪水位)	2.77	1.94	1.57	3.06	211.31
	非常运行(下游校核洪水位)	2.78	1.95	1.55	2.18	215.76
特殊组合2	地震情况(下游正常尾水位)	3.54	2.48	2.12	18.91	270.19

经以上计算可知:

(1)厂房地基面上所承受的最大垂直正应力小于地基允许承载力,允许承载力为1.0~1.5 MPa。

(2)厂房地基面上所承受的最小垂直正应力,正常运行情况下大于零,非常运行情况下没有出现拉应力,满足规范要求。

(3)各种运行工况下,厂房抗滑及抗浮满足规范要求。

五、主厂房结构设计

厂房框架除应满足结构强度要求外,还应具有足够的刚度。用承载能力极限状态计算其强度,用正常使用极限状态计算其刚度(柱顶位移)。

主厂房横向计算模型:计算模型横向简化为平面排架结构,上游柱基础固定端高程969.00 m,下游侧基础固定端高程974.00 m,柱顶高程988.70 m。屋架在计算平面内刚度无穷大考虑,屋架与柱顶铰接。

主厂房纵向计算模型:纵向简化为框架结构,上游框架基础固定端高程969.00 m,下游侧基础固定端高程974.0 m,柱顶高程均为988.70 m。

柱顶横向位移计算成果见表4-54。

表4-54 柱顶横向位移计算成果表

计算工况	荷载组合	柱顶位移(cm)	柱顶允许位移(cm)	备注
厂房封顶	吊车满载	0.68	$H/1\ 800 = 1.65$(上柱) $H/1\ 800 = 0.81$(下柱)	二期已浇筑
	吊车满载+风荷载	0.75		
	施工期荷载	0.53		二期未浇筑
厂房未封顶	施工期荷载	上游 0.88	$H/2\ 500 = 1.19$	二期未浇筑
		下游 0.36	$H/2\ 500 = 0.59$	

通过主厂房上部构件按各设计工况下荷载组合效应计算,排架柱配置钢筋,可满足承载能力极限状态和正常使用极限状态的设计要求。

通过柱顶横向移位计算可见,在各设计工况下柱顶位移均满足《水电站厂房设计规范》要求。确定下柱断面尺寸800 mm×1 500 mm、上柱断面尺寸800 mm×900 mm满足厂房横向刚度的要求。

主厂房纵向刚度计算模型:上游框架基础固定端高程969.00 m,下游侧基础固定端高程974.00 m,柱顶高程均为988.70 m,上下游柱与上下游圈梁构成框架。经计算上下游分别满足柱顶位移$H/4\ 000$的要求。

六、主厂房下部结构设计

水电站厂房下部结构主要包括:尾水管、蜗壳外包混凝土、尾水闸墩、水下墙、风罩机墩、尾水渠等结构。

(一)尾水管

采用结构力学方法计算,经计算采用构造配筋(大体积混凝土,按少筋混凝土配筋)即可满足承载能力极限状态和正常使用极限状态的设计要求。

(二)蜗壳

计算模型按蜗壳径向切取2个剖面(0°和90°)简化为平面问题,按照平面"┌"形框架计算。考虑外包混凝土承担一部分内水压力。经计算采用构造配筋即可满足设计要求,但在局部截面尺寸发生变化、应力较集中处,加强配筋处理。

(三)风罩、机墩

风罩计算模型按底部为固定端顶部为铰接的薄壁圆筒进行结构计算,经计算采用计算配筋可满足设计要求,但在截面尺寸发生变化处应力较集中(如风罩进人孔),需局部加强配筋。

机墩底部固定在蜗壳顶板上,上部与风罩及水轮机夹层板连接,对机墩进行动力和静力计算,包括垂直、水平横向和水平扭转自振频率计算、校核是否发生共振和最大振幅是否在允许范围内、以及验算机墩的正应力、剪应力和主应力,经计算以上计算结果满足规范要求,用构造配筋即可满足设计要求,但在截面尺寸发生变化处(如机墩进人孔)需局部加强配筋。

(四)尾水闸墩

尾水闸墩墩墙部分按水工大体积混凝土的结构设计原则进行混凝土承载能力计算,采用构造配筋(按少筋混凝土配筋)可满足承载能力设计要求,板、梁部分按承载能力极限状态及正常使用极限状态原则设计,采用计算配筋可满足规范规定的设计要求。

(五)水下墙

水下墙在考虑外围水压力及填土压力的情况下,按偏心受压构件或受弯构件进行承载能力极限状态设计各断面的设计内力均较小,采用构造配筋即可满足规范设计要求。

七、构造设计

(一)永久变形缝设计

主机间与安装间及副厂房之间设置永久变形缝,同时在主机间机组段之间、副厂房之间均设置永久变形缝。永久变形缝的间距根据《水电站厂房设计规范》(SL 266—2014)要求,同时考虑对厂房基础的约束作用,确定主机间采用二机一缝(主间机组段间设缝)。安装间与主机间、一次副厂房之间以及一次与二次之间均设缝。

主机间、安装间及副厂房的基础均坐落在基岩上,在高程 974.00 m 以下变形缝缝宽 20 mm,高程 974.00 m 以上变形缝缝宽 50 mm。在高程 974.00 m 以下变形缝缝中设置铜片止水,缝间用沥青砂板填缝。

(二)厂房一、二期混凝土划分设计

为满足机电设备安装的要求、厂房内部布置的要求、二期混凝土部分结构强度、刚度的要求,蜗壳部分二期底部高程 958.50 m,顶部高程(不包括机墩、风罩)968.50 m。

八、尾水渠挡土墙稳定及基底应力计算

(一)计算公式:

1. 挡土墙抗滑稳定

按抗剪强度公式计算,计算公式如下:

$$K_c = f \cdot \frac{\Sigma G}{\Sigma H}$$

式中　K_c——挡土墙沿基底面的抗滑稳定安全系数;

　　　f——挡土墙基底面与地基之间的摩擦系数;

$\sum G$——作用在挡土墙上全部垂直于水平面的荷载,kN;

$\sum H$——作用在挡土墙上全部平行于基底面的荷载,kN。

2. 挡土墙地基应力

挡土墙地基应力计算公式如下:

$$p_{\substack{max \\ min}} = \frac{\sum G}{A} \pm \frac{\sum M}{W}$$

式中 $p_{\substack{max \\ min}}$——挡土墙基底应力的最大值或最小值,kPa;

$\sum M$——作用在挡土墙上的全部荷载对于水平面平行前墙墙面方向形心轴的力矩之和,kN·m;

A——挡土墙基底面的面积,m²;

W——挡土墙基底面对于基底面平行前墙墙面方向形心轴的截面矩,m³。

3. 抗倾覆稳定计算

挡土墙抗倾覆稳定计算公式如下:

$$K_0 = \frac{\sum M_V}{\sum M_H}$$

式中 K_0——抗倾覆稳定安全系数;

$\sum M_V$——对挡土墙基底前趾的抗倾覆力矩,kN·m;

$\sum M_H$——对挡土墙基底前趾的抗倾覆力矩,kN·m。

(二)计算结果

尾水渠挡土墙稳定及基底应力计算成果见表4-55,挡土墙的抗倾覆稳定、抗滑稳定、基底应力均满足要求。

表4-55　　　　　　尾水渠挡土墙(最大断面)稳定及基底应力计算成果表

荷载组合	计算工况	抗倾覆稳定安全系数	抗滑稳定安全系数	基底应力(kPa)	
				最大值	最小值
基本组合	完建	2.83	2.81	438.92	435.10
	正常尾水	1.85	3.54	424.11	304.10
	设计尾水	2.34	19.05	356.66	253.14
特殊组合	校核尾水	2.65	24.61	355.32	252.06
	地震情况	1.64	2.89	477.62	256.06

第七节　边坡防护工程设计

一、工程边坡的地形地质条件

下坝址位于剥蚀低山区,地面高程970~1 110 m,高差约140 m。河谷呈不对称"U"型谷,总体走向 NE 向,谷底宽约 150 m,河道较平缓,坡降约 1.2‰。主河槽偏向右岸,宽约 50 m,勘察期间水深 0.7~2.0 m。河漫滩主要分布在河床两岸,生长有杨、柳科植物。

两岸山体基岩基本裸露,山顶呈浑圆状,高程 1 100~1 110 m。右岸岸坡较陡,坡度约 42°,沿右岸多有陡壁分布。左岸岸坡稍缓,坡度约 30°,坝肩局部见有陡壁。

左右岸岸坡附近岩体为辉长岩侵入体,在左坝肩出露厚约 240 m,在右岸及其上游侧分布范围较广。灰褐、肉红色,中细粒辉长结构,块状-似块状构造,矿物以辉石、长石为主,含有少量石英。

在两岸山体辉长岩中见有正长斑岩岩脉($\zeta\pi$)发育,砖红色,斑状结构-基质微细粒结构,块状构造,主要由正长石及少量石英组成。

二、坝体边坡处理

边坡的稳定与否,无论在施工期还是在运行期,都将直接影响工程的建设及运行安全。因此,必须采取合理的治理措施。

边坡治理设计基本原则:工程开挖与地面防护,应力求简单易行,降低工程投资。根据边坡位置、地形、地质条件和枢纽施工条件,对主要建筑物永久边坡采用全挖方案,以浅层边坡防护为主,并辅以锚杆支护。

(一)边坡开挖

根据不同岩层,依据边坡地质情况和工程经验进行开挖边坡设计,一般按每 15 m 设置 2 m 宽马道考虑,以便于施工。基岩 1:0.35~1:0.75,覆盖层 1:1.5~1:2.5。

(二)边坡表面防护

弱风化岩石表面喷 10 cm 厚的素混凝土防护,强风化岩石表面挂网喷 15 cm 厚的混凝土防护,局部较破碎处,采用锚杆进行加固处理,喷混凝土部位设有间距 3 m×3 m 的 PVC 排水管,孔深 5 m,管径 100 mm。

(三)局部不稳定岩块处理

由于左岸、右岸边坡存在潜在楔形滑动体,表层因风化和卸荷作用岩体破碎,局部可能有掉块或小范围崩塌等现象,规模小,影响不大。

对于这部分岩体边坡,规模不大时,采取挖除方式,并在处理后的坡面布设主动柔性防护网进行防护。

(四)排水工程

在边坡开挖范围以外设置截水沟,拦截坡外地表水并排走。在马道处设有排水沟,将雨水、坡积水引向边坡外的截水沟中,以确保边坡和各建筑物的安全。

三、厂区边坡处理

发电厂房为坝后式厂房布设于坝址右岸,距主坝坝脚下游约 100 m 处缓坡段。该处地面高程 970~980 m,厂房西北侧山坡小冲沟发育,冲沟切割深度不大,一般小于 5 m,斜坡平缓,坡角小于 30°。

厂房基础为华力西期(γ_4^{2f})辉长岩体,靠近河边有第四系松散堆积物分布,主要为冲洪积的砂砾石,夹少量碎石,厚度 0.5~3 m,冲沟中局部见有少量坡洪积碎石土。

基础承载力建议值:弱风化层上部基岩 0.6~0.8 MPa,弱风化层下部-新鲜基岩 0.8~1.0 MPa。建议边坡开挖:基岩 1: 0.35~1: 0.75,覆盖层 1: 1.5~1: 2.5。

根据厂房整体稳定及应力计算成果分析,基础岩性满足对基础的设计要求。

厂址地形、地质条件,基础开挖边坡最高处约为 30 m。厂区地坪高程为 973.20 m,发电机层以上为永久边坡、以下为临时开挖边坡。

厂区据地形、地质条件分析,初步采取以下边坡治理和加固措施。

(一)边坡开挖

发电机层以上岩石开挖坡度采用 1: 0.75,每 15 m 设一级马道,马道宽度为 2 m,开挖线以外的危岩体及覆盖层进行清除,顺层或按一定坡度削坡处理。覆盖层坡度为 1: 1.5。

(二)排水和防渗

沿开挖的坡面设排水孔,梅花形布置,孔径为 $\phi100$ mm,孔深 5 m,间排距 3 m,倾角 15°。

(三)坡面防护

开挖坡面进行混凝土喷护处理,厚度 10 cm。风化、剥落等岩体随机进行挂网喷混凝土,钢筋网为 $\Phi8@200$ mm×200 mm。

(四)边坡锚固

根据需要在节理裂隙发育、风化严重、碎裂和散体结构、边坡坡面防护结构的岩体浅层锚固部位设置锚杆,锚杆为 $\phi25$ mm,长度为 4.5 m,间排距为 1.5 m,梅花形布置。

第八节　过鱼建筑物设计

一、鱼类概况

(一)鱼类种类

评价河段分布有 6 种鱼类,其中土著鱼类 5 种,分别是贝加尔雅罗鱼、河鲈、尖鳍鮈、北方须鳅和北方花鳅;非土著鱼类 1 种,为麦穗鱼。其中贝加尔雅罗鱼为春季溯河产卵鱼类,河鲈、尖鳍鮈、北方须鳅和北方花鳅为定居性鱼类。

主要鱼类为贝加尔雅罗鱼和河鲈。贝加尔雅罗鱼为中上层鱼类,喜聚群活动,尤其春、夏季水温逐渐升高时活动于浅水觅食,冬季水温降低居深水处越冬;其产卵期为 4 月中、下旬,产卵时间 15 d 左右,有溯河产卵的习性,该鱼主要在河道底质为砂砾底上产卵繁殖;贝加尔雅罗鱼为杂食性鱼类,主要摄食水生昆虫为主、水生高等植物、浮游生物,以及鱼类等食物。河鲈喜栖息在湖泊和水库,以及河道形成河湾和坑塘中,较为适应亚冷水水域环境(介于温水与冷水水域之间),适应能力强,具有广泛的生态学侵占性,繁殖力强,种群数量增加的很快;其产卵期较早,4 月下旬湖水解冻后即开始产卵,产时水温为 6~8 ℃,产卵地点为所栖息水域沿岸具有水草的浅水区域;河鲈为小型肉食性鱼类,在仔鱼阶段主要摄食浮游动物,在成鱼阶段主要摄食各种鱼类,也少量摄食水生昆虫。

(二)鱼类数量及体长

据现场调查成果,评价河段渔获情况见表 4-56。

表 4-56   评价河段渔获物组成

种类	重量 （g）	重量百分比 （%）	尾数	尾数百分比 （%）	尾均重 （g）	体长范围 （mm）	体重范围 （g）
北方花鳅	72	0.61	18	1.40	4	72～105	2～7
北方须鳅	3964	33.36	737	57.18	5.4	42～140	0.6～35
贝加尔雅罗鱼	2879	24.23	78	6.05	36.9	56～190	3～130
河鲈	124	1.04	11	0.85	11.3	73～102	4～19
尖鳍鮈	4741	39.90	431	33.44	11	25～126	0.1～44
麦穗鱼	103	0.87	14	1.09	7.4	52～82	2～10
总计	11 883	100.00	1 289	100.00			

（三）过鱼对象及过鱼季节

本工程过鱼设施以恢复坝址上下游的洄游通道，沟通上下游的鱼类交流，保护土著鱼类资源为目标。结合工程所处河段的鱼类分布、鱼类洄游特性以及鱼类的保护价值，过鱼对象见表4-57。

表 4-57   SETH 水利枢纽过鱼对象

鱼名		迁徙类型	土著鱼类	经济鱼类
主要过鱼对象	贝加尔雅罗鱼	春季溯河产卵鱼类	√	√
	河鲈	定居性鱼类	√	√
兼顾过鱼对象	尖鳍鮈、北方须鳅、北方花鳅	定居性鱼类	√	—

每年进行人工过鱼的时间为 4—6 月（繁殖期），其他时间鱼类也可以根据生活习性需要通过过鱼设施过坝。工程运行过程中可根据实际情况调整。

二、过鱼建筑物布置

本工程过鱼建筑物型式采用短鱼道与回转吊升鱼相结合的型式，首部以短诱鱼道与下游河床相接，鱼类可通过诱鱼道上溯游至一定高程处的集鱼池，再以电动葫芦吊运+运鱼电瓶车运送至坝脚，用塔吊将集鱼箱内的鱼类集中提升过坝，置于坝前库内的运鱼船内，将鱼送至上游远处放生。该布置衔接连续性强，并且避免了坝高库长而单纯使用鱼道过鱼造成的鱼道过长、鱼类难以攀爬的问题。

第九节 交通建筑物设计

一、进场道路工程

根据《水利水电工程施工交通设计规范》(SL 667—2014)(附表 B.1.1)的规定,结合运输量及运输强度要求,确定本工程施工对外交通布置考虑永久结合临时方案。进场道路采用四级公路设计标准,车辆荷载为公路-Ⅱ级。

进场道路详细情况如下:
(1)道路设计等级:四级公路;
(2)设计行车速度:20 km/h;
(3)路基标准宽度:7.5 m;
(4)路面宽度:混凝土(坝区段)6.5 m,沥青混凝土(前段)6.0 m;
(5)路肩宽度:2×0.50 m(坝区段),2×0.75 m(前段);
(6)平曲线最小半径:一般值 60 m,极限值 15 m;
(7)竖曲线最小半径:200 m;
(8)最大纵坡:9%;
(9)道路设计长度:21.76 km;其中坝区段长 1.79 km,前段长 19.97 km。

二、坝下交通桥工程

根据工程施工的需要,在坝下约 500 m 处设置交通桥 1 座。坝下交通桥在施工期联系两岸交通(按四级公路设计),在运行期用于枢纽工程管理,桥梁设计荷载为公路-Ⅱ级。坝下交通桥桥位处主河床宽约 52 m,设计洪水频率 50 年一遇($P=2\%$),相应洪水流量 636 m^3/s,水位971.60 m。

交通桥上部结构体系为先简支后连续的预应力箱梁结构,按 A 类预应力混凝土构件设计,采用 3×30 m 跨预制钢筋混凝土箱型梁,单跨 4 片箱梁,梁横向间距 2.6 m,桥面净宽为 7.5 m,两侧各设 1.25 m 宽的人行道(含栏杆)。

交通桥桥面高程 974.50 m,桥面宽 7.5 m+2×1.25 m。交通桥桥跨 30 m,共 3 跨,总长97.70 m。

交通桥下部结构采用钢筋混凝土实体墩;基础采用钢筋混凝土扩大基础。

三、场内永久道路工程

枢纽布置区场内主要(永久)道路包括左岸上坝路、左岸①#路、右岸上坝路及右岸①#路,共4 条,总长 1.81 km。其技术标准参照《水利水电工程施工交通设计规范》(SL 667—2014)(附表 B.2.1)的规定,确定为场内主要三级道路。详细情况如下。

（一）左岸布置区

1. 左岸上坝路

左岸上坝路起点为坝下桥左桥头，终点为左坝头，长 0.79 km，为混凝土路面道路，其路面宽6.5 m、路基宽7.5 m。

2. 左岸①#路

左岸①#路即左岸低线路，起点为坝下桥左桥头，终点为消力池集水井，长 0.30 km，主要用于集水井检修，为混凝土路面道路，其路面宽6.5 m、路基宽7.5 m。

（二）右岸布置区

1. 右岸上坝路

右岸上坝路起点接进场道路，终点为右坝头，长 0.28 km，为混凝土路面道路，其路面宽6.5 m、路基宽7.5 m。

2. 右岸①#路

右岸①#路起点接进场道路，终点为厂前区，长 0.44 km，主要用于电站厂房及鱼道的运行管理，为混凝土路面道路，其路面宽6.5 m、路基宽7.5 m。

第十节　安全监测设计

一、安全监测设计原则

监测仪器的布置应遵循以下基本原则：

（1）安全监测布置突出重点，兼顾全面。根据工程地质条件、结构特点，选择重点部位进行重点监测，同时兼顾一般部位，形成全面完善的监测网络。

（2）安全监测系统力求性能可靠，操作简便。此外，还应具有先进性、经济性和长期稳定性，能反映出当前大坝安全监测的技术和水平。

（3）施工期与运行期全过程监测。监测仪器尽可能在施工期开始监测，满足工程施工期与运行期各阶段的监测要求。

（4）重点监测项目多种手段互相校验。针对重点部位监测项目以一种监测手段为主，同时有其他监测手段互相校验，以便在资料分析时互相印证。

（5）自动化监测与人工监测相结合。由于工程施工工期长，在施工期阶段，整体监测系统形成之前以人工观测为主，在运行期阶段，以自动化监测为主。

（6）仪器监测与人工巡视检查相结合。巡视检查是监测建筑物安全的重要手段之一，仪器监测资料分析过程应结合巡视检查结果进行。

二、监测布置及内容

（一）坝体、坝基变形监测

1. 水平位移

水平位移采用在坝顶及坝基廊道内布置引张线结合正、倒垂垂线组的方法进行监测。

在坝顶和坝基廊道内各布置 1 条引张线监测坝体和坝基的水平位移。

2. 垂直位移

坝体和坝基的垂直位移采用精密水准法监测。在坝顶水平位移监测点位置同时布置垂直位移监测点,并在每个坝段坝基廊道内分别布置 1 个垂直位移测点,监测坝体和坝基垂直位移。

3. 坝基倾斜

在 6#、10#、14# 和 18# 坝段坝基的横向廊道内沿上下游方向在坝踵、坝中和坝趾位置各布置 1 个垂直位移测点,监测坝基倾斜变形。垂直位移测点采用坝基双金属标作为工作基点,按照一等水准测量要求进行观测。

4. 基岩变形

基岩变形采用基岩变形计进行监测。在拦河坝最大坝高 14# 坝段、底孔 10# 坝段和左右岸坡挡水坝段 6# 坝段和 18# 坝段位置,每个坝段坝踵及坝趾分别布置 1 套基岩变形计,监测基础岩体变形。

5. 接缝开合度

接缝开合度采用测缝计监测,主要对坝体横缝、坝体与基岩及坝肩岩体接缝的开合度。

(二)渗流监测

1. 坝基扬压力

坝基扬压力采用渗压计和测压管结合进行监测。在拦河坝布置 4 个横向渗流监测断面和 1 条纵向渗流监测断面,进行坝基扬压力监测。

2. 坝体渗透压力

坝体渗透压力主要监测碾压混凝土的层间渗透压力,采用渗压计监测。在拦河坝最大坝高 14# 坝段、底孔 10# 坝段位置,正常蓄水位以下选择 966.0 m 和 986.0 m 高程附近混凝土浇筑缝,在上游坝面与坝体排水管之间分别布置 5 支渗压计,监测混凝土的层间渗透压力,从而评价混凝土的施工质量和防渗效果。

在导流底孔与封堵混凝土接缝之间沿上下游方向布置 2 个监测断面,每个监测断面布置 4 支渗压计监测封堵混凝土与坝体之间的渗透压力。

3. 绕坝渗流

绕坝渗流采用测压管监测。沿流线方向,在拦河坝右岸布置 2 个监测断面。由于拦河坝左岸存在单薄山体,在拦河坝左岸布置 6 个监测断面,断面布置在灌浆帷幕折线位置和断层位置附近。

4. 渗流量

渗流量监测采用量水堰监测。在基础观测廊道下游侧排水沟布置 4 套量水堰,分别位于基础廊道上、下游侧排水沟在渗漏集水井交汇位置前端。

5. 水质分析

在量水堰堰口、渗流出口等部位取得水样与库水样做相同项目分析。水质分析主要进行简分析,分析项目包括水温、色度、混浊度、气味、pH 值等。

(三)应力应变及温度监测

1. 应力应变

为监测坝体应力的分布情况,在拦河坝最大坝高 14# 坝段、底孔 10# 坝段分别布置 1 个横向监测断面,每个监测断面在坝基附近 966.0 m 高程和上游坝面转折部位 986.0 m 高程附近选择

2 个水平监测截面,每个监测截面在上、下游坝面附近及坝体内布置 3~4 组五向应变计组,每组应变计组附近同时布置 1 支无应力计,监测坝体混凝土应变。

2. 温度

通过坝体的温度监测可以了解坝体温度场的分布和温度对坝体表面及坝体内部应力变化的影响,并检验施工期温控措施的效果。

(四) 消力池

1. 垂直位移监测

在消力池两侧边墙各布置 4 个垂直位移测点,监测消力池垂直位移变形。工作基点与电站厂房共用,采用电子水准仪按照一等水准测量要求进行观测。

2. 扬压力监测

消力池扬压力采用渗压计监测。在消力池底板下设 1 个纵向扬压力监测断面和 2 个横向监测断面。

3. 锚杆应力监测

在消力池设 2 个纵向监测断面,每个监测断面在底板选择 5 支锚杆布置锚杆应力计,监测锚杆应力。

(五) 压力钢管及岔管

1. 开合度监测

开合度监测主要监测钢管与周围混凝土缝隙变化,采用测缝计监测。在压力钢管和钢岔管部位各选择 1 个监测断面,每个监测断面在钢管顶部、底部及两侧各布置 1 个测点进行监测。

2. 外水压力监测

在压力钢管选择 2 个监测断面,每个监测断面在钢管与混凝土界面位置顶部、底部及两侧各布置 1 支渗压计,监测压力钢管周围外水压力。

3. 应力应变监测

在压力钢管和钢岔管开合度监测断面位置同时监测钢板应力,在压力钢管四周分别布置 1 支轴向钢板计、1 支环向钢板计,在钢岔管断面钢管外焊缝附近布置 8~9 组两向钢板计,监测钢板应力。

(六) 电站厂房

1. 垂直位移监测

在厂房下游侧尾水平台和厂房结构缝等位置设 6~10 个垂直位移标点,监测厂房垂直位移;在厂房附近稳定基岩位置布置 2 个工作基点,水准基点与坝体共用。垂直位移监测采用一等水准测量方法进行观测。

2. 开合度监测

在厂房结构缝之间及厂房与基岩接触面共布置 16~18 支测缝计,监测接缝开合度变化。

3. 扬压力监测

在厂房 2# 机组和安装间中心线位置建基面分别布置 1 个扬压力监测断面,每个监测断面在底板下沿水流方向各布置 4 支渗压计,监测厂房基础扬压力。

(七) 边坡工程

1. 表面变形监测

根据边坡开挖情况,在坝体和鱼道等建筑物边坡布置一定数量的表面变形测点,监测边坡表面变形。采用交会法和精密水准测量方法观测,测量工作基点纳入外部变形监测网。

2. 内部变形监测

根据边坡开挖情况和边坡地质条件,在坝体和鱼道等建筑物边坡布置一定数量的多点位移计。测点结合表面变形监测断面布置,监测边坡位移。

3. 其他变形监测

另在坝址下游F11活断层附近的上盘和下盘位置分别相对布置3个表面变形监测点,监测活断层可能发生的变形。活断层表面变形监测点采用GPS进行监测。

第十一节　建筑环境与景观设计

一、建筑设计

(一)枢纽总体建筑布局

1. 厂区布置及交通

厂区规划中分为3个部分,分别为大坝区(包括主厂房、副厂房、柴油机房、消力池排水泵房、表孔油泵房、底孔油泵房、尾水取水泵房、两处警卫室、大坝楼电梯间、地下消防水泵房及消防水池)、现场管理区(包括管理用房、值班室、水处理间、变电室)及后方管理区。根据功能需要,通过对各建筑物的精心安排,使各建筑物自然协调地联系在一起。

主厂房和副厂房作为一个整体贴临布置,2台主变压器位于副厂房上游侧。

在厂区内布置消防车道,车道宽大于4.0 m,该车道连接主厂房入口、室外主变压器场,并能通至地面副厂房长边。在消防车道的中间部位设置15 m×15 m消防车回车场,各建筑物间距均不小于10 m,满足防火间距要求。

2. 电站景观规划

绿化设计原则充分考虑"以人为本",创造舒适宜人的可人环境,体现人文生态。

在电站景观设计中,"因地制宜"应是"适地适树""适景适树"最重要的立地条件。绿化设计主导思想以简洁、大方、美化环境、体现建筑设计风格为原则,使绿化和建筑相互融合,相辅相成。使电站的绿化设计成为有机的组成部分,并为改善工程的自然环境提供有利的条件。

(二)厂房

SETH水电站为坝后式电站,厂房为地面厂房,厂区地面高程973.80 m。厂区设有主厂房、副厂房、室外主变压器场、警卫室和其他附属用房,主厂房和副厂房作为一个整体贴临布置,2台主变压器位于副厂房上游侧。管理用房分为两部分,一部分为现场管理用房,位于厂区附近;一部分为后方管理用房。

(三)建筑节能与环保

建筑节能主要是通过增强建筑物的围护结构(包括建筑物的外墙、外窗、屋面、分隔墙、楼板等)的保温隔热性能、提高建筑设备(包括空调采暖设备、照明设施、生活热水设备等)的能源利用效率、处理好建筑与建筑物室内的自然通风及设计合理的建筑外遮阳设施等几个方面的手段来达到节能目标。在设计中主厂房、副厂房外墙均采用300 mm厚蒸压加气混凝土砌块,40 mm厚挤塑聚苯板外保温,传热系数为0.41 W/(m² · K)。外窗采用塑钢节能窗(四腔三密封),传热系数为 1.8 W/(m²·K),屋顶保温材料采用 100 mm 厚挤塑聚苯板。

(四)管理区用房

管理区用房分为两部分,分别为现场管理区用房和后方管理区用房。

1. 现场管理区用房

现场管理区用房设在厂区附近,设有办公室、防汛办公室、食堂等生活服务设施、变电室、水处理间等,总建筑面积 1 200 m²。

2. 后方管理区用房

后方管理区用房设在阿勒泰地区,设有办公室、防汛办公室、工程调度控制室、食堂等生活服务设施、警卫室、图书资料室、活动室、仓库、车库及备品备件库房,总建筑面积为 2 770 m²。

二、结构设计

(一)结构设计

1. 副厂房

副厂房平面布置依据水工地下厂房的平面布置分成 3 个部分,各个部分之间设置 100 mm 宽的结构缝。

副厂房第一部分(2-1 轴~2-4 轴)地上为 3 层(局部楼、电梯间为 4 层),最大开间为 5 800 mm,最大进深为 6 150 mm,建筑高度为 14.0 m,采用现浇钢筋混凝土框架结构,现浇钢筋混凝土楼、屋盖,地下无水工建筑物,基础采用现浇钢筋混凝土筏形基础。主要结构构件尺寸:框架柱截面为 800 mm×800 mm、600 mm×600 mm,框架梁截面为 400 mm×700 mm、300 mm×500 mm、300 mm×600 mm,楼、屋面板厚度为 150 mm,筏板厚度为 800 mm。

副厂房第二部分(2-5 轴~2-8 轴)地上为 3 层(局部楼梯间为 4 层),最大开间为 7 400 mm,最大进深为 6 150 mm,建筑高度为 14.0 m,采用现浇钢筋混凝土框架结构,现浇钢筋混凝土楼、屋盖,坐落在水工地下建筑物之上,不单独设置基础。主要结构构件尺寸:框架柱截面为 800 mm×800 mm、600 mm×600 mm,框架梁截面为 500 mm×1 200 mm、400 mm×800 mm、250 mm×600 mm,250 mm×400 mm,楼、屋面板厚度为 150 mm。

副厂房第三部分(2-9 轴~2-14 轴)地上为 2 层,第二层设有 10 t 的电动单梁吊车(吊车跨度为 9.0 m,起吊高度大于 6.5 m),牛腿柱最大柱距为 6.0 m,建筑高度为 15.4 m,采用现浇钢筋混凝土框架结构(吊车梁为预制钢筋混凝土吊车梁),现浇钢筋混凝土楼、屋盖,坐落在水工地下建筑物之上,不单独设置基础,屋面设有高 10 m、长 12 m 的出线构架,出线构架采用钢结构,构架柱为钢管人字柱,构架横梁为空间格构钢梁,人字柱平面外设置钢管支撑。主要结构构件尺寸:框架柱截面为 800 mm×1 200 mm、800 mm×800 mm,牛腿下柱截面为 800 mm×1 200 mm、牛腿上柱截面为 800 mm×900 mm,框架梁截面为 500 mm×1 200 mm、400 mm×600 mm、250 mm×500 mm、250 mm×400 mm,楼、屋面板厚度为 150 mm,吊车梁截面为 300 mm×900 mm(翼缘宽度 500 mm、高度 200 mm),人字柱为 φ450 mm×12 mm,构架横梁弦杆为∟80 mm×8 mm、腹杆为 φ20 mm,支撑为 φ450 mm×12 mm。

2. 地下消防水泵房及消防水池

地下消防水泵房及消防水池为地下一层、地上一层(地上部分面积较地下部分小很多),地上部分为现浇钢筋混凝土框架结构,地下部分周圈为现浇钢筋混凝土外墙,现浇钢筋混凝土楼、屋盖,基础采用现浇钢筋混凝土筏形基础。主要结构构件尺寸:框架柱截面为 400 mm×400 mm,框架梁截面为 300 mm×800 mm、300 mm×700 mm、300 mm×600 mm、300 mm×450 mm,混凝土墙厚为 400 mm,屋面板厚为 120 mm,水池顶板厚为 200 mm,筏板厚度为 600 mm,水池顶覆土厚度 1 700 mm。

3. 大坝区柴油机房

柴油机房为地上一层,采用现浇钢筋混凝土框架结构,现浇钢筋混凝土屋盖,基础采用现浇钢筋混凝土独立基础。主要结构构件尺寸:框架柱截面为 500 mm×500 mm,框架梁截面为 250 mm×600 mm、250 mm×500 mm,屋面板厚为 120 mm。

4. 厂区警卫室

警卫室为地上一层,采用砌体结构,现浇钢筋混凝土屋盖,基础采用现浇钢筋混凝土条形基础。主要结构构件尺寸:构造柱截面为 240 mm×240 mm,屋面板厚为 120 mm。

5. 消力池排水泵房

本工程建筑结构的安全等级为二级,设计使用年限为 50 年,建筑抗震设防类别为标准设防类,地基基础设计等级为丙级。

消力池排水泵房为地上一层,采用砌体结构,现浇钢筋混凝土屋盖,基础采用现浇钢筋混凝土条形基础。主要结构构件尺寸:构造柱截面为 240 mm×240 mm,屋面板厚为 120 mm。

6. 表孔油泵房

本工程建筑结构的安全等级为二级,设计使用年限为 50 年,建筑抗震设防类别为标准设防类。

表孔油泵房为地上一层,采用现浇钢筋混凝土框架结构,现浇钢筋混凝土屋盖,坐落在水工建筑物之上,不单独设置基础。主要结构构件尺寸:框架柱截面为 400 mm×400 mm,框架梁截面为 250 mm×600 mm、250 mm×500 mm,屋面板厚为 120 mm。

7. 底孔油泵房

本工程建筑结构的安全等级为二级,设计使用年限为 50 年,建筑抗震设防类别为标准设防类。

底孔油泵房为地上一层,采用现浇钢筋混凝土框架结构,现浇钢筋混凝土屋盖,设有 16 t 的单梁起重机,坐落在水工建筑物之上,不单独设置基础。主要结构构件尺寸:框架柱截面为 500 mm×500 mm,框架梁截面为 250 mm×600 mm、250 mm×500 mm,屋面板厚为 120 mm。

8. 尾水取水泵房

本工程建筑结构的安全等级为二级,设计使用年限为 50 年,建筑抗震设防类别为标准设防类。

尾水取水泵房为地上一层,采用现浇钢筋混凝土框架结构,现浇钢筋混凝土屋盖,基础采用现浇钢筋混凝土条形基础。主要结构构件尺寸:框架柱截面为 500 mm×500 mm,框架梁截面为 250 mm×500 mm,屋面板厚为 120 mm。

9. 坝顶楼电梯间

本工程建筑结构的安全等级为二级,设计使用年限为 50 年,建筑抗震设防类别为标准设防类。

坝顶楼电梯间为地上二层,采用现浇钢筋混凝土框架结构,现浇钢筋混凝土楼、屋盖,坐落在水工大坝坝体上,不单独设置基础。主要结构构件尺寸:框架柱截面为 500 mm×500 mm,框架梁截面为 250 mm×400 mm、250 mm×500 mm、250 mm×600 mm,屋面板厚为 120 mm。

10. 现场管理区用房

现场管理区用房包括办公室、防汛办公室、食堂等生活服务设施、变电室、水处理间。各建筑物的建筑结构安全等级为二级,设计使用年限为 50 年,建筑抗震设防类别为标准设防类,地基基础设计等级为丙级。各建筑物上部结构均采用现浇钢筋混凝土框架结构,现浇钢筋混凝土楼、屋盖,基础均采用现浇钢筋混凝土独立基础。

11. 后方管理区用房

后方管理区用房包括办公室、防汛办公室、工程调度控制室、食堂等生活服务设施、警卫室、图书资料室、活动室、仓库、车库及备品备件库房。各建筑物的建筑结构安全等级为二级,设计使用年限为 50 年,建筑抗震设防类别为标准设防类,地基基础设计等级为丙级。各建筑物上部结构均采用现浇钢筋混凝土框架结构,现浇钢筋混凝土楼、屋盖,基础均采用现浇钢筋混凝土独立基础。

(二)材料选用

1. 混凝土

基础垫层:C20;

建筑物室内地坪以下:C30(地下消防水泵房及消防水池尚应满足抗渗等级不小于 P6,抗冻等级不小于 F200);

建筑物室内地坪以上:C30。

2. 钢筋及钢材

主受力钢筋:HRB400 级;

箍筋:HPB300 级;

钢构件:Q235·B。

3. 砌体承重墙

建筑物室内地坪以下:MU20 烧结页岩实心砖、M10 水泥砂浆;

建筑物室内地坪以上:MU10 烧结页岩多孔砖、M10 混合砂浆。

4. 砌体填充墙

建筑物室内地坪以上:MU7.5 加气混凝土砌块、M15 混合砂浆。

三、给排水设计

(一)厂区生活给排水系统

厂区生活及消防用水水源为压力钢管及电站尾水。将水经管道引至设在厂区地下水池,水池中储存生活及消防用水。

水池中的水经生活给水恒压变频泵加压,经过滤装置、消毒装置处理,达到饮用水标准后,供至厂区内各用水点。室内供水管采用 PP-R 给水管,室外供水管采用 PE 给水管。

厂区生活污水由排水管道收集,经化粪池、小型污水处理装置处理达标后排入河道。室内排水采用 PVC-U 排水管,室外排水采用 HDPE 双壁波纹排水管。

(二)现场管理区生活给排水系统

现场管理区生活用水取自厂区的地下水池。经由给水泵组加压,沿厂区道路供至管理区水处理间水箱内。水箱后设生活恒压变频泵组,泵组出水经过滤装置、消毒装置处理,达到饮用水标准后,供至管理区内各个用水点。室内供水管采用 PP-R 给水管,室外供水管采用 PE 给水管。

现场管理区生活污水由排水管道收集,经化粪池、小型污水处理装置处理达标后就近排放。室内排水采用 PVC-U 排水管,室外排水采用 HDPE 双壁波纹排水管。

(三)后方管理区生活给排水系统

后方管理区生活给水由市政给水管网提供,生活排水排入市政排水管道。

四、管理区电气设计

(一)设计范围

现场管理区和后方管理区的建筑电气设计包括室外低压配电系统、通讯系统、室外照明以及区内各个建筑物的照明系统、配电系统、防雷系统、接地系统、通讯系统等。

(二)供配电系统

现场管理区和后方管理区的用电负荷为三级负荷,室外电缆直埋敷设。各个建筑物内均设分配电箱,底距地 1.5 m 暗装;各个功能房间均设置普通插座、空调插座等。

室外供电电缆采用 YJV22 型电力电缆直埋敷设,过路段穿金属管保护;室内配电干线采用 ZRYJV 型电力电缆,穿金属管及电缆线槽敷设;室内配电支线采用 ZRBV 型电线,穿管暗敷;应急照明配电支线采用 NHBV 型电线穿管暗敷,保护厚度不小于 30 mm。

(三)照明系统

办公区照明采用节能型荧光灯,设计照度为 300 Lx;机修车间、管护设施用房、应急防汛抗旱中转用房照明采用金属卤化物灯,设计照度为 100 Lx。

室外照明灯具采用太阳能路灯、太阳能庭院灯等,并设市电为备用电源。道路照明设计照度为 10 Lx。室外照明控制箱设于警卫室内,分区分组控制。

(四)防雷及接地系统

本工程建筑物按第三类防雷建筑物设防,屋顶设置避雷带;各个建筑物内各级配电箱均设浪涌保护器保护。新建建筑物采用 TN-C-S 接地系统,利用结构基础钢筋做接地体,采用联合接地方式,接地电阻小于 1 Ω,并做总等电位连接。接地电阻不满足要求时,增设人工接地体。

路灯及庭院灯采用 TT 接地系统,接地电阻小于 4 Ω,接地电阻不满足要求时,增设人工接地体。

(五)弱电系统

本工程各个建筑物内设电话系统、电视系统及计算机网络系统,首层设弱电配线箱,各个功能房间预留电话插座、网络插座及电视插座。

五、建筑环境景观设计

景观规划遵循"维护景观生态性,体现环境地域性、赋予工程观赏性"的设计理念,坚持"以人为本、因地制宜、统筹兼顾、可持续发展"的规划原则,并结合环境保护与水土保持的要求,充分考虑景观绿化的科学性、合理性和可操作性。

在电站景观设计中,"因地制宜"应是"适地适树""适景适树"最重要的立地条件。选择适生树种和乡土树种,做到宜树则树,宜草则草,充分反映出地方特色,只有这样才能做到最经济、最节约,也能使植物发挥出最大的生态效益,起到事半功倍的效果。

绿化设计主导思想以简洁、大方、美化环境、体现建筑设计风格为原则,使绿化和建筑相互融合,相辅相成。使电站的绿化设计成为有机的组成部分,并为改善工程的自然环境提供有利的条件。

对电站场区、进场道路等进行环境美化,选择新疆冷杉、新疆红松等当地优质树种,并点缀夜间照明。管理区周边布置相应的配套景观设施,设置休闲步道、亭廊等,形成建筑掩映于林间的景观效果。为电站运行人员及参观人员提供舒适、怡人、自然的环境。

第五章 水力机械与电气

第一节 水力机械

SETH 水利枢纽工程,为多年调节能力的水库,水库总库容为 2.94 亿 m³。工程任务为:以供水和防洪为主,兼顾灌溉和发电。发电服从供水和防洪,电站在电力系统中承担基荷任务,大机组装机容量为 2×12 MW,年利用小时数 2 953 h,小机组容量为 3.6 MW,年利用小时数 3 850 h。SETH 水库灌区的灌溉时间为 4—9 月,非灌溉期 10 月—翌年 3 月水库下放生态基流和灌区工业人畜用水,工业用水贯穿全年。

一、大小水轮机组

SETH 电站装置 1 台容量为 3.6 MW 的生态机组和 2 台 12 MW 水轮发电机组,总装机容量 27.6 MW。电站引水方式为"一管三机",为机组检修方便,水轮机进口设置进水阀,并作为机组过速保护措施。

本电站加权平均净水头 54.5 m,参考《小型水力发电站设计规范》(GB 50071—2014)中要求,本水头段电站额定水头与加权平均水头的比值应在 0.85~0.95 之间选择,本电站加权平均水头为 54.5 m,额定水头取值范围为 46.3~51.8 m,水头变化范围较小,根据电站的水头保证率曲线,电站水头在大于 50 m 时,变化较为平缓,且其保证率约为 87%,因此,确定额定水头为50 m。

(一)水轮机机型

本电站最大发电水头为 59.0 m,水轮机运行水头范围为 36.2~59.0 m,额定水头为 $H_r =$ 50 m,根据水头范围,可选用的机型为混流式和轴流式 2 种,根据国内主机厂类似水头段水轮机制造资料分析,此水头段多采用混流式机组;从机电设备投资来看,混流式机组具有运行维护简单,而且加权效率较高,空化性能好等特点;轴流定桨式机组运行范围小,转桨式机组制造运行维护均较复杂。故本电站推荐选用混流式机型。

本工程主要任务为工业供水和防洪,兼顾灌溉和发电,发电服从供水和防洪。根据规划专业提供的生态机组容量要求,电站设置 1 台小容量的生态机组,根据 SETH 水库 10 月—翌年 3 月出力保证率曲线可知,枯水期水流出力在 86%~97% 频率下出力约为 1.8 MW,由于水库无法调峰运行,为了获得更多的电能,电站小机组容量按满足 90% 频率下的保证出力确定小机组的最小出力,即小机组容量的 50% 为 1.8 MW,故确定小机组装机容量为 3.6 MW。根据国内同种容量机组选型情况,机组型式选择卧轴。

(二)水轮机参数

1. 比转速及比速系数

水轮机比转速 n_s 和比速系数 K 是选择水轮机的重要参数,这 2 个参数反映了所选择的水轮机的能量指标和制造水平。

按国内外不同比转速计算公式计算出本电站水轮机比转速 n_s 在 230~330 m·kW 之间。国内已建额定水头 50 m 左右水头段电站机组比转速在 230~300 m·kW 之间,见表 5-1。

表 5-1　　　　　　　国内已建 50 m 水头段电站机组比转速统计表

电站名称	额定水头(m)	额定出力(MW)	比转速(m·kW)	比速系数
大盈江一级	48.00	37.10	286	1 980
长征桥一级	51.80	3.33	249	1 793
港口湾	42.50	30.90	270	1 760
古尔图河五级	52.03	3.53	256	1 848
岩滩(扩建)	57.40	306.10	250	1 894
王社二级	59.00	9.26	252	1 937

综合上述的比较和统计,考虑本电站地处偏远高海拔地区以及当地运行水平,水轮机参数水平不宜太高,水轮机比速宜在 230~300 m·kW 范围选择,相应的比速系数 K 的范围为 1 626~2 121。

2. 单位流量及单位转速

从比转速的计算公式 $n_s = 3.13 n_{11}(Q_{11}\eta)^{0.5}$ 可以看出,同样的 n_s 值可由不同的单位转速、单位流量以及效率的组合来实现,其中效率的改变是非常有限的。选取较高的单位转速可提高发电机同步转速,减轻发电机重量,降低机组造价,但同时也带来一些不利影响,如较高的单位转速引起转轮出口相对流速上升,对水轮机空化、磨蚀及机组运行稳定性不利,且还会引起单位飞逸转速上升及转动部件的离心应力升高。水轮机采用较大的单位流量可以减小水轮机转轮直径,减小水轮机重量,降低机组造价,减小厂房尺寸缩减土建投资。但单位流量过大会导致水轮机叶片流道流速偏高,恶化水轮机的性能。因此,应在优化配置单位转速和单位流量的同时,还应综合考虑水轮机效率、空化系数、水压脉动等综合指标。近年来随着国内水电市场的迅猛发展,水电装机容量的迅速提高,通过下列经验公式匹配出的单位转速和单位流量,经已运行的系列电站证明还是比较合理的。见表 5-2。

表 5-2　　　　　　　　单位转速及单位流量经验统计表

项目	最优单位转速(r/min)	限制工况单位流量(m³/s)
统计公式	$n_{110} = \dfrac{1\,210}{\sqrt{482.6 - n_s}}$ $n_{110} = 50 + 0.11 \times n_s$	$Q_{11} = 0.11 \times \left(\dfrac{n_s}{n_{110}}\right)^2$ $Q_{11} = \dfrac{226.674}{H^{1.148}}\,(\text{L/s})$

根据统计公式推荐本电站水轮机最优单位转速及限制工况单位流量范围:

大机组:$n_{110} = 77.605 \sim 79.500$ r/min,$Q_{11} = 1.10 \sim 1.15$ m³/s;

小机组:$n_{110} = 75.399 \sim 76.268$ r/min,$Q_{11} = 1.01 \sim 1.03$ m³/s。

3. 水轮发电机组同步转速

从上面的分析可以看出,相对于本电站水轮机比转速 230~300 m·kW 的选择范围,可选择的大机组同步转速范围为 274.9~358.6 r/min,对应的常用的转速为 300 r/min 和 333.3 r/min;小机组同步转速范围为 498.1~649.7 r/min,对应的常用的转速为 500 r/min 和 600 r/min,考虑本电站地处偏远高海拔地区以及当地运行水平,机组参数不宜过高,故本阶段推荐采用大机组水轮机转速为 300 r/min。相应的水轮机比转速为 250.9 m·kW;小机组水轮机转速为 500 r/min。相应的水轮机比转速为 230.9 m·kW。

4. 水轮机效率

水轮机效率是评价水轮机能量性能的重要指标,直接影响电站的发电效益。随着国内近年来投产的一些中水头电站水轮机效率发展趋势来看,水轮机的效率也是在不断的提高。综合各种因素,推荐大机组水轮机真机额定效率不应小于 92.0%,最高效率不应小于 92.5%;小机组水轮机真机额定效率不应小于 91.0%,最高效率不应小于 91.5%。

5. 空化系数选择

根据统计公式并参考现有水轮机转轮模型参数,得出大机组空化系数 σ_m 的推荐范围为 0.117~0.140;小机组空化系数的推荐范围为 0.104~0.130。取大机组额定工况下模型空化系数 σ_m 不大于 0.14,小机组额定工况下模型空化系数 σ_m 不大于 0.13。

6. 推荐的水轮机模型参数和真机参数

推荐的水轮机(真机)及发电机参数见表5-3。

表 5-3   推荐的水轮机(真机)及发电机参数

	项目	大机组	小机组
水轮机	型号	HL251-LJ-185	HL231-WJ-100
	转轮直径 D_1(m)	1.85	1.00
	额定转速 n_r(r/min)	300	500
	额定水头 H_r(m)	50	50
	额定流量 Q_r(m³/s)	27.65	8.6
	额定出力 N_{tr}(MW)	12.37	3.77
	额定工况点效率 η_{tr}(%)	92.0	91.0
	额定点比转速 n_s(m·kW)	250.9	230.9
	额定点比速系数 K	1 774	1 633
发电机	型号	SF 12 - 20/350	SFW3.6-12/214
	额定出力 N_g(MW)	12	3.6
	额定效率 η(%)	97.0	95.5

二、水轮机附属设备

(一)调速器及油压装置

本电站每台机组配置 1 台 PID 调节规律的微机电液调速器及油压装置。大机组、小机组调速器均采用高油压蓄能罐式,压力等级 16 MPa。大机组调速器调速功为 80 000 N·m,小机组调速器调速功为 16 000 N·m。油压装置与调速器为组合式,油压装置根据调速器规格成套提供。

(二)进水阀

本电站引水管线为一管三机型式,为满足单台机组检修需要,在 2 台大机组蜗壳进口分别设置 DN 2 600 mm 的液控蝶阀,小机组进口设置 DN 1 500 mm 的液控蝶阀。根据电站过渡过程计算,考虑一定的安全余量和计算误差,确定进水蝶阀的公称压力为 1.0 MPa。

三、起重设备

(一)主厂房起重设备

本电站的最重起吊件为大机组发电机转子带轴,重约 62 t,另考虑吊具重量,电站主厂房设 1 台 75/20 t 的单小车桥式起重机作为厂房内机电设备卸货和吊运工具,起重机跨度为 15.0 m。

(二)GIS 室起重设备

GIS 室设置 1 台 10 t 的电动单梁起重机作为吊运工具,起重机跨度为 9 m。

(三)辅助起重设备

参考国内外电站先进经验,考虑电站安装、检修实际工作需要,在电站部分辅助设备间设手拉葫芦及轨道。根据设备重量及安装布置情况,在小机主阀廊道(技术供水室)、大机主阀廊道(检修、渗漏排水泵房)及空压机室各设置 1 套 1 t 手动葫芦及轨道。

四、技术供水系统

机组的技术供水用户和用水量主要包括机组的空气冷却器、轴承油冷却器及主轴密封等,各部位冷却水所需水压为 0.15~0.3 MPa,考虑水锤压力,冷却器设计压力不小于 1.2 MPa。

本电站的工作水头为 36.2~59.0 m,水质较好,技术供水系统采用自流供水方式。在各台机组进水主阀前设一取水口,每个取水口的取水量按 2 台机组用水量考虑,通过技术供水总管并联,水源互为备用。技术供水系统共设 2 台电动滤水器,1 台工作、1 台备用。

五、厂内检修、渗漏排水系统

(一)厂内渗漏排水

厂房渗漏排水主要包括厂房水工建筑物渗漏排水、水轮机顶盖渗漏水、压力钢管伸缩节渗漏水、各种管路阀门渗漏水及机电设备渗漏水等。总计渗漏水量为 27 m³/h。

厂内大机组段主阀廊道内设置 1 个渗漏集水井,各部分渗漏水汇集到集水井,集水井有效容积约为 36 m³。选用 2 台潜水排污泵,其参数为:$Q = 150$ m³/h,$H = 22$ m,$N = 18.5$ kW。渗漏排水时,1 台工作,1 台备用,由水位计控制自动运行。渗漏水排至校核洪水位以上,出水管高程为 973.00 m。

(二)机组检修排水

本电站的机组检修,按 1 台机组大修考虑。

机组检修排水:

1 台机组检修排水量(m³)	200
上游主阀漏水量(m³/h)	2
下游闸门漏水量(m³/h)	122.4

厂内大机组段主阀廊道设置 1 个检修集水井,集水井有效容积约为 32 m³。选用 2 台潜水排水泵,其参数为:$Q = 150$ m³/h,$H = 22$ m,$N = 18.5$ kW。检修初始排水时,2 台同时工作,初始排水完成后,1 台工作,1 台备用,由水位计控制自动运行。检修排水排至校核洪水位以上,出水管高程为 973.00 m。

(三)集水井清淤

检修、渗漏集水井清淤均采用移动式潜水排污泵,其参数为:$Q = 50$ m³/h,$H = 24$ m,$N = 7.5$ kW。

六、其他辅助系统

(一)低压压缩空气系统

本系统主要用于机组的制动用气、机组检修密封、吹扫和风动工具用气,工作压力为 0.8 MPa。

每台发电机制动用气量约为 1.0 L/s,制动用气量按 3 台机组制动考虑。选用 2 个 1.0 m³ 制动用储气罐和 1 个 1.0 m³ 检修用储气罐,选用 3 台排气压力为 0.8 MPa、排气量为 2.0 m³/min 的空压机,其中制动用 2 台,1 台工作 1 台备用,检修用 1 台。空压机的起、停由供气管路上的电接点压力表自动控制。为提高制动用气的可靠性,检修气罐可向制动气罐单向补气。

由于厂区有临时用气的需要,设置 1 个移动式的空气压缩机,选择型号为 2V-0.5/7-A 的移动式空压机,排气量为 0.5 m³/min,排气压力 0.8 MPa,功率 4 kW。

(二)油系统

1. 透平油系统

主要用于机组润滑和调速系统操作用油,经估算,1 台机组最大用油量约为 4.9 m³。透平油牌号为 L-TSA46 汽轮机油。

1)储油设备

系统设置 1 个 6 m³ 的油罐作为净油罐,1 个 6 m³ 的油罐作为运行油罐。

2)输油和滤油设备

选用 2 台输油量 30 L/min,最大工作压力 0.3 MPa,功率为 0.37 kW 的齿轮油泵;1 台生产能力为 2 000 L/h,功率 16.5 kW,工作压力 0.5 MPa 透平油过滤机;1 台生产能力为 50 L/min,功率 1.5 kW 的精密过滤机用于接受新油、设备充油、排油和油净化。机组添油选用 1 辆 0.5 m³ 移动式油槽车。

所有油处理设备均为移动式,可在机旁进行滤油。

2. 绝缘油系统

考虑到主变的大修周期较长,正常情况下可以利用移动式油净化处理设备实现在线滤油,不再设置绝缘油储油设备。电站供设置 2 台主变压器,大主变压器用油量约为 17 m³,小主变压器约为 9 m³。绝缘油系统主要设备如下:2 台输油量为 50 L/min,最大工作压力 0.33 MPa,功率为 1.1 kW 的齿轮油泵;1 台生产能力为 2 000 L/h,功率 16.3 kW,工作压力为 0.5 MPa 的高真空净油机;1 台生产能力为 50 L/min,功率 1.5 kW 的精密过滤机用于接受新油、设备充油、排油和油净化。

(三)水力量测系统

电站水力量测系统分全厂性测量和机组段测量两部分。

1. 全厂性的测量

水库水位:采用投入式水位计;

下游水位:采用投入式水位计;

水库水温:采用温度变送器;

电站毛水头:采用计算机计算;

拦污栅后水位:采用投入式水位计;

叠梁门后水位:采用投入式水位计;

叠梁门前、后差压采用计算机计算;

拦污栅前、后差压采用计算机计算。

2. 机组段测量

技术供水进水水温:采用带显示的温度变送器;

技术供水水量:采用流量开关;

技术供水进、出水侧水压:采用带显示的压力变送器;

蜗壳差压测流:采用差压流量计测量;

顶盖(前盖)压力:采用带显示压力变送器;

蜗壳进口压力:采用带显示压力变送器;

水轮机净水头:采用差压变送器;

尾水管出口压力:采用带显示压力变送器;

尾水管压力脉动:采用带显示压力变送器;

蜗壳末端压力:采用带显示压力变送器;

尾水管进口压力真空:采用带显示压力变送器;

机组振动、摆度:采用振动、摆度监测仪。

全厂性量测项目在监控系统上集中显示,有下列项目:水库水温、水库水位、下游水位、拦污栅后水位、拦污栅压差、电站毛水头。

机组段测量项目及机组振动、摆度在机旁盘上显示,有下列项目:水轮机流量、发电机有功功率、蜗壳进口压力、顶盖压力、水轮机净水头、尾水管进、出口压力、尾水管压力脉动、机组振动摆度、冷却水温、冷却水量。

第二节　电气一次

一、电力系统接入方式

根据 SETH 水电站接入电力系统报告,电站拟以 1 回 110 kV 架空线路接入新建成的 110 kV 变电站,电站送电距离约 30 km,经计算采用 LGJ-300 导线,电站装机 2×12 MW + 1×3.6 MW。

二、电气主接线

电站位于坝后,根据电站的技术特点及在电力系统中的作用,对发电机-变压器组合和升高电压侧接线方案进行比较,并对主要可比方案进行技术经济论证。本电站推荐电气主接线方案为:10.5 kV 侧小机组采用单元接线,一机一变;大机组采用扩大单元接线,两机一变。主变容量分别为 5 MVA 和 31.5 MVA;110 kV 侧采用单母线分段接线。

三、厂用电接线

(一)厂用电源引接

根据电气主接线推荐方案,厂用电电源可自 1#机组及 2#、3#机组的 10.5 kV 母线各引 1 回。

电站自 10 kV 机端母线Ⅰ段和Ⅱ段各引接 1 台容量为 630 kV 的厂用变压器,为全厂提供厂用电源并作为全厂第一电源点。电站运行中,110 kV 系统倒送作为全厂第二电源点。施工变电所按永久性变电所设计,经一回 10 kV 线路接入厂用电Ⅲ段母线作为第三电源点。设置柴油发电机组作为保安电源(主要用于在全厂失去厂用电电源的情况下保证厂房排水和泄洪系统等负荷的供电)。

为保证水利枢纽工程坝区各闸房用电的可靠性,坝区供电由厂用电母线Ⅰ段和Ⅱ段各馈出 1 回。泄洪系统、引水口、升鱼机旁分别设置动力箱盘供电。

鉴于工程规模、负荷分配及供电范围情况,厂用电采用混合供电形式。3 台机组自用电负荷共 230 kW;采暖、空调负荷共 330 kW;大坝表孔底孔取水、泄洪系统负荷 432 kW;机组排水系统负荷 70 kW;其他负荷 790 kW,共计 1852 kW。

根据厂用电负荷统计综合系数法,考虑到厂用电所有负荷的工作型式及同时率等因素。厂用电最大运行负荷为 1 030 kW。根据厂用变压器运行方式,每台厂用变压器可为 60% 的厂用电最大运行负荷供电,故厂用变压器选取容量为 630 kVA。

正常工作情况下,2 台引自机端的厂用变压器各带一段负荷。引自保留的施工变电站电源的厂用变压器空载备用。当任一引自机端的厂用变失电时,由引自保留的施工变电站的厂用变压器进行供电。当 2 台引自机端厂用变全部失电时,由引自保留的施工变电站的变压器为两段母线上的重要负荷供电。当 3 台厂用变压器全部失电时,由柴油发电机为保安负荷供电。

水利枢纽管理区位于电站厂房 1 km 附近,从机组单元接线机端引 1 回 10 kV 线路为其供电,另从保留的施工变电站另引 1 回备用。管理区电热负荷约 370 kW。管理区空调负荷 30 kW,其他电气负荷约 200 kW。初步选用 800 kVA 变压器 1 台。鱼类增殖站电气负荷 450 kW,从此引接 10 kV 电源。

(二)厂用电供电电压等级

根据本电站的装机容量及台数,电站厂用电系统采用一级电压 380 V/220 V 供电比较合适。

四、主要电气设备

线路计算按某变电站 110 kV 母线短路电流 40 kA 考虑。据此对电站主接线推荐方案,即高压侧采用 GIS 单母线接线,低压侧采用单元接线+扩大单元接线方案,进行短路电流计算。

(一)10 kV 发电机引出线的选择

扩大单元的发电机主引出线及中性点引出线可选用共箱封闭母线或槽型母线两种方式。发电机出口母线采用共箱封闭母线时,大电流母线产生的磁场干扰被外壳环流磁场屏蔽,为微机监控系统的运行使用创造了有利的环境条件;减少了接地、相间短路故障,使得发电机出口母线故障几率降低;根本上消除了大电流母线附近的钢结构发热带来的厂房安全问题,无人身安全问题;对厂房面积和结构要求不高,布置紧凑,安装简单,维护工作量极少。但较采用槽型母线方式投资略有增加。

发电机出口母线采用槽型母线时,投资略省,但带来的不利影响很多。首先不易满足全厂计算机监控系统的运行环境要求;存在人身安全隐患;载流母线附近钢结构发热严重;母线接地、相间短路等事故几率高,不利于发电机、主变等设备安全运行;安装复杂、维护工作量大;对厂房面积和结构要求高。

综上所述,10 kV 扩大单元的发电机出口母线推荐采用共箱封闭母线。

小机组出口电流较小可以采用电缆联接。

(二)发电机出口断路器的选择

目前,发电机出口断路器采用 SF6 或真空发电机专用断路器。这类 SF6 断路器一般均是进口设备,价格较高。本电站发电机电压 10.5 kV,其出口断路器可选用大电流、高开断能力的发电机出口专用的新型真空断路器,额定电流 2 000 A,额定短路开断电流 40 kA,额定短路开断电流的直流分量不小于 75%。该断路器可放在 10 kV 高压开关柜内,与发电机出口电压互感器柜等并排布置。

根据短路电流计算成果,对 110 kV 断路器及隔离开关和 10.5 kV 断路器及隔离开关等设备进行了校验。

(三)主要电气设备选择

1. 水轮发电机

台数	1	2
额定功率(MW)	3.6	12
额定电压(kV)	10.5	
频率(Hz)	50	
额定功率因数	0.80(滞后)	

2. 主变压器(31.5 MVA)

型式和型号	S11-31500/110
冷却方式	自冷 ONAN
台数	1
额定容量(kVA)	31 500
额定电压(kV)	121 ±2×2.5%/10.5
阻抗电压(%)	10.5
接线组别	YN,d11
调压方式	无载调压

3. 主变压器(5 MVA)

型式和型号	S11-5000/110
冷却方式	自冷 ONAN
台数	1
额定容量(kVA)	5 000
额定电压(kV)	121 ±2×2.5%/10.5
阻抗电压(%)	10.5
接线组别	YN,d11
调压方式	无载调压

4. 110 kV 配电装置

型号	SF$_6$ 全封闭式组合电器
额定电压(kV)	126
额定电流(主母线)(A)	1250
额定频率(Hz)	50
额定开断电流(kA)	40
4S 热稳定(kA)	40

5. 发电机机压配电设备

1)封闭母线

额定电压(kV)	12
额定电流(A)	2 000

2)发电机断路器

额定电压(kV)	12
额定电流(A)	2 000
开断电流(kA)	40
关合电流(kA)	≥40×2.74

3)厂用分支成套设备

厂用真空断路器主要参数如下:

型式真空断路器

额定电压(kV)	12
额定电流(A)	630

开断电流(kA)	40

6. 厂用变压器

台数	3
型号和型式	SCB13-630/10(降压变压器)
额定容量(kVA)	630
额定电压(kV)	10.5 ±2×5%/0.4
阻抗电压(%)	4
接线组别	D,yn11
调压方式	无载调压

7. 柴油发电机

额定功率(kW)	600
额定电压(V)	400/230
额定频率(Hz)	50
额定转速(r/min)	1500
额定功率因数	0.8 滞后

五、主要电气设备布置

电站共设 2 台主变,容量为 31.5 MVA 和 5 MVA。依次布置在主厂房上游。主变压器场地位置有限,主变压器之间需设置防火墙。根据主变压器容量和目前的制造水平,31.5 MVA 及 5 MVA 变压器完全可以采用自然冷却,户外布置。

主变下设集油坑,油坑外缘大于主变外廓 1 m,坑内铺设不小于 250 mm 厚卵石层,集油坑内设有排油管可将集油排至主变事故油池内。主变可通过搬运轨道运输,可以运至厂房安装间进行检修和维护。

GIS 室紧邻主变压器场地布置,以减少母线的长度。考虑到本工程的地震烈度较高,GIS 室及主变压器采用水平布置方式。GIS 室布置在主变压器下游侧,与主变压器采用 SF6 母线连接。

电站的 10 kV 机压配电装置采用封闭母线,布置在主厂房上游侧厂房内。厂用高低压配盘柜、低压厂变布置在上游厂房内。

副厂房设置主电缆夹层,并与各主要配电盘柜之间采用竖井、电缆沟、桥架和支架作为电缆通路,各机组与主电缆夹层之间设置电缆廊道、电缆沟。

六、过电压保护及接地

(一)过电压保护装置配置

(1)为防止静电耦合过电压危及主变低压侧线圈绝缘,设置相应的过电压保护装置。

(2)110 kV GIS 管道母线与架空出线处,装设 110 kV 氧化锌避雷器。

(3)主变中性点设置隔离开关、避雷器和放电间隙。

(二)直击雷保护装置配置

(1)110 kV 出线侧以设置避雷线为主要保护。

（2）枢纽所有建筑物均按规范进行防雷保护。建筑物顶部设避雷带并直接接地。

（三）接地

（1）在尾水渠及上、下游河道分别设置水下接地网,厂区回填土层设置接地网。

（2）GIS 室、主变室等设置均压网。

（3）充分利用厂房金属、闸门槽、轨道等自然接地体。

各接地网之间设置不少于 2 根连接线,全厂形成一个整体接地网,接地电阻暂按小于 1 Ω 设计。主变压器中性点经隔离开关直接接地,发电机中性点经避雷器和消弧线圈接地。

第三节　电气二次与通信

一、电气二次

（一）计算机监控系统

1. 电站调度方式

SETH 水电站装设 3 台水轮发电机组,2 台大机组单机容量 12 MW,1 台小机组单机容量 3.6 MW,总装机容量为 27.6 MW,2 台大机组采用扩大单元接线,连接的主变压器容量为 31.5 MVA,小机组采用发变组单元接线,连接的主变压器容量为 5 MVA。110 kV 为单母线接线,1 回 110 kV 出线接入新建成的青格里 110 kV 变电站。根据《SETH 水电站系统报告(未审查)》,SETH 水电站由某地调进行调度。电站应具有与地调通信的通信接口,信息的采集按照直调直采、直采直送的原则设计。将信息同时上传到地调,满足电网调度自动化的实时性要求。

2. 计算机监控系统设计原则

监控系统采用全计算机监控方式。电站计算机监控系统分为电站控制级及现地控制级。中控室不再设常规监控设备,运行人员在中控室通过操作员工作站实现对全厂主要机电设备的集中控制与监视。

电站级计算机中与监控有关的实时信息全部直接来自现地控制单元,调度通信服务器的信息数据采用直采直送方式。现地控制单元完全独立,即使电站级设备全部故障,现地控制单元仍可完成对电站设备的监视和控制。

全厂公用设备、机组辅助设备等采用独立的智能控制装置,在设备附近设现地控制箱或控制盘(柜),各装置均设有远方手动/现地手动/自动控制方式选择开关,可实现不同控制方式的转化及闭锁。各设备相关信息量上送电站计算机监控系统。

3. 计算机监控系统结构、配置及布置

1)计算机监控系统结构

SETH 水电站计算机监控系统采用分层分布开放式系统结构,分电站控制级和现地控制级。采用双星型光纤以太网结构连接电站控制级和现地控制单元级,网络传输速率为 100 Mbit/s网,通讯规约符合 TCP/IP 标准。

电站控制级设 2 台主计算机兼操作员工作站、1 台工程师兼培训工作站、1 套五防工作站、1 套厂内通信兼语音报警服务器、2 套远动工作站、1 套大屏幕拼接墙(与视频系统合用)、1 套网络设备、2 台黑白网络打印机、1 套时钟接收和授时装置、UPS 电源及通信网关设备等。电站控制级完成全厂监控功能及数据管理功能,并负责与调度中心计算机系统的数据通信。计算机监控系统设置的2台远动工作站完成与地调系统的数据通信工作。

现地控制级按每台机组、开关站、全厂公用设备、厂用电及大坝等分别设置3套机组LCU、1套开关站及公用LCU,现地控制单元负责所辖设备的监视、控制以及接受上位机控制命令并将各单元设备运行状态、运行参数、相关故障及事故信号上送电站级。在与电站级上位机脱离的情况下,各现地控制单元能够保证独立完成各辖区设备的监视与控制。

计算机监控操作系统采用WINDOWS或UNIX系统。

2)网络安全防护

在2套远动工作站和上级调度之间分别设置纵向加密认证装置。控制区与非控制区之间设置防火墙,监控系统与管理大区之间设置1套横向隔离设备。同时按照计算机网络安全防护要求,为主计算机兼操作员工作站、远动工作站使用安全加固的操作系统,采用专用软件强化操作系统访问控制能力,以及配置安全的应用程序。

3)布置

电站控制级设备布置在电站计算机室及中控室,机组LCU布置在每台机组的机旁、开关站及公用LCU布置在继保室。

4. 监控对象

电站控制级的设备对站内所有设备进行监控,每一现地控制级设备的监控对象如下。

(1)2台12 MW机组LCU,每一机组LCU主要控制对象为:①水轮发电机组及其附属设备;②机组进水主阀。

(2)3.6 MW机组LCU主要控制对象为:①水轮发电机组及其附属设备;②机组进水主阀;③5 MVA主变压器。

(3)开关站及公用LCU主要控制对象为:①110 kV GIS开关站设备,包括2个进线间隔、1个出线间隔、1个PT间隔;②110 kV出线设备;③1台31.5 MVA主变压器;④400 V厂用电系统;⑤3台630 kVA厂用变压器;⑥柴油发电机组;⑦直流系统;⑧技术供水系统;⑨厂内检修排水系统;⑩厂内渗漏排水系统;⑪低压压缩空气系统;⑫火灾自动报警系统(通过硬接点连接报警信号);⑬大坝渗漏排水系统;⑭消力池排水系统;⑮生态调流阀;⑯1孔泄洪表孔工作闸门;⑰1孔泄洪底孔工作闸门;⑱升鱼机系统。

此外,电站消防控制系统、电能量采集装置及水雨情测报系统均通过通信口接入电站控制级的场内通信服务器。

5. 计算机监控系统主要功能及硬件配置

1)主计算机兼操作员工作站

负责对本电站的计算机监控系统的管理,AGC/AVC计算及处理,历史及实时数据库管理,在线及离线计算等,数据库保存生产过程和系统事件、维护记录、运行小时统计、专家系统等。用于对整个电站设备的运行状况、数据及画面监视,发布操作命令,生成各种图表曲线,具有事故、故障信号的分析处理等功能。

电站设2台主计算机兼操作员工作站,互为热备用方式工作,操作员工作站采用优质品牌工作站,CPU不低于64位四核双CPU,主频应大于2.8 GHz,内存大于4 GB。

2)工程师兼培训工作站

主要负责系统的维护管理、功能及应用的开发、修改、程序下载等工作,此外,工程师工作站还兼有培训站的所有功能。

电站设 1 台工程师兼培训工作站,采用优质品牌工作站,CPU 不低于 64 位四核双 CPU,主频应大于 2.8 GHz,内存大于 4 GB。

3)厂内通信兼语音报警服务器

厂内通信服务器可完成与电站消防控制系统、电能量采集装置及水雨情测报系统等设备的通信,厂内通信服务器要求配多个数字通信接口,每一接口可以分别配置各种通信协议。完成电话语音查询,报警自动传呼,语音报警输出等功能。该服务器通过防火墙与电站监控系统控制区实现安全隔离。

电站设 1 套厂内通信服务器,采用优质品牌服务器,CPU 不低于 64 位四核双 CPU,主频应大于 2.8 GHz,内存大于 4 GB。

4)远动工作站

远动工作站完成电站监控系统与地调的数据通信,并预留梯级调度接口。远动工作站能与网络上所有接点直接进行数据交换,以保证远动信息的直采直送。远动工作站按系统要求配置相应的安全防护设备。

电站设 2 套远动工作站,采用优质品牌服务器,CPU 不低于 64 位四核双 CPU,主频应大于 2.8 GHz,内存大于 4 GB。

5)大屏幕拼接墙

在电站中控室安装 1 组 DLP 大屏幕拼接墙,大屏幕系统整体拼接规模不低于 3(行)×3(列),共 9 个显示单元。单屏至少采用 DLP 一体化的背投箱。通过高性能的拼接处理器和控制 PC,控制和管理各种输入输出信号源和显示方式,让拼接墙展示电站监控系统及视频系统的相关信息。

6)网络设备

网络采用光纤以太网,配置 2 台工业级主交换机。每台现地 LCU 上均配置 2 个光纤以太网口,以方便联接及现场调试、维护,现地控制单元与主交换机采用光纤连接。电站级节点采用光纤连接。

7)时钟接收和授时系统

为电站设置 1 套 GPS 接收和授时装置,系统由 1 台主时钟、4 台从时钟(每套 LCU 设置 1 台)及天线组成,主时钟既可以接受北斗信号,也可以接收 GPS 信号,主时钟与从时钟之间通过光纤通信连接。

8)UPS

电站级设备由 2 台不低于 10 kVA 不间断电源(UPS)供电,UPS 配置电源屏,每台不间断电源的容量按全部设备最大负载总和的 150% 考虑。UPS 为并联冗余、互为热备用的工作方式,每组 UPS 的容量都可单独供给全部负荷。当一组 UPS 故障时,另一组 UPS 向全部负荷供电。

9)现地控制单元的主要功能

现地控制单元的主要功能包括现地数据采集处理、实时数据库、顺序控制流程、逻辑控制流程、电气测量、人机接口、报警、自诊断以及与系统中其他部分的数据交换等。

10)现地控制单元主要硬件配置

双机(双主控器)冗余热备用,切换时间短,主控模件直接上网;

现地控制单元须具有冗余配置的 CPU 模件、电源模件、现场总线模件、网络模件等。冗余模件的工作方式须为在线热备,切换应无扰动;现地控制单元与其他智能设备尽可能通过现场总线进行信息交换。

机组 LCU 屏上配置独立的水力机械事故紧急停机后备回路。紧停后备回路采用独立的 PLC 或继电器回路实现,紧停 PLC 或继电器回路采用独立电源供电及独立出口。

6. 公用及机组辅助系统、开关设备监视与控制

1) 公用及机组辅助系统控制

调速器油压装置控制、技术供水系统控制、检修排水系统控制、厂房渗漏排水系统控制、低压压缩空气系统控制等的监控设备,采用 PLC 加现场总线的智能化控制装置,在各受控设备旁设置现地控制柜,实现公用及机组辅助设备的自动控制和现地手动控制,自动控制由现地控制装置 PLC 闭环完成,相关运行状态、故障及事故信号送至相应 LCU。各系统通过串行通信口及 I/O 接口实现与监控系统的通信。

设置防水淹厂房系统,在厂房 960 m 高程设置不少于 3 套水位信号器,当水淹厂房时报警,严重时停机并关闭机组进口主阀。

通风控制系统由通风系统集中控制柜(1 面)、和现地控制箱(8 个)组成,现地控制箱和集中控制柜之间通过 4 芯多模光缆相联(首尾串联)。

2) 开关操作

电站 110 kV 断路器、隔离开关及接地刀、主变中性点接地隔离开关、发电机断路器及隔离开关均可在中控室通过计算机监控系统集中监控。

400 V 厂用电进线及母线联络断路器可在中控室通过计算机监控系统进行远方分合闸操作(加软、硬件闭锁逻辑),其余 400 V 厂用电出线断路器均在现地控制。

7. 坝区设备控制

溢流坝段设 1 孔弧形工作闸门,采用液压启闭机操作,设 1 套液压油泵站,油泵站设 2 台 75 kW 电动机油泵组,互为备用。在液压启闭机房设置 2 面现地控制盘(1 面为软起柜),采用 PLC 完成对闸门的控制。现地控制盘通过串行通信口及 I/O 接口实现与公用 LCU 的通信。

泄洪底孔设 1 孔弧形工作闸门,采用液压启闭机操作,设 1 套液压油泵站,油泵站设 2 台 50 kW 电动机油泵组,互为备用。在液压启闭机房设置两面现地控制盘(1 面为软起柜),采用 PLC 完成对闸门的控制。现地控制盘通过串行通信口及 I/O 接口实现与公用 LCU 的通信。

大坝渗漏排水系统:包括 2 台 7.5 kW 深井泵,1 台工作,1 台备用。在大坝集水井水泵房设置 1 面现地控制盘,盘内设 PLC 及启动等设备,根据集水井水位可实现对排污泵的闭环控制,现地控制设备还可以通过串行通信口与开关站及公用 LCU 实现接口和数据通信。

消力池排水系统:包括 2 台 7.5 kW 深井泵,1 台工作,1 台备用。在消力池集水井水泵房设置 1 面现地控制盘,盘内设 PLC 及启动等设备,根据集水井水位可实现对排污泵的闭环控制,现地控制设备还可以通过串行总线与开关站及公用 LCU 实现接口和数据通信。

生态调节阀:电站设 1 套 DN 800 mm 流量调节阀和 1 套 DN 1 600 mm 流量调节阀。现地分别设有控制箱,可以通过串行口或 I/O 与开关站及公用 LCU 实现接口和数据通信。

8. 微机五防系统

电站设置 1 套微机五防系统工作站,由微机防误操作 PC 主机设备、电脑钥匙、电编码锁、机械编码锁等组成。

微机五防工作站应能反应电站一次设备工作状态,具有对位功能和相应告警显示功能,可

进行五防模拟操作,开具并打印操作票。记录已完成或未执行的一次设备操作,并可存档备查。

微机五防系统的一次设备信息取自电站监控系统,与电站监控系统实现信息交换。

PC 主机的 CPU 主频应大于 2.8 GHz,内存大于 4 GB。

9. 中控室紧急停机

在中控室控制台上设有紧急停机按钮,采用硬接线直接作用于每台机组。按钮设置保护罩,防止运行人员误操作。

(二)机电励磁系统

电站 1#~3# 发电机励磁系统采用自并励可控硅静止励磁方式,可控硅整流器采用三相全控桥式整流器,发电机的励磁电源由接在机端的励磁变压器经晶闸管整流后供给,励磁系统由励磁变压器、微机调节控制装置、可控硅整流装置,起励灭磁装置及转子过电压保护装置等部分组成。

1. 励磁变压器

励磁变压器在防潮、绝缘等性能方面要求很高,故选用环氧浇注式的三相干式变压器,在励磁变主、副线圈之间设有屏蔽层,并接地。

2. 微机励磁调节装置

励磁系统是电站的关键控制设备,高可靠性的励磁系统是发电机组安全运行的有效保障。在本电站励磁系统设计中拟采用双微机励磁调节器,具有双自动电压调节通道,双通道之间相互诊断,相互跟踪,相互切换,在运行通道出现故障的情况下系统安全自动切换到备用通道,两个通道互为热备用,且都有手动调节功能,可用于调试、试验。微机励磁调节器具有下列主要功功能:

(1)定子机端电压调节;

(2)励磁电流调节;

(3)功率因数调节;

(4)无功功率或无功电流调节;

(5)过励限制;

(6)欠励限制;

(7)定子电压限制;

(8)定子电流限制;

(9)V/H2 磁通限制;

(10)PSS 电力系统稳定器;

(11)有功或无功电流补偿;

(12)自动跟踪;

(13)起励;

(14)强励。

励磁系统除常规监控外,还可接受电站计算机监控系统的监控,通过 I/O 口及串行通信口与机组 LCU 相联,并受机组 LCU 的控制。

3. 励磁系统性能要求

按《大中型水轮发电机静止整流励磁系统及装置基本技术规范》(DL/T 583—2006),电站励磁系统的性能参数应满足以下要求:

当发电机机端正序电压为额定值的 80% 时,励磁顶值电压倍数为 2,强行励磁时间不大于 0.08 s,快速减磁,由顶值电压减小到零的时间不大于 0.15 s,励磁系统在 2 倍额定励磁电流下的允许时间,不小于 20 s,励磁系统应保证当发电机励磁电流和电压为发电机额定负载下励磁电流和电压的 1.1 倍时,能长期连续运行。

4. 起励装置

励磁起励方式采用直流起励及残压起励。

机组正常开机时,当发电机转速达到 95%,程序自动进入残压起励方式,残压起励不成功,自动投入直流起励。

5. 灭磁装置(包括转子过电压保护)

励磁系统的灭磁方式分成正常停机和事故停机 2 种灭磁方式,正常停机采用逆变灭磁,事故停机采用磁场断路器加氧化锌非线性电阻灭磁。

在可控硅整流桥交流侧,直流侧及发电机转子侧装设过电压保护装置,用以保护可控硅及发电机转子绕组。

(三) 电气调速器

水轮机调速器,采用微机调速器,具有变参数 PID 调节规律。调速器的技术性能指标,应满足于《水轮机调速器及油压装置技术条件》(GB/T 9652.1—1997)和《水轮机电液调节系统及装置技术规程》(DL/T 563—2004)的要求。

水轮机调速器电气柜应具有以下主要功能:

(1) 自动或手动开、停机;

(2) 调频、增减负荷;

(3) 紧急停机;

(4) 机频能自动跟踪网频、相位调节、保证机组迅速同期并网;

(5) 水位调节和功率调节功能;

(6) 具有 RS485(或 RS232)接口,与电站计算机监控系统相连。

调速器除常规监控外,还可接受电站计算机监控系统的监控,通过 I/O 口及通讯口与机组 LCU 相联,并受机组 LCU 的控制。

(四) 继电保护

继电保护系统包括 2 台 12 MW 发电机保护,1 台 3.6 MW,1 台 31.5 MVA 主变压器保护,1 台 5 MVA 主变压器保护,110 kV 母线保护,110 kV 线路保护,3 台 630 kVA 厂用变、励磁变保护,厂房与生活管理区之间的线路保护,生活管理区配电系统保护。保护系统配置按《继电保护和安全自动装置技术规程》(GB/T 14285—2006)的要求进行配置。保护采用微机型保护装置。

1. 元件保护

1) 发电机保护

(1) 纵差保护(87G):采集发电机机端和中性点侧每相电流,保护动作后瞬时作用于停机。

(2) 90% 定子单相接地保护(64G):保护采集机端零序电压,保护延时动作于停机。

(3) 复压过流保护:该保护动作后延时作用于停机。

(4) 定子过电压保护(59G):保护动作后延时作用于解列、灭磁。

(5) 定子过负荷保护(51G):保护带时限动作于信号或机组减负荷。

(6)励磁绕组一点接地保护(64E):保护动作后延时发信号。

(7) 失磁保护(40G):该保护动作后延时解列。

2)励磁变压器保护

(1)速断(50ET):保护检测励磁变高压侧电流,瞬时作用于停机。

(2)过流保护(51ET):作为励磁变电流速断保护的后备,延时动作于停机。

3)主变压器保护

(1)主变压器纵差保护(87T):为变压器主保护,瞬时动作于跳开变压器两侧的断路器。2台12 MW发电机及1台27.6 MVA主变压器扩大单元接线的差动保护,包括变压器高压侧、2台发电机机端及1台厂用变压器4个分支。1台3.6 MW发电机及1台5 MVA主变压器单元接线的差动保护,包括变压器高压侧、1台发电机机端及1台厂用变压器3个分支。

(2)主变压器零序保护(51TN):变压器中性点装设放电间隙,变压器装设零序电流保护作为变压器中性点接地运行时的零序保护,延时动作于跳主变高压侧断路器。间隙保护作为变压器中性点不接地运行时的保护,瞬时动作主变高压侧断路器。

(3)高压侧复合电压闭锁过流保护(11T):保护带时限跳变压器两侧的断路器。

(4)主变压器过负荷保护(61TL):在主变压器高压侧装设过负荷保护,带延时动作于发报警信号。

(5)倒送电保护:保护带时限跳变压器两侧的断路器。

(6)开关量保护:①主变压器重瓦斯保护(80TH):保护瞬时动作于跳开变压器两侧的断路器。②主变压器轻瓦斯保护(80TL):保护延时动作于发报警信号。③主变压器压力释放保护(63T):保护动作于跳开变压器两侧的断路器。④主变压器温升保护(49T):温度升高发报警信号,温度过高,保护动作于跳开变压器两侧的断路器。

2. 系统保护及安全自动装置

1)110 kV线路保护

在110 kV某变电站至SETH水电站联络线路两端各配置1套光纤纵差保护测控装置,该保护装置采用光纤电流纵差保护作为主保护,并配备完整的后备保护。保护通道采用专用光纤方式,利用本电站至110 kV某变电站的1条多芯复合地线光缆(OPGW)作为线路光纤差动保护通道。

为使线路在发生瞬时故障情况下尽快恢复供电,提高系统并列运行稳定性、减少线路停电机会,110 kV线路两侧应配置重合闸装置。重合闸装置应可实现三相重合闸、禁止重合闸以及停用重合闸方式。在三相重合闸方式时,应可实现检同期或检无压重合。重合闸随线路保护配置,按调度要求使用线路重合闸采用三相重合闸方式。

保护配置型式最终由接入系统设计确定。

电站侧线路保护设备计入本工程设计概算,对侧线路保护设备计入送出工程设计概算。

2)110 kV母线保护

母线差动保护(87B):配置1套母线差动及断路器失灵保护,失灵保护采用母线保护中的电流判别功能,保护采集110 kV母线两侧的电流,瞬时动作于跳开差动范围内母线两侧所有断路器。

保护配置型式最终由接入系统设计确定。

3)110 kV故障录波装置

为监视110 kV系统的故障过程,判别线路故障过程,除线路保护应带有故障录波功能外,全厂应装设专用的线路故障录波装置。电站配置 1 块 110 kV 开关站故障录波盘,故障录波设备具有模拟量录波,事件量记录、故障测距及远传等功能。

4) 系统安全自动装置

系统安全自动装置由系统设计单位根据接入系统设计的动稳定、静稳定计算结果确定,装设小电源解列装置、稳控执行子站等。其配置方案最终由系统设计单位根据电网公司要求确定。

稳控和解列装置安装在电站侧,计入本工程设计概算。

5) 继电保护信息子站系统

电站配置 1 套继电保护及故障录波子站,能自动直接接收电站的故障录波信息和继电保护运行信息。

6) 电能质量在线监测装置

根据《SETH 水电站系统报告(未审查)》,电站设置 1 套电能质量在线监测装置,用于实时监测电能质量数据并远传至调度部门。该装置应满足《电能质量监测终端技术规范》(Q/GDW 650—2011)要求,具备电能质量数据至少 1 年以上的存储能力,可满足本期工程接入要求。

其配置方案最终由系统设计单位根据电网公司要求确定。电能质量在线监测装置安装在电站侧,计入本工程设计概算。

3. 厂用电保护

1) 厂用变压器保护

(1) 速断保护:保护瞬时动作于厂变两侧断路器。

(2) 过电流保护:保护短延时动作 400 V 分段断路器,长延时动作于厂变两侧断路器。

(3) 低压侧零序保护:保护短延时动作 400 V 分段断路器,长延时动作于厂变两侧断路器。

2) 厂用备用电源自动投入

配置 1 台厂用备用电源自动,安装在 400 V 开关柜中,实现以下功能。

正常工作情况下,2 台引自机端的厂用变压器各带 1 段负荷。引自保留的施工变电站电源的厂用变压器空载备用。当任一引自机端的厂用变失电时,由引自保留的施工变电站的厂用变压器进行供电。当 2 台引自机端厂用变全部失电时,由引自保留的施工变电站的变压器为 2 段母线上的重要负荷供电。当 3 台厂用变压器全部失电时,由柴油发电机为保安负荷供电。

4. 厂房与生活管理区之间的线路保护

在厂房侧配置 1 台厂房与生活管理区之间的线路保护,安装在 10 kV 开关柜中,保护配置如下:

(1) 速断保护:保护瞬时动作于断路器。

(2) 方向过电流保护:保护短延时动作断路器。

5. 生活管理区配电系统保护

1) 生活管理区变压器保护

配置 1 台生活管理区变压器保护,安装在 10 kV 开关柜中,保护配置如下:

(1) 速断保护:保护瞬时动作于厂变两侧断路器。

(2) 过电流保护:保护短延时动作 400 V 分段断路器,长延时动作于厂变两侧断路器。

(3) 低压侧零序保护:保护短延时动作 400 V 分段断路器,长延时动作于厂变两侧断路器。

2) 生活管理区 10 kV 备用电源自动投入

配置 1 台生活管理区 10 kV 备用电源自动投入装置,安装在 10 kV 开关柜中,实现以下功能。

生活管理区 10 kV 电源分别引自厂房机端 10 kV 母线和保留的施工变电站的厂用变压器。当机端的厂用变失电时,由引自保留的施工变电站的厂用变压器进行供电。

6. 保护系统布置

保护设备及盘柜布置:发电机保护盘布置在机旁,主变保护、110 kV 母线保护盘、110 kV 线路保护盘、安全自动装置盘、110 kV 开关站故障录波盘、继电保护及故障录波子站网络盘、电能质量在线监测等布置在继保室。

(五)操作电源

为了保证 SETH 电站二次设备可靠运行,全厂设置 1 套交、直流电源系统。本电站在继保室、机旁等处设置交直流电源盘。

交流电源主要用于确保全厂二次设备如直流电源、UPS 电源、二次盘柜内的加热、照明及交流控制操作系统等对交流电源的需要。

电站设 1 套直流系统,作为全厂控制、保护、断路器操作、起励及事故照明等负荷的供电电源,系统电压为 220 V。

直流系统采用单母线分段接线。直流电源系统包括 2 组蓄电池、2 台充电-浮充装置、2 台微机绝缘监测装置、2 台电池巡检、1 套集中监控装置、配电及保护器具、检测仪表等。直流系统带 1 套逆变电源装置,为事故照明 380 V 交流负荷供电。

蓄电池采用阀控式密封免维护铅酸蓄电池,正常时应按浮充电方式运行。电池容量按 1 h 事故放电时间选择,选用 2 组 400 Ah 蓄电池,电池单体电压为 2 V。蓄电池采用电池架安装。

浮充电装置选用高频开关整流模块,每套模块均为 $N+1$ 热备份设置,模块带有智能功能。

蓄电池布置在电池室,直流充电柜及主盘布置在直流盘室。考虑到机组离继电保护盘室较远,为保证机组控制设备少受干扰,同时直流馈电盘至机组控制设备的压降不致过大,拟按机组分别设置机组交、直流馈电分盘,机组交直流馈电分盘布置在机旁。

(六)二次等电位接地网及电气实验室

在电站监控系统与保护系统共用一个等电位接地网,在继保室、GIS 室、机旁盘部位的盘柜下,沿着盘柜布置方向敷设 100 mm² 专用铜排或铜缆,首末端连接成环,形成等电位接地网,等电位接地网由至少 4 根截面不小于 50 mm² 的多股铜导线接入电站的主接地网,各盘柜内的接地铜排应由截面不小于 50 mm² 的导线分别接入等电位接地网。

电工实验室的试验仪表、设备等结合梯级电站综合因素考虑配置。电工实验设备分高压试验、继电保护试验、电工仪表校验设备。高压试验满足电站 10.5 kV 及以下电压等级设备的试验要求。对于一些特殊的电气设备,应要求随主设备一起供给专用的试验仪器、仪表设备。

二、通　信

(一)系统通信

根据接入系统要求,本期随 SETH 水电站至青格里变电站 110 kV 上网线路,敷设 2 条 16 芯 OPGW 通讯光缆。其中,通信占 4 芯(2 用 2 备),保护占 4 芯(2 用 2 备),其余 8 芯备用。

SETH 水电站至某地调的通道采用光纤通信,备用通信方式采用市话。光电路采用 SDH 传输体制,通信速率按 622 Mbit/s 考虑。

电站侧通信设备计入本工程设计概算,OPGW 光缆及对侧设备计入送出工程设计概算。
建立与水利系统之间调度、生产管理及水情信息的通信通道。

(二)厂内通信

厂内通信按功能和用途分为厂内管理通信和厂内生产调度通信,本电站拟采取管理、调度合一的通信方式,设置 1 台 150 门管理、调度合一的数字式程控交换机完成厂内管理通信和厂内生产调度通信。

(三)局域网与通信综合网络

在电站设置局域网并布设综合布线系统,包括电站主副厂房、大坝、工程管理区和生活区等,配置网络交换机及配线设施。

(四)对外通信

本电站在当地接入公网,通过程控交换机和局域网交换机和电信公网连接。

(五)通信电源

在 SETH 水利枢纽为通信设备配置 1 套交直流供电系统。其他分散信息点配置交流 UPS 电源。

(六)通信设备布置

通信设备布置在通信机房内。交换机调度台布置在集中控制室。

(七)施工通信

施工期设置 1 台 80 门数字式程控交换机及配套电源系统,接入当地最近的公网,设局域网接入 Intrenet,配置 10 部手持机给移动工作人员,以上施工通信设施负责各管理单位、施工单位、设计单位和相关服务单位之间通话和网络数据联络。

(八)视频监控系统

为提高电站的监控水平,本工程选用 1 套视频监控系统进行图象监视,辅助完成对重要设备的运行监视及厂区的安全保卫功能。

视频监控系统主要设备包括视频服务器、硬盘录像机、摄像机、以太网交换机、屏幕显示设备(3×3 DLP 屏幕与监控系统合用)等设施。暂按 40 个摄像点设计。控制中心设在水电站。

(九)水文自动测报系统

为便于水电站建成后运行管理,需要建设水文自动测报系统。总体设计及电测报告见水文专业报告相关章节及附件。

(十)调度管理自动化

为便于统一调度管理,全厂设 1 套调度管理自动化系统。系统将信息送至副厂房调度管理中心,然后从调度管理中心送至管理用房的信息管理中心,子系统包括有电站闸门控制系统、大坝安全监测系统、水雨情测报系统、视频系统等。在调度中心设有 2 台操作员工作站,在信息管理中心设有 2 台操作员工作站和 1 套大屏幕显示系统(2×3 DLP 屏幕)。

该系统以闸门控制系统、大坝安全监测系统、水雨情测报系统、视频系统为基础,以计算机监控系统和防洪调度管理应用为核心,以管理信息化、办公自动化为标志实现调度管理自动化。

第六章　金属结构

第一节　枢纽金属结构设备概况

SETH 水利工程金属结构主要分布在表孔溢流坝段、底孔溢流坝段、放水兼电站取水口、电站厂房尾水、过鱼设施、导流底孔等部位。金属结构共计 13 套埋件,15 扇闸门,11 台启闭设备,金属结构工程量约 1 952 t。

由于本工程地处高寒地区,坝址区多年极端最高气温为 40.9 ℃,多年极端最低气温为 -42.0 ℃;多年平均气温为 3.6 ℃;最大河心冰厚为 1.36 m,冰情严重,部分金属结构设备上设有防冰防冻设施。

第二节　表孔溢流坝段

表孔溢流坝段位于大坝的左侧,设有 1 孔露顶式弧形工作闸门,用于泄洪。与平板闸门相比,弧形闸门具有水流条件好、闸顶布置简单(省去平板闸门布置需要的高排架结构)等优点。在弧形工作闸门上游侧设置 1 套平面叠梁检修闸门,用于弧形工作闸门及门槽的检修。

一、弧形工作闸门

弧形工作闸门参数为 10 m×12.0 m-11.386 m(宽×高-设计水头,单位:m;下同),最高设计挡水水位为 1 028.24 m,底坎高程为 1 016.854 m。弧形闸门由门叶结构、支臂结构、水封装置、3 对侧轮装置、支铰装置等组成。弧形闸门主要结构材料采用 Q345D。弧形闸门为双主横梁、斜支臂结构,支臂与门叶、支臂与支铰之间连接均采用螺栓连接。为减少闸门启闭力,支铰轴承采用自润滑球面轴承。

闸门埋件主要材料为 Q235C 钢板、12Cr18Ni9Si3 不锈钢板及型钢,截面形式为焊接组合结构。

闸门侧止水采用"L"型橡皮,底止水采用"Ⅰ"型橡皮,侧水封橡皮为复合材料。

闸门运行方式为动水启闭,由容量为 2×1 250 kN 露顶式弧门液压启闭机操作,设 1 套液压泵站,液压泵站安装在坝顶的液压泵站室内。为了提高液压泵站运行的可靠性,液压泵站设 2 套电动机-油泵组,2 组互为备用。弧形闸门液压启闭机除能在液压泵站室内现地操作外,亦可在集中控制室内进行远程操作。

表孔弧门在冬季有运行要求,门槽设置防冰冻装置,闸门上设置防冰压装置,采用敷设发热电缆方式。

二、叠梁检修闸门

叠梁检修闸门参数为 10 m×8.5 m-8.00 m，设计水位为水库正常蓄水位 1 027.00 m，底坎高程为 1 019.00 m。闸门共分 4 节，每节高度为 2.125 m，运行方式为静水闭门，第一节叠梁闸门小开度提门，充水平压后启门。

闸门主要材料为 Q235C。门叶为主横梁、面板、次梁焊接结构，闸门止水布置在下游面板侧，侧止水采用"P"型橡皮，底止水采用"I"型橡皮，侧水封橡皮为复合材料。闸门采用自润滑复合材料滑块支承。

闸门埋件主要材料为 Q235C 钢板、12Cr18Ni9Si3 不锈钢板及型钢，截面形式为焊接组合结构。

闸门启闭由坝顶容量为 2 000 kN 单向门机上的电动葫芦通过机械抓梁进行操作，电动葫芦容量为 2×125 kN。门机轨道间距为 6.5 m，轨道安装高程为 1 032.00 m，总扬程为 59 m。闸门及抓梁平时存放在门库中。

第三节　底孔溢流坝段

底孔溢流坝段设 1 孔潜孔弧形工作闸门用于水库的泄洪与放水，在工作闸门上游侧设 1 套平面定轮事故检修闸门，用于工作闸门及门槽的检修。

一、弧形工作闸门

弧形工作闸门参数为 3 m×4.724 m-57.306 m，最高设计挡水水位为 1 028.24 m，底坎高程为 970.934 m。弧形闸门由门叶结构、支臂结构、水封装置、侧轮装置、支铰装置等组成。弧形闸门主要结构材料采用 Q345D。弧形闸门为双主横梁、直支臂结构，支臂与门叶、支臂与支铰之间连接均采用螺栓连接，支铰轴承采用自润滑球面轴承。

闸门埋件主要材料为 Q235C 钢板、12Cr18Ni9Si3 不锈钢板及型钢，截面形式为焊接组合结构。

为保证闸门开启过程中门顶不射流，闸门顶止水为 2 道，胸墙和门叶上各设 1 道，闸门侧止水采用"P60B"型橡皮，底止水采用"I"型橡皮，侧水封橡皮为复合材料。

闸门运行方式为动水启闭，由容量为 1 250/600 kN 液压启闭机操作，设 1 套液压泵站。液压泵站安装在坝身的液压泵站室内。为了提高液压泵站运行的可靠性，液压泵站设 2 套电动机-油泵组，2 组互为备用。液压泵站室内设 125 kN 单梁起重机，用于液压油缸的安装及维护检修。弧形闸门液压启闭机除能在液压泵站室内现地操作外，亦可在集中控制室内进行远程操作。

二、平面事故检修闸门

平面事故检修闸门参数为 3 m×5.6 m-52.24 m，最高设计挡水水位为 1 028.24 m，底坎高程为 976.00 m。运行方式为小开度提门充水，充水平压后启门，动水闭门。为保证闸门动水闭门,闸门门体内加设配重块。

闸门主要材料为 Q235D。门叶为主横梁、面板、次梁焊接结构,闸门止水布置在上游面板侧,顶侧止水采用"P"型橡皮,底止水采用"Ⅰ"型橡皮,顶侧水封橡皮均为复合材料。闸门采用定轮支承,轴承采用自润滑滑动轴承。

闸门埋件主要材料为 ZG310-570、Q235C 钢板、12Cr18Ni9Si3 不锈钢板及型钢,截面形式为焊接组合结构。

闸门启闭共用坝顶容量为 2 000 kN 单向门机通过液压抓梁进行操作。闸门及液压抓梁平时存放在门库中。

第四节　放水兼发电取水口

根据电站运行要求,保证取水库表层水,放水兼电站取水口采用分层取水的方式。目前,大中型工程中分层取水方式运用较多的是叠梁闸门型式和多层取水口型式。本工程采用叠梁闸门分层取水型式,根据水库水位变化范围,叠梁闸门分层取水型式的土建工程量小于多层取水口型式。又由于该水库为年调节水库,水位变化的周期较长,叠梁闸门启闭不是非常频繁,经过综合分析比较,本工程采用叠梁闸门分层取水的型式,根据库水位变化逐节启闭。放水兼电站取水口沿水流方向依次设有拦污栅、分层取水叠梁闸门、事故检修闸门。拦污栅、分层取水叠梁闸门前后设水位检测装置。当拦污栅前后水压差大于设定值时发出报警信号;当叠梁闸门门顶水深大于最大过流水深时,发增加挡水叠梁闸门报警信号;当门顶水深小于最小过流水深时,发减少挡水叠梁闸门报警信号。

一、拦污栅及清污机

取水口拦污栅共 2 孔,为竖直布置,拦污栅参数为 4.5 m×51.44-4 m(宽×高-设计水位差,下同),拦污栅共分 16 节,单节高度为 3.215 m,底坎高程为 979.00 m。拦污栅由框架、栅条组成,单节拦污栅框架采用两主横梁焊接结构,正向设有滑块支承,滑块材料为自润滑复合材料,侧向、反向利用轨道定位。拦污栅节间通过销轴连接。

拦污栅主要材料为 Q235C 钢板和型钢,截面形式为焊接组合结构。

拦污栅由容量为 2×630 kN 的双向门机通过平衡梁操作,门机轨道间距为 7.85 m,门机轨道安装高程为 1 032.0 m,总扬程为 56.0 m。门机上设有 100 kN 回转吊,用于闸门的安装及检修。

拦污栅采用清污抓斗进行清污。清污抓斗采用双向门机操作。在拦污栅右侧设清污抓斗库,用于存放清污抓斗。

二、分层取水叠梁闸门

取水口分层取水叠梁闸门共 2 孔,闸门参数为 4.5 m×48 m-4 m(按最大 4 m 水压差设计),共分 12 节,每节高度为 4.0 m,底坎高程为 979.00 m。

闸门主要材料为 Q235D。门叶为主横梁、面板焊接结构,闸门止水布置在上游面板侧,侧止水采用"P"型橡皮,底止水采用"Ⅰ"型橡皮,侧水封橡皮为复合材料。闸门采用滑块支承,滑块材料为自润滑复合材料。

闸门埋件主要材料为 Q235C 钢板、12Cr18Ni9Si3 不锈钢板及型钢,截面形式为焊接组合结构。

叠梁闸门运行方式为动水启闭,当门顶水深达到 6.5 m 时,动水闭门;当门顶水深小于 2.5 m 时,动水启门,闸门根据水库水位变化逐节启闭。在叠梁闸门右侧设 2 个门库,用于存放不用的叠梁闸门。叠梁闸门共用容量为 2×630 kN 双向门式启闭机操作通过液压自动抓梁启闭。在叠梁闸门前后设挡水高度指示装置。

三、事故检修闸门

电站进水口事故检修闸门共 1 孔,闸门参数为 4.5 m×4.8 m-49.24 m,最高设计挡水位为 1 028.24 m,底坎高程为 979.00 m。

闸门主要材料为 Q345D。门叶为主横梁、面板、小梁焊接结构,闸门止水布置在面板下游侧,顶侧止水采用"P"型橡皮,底止水采用"Ⅰ"型橡皮,顶侧水封橡皮为复合材料。闸门采用定轮支承,轴承采用自润滑滑动轴承。

闸门埋件主要材料为 ZG340-640、Q235C 钢板、12Cr18Ni9Si3 不锈钢板及型钢,截面形式为焊接组合结构。

闸门运行方式为动水闭门,小开度提门充水平压后启门。为保证闸门动水闭门,闸门门体内加设配重块。

闸门启闭共用坝顶容量为 2 000 kN 单向门机通过液压抓梁进行操作。闸门及液压抓梁平时存放在门库中。

第五节　电站尾水

电站 3 台机组设 3 个尾水出口,其中 2 台大机组,1 台小机组,每台大机组各设 1 套 4.5 m× 4 m-13.19 m 检修闸门,最高设计尾水水位为 972.69 m,底坎高程为 959.50 m,其中 1 套用于大机组维修及安装,另外 1 套用于施工期临时封堵;小机组设 1 套 4.0 m×2.6 m-13.79 m 检修闸门,最高设计尾水水位为 972.69 m,底坎高程为 958.90 m,用于小机组的安装及维修。

闸门主要材料为 Q235D。门叶为主横梁、面板、次梁焊接结构,闸门止水布置在上游面板侧,顶侧止水采用"P"型橡皮,底止水采用"Ⅰ"型橡皮,水封橡皮为复合材料。闸门采用自润滑复合材料滑块支承。

闸门埋件主要材料为 Q235C 钢板、12Cr18Ni9Si3 不锈钢板及型钢,截面形式为焊接组合结构。

3 套检修闸门运行方式均为静水闭门,充水阀充水平压后启门。

闸门采用设在尾水平台顶部的容量为 2×160 kN 单向移动式门机通过液压抓梁进行启闭。门机轨道间距为 3.3 m,门机轨道安装高程为 974.00 m,总扬程为 20 m。闸门及液压抓梁平时存放在门库中。

第六节 过鱼设施

为了保护乌伦古河鱼类资源,保证上下游鱼类的交流,完成其正常的生命周期,维持乌伦古河工程区域鱼类生态环境的连通性,根据项目建议书阶段环评对于保护鱼类资源的要求与建议,工程设置过鱼设施,本阶段考虑采用升鱼机系统诱鱼提升过坝。

过鱼方案为以短鱼道与升鱼轨道相结合的"轨道升鱼机"方案,整个方案可概括为"诱鱼短鱼道+轨道排架+回转吊车"系统。整套系统布置于大坝下游右岸,以便利用常年有保证的坝后电站尾水作为诱鱼水流。系统首部建筑物为诱鱼道,于电站尾水池下游 150~200 m 处,依傍右岸岸坡盘升高程,末端延伸至坝脚集鱼池,鱼道内水流由接于集鱼池左壁的引水管引自生态放水管;运鱼过坝利用轨道与塔式起重机联合运鱼的方式。

首先利用容量为 4×30 kN 的单向台车(带有自动抓起设备,启吊容量为 4×30 kN)将放在集鱼池底部的集鱼箱提升并运至运鱼电动小车上,运鱼电动小车将集鱼箱运至坝脚,再由坝上的塔式起重机(带有自动抓起设备,启吊容量为 68 kN)吊运至库区沿岸放生,完成鱼类洄游过坝的需求。塔式起重机在最大回转半径处起吊容量为 68 kN,最大回转半径为 40 m,塔式起重机安装在大坝下游,安装高程为 1 032.0 m。

第七节 导流底孔

导流底孔位于大坝左侧,共 1 孔,设 1 套导流封堵闸门,闸门参数为 8 m×5 m-53.5 m,底槛高程 971.0 m,设计挡水位为 1 024.5 m,下闸水位为 971.8 m,下闸 24 h 后,闸前水位 977.0 m。

闸门主要材料为 Q345D。门叶为主横梁、面板、小梁焊接结构,闸门止水布置在下游面板侧,顶侧止水采用"P"型橡皮,底止水采用"Ⅰ"型橡皮,水封橡皮为复合材料。闸门采用自润滑复合材料滑块支承。

闸门埋件外露面为不锈钢复合钢板,其他材料为 Q235C 钢板、022Cr22Ni5Mo3N 不锈钢板及型钢,焊接组合结构。

闸门在下闸水位时利用闸门自重动水闭门。该闸门的启闭由固定卷扬式启闭机进行操作,启闭机安装在高程为 991.0 m 的启闭机平台上,启闭机容量为 2×800 kN,启闭机设开度显示器及荷重限制器,现地控制。

第八节 金属结构设备防腐

为使工程建成后增加金属结构设备的使用寿命,减少运行维护工作量,闸门及埋件外露表面均进行喷锌防腐处理,面漆采用无毒环保漆。启闭机采用涂料防腐,防腐面积约为 39 000 m²。

第七章 主要设计变更及设计优化

第一节 主要设计变更

一、左岸帷幕灌浆缩短

初设报告批复意见中,提出施工图阶段对左岸帷幕灌浆进行优化设计。施工图阶段,现场主要做了线路优化及长度优化两方面工作。

(一)线路优化

另选帷幕灌浆线路较短,经压水试验,资料显示吕荣值大,且深度大于原线路的深度,因此,仍采用原帷幕灌浆线路。

(二)长度优化

根据左岸山脊帷幕灌浆末端压水试验结果,末端70 m压水试验显示吕荣值均小于5 Lu,故将左岸帷幕长度缩短了70 m。在保证工程质量的前提下减少工程量,节约国家资金。

二、14#~16#坝段坝基优化抬高

2017年7月23日水库管理处组织召开了14#~16#坝段建基面优化会议,并形成阿地萨管纪【2017】37号会议纪要,根据会议纪要精神,对14#~16#坝段建基面进行优化。2017年9月,14#~16#坝段建基面开挖,经物探检测并提出检测成果。依据现场地质勘探资料,通过复核计算,优化后14#~16#坝段坝基抗滑稳定及坝体应力满足规范要求,将14#(局部)、15#和16#坝段建基面由原高程956.5 m优化抬高至高程963.0 m。

第二节 设计优化

一、坝体保温方案

大坝碾压混凝土采用薄层通仓碾压快速施工,散热困难,坝内高温持续时间长,大坝表面由于受到低温、寒潮、曝晒、干湿等作用,坝体混凝土内外温差、湿度差大,温度应立及干缩应力大,极易出现表面裂缝。坝体为层缝结构,层面多,层间抗拉强度低,在大坝下闸蓄水时,由于水温较低,而坝体内部温度较高,坝体内外温差大,受冷激作用,极易引起层面或水平裂缝,甚至引起劈头缝。

因此,本工程更应注重混凝土坝面的保温、保湿。原设计方案:

（1）坝体上游面。混凝土表面喷涂 2 mm 厚度高分子聚脲，10 cm 厚度聚氨酯，0.5 mm 厚度表面防老化漆。

（2）坝体下游面。采用 8 cm 厚度聚氨酯，0.5 mm 厚度表面防老化漆。

（一）上述方案主要存在问题

1. 施工工序多

整个上游面完成设计方案需要有以下工序：上游坝面处理—涂刷界面剂—喷涂聚脲—喷涂聚氨酯泡沫—聚氨酯表面处理—涂刷防老化漆，完成设计方案的施工需要经历 6 道工序，施工繁琐。

2. 施工难度大、工艺要求高

基层表面不得有浮浆、起皮、疏松、杂质、孔洞、裂缝、灰尘、油污等。当基层不满足要求时，需进行打磨、除尘和修补。基层表面的孔洞和裂缝等缺陷需要采用环氧砂浆或环氧腻子进行修复，使基层表面平顺。在基层干燥度（含水率小于 7%）检测合格后涂刷界面剂，如不合格还需对坝体表面混凝土进行处理，以满足干燥度要求（含水率大于 7%，如不处理，需采用潮湿基层处理剂）。

3. 聚氨酯耐久性及防火性能低

聚氨酯属于高分子材料，用于工程时，如不做彩色或外加保护，颜色会由黄色变位深茶色，影响整体美观；聚氨酯燃点低，为 260°~280°，防火性能差，遇明火或焊接时溅落的火星易燃着火，燃烧后有剧毒。具体工程上：梅子岭大坝上游侧聚氨酯保温材料，因焊接火星溅落起火，整个上游面聚氨酯烧毁。

4. 聚氨酯与聚脲粘结强度低

混凝土基层面处理好喷涂脲后，二者粘结强度最大可到 2.0 MPa，满足要求。聚脲表面光滑，与聚氨酯粘结强度小（约 0.45 MPa），由于冰拔力的存在，易脱落。现有新疆地区基本都采用该保温方案，但普遍存在上述问题，尤其是冰拔力的存在，使得每年的保温层破损。

（二）应对措施

采用一种新型的改性泡沫混凝土进行坝体保温保湿。目前，材料试验正在进行中。从中间试验成果看，新型保温材料强度高，防渗性能强，保温效果好，与混凝土粘结强度高且可以与坝体碾压混凝土同步施工，快捷高效。

二、溢流面抗冲磨

现有设计为溢流面及消力池底板顶面采用抗冲磨混凝土，标号 C40。

（一）存在问题

本工程导流底孔原设计方案，经专家咨询及现场参建四方商议：由原钢板+保温材料方案调整为底板采用 C40 混凝土方案。C40 混凝土水泥掺量大，绝热温升高，产生了 20 条裂缝。

表孔、底孔采用底流消能，抗冲磨混凝土采用 C40 混凝土，因其面积更大，采用高标号 C40 混凝土也可能产生裂缝。本工程消能方式为底流消能，泄洪时水流流速大，极易对混凝土产生剥蚀破坏，如高速水流进入消力池底板缝隙，脉动压力容易将消力池底板破坏。故设计方案需要进一步优化设计，以尽量减少裂缝发生。

（二）应对措施

对抗冲磨材料进行优化设计，采用新型抗冲磨材料。目前，新材料试验已经试验完毕，新材料抗冲磨效果良好,能有效地避免因使用 C40 混凝土产生的问题。

三、廊道布置

(一)存在问题

本工程坝高 75.5 m,属于规范规定高坝范围中的低坝,但廊道设计采用了高坝的设计标准,顺水流方向共设置了主帷幕灌浆廊道、第一排水廊道及第二排水廊道,多重廊道设置,将坝体分割成多个区域,难以形成大的施工仓面,碾压混凝土入仓困难,难于碾压。在施工现场不得不对混凝土进行调整,使用拌合楼拌制变态混凝土进行浇筑,人工振捣。此部位混凝土处于基础强约束区,其绝热温升高,给混凝土温控带来困难,稍有不慎,就可能产生贯穿性裂缝。

(二)应对措施

通过与业主、监理及施工单位对接,取消一部分横向排水廊道,使得封闭区域打开。但还存在仓面过小,施工难以展开的问题,故准备再进一步优化廊道布置设计,或者通过论证,采用新的排水方式应进一步优化坝体廊道设计,从而形成可供碾压混凝土施工的仓面,降低温控难度,保证坝体混凝土施工质量。

四、帷幕灌浆

(一)存在问题

通过现场开挖揭露情况看,4#～5#坝段、9#～11#坝段坝基岩石裂隙节理发育,并存在小断层,为防止坝基渗漏及不发生渗透稳定问题,此部位帷幕灌浆需加强。

(二)应对措施

将原设计的帷幕灌浆调整,通过现场灌浆试验,在工程量增加不大的前提下,将帷幕孔距加大,增加排数,从而达到坝基防渗及渗透稳定的要求。

五、坝体混凝土分区问题

(一)存在问题

碾压混凝土坝设计,坝体分区设计尤为重要,如分区过于复杂,直接影响坝体快速碾压施工,影响坝体浇筑速度,难以做到碾压混凝土坝的"快速入仓、快速摊铺、快速碾压、快速覆盖上层碾压混凝土"的施工工艺。因此,碾压混凝土坝的分区设计应尽量做到简单、统一,尤其是在同一仓面上。对于孔洞周围、岸坡坝段及不便碾压部位采取变态混凝土,尤其是下游坝面,因是倾斜模板,变态混凝土宽度应满足碾压机械施工,这样才能保证快速施工的目的,并能保证碾压混凝土的质量。

(二)应对措施

通过与业主、监理及施工单位对接,在满足工程质量与安全的前提下,进一步优化坝体混凝土分区设计,以达到节约投资、施工快捷的目的。

第二部分

工程技术论文

SETH 水利枢纽建设在地区经济发展中的作用

魏　辰　　刘本杰

一、在流域工业发展中的作用

乌伦古河水系是额尔齐斯河流域土地资源、光、热条件最好的地区,也是流域水资源供需矛盾最为突出的区域,同时也是新疆发展较快的地区之一,流域内以传统工业和金属采选业为主。

随着西部大开发战略的深入实施,将带动更多的东中部地区产业和生产要素向新疆转移和流动,必将给新疆创造更加宽松的政策环境和广阔的市场空间,这将给处于沿边开放前沿地带、具有明显资源和地缘优势的乌伦古河流域各区县提供强大的发展动力和新的机遇。阿勒泰地区根据资源特点和环境条件,明确提出,坚持有所为、有所不为,把最具优势的产业做大做强,走出一条适合区情的新型工业化道路的工业发展思路。阿勒泰地委提出要做大矿产业、做大黑色金属产业、做强有色金属产业、做精稀有金属产业、重振贵金属采选业、加快发展非金属和建材加工业的总体思路。做大矿业经济,推进矿产资源大区向矿业经济强区转变;激活传统工业,促使其向高效节约型转变;建设工业园区,促进工业产业链的立体发展。

随着工业的发展,对流域供水的要求更高,或者说在优先保证工业供水的前提下,农业的供需矛盾会更加突出,生态面临的压力更大。由于径流有连续枯水的情况,为保证工业用水,维护生态,同时提供一定程度的农业供水,需要建设调蓄工程在调节年内径流的基础上,进行跨年调节,解决年内径流总量不足的问题。

二、在乌伦古河沿河乡镇防洪中的作用

乌伦古河流域的发源地阿勒泰山脉,山区降水较多,冬季漫长,积雪深厚;立春后,随着气温升高,冰雪消融,形成春洪;另外,夏季暴雨也可引起洪水,有的是暴雨叠加融雪形成混合型洪水;小河、山沟流域面积虽然不大,但纵坡大、流程短,山洪骤发陡涨、陡落,洪峰大、流速快,危害严重。

乌伦古河流域由于种种原因,治理速度缓慢,主要干支流和山沟小河都没有得到较好的治理,目前的水利工程无法对洪水进行调蓄、削减洪峰,现有的防洪工程基本上为土堤,标准低且简陋,现状乌伦古河河道的防洪能力不足 5 年一遇。

通过建设 SETH 水库,可将乌伦古河中下游河道防洪标准由 10 年一遇提高到 20 年一遇,可将福海县城段河道防洪标准由 20 年一遇提高到 30 年一遇。所以建设 SETH 水库,对提高乌伦古河的防洪能力极为重要,是乌伦古河防洪体系不可或缺的一环。

SETH 水库可保护乌伦古河下游 SETH 乡、克孜勒希力克乡、恰库尔图镇、库而特乡、喀拉布勒根乡、杜热乡、喀拉玛盖乡、齐干吉迭乡、阔克阿尕什乡和福海县城等两镇八乡共计 3.76 万人的安全,特别是 SETH 水库至峡口水库两岸的 SETH 乡、克孜勒希力克乡、恰库尔图镇、库而特乡、喀拉布勒根乡、杜热乡和福海县城等两镇五乡共计 2.92 万人免受洪水的威胁。

三、在解决牧民定居和保证本流域农业灌溉用水中的作用

近年来,阿勒泰传统的优良草场由于超载放牧,加之干旱少雨,草场开始退化,草场产草量下降,牧草品质降低,草畜、人畜矛盾加剧,严重影响着畜牧业的可持续发展和生态安全。多年来,新疆自治区和阿勒泰地区党委、政府一直将牧民定居作为改善牧民生产生活条件、遏制天然草原的生态退化和环境恶化趋势的重要举措,2008年国务院32号文明确要求稳定推进游牧民定居工程,根据国家改善民生的要求,阿勒泰地区各县、乡级政府,自2005年开始抓牧民定居工作,在额尔齐斯河、乌伦古河等有水源保证的流域建设了许多牧民定居点,建设了一批饲草料基地。设计水平年新增灌溉面积均为饲草料基地,为了满足牧民定居的需要,同时又要避免河道断流情况的发生,必须建设流域控制性工程。

工程建成后,在保证河道内生态用水的条件下,既可以解决牧民定居问题,同时也可以提高农业灌溉保证率。

四、在维持本流域河道内生态环境中的作用

由于径流过程与用水过程不匹配,在灌溉高峰季节中下游河道常常断流,河道内生态用水不能保证,导致河道生态出现恶化迹象。2005年与1985年相比河谷林面积减少35%,河谷林草覆盖度与1985年相比减少50%。河谷林毛柳、沙枣树死亡面积达4 205亩、30 000多株,杨树树梢干枯面积约5 000亩、15 000株,死亡干枯面积占林地总面积的13%。河谷次生林中有林地面积锐减,质量下降。由喜水树种杨树、柳树为主的乔木型林地向以耐干旱树种沙枣、梭梭等为主的灌木型林地逆转。仅存的6万亩乔木林干旱枯黄,郁闭度下降,灌木和草地覆盖度降低,生物多样性已遭到破坏。

据统计资料,1997—2014年福海水文站断面平均每年断流天数86 d,2009年断流天数达170 d,近年来断流天数有增加的趋势。乌伦古河中下游河道内有河谷林和湿地,由于下游河道断流时间越来越长,湿地面积不断萎缩,沼泽干涸,植被呈荒漠化发展,部分区域出现了土壤裸露、沙化现象,生态环境日益恶化。

灌区引水及径流的年际、年内变化悬殊是造成枯水期断流的主要原因,干流多年调节水库的建设,可通过其调节库容,改变河道年内、年际过程,可有效改善河道枯水期断流情况,顶山断面可保证枯水期和丰水期的生态基流,福海断面可保证全年不断流,同时解决河道断流带来的一系列生态问题。

五、开发河段水能资源,为电网提供清洁可靠的电量

近几年阿勒泰经济的快速发展,需电量大幅增加,根据《新疆电网十二五规划——滚动修编》(2012),2010年用电最大负荷约330 MW,2011年用电最大负荷为430 MW,2011年用电最大负荷为比2010年最大负荷增长30%,预计随着阿勒泰地区工业的发展,用电量将以更高速度增长。建设SETH水利枢纽结合供水进行发电,可向阿勒泰电网提供可靠的电力电量保障。

六、在加强流域水资源管理中的作用

乌伦古河作为全疆径流年际、年内变化最大的河流之一,也是阿勒泰地区农牧业的主产区和优势资源的重点转换区,用水单位涉及三县两团场,供需矛盾尤为突出,为了做好乌伦古河水资源的统一管理,2007年阿勒泰地委行署成立了乌伦古河流域管理处。几年来流域管理处在协调流域上下游用水矛盾,处理流域的初始水权分配做了大量工作,收回并统一管理干流河道上的引水口门,初步解决了河道内无序引水的问题,但是要解决流域灌区季节性缺水、确保生态基流,尤其是在连续枯水年出现的供需矛盾,进一步加强流域的水资源合理配置,需要尽快建设上游的控制性工程。

七、结　　语

SETH水利枢纽工程是乌伦古河上游的控制性工程,是乌伦古河上唯一具有多年调节能力的水库,枢纽除可为流域内工业发展、农业灌溉、牧民定居等提供稳定水源外,还可发挥防洪、改善河道及周边地区生态环境的作用,还可为地区提供可靠的电力资源,对促进地区经济的发展和西部大开发战略的实施都有重要意义。

(作者单位:中水北方勘测设计研究有限责任公司)

浅析 SETH 水利枢纽工程建设管理

蒋 睿

一、工程概况

SETH 水利枢纽工程主要任务为供水和防洪,兼顾灌溉和发电。工程等别为Ⅱ等,工程规模为大(2)型。工程主要由碾压混凝土大坝、电站厂房及升鱼机组成。最大坝高 75.5 m,坝顶长 372 m,坝顶高程 1 032 m,共分成 21 个坝段,主河床布置泄水坝段,左、右岸布置非溢流坝段。水库总库容 2.94 亿 m³,电站装机 27.6 MW。工程建成后,可调蓄河道径流,促进地区经济发展;同时还可为加强流域水资源统一管理和调配、维持河道生态创造条件。

工程于 2016 年 10 月 10 日正式开工建设,于 2017 年 10 月 22 日通过截流阶段验收并实现截流,计划于 2020 年 9 月完工。工程自开工以来,面对严酷的气候、施工条件和繁重的建设任务,水库管理处和各参建单位层层签订了目标考核责任书,按年度进行考核兑现,建立了质量管理和安全管理体系,工程质量、进度、资金、安全全面可控,取得了良好的管理效果。

二、建设管理的主要做法及经验

(一) 加强组织领导协调推进工程建设

为了推进工程建设,阿勒泰地区行署成立了 SETH 水利枢纽工程建设协调领导小组,协调处理工程建设过程中发生的问题;地区水利局成立了工程建设督导领导小组,不定期到工地现场进行督导检查,发现问题及时处理,落实年初国家下达的目标任务,将责任层层进行落实,统筹协调,确保完成各年度目标任务。

(二) 严格实行工程建设"四制"

(1)阿勒泰地区 SETH 水库管理处做为项目法人,对建设的全过程负责,对项目工程质量、工程进度和资金管理负总责。管理处内设机构健全,建立了各项建设管理制度。

(2)管理处严格按照国家招投标法及有关规定开展招投标工作,委托具有中央投资项目甲级资质的招标代理机构,按照相关规定确定工程中标候选人。招投标工作进入规定的公共交易场所交易。评标过程在自治区水行政主管部门和监察部门全程监督下进行。

(3)监理单位组建了现场监理机构,派驻了总监、监理工程师及监理员,编写了监理规划和监理细则,制定了监理职责等规章制度,对施工过程进行全程监理。

(4)管理处按照合同管理的要求,所有工程在开工前,均按规定订立书面承包合同,建立合同档案台账,根据合同管理的要求进行工程建设管理和价款结算管理工作,及时开展项目履约情况和概算执行情况分析,有效保证了合同顺利履行。

(三) 建立健全质量、安全体系

1.工程质量管理体系建立情况

工程严格按照"政府监督、项目法人负责、监理控制、施工(设计)单位保证"的要求,在工程开工后及时建立健全了有效的质量件管理体系,落实了质量责任,按照职责开展质量管理工作。

建设单位质量管理体系:管理处工程建管科作为专门的质量监督管理部门,检查督促各参建单位和监理单位的质量保证措施。根据需要,在工地设立了二检试验室,对原材料和施工过程质量进行现场检测。按要求委托第三方开展质量检测工作,为质量管理提供了强有力的保证。

设计单位质量保证体系:设计单位建立了完善的设计质量服务体系,认真执行设计审核、会签批准制度,在工地现场派驻了设计代表,积极做好设计文件的技术交底工作,积极解决现场出现的各种设计和技术问题,并参加工程的各类验收。

监理单位质量控制体系:监理部建立了一整套严格的质量检查、检测、评定和验收的制度程序,对原材料、工程质量进行现场控制和抽检,重要部位和关键工序实行 24 h 旁站监理。

施工单位质量保证体系:施工单位均设有质量专职机构,健全质量管理保证体系,按合同规定配备质量检测设备和专职质检人员,施工过程中严格执行"三检制"。

政府部门质量监督体系:新疆维吾尔自治区水利厅建设管理与质量安全中心和阿勒泰地区水利水电工程质量监督站负责工程的质量监督工作,并定期派人到工地现场巡查,执行政府监督行为。

2.安全管理体系建立情况

工程认真开展安全生产管理的各项工作,成立了安全文明施工管理委员会,组建了安委会办公室,制定了安全生产文明施工管理制度和管理办法。各参建单位按照安全生产管理的要求,组建安全管理机构,配备专门安全管理人员和专职安全员,对职工进行安全培训和安全教育。认真开展"安全生产月"系列活动,组织安排安全生产宣传、知识竞赛、安全应急演练等活动,切实落实企业安全生产管理的主体责任,保证安全生产投入,建立以施工单位为主体,以监理单位为保证,以建设单位为核心的安全生产管理体系,并在工程建设过程中有效运行。

3.积极落实质量、安全责任制

管理处与各参建单位签订了质量责任书,在工程建设管理过程中,及时掌握工程建设动态变化,发现问题及时处理;遇到突发技术问题,及时召集各方联席会议,统一认识,研究有效解决办法,现场解决不了的问题就请专家共同协商解决;督促监理单位严格控制工程质量、进度和投资;及时协调外部环境,加强沟通管理;督促施工单位完善各项管理制度。设计单位在设计文件的编制过程中,严格遵守审核制度,确保设计成果质量。收集和借鉴同类工程的资料和经验,在重大技术方案确定上,认真听取各方面专家的意见和建议,通过技术讨论会,确定最佳方案。现场设计代表针对施工中出现的有关问题,能够及时解疑答惑。监理单位严格质量检查和控制,对关键部位、重要工序和隐蔽工程部位、工序进行跟踪检查,实行旁站监理;加强现场巡视、平行检测。施工单位明确了质量管理目标,全面履行质量管理职责。在施工过程中,严格执行质量管理制度、质量奖罚制度,认真实行"三检制"和技术交底制度。

为了全面落实安全生产责任制,健全安全生产管理体系,管理处与各科室及各参建单位层层签订了安全生产目标管理责任书和安全生产责任书,认真落实"两个主体、两个负责制"和"一岗双责"制度。通过层层分解安全责任,使各级负责人及职工明确了安全生产管理的任务和责任,为及时解决安全生产问题提供了组织保证。

4.积极筹措资金,严格资金管理

管理处根据初设批复的资金筹措方案,积极组织工程建设资金,及时汇报资金落实情况及存在问题,一是加大配套资金跑办力度,促进配套资金及时到位;二是引入社会资本投资电站建设,解决部分银行贷款,为工程顺利实施提供保障。

管理处在财务工作中的做法是:一是按照地区财政局的要求,通过财政设立零余额存款账户,由财政集中支付,并进行明细核算,保证工程资金的正常支付;二是健全资金管理制度,做到财务分管,会计与出纳分设,明确岗位责任制,建立监督制约机制,切实做到责权明确、监管有力、有效使用资金;三是严格控制费用支出,严把支出关。价款结算以施工单位上报的月完成工程量及工程质量为依据,支付程序为:监理工程师审核后上报管理处;管理处建管科、造价科、总工办、财务科分别审核;法定代表人审查签字;地区水利局局长审查签字;地区行署主管副专员审查批准;再通过财务科上报地区财政局,经地区财政局审核后及时进行拨付。

5.狠抓计划落实,努力实现各年度目标

一是组织参建单位成立"筑安全、抓质量、抢进度"领导小组,签订责任状,明确各成员工作职能、细化工作要求,制定奖惩办法,提高参建人员的积极性;二是要求施工单位分管领导驻地督导,协调资源、足量投入施工力量和保障农民工工资发放,层层传导压力,制定赶工措施,在保证工程安全、质量前提下加快工程进度;三是要求监理单位配齐有能力、有责任心的监理人员;四是联系地区气象部门做中长期的天气预报,估算有效天数,组织参建单位倒排工期,实行"挂图作战",分解任务至每周、每天,责任落实到个人;五是通过日进度碰头会,每天比对施工计划和施工进度,分析原因,制定有效的弥补措施。

三、结　语

建设管理是水利工程建设中的关键环节和重要部分。工程建设管理工作是全方位的,项目法人要做好质量、安全、进度、投资等各方面管理,才能使工程项目各项工作有条不紊、顺利进行。

(作者单位:成都大学建筑与土木工程学院)

SETH 水利枢纽工程 2018 年停工影响分析评价

郭勇邦　　高红平　　蒋小健

一、工程概况

　　SETH 水利枢纽是国务院部署的"十三五"期间 172 项重大水利工程之一,也是国务院要求 2016 年必须开工的 20 项工程之一。该工程主要任务为供水和防洪,兼顾灌溉和发电;工程等别为 II 等,工程规模为大(2)型;工程主要由碾压混凝土大坝、电站厂房及升鱼机组成;最大坝高 75.5 m,坝长 372 m,正常蓄水位 1 027 m,坝顶高程 1 032 m,水库总库容 2.94 亿 m³,电站装机 27.6 MW。工程建成后,可调蓄河道径流,促进地区经济发展;同时还可为加强流域水资源统一管理和调配、维持河道生态创造条件。

　　工程概算总投资 18.06 亿元,其中资本金 14.08 亿元(中央预算内投资 8.45 亿元,自治区配套 5.63 亿元)、银行贷款 3.98 亿元,批复总工期 42 个月。

　　工程于 2016 年 10 月 10 日正式开工建设,于 2017 年 10 月 22 日通过自治区水利厅组织的截流阶段验收并实现截流。按照自治区发改委意见,工程为"已开工、配套资金存在缺口、未形成债务"的项目,由于地方配套资金不能足额到位,为避免形成隐形债务,根据地区要求,2018 年 3 月 31 日除防汛工程及安保工作外全面停工。截止停工时,工程累计下达投资计划 13 亿元,累计到位资金 7.29 亿元,累计完成投资 6.05 亿元,。

二、工程进展情况

(一)工程建设形象进度

　　截至停工,已完成办公楼、宿舍楼建设,进场道路路基、部分进场道路混凝土路面和坝下交通桥;1#~21#坝段、鱼道及电站基坑土石方开挖;左右岸边坡喷锚支护基本完成;58 支(套)监测仪器安装;左岸 5#~6#坝段浇筑至 978.5 m 高程,7#~9#坝段浇筑至 983.00 m 高程,并对 5#~6#坝段与左岸山体之间缺口用浆砌石进行封堵,墙顶高程 983.0 m,浆砌石墙与 7#~9#坝段坝体已形成连续封闭挡体;上游围堰及导墙加高至 984 m 高程。

(二)建设征地移民完成情况

　　工程移民征地主要工作量为永久征地 25 998 亩,拆迁房屋 20 133 m²,搬迁 219 户 861 人,自开工以来,移民征地工作已完成项目使用林地手续,移民安置区的招投标,淹没区、枢纽区及移民安置区饲草料地的土地勘测定界报告,草原征占用手续。累计完成永久征地 3 464 亩,拆迁房屋 176.75 m²,搬迁 10 户 40 人。

(三)2018 年防洪度汛工作情况

1.2018 年工程度汛方案批复情况

　　2018 年 4 月 13 日地区防办以阿地防汛字〔2018〕10 号文审批通过了该工程防洪度汛方案。批复的方案为:工程采用上下游围堰及纵向导墙挡水,导流明渠及导流底孔过水,临时度汛标准为 10 年一遇洪水,相应洪峰流量为 425 m³/s。2018 年 4 月 30 日前,将上游围堰填筑至 984 m 高程,抛石护坡达到设计厚度,完成左岸 5#~9#坝段坝体 983.0 m 以下部分挡水工程施工。

2. 度汛方案执行情况

截止 2018 年 4 月 20 日,已将上游围堰填筑至 984 m 高程,下游围堰填筑至 972.50 m 高程,上游导墙用防洪沙袋加高至 984 m 高程,抛石护坡达到设计厚度,完成左岸 7#~9#坝段 983.0 m 高程以下部分坝体施工,完成 5#~6#坝段 978.50 m 高程以下部分坝体施工,并对 5#~6#坝段与左岸山体之间缺口用浆砌石进行封堵,墙顶高程 983.0 m,浆砌石墙与 7#~9#坝段坝体已形成连续封闭挡体。

以上施工形象进度满足 2018 年施工期防洪度汛要求。

三、工程停工影响评价

(一)停工对工程质量的影响评价

1. 施工生产及生活设施

对已经投入运行的施工生产(如砂石系统、混凝土系统、施工供风系统、施工供水系统、施工供电系统、施工通讯系统及综合加工厂等)和生活设施(如施工永久和临时营地等),停工将导致设备与设施的服役期延长,若停工期维护能力和维护水平下降,则对设备与设施的质量形成一定影响。

2. 永久交通

已经建成并通车的交通设施有进场道路、左岸上坝道路、右岸上坝道路和坝下交通桥等,以上设施均由大坝标承包商负责维修、养护。若工程停工疏于养护维护,则道路质量会下降,若损害得不到及时修复,可能会影响行车安全。

3. 工程地质

已开挖坝基、厂房基础、消能防冲建筑物基础原岩质量会随时间推移而下降。

1)风化、卸荷影响

坝基岩体长时间暴露不覆盖,岩体强度将降低,已有裂隙等构造缺陷会发展,隐形缺陷会暴露、恶化,岩体质量降低,复工时可能会导致二次开挖,产生额外的缺陷处理工作量。

坝肩临时开挖坡比 1:0.5,坡度较陡峻,临空面已经形成,长时间临空,容易引起岩体中结构面卸荷张开,降低边坡稳定性。

2)冻融、冰劈

工程地处严寒地区,冬春季节雪融水会渗入卸荷裂隙,会产生冰劈现象;昼夜温差大,会产生冻融现象,这些都会加剧岩体质量的下降,对边坡的稳定性产生不利影响。

4. 水工结构

坝体左岸 5#~6#坝段混凝土浇筑至 978.5 m 高程,7#~9#坝段混凝土浇筑至 983.00 m 高程,8#坝段导流底孔已经形成并开始过流。对已浇混凝土,在水流、泥沙、日照、风蚀等作用下,可能会造成:

(1)若保护措施跟不上,运用时间延长(如导流底孔),可能产生新的缺陷(如、磨损、裂缝等)。

(2)原有未处理或待处理,或处理不到位的缺陷持续发展。

(3)原有隐性缺陷暴露,因未及时处理而进一步发展、恶化。

(4)因工程处于严寒地区,已浇筑坝体混凝土暂停施工期间,需严格保护,否则,易产生裂缝,对坝体结构及安全产生影响,并有可能造成坝体渗水;复工后裂缝处理起来较困难,使投资增加。

(5)导流底孔长时间过流,易产生过水冷激现象,进而使底孔周围混凝土产生裂缝,甚至有可能发展至廊道部位,进而引起廊道渗漏水。

5.机电及金属结构设备制造和安装

已经制造并安装的设备有导流底孔闸门和临时生态放水管闸阀。如果工程停工时间过长,若养护维修不善可能会加剧相关设备的锈蚀或淤堵,造成下闸及封堵困难。

6.水情测报系统

在施工暂停期间,水情测报系统等要安排值班人员进行运行和维护。否则,系统及系统设备质量将可能受到影响。

7.设备生产

对已招标投产的设备,如大坝闸门及启闭机设备可能会出现半成品,即使成品,也将面临保管维护问题,对产品质量会产生一定影响,需要安排好善后事宜。

(二)停工对工程安全的影响评价

1.施工场地安全

工程暂停施工后,施工场地对当地居民和牲畜存在潜在安全影响,居民及牲畜易误入存在一定的安全隐患。

2.边坡安全

随着时间的推移,受施工影响或施工防护未完成的岩(土)体边坡、构筑物,因维护跟不上,存在安全隐患,可能出现边坡坍蹋、掉块,甚至失稳破坏。

3.防洪度汛安全

目前工程暂停施工,上游围堰使用期可能延长 1 年以上。届时,围堰挡水期遭遇超标准洪水的可能性增加,并可能发生混合型超标准洪水,存在的安全风险为:上游围堰遭遇超标准洪水(20 年一遇)溃决,堰前水位 983.81 m,堰前库容 557 万 m^3,溃堰洪水流量为 7 030 m^3/s,造成下游围堰溃决;坝下交通桥、混凝土生产系统、钢筋加工厂地坪高程及民工生活区会被冲毁;溃堰洪水流量及水位抬高,对沿河两岸及下游梯级水库等防汛安全产生影响,对下游 SETH 乡 5 个村 7 000 人的生命及财产造成威胁。

(三)停工对进度(工期)的影响评价

工程停工将对工程建设工期产生直接影响,导致正常工期延长。为分析影响,拟定以下几个方案进行初步研究。

1.关于施工进度(工期)安排

1)国家有关部门进度核准

本工程施工准备期为 2 个月,主体工程施工期为 37 个月,工程完建期为 3 个月。首台(小)机组发电工期为 39 个月,施工总工期为 42 个月。

该水利枢纽工程施工主要节点日期:

2017 年 4 月 1 日开始左岸坝基开挖;

2017 年 6 月 1 日开始浇筑左岸 1#~9#坝段及导流明渠混凝土;

2017 年 10 月下旬河床截流,导流底孔过水;

2019 年 4 月 30 日前,坝体全线浇至 990.00 m 高程以上,满足拦洪度汛要求;

2019 年 11 月 1 日导流底孔下闸,水库蓄水;

2020 年 9 月 30 日,工程完工。

2017 年 10 月 22 日,本工程通过新疆水利厅截流阶段验收并顺利完成截流。

2)暂停施工影响评估依据

目前,工程已暂停施工 1 个多月。现根据不同的复工(时间)方案,初步分析了暂停施工可能给本工程进度(工期)造成的影响。

工程暂停施工对进度(工期)影响分析所依据的气象及水文资料如下:

(1)根据工程所在地气象条件,每年 11 月—翌年 3 月为混凝土工程停工期;

(2)根据工程所在地水文条件,每年 4—8 月为汛期,5—7 月为主汛期;

(3)生态基流按少水期(每年 11 月—翌年 4 月)不少于 10%,即 3.33 m³/s 下泄;

(4)合理确定度汛、下闸等控制性节点,确保大坝工程施工期度汛的安全。

3)暂停施工影响方案评估

(1)2018 年 9 月底复工(即工程暂停施工半年)方案

本方案主要节点日期:

2018 年 9 月底复工;

2020 年 4 月 30 日前,坝体全面浇至 990.00 m 高程以上,满足拦洪度汛要求;

2020 年 11 月 1 日导流底孔下闸,水库蓄水;

2021 年 9 月 30 日,工程完工。

本方案施工总工期为 54 个月,其中施工准备期为 2 个月,主体工程施工期为 49 个月,完建期为 3 个月;首台(小)机组发电工期为 51 个月。

(2)2019 年 3 月底复工(即工程暂停施工 1 年)方案

本方案主要节点日期:

2019 年 3 月底复工;

2020 年 4 月 30 日前,坝体全线浇至 990.00 m 高程以上,满足拦洪度汛要求;

2020 年 11 月 1 日导流底孔下闸,水库蓄水;

2021 年 9 月 30 日,工程完工。

本方案施工总工期为 54 个月,其中施工准备期为 2 个月,主体工程施工期为 49 个月工程,完建期为 3 个月;首台(小)机组发电工期为 51 个月。

(3)2020 年 3 月底复工(即工程暂停施工 2 年)方案

本方案主要节点日期:

2020 年 3 月底复工;

2021 年 4 月 30 日前,坝体全线浇至 990.00 m 高程以上,满足拦洪度汛要求;

2021 年 11 月 1 日导流底孔下闸,水库蓄水;

2022 年 9 月 30 日,工程完工。

本方案施工总工期为 66 个月,其中施工准备期为 2 个月,主体工程施工期为 61 个月,工程完建期为 3 个月;首台(小)机组发电工期为 63 个月。

（4）2021年3月底复工（即工程暂停施工3年）方案

本方案主要节点日期：

2021年3月底复工；

2022年4月30日前，坝体全线浇至990.00 m高程以上，满足拦洪度汛要求；

2022年11月1日导流底孔下闸，水库蓄水；

2023年9月30日，工程完工。

本方案施工总工期为78个月，其中施工准备期为2个月，主体工程施工期为73个月，工程完建期为3个月；首台（小）机组发电工期为75个月。

2.关于坝体混凝土越冬保护

本工程坝址区属严寒地区，坝体混凝土仓面越冬设计保护方案为：1层聚乙烯塑料布+2层聚乙烯被+13棉被+盖重。

其他无需保护时期这些保护材料需要撤除，等再次越冬时重新进行覆盖。循环反复，需投入大量的人力、物力，增加投资且延后工期。

（四）停工对工程的其它影响评价

1.对工程造价的影响

各参建单位人员和设备需要重复进场、退场，停工期间需对工程现场及设备与设施看护、维护等，会增加相关费用；工程暂停会产生合同履约变化，可能会发生合同"纠纷"，引起索赔。同时造成工程其他间接费用增加（如混凝土越冬面的保护、基坑排水、导流底孔冬季保温等一系列直接费用及间接费用的增加），加大工程投资。

2.对经济、社会效益的影响

实测资料还表明，该流域经常出现连续枯水年和连续丰水年。修建该水利枢纽工程，就是为能够控制全流域水量，进行径流的多年调节，解决河道断流和年际水量不均的问题。由于下游河道断流基本处于灌溉期高峰期，造成农田、草场减产或欠收，农牧民经济受到损失，产生了一定的社会影响。暂停建设，将导致河道径流的有效调节将不能及时实现，工程所承担的防洪作用也不能得到发挥，下游用水困难将仍然得不到缓解。

3.对工程环境的影响

1）水土流失量增加

本工程自2016年10月开工以来，施工区域已全面扰动，防护与保护措施尚未实施到位，工程停工将导致扰动区域产生水土流失时间会延长，水土流失量存在增加的可能，特别是料场、渣场区域堆积了大量的松散颗粒，在项目区风力条件下，可能会产生较大的风蚀和大风扬尘，若临时防护措施不到位，将对工程自身和周边环境造成一定的影响。

本工程已于2017年10月进行了二期围堰截流，由于截流围堰为土石围堰，围堰填筑使用的渣料（包括工程区其他受影响的岩土体）在长时间水流，特别是洪水期洪水作用下，存在被河水裹挟进入河道的可能，增加了水土流失。

2）生态环境持续恶化

据统计资料，1997—2014年下游县城水文站断面平均每年断流天数86 d，2009年断流天数达170 d，其中2007—2009年断流天数平均超过127 d，断流天数呈增加趋势。由于下游河道断流时间越来越长，湿地面积不断萎缩，沼泽干涸，植被呈荒漠化发展，生态环境日益恶化。

4.对社会稳定的影响

库区于2014年发布了停建令，要求库区安置牧民停止各类建设项目。工程暂停建设，若移民征地补偿工作停止进行,将对库区移民生产、生活造成较大影响。存在一定的社会稳定隐患。

5.对参建单位的影响。

工程暂停将对工程各参建单位的工作和组织产生直接影响,将会对参建单位的工作积极性和信心产生较大影响,不利于后续工程的实施。

四、结论与建议

(1)该水利枢纽为控制性工程,左岸侧河床坝段坝体混凝土已经浇筑到一定高度,导流底孔已经形成并过水,河床其余坝段、两岸坝段基础已经开挖或基本开挖到位,工程已通过截流阶段验收并实现截流。按照工程原施工进度计划,该工程应于2019年4月30日前满足坝体拦洪度汛条件。

(2)该水利枢纽工程暂停施工后,对工程质量、安全、工期、进度、造价等方面均将产生一定的影响,存在一定的环境和社会稳定隐患,对工程效益的发挥,流域环境的改善也会产生滞后影响。工程早日复工将有利于不利影响的早日消除,有利于工程效益,特别是改善流域环境、地区防洪等环境与社会效益的发挥,有利于地区的社会稳定。建议条件具备时,工程早日复工。

(作者单位:郭勇邦　甘肃省水利水电工程局

高红平　四川能投水务投资有限公司

蒋小健　阿勒泰地区 SETH 水库管理处)

浅析 SETH 水利枢纽工程安全生产监督管理

蒋小健　朱金帅　李时成

一、工程概况

SETH 水利枢纽工程主要任务为供水和防洪,兼顾灌溉和发电。工程等别为 II 等,工程规模为大(2)型。工程主要由碾压混凝土大坝、电站厂房及升鱼机组成。最大坝高 75.5 m,坝顶长 372 m,坝顶高程 1 032 m,共分成 21 个坝段,主河床布置泄水坝段,左、右岸布置非溢流坝段。水库总库容 2.94 亿 m³,电站装机 27.6 MW。工程建成后,可调蓄河道径流,促进地区经济发展;同时还可为加强流域水资源统一管理和调配、维持河道生态创造条件。

工程于 2016 年 10 月 10 日正式开工建设,于 2017 年 10 月 22 日通过截流阶段验收并实现截流,计划于 2020 年 9 月完工。工程自开工以来,面对严酷的气候、施工条件和繁重的建设任务,阿勒泰地区 SETH 水库管理处(简称“管理处”)高度重视安全生产监督管理工作,建立了安全管理体系;和各参建单位层层签订了安全目标考核责任书,按年度进行考核兑现;对工人进行安全培训;认真排查安全隐患。通过参建各方共同努力,工程安全全面可控,取得了良好的管理效果。现将安全生产监督管理情况综述如下。

二、安全生产管理体系建立及责任制落实

(一)安全生产管理体系

工程自开工建设以来,认真开展安全生产监督管理各项工作,组建了安全生产领导小组,成立了安全文明施工管理委员会和安委会办公室,制定了安全生产文明施工管理制度和管理办法。各参建单位按照安全生产管理的要求,组建安全管理机构,配备专门安全管理人员和专职安全员,对职工进行安全培训和安全教育。建立以施工单位为责任主体,以设计单位、监理单位为保证,以建设单位为核心的安全管理体系,并在工程建设过程中有效地运行。

(二)安全生产责任制

为了确保安全生产工作有序开展,管理处制定了全年安全生产工作计划。为了全面落实安全生产责任制,健全安全生产管理体系,管理处结合工作实际制定了安全生产目标管理责任书和安全生产责任书,并与各参建单位层层进行签订。认真落实“两个主体、两个负责制”和“一岗双责”制度。通过层层分解安全责任,使各级负责人及职工明确了安全生产管理的任务和责任,为及时解决安全生产问题提供了组织保证。

三、安全生产监督管理

(一)安全生产管理培训

为了进一步加强安全生产管理,安委会定期、不定期对参建人员进行安全生产培训及安全

生产教育,广泛开展安全宣传活动,大力普及事故预防、事故避险、应急处置、自我救助等与工作、生活密切相关的安全常识,提高全体参建人员的安全意识。

管理处的作用:一是在施工现场醒目位置设置安全生产有关的宣传标语、警示牌等;二是制定安全生产教育培训计划,严格按照教育培训计划的时间,开展各种形式的安全教育及培训;三是按时组织各参建单位学习安全知识,通过邀请专家讲课、观看视频、设立安全宣传栏等形式提高职工安全意识。施工方对新进场人员及时进行安全教育培训,使工人能够掌握本岗位的安全生产知识和技能。

(二)安全生产例会

安委会每月主持召开一次安全生产例会,各参建单位参与,回顾、分析、交流、总结安全生产管理工作,安排下一阶段安全生产工作任务。

(三)开展"安全生产月"活动

根据上级要求,管理处结合工程的实际情况,认真制定各年度工程"安全生产月"活动实施方案,并积极开展"安全生产月"各项活动。组织各参建单位观看了《致命的有限空间》《责任》等安全生产事故警示教育片;举办全国安全生产主题咨询日活动暨安全生产签名仪式活动;组织参建单位进行消防演练、高边坡高空坠物应急演练;举办水利安全生产知识竞赛活动;设立安全教育宣传栏。通过这些宣传教育活动,大大提高了全员的安全生产素质。

(四)维稳安保

管理处深入贯彻落实上级关于维护稳定及常态化工作的要求,结合实际情况紧紧围绕总目标来展开、来谋划、来推进。为提高应急反应能力,在当地派出所指导下进行了反恐演练。认真执行值班制度,坚持领导带班,双人双岗值班,组建了护院巡逻队,对发现的问题及时通报并要求整改。凡是进入库区大门的外来人员、车辆必须登记、检查、核实有效证件。加强对务工人员及外来人员的管理,做到底数清、手续全,严格按照人防、物防、技防要求开展各项反恐维稳工作,在敏感时期、重大节日期间加大值班巡逻力度,保证工地安全稳定。

(五)安全生产大检查情况

为确保工程安全生产,坚决杜绝安全事故的发生,根据地区安委会有关要求,管理处制订了工程安全大检查实施方案并开展了自查活动,对存在的问题及时进行整改。管理处于每月3日、13日、23日前按时将安全生产大检查情况统计表报至地区水利局安监办;每两周上报一次安全生产专项检查进展落实情况。

通过安全生产大检查活动,管理处及时发现问题,及时要求参建单位进行整改,把安全事故消灭在萌芽状态。

(六)应急预案演练情况

为提高参建单位突发安全事故处理能力,降低事故影响,进一步提高安全生产管理意识,管理处编制了《火灾事故应急预案》《危险品应急预案》《安全生产事故应急预案》《安全生产应急救援综合预案》等各项应急预案,并在安全生产管理工作中实施。工程每年按计划进行消防安全应急演练、液氨泄露事故应急演练等,演练后及时进行评估、总结,提高了施工人员的应急处置能力。

(七)防洪度汛工作

为了切实抓好安全度汛工作,管理处把建立健全各级各类防汛责任制、明确工程建设安全责任主体放到了首位。每年年初,管理处及时编制工程度汛方案并上报地区防办批复,汛期严格按照批复的度汛方案进行实施。

为保证各年度工程安全度汛,管理处主要工作是:一是与施工单位签订防洪目标责任书,制定防洪度汛措施,编写超标洪水应急预案;二是对工地现场防汛工作全面检查,排除隐患;三是组建抗洪抢险队伍,准备抢险设备挖掘机、自卸汽车、装载机和发电机等各类防洪物资;四是在上游河流大桥处设立监测断面,测报来水流量;五是加强与水文局气象站和当地水利局的联系,及时获取、通报水情信息,做好防汛预报;六是协调当地水利局,汛期利用上游两座水库对河道洪水进行联合调度调节;七是严格落实防汛值班制度,各参建单位防洪度汛人员每天按照要求值班、巡逻,确保安全度汛。

(八)安全生产监督管理措施

1.施工期间监督管理措施

一是建设单位、监理单位认真审批施工单位上报的专项施工方案;二是组织人员不定期对工作场所防护措施、工人佩戴劳动防护用具及工人生活区域的安全管理等情况进行检查;三是加强左右岸高边坡脚手架搭设及深基坑防护的施工安全监管,督促施工单位认真做好安全警示、防护网布设等安全防护措施,确保施工安全;四是加强对爆破、电焊、吊装等特种作业的监管,要求操作人员持证上岗,专职安全员全程监督,确保特种作业安全;五是加强车辆、机械管理,车辆必须到当地交警部门挂牌审验,挖掘机、铲车等必须到当地农机管理部门办理手续后方可使用;六是加强安全隐患排查,要求施工方在施工道路弯道口、脚手架上、通道口、高边坡、电器设备附近等部位设置相应的警示牌,提醒工作人员注意,做好自身及他人安全防护,消除安全隐患,对于发现的问题和隐患要求施工单位限期整改;七是加强重大危险源管理及应急救援管理,施工单位结合实际情况对现场进行危险源辨识评价并制订相应控制措施。在现场存在安全隐患的部位设置明显标志,利用架设安全网,悬挂标示牌等进行危险预警,对重大危险源由专职安全员监护。

2.冬休期间监督管理措施

为了加强冬休期间的安全管理工作,管理处主要做好几方面工作:一是要做好消防器材的检查工作,加强安全用火管理,对易燃物品要求分类处置;二是加强安全用电管理,定期不定期对用电线路、设备进行检查,对工程现场及驻地无人区进行断电处理;三是加强车辆行驶安全管理工作;四是落实好安全保障措施和安全管理责任,对安全隐患、危险源安排专人负责看护,要求施工方邀请具有相关资质的单位将液氨制冷系统中的液氨按标准进行安全处置;五是加强安全值班,每天定期、不定期开展安全巡视,做好冬休期间安全看护、防盗、防破坏工作。

四、结　　语

通过两年多系统的安全生产监督管理,我们认识到:纵横覆盖的安全生产责任体系是安全生产的关键;科学、规范的制度是提高安全管理水平的有效途径;长抓不懈的安全教育培训是提高安全能力的最佳方式;经常化、制度化的隐患排查治理是隐患及时发现、整改的有效方法。总结出以上工作经验,供工程安全管理同行借鉴参考。

(作者单位:阿勒泰地区 SETH 水库管理处)

SETH 水利枢纽工程功能和任务的变迁

金 鹏 刘悦琳 房 彬

乌伦古河是一条内陆河,紧邻额尔齐斯河,是阿勒泰地区第二大河流,乌伦古河径流年际变化大,丰、枯比悬殊,流域现状取水口较多,无序引水现象严重,灌溉高峰期用水矛盾突出,河道断流问题严重。为解决流域生态和国民经济用水矛盾,SETH 水利枢纽工程自 2008 年 9 月开展前期工作,2017 年 6 月通过水利部水规总院初步设计审查,历经 10 年终于得以开工,发挥重大的生态、社会、经济效益。在项目的各个设计阶段,由于整体政策环境的变化,对水库的功能和任务进行了调整和优化。

一、项目建议书编制阶段

2007—2008 年乌伦古河流域大旱,二台水文站实测径流约为多年平均径流量的一半,流域春小麦单产仅为常年产量的四成左右,牧草生长不良,特别是冬牧场牧草覆盖率极低,牲畜越冬困难,膘情和体力消耗严重;下游断流期逐年增长,2005 年断流 55 d,2006 年断流 72 d,2007 年断流 127 d,2008 年断流 238 d,河谷生态林及湿地面积减少,河谷生态环境恶化;近 3 年乌伦古河入吉力湖年均水量仅为 0.30 亿 m^3,布伦托海水位(咸水)高于吉力湖(淡水)水位,形成咸水倒灌的局面,对吉力湖生态形成严重威胁。

(一)2008 年项目建议书编制

2008 年项目启动项目建议书报告编制任务时,针对当时流域内存在的主要问题,提出 SETH 水库的主要任务为灌溉、生态、兼顾发电。现状水平年为 2008 年,设计水平年为 2020 年。其中,全流域灌溉面积由现状基准年的 110 万亩增加到设计水平年的 135.5 万亩,水库灌溉面积(含直供和改善灌面)为 91.72 万亩;生态供水任务为将向吉力湖多年平均补水 1.5 亿 m^3,连续枯水年年补水 0.5 亿 m^3,改善吉力湖近几年水位下降的局面,同时,向乌伦古河中下游 21 万亩河谷林补水和向下游湿地补水,改善河道的生态环境;向青河县电网提供电力 24.4 MW,多年平均电量 7 300 万 kW·h,为青河县经济发展提供电力支持。

(二)水规总院项目建议书审查

2009—2012 年水规总院审查项目建议书阶段,考虑到国家和新疆自治区对水资源利用整体紧缩和产业布局调整,对乌伦古河流域整体灌溉面积的发展提出了新的要求,设计水平年维持 110 万亩不变,工程任务调整为以农业灌溉、工业供水为主,结合发电,为加强乌伦古河流域水资源管理和维持生态创造条件。现状水平年为 2011 年,设计水平年为 2025 年。

(三)国家发改委项目建议书评估

乌伦古河水系是额尔齐斯河流域土地资源、光、热条件最好的地区,也是流域水资源供需矛盾最为突出的区域,同时也是新疆发展较快的地区之一。2011 年全地区的工业总产值达到 974 051 万元,远远超过《额河规划》中预测的 2010 年工业产值 394 195 万元。《额河规划》中乌伦古河分配给工业的水量已不能满足现状的工业发展需求。

乌伦古河上游为河谷段,中下游为平原,洪灾主要发生在中游及下游。根据实地调查,自

20 世纪 80 年代以来,乌伦古河流域累计受灾人口 3.59 万人、倒塌房屋 4 614 间、农作物受灾面积 17 967 hm²(其中绝收面积 7 495 hm²),造成直接经济损失达 92 943 万元。其中最严重的 2010 年洪水为近 20 年来最大,在峡口水库处洪峰流量约 610 m³/s,高于峡口 20 年一遇洪水标准,给中游下游各村镇造成极大损失。

2012—2014 年国家发改委评估项目建议书阶段,根据自治区人民政府《关于实行最严格水资源管理制度落实"三条红线"控制指标的通知》和《乌伦古河防洪规划》整体定位,考虑到福海县未来的发展情况,调整工程任务为工业供水和防洪,兼顾灌溉和发电,为加强乌伦古河流域水资源管理和维持生态创造条件。现状水平年为 2011 年,设计水平年为 2025 年。

二、可行性研究编制阶段

(一)水规总院可研审查

根据项目建议书国家发改委评估意见,可研阶段设计水平年调整为 2030 年,考虑引额二期工程 2030 年规划从额河向乌伦古河补水规模,可置换兵团十师 182 团部分灌溉用水及部分福海水库灌区灌溉、生态及工业用水。

2014—2015 年编制可行性研究报告水规总院审查阶段,SETH 水利枢纽的工程任务为工业供水和防洪,兼顾灌溉和发电,为加强乌伦古河流域水资源管理和维持生态创造条件。现状水平年为 2014 年,设计水平年为 2030 年。

(二)国家发改委可研评估

2015—2016 年可行性研究报告国家发改委评估阶段,根据《关于阿勒泰地区各县市及兵团第 10 师实行最严格水资源管理制度落实"三条红线"控制指标的复核意见》复核了工程规模,确定工程任务为工业供水和防洪,兼顾灌溉和发电,为加强乌伦古河流域水资源管理和维持生态创造条件。现状水平年为 2014 年,设计水平年为 2030 年。

三、初步设计阶段

可行性研究阶段提出的工程建设的任务是"工业供水和防洪,兼顾灌溉和发电,并为加强乌伦古河流域水资源管理和维持生态创造条件"。国家发改委可研阶段评估认为"根据流域经济社会发展和生态环境改善以及兴利除害的要求,结合工程条件,SETH 水利枢纽工程确定的工程任务基本合理"。

2017 年,根据国家生态政策的进一步调整,初步设计阶段确定的工程任务为:以供水和防洪为主,兼顾灌溉和发电,并为加强乌伦古河流域水资源管理和水生态保护创造条件。

四、结　　语

SETH 水利枢纽作为干流控制性枢纽水库,在调度运行中起到龙头水库的作用。在阶段性设计过程中,随着国家政策的变化和当地发展的变化,水库的功能和任务不断地进行调整和优化,以满足对流域发展的不同需求。

(作者单位:金　鹏　刘悦琳　中水北方勘测设计研究有限责任公司
房　彬　阿勒泰地区 SETH 水库管理处)

SETH 枢纽在流域水库群联合调度的作用

金　鹏　杜江鸿　李时成

乌伦古河流域干流共有 34 座引水渠首,中游 2 座拦河式水库,下游 4 座引水式水库。流域现状取水口较多,无序引水现象严重,用水期间上游各引水龙口争相引水,往往造成下游无水可引,使灌溉高峰期用水矛盾更加突出。另外,乌伦古河径流年际变化大,丰、枯比悬殊,也使流域在遇到连续枯水年时灌区各业供需矛盾加剧。目前乌伦古河干流上只有 1 座水库,调节库容仅有 1 296 万 m³,调节作用很小。而流域每逢连续丰水期大量水资源进入乌伦古湖,遇到连续枯水期则灌区无水可引,下游河道断流。建设一座具有多年调节的控制性水利工程,通过和流域内水库群联合调度,可以有效地解决流域年际、年内缺水问题。

一、流域径流特点

乌伦古河流域干旱少雨,径流主要产自上游山区且年际、年内分布不均。乌伦古河径流补给的季节性很强,径流年季变化较大,丰水年和枯水年水量相差较大,据实测资料(1956—2010年)统计,来水量最大的年份是 2010 年,来水量最小的年份是 1982 年,两者径流量相差 9.4 倍。由于乌伦古河特有的水文特征,即出现连续丰水年和连续枯水年的问题,根据地区水文资料表明出现上述情况的概率比较高。乌伦古河 2007、2008、2009 年二台水文站来水量分别为多年平均径流量的 53.6%、65%、46.7%。

二、流域现状主要问题

由于乌伦古河流域灌区属于纯灌溉灌区,7 月下旬及 8 月份正值农作物的灌浆期,属于农作物用水高峰期,但是这时段来水相对较少,造成 7、8 月份用水矛盾突出。由于 7、8 月份也是干热风出现的时期,灌溉缺水将会造成农作物大面积绝收。统计 2000—2007 年灌区旱灾情况,受灾面积 7.8 万~41 万亩,受灾原因主要还是 7、8 月季节性缺水造成的,迫切需要建设有调节能力的水库。以接近 75% 频率的 2008 年为例,现状引水是先上游后下游,主要造成下游灌区缺水,灌溉缺水时间是 7、8 月,来水量为 8 212 万 m³,需水量是 27 000 万 m³,考虑现有水库调蓄作用后,尚需约 6 600 万 m³ 调节库容。

根据调查资料,如 2001 年为丰水年,断流了 81 d,断流时间从 1 月 1 日到 3 月 22 日;2004年为平水年,断流了 14 d,断流时间为 7 月 26 日到 8 月 8 日;2008 年为枯水年,断流了 138 d。

断流的产生对中下游的各种鱼类栖息环境带来了严重的影响,使得鱼类的洄游通道遭到破坏,鱼类生殖繁育受到影响。由于下游河道断流时间越来越长,河谷生态环境恶化,苇湖、沼泽干涸;河谷次生林中林地面积锐减,质量下降;河道补水的湿地面积不断萎缩,造成植被呈荒漠化发展,部分区域出现了土壤裸露、沙化,生态环境日益恶化。近几年由于逢至枯水年,入湖水量不断减少,使得大海子咸水向小海子(吉力湖)倒灌,吉力湖的水质恶化。长此以往,小海子

(吉力湖)湖水的咸化和水位逐年的下降,将导致湖泊生态的问题不断加剧。

三、SETH 水利枢纽工程在流域水库群联合调度的作用

乌伦古河流域根据灌溉区域可分为上游灌区、中游灌区和下游平原水库灌区。喀英德布拉克水库、阿拉图拜水库和 SETH 水库位于上游,萨尔铁烈克水库、峡口水库和杜热大坝水库位于中游,福海水库、顶山水库、哈拉霍英水库和东方红水库位于下游平原灌区。喀英德布拉克水库位于大青河上,阿拉图拜水库位于青格里河上,两水库直接给阿拉图拜灌区供水,并且可以为坝址以下水库补偿调节水量;SETH 水库、杜热大坝水库、峡口水库和萨尔铁烈克水库位于乌伦古河干流上,直接给坝址至平原水库之间的灌区、中下游河谷林和湿地供水,并且可以为下游平原水库补偿供水;下游平原水库均从干流引水,供给相应灌区。

现状情况下,各个平原水库多水期争先引水,而供水期又会出现有的水库无水可供,有的水库还有余水,即各个平原水库出现不同步缺水现象,因此就需要上游 SETH 水库补偿供水来满足缺水灌区的需水要求。

乌伦古河梯级水库调度运行原则为:供水时先下后上,先由平原水库供水,平原水库放空后,再依次由峡口水库、SETH 水库、阿拉图拜水库和喀英德布拉克水库供水;蓄水时正好相反,乌伦古河来水量在满足下游用水的情况下,先充蓄喀英德布拉克水库、阿拉图拜水库、SETH 水库和峡口水库,这四座水库蓄满后,再按顶山水库、东方红水库、福海水库和哈拉霍英水库相应灌区的年需水量比例分配剩余水量,充蓄水库。

四、结   语

SETH 水库作为干流控制性枢纽水库,在调度运行中起到龙头水库的作用。为了解决流域内供水不均,水资源配置不合理的情况,建设 SETH 水利枢纽后,确定流域梯级水库调度运用的基本原则为:供水时先下后上,先由平原水库供水,平原水库放空后,再由上游拦河式水库供水;蓄水时正好相反,先蓄满上游拦河式水库,再充蓄下游平原水库。

(作者单位:金　鹏　中水北方勘测设计研究有限责任公司
杜江鸿　福建泉州市山美水库管理处
李时成　阿勒泰地区 SETH 水库管理处)

下游平原水库群调度运行方式对上游枢纽水库规模影响分析

金 鹏 张 悦 刘武军

平原水库多位于流域中、下游地区,距离灌区较近、投资较省、施工简单、收益快,在流域治理开发中,一般选择平原水库作为首批开工项目。乌伦古河流域内平原水库主要以引水式为主,供水范围为本水库对应灌区灌溉及农村人畜用水。随着流域内人口增加和工农业发展,各行业需水量增加,已建平原水库的供水能力不能满足需水要求,需要在流域上游山区建设拦河式水库,与平原水库联合供水,共同满足流域需水要求。上游拦河式水库直接给坝址以下灌区供水,并且可以为下游平原水库灌区补偿供水。因此,下游平原水库不同调度运行方式会影响上游拦河式水库规模。在项目前期设计阶段的调节计算过程中,分析已建下游平原水库采用不同的调度运行方式对上游拟建拦河式水库规模的影响。

一、流域概况

某河流是一条内陆河,发源于海拔较高的山区,分为上游区和下游区,上游区海拔较高,降水较多,产流集中,是该河流径流的主要形成区;下游具有多级台地和河漫滩,地形开阔,降水较少,蒸发渗漏大,产流量很少,为径流散失区,该河流最后注入某内陆湖。流域径流补给以降水及季节积雪融水为主,有少量的冰川融水和地下水补给,径流量呈年际变化大,年内分配不均的特点。

流域内土地资源丰富,光、热条件好,宜农宜牧,是重要的粮食和畜牧业生产基地;该地区矿产资源丰富,成矿地质条件优越,矿种齐全,配套性好,是工业生产的重要资源地。

二、流域内水利工程概况

流域下游已建 A、B、C 和 D 四座平原水库,分别为相应的灌区提供生活、工业及灌溉用水;流域内无其他具有调蓄功能的水库工程,平原水库灌区以上河段仅分布有 10 个引水口。流域灌区及水利工程分布示意图如图 1 所示。近年来,随着流域社会经济的快速发展,需水量急剧增长,流域水资源供需矛盾非常突出。遇到枯水年,河道断流,平原水库灌区以上河段 10 个引水口无水可引;遇到特枯水年及连续枯水年,下游 4 个平原水库也无水可供,灌区供水保证率较低,流域水资源短缺严重影响人民生活水平的提高及社会经济的发展,急需建设流域控制性工程,对全流域水资源重新进行调配,即在上游山区建设具有调蓄功能的拦河式水库,与平原水库联合供水,满足全流域用水要求。

流域内自然资源丰富,农牧业和工业发展速度很快,至设计水平年各行业用水量大幅增加,经过对流域社会经济发展指标和各行业需水量进行预测,总需水量为 45 060 万 m³。该拟建水库位于上游出山口处,坝址处天然径流量占该流域全部径流量的 90%,可控制坝址以下所有灌区,并且可以为下游平原水库灌区补偿供水。

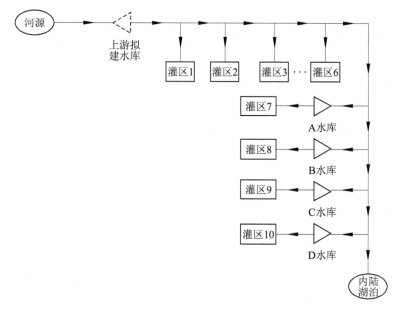

图1　流域灌区及水利工程分布示意图

三、平原水库群调度运行方式对上游枢纽水库规模影响分析

(一)计算方法

根据设计水平年全流域需水预测成果,以月为时段按照时历列表法,采用长系列径流资料,按照全流域 10 个引水口,设置 10 个调度控制断面,从上游至下游逐个进行水量平衡计算。拟建水库坝址位于流域上游出山口处,直接为坝址下游灌区(灌区 1~灌区 6)供水,并为平原水库直供灌区(灌区 7~灌区 10)补偿供水,下游 4 个平原水库仅为相应的灌区供水,即 A 水库为灌区 7 供水、B 水库为灌区 8 供水、C 水库为灌区 9 供水、D 水库为灌区 10 供水。

该流域梯级水库调节计算基本原则为:供水时先下后上,先由平原水库供水,平原水库放空后,再由上游拦河式水库供水;蓄水位时正好相反,先蓄满上游拦河式水库,再充蓄下游平原水库。平原水库从河道引水,仅能给相应的灌区供水,各个平原水库多水期往往会争先引水,而供水期又会出现有的水库无水可供,有的水库还有余水,即各个平原水库出现不同步缺水现象,就需要上游拦河式水库补偿供水满足缺水灌区的需水要求。因此,在项目前期设计阶段的调节计算过程中,已建平原水库采取不同的调度运行方式,上游拦河式水库规模也会不一致。

(二)平原水库群调度运行方式

本次计算,平原水库拟采取 3 种不同的调度运行方式,分析对上游拦河式水库规模的影响。全流域梯级水库调度运行方式为供水时先下后上,蓄水位时正好相反,只是在多水期当上游水库蓄满后,且满足灌区 1~灌区 6 的用水要求,即河道有余水时,按 3 种不同的方式充蓄水 A 水库、B 水库、C 水库及 D 水库。方案一:按平原水库引水口的上下游顺序依次充蓄水库,即先蓄满 A 水库,再依次蓄满 B 水库、C 水库及 D 水库;方案二:按平原水库调节库容的比例分配河道剩余水量,分别充蓄 A 库、B 水库、C 水库及 D 水库;方案三:按平原水库相应灌区的需水量比例分配河道剩余水量,分别充蓄 A 库、B 水库、C 水库及 D 水库,三个方案的调节计算成果见表1。

表1		调节计算成果表	
项目	方案一	方案二	方案三
正常蓄水位(m)	1 026	1 023	1 022
死水位(m)	985	985	985
调节库容(亿 m³)	2.16	1.74	1.69

根据上述计算成果,方案一对应的上游正常蓄水位为 1 026 m,调节库容为 2.16 亿 m³;方案二对应的上游水库正常蓄水位为 1 023 m,调节库容为 1.74 亿 m³;方案三对应的上游水库正常蓄水位为 1 022 m,调节库容为 1.69 亿 m³。

A 水库、B 水库、C 水库和 D 水库调节库容与需水量的比值不一致,分别为 1.62、0.14、0.89、0.52,如果采用不合理的调度运行方式,经常会出现各水库不同步缺水现象,则需要加大上游拦河式水库的规模。方案一,即按照平原水库引水口的上下游顺序依次充蓄水库。蓄水期,先蓄满 A 水库,再依次蓄满 B 水库、C 水库及 D 水库;供水期,由于 A 水库调节库容较大而需水量少,余水较多,其他水库调节库容较小而需水量多,出现不同程度的缺水现象,需要上游水库补偿供水。方案二,即按平原水库调节库容的比例分配河道剩余水量,充蓄各水库。蓄水期,A 水库调节库容大,蓄水最多,其他水库蓄水较少;供水期,A 水库需水量较少,余水较多,而其他水库需水量较多,会出现不同程度的缺水现象,需要上游水库补偿供水。方案三,按平原水库相应灌区的需水量比例分配河道剩余水量,充蓄各水库。蓄水期,A 水库需水量相对较少,蓄水量相对较少,而其他水库蓄水量不同程度的增加;供水期,4 个水库基本会同步缺水,很少出现 A 水库有余水,而其他水库缺水的现象。综上所述,采用方案一和方案二进行调节计算,4 个平原水库经常出现不同步缺水现象,需要加大上游水库的规模,而采用方案三进行调节计算,4 个平原水库基本会同步缺水,则需要上游水库的规模较小。

四、结　语

调节计算过程中,在多水期按照已建平原水库需水量分配河道剩余水量,充蓄水库,按照该调度运行方式供水期各平原水库基本同步缺水,得出的上游拦河式水库较小。在项目前期设计阶段,下游平原水库可采用该调度运行方式,确定上游水库工程规模,在工程运行期需制定更科学的水库调度方式,满足全流域需水要求。

(作者单位:中水北方勘测设计研究有限责任公司)

SETH 水利枢纽工程 2018 年停工后洪水风险分析

一、工程概况

SETH 水利枢纽工程主要任务为供水和防洪,兼顾灌溉和发电。工程等别为 Ⅱ 等,工程规模为大(2)型。工程主要由碾压混凝土大坝、电站厂房及升鱼机组成。最大坝高 75.5 m,坝顶长 372 m,坝顶高程 1 032 m,共分成 21 个坝段,主河床布置泄水坝段,左、右岸布置非溢流坝段。水库总库容 2.94 亿 m³,电站装机 27.6 MW。工程建成后,可调蓄河道径流,促进地区经济发展;同时还可为加强流域水资源统一管理和调配、维持河道生态创造条件。

工程于 2016 年 10 月 10 日正式开工建设,于 2017 年 10 月 22 日通过截流阶段验收并实现截流。截止 2018 年 3 月底,工程已完成办公楼、宿舍楼建设;进场道路路基、部分路面混凝土浇筑;左岸坝段和右岸坝段土石方开挖、喷锚支护,河床坝段部分土石方开挖;电站厂房、消力池、鱼道部分基础开挖;58 支(套)监测仪器安装;左岸 5#~6# 坝段浇筑至 978.5 m 高程,7#~9# 坝段浇筑至 983 m 高程;上游围堰填筑至 983 m 高程,下游围堰填筑至 972.5 m,高程 5#~6# 坝段与左岸山体缺口已用浆砌石封堵完成。因地方配套资金不到位,为避免形成隐形债务,根据地区要求,2018 年 3 月 31 日除防汛工程及安保工作外全面停工。

二、气象及水文分析

河流发源地山脉海拔不高,一般山峰高程为 3 500 m,但纬度高,雪线低,山区降水较多,达 300~500 mm。冬季漫长,积雪深厚,11 月—翌年 4 月的积雪及消融期的气温决定着年径流的大小。径流补给是以降水及季节积雪融水为主,且有少量的冰川融水和地下水补给。河流水量受气温影响,以冰雪融水为主,所以汛期河水来的突然,消失的早,融水集中,枯水期长,年内分配不均匀,以春夏季 5—7 月最集中,占全年径流量的 65%,个别年份 4 月和 8 月也有大洪水出现。根据施工要求,本阶段按 4 月、5—7 月、8 月、9—翌年 3 月 4 个分期计算分期设计洪水。分期设计洪峰流量成果见表 1;主要河流洪峰流量预报见表 2。

表 1　　　　　　　　分期设计洪峰流量成果表　　　　　　　　单位:m³/s

分期	频率		
	5%	10%	20%
4 月	204	152	104
5—7 月	516	425	333
8 月	184	143	102
9 月—翌年 3 月	105	79	55

表 2 　　　　　　　　　　　　主要河流洪峰流量预报表　　　　　　　　　　　　单位:m³/s

站名	大青河	小青河	二台
2018 年洪峰预测值	160~240	100~200	240~400

库区纬度高,气温低,少酷暑,多严寒,冬夏冷暖悬殊,年较差大。多年平均气温 1 ℃,极端最高气温 38.4 ℃,极端最低气温-47.7 ℃,变幅达 86.1 ℃,夏季 6—8 月平均气温在 18 ℃以上。历年最大风速 17.3 m/s,最大冻土深度 239 cm。

根据地区气象部门最新预测资料分析,预计:5 月下旬,地区有两场明显天气过程影响,平均气温较历年同期略偏低,降水较历年同期偏多。汛期(6—8 月)期间,地区气温略偏高,降水时空分布不均匀,东部降水偏少。

根据上述 5 月天气趋势预测和前期来水量等资料分析,地区水文部门预测 5 月下旬该河流域水量与历年相比偏少 20%左右、6 月上旬该河流域水量与历年相比偏多 15%左右。根据目前的积雪数据和气象部门预测等资料分析,在 5 月下旬—6 月出现较大洪水。

三、工程防汛情况

(一)初步设计报告 2018 年洪水标准及形象面貌要求

根据批复的初步设计报告,2018 年是工程施工的第二年。2018 年施工度汛洪水设计标准为 10 年一遇,洪峰流量为 425 m³/s,上游堰前水位 981.32 m,堰前库容 310 万 m³。报告要求 2018 年度汛达到以下形象面貌:完成导流底孔(8#坝段),上、下游导墙(9#坝段);导流明渠和上下游围堰填筑(上游围堰填筑到 983.0 m 高程,下游围堰填筑到 972.5 m 高程);完成 5#~9#坝段 983.0 m 高程以下坝体施工。

(二)2018 年工程度汛方案批复情况

批复的方案为:工程采用上下游围堰及纵向导墙挡水,导流明渠及导流底孔过水,临时度汛标准为 10 年一遇洪水,相应洪峰流量为 425 m³/s。2018 年 4 月 30 日前,将上游围堰填筑至 984 m 高程,抛石护坡达到设计厚度,完成左岸 5#~9#坝段坝体 983.0 m 以下部分挡水工程施工。

(三)度汛方案执行情况

截止 2018 年 4 月 20 日,已将上游围堰填筑至 984 m 高程,下游围堰填筑至 972.50 m 高程,上游导墙用防洪沙袋加高至 984 高程,抛石护坡达到设计厚度,完成左岸 7#~9#坝段 983.0 m 高程以下部分坝体施工,完成 5#~6#坝段 978.50 m 高程以下部分坝体施工,并对 5#~6#坝段与左岸山体之间缺口用浆砌石进行封堵,墙顶高程 983.0 m,浆砌石墙与 7#~9#坝段坝体已形成连续封闭挡体。

以上工程形象进度已经达到 2018 年施工度汛要求。

为保证 2018 年工程安全度汛,管理处严格按照批复的度汛方案进行度汛。一是与施工单位签订防洪目标责任书,制定防洪度汛措施,编写超标洪水应急预案;二是停工前请专家到工地检查防汛工作;三是对工地现场防汛工作全面检查,排除隐患;四是组建抗洪抢险队伍(35 人),准备抢险机械设备挖掘机、自卸汽车、装载机和发电机各 2 台,储备编织袋 3 500 条、土工布 2 000 m²、铁锹 50 把、块石 200 m³ 等各类防洪物资;五是在上游乡村大桥处设立监测断面,测报来水流量;六是加强与水文、气象部门的联系,及时获取水情信息,做好防汛预报;七是严格落实防汛值班制度,防洪度汛值班人员每天按照要求值班、巡逻,确保安全度汛。

四、洪水风险分析及超标准洪水措施

(一)洪水风险分析

(1)工程已按照批复的度汛方案完成了所有的建设内容,能够抵御10年一遇的洪水。根据地区气象部门最新天气预报及水文部门2018年河流水量及洪峰流量未来趋势分析,在不遭遇极端天气的情况下,大坝上游来水达不到10年一遇。在此情况下,存在的安全风险为上游围堰挡水风险。抵抗此风险需对工程加强防汛值班,加强巡视、检查,发现问题及时进行处理。

(2)超标准洪水发生的概率很小。若遭遇极端天气,发生混合型超标准洪水,预计洪峰从上游水文站到达坝址需26 h左右。此时,要加强与上游测站的联系,密切关注洪峰位置及天气变化情况,及时启动防汛应急预案,做好破堰前的人力、机械、物资准备。存在的安全风险为:上游围堰遭遇超标准洪水溃决,下游围堰将难以承受溃堰水流的冲击;交通桥处洪水水位会远高于桥面及混凝土生产系统和钢筋加工厂地坪高程,交通桥、混凝土生产系统及钢筋加工厂、民工生活区会存在被淹或被冲毁的可能;在上游围堰发生溃决的情况下,溃堰洪水流量及水位抬高均较大,可能会对沿河两岸及下游梯级水库等防汛安全产生较大的影响。

(二)超标准洪水应对措施

(1)在汛期加强巡视,及时发现危情并处理。施工道路应根据相应洪水水位进行加高或防护。抢险队伍在汛期24 h待命,准备必要的抢险物资和材料,对于重要部位,预备备用电源。落实岗位责任与任务,从组织上为度汛安全提供保障,从思想和物质上做好充分的准备。

(2)汛期加强与上游县级防汛组织机构、气象部门及上游梯级水库的联系,根据预测预报及已出现的水情信息,及早采取有效措施。遇超标洪水时,及时撤离施工区内的施工、管理人员及施工设备,确保现场生产人员的人身安全和设备安全。

(3)加强防汛值班及与水文部门的联系,随时掌握上游3个水文站实时流量数据。当上游洪水流量达到425 m³/s(10年一遇洪水标准)或围堰出现渗漏、管涌、裂缝、滑坡等损坏情况,发布黄色预警,抢险队做好抢险准备;当上游洪水流量达到516 m³/s(20年一遇洪水标准)或围堰将出现局部决口、溃堰等危险时,发布红色预警,抢险队破开上游围堰,并通知地区防汛抗旱指挥部、下游乡政府及下游各梯级水库做好应急准备。

五、结　语

经现场实测,坝址断面2018年最大洪水出现在6月15日和6月16日,洪峰流量154 m³/s,工程安全度汛,证明以上洪水分析完全正确。

(作者单位:蒋小军　青河县水利管理总站
蒋小健　赵云飞　阿勒泰地区SETH水库管理处)

SETH 水利枢纽工程上游围堰溃坝洪水分析

谢绍红　蒋小健　马荣鑫

一、工程概况

SETH 水利枢纽是国务院部署的"十三五"期间 172 项重大水利工程之一,也是国务院要求 2016 年必须开工的 20 项工程之一,工程主要任务为供水和防洪,兼顾灌溉和发电;工程等别为 Ⅱ 等,工程规模为大(2)型;工程主要由碾压混凝土大坝、电站厂房及升鱼机组成;最大坝高 75.5 m,坝长 372 m,正常蓄水位 1 027 m,坝顶高程 1 032 m,水库总库容 2.94 亿 m^3,电站装机 27.6 MW。工程建成后,可调蓄河道径流,促进地区经济发展;同时还可为加强流域水资源统一管理和调配、维持河道生态创造条件。

工程于 2016 年 10 月 10 日开工建设,于 2017 年 10 月 22 日实现二期截流,其 2018 年工程度汛期间由上下游土石围堰及纵向混凝土导墙(含 9# 非溢流坝段)挡水,8# 非溢流坝段下部 1~8 m×5 m 导流底孔过水。2018 年施工度汛原设计洪水标准为 10 年一遇,相应入库洪峰流量为 425 m^3/s,上游最高水位为 981.32 m,导流底孔下泄流量为 401.28 m^3/s。

为抵御 20 年一遇超标准洪水(相应入库洪峰流量为 516 m^3/s,上游最高水位为 983.81 m,导流底孔下泄流量为 472.30 m^3/s),拟用防洪沙袋等将上游导墙(含 9# 非溢流坝段)及上游土石围堰由 983.00 m 加高至 984.00 m。

现对遭遇 20 年一遇洪水进行溃堰洪水分析,分析时不计下游围堰对上游围堰溃堰洪水的影响。

二、溃坝洪水分析

(一)计算方法

当坝体局部溃决时,由于溃决口的宽度和深度与全部溃决时不同,故溃坝对最大流量的影响也不尽相同,最大流量计算的条件也有所区别。调查资料表明,中小型水库的土坝、堆石坝,短时间局部溃决的较多,而山谷中的土坝和刚性坝(如拱坝)在短时间内坝体容易全部溃决。

本次根据围堰材质、坝体浇筑高度情况,按围堰局部溃决情况计算溃坝洪水。

1.溃坝最大流量

溃坝流量计算方法基本可分为两类:一类是详算法,如特征线法、瞬态法,这些方法计算工作量大,工程设计很少采用;另一类是简化法,如经验公式法,本次采用经验公式法计算。

根据黄河水利委员会水利科学研究所试验所得,适合于瞬间局溃的溃口宽度计算公式为:

$$b = KV^{1/4}B^{1/4}H_0^{1/2}$$

式中　b——溃口的平均宽度,m;

　　　K——与大坝土质有关系数,黏土约为0.65,壤土约为1.3;

　　　B——坝址处的库面宽,通常以坝长表示,m;

　　　H_0——坝前水深,m。

坝址溃坝最大流量计算公式为:

$$Q_{max} = 8/27\sqrt{g}\,(B/b)^{0.4}\,((11H_0 - 10h)/H_0)^{0.3}\,bh^{1.5}$$

式中　Q_{max}——溃坝最大流量,m^3/s;

　　　g——重力加速度,m/s^2;

　　　h——溃口处坝前水深与残留坝体的平均高度之差,m;

　　　其余参数同上。

溃坝洪水过程线用于计算坝址溃坝洪水过程线的目的,在于推算下游河道各断面溃坝洪水最大流量、水位等。根据试验分析,溃坝洪水过程线与溃坝最大流量 Q_m、溃坝时入库流量 Q_0、下游水位以及溃坝可泄库容有关,其线型近似于四次抛物线,即:

$$t/T = \left(1 - \frac{Q_t - Q_0}{Q_m - Q_0}\right)^4$$

式中　Q_t——t 时刻的流量,m^3/s;

　　　Q_m——溃坝最大流量,m^3/s;

　　　Q_0——入库流量,m^3/s;

　　　T——溃决流量过程线的总历时,h。

计算的典型过程线的坐标值见表1。

表1　　　　　　　　　　　坝址溃坝流量典型过程线坐标值

t/T	0	0.05	0.1	0.2	0.3	0.4	0.6	0.8	1.0
$(Q_t-Q_0)/(Q_m-Q_0)$	1.0	0.527	0.438	0.331	0.260	0.205	0.120	0.054	0

根据水量平衡原理,坝址溃坝洪水过程线的总历时 $T=[KW/(Q_m-Q)]$(W 为溃坝前的蓄水库容)。根据 Q_m、Q_0 及初定的 k 值,计算 T,按上表的典型过程线坐标值缩放求得坝址溃坝洪水过程。当来水、泄水的水量平衡时,即为所求的坝址溃坝洪水过程线。

2.下游断面

下游实测断面位置见表2,断面示意图如图1所示。

表2　　　　　　　　　　　下游实测断面位置　　　　　　　　　　单位:m

下游断面	下游围堰	坝下交通桥	C2料场
距上游围堰里程	714.6	1 077.7	2 279.0

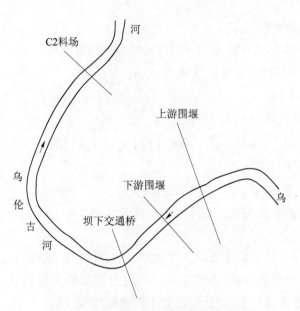

图 1 SETH 水利枢纽下游断面位置示意图

(二)计算成果

为了分析 SETH 水利枢纽上游围堰溃决时洪水对下游的影响,采用 20 年一遇洪水按于瞬间局溃形式进行溃坝计算。

1.最大流量及洪水过程线

围堰于瞬间局溃情况下,采用黄河水利委员会水利科学研究所经验公式进行计算。发生 20 年一遇洪水时的溃坝最大流量分别为 6 550 m³/s,溃坝洪水过程线的总历时为 1.10 h。详细围堰溃坝 20 年一遇洪水过程线见表 3。

表 3 围堰溃坝 20 年一遇洪水过程线

T(h)	0	0.055	0.11	0.22	0.33	0.44	0.66	0.88	1.10
Q_t(m³/s)	6 550	3 480	2 890	2 200	1 740	1 380	824	397	43.7

2.下游各断面水位

由于下游断面与围堰距离较短,因此,不考虑洪水演进过程,下游断面最大流量为溃坝时最大流量与导流底孔泄流流量之和。

利用曼宁公式计算下游各个断面 20 年一遇相应水位结果见表 4。

表 4 下游各断面 20 年一遇洪峰水位表

断面	流量(m³/s)	水位(m)
下游围堰	7 030	980.83
坝下交通桥	7 030	978.98
C2 料场	7 030	975.34

三、溃坝洪水对下游布置区及下游水库的影响分析

(一)对下游围堰的影响

本工程电站厂房及坝下消力池等在下游围堰及上游围堰(或坝体)保护下施工。下游围堰使用期限为 2 年,设计洪水标准采用 20 年一遇,洪峰流量为 516 m³/s。

根据调洪计算成果,当入库洪水洪峰流量为 516 m³/s 时,导流底孔下泄流量为 472.30 m³/s,相应下游水位为 971.50 m,下游围堰安全超高取 0.50 m,风浪爬高取 0.50 m,其堰顶高程为 972.50 m。

目前,下游围堰填筑已经完成。在上游围堰发生溃坝洪水的情况下,下游围堰轴线处洪水水位为 980.83 m,比堰顶(高程为 972.50 m)高约 8.33 m。届时,下游围堰堰体会荡然无存。

(二)对坝下交通桥的影响

为沟通乌伦古河左、右两岸联系,在坝下约 1 000 m 处修建交通桥 1 座,交通桥汽车荷载等级为公路-Ⅱ级。坝下交通桥桥位处主河床宽约 52 m,设计洪水频率 50 年一遇($P=2\%$),相应洪水流量 636 m³/s,水位 971.60 m,桥面高程 974.50 m。

交通桥上部结构采用 3×30 m 预应力混凝土连续箱梁桥方案。交通桥下部结构采用钢筋混凝土实体墩;基础采用钢筋混凝土扩大基础。

坝下交通桥于 2016 年 5 月开工建设,于当年 10 月建成通车,对实现 2017 年 10 月 22 日二期围堰截流起到了重要作用。

在上游围堰发生溃坝洪水的情况下,交通桥处洪水水位为 978.98 m,比桥面高程(974.50 m)高约 4.48 m。届时,坝下交通桥会被冲毁。

(三)对施工生产设施的影响

根据施工需要,在坝下桥右岸桥头上游布置了 1 座混凝土生产系统,以承担本工程混凝土的生产任务;在坝下桥右岸桥头下游布置了 1 座钢筋加工厂,以承担钢筋(钢管)加工任务。

混凝土生产系统及钢筋加工厂布置高程 974.50 m,与坝下桥桥面高程(974.50 m)相当。在上游围堰发生溃坝洪水情况下,交通桥处洪水水位为 978.98 m,比混凝土生产系统及钢筋加工厂布置高程(974.50 m)高约 4.48 m。届时,混凝土生产系统及钢筋加工厂会被淹没。

(四)对 C2 布置区的影响

C2 砂砾石料场位于坝址下游右岸河漫滩上,距坝轴线 1.5～2.5 km,有简易砂石路相通,交通便利。料场地形平缓,滩地相对高差 1～3 m。料场范围长约 1.0 km,平均宽 120 m,地面高程 968～973 m。

根据工程施工需要,在 C2 砂砾石料场上游区域内布置了承包商营地,该营地地面高程约为 971.00 m,其布置满足规范(规定的 5～20 年重现期)防洪标准。在上游围堰发生溃坝洪水情况下,C2 砂砾石料场处洪水水位为 975.34 m,比营地地面高程(971.00 m)高约 4.34 m。届时,该承包商营地会被淹没。

(五)对下游水库等的影响

SETH 水利枢纽上游发生 20 年一遇超标准洪水时,入库洪水洪峰流量为 516 m³/s,围堰上游最高水位为 983.81 m,水库堰前总库容约 557 万 m³。SETH 牧业水库位于本工程坝址下游约 14 km 处,水库总库容约 700 万 m³,为Ⅳ等小(1)型工程。

在 SETH 水利枢纽上游围堰发生溃坝洪水的情况下,必须立即报告当地政府,及时启动防洪预案,将沿河人员及设备撤至安全地带,并通知下游各梯级水库提前放水,腾出库容迎战溃坝洪水,以避免引起连锁反应。

四、结　　语

在 SETH 水利枢纽上游围堰发生溃坝洪水的情况下,围堰溃决时间及洪水传播时间较短,洪水水位抬高较大,对本工程下游布置区及下游 SETH 牧业水库等的防汛安全影响很大,必须引起各方面的高度重视。

(作者单位:谢绍红　阿勒泰地区额尔齐斯河北屯灌区水利工程管理处

蒋小健　马荣鑫　阿勒泰地区 SETH 水库管理处)

SETH 水利枢纽工程坝址比选

王立成　　江巍峰　　马荣鑫

一、工程概述

SETH 水利枢纽工程任务为供水和防洪,兼顾灌溉和发电,水库总库容 2.94 亿 m³,多年平均供水量 2.631 亿 m³,设计水平年改善灌溉面积 27.61 万亩,电站装机 27.6 MW。工程建成后,可使下游沿线乡镇防洪标准的洪水重现期由 10 年提高到 20 年,县城防洪标准由 20 年提高到 30 年。

工程等别为 Ⅱ 等,工程规模为大(2)型。拦河坝(含挡水坝段、表孔和底孔坝段、放水兼发电引水坝段等)为 2 级建筑物,坝后工业和生态放水管、过鱼建筑物为 3 级建筑物;其它次要建筑物包括管理用房等为 3 级建筑物;电站厂房为 3 级建筑物。

大坝设计洪水重现期为 100 年一遇,校核洪水重现期为 1 000 年一遇;泄水建筑物消能防冲设计洪水标准取 50 年一遇。水电站厂房为 3 级建筑物,设计洪水标准取 50 年一遇,校核洪水标准取 200 年一遇。

工程主要建筑物的地震设计烈度采用工程区地震基本烈度即Ⅷ度设计。

二、规划阶段初拟坝址

拟建坝的规划河段位于布尔根河河口以下的狭窄河段,该河段长约 25 km,出口为已建的 SETH 灌溉取水口取水枢纽,入口距上游布尔根河河口约 36 km。布尔根河河口区域为国家一级河狸自然保护区。乌伦古河的全部产流面积基本位于该狭窄河段以上。

规划阶段初拟坝址(以下称为上坝址)位于布尔根河河口下游的狭窄河谷入口处,该坝址地形、地质条件良好,具备修建多年调节水库大坝的地形、地质条件,考虑到该坝址建坝,上游库盆开阔,水库淹没面积较大,距国家一级河狸自然保护区范围较近的特点,在上坝址下游 12 km 处新增一条坝址(以下称为下坝址)作为比选坝址,平行开展工作。

碾压混凝土重力坝适宜地形地质和气候条件,具有导流工程量小、建筑物集中布置、大坝适应变形能力强、抗震安全性好、运行管理方便等特点,相比较而言更具有承受水流漫顶的能力,故在投资基本相当情况下选用碾压混凝土重力坝作为代表坝型进行坝址比选。

以下对两坝址从工程地形和地质条件、规划指标、工程布置及建筑物、工程施工、运行管理、库区淹没及生态影响、工程投资等多方面进行综合技术经济比较。

三、上、下游两坝址比选

(一)上、下坝址地形地质条件

1.库区工程地质

上坝址库区中,乌伦古河是本区段最低侵蚀基准面,库区两岸无低于库水位的低地和邻谷,水库不存在永久渗漏问题。水库岸坡主要为基岩,天然岸坡整体稳定,不存在农作物和建筑物浸没问题。水库蓄水后诱发较强地震的可能性较小。下坝址库区基本地质条件与上坝址库区基本一致,近坝址左岸单薄山体存在永久渗漏问题。渗漏段较为集中且山体单薄、岩体破碎,需采取防渗处理措施。

2.坝址工程地质

上、下游两坝址区同位于剥蚀低山区,河谷呈不对称"U"型谷,坝址处河道较平缓,两岸山体基岩裸露,山顶呈浑圆状。右岸岸坡较陡,左岸稍缓。坝址区地下水类型主要有孔隙潜水和裂隙潜水,水位随河水位升降而变化,高于河水位,观测上、下坝址地下水及河水,对建筑材料有弱腐蚀性。

(1)上坝址河床及两岸基岩埋深不大,基岩为坚硬致密的玄武岩、凝灰岩,坝基岩体较完整,岩层走向与坝轴线夹角大,岩体中构造裂隙以陡倾角为主,局部虽有零星缓倾角裂隙,但其延伸长度有限,对抗滑稳定不起控制作用,坝基不存在深层抗滑稳定问题。坝基岩体中未发现大的断层,结构面以构造裂隙为主。构造裂隙规模不大,连通性差,且多无充填物。因此,坝基岩体的渗透稳定好。随深度增加,岩体渗透性有明显降低趋势,坝基存在渗漏问题,需采取防渗措施。

(2)下坝址坝基主要为辉长岩侵入体,外围地层为石炭系中统巴塔马依内山组(C_{2b})玄武岩、凝灰岩及砂岩组成,局部夹泥质粉砂岩、凝灰质砂岩。岩体属坚硬岩,节理裂隙发育。华力西期(γ_2^{4f})辉长岩侵入体位于坝基及左右岸岸坡附近,在左坝肩出露厚约240 m,在右岸及其上游侧分布范围较广,岩性主要为石英二长辉长岩。此区域断层发育,主要发育在侵入体周边地层中,在辉长岩中发育较少,小断层较发育。

两坝基岩体均以块状结构为主,岩体较完整,结构面以陡倾角节理裂隙为主,缓倾角结构面局部发育,延伸长度有限,连通性差,不夹泥,抗剪强度较高,初步判断坝基深层抗滑稳定问题不大,坝基的抗滑稳定主要受控于混凝土与岩体接触面。

上、下坝址均具备良好的建坝、建库的地形地质条件。下坝址距离活动断层相对较近,库区左岸近坝地段单薄山脊存在轻微渗漏问题,河谷略宽且坝基岩体渗透性略强。相对而言,上坝址地形地质条件略优于下坝址。

(二)规划指标

以碾压混凝土重力坝为优选坝型,上、下游坝址位河段在多年平均年径流量,洪水标准及流量,防洪库容等项目均相同。对可比项目进行比较,下坝址在防洪水位、回水长度、装机容量等项目上均优于上坝址。从规划指标分析,下坝址发电效益优于上坝址。

(三)两坝址枢纽布置及主要建筑物设计比选

本枢纽工程主要由拦河坝(碾压混凝土重力坝)、泄水建筑物(表孔和底孔坝段)、放水兼发电引水建筑物(放水兼发电引水坝段)、坝后式电站厂房和过鱼建筑物等组成。水库为多年调节水库。

从两坝址地形地质条件分析,上、下坝址均具备良好的建坝、建库地质条件,具备修建混凝土重力坝的地形地质条件。因上坝址河床相对较窄,同时布置泄水建筑物和坝后式厂房相对拥挤,泄水建筑物水流条件略差,而下坝址布置则相对合理。如采用相同的岸边引水式电站,上坝址投资加大。

(四)工程施工

上坝址河谷宽度较窄(仅 85 m),碾压混凝土重力坝施工导流采取隧洞导流、河床一次拦断,基坑全年施工的导流方式;下坝址河谷宽度较宽(约 150 m),工程施工导流拟采用河床分期导流、左右岸基坑全年施工的导流方式。

下坝址碾压混凝土重力坝方案采用河床分期导流方式,露天施工,导流工程投资较少且工期容易得到保障。

(五)运行管理

下坝址距 SETH 乡约 36 km,上坝址约 41 km,下坝址对外交通距离少于上坝址,工程区海拔相对较低,交通条件相对较好,便于后期运行管理,且向下游补水比较直接。下坝址均可通过下游交通到达左、右岸坝肩和坝脚,运行管理相对安全、方便。而上坝址因河道狭窄及建筑物布置和左岸地形条件,不能通过下游交通直接到达左坝肩和右坝脚。

(六)库区淹没及生态影响

拟建坝的规划河段位于布尔根河河口以下的狭窄河段,布尔根河河口区域为国家一级河狸自然保护区。坝址上游河谷较为开阔,分布着越 3 座自然村落及大片的草场。上、下游两坝址正常蓄水位时回水末端距布尔根河口均较远,对河狸保护区均不产生影响,两坝址回水长度相差 7.46 km,上坝址淹没面积、淹没草地和需搬迁安置的人口均多于下坝址,且随着正常蓄水位的增加,水库淹没影响的人口、各类土地、房屋及附属建筑物、输变电设施等专业项目数量呈逐渐增加趋势。从淹没影响损失分析,下坝址方案淹没损失相对较少,对当地区域环境和社会经济影响最小。从建设征地、移民安置角度及建设征地补偿投资分析,下坝址方案较优。

(七)工程主要工程量及工程投资

两坝址建筑物布置基本相同,考虑到电站厂房和过鱼建筑物工程量基本相同,以下两坝址可比工程量和投资中不包括电站厂房和过鱼建筑物的工程量和投资,可比总投资上坝址 14.71亿元,其中主体工程可比投资 4.56 亿元,移民占地投资 10.15 亿元;下坝址 10.88 亿元,其中主体工程可比投资 5.20 亿元,移民占地投资 5.68 亿元。

四、坝址比较结论

上、下坝址综合比较见表 1。

表 1   上、下坝址综合比较表

比较内容	上坝址方案	下坝址方案
构造条件	两坝址属于同一构造单元,可可托海-二台活动断裂带距上坝址直线距离 12 km;坝址区断层较发育,主要有断层 F16、F17、F30 及多条小断层,F16、F17、F30 发育于两岸基岩中,走向与河交角较大	两坝址属于同一构造单元,可可托海-二台活动断裂带距下坝址直线距离 8 km;坝址区断层在辉长岩中发育较少,侵入岩外侧断层较发育,主要有 F11、F27、F34、F37 及小断层;F11 即乌伦古河断裂是区域性构造,距坝址最近 600 m,基本沿乌伦古河的西南岸展布,为晚更新世活动断裂,未发现全新世活动迹象

比较内容	上坝址方案	下坝址方案
坝址工程地质条件	河谷底宽约 85 m,正常蓄水位河谷宽约 220 m;坝基基岩主要为玄武岩和凝灰岩,岩体中节理裂隙发育,小断层局部发育,两种岩性接触带附近局部存在蚀变带;坝基岩体以弱透水性为主	河谷底宽约 150 m,正常蓄水位河谷宽约 320 m;坝基为辉长岩侵入体,岩性单一,表部岩体因风化卸荷作用稍破碎,下部岩体大部分较完整,坝基外围岩性较杂,岩体中结构面发育,岩体破碎,质量较差;坝基岩体为中等–弱透水性
工程规模	最大坝高 59.0 m,正常蓄水位 1 039 m,装机容量 20.7 MW,总库容 3.12 亿 m³,多年平均发电量 6 470 万 kW·h	最大坝高 75.5,正常蓄水位 1 027 m,装机容量 27.6 MW,总库容 2.94 亿 m³,多年平均发电量 8 488 万 kW·h
枢纽布置型式	主要建筑物:拦河坝、泄洪表孔及底孔、坝后式电站厂房及过鱼建筑物	主要建筑物:拦河坝、泄洪表孔及底孔、坝后式电站厂房及过鱼建筑物
施工	河床一次断流,导流洞导流	采用分期导流方式
运行管理	距 SETH 乡约 41 km,对外交通距离稍远	距 SETH 乡约 36 km,交通较便利,后期运行管理方便,向下游补水比较直接
建设征地与移民	淹没面积为 34 181.24 亩(淹没地类主要为林地和草地)、直接淹没人口 114 户 599 人	淹没面积 24 873.71 亩(淹没地类主要为林地和草地)、直接淹没人口 70 户 292 人
主要工程量及投资	可比投资 4.56 亿元	可比投资 5.20 亿元
移民占地投资	10.15 亿元	5.68 亿元
可比总投资	14.71 亿元,其中主体工程可比投资 4.56 亿元,移民占地投资 10.15 亿元	10.88 亿元,其中主体工程可比投资 5.20 亿元,移民占地投资 5.68 亿元

综上所述,两坝址比较结论如下:

(1)两坝址工程建设条件基本相近,均具备良好的建坝、建库条件,从地形和地质条件上坝址略有优势。

(2)两坝址在同时满足下游用水和防洪要求情况下,主体工程投资上坝址低于下坝址,上坝址建设征地与移民安置补偿投资高于下坝址,从总投资及生态环境影响方面下坝址有较大优势。

综合考虑各种因素,本阶段选定下坝址为推荐坝址。

五、结　语

通过对 SETH 水利枢纽工程上、下坝址的综合比较,从工程布置、工程施工、工程管理、发电效益方面综合及投资方面进行了综合比较,最终推荐下坝址作为工程建设的坝址。目前,工程建设正在进行中,从坝基开挖揭示的情况来看,与前期地质勘察设计情况吻合。坝址比选可供同类工程设计时参考。

(作者单位:王立成　江巍峰　中水北方勘测设计研究有限责任公司

马荣鑫　阿勒泰地区 SETH 水库管理处)

SETH 水利枢纽工程坝线选择

蒋小军　李时成　谢绍红

一、工程概述

SETH 水利枢纽工程任务为供水和防洪,兼顾灌溉和发电,水库总库容 2.94 亿 m^3,多年平均供水量 2.631 亿 m^3,设计水平年改善灌溉面积 27.61 万亩,电站装机 27.6 MW。工程建成后,可使下游沿线乡镇防洪标准的洪水重现期由 10 年提高到 20 年,县城防洪标准由 20 年提高到 30 年。

工程等别为 Ⅱ 等,工程规模为大(2)型。拦河坝(含挡水坝段、表孔和底孔坝段、放水兼发电引水坝段等)为 2 级建筑物,坝后工业和生态放水管、过鱼建筑物为 3 级建筑物;其它次要建筑物包括管理用房等为 3 级建筑物;电站厂房为 3 级建筑物。

大坝设计洪水重现期为 100 年一遇,校核洪水重现期为 1 000 年一遇;泄水建筑物消能防冲设计洪水标准取 50 年一遇。水电站厂房为 3 级建筑物,设计洪水标准取 50 年一遇,校核洪水标准取 200 年一遇。

工程主要建筑物的地震设计烈度采用工程区地震基本烈度即 Ⅷ 度设计。

二、可研阶段审查意见

可研阶段从工程布置、工程施工、工程管理、发电效益方面进行了坝址比较,推荐下坝址。水利部水利水电规划设计总院审查意见"本阶段按照等效益原则选择了上、下两个坝址进行了比选。上坝址位于河口下游狭窄河谷入口处,下坝址位于其下游大约 12 km 处。虽然下坝址条件略差,河谷较宽,坝顶长度较长,主体工程投资较高,但发电效益、施工布置相对较优,环境影响较小,库区淹没占地补偿投资较少,工程总投资较省。经综合经济比较,基本同意推荐下坝址为选定坝址"。

可研阶段国家发改委国家投资项目评审中心评估意见:"评估认为,综合推荐下坝址为选定坝址是合适的。"

在可研和初设阶段选定下坝址的基础上,针对推荐的碾压混凝土重力坝方案进行坝轴线比选。

三、坝轴线拟定

坝址位于剥蚀低山区,该段河道呈"S"形,坝址区位于 NE 段,河道顺直,坝顶长度相对较短。坝址两岸基岩裸露,均为块状辉长岩体。

坝址左岸岸坡高差约 63 m,发育四组裂隙,以走向 NE25°~55°最为发育,走向 NW275°~295°次之,裂隙倾角多大于 35°;局部见缓倾角裂隙,走向为 NE45°~50°倾向 NW,倾角约为

22°,结构面粗糙且起伏差大。由于边坡较缓,且缓倾角结构面性状较好,左岸边坡整体稳定。

坝址右岸岸坡高差约95 m,发育四组裂隙,以走向NE15°~35°最为发育,走向NW275°~285°次之,裂隙倾角多大于45°;局部见缓倾角裂隙,走向为NE65°~75°倾向SE倾角约27°,结构面粗糙,向山体内延伸较短,1~3 m,与其他陡倾角裂隙组合,易形成不稳定岩体,但规模较小。由于边坡岩体坚硬,且较完整,右岸边坡整体稳定。

受左右岸地形地质条件影响,坝体应控制在左岸单薄山峰和右岸平缓地势上游,河道"S"形第1个转弯出口下游。根据两岸地形和地质条件,结合大坝坝体的稳定性、坝体工程量、施工导流及枢纽布置的合理性,由上游自下游初选布置坝线Ⅰ、坝线Ⅱ和坝线Ⅲ3条坝线,间距分别为41.6 m和80.0 m,其中坝线Ⅱ为可研阶段坝线,坝线Ⅰ上游和坝线Ⅲ下游已没有合适地形。

四、坝轴线比选

(一)地形地质条件

1.坝线Ⅰ

坝线Ⅰ位于上游,河谷呈不对称"U"型谷,河谷底宽约150 m,正常蓄水位处河面宽320.5 m,坝顶高程(1 032 m,下同)河面宽348.3 m,左岸河漫滩地宽度约为66 m,河床覆盖层厚1.0~8.7 m。地面高程968~1 056 m,高差约88 m,左岸比右岸低10 m左右。

两岸基岩裸露。左岸地形坡度稍缓,地形略有起伏,跨一个小冲沟,坡度20°~38°。右岸岸坡较陡,坡度32°~38°,岸边呈陡壁分布。

坝基强风化岩体厚0.8~2.8 m,平均1.9 m;弱风化岩体厚1.4~9.4 m,平均4.2 m。

坝基为坚硬致密的华力西期(γ_4^{2f})侵入岩(以辉长岩为主),为块状侵入岩体,强度较高,缓倾角等软弱结构面不发育,具备修建碾压混凝土重力坝的地形、地质条件。

2.坝线Ⅱ

坝线Ⅱ位于中部(推荐坝线),河谷呈不对称"U"型谷,河谷底宽约160 m,正常蓄水位处河面宽327.4 m,坝顶高程河面宽343.6 m,左岸河漫滩宽约71 m,河床覆盖层厚1.0~8.0 m。地面高程968~1 054 m,高差约86 m,左、右岸高程相近。

两岸基岩裸露。左岸地形坡度稍缓,坡度30°~34°。右岸岸坡较陡,坡度30°~36°,岸边呈陡壁分布。

坝基强风化岩体厚0.4~4.7 m,平均2.6 m;弱风化岩体厚2.1~10.2 m,平均7.5 m。

坝基为坚硬致密的华力西期(γ_4^{2f})侵入岩(以辉长岩为主),为块状侵入岩体,强度较高,缓倾角等软弱结构面不发育,具备修建碾压混凝土重力坝的地形、地质条件。

3.坝线Ⅲ

Ⅲ坝线位于下游,河谷呈不对称"U"型谷,河谷底宽约140 m,正常蓄水位处河面宽336.1 m,坝顶高程河面宽367.1 m,左岸河漫滩宽约54 m,河床覆盖层厚2.25~5.1 m。地面高程967~1 061 m,高差约94 m,左岸比右岸略低。

两岸基岩裸露。左岸地形上陡下缓,坡度19°~59°。右岸下陡上缓,坡度17°~52°,岸边呈陡壁分布。

坝基强风化岩体厚 2.2~5.3 m,平均 3.9 m;弱风化岩体厚 0.65~14.8 m,平均 4.7 m。

坝基为坚硬致密的华力西期(γ_4^{2f})侵入岩(以辉长岩为主),为块状侵入岩体,强度较高,缓倾角等软弱结构面不发育,具备碾压混凝土重力坝的地形、地质条件。

(二)坝线比较

根据不同坝线的布置情况,分别从地形地质条件、枢纽建筑物布置、施工条件和工程费用等多方面进行综合比较。

1.地形地质条件比较

3 条坝线地形地质条件对比见表 1。

表 1   3 条坝线地形地质条件对比表

项目	坝线Ⅰ	坝线Ⅱ	坝线Ⅲ	评价
正常蓄水位河面宽(m)	320.5	327.4	336.1	坝线Ⅰ最窄,坝线Ⅲ最宽
左岸河漫滩宽度(m)	66	71	54	坝线Ⅲ最窄,坝线Ⅱ最宽
坝线长度(m)	383	372	379	坝线Ⅰ最长,坝线最短
河床覆盖层厚(m)	1.0~8.7	1.0~8.0	2.25~5.1	坝线Ⅲ最薄,坝线Ⅰ最厚
强风化岩体厚(m)	0.8~2.8/1.9	0.4~4.7/2.6	2.2~5.3/3.9	坝线Ⅰ最薄,坝线Ⅲ最厚
弱风化岩体厚(m)	1.4~9.4/4.2	2.1~10.2/7.5	0.65~14.8/4.7	坝线Ⅰ最薄,坝线Ⅱ最厚
左右岸地形	左岸有冲沟,地形不对称,左岸地势低	左右岸高程相近,地形完整	左岸比右岸高程低,左岸山体稍单薄	坝线Ⅱ最优,坝线Ⅲ略差
坝基岩性条件	侵入体	侵入体	侵入体	3 个坝线岩性相同
建坝条件	具备建坝地形、地质条件	具备建坝地形、地质条件	具备建坝地形、地质条件	3 个坝线均具备建坝地形、地质条件

3 条坝线坝基均为华力西期(γ_4^{2f})侵入岩(以辉长岩为主),正常蓄水位处河面宽差别不大,由上游往下游略有增宽。河床覆盖层的厚度差别不大,基岩强风化和弱风化岩体厚度差别不明显,坝基岩性一致。坝线Ⅰ左岸有小冲沟,左岸地形略低,左坝肩地形地质条件较差;坝线Ⅲ左岸山体稍单薄,右侧坝基岩体透水率偏大,17#坝段建基面以下约 90 m 岩体吕荣值为 5.1 Lu。总体看,3 条坝线属于同一地质单元,地质条件相近,均具备修建中、高混凝土重力坝的地质条件。相比较而言,坝线Ⅱ略优。

2.枢纽布置比较

在枢纽布置方面,3 条坝线布置基本相同,其优缺点主要体现在因主河床建基面高程不同、主河床宽度不同及左、右岸防渗帷幕处理规模不同,工程量有所差异。相比较而言,坝线Ⅱ充分利用了右岸河床凹岸布置电站厂房,使泄流建筑物和电站厂房布置相对较合理。坝线Ⅲ消力池末端距 f37 断层河床部位约 90 m,距下游交通桥约 270 m,对下游河道的冲刷较严重;且由于右岸坝基灌浆深度较深施工难度加大或需增设灌浆平洞。3 条坝线主要建筑物的工程特性见表 2。

表 2

序号	项目	数量		
		坝线Ⅰ	坝线Ⅱ	坝线Ⅲ
1	最大坝高	75.5	75.5	74
2	坝顶长度	383	372	379
3	建基面高程	956.5	956.5	958
4	坝基防渗最大深度	70	70	101

各坝线主要建筑物工程特性表　　　　　　　　　　　　　　单位:m

3.施工方面

在施工方面,各坝线施工导流方案相差不大,均采用河床分期导流方式,导流方案不存在制约性,各坝线导流工程量及投资相差不大,只有坝线Ⅲ河谷宽度较小,左岸河漫滩宽度也偏小,导致分期导流方案导流工程投资偏大。坝线Ⅰ导流工程投资为0.21亿元,坝线Ⅱ导流工程投资为0.2亿元,坝线Ⅲ导流工程投资为0.23亿元。

4.工程量与投资

在工程量与投资方面,3条坝线主要工程量及工程投资见表3。

表 3　　　　　　　　　　3条坝线主要工程量及可比工程投资对比表　　　　　　　　　　单位:亿元

序号	项目	数量		
		Ⅰ坝线	Ⅱ坝线	Ⅲ坝线
1	主体工程可比投资	4.97	4.80	4.92
2	导流工程	0.21	0.2	0.23
3	静态可比投资	5.18	5.00	5.15

注:因水库库区淹没基本相同,故投资比较中未加入库区淹没投资。

五、坝线比选结论

综合以上比较,3条坝线的比选结论如下:

(1)3条坝线属于同一地质单元,地质条件相近,均具备修建中、高混凝土重力坝的地质条件。从地形地质条件比较而言,坝线Ⅱ略优。

(2)3条坝线枢纽布置基本相同,坝线Ⅱ充分利用了右岸河床凹岸布置电站厂房,使泄流建筑物和电站厂房布置相对较合理,也充分利用了右岸滩地布置导流建筑物。

(3)3条坝线可比工程投资相差不大,坝线Ⅱ略优。

经以上综合比较,本阶段选定坝线Ⅱ为推荐坝轴线。

(作者单位:蒋小军　青河县水利管理总站

李时成　阿勒泰地区 SETH 水库管理处

谢绍红　阿勒泰地区额尔齐斯河北屯灌区水利工程管理处)

SETH 水利枢纽碾压混凝土重力坝设计

王 立 成

一、工程概述

SETH 水利枢纽工程任务为工业供水和防洪,兼顾灌溉和发电,水库总库容 2.94 亿 m³,多年平均供水量 2.631 亿 m³,设计水平年改善灌溉面积 27.61 万亩,电站装机 27.6 MW。工程建成后,可使下游沿线乡镇防洪标准的洪水重现期由 10 年提高到 20 年,县城防洪标准由 20 年提高到 30 年。

工程等别为 Ⅱ 等,工程规模为大(2)型。拦河坝(含挡水坝段、表孔和底孔坝段、放水兼发电引水坝段等)为 2 级建筑物,坝后工业和生态放水管、过鱼建筑物为 3 级建筑物;其他次要建筑物包括管理用房等为 3 级建筑物;电站厂房为 3 级建筑物。

大坝设计洪水重现期为 100 年一遇,校核洪水重现期为 1 000 年一遇;泄水建筑物消能防冲设计洪水标准取 50 年一遇。水电站厂房为 3 级建筑物,设计洪水标准取 50 年一遇,校核洪水标准取 200 年一遇。

本工程主要建筑物的地震设计烈度采用工程区地震基本烈度即Ⅷ度设计。

二、水文及地质等自然条件

坝址区多年平均气温 3.6 ℃,极端最高气温 40.9 ℃,极端最低气温-42.0 ℃。多年平均蒸发量为 1 571.8 mm;历年最大风速 17.3 m/s,最大冻土深度 239 cm。

坝基主要为辉长岩侵入体,岩性单一,表部岩体稍破碎,下部岩体大部较完整。坝基外侧地层为石炭系中统巴塔马依内山组玄武岩、凝灰岩及砂组成,局部夹泥质粉砂岩、凝灰质砂岩,岩体中结构面发育,岩体破碎,质量较差。地表第四系地层有冲积层、冲洪积层及坡洪积物,分布于沟谷,厚度不大,多小于 5m。凝灰岩、砾岩层理产状左岸为 NW302° ~ 330°NE ∠56° ~ 72°;右岸为 NE30° ~ 83°NW ∠23° ~ 44°。岩体中局部有断层较发育,除 F29 是区域性断层外,其它均为小断层,规模不大。岩体中裂隙发育,地表多张开,在新鲜岩体内多呈微张开-闭合状态。物理地质现象主要为岩体风化、卸荷和崩塌等。

地下水主要有孔隙潜水和裂隙潜水。河水对普通混凝土无腐蚀性,对钢结构具弱腐蚀性,左岸下游石炭系基岩中出露的泉水对普通混凝土具硫酸盐型弱腐蚀、一般酸性型弱腐蚀、对混凝土结构中钢筋具弱腐蚀、对钢结构具弱腐蚀。

三、枢纽布置

枢纽主要挡水建筑物为碾压混凝土重力坝,从左至右依次布置左岸挡水坝段、底孔坝段、溢流表孔坝段、引水发电坝段及右岸挡水坝段。其中电站进水口与河床挡水坝段相结合,采用坝后式电站厂房。枢纽导流方式采用左岸河床分期导流方式。

四、碾压混凝土重力坝设计

(一)碾压混凝土重力坝布置

拦河坝坝型为碾压混凝土重力坝,最大坝高75.5 m,坝顶高程为1 032.0 m。从左岸至右岸布置1#~21#坝段,坝顶总长372.0 m。左岸1#~9#和右岸15#~21#坝段为非溢流挡水坝段。

表孔孔口尺寸为单孔10.0 m×11.464 m采用WES实用堰,堰顶高程为1 019.0 m;底孔主要承担机组停机时下泄工业和灌溉供水、与表孔联合承担下泄汛期洪水以及水库放空任务。型式为有压坝体泄水孔,孔口尺寸为3.0 m×5.6 m,进口底坎高程为976.0 m。校核洪水位1 029.24 m下,表底孔联合泄流1 320 m³/s。

放水兼发电引水坝段采用有压坝式进水口,进口底高程979 m,后接管径4.5 m的压力钢管。由进口段、拦污栅、分层取水叠梁门、检修闸门及渐变段组成,均为钢筋混凝土结构。

(二)坝体结构设计

1.坝体断面设计

坝体的基本剖面为三角形,顶点在坝顶。坝体上游坝面高程986.0 m以上铅直,以下坡比1:0.15;下游坝面高程1 018.0 m以上铅直,以下坡比1:0.75。坝体建基面最低高程956.5 m,最大坝高75.5 m。

2.坝体廊道设计

坝体设置灌浆及主排水廊道和两排基础排水廊道,并间隔设有横向基础排水廊道、扬压力观测廊道。灌浆及主排水廊道断面形式为城门洞型,尺寸3 m×3.5 m。基础排水廊道、横向基础排水廊道、扬压力观测廊道的断面尺寸均为2 m×3 m,帷幕灌浆中心线距离廊道上游侧内墙1.0 m,坝基主排水孔距离主帷幕线2.4 m。

3.坝体防渗设计

大坝上游面死水位986.0 m以上分别采用0.5 m变态混凝土和2.5 m二级配富胶凝碾压混凝土($C_{90}20W_6F_{300}$)、死水位高程986.0 m以下采用0.5 m变态混凝土和2.5 m厚二级配富胶凝碾压混凝土($C_{90}20W_6F_{100}$);下游坝面采用0.5 m变态混凝土和2.0 m厚的二级配富胶凝碾压混凝土($C_{90}20W_4F_{200}$)。坝基斜坡部位、孔洞及廊道周围0.8 m范围采用三级配变态碾压混凝土($C_{90}20W_6F_{50}$)。根据越冬层面具体高程,在坝体上游面涂抹1 mm厚高分子聚脲涂层防渗。

4.坝体排水设计

枢纽排水系统由排水廊道和排水孔组成。坝基排水孔由转孔形成,孔径150 mm,间距3.0 m。坝体排水孔由竖向和水平向排水孔组成,竖向排水孔孔径4.0 m,水平向排水孔孔径5.0 m,孔径均为150 mm。

5.坝体分缝设计

根据建筑物布置、结构、施工浇筑条件及混凝土温度控制仿真计算等因素,考虑本工程所处恶劣环境,全坝段横缝间距控制在20 m以内,其中左岸1#~9#非溢流坝段及右岸15#~21#宽度18 m;10#底孔坝段为16 m,11#表孔溢流坝段为18 m,12#隔墩坝段为15 m,13#放水兼发电引水坝段为18 m,14#门库坝段17 m,坝体不设纵缝。

6.坝体混凝土分区设计

坝址区属于严寒地区,多年平均气温3.6 ℃,极端最低气温−42 ℃,根据地质资料、气象资料及混凝土耐久性要求,在分析各坝段工作条件、应力等设计成果及构造要求的基础上,根据规范规定,坝体混凝土应满足强度、抗渗、抗冻、抗侵蚀、抗冲刷、低热等性能方面的要求,同时考虑碾压混凝土坝材料分区力求简单的特点,具体见表1。

表1　　　　　　　　　　　　　坝体混凝土标号分区表

部位	混凝土类别	级配	指标
大坝内部	碾压混凝土	三级配	$C_{90}15W_4F_{50}$、$C_{90}20W_4F_{50}$
廊道周围、坝基斜坡段	变态混凝土	三级配	$C_{90}20W_6F_{50}$
边墩及不便碾压部位	常态混凝土	三级配	$C_{28}25W_6F_{300}$
坝顶部位	常态混凝土	三级配	$C_{28}20W_6F_{300}$
溢流面、消力池底板上部	常态抗冲磨混凝土	二级配	$C_{28}40W_6F_{300}$
上游防渗层	变态混凝土 富胶凝碾压混凝土	二级配 二级配	$C_{90}20W_6F_{300}$ $C_{90}20W_6F_{100}$
下游坝面	变态混凝土 富胶凝碾压混凝土	二级配 二级配	$C_{90}20W_4F_{200}$
基础垫层	常态混凝土	三级配	$C_{28}20W_6F_{50}$

7.坝体材料设计

(1)骨料:采用辉长岩加工的人工骨料。

(2)水泥:基础垫层混凝土采用42.5级普通硅酸盐水泥,比表面积310~360 m²/kg,MgO的含量达到3.1%。

(3)粉煤灰:选用Ⅰ级粉煤灰。

(4)外加剂:JB-Ⅱ型聚羧酸高性能减水剂和AE引气剂。

8.基础处理设计

1)固结灌浆

全坝基范围内做固结灌浆,分为3个灌浆区:Ⅰ区孔深5 m、Ⅱ区孔深7 m和Ⅲ区孔深12 m。基础灌浆布孔范围超出基础轮廓3~6 m,间排距均为3 m。考虑到地下水对普通水泥具硫酸盐型弱腐蚀、一般酸性型弱腐蚀,灌浆用水泥灰浆采用抗硫酸盐水泥。灌浆采用3 m厚混凝土有盖重灌浆,并在相应部位混凝土强度达到设计强度的75%后进行。灌浆方式采用孔口封闭孔内循环灌浆法,灌浆水灰比采用2:1、1:1、0.5:1三个比级。

2)帷幕灌浆

河床防渗帷幕深约60 m,两岸风化岩体厚度较大,岩体渗透性稍强,防渗帷幕进入弱风化岩体底部,左右坝肩防渗帷幕应适当延长,以减少绕坝渗漏量。

上游帷幕深度控制在岩层透水率不超过3 Lu,坝基部位主帷幕深度约为60 m以上。右岸坝肩处延伸入右岸100 m,使帷幕延伸至相对隔水层。

坝体左岸距离坝肩360 m有一垭口,垭口底高程1 031.00 m,垭口部位20~25 m以下岩体透水率5.0~10 Lu,属弱-中等透水性,为防止库水渗漏,设置左岸灌浆帷幕,帷幕延伸长度720 m。控制标准为透水率不超过5 Lu。帷幕平均深度为30 m。

主帷幕设在上游侧并向上游倾斜5°~10°,帷幕孔距1.5 m,帷幕设在坝体灌浆及主排水廊道和两岸岸坡上,帷幕按三序孔布置。考虑到地下水对普通水泥具硫酸盐型弱腐蚀、一般酸性型弱腐蚀,灌浆用水泥灰浆采用抗硫酸盐水泥。

五、坝体温控设计

(一)温控标准

(1)碾压混凝土的基础容许温差见表 2。

表 2　　　　　　　　　　　　　　碾压混凝土的基础容许温差

距离基础面高度 h(m)	浇筑块长边长度 L(m)		
	30 m 以下	30~40 m	40 m 至通仓
(0~0.2)L(强约束区)	22 ℃	18 ℃	16 ℃
(0.2~0.4)L(弱约束区)	25 ℃	22 ℃	19 ℃

(2)上下层温差 $\Delta T \leq 15$ ℃。

(3)内外温差 $\Delta T \leq 20$ ℃。

(4)坝体混凝土允许出现最高温度见表 3。

表 3　　　　　　　　　　　　　　坝体混凝土允许出现最高温度

月份		4	5	6	7	8	9	10
碾压混凝土允许出现最高温度(℃)	1 区	21	28	33	35	33	27	20
	2 区	27	33	36	37	36	33	25
	3 区	28.5	35	37	38	37	34.5	26.5

(5)坝体混凝土各月浇筑温度见表 4。

表 4　　　　　　　　　　　　　　混凝土各月浇筑温度

月份		4	5	6	7	8	9	10
月平均气温(℃)		5	12.5	17.4	18.8	17	11	2.7
月浇筑温度(℃)	1 区	自然入仓	自然入仓	15	16	15	自然入仓	自然入仓
	2 区	自然入仓	自然入仓	自然入仓	自然入仓	自然入仓	自然入仓	自然入仓
	3 区	自然入仓	自然入仓	自然入仓	自然入仓	自然入仓	自然入仓	自然入仓
冷却水温度(℃)	1 区	—	—	河水	河水	河水	—	—
	2 区	—	—	河水	河水	河水	—	—
	3 区	—	—	—	—	—	—	—

(二)主要温控措施

(1)优化混凝土配合比设计,在保证混凝土设计指标的前提下,增加掺合料掺量;高温季节施工,采用高效缓凝减水剂,延长混凝土初凝时间。

(2)混凝土生产和运输过程中应采取措施,降低骨料温度,如:控制混凝土骨料的含水率小于 6%,对成品料仓设置凉棚,成品料仓堆料高度要求不低于 8 m,保证取用底部骨料;高温季节采用骨料风冷,并通过制备冷却水进行混凝土拌合,尽可能使骨料温度不受日气温变化的影响;出料皮带及骨料罐要设置凉棚防雨防晒等。运输设备的辐射防护对降低运输途中的温度回升有重要作用,并且投入不大,可以大力实施,减少运输过程中混凝土温度回升。在汽车顶部设活动防晒、防雨篷布及保温设施,溜管上部设置防晒保温设施等。

(3)在温度较高的5—9月为减少太阳照射时的温度倒灌和减少 Vc 值的损失,应采取在仓面上人工喷雾的措施,用河水和高压风形成低温雾气,以改变仓内小环境,反射阳光,降低仓内气温,增加仓内湿度,从而保证碾压混凝土的预冷效果、利于层面间良好结合,并尽可能利用早、晚或者夜间气温较低的时段进行混凝土浇筑,尽量避免在白天高温时段浇筑混凝土;另外,碾压混凝土采用快速施工可以使层间混凝土达到良好的层面结合效果,同时又可以减少混凝土层面与外界的接触时间,从而减少外界与碾压混凝土的热量交换,更好地控制混凝土的浇筑温度,所以要求施工过程中快速入仓、快速平仓、快速碾压,碾压混凝土从加水拌和到碾压完成在 2 h 以内,并且碾压完后的混凝土面立即覆盖保温材料,直到摊铺上层混凝土。

(4)分区埋设冷却水管。冷却水管采用高密度聚乙烯塑料管,管径 ϕ32 mm,导热系数 $K \geqslant$ 1.67 kJ/(m·h·K),冷却水管长度控制在 300 m 左右,间排距 1.5 m×1.5 m。冷却水管上层混凝土碾压完成后 24 h 开始通河水冷却(高温季节采用 12°~15°制冷水),通水时间 18 d 左右。

(5)1—3 月以及 11—12 月坝体施工间歇期,对于上游坝面采用喷涂聚氨酯泡沫方式进行越冬保温,喷涂厚度 8 cm,下游坝面采用覆盖聚氨酯保温板 5 cm 的方式进行保温。对于混凝土顶面采用苫盖保温材料的方式进行越冬保温。

六、结　语

针对枢纽工程特点,通过广泛的研究,对采用何种有效的温控措施解决严寒地区碾压混凝土坝温控问题,本文给出了较好的解决办法,使得碾压混凝土坝设计达到了安全、可靠的目标,为今后严寒地区建设碾压混凝土重力坝提供了宝贵的经验。

(作者单位:中水北方勘测设计研究有限责任公司)

SETH 水利枢纽工程导流方案比选

蒋小健　马荣鑫　谢绍红

一、工程概况

SETH 水利枢纽工程位于新疆北部,工程任务为供水和防洪,兼顾灌溉和发电,并为加强流域水资源管理和水生态保护创造条件。工程主要由碾压混凝土重力坝(含挡水坝段、表孔和底孔坝段、放水兼发电引水坝段等)及消能防冲建筑物、坝后式电站厂房和升鱼机等组成。水库总库容 2.94 亿 m³,最大坝高 75.5 m,坝顶高程 1 032.00 m,坝基最低高程 956.50 m,坝顶长度 372 m,共分成 21 个坝段,主河床布置泄水坝段,左、右岸布置非溢流坝段。坝后式电站厂房共装机 3 台,总容量 27.6 MW,其中包括 2 台 12.0 MW 大机组和 1 台 3.6 MW 小机组。工程建成后,可使下游沿线乡镇防洪标准的洪水重现期由 10 年提高到 20 年,县城防洪标准由 20 年提高到 30 年。

工程为 Ⅱ 等工程,工程规模为大(2)型。拦河坝(含挡水坝段、表孔和底孔坝段、放水兼发电引水坝段等)及消能防冲建筑物为 2 级建筑物,升鱼机和电站厂房为 3 级建筑物,导流建筑物级别为 4 级。

二、设计条件

(一)工程地质

坝址区位于剥蚀低山区,地面高程为 990~1 150 m,最大高差约为 110 m。河谷呈不对称"U"形谷,河流在坝址上游由近东西向转为近南北向,在坝址上游左岸形成凸岸,右岸形成凹岸。坝基主要为辉长岩侵入体,岩性单一,表部岩体稍破碎,下部岩体大部分较完整。坝基外侧地层为石炭系中统巴塔马依内山组玄武岩、凝灰岩及砂组成,局部夹泥质粉砂岩、凝灰质砂岩,岩体中结构面发育,岩体破碎,质量较差。地表第四系地层有冲积层、冲洪积层及坡洪积物,分布于沟谷,厚度不大,多小于 5 m。坝基辉长岩属坚硬岩,强风化岩体多为Ⅳ类岩体,弱风化岩体多为Ⅲ类岩体,微风化–新鲜岩体多为Ⅱ类岩体,断层及结构面交汇带为Ⅴ类岩体。坝址河床及两岸覆盖层厚度不大,具备建坝的地形地质条件。

(二)水文气象

河流发源地山脉海拔不高,一般山峰高程为 3 500 m,但纬度高,雪线低,山区降水较多,达 300~500 mm。冬季漫长,积雪深厚,11 月—翌年 4 月的积雪及消融期的气温决定着年径流的大小。径流补给是以降水及季节积雪融水为主,且有少量的冰川融水和地下水补给。河流水量受气温影响,以冰雪融水为主,所以汛期河水来的突然,消失的早,融水集中,枯水期长,年内分配不均匀,以春夏季 5—7 月最集中,占全年径流量的 65%,个别年份 4 月和 8 月也有大洪水出现。根据施工要求,本阶段按 4 月、5—7 月、8 月、9 月—翌年 3 月 4 个分期计算分期设计洪水。分期设计洪峰流量成果见表 1。

表 1 分期设计洪峰流量成果表 单位:m³/s

分期	频率		
	5%	10%	20%
4 月	204	152	104
5—7 月	516	425	333
8 月	184	143	102
9 月—翌年 3 月	105	79	55

库区纬度高,气温低,少酷暑,多严寒,冬夏冷暖悬殊,年较差大。多年平均气温 1 ℃,极端最高气温 38.4 ℃,极端最低气温-47.7 ℃,变幅达 86.1 ℃,夏季 6—8 月平均气温在 18 ℃以上。历年最大风速 17.3 m/s,最大冻土深度 239 cm。

三、施工导流

(一)导流标准

导流建筑物采用土石结构,洪水标准为重现期 10~20 年;本工程坝体临时拦洪度汛设计洪水标准为 20~50 年。

(二)导流方式

坝址处河谷为不对称"U"型谷,谷底宽 150 m,主河槽宽 50 m,左、右岸台(滩)地各宽约 50 m。工程施工既可采用隧洞导流方案,亦可采用河床分期(底孔)导流方案。

在导流标准及导流流量相同的情况下,导流方案比选见表 2。

表 2 施工导流方式比选一览表

序号	项目	隧洞导流方案	河床分期导流方案
1	导流标准(a)	10	10
2	导流流量(m³/s)	425	425
3	导流泄水建筑物(1孔)	6.0 m×8.0 m(隧洞)	8.0 m×5.0 m(底孔)
4	施工总工期(月)	42	42
5	导流工程投资(万元)	5 841	2 441
	其中: 进口段	434	
	洞(孔)身	3 036	1 417
	洞(孔)下埋管	844	151
	上游围堰	478	439
	下游围堰	132	130
	堵头混凝土	230	
	封堵闸门等	364	304
	出口段	323	

注:导流隧洞洞身长 506.30 m,衬砌厚度 0.3~0.7 m,布置在河道左岸,后期需要封堵。

与隧洞导流相比,河床分期(底孔)导流为露天施工,导流工程投资较少且工期容易得到保证,故本工程采用河床分期(底孔)导流、左右岸基坑全年施工导流方式。导流泄水建筑物为坝体预留临时底孔,及其上游引渠和下游明渠。一期围封河床左侧,在高喷平台(高程973.00 m)围护下,修建左侧 8# 非溢流坝段预留的 8.0 m×5.0 m(宽×高)导流底孔及其上下游明渠,浇筑左岸 9# 非溢流坝段及其上下游导墙混凝土,此时上游河道来水由疏挖后的右侧河床下泄。

二期围封河床右侧,在大坝上、下游土石围堰及混凝土纵向导墙(含左岸 9# 非溢流坝段)围护下,修建右侧 10#~21# 挡水坝段、消能防冲建筑物及坝后式电站厂房等,此时上游河道来水由左侧 8# 非溢流坝段预留的导流底孔下泄。为方便施工,导流底孔断面确定为矩型;为满足冬季排冰的需要,拟定了 8.0 m×4.0 m 和 8.0 m×5.0 m 两个导流底孔尺寸。二期导流平面布置图(见图3)。不同洪水重现期及不同底孔尺寸情况下,导流底孔上游水位及下泄流量调洪计算结果见表3。

表3 导流底孔上游水位及下泄流量调洪计算表

序号	洪水标准(a)	洪水流量(m³/s)	导流底孔 8.0 m×4.0 m		导流底孔 8.0 m×5.0 m	
			水位(m)	泄量(m³/s)	水位(m)	泄量(m³/s)
1	10	425	983.31	384.47	981.32	401.28
2	20	516	986.95	453.57	983.81	472.30
3	50	636	991.87	532.70	987.75	566.63

导流底孔尺寸选择既要考虑结构受力,还要考虑排冰需要及围堰工程量和投资。由于底孔尺寸加大不增加坝体混凝土总量,故选定底孔尺寸为 8.0 m×5.0 m。

导流标准为10年一遇时,洪峰流量为 425 m³/s,导流底孔上游水位为 981.32 m,下泄流量为 401.28 m³/s;洪水标准为20年一遇时,洪峰流量为 516 m³/s,导流底孔上游水位为 983.81 m,下泄流量为 472.30 m³/s。

经计算,导流底孔上游设计水位相差 2.49 m,围堰规模相差较大,同时考虑混凝土坝具有基坑过水条件且损失较小,工程导流建筑物设计洪水标准采用下限,即10年一遇,相应洪峰流量为 425 m³/s。

度汛标准为20年一遇时,洪峰流量为 516 m³/s,导流底孔上游水位为 983.81 m,坝前拦洪库容550万 m³,下泄流量为 472.30 m³/s;度汛标准为50年一遇时,洪峰流量为 636 m³/s,导流底孔上游水位为 987.75 m,坝前拦洪库容 1 000 万 m³,下泄流量为 566.63 m³/s。

两个标准洪水位相差 3.94 m,差距不大。确定本工程坝体临时拦洪度汛设计洪水标准采用上限,即50年一遇,洪峰流量为 636 m³/s,相应水位为 987.75 m。

四、导流程序

工程施工导流程序如下:

阶段1:第1年4月1日—8月31日,预留岩坎(一期高喷平台)挡水、原河床过水,在第1年8月底前形成左岸导流底孔及上、下游导墙。

工程第1年度汛洪水标准为5年一遇,相应洪峰流量 333 m³/s。

阶段 2:第 1 年 9 月 15 日,河床截流,导流底孔过水;在第 1 年 10 月底前将围堰加高培厚至设计高程。

截流流量采用 9 月 5 年一遇月平均流量 $Q = 32.8$ m³/s。

阶段 3:第 1 年 11 月初—第 3 年 4 月底,上下游土石围堰及混凝土纵向导墙挡水,导流底孔过水;在此期间,开挖右岸基坑,浇筑左右岸坝体、泄水建筑物及电站厂房。

工程第 2 年度汛洪水标准为 10 年一遇,相应洪峰流量 425 m³/s。

阶段 4:第 3 年 5 月初—第 3 年 10 月底,坝体、下游土石围堰及下游导墙挡水度汛,导流底孔过水;在此期间,继续浇筑坝体及泄水建筑物,并进行电站机组安装。

工程第 3 年坝体临时度汛洪水标准为 50 年一遇,相应洪峰流量 636 m³/s。

阶段 5:第 3 年 11 月 1 日,导流底孔下闸,水库蓄水。第 4 年 4—5 月进行导流底孔及坝下预埋临时生态放水管封堵施工。

底孔下闸设计流量为 5 年一遇 11 月平均流量 13.9 m³/s。

阶段 6:第 4 年 6 月初,小机组带水调试;第 4 年 6 月底,小机组投产发电。

阶段 7:第 4 年 5 月初—7 月底,坝体挡水度汛,永久底孔和表孔过水;在此期间,继续进行坝体、鱼道混凝土浇筑以及电站第 2、3 台大机组安装、调试。

工程第 4 年度汛洪水标准为 50 年一遇,相应洪峰流量 636 m³/s。

五、导流建筑物设计

(一) 导流底孔设计

导流底孔断面为矩形,宽 8.0 m,高 5.0 m,长约 40.0 m,居中布设在左岸 8# 非溢流挡水坝段,其进口底高程为 971.00 m,出口底高程为 970.76 m,纵坡 5‰。

导流底孔上游引渠及下游泄水明渠底宽均为 18.0 m,上游引渠长 192.0 m,纵坡为 5‰,下游泄水明渠长 274.0 m,纵坡为 1.00%。上游引渠渠底坐落在基岩上,无衬砌;下游泄水明渠渠底虽然坐落在基岩上,但由于水流流速(为 13.25~17.95 m/s)较大,故而采用了 30 cm 厚 C25 混凝土衬砌。

(二) 围堰结构设计

导流挡水建筑物为上、下游横向土石围堰及纵向混凝土导墙。

1.堰顶高程的确定

1)上游土石围堰

上游围堰使用期限为 1 年,设计洪水标准为 10 年一遇,相应洪峰流量为 425 m³/s;导流底孔上游最高水位为 981.32 m,相应下泄流量为 401.28 m³/s。

围堰安全加高取 0.50 m,风浪爬高取 1.18 m,上游围堰堰顶高程为 983.00 m。

2)下游土石围堰

电站厂房及坝下消力池等在下游土石围堰保护下进行施工,其使用期限为 2 年,设计洪水标准采用 20 年一遇,洪峰流量为 516 m³/s。

导流底孔下泄流量为 472.30 m³/s,相应下游水位为 971.50 m,围堰安全超高取 0.50 m,风浪爬高取 0.50 m,其堰顶高程为 972.50 m。

3）混凝土纵向导墙

上游纵向导墙顶高程为983.00 m,下游纵向导墙顶高程为977.00~972.50 m。

2.堰基处理

围堰基础为砂砾石覆盖层,河床中心处厚度约5.0 m,其渗透系数为0.1~0.02 cm/s(即86.4~17.28 m/d),透水性很强。由于工程区防渗土料缺乏,而采用水泵强排则排水强度、排水量及排水费用(分别为1.92 m³/s、6 118万m³、3 059万元)均较大,故采用高喷墙来维持堰基渗透稳定并控制其渗流量。

高喷防渗墙需深入不透水岩层0.5 m。

3.围堰结构

上、下游横向围堰均为土石结构,上、下游纵向导墙均为碾压混凝土结构。

上游横向围堰最大堰高14.2 m,堰体防渗采用高喷防渗墙+土工膜,围堰上、下游坡比均为1∶2,堰顶宽10 m。下游围堰最大堰高5.3 m,堰体防渗采用高喷防渗墙,围堰上、下游坡比均为1∶2,顶宽6 m。

上游导墙最大高度16.0 m,顶宽3 m,上游铅直,下游坡比为1∶0.70。

下游导墙最大高度11.0 m,顶宽2 m,上游铅直,下游坡比为1∶0.70。

六、结　语

本文从导流标准、导流流量、导流泄水建筑物、施工总工期及导流工程投资等几个方面对施工导流设计方案进行比选,最终选定了河床分期导流方案。该工程已于2017年10月22日通过截流阶段验收,经工程运行实践检验,施工导流设计合理,导流标准确定准确,达到了安全度汛且节约投资、缩短工期的目的,可供同类工程借鉴。

(作者单位:蒋小健　马荣鑫　阿勒泰地区SETH水库管理处
谢绍红　阿勒泰地区额尔齐斯河北屯灌区水利工程管理处)

SETH 水利枢纽工程截流方案设计

谢绍红　蒋小健　朱金帅

一、工程概况

SETH 水利枢纽工程位于新疆北部,工程任务为供水和防洪,兼顾灌溉和发电,并为加强流域水资源管理和水生态保护创造条件。工程主要由碾压混凝土重力坝(含挡水坝段、表孔和底孔坝段、放水兼发电引水坝段等)及消能防冲建筑物、坝后式电站厂房和升鱼机等组成。水库总库容 2.94 亿 m³,最大坝高 75.5 m,坝顶高程 1 032.00 m,坝基最低高程 956.50 m,坝顶长度 372 m,共分成 21 个坝段,主河床布置泄流坝段,左、右岸布置非溢流坝段。坝后式电站厂房共装机 3 台,总容量 27.6 MW,其中包括 2 台 12.0 MW 大机组和 1 台 3.6 MW 小机组。工程建成后,可使下游沿线乡镇防洪标准的洪水重现期由 10 年提高到 20 年,县城防洪标准由 20 年提高到 30 年。

工程等级为 II 等工程,工程规模为大(2)型。拦河坝(含挡水坝段、表孔和底孔坝段、放水兼发电引水坝段等)及消能防冲建筑物为 2 级建筑物,升鱼机和电站厂房为 3 级建筑物,导流建筑物级别为 4 级。

二、水文气象条件

河流发源地山脉海拔不高,一般山峰高程为 3 500 m,但纬度高,雪线低,山区降水较多,达 300~500 mm。冬季漫长,积雪深厚,11 月—次年 4 月的积雪及消融期的气温决定着年径流的大小。径流补给是以降水及季节积雪融水为主,且有少量的冰川融水和地下水补给。河流水量受气温影响,以冰雪融水为主,所以汛期河水来的突然,消失的早,融水集中,枯水期长,年内分配不均匀,以春夏季 5—7 月最集中,占全年径流量的 65%,个别年份 4 月和 8 月也有大洪水出现。

库区纬度高,气温低,少酷暑,多严寒,冬夏冷暖悬殊,年较差大。多年平均气温 1 ℃,极端最高气温 38.4 ℃,极端最低气温 -47.7 ℃,变幅达 86.1 ℃,夏季 6—8 月平均气温在 18 ℃以上。历年最大风速 17.3 m/s,最大冻土深度 239 cm。

坝址处枯水期 10% 和 20% 各月平均流量见表 1。

表 1　　　　　　　　坝址处枯水期 10% 和 20% 各月平均流量　　　　　　单位:m³/s

频率(%)	1 月	2 月	3 月	4 月	8 月	9 月	10 月	11 月	12 月
$P=10$	6.9	5.8	9.6	45.6	71.9	39.0	25.0	15.7	8.4
$P=20$	5.7	5.0	8.0	30.7	53.4	32.8	21.3	13.9	7.9

坝址处设计洪水见表 2。

表2　　　　　　　　　　　　　坝址设计洪水成果表　　　　　　　　　　　单位:m³/s

项目	P(%)										
	0.02	0.05	0.1	0.2	0.5	1	2	3.33	5	10	20
洪峰流量	1 480	1 340	1 230	934	816	726	636	569	516	425	333

该流域洪水多发生在5—7月,个别年份4月、8月也有大洪水出现。

根据施工要求,按4月、5—7月、8月、9月—翌年3月4个分期计算分期设计洪水。

5—7月设计洪水采用年最大设计洪水成果,其他各期设计洪水利用1957—2014年附近水文站实测水文资料分析计算,不跨期选样。

坝址分期设计洪峰流量成果见表3。

表3　　　　　　　　　　　**坝址分期设计洪峰流量成果表**　　　　　　　　　单位:m³/s

分期	频率		
	5%	10%	20%
4月	204	152	104
5—7月	516	425	333
8月	184	143	102
9月—翌年3月	105	79	55

枢纽坝址坝址河段河谷呈"U"型,河床质为细砂和卵石。水库坝址及电站厂房断面处水位流量关系见表4。

表4　　　　　　　　**水库坝址及电站厂房断面水位流量关系表(河床原始断面)**

坝址			厂房		
序号	水位 H(m)	流量 Q(m³/s)	序号	水位 H(m)	流量 Q(m³/s)
1	968.3	0	1	967.4	0
2	969.0	20	2	967.5	2
3	969.5	59	3	968.0	8
4	970.0	115	4	968.5	35
5	970.5	185	5	969.0	77
6	971.0	270	6	969.5	134
7	971.5	370	7	970.0	204
8	972.0	483	8	970.5	289
9	972.5	611	9	971.0	389
10	973.0	753	10	971.5	487
11	973.5	910	11	972.0	606
12	974.0	1 079	12	972.5	752
13	974.5	1 257	13	973.0	920
14	975.0	1 452	14	973.5	1 117

三、截流方案设计

(一)截流泄水建筑物

1.8#坝段预留导流底孔及上游引渠和下游明渠

导流底孔断面为矩形,宽 8.0 m,高 5.0 m,长约 40.0 m,居中布设在左岸 8#非溢流挡水坝段,其进口底高程为 971.00 m,出口底高程为 970.76 m,纵坡 5‰。

导流底孔上游引渠及下游泄水明渠底宽均为 18.0 m,上游引渠长 192.0 m、纵坡为 5‰,下游泄水明渠长 274.0 m、纵坡为 1.00%。

导流底孔上游水位与下泄流量关系曲线计算如下:根据底孔泄流曲线,导流底孔流态从无压流经半有压流变为有压流。当底孔前水深小于 1.2 倍孔高时,按无压流公式计算;当底孔前水深大于 1.5 倍孔高时,按有压流公式计算。导流底孔上游水位—泄流量关系曲线见表 5。

表 5
导流底孔上游水位—泄流量关系表

上游水位(m)	971.00	972.00	973.00	974.00	975.00	976.00	977.00
泄流量(m^3/s)	0.00	12.79	36.19	66.48	102.30	143.00	188.00
上游水位(m)	978.00	979.00	980.00	981.00	982.00	983.00	984.00
泄流量(m^3/s)	263.63	321.44	358.08	391.30	421.91	450.45	477.29
上游水位(m)	985.00	986.00	987.00	988.00	989.00	990.00	991.00
泄流量(m^3/s)	502.69	526.88	549.99	572.18	593.54	614.15	634.10

2.导流底孔下部临时生态放水管

导流底孔下闸封堵选定在 2019 年 11 月初进行,封堵闸门及启闭设备需在 2019 年 10 月底前安装就位。导流底孔下闸设计流量采用 5 年一遇 11 月平均流量 13.9 m^3/s,底孔上游水位 972.10 m,闸前水深 1.10 m。导流底孔下闸后,按导流程序,应改由孔口底高程 976.00 m 的永久底孔泄水。

导流底孔下闸水位 972.10 m 与永久底孔孔口高程 976.00 m 高差为 3.90 m,相应库容约 100 万 m^3,因蓄水而导致的断流时间约为 20 h。为避免出现导流底孔下闸后大坝下游河道断流现象,满足河道基本生态要求,拟在导流底孔下闸后,采用临时生态放水管泄流。

生态基流按少水期(11 月—翌年 4 月)不少于 10%,即 3.33 m^3/s 下泄,采用 φ1.2 m 埋管,即可保证河道基本生态要求。当导流底孔下闸,库水位蓄至 976.80 m,永久底孔泄流能力达到 3.33 m^3/s 后,即可关闭坝下临时生态放水管阀门并进行封堵作业。

坝下 DN1 200 mm 临时生态放水管泄流能力见表 6。

表 6
坝下 DN1 200 mm 临时生态放水管泄流能力表

上游水位(m)	971.00	971.80	972.10	972.70	976.80	979.50	987.75
泄流量(m^3/s)	3.59	4.07	4.24	4.54	6.22	7.12	9.35

注:鉴于坝下 DN 1 200 mm 临时生态放水管泄流能力相对较小,施工导流时可忽略不计。

(二)截流时段选择及截流标准

1.截流时段选择及截流标准

该工程施工导流采用河床分期导流方式、左右岸基坑全年施工的施工方案,其施工总工期受大坝及电站厂房施工工期控制,共 42 个月。

为确保按期发电和施工总工期控制目标,在分流建筑物具备分流条件和对截流难度影响不大的情况下尽早截流,为坝体施工创造有利条件。

截流时段主要依据水文资料和施工进度要求确定。该河流一般从 9 月份以后进入枯水期,9 月上中旬开始处于退水阶段。由于工程施工进度有所滞后,工程截流日期已由原定的 2017 年 9 月 15 日推迟至 2017 年 10 月下旬(2017 年 10 月 22 日已实现截流)。截流流量采用 10 月 5 年一遇月平均流量 $Q = 21.3 \text{ m}^3/\text{s}$。

2.截流方式及截流戗堤布置

截流常用的方式有平堵和立堵 2 种,立堵法截流以准备工作简单、造价低,成为工程截流首选的方法。

针对本工程的地形、地质和施工设备条件,拟采用立堵的截流方式。

截流采取右岸单向进占抛投。

截流戗堤为围堰堰体组成部分,为了造成良好的分流条件,有利于围堰迅速闭气、平衡围堰的施工强度并进行基坑排水,将截流戗堤布置在上游围堰非防渗体的部位较为有利。

本工程将截流戗堤轴线布置在上游围堰轴线的下游侧(即采用下戗堤)。

截流戗堤设计断面为梯形,堤顶宽 10 m,可满足进占施工时 2~3 辆 15 t 以上自卸汽车同时抛投的要求。

堤顶高程 973.50 m,边坡参照国内外截流实例及截流材料的种类,上、下游边坡为 1:2.0,堤头边坡为 1:1.5。

(三)龙口布置

1.龙口位置及宽度

龙口的位置选在抗冲刷能力强的地段,以免河床产生过大的冲刷,引起戗堤塌方,龙口附近有较宽阔的场地堆放各种抛投料,并便于布置施工交通道路和回车场地。

本工程坝址处河谷谷底宽约 150 m,其主河槽宽 50 m,左岸台地及右岸滩地各宽 50 m。但由于左岸台地上布置了导流明渠,故截流时只能从右岸进占。

考虑截流材料来源,将龙口位置选在靠近左岸一期围堰位置,龙口宽度为 15.0 m。

2.龙口进占及分区

对于非龙口段,可用一般开挖的石渣进行预进占;对于龙口段,根据计算的龙口流速,确定抛投料的当量粒径,将截流不同龙口宽度进行分区规划,在计算的抛投物当量粒径的基础上,适当增大抛投物的当量粒径,确保截流顺利实施。

(四)龙口水力特征

1.泄流能力计算

截流时的分流建筑物为左岸导流底孔,通过截流设计流量时的水流流态为明流,龙口合龙过程中的河道流量(截流设计流量)Q 在不计上游河槽中的调蓄流量和戗堤渗透流量时可分为两部分,计算公式:

$$Q = Q_L + Q_d$$

式中 Q_L——龙口流量,m³/s;

Q_d——分流建筑物(左岸导流底孔)中通过的流量,m³/s。

1)龙口泄流能力计算

龙口泄流能力按堰流计算,计算公式:

$$Q_L = m \times \overline{B} \times \sqrt{2 \times g} \times H_0^{1.5}$$

式中 $\overline{B}$——龙口平均过水宽度,m³/s;

H_0——龙口上游水头,m³/s;

m——流量系数。

2)分流建筑物泄水能力计算

左岸导流底孔在设计分流流量下为陡坡底孔,出口为非淹没出流。

$$Q = m\sigma_s b \sqrt{2g} H_0^{3/2}$$

式中 Q——下泄流量,m³/s;

H_0——上游水面与底孔出口底板高程差 H 及上游行进流速水头之和,$H_0 \approx H$,m;

m——流量系数;

σ_s——淹没系数;

b——底孔过水断面宽度,m。

2.龙口平均流速计算

以戗堤轴线断面作为计算断面,龙口泄流为自由出流,取临界水深为戗堤轴线断面处的水深,计算相应的过水断面面积,即可求出相应泄流量下龙口平均流速。龙口平均流速计算公式:

$$v = \frac{Q_L}{A_K}$$

式中 v——龙口平均流速,m/s;

Q_L——龙口泄流量,m³/s;

A_k——一定泄量下龙口的临界水深对应的过水面积,m²。

(五)截流材料

1.截流材料尺寸计算

根据截流水力计算可得到合龙过程中不同龙口宽度的水力指标,对龙口进行分区,各区段抛投物块径按该区可能出现的最不利水力条件计算。

1)块石粒径计算

在截流过程中,不同的龙口宽度有对应的龙口流量和对应的流速,截流时抛投不同粒径的块石有不同的稳定流速,根据龙口流速,计算在该流速下块石能够稳定的当量粒径。块石的稳定当量粒径采用伊兹巴什公式计算:

$$D = \frac{r \times v^2}{2 \times g \times (r_W - r) \times K^2}$$

式中 D——块石折算为球体的直径,m;

v——作用于块石的流速,取戗堤轴线断面龙口平均流速,m/s;

r_W——块石容重,取 $r_W = 2.5$ t/m³;

r——水的容重,取 $r = 1$ t/m³;

K——综合稳定系数,当块石抛在光滑平底河床上,或位于三角形抛石堰顶石,取 $K =$

0.9,当抛石位于粗糙河床或同种材料基础上时,取 $K=1.2$。

经计算最大流速出现在接近三角区时,流速为 4.11 m^3/s,最大粒径 0.78 m。

2)单宽功率计算

根据龙口的单宽流量及落差,利用功率计算公式计算龙口的单宽功率,作为衡量截流难度的指标。龙口的单宽功率计算公式如下:

$$N = r \times q \times z$$

式中　r——水的容重,取 $r=1$ t/m^3;

　　　q——龙口单宽流量;

　　　z——龙口落差,m。

2.截流水力计算成果

施工截流时间选在 2017 年 10 月下旬,流量采用 5 年一遇月平均流量($Q=21.3$ m^3/s),采用立堵方式。

根据导流底孔上游水位—流量关系曲线,查得截流水位为 972.50 m,考虑 1.00 m 超高,截流戗堤顶高程为 973.50 m。

截流戗堤轴线全长约 50 m,最大高度 5 m,戗堤顶宽按能同时并列通过 2~3 辆自卸汽车考虑,定为 10 m,上、下游边坡为 1:2.0,堤头边坡为 1:1.5。

龙口位于河床中部,靠近左岸一期围堰位置。右岸预进占段长 25 m,龙口段长 25 m,截流进占共分 8 区进行。

3.截流材料用量

随着立堵龙口宽度的缩窄,龙口流量和导流底孔的分流量随时间而变化。

根据截流水力计算可得到合龙过程中不同龙口宽度的水力指标,对龙口进行分区,各区段抛投物块径按该区可能出现的最不利水力条件计算。

对于非龙口段截流材料可用一般开挖的石碴进行预进占,对于龙口段截流材料可根据计算的龙口流速,确定抛投料的当量粒径,将截流不同龙口宽度进行分区规划,在计算的抛投物当量粒径的基础上,适当增大抛投物的当量粒径,确保截流顺利实施。

根据工程经验,在施工过程中为抵御截流前大流量对戗堤头部的冲刷,预进占裹头应以大块石和铅丝笼防护,戗堤进占过程中常形成上游挑角,这样可在上游挑角形成绕流流态,使龙口下游侧形成低流速区,减小大流量对戗堤头部的冲刷,易使较小块体稳定。

实际上,每个区段通常也不是只用一种粒径的材料,所以施工中可参照其它工程施工经验确定不同粒径材料的比例,且截流材料考虑一部分备用量和流失量。

SETH 水利枢纽工程施工截流材料用量见表 7。

表 7　　　　　　　　　　　　　　　截流戗堤工程量表

序号	项目	数量	说明
1	铅丝笼护岸(护底)(m^3)	220	左侧
2	混凝土四面体(个)	20	2.5 t/个
3	铅丝笼块石(m^3)	630	
4	大块石(m^3)	550	粒径 40~80 cm
5	中、小石(m^3)	850	粒径 10~40 cm
6	开挖料填筑(m^3)	4 210	

六、结　语

　　该工程已于 2017 年 10 月 22 日通过截流阶段验收并实现截流,经工程运行实践检验,施工截流设计合理,导截流标准确定准确,达到了安全截流且节约投资、缩短工期的目的,可供同类工程借鉴。

(作者单位:谢绍红　阿勒泰地区额尔齐斯河北屯灌区水利工程管理处

蒋小健　朱金帅　阿勒泰地区 SETH 水库管理处)

SETH 水利枢纽工程大坝导流底孔结构分析

周志博　　刘　婧

一、工程概述

SETH 水利枢纽工程任务为工业供水和防洪,兼顾灌溉和发电,水库总库容 2.94 亿 m³,多年平均供水量 2.631 亿 m³,设计水平年改善灌溉面积 27.61 万亩,电站装机 27.6 MW。工程建成后,可使下游沿线乡镇防洪标准的洪水重现期由 10 年提高到 20 年,县城防洪标准由 20 年提高到 30 年。

坝体采用分期导流方式,在 8# 坝段设置导流底孔,底孔尺寸为 8 m×5 m 宽扁型式。具体如图 1 所示。

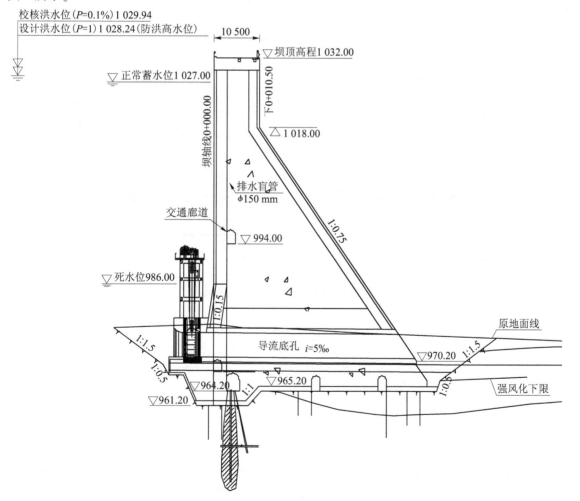

图 1　坝体断面图(高程单位:m)

二、计算边界条件

（一）程序及原理

采用国际通用大型结构计算软件《ANSYS》（公司软件目录通用002）进行坝体整体三维有限元计算分析。计算单元采用八结点三维实体单元计算。

（二）计算模型、单元剖分

假定模型沿坝体上下游方向为 x 方向，顺水流向为正方向；平行坝轴线方向为 z 方向，指向右岸为正方向；铅垂方向为 y 方向，垂直向上为正方向。坝段计算模型如图2所示。模型建立暂且不考虑坝基的影响，同时由于此工况属于临时运用，故在进行应力分析模拟时，不考虑坝基扬压力及地震荷载影响，坝基础面各点采用全约束进行限制，各工况组合情况下荷载组合见表1。在计算参数中，混凝土采用C20，静弹性模量采用 25.5 GPa，泊松比为 0.167，容重 25 kN/m³，重力加速度 $g = 9.81$ m/s²。

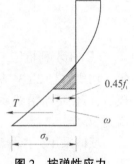

图2　按弹性应力图形配筋

表1　　　　　　　　　　　　　计算工况

荷载组合	工况	相应水位(m)		荷载			说明
		上游	下游	①	②	③	
基本组合	1	1 027	970	√	√	√	下闸挡水
	2	1 027	970	√	√	√	闸门开启导流

注：各荷载定义如下：①自重；②静水压力；③导流底孔泄水时内水压力。

（三）应力计算结果

8#坝段导流底孔附近坝体在各计算工况下的所受应力情况计算结果见表2。

表2　　　　　　　　　　各计算工况下导流底孔应力情况表　　　　　　　　　单位：MPa

工况	应力	最大应力	最大应力部位	工况	应力	最大应力	最大应力部位
工况1	-0.64~1.77	1.77	最大拉应力位于导流底孔进口闸室门槽位置	工况1	-4.59~0.13	4.59	最大压应力位于导流底孔进口闸室门槽位置
工况2	-0.55~2.4	2.4	最大拉应力位于坝踵基础底角部位	工况2	-2.43~0.14	2.43	最大压应力位于坝基面齿槽部位

注：应力以拉应力为正，压应力为负。

三、配筋计算

根据坝体导流底孔周边应力计算结果，根据《水工混凝土结构设计规范》（SL 191—2008），按照应力分布对孔口周边进行应力计算，依据非杆件体系钢筋混凝土结构配筋计算原则中的按弹性应力图形配筋法进行配筋计算，根据有限元应力计算结果选配钢筋，如图2所示。

$$A_s \geq \frac{KT}{f_y}$$

式中 K——承载力安全系数；

   f_y——钢筋抗拉强度设计值；

   T——由钢筋承担的拉力设计值，N，$T = \omega b$；ω 为截面主拉应力在配筋方向投影的总面积扣除其中拉应力值小于 $0.45f_t$ 后的图形面积，N/mm，但扣除部分的面积（如图中的阴影部分所示）不宜超过总面积的 30%，此处，f_t 为混凝土轴心抗拉强度设计值，MPa；b 为结构截面宽度，mm。

根据两种工况下底孔附近应力分布图可知，导流底孔附近应力状态由导流底孔泄流满水状态进行控制，此时根据导流底孔顶部应力分布，取单宽 1 m 计算得到总拉力大小 $T = 2\,195$ kN，安全系数 $K = 1.15$，钢筋采用三级钢筋，$f_y = 300$ MPa，根据公式计算得到 $A_s \geq 8\,203$ mm^2，实际选用 3 层 28@150，$A_s = 12\,930$ mm^2。

根据《水工混凝土结构设计规范》（SL 191—2008）非杆件体系混凝土结构的裂缝宽度控制，可按照下列方法进行计算，控制受拉钢筋的应力，一般情况下，按荷载标准值计算得受拉钢筋的应力 $\sigma_{sk} \leq \sigma_s f_{yk}$，受拉钢筋分层配置时，计算出的受拉钢筋应力 σ_{sk} 不宜大于 240 MPa，式中 σ_{sk} 为按照荷载标准值计算得出的受拉钢筋应力，MPa，当弹性应力图形接近线性分布时，可换算为截面内力，$\sigma_{sk} = \dfrac{N_K}{A_s}$，$\sigma_s$ 为考虑环境影响和荷载长期作用的综合影响系数，$a_s = 0.5 \sim 0.7$，对一类环境取大值，对四类环境取小值；f_{yk} 为钢筋的抗拉强度标准值，MPa，三级钢筋取 400 MPa。根据计算 $\sigma_{sk} = 170$ MPa，$\sigma_s = 0.55$，$f_{yk} = 400$ MPa，$\sigma_s f_{yk} = 220$ MPa，$\sigma_{sk} < \sigma_s f_{yk}$，满足裂缝控制要求。

由于导流底孔出口顶部部位应力相对较为集中，所以在距导流底孔出口顶部 3.5 m 范围内增加一层钢筋，导流底孔两侧及底板按照构造要求选配钢筋，最终底板及两侧边墙选配钢筋单层 28@200，孔口顶部底部角部设置加强钢筋选用 28@200，分布钢筋采用 25@200。

四、结　语

通过对导流底孔坝段的整体有限元计算分析，较好地反应了导流底孔的实际受力情况，得出了导流底孔在控制工况下应力分布、应力大小以及变形情况，并进行了配筋设计。保证了工程的设计质量，为施工图设计提供了有力依据。

（作者单位：周志博 中水北方勘测设计研究有限责任公司

刘婧 天津市水利勘测设计院）

SETH 水利枢纽泄水建筑物设计

赵 琳 刘悦琳

一、工程概况

SETH 水利枢纽工程是一座具有多年调节能力的水库。本枢纽为Ⅱ等大(2)型工程,工程任务以供水和防洪为主,兼顾灌溉和发电,并为加强流域水资源管理和水生态保护创造条件。水库总库容 2.94 亿 m³,防洪库容 0.21 亿 m³,工程建成后,可使下游沿线乡镇防洪标准由 10 年提高到 20 年,县城防洪标准由 20 年提高到 30 年。枢纽拦河坝为碾压混凝土重力坝,最大坝高 75.5 m,坝体需布置引水、门库、电梯井等功能坝段,泄水建筑物亦布置于坝体,电站厂房为坝后式。

二、泄水建筑物布置及选型研究

一般而言,泄水建筑物服务于主体工程,满足工程开发任务,适应水文及地形地质等条件,确保工程安全发挥功效。本工程泄水建筑物的布置及型式选择需考虑水库供水和防洪任务的调度运行,地形地质限制条件以及枢纽整体布置的协调。

(一)水库供水及防洪调度运行方式

水库来水量首先满足生态基流要求,其次是满足流域生活和工业用水要求,最后是农业灌溉和河谷林生态用水,当出现枯水年时,首先破坏的是河谷林生态用水,其次是农业灌溉用水。在水库死水位 986.0 m 时(枯水时段),需要向下游提供工业及农业用水,水量约 55 m³/s。

水库防洪调度在 30 年一遇洪水标准以下均需要控制泄流量。当库水到达 20 年一遇防洪高水位之前,控制下泄流量为 20 年一遇水库安全控泄量 395 m³/s;若库水位继续升高,则控制下泄流量为水库 30 年一遇控泄流量 479 m³/s,直至达到水库 30 年一遇防洪高水位;在水库水位达到 30 年一遇防洪高水位时,若入库流量小于库水位最大泄量,则控制出库流量不大于入库流量以避免形成人造洪峰,反之水库敞泄;工程泥沙含量较少,考虑生态防水一般下放表层水的要求,本工程 30 年一遇洪水以下需高位通道泄上层水。

(二)地形地质条件

枢纽坝址处松散堆积物厚度不大,易于处理,坝址岸坡整体稳定,坝基岩体以弱透水为主,岩体渗透稳定性好。坝址处主河槽宽度较小,偏向右岸,左岸为滩地,坡度较为平缓,地形相对开阔,右岸为凹岸,水流通道不够顺直。坝址左岸有单薄山体,可作为溢洪道天然垭口,垭口处表层为厚度 0.3~4 m 的坡洪积含土碎石,岩体中断层及结构面发育,抗冲性能差,岩体透水性较强。

(三)枢纽布置整体协调

枢纽中的永久建筑物包括拦河坝、泄水建筑物、引水建筑物、电站厂房以及过鱼建筑物。对于以重力坝为拦河坝的枢纽,往往发挥重力坝结构优势,将枢纽功能集中于坝体实现。本工程采用坝后式厂房,引水建筑物置于坝身,其后尾水渠不宜偏离主河床,过鱼建筑物一般与尾水渠同侧。因主河床宽度较窄,如泄水建筑物布置于坝身,需充分考虑其与引水建筑物在主河床中的位置关系。

(四)泄水建筑物型式及布置方案确定

从地形地质条件方面考虑,虽然有天然垭口可布置坝外溢洪道,但单独修建溢洪道作为泄洪通道不仅增加土石方开挖量,且增加钢筋混凝土投资,经济性差,泄水建筑物布置方案以坝内布置为宜。坝内布置泄水建筑物,需协调其与引水坝段的位置,右岸为凹岸,水库泄水水流不平顺,且电站出线在右岸,如将电站布置于左岸,出线不便,整体考虑,泄水建筑物布置于主河床靠左岸位置。根据规划 30 年一遇以下洪水通过高位通道泄水的要求,宜布置溢流表孔,且表孔具有较好的超泄能力,是重力坝设计泄洪方式的首选。坝址区地震烈度为Ⅷ度,需考虑必要情况下的水库降低水位和放空运行,同时考虑死水位 986.0 m 时需要为下游提供工业及农业用水,坝体布置底孔是必要的。通过调洪计算,表孔和底孔联合泄洪,初拟布置 1 孔 10 m 净宽的表孔和 1 孔 3 m 净宽的底孔可满足泄洪和供水要求。考虑泄水坝段与引水坝段之间的隔墩坝段布置表孔门库,为运行管理方便,表孔布置于右侧,底孔布置于左侧。

三、底孔结构型式设计

因枯水期供水任务及水库降低水位和放空要求,底孔进水口高程控制水位为死水位 986.0 m,该水位下下泄流量需大于 55 m³/s。对于碾压混凝土重力坝,坝体孔洞规模不宜过大,拟定底孔进水口尺寸为 3 m×4 m,在死水位下计算的最小淹没深度为 4.26 m,底孔进水口底高程取为 976.0 m。避免坝内开空腔放置启闭设施,底孔采用有压坝体泄水孔型式,闸门布置于坝体下游侧出口处,采用弧形闸门,进口处设平板事故检修闸门。结合底流消能方式,底孔有压段为降高程趋势,检修闸门以抛物线段接斜坡段连接到出口弧门处,为消除出口处的负压,顶部采用全程压坡。检修门与工作门之间的洞段采用全断面钢板衬护,以降低坝体渗透压力,减少渗透量。出口后底孔宽度由扩散以降低单宽流量,与消力池底连接处采用圆弧曲线。底孔设计泄量 329.7 m³/s,校核泄量 334.8 m³/s。底孔典型剖面如图 1 所示。

四、表孔结构型式设计

表孔为开敞式溢流孔,承担主要泄洪任务,选择流量系数较大运用较为广泛的 WES 实用堰堰型,堰顶高程为 1 019.0 m,堰顶上游曲线采用 1/4 椭圆曲线,方程为 $x^2/2.782+y^2/1.572=1$。为便于闸门布置,堰顶设 0.716 m 水平直线段,下游是 WES 幂曲线,方程为 $y=0.075\,5x^{1.85}$,下游坝面同坝体整体坡度,为 1:0.75,斜坡末端通过半径为 20.0 m 的反弧段与消力池底板相切连接。表孔设平板检修闸门及弧形工作闸门,弧形工作门便于控制泄量。表孔设计泄量 550.4 m³/s,校核泄量 721.4 m³/s。表孔典型断面如图 2 所示。

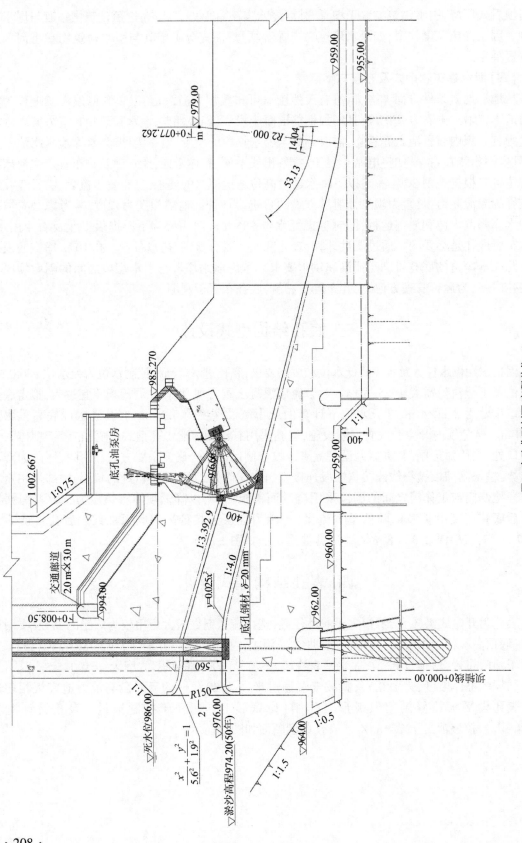

图1 底孔典型剖面(高程单位:m)

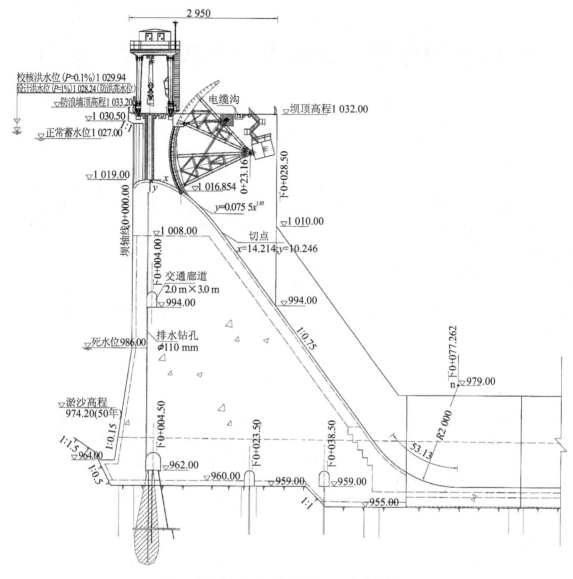

图2 表孔典型断面(尺寸单位:mm;高程单位:m)

五、结　语

SETH水利枢纽工程地处严寒、缺水地区,是山区高坝大库,水资源利用调度原则较为复杂。泄水建筑的布置需根据枢纽工程的具体工作任务来确定,高水头、窄河谷、大流量以及多目标的水利枢纽适合于表孔、中孔及深孔的形式。本工程泄水建筑物设计结合了运用要求、主体建筑物布置以及地形地质条件等,经过详细的方案比较研究,确定了符合工程特点且经济合理的布置及结构方案,确保工程供水需求,保障工程具有良好的泄洪防洪效果,发挥工程效用。

(作者单位:中水北方勘测设计研究设计有限责任公司)

SETH 水利枢纽工程取水口建筑物方案选择

谢绍红　赵云飞　蒋小健

一、工程概况

SETH 水利枢纽工程任务为供水和防洪,兼顾灌溉和发电,水库总库容 2.94 亿 m^3,工程主要由碾压混凝土重力坝(含挡水坝段、表孔和底孔坝段、放水兼发电引水坝段等)及消能防冲建筑物、坝后式电站厂房和升鱼机等组成。工程为 II 等工程,工程规模为大(2)型。拦河坝(含挡水坝段、表孔和底孔坝段、放水兼发电引水坝段等)及消能防冲建筑物为 2 级建筑物,升鱼机和电站厂房为 3 级建筑物,导流建筑物级别为 4 级。碾压混凝土重力坝从左岸至右岸布置共 21 个坝段。电站厂房采用坝后式电站厂房,厂区建筑物由主厂房、副厂房、尾水建筑物和管理用房等组成。2 台 110 kV 主变布置于副厂房上游侧室外。主厂房内设 2 台单机容量 12 MW 及 1 台 3.6 MW 水轮发电机组,设计引水流量大机组 2×27.65 m^3/s 及小机组 8.6 m^3/s。

二、引水建筑物

可研阶段推荐方案枢纽装机为两大一小 3 台装机,初设阶段布置方案采用两种方案进行比选,一种方案采用一管一机方案,一种是一管三机方案。采用一管一机方案,电站运行管理灵活方便,水流条件好,水头损失小;但取水口宽度大,本工程分层取水通过叠梁门实现,进口前沿宽,造成叠梁门宽度较大,规模较大,并且叠梁门需要门库存放,门库规模较大,门库布置及运行操作均不方便;并且坝内埋设 3 根钢管,对坝体快速施工影响较大。

采用一管三机方案,缺点是电站运行管理不便,需增设蝶阀,岔管处钢管应力条件较差,水流条件较差,水头损失大,优点是取水口布置紧凑,宽度小,叠梁门库布置在取水口旁侧坝段,运用方便,坝内埋管只有 1 根,对坝体施工影响小。经综合考虑,采用一管三机方案。

可研阶段审查意见"基本同意放水兼发电引水进水口采用分层取水型式及布置,放水兼发电引水建筑物采用一管三机布置型式"。

可研阶段评估意见"引水发电及过鱼建筑物设计基本合适"。

三、取水口设计

(一)取水口取水方式比选

坝址区为严寒地区,水库蓄水后,水库水温呈垂向分层分布,库表水温和库底水温温差较大。放水兼发电取水口底高程为 979.0 m,下放的库水水温与天然气温相差较大,对下游生态和农业灌溉将产生影响。因为水体置换期较长的库区,水温分层,会引起深水层的水质恶化;其次,对水生生物产生影响,坝址区河流鱼类产卵季节为 4—7 月,鱼类产卵所耐受的最低温度一般为 18 ℃。低温水的下放,水的溶氧量及水的水化学成分将发生变化,进而影响鱼类和饵料生物的衍生,降低鱼类的新陈代谢能力;低温水的下放,限制下游灌区地温的提高,导致农业减产。为避免低温水对下游生态环境的不利影响,取水口采用分层取水的方式。

(二)分层取水进水口方案选择

坝址区为严寒地区,水库蓄水后,水库水温呈垂向分层分布,库表水和库底水温差较大。为避免温差较大,水对下游生态环境的不利影响,进水口采用分层取水的方式。

分层取水进水口方案采用方案一,叠梁门方案与方案二,固定进水口方案两个方案进行比较。

方案一,叠梁门方案采用有压坝式进水口,进口底高程979.0 m,后接管径4.5 m压力钢管。由进口段、拦污栅、分层取水叠梁门、检修闸门及渐变段组成,均为钢筋混凝土结构。拦污栅采用直立式布置,利用坝顶门机吊装清污抓斗清污。拦污栅设1孔,孔口净宽4.5 m。拦污栅下游2.50 m设置叠梁门,叠梁门至平板检修闸门槽孔口距离9.75 m。检修门后的渐变段长7.5 m,渐变段后接内径4.5 m的压力钢管,压力钢管出坝体后分为1#、2#、3#三个支管,其中3#支管再分为2个支管,分别为生态基流、鱼道、工业供水以及兼顾机组发电供水。

方案二,固定进水口方案采用有压坝式进水口,进水口由开敞式进口段、拦污栅、分层取水闸门、检修门槽及渐变段组成,均为钢筋混凝土结构。拦污栅采用直立式布置,利用坝顶门机吊装清污抓斗清污。拦污栅设2孔,孔口净宽4.5 m,相应的过栅流速为0.868 m/s。拦污栅后设置4个分层取水闸门,门高7.0 m,进口底高层分别为979.0、990.0、1 001.0、1 012.0 m,取水口门顶处设置4 m高的横梁。其中高程1 012.0 m门顶处,横梁梁顶1 023.0 m高程以上采用开放式,取正常蓄水位的表层水。进水口至平板检修闸门槽孔口最近距离为3.5 m。

进水口设置进口检修闸门,闸门尺寸为4.5 m×5.03 m。拦污栅、分层取水口闸门及检修闸门均采用坝顶门机机控制。

两方案投资比较见表1。

表1　　　　　　　　　　　　　**不同方案投资比较表**

数量	分层取水叠梁门方案				分层取水固定取水门方案			
	混凝土(m³)	钢筋(t)	取水口设备安装工程	检修门设备及安装工程	混凝土(m³)	钢筋(t)	取水口设备安装工程	检修门设备及安装工程
工程量	27 516	396	—	—	47 291	711	—	—
投资(万元)	1 156	218	1 980	304	1 987	392	1 377	304
合计(万元)	3 658				4 060			

两方案均采用坝顶门机控制闸门启闭及拦污栅的起吊与安放,运行管理条件相差不大,都能满足分层取水的功能要求。方案二取表层水效果不如方案一,且土建投资较大,施工难度高于方案一,并且由两方案投资比较来看,方案二投资比方案一投资高402万元左右,因此本阶段推荐方案一,采用叠梁门分层取水方案。

四、取水口布置

取水口布置于13#坝段,采用有压坝式进水口,后接坝内压力钢管。取水口由开敞式进口段、拦污栅、分层取水叠梁门、检修门槽及渐变段组成,均为钢筋混凝土结构。拦污栅采用直立式布置,利用坝顶门机吊装清污抓斗清污。拦污栅设 2 孔,孔口净宽 4.5 m,相应的过栅流速为 0.868 m/s。拦污栅后 2.5 m 设置叠梁门,叠梁门至平板检修闸门槽孔口 9.75 m。拦污栅、叠梁门以及检修闸门均采用坝顶门机机控制。

检修门后的渐变段长 7.5 m,由 4.5 m×4.5 m 的方孔渐变为内径 4.5 m 的圆孔,渐变段后接内径 4.5 m 的压力钢管,压力管道由坝内埋管段(上下 2 个水平段、上下 2 个弯段)、4 个卜型岔管、5 个支管等组成。

上水平段管道中心线高程为 981.25 m,长度为 9.5 m,经上下 2 个半径为 11.25 m、转角为 53°的转弯段,钢管中心线由 981.25 m 降为 965.20 m,接管径为 4.5 m 明钢管,出坝体后分为 1#卜型岔管、2#卜型岔管、3#卜型岔管及 4#卜型岔管,明钢管至 1#岔管中心点长 7.172 m,钢管管壁厚度为 22 mm,钢管每隔 2 m 设一道高 200 mm、厚 22 mm 的加劲环。其后接 2#岔管,2#岔管分别接 1#、2#支管给 2 台大机组供水,1#、2#岔管管壁厚度为 30 mm。1#机组支管(管径 2.6 m)至蝶阀中心线长 19.958 m,2#机组支管(管径 2.6 m)至蝶阀中心线长 13.874 m,1#岔管经 3#支管(管径 2.6 m)接 3#岔管,1#~3#支管管壁厚度为 20 mm,钢管每隔 2 m 设一道高 200 mm、厚 22 mm 的加劲环。3#岔管接 4#支管给小机组供水,4#(即小机组)支管(管径 1.5 m)至蝶阀中心线长 16.384 m,4#支管壁厚度为 18 mm,钢管每隔 2 m 设一道高 100 mm、厚 18 mm 的加劲环。3#岔管经 5#支管(管径 1.8 m)接 4#岔管,给过鱼建筑物及下游生态基流供水,5#支管管壁厚度为 18 mm,钢管每隔 2 m 设一道高 100 mm、厚 18 mm 的加劲环。3#、4#岔管管壁厚度为 22 mm,钢材均为 Q345R。

五、水力学计算

(一)引用流量及水头损失

1. 流速

发电引水钢管直径 4.5 m:采用一管三机,放水及发电引水钢管最大引用流量 63.9 m³/s;总管段最大流速 4.02 m/s,支管段直径 2.6 m,最大流速 5.21 m/s。

生态引水钢管直径 1.5 m:引用流量为 4.83~11.49 m³/s(其中,工业供水约为 1.5 m³/s,生态供水枯水年供 3.33 m³/s、丰水年供 9.99 m³/s),流速为 2.73~6.50 m/s。

2. 水头损失

3 台机发电,洞内流量 63.9 m³/s,管路最大总水头损失为 3.02 m。

(二)进口底板高程确定

水库最低发电水位 1 005.0 m,初拟放水兼发电引水钢管底板高程 979.0 m。为使取水口在最低水位时保持有压流,不致产生贯通式漏斗漩涡将空气及污物卷入,需要保持足够的淹没水深。根据规划相关资料,在死水位 986 m 生态引水钢管引水月份为 3—6 月份,此时段最大引用流量为 11.49 m³/s,按此工况计算进口淹没。

(1)从防止产生贯通式漏斗漩涡考虑,最小淹没深度按照"戈登公式"估算:

$$S = Cvd^{1/2}$$

式中 S——孔口淹没深度,m;

v——孔口断面流速,m/s;

d——孔口高度,m,

C——与进口形状有关的系数,一般为 0.55~0.73,此处取 0.73。

(2)从保证进水口内为压力流,最小淹没深度 S 按下式计算:

$$S = K\left[\Delta h_1 + \Delta h_2 + \Delta h_3 + \Delta h_4 + \Delta h_5 + \frac{v_5^2}{2g}\right]$$

式中　S——最小淹没深度,应不小于 1.5,m;

K——安全系数,应不小于 1.5,计算中取为 1.5;

Δh_1——拦污栅水头损失,m;

Δh_2——有压进水口喇叭段水头损失,m;

Δh_3——闸门槽水头损失,m;

Δh_4——压力管道渐变段水头损失,m;

Δh_5——沿程水头损失,m。

进水口淹没深度计算结果见表 2。

表 2　　　　　　　　　　进水口淹没深度计算结果　　　　　　　　　单位:m

部位	计算方法	最小淹没深度 S	计算最小淹没高程	实际淹没高程
放水兼发电取水口	(1)	0.88	984.68	986.0
	(2)	0.68	984.40	

根据计算结果,实际淹没高程均大于计算所需的最小淹没高程,所取取水口底板高程满足要求。

(三)通气孔面积

通气孔在检修门井后墙内布置 1 圆孔,直径 1.0 m,面积 0.785 m²。

放水及发电引水钢管检修门井后设置通气孔,其作用为发生故障下门时向洞内补充空气;在检修完成后向引水洞充水时向外排出空气。根据《水利水电工程钢闸门设计规范》(SL 74—2013)规定,快速闸门通气孔面积按发电管道面积的 3%~5% 选定。本工程按规范取值。

引水钢管:通气孔面积为(3%~5%)×20.25 m² = 0.61~1.01 m²,因进口采用的是检修门而非快速门,通气孔面积可相应减小,实际布置的通气孔面积满足通气要求。

六、结　语

通过简述 SETH 水利枢纽工程电站取水口方案比选,最终确定了枢纽的一管三机及分层取水的设计方案。并详细论述了建筑物设计计算过程,并最终确定了枢纽工程取水口建筑物的布置方案。可供同类工程项目参考借鉴。

(作者单位:谢绍红　阿勒泰地区额尔齐斯河北屯灌区水利工程管理处

赵云飞　蒋小健　阿勒泰地区 SETH 水库管理处)

SETH 水利枢纽工程碾压混凝土重力坝基础处理设计

赵 琳　武 振

　　SETH 水利枢纽工程是一座具有多年调节能力的综合性水库枢纽,工程建成后,将成为 WLGH 上游河段的控制性工程。本枢纽工程的主要工程任务是供水和防洪,兼顾灌溉和发电,并为加强流域水资源管理和水生态保护创造条件。工程规模为Ⅱ等大(2)型,水库总库容 2.94 亿 m³,防洪库容 0.21 亿 m³,电站装机 27.6 MW。工程采用碾压混凝土重力坝拦河、坝后式厂房布置方案,大坝为 2 级建筑物。

　　拦河坝设计最大坝高 75.5 m,坝顶长度 372 m,其中泄水坝段长 34 m(包括表孔坝段和底孔坝段)、引水坝段长 18 m。大坝采用全断面混凝土筑坝,由于重力坝的工作特点,其对坝基岩体的要求相对于当地材料坝和拱坝都要高,因此,要求坝基岩体具有足够的强度、抗渗性能和耐久性,大坝的基础处理设计尤为重要。

一、坝址地形、地质概况

(一)坝址地形条件

　　坝址位于剥蚀低山区,,河谷呈不对称"U"形,总体走向 NE 向,谷底宽约 150 m,主河槽偏向右岸,宽约 50 m 河漫滩主要分布在河床两岸。两岸山体基岩裸露,山顶呈浑圆状,右岸岸坡较陡,坡度约 42°,沿岸多有陡壁分布,左岸岸坡稍缓,坡度约 30°,局部见有陡壁。

(二)大坝基础地质条件

　　大坝左岸天然岸坡坡角约 30°,坝肩局部见有陡壁,坡高约 63 m,岸坡基岩裸露,部分坝段坡脚地表有坡洪积碎石土分布。右岸天然岸坡约 42°,较陡峻,多有陡壁分布,高差约 95 m,岸坡基岩裸露。左右岸坝基岩体具有弱–中等透水性,岩体透水率随深度增加而减小。河床部位地表松散堆积物发育,主要为冲洪积砂砾石,厚 1~8 m,坝基岩体以弱等透水性为主,透水率小于 3 Lu,高程为 905.33~928.10 m。坝基下伏基岩为华力西期(γ_4^{2f})侵入岩(以辉长岩为主),基础弱风化下部或微风化–新鲜岩体呈块状、次块状结构,以 $A_Ⅱ$ 类岩体为主,局部为 $A_Ⅲ$ 类,未发现大的结构面发育。

　　天然岸坡整体稳定,局部可能存在不利于边坡稳定的结构面组合,需及时处理;河床部位地下水与河水位相近,基坑开挖将存在涌水问题;岩体风化差异明显,局部构造裂隙发育。

(三)主要地质问题

1.建基基础条件

　　强风化岩体因结构面发育,多张开,岩体破碎,不满足高混凝土重力坝对坝基的要求,宜选择弱风化带中下部–新鲜岩体为坝基。坝基岩体中节理裂隙较发育,为提高坝基岩体的整体性和抗变形能力,进行固结灌浆是必要的。

2.坝基抗滑稳定

坝基岩体为块状、次块状结构,虽然局部有缓倾角结构面发育,但很难形成连续的滑动面,因此,坝基不存在深层抗滑稳定问题,大坝抗滑稳定主要取决于混凝土与基岩接触面。施工开挖过程中,必要时需进行局部处理。

3.坝基及绕坝渗漏

坝基为华力西期(γ_4^{2f})辉长岩侵入岩,坝基范围未断层发育,节理裂隙为主要含水透水通道,坝基渗漏为裂隙式渗流。水库蓄水后,坝区将存在坝基和绕坝渗漏问题,但坝基岩体渗透稳定性相对较好,渗漏为裂隙散流形式,不存在大的集中渗漏问题,坝基渗流控制宜以降低坝基扬压力、减少渗漏量为主要目标。

坝址左岸近坝地段(距坝轴线 60~460 m)山体单薄,可能存在永久渗漏问题。根据钻孔压水试验成果,单薄山脊处岩体透水率多数小于 10 Lu,最大为 100 Lu。单薄山脊岩性为砂岩、泥岩及凝灰岩,岩体中结构面发育,结构面多挤压紧密,渗漏以基岩裂隙渗漏的形式为主。渗漏主要在上部强-弱风化岩体,下部岩体透水性为弱-微透水,问题不大。单薄山脊应采取防渗处理措施,并进行必要的监测工作。

二、大坝基础处理设计

(一)基础开挖

重力坝基础开挖深度,应根据坝基应力,岩石强度及其完整性,结合上部结构对基础的要求确定。根据规范,坝高 50~100 m 级的中高坝,基础可建在微风化至弱风化中部基岩上。

本工程坝基松散堆积物厚度不大,结构松散,成分较杂,砾石粒径大小不均,渗透性强,不能满足混凝土坝坝基要求,设计全部挖除;对于结构面发育、岩体破碎的强风化岩体同样做挖除处理。根据坝址基岩风化卸荷程度等实际情况,结合岩层物理力学指标及混凝土与基岩接触面抗剪断强度指标,对左右岸及河床典型坝段做不同建基面高程的抗滑稳定及坝基应力计算,确定河床坝段建基面基本置于弱风化下部至微风化层,两岸挡水坝段建基面置于弱风化中上部,最低建基面高程 956.50 m。施工过程中建基面开挖的标准除设计高程外,应最终以岩石纵波速度反映出的岩石性质是否达到建基要求来控制,对于局部难以满足要求的地质缺陷还应根据实际情况做特殊处理。坝基开挖边坡设计为:微—新岩体 1:0.2~0.3;弱风化岩体 1:0.3~0.5;强风化岩体 1:0.5~1:0.75。

本工程地处严寒大风地区,揭露面极易风化,基础开挖后要求尽快覆盖混凝土或预留保护层对基础进行防护,以减少岩体卸荷反弹,防止局部岩体进一步风化。对于开挖形成的永久岩石边坡采用喷锚支护和排水措施。开挖边坡每级高度控制在 15 m 以下,各坝段基础水平段长度保证在 1/2~2/3 坝段长度范围内,以保证岩体的侧向稳定。

(二)基础加固

基础加固措施主要为固结灌浆,固结灌浆可以胶结基础岩石裂隙,加强岩体的整体性和均一性,提高坝基岩体的承载能力,并能在一定程度上改善坝基岩体的渗透性。本工程坝基外围岩性较杂,岩体中结构面发育,岩体破碎,质量较差,设计对整个坝基进行固结灌浆,并在坝体基础线外 3~6 m 范围内均进行固结灌浆,灌浆深度为 6 m,间排距均为 3 m,对软弱破碎带采取加密、加深或采取其他的工程措施。固结灌浆在有混凝土覆盖的情况下进行,根据大坝承受的水头及地质情况,确定固结灌浆最大压力 P_{max} = 0.7 MPa,最终应以现场灌浆试验结果进行调整。

固结灌浆施工应提前倒排作业时间,合理安排各分部工期,避免将固结灌浆时间压后到9月份以后,因工程地处严寒地区,9月以后气温已开始进入下降阶段,到10月后期的温度就已不适合灌浆作业,如将固结灌浆集中于年末做,工期将非常紧张,可能导致作业错后至次年,混凝土中钻孔加深,增加投资和作业难度。

(三) 基础防渗和排水

设计重力坝,常考虑防渗帷幕和坝基排水系统结合的方式来解决坝基渗漏和渗透破坏的问题,其设计应当以工程地质、水文地质条件和灌浆试验资料为依据,结合水库功能和坝高综合考虑。

1.坝基及单薄山脊帷幕灌浆

防渗帷幕可以有效减小坝基和绕坝渗漏,防止渗漏水流对坝基和两岸边坡稳定产生不利影响,防止在坝基软弱结构面、断层破碎带、岩体裂隙充填物以及抗渗性能差的岩层中产生渗透破坏。

本工程坝基覆盖层清除后,坝基渗漏通道主要是岩体结构面。据坝址河床及两岸钻孔中进行的138段压水试验成果,岩体透水率0.6~79 Lu,地表强风化和卸荷岩体破碎、裂隙张开,透水率一般大于10 Lu,属中等-强透水性;左、右岸弱风化岩体透水率平均值3.2~26 Lu,属弱-中等透水性,微风化-新鲜岩体透水率1.1~5.8 Lu,属弱透水性;河床部位弱风化岩体透水率12~55 Lu,属中等透水性,微风化-新鲜岩体透水率1.7~3.9 Lu,属弱透水性。设计上游帷幕深度控制以透水率3 Lu控制,坝基部位主帷幕平均深度为60 m左右,并向两岸坝肩适当延长。考虑到河床坝段岩基裂隙较发育,设计将来结合施工地质情况,在裂隙较发育的河床坝段设两排帷幕,副帷幕设在上游侧,主副帷幕孔距均为2.0 m。

根据地形地质情况,防渗帷幕向两岸延伸,封闭垭口薄弱环节。右岸帷幕延伸长度230 m,左岸帷幕延伸长度约700 m。单薄山脊防渗帷幕控制标准为透水率5 Lu线,单排孔布置,右岸帷幕灌浆孔距1.5 m,左岸帷幕灌浆孔近坝段部位为1.5 m,延伸方向改变后孔距2 m,在左岸单薄山脊岩体较为破碎的垭口部位,增加一排副帷幕以保证防渗效果。

帷幕按三序孔布置。灌浆应在有混凝土覆盖的情况下施工,帷幕灌浆工艺采用"孔口封闭,自上而下,小口径钻孔,孔内循环"高压灌浆工艺。

2.坝基排水系统

坝基排水的目的是排除透过帷幕的深水及基岩裂隙中的潜水,与帷幕灌浆构成一个相对完整的坝基(坝肩)防渗排水系统,为有效降低坝基扬压力,在基础下游布置排水系统是非常必要的。本工程坝基设2道纵向基础排水廊道,4条横向排水廊道将上游帷幕灌浆与主排水廊道、第一基础排水廊道和第二基础排水廊道联系。廊道底部钻排水孔形成排水幕,孔距3 m,主排水廊道排水孔深取为防渗帷幕深度的0.6倍,约30 m,基础排水廊道和横向排水廊道排水孔深取12 m。12#坝段基础最低位置布置集水井,用以抽排各排水廊道汇集的地下水。

(四) 岩混结合(接触灌浆)

本工程建基面岸坡部位开挖较陡,斜坡坡度1:0.5,倾角约为63°,为预防坝体混凝土侧向收缩出现张开,与基岩之间形成缝隙,导致渗漏,设计以接触灌浆措施加强混凝土与坝基岩体的结合。根据斜坡面积布置灌区数量,每个灌区均设计灌浆管路、止浆片和出浆盒,管路通至各灌浆站,灌浆站一般设在坝内廊道。

三、施工期基础地质缺陷处理

对于施工期间开挖揭露的小规模裂隙和断层破碎带,采用常规刻槽与混凝土塞方法处理。对于规模较大的地质缺陷,如 15#~16# 坝段基础揭露的风化深槽,平面单向尺寸达 8 m 左右,根据现场实际地质和施工情况,采取开挖回填混凝土置换措施处理,并辅以固结灌浆和锚筋加固;在风化深槽对应的排水廊道部位根据开挖揭露情况适当补充排水孔,以减小地质缺陷部位的渗透压力;风化深槽回填部位布置相关监测仪器,以方便后期对该部位的控制。应注意大体积混凝土回填浇筑时的温度控制。

四、结　语

大坝基础的质量是整个大坝长期正常运转的保障,基础处理不过关,将导致坝体存在安全隐患,一旦坝体失事,将造成不可估量的损失,因此,在水利枢纽设计中,重点关注基础处理设计是非常必要的。我国水利事业经过多年的发展,对于基础处理已经形成了相对成熟的系统方法,但水利工程都有其各自的特点,基础处理的设计需要针对不同工程的实际情况出具适用性方案。通过对严寒地区 SETH 水利枢纽工程主体大坝基础处理各方面设计的详细阐述,为同等施工环境和地质条件下的类似工程提供可靠的技术参考。

(作者单位:中水北方勘测设计研究有限责任公司)

SETH 水利枢纽工程碾压混凝土重力坝温控设计

李明娟　　马妹英

一、工程概述

SETH 水利枢纽工程任务为工业供水和防洪,兼顾灌溉和发电,水库总库容 2.94 亿 m³,多年平均供水量 2.631 亿 m³,设计水平年改善灌溉面积 27.61 万亩,电站装机 27.6 MW。工程建成后,可使下游沿线乡镇防洪标准的洪水重现期由 10 年提高到 20 年,县城防洪标准由 20 年提高到 30 年。

大坝为碾压混凝土重力坝,大坝坝顶长度为 372 m,坝顶高程 1 032.0 m,最大坝高 75.5 m。大坝结构复杂,坝身孔洞多,坝块尺寸大,受气温影响大。坝址区地处欧亚大陆腹地,远离海洋。气候特征为纬度高,气温低,少酷暑,多严寒,冬夏冷暖悬殊,年较差大。昼夜温差大,气温骤降较频繁,极易引起坝体混凝土温度裂缝,所以有必要加强坝体混凝土温控设计。

二、基本资料及计算参数

(一)气象、水温资料

平均气温 3.6 ℃,极端最高气温 40.9 ℃,极端最低气温 -42.0 ℃。多年平均蒸发量为 1 571.8 mm;历年最大风速 17.3 m/s,最大冻土深度 239 cm。

坝址区多年实测气象资料统计:年平均气温 3.6 ℃,月平均气温分布不均,1 月份月平均气温最低 -15.3 ℃,7 月份月平均气温最高 20.2 ℃,相差较大。极端最高气温 40.9 ℃,极端最低气温 -42.0 ℃。多年平均蒸发量为 1 571.8 mm,历年最大风速 17.3 m/s,最大冻土深度 239 cm。

各月气温、降水量统计见表 1,4—10 月份水温统计见表 2。

表 1　　　　　　　　　　坝址区平均气温和降水量统计表

项目	1 月	2 月	3 月	4 月	5 月	6 月	7 月	8 月	9 月	10 月	11 月	12 月	年
平均气温(℃)	-15.3	-11.3	-4	5.9	13.6	18.7	20.2	18.2	11.8	3.7	-6	-12.7	3.6
降水量(mm)	4.1	3.7	5.9	9.1	8.9	13	18.1	11.2	9.1	7.5	9.7	7.4	107.8

表 2　　　　　　　　　　4—10 月份水温统计表　　　　　　　　　　单位:℃

项目	4 月	5 月	6 月	7 月	8 月	9 月	10 月
月平均水温	3.0	12.4	17.1	19.5	18.1	12.8	4.8
月最高水温	7.8	14.5	18.5	20.6	20.0	14.2	6.8
月最低水温	0.0	10.3	15.5	18.5	17.2	10.7	0.0

(二)混凝土材料性质及分区

坝体上游面采用 0.8 m 二级配变态混凝土+2.2 m 富胶凝碾压混凝土作为主要防渗体,中部及下游面采用三级配碾压混凝土。基础垫层采用 1.0 m 厚的常态混凝土垫层。混凝土材料参数见表 3。

表 3 混凝土热力学性能及力学指标

名称	弹模（GPa）	容重（kN/m³）	比热［kJ/(kg·K)］	放热系数［kJ/(m²·h·K)］	导温系数［kJ/(m·h·K)］	泊松比	线胀系数（×10⁻⁶/K）
坝体内部	31.3	24.4	0.95	84	0.035	0.167	82
防渗层	32.0	24.2	0.95	86	0.035	0.167	87
基础垫层	24.4	24.0	0.98	84	0.030	0.167	92

(三)基岩热、力学指标

基岩的热力学指标及力学性能见表 4。

表 4 基岩的热力学指标及力学性能

名称	弹模（GPa）	容重（kN/m³）	比热［kJ/(kg·K)］	放热系数［kJ/(m²·h·K)］	导热系数［kJ/(m·h·K)］	泊松比	线胀系数（×10⁻⁶/K）
安山岩	20	27.1	0.210	38.8	640	0.24	7
凝灰岩	16	26.4	0.200	38.8	400	0.25	5

(四)坝体施工进度安排及混凝土入仓温度

除结构需要或特殊情况外,碾压层厚度采用每层 30 cm 的通仓薄层连续铺碾,连续升程一般为 3 m。坝体施工进度安排及混凝土入仓温度见表 5。

表 5 施工进度表

起始时间	结束时间	起始高程（m）	结束高程（m）	时间间隔	浇筑块高度	入仓温度（℃）
2018 年 4 月 1 日	2018 年 4 月 12 日	956.5	957.5	8	1.0	5.99
2018 年 4 月 13 日	2018 年 4 月 24 日	957.5	959.0	12	1.5	5.99
2018 年 4 月 25 日	2018 年 5 月 6 日	959.0	960.5	12	1.5	9.90
2018 年 5 月 7 日	2018 年 6 月 29 日	960.5	962.0	12	1.5	13.95
2018 年 6 月 30 日	2018 年 8 月 23 日	968.0	969.5	11	1.5	16.00
2018 年 8 月 24 日	2018 年 9 月 15 日	975.5	978.5	23	3.0	15.24
2018 年 9 月 16 日	2018 年 10 月 8 日	978.5	981.5	23	3.0	11.72
2018 年 10 月 9 日	2018 年 10 月 31 日	981.5	984.5	23	3.0	7.87
2018 年 11 月 1 日	2019 年 3 月 31 日	—	—	151	—	冬季停工
2019 年 4 月 1 日	2019 年 4 月 17 日	984.5	987.5	15	3.0	5.21
2019 年 4 月 18 日	2019 年 4 月 30 日	987.5	990.5	15	3	6.83

起始时间	结束时间	起始高程 （m）	结束高程 （m）	时间 间隔	浇筑块 高度	入仓温度 （℃）
2019 年 5 月 1 日	2019 年 5 月 16 日	990.5	993.5	16	3	8.59
2019 年 5 月 17 日	2019 年 6 月 1 日	993.5	996.5	16	3	11.98
2019 年 6 月 2 日	2019 年 6 月 17 日	996.5	999.5	16	3	14.22
2019 年 6 月 18 日	2019 年 8 月 24 日	999.5	1002.5	17	3	16.00
2019 年 8 月 25 日	2019 年 9 月 10 日	1 011.5	1 014.5	17	3	13.21
2019 年 9 月 11 日	2019 年 9 月 27 日	1 014.5	1 017.5	17	3	10.40
2019 年 9 月 28 日	2019 年 10 月 14 日	1 017.5	1 020.5	17	3	6.83
2019 年 10 月 15 日	2019 年 10 月 31 日	1 020.5	1 023.5	17	3	5.27
2019 年 11 月 1 日	2020 年 3 月 31 日	—	—	152	—	冬季停工
2020 年 4 月 1 日	2020 年 4 月 17 日	1 023.5	1 026.5	17	3	5.21
2020 年 4 月 18 日	2020 年 5 月 4 日	1 026.5	1 029.5	17	3	6.83
2020 年 5 月 5 日	2020 年 8 月 31 日	1 029.5	1 032.0	119	3	8.59

三、坝体的准稳定温度场

（一）边界条件

枢纽工程总库容为 2.94 亿 m³，多年平均天然径流量 10.48 亿 m³，最大水深为 71.5 m，水温沿水深变化平缓，库水温沿程变化如表 6。

表 6　　　　　　　　　　　　　　库水温垂直分布表

水深（m）	年平均水温（℃）	水深（m）	年平均水温（℃）
0.0	10.45	36.5	6.04
9.5	9.06	45.5	5.28
18.5	7.91	53.0	4.72
27.5	6.91	71.5	4.58

计算稳定温度场时，基岩的温度取为 9.4 ℃。

（二）计算结果

坝体稳定温度场计算成果如图 1 所示。

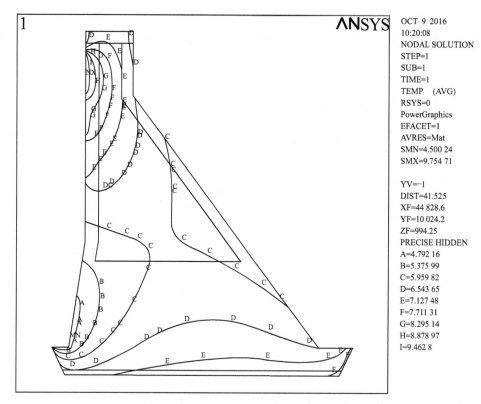

图1 坝体稳定温度场

四、温度及温度应力控制标准

（一）混凝土温度控制

（1）基础温差当基础约束区混凝土28 d龄期的极限拉伸值不低于0.7×10^{-4}时，基岩变形模量与混凝土弹性模量相近，薄层连续升高时，其碾压混凝土坝基混凝土允许温差采用表7规定的数值。

表7　　　　　碾压混凝土的基础容许温差　　　　　单位：℃

距离基础面高度 h（m）	$L=30$ m 以下	$L=30\sim70$ m	$L=70$ m 至通仓
0~0.2L（强约束区）	15.5	12	10
0.2~0.4L（弱约束区）	17	14.5	12

注：浇筑块长边长度 L。

（2）考虑到碾压混凝土的抗裂性能较低，其极限拉伸值小于常态混凝土，在间歇期超过28 d的老混凝土面上继续浇筑时，老混凝土面上、下 $L/4$ 范围内的新浇混凝土平均温度与老混凝土平均温度之差控制标准为不大于10 ℃。

（3）内外温差。碾压：约束区内为12 ℃，约束区外为14 ℃；常态：20 ℃。

（4）冷却温差。坝体混凝土需埋设冷却水管降温，冷却水的温度与坝体混凝土的温度最大温差控制在20 ℃。

(二)混凝土温度应力控制

混凝土温度应力控制以不超过混凝土抗裂能力为准,混凝土抗裂允许应力为$[\sigma]$,计算公式为$[\sigma]=\dfrac{\varepsilon \cdot E}{K_f}$。经计算,坝体混凝土龄期 90 d 以内,$[\sigma]=1.275$ MPa;龄期 90~180 d 以内,$[\sigma]=1.35$ MPa;龄期 180 d 以外,$[\sigma]=1.75$ MPa。

五、坝体不稳定温度场及温度应力

(一)不稳定温度场

经计算坝体内部最高温度强约束区为 30 ℃;弱约束区为 33 ℃;约束区以外为 37 ℃。坝体不同高程的温度场如图 2~5 所示。

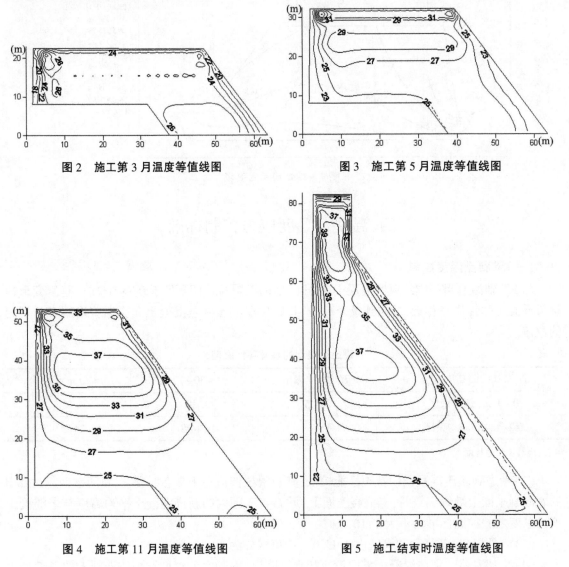

图 2 施工第 3 月温度等值线图

图 3 施工第 5 月温度等值线图

图 4 施工第 11 月温度等值线图

图 5 施工结束时温度等值线图

（二）温度应力

经计算坝体施工期的最大拉应力：垫层混凝土，$\sigma_{max} = 1.23$ MPa，坝体碾压混凝土，$\sigma_{max} = 1.12$ MPa，均小于混凝土容许拉应力。施工期的应力在控制范围。坝体运行期的最大拉应力 $\sigma_{max} = 1.35$ MPa，位于基岩面上（靠近坝锺、坝趾附近），亦满足容许拉应力拉应力的要求。

六、温控措施

碾压混凝土坝每年 4—10 月为施工期，冬季停止混凝土施工，这种间歇式的施工方法及恶劣的气候条件使其具有独特的温度应力时空分布规律，更增加了碾压混凝土坝温控与防裂的难度。根据上述计算成果及枢纽工程的特点、施工条件等，确定坝体碾压混凝土的以下四点温控措施。

（1）控制混凝土浇筑温度：控制混凝土浇筑温度以及通冷却水，以满足坝体温控要求，具体要求见表 8。

表 8 混凝土各月浇筑温度及冷却水温度表

	月份	4	5	6	7	8	9	10
	月平均气温（℃）	5.9	13.6	18.7	20.2	18.2	11.8	3.7
月浇筑温度（℃）	1 区	自然入仓	自然入仓	15	16	15	自然入仓	自然入仓
	2 区	自然入仓	自然入仓	自然入仓	自然入仓	自然入仓	自然入仓	自然入仓
	3 区	自然入仓	自然入仓	自然入仓	自然入仓	自然入仓	自然入仓	自然入仓
冷却水温度（℃）	1 区	—	—	河水	河水	河水	—	—
	2 区	—	—	河水	河水	河水	—	—
	3 区	—	—	—	—	—	—	—

注：1 区指基础强约束区，2 区指基础弱约束区，3 区指基础约束区外；通冷却水措施为本工程温控的关键所在，一定要严格执行。

（2）在满足混凝土设计强度前提下，优化混凝土配合比，减少发热量，降低混凝土水化热绝热温升。

（3）为节省温控费用，需合理安排施工进度。施工面积大的混凝土尽量安排在一天的低温时段施工。

（4）大坝越冬保护措施

本工程施工期为每年 4—10 月份，11 月份进入停工期，此时混凝土浇筑龄期短，强度低，而内部水化热温升导致坝体内外温差很大。坝体上游、下游面采取喷涂 10 cm、8 cm 厚聚氨酯泡沫作为永久保温措施。在 2018 年 11 月—2019 年 3 月坝面高程 984.5 m 铺设 5 层 2 cm 厚聚聚氨酯泡沫作为临时保温措施，具体做法：首先在越冬层面上铺设防水彩条布，在其上喷涂厚 2 cm 的聚氨酯泡沫；待聚氨酯泡沫成型硬化后，在其上在铺设一层防水彩条布，再喷涂 2 cm 聚氨酯泡沫，重复上述步骤，直至铺设 5 层为止。在 2019 年 11 月—2020 年 3 月坝面高程 1 023.5 m 铺设 5 层 2 cm 厚聚氨酯泡沫作为临时保温措施。

（作者单位：中水北方勘测设计研究有限责任公司）

SETH 水利枢纽工程裂缝处理措施

李跃强　李瑞鸿　李会波

一、工程概述

SETH 工程的拦河坝为碾压混凝土重力坝,最大坝高 75.5 m,坝顶高程为 1 032.0 m。工程所在地多年平均气温 3.6 ℃,极端最高气温 40.9 ℃,极端最低气温-42.0 ℃。多年平均蒸发量为 1 571.8 mm;最大年蒸发量为 2 073.5 mm(1965 年),最小年蒸发量为 1 247.7 mm(1987 年),夏半年 4—9 月水面蒸发量为 1 312.9 mm,占年蒸发量的 83.5%,冬半年 10 月—翌年 3 月水面蒸发量为 258.9 mm,占年蒸发量的 16.5%。基于当地气候特点,大坝在施工过程中应特别关注混凝土的保温保湿养护,以防止大坝产生裂缝。

二、施工期裂缝

在施工过程中,受自然条件、原材料、施工条件等因素的影响,坝体个别坝段可能会出现不同程度的裂缝。

在施工备仓过程中发现 4#~6# 坝段,高程 984.5 m 仓面有 12 条裂缝,在 6# 坝段越冬层面高程 978.50 m,桩号坝 0+90.00—坝 0+108.00 存在水平裂缝,缝宽 0.1~0.3 mm,开展深度从目前取芯及坝内廊道观察来看,为 10~13 m。

各部位裂缝可分为以下 3 种:①上、下游坝面的劈头缝;②强约束区(越冬层面)上部新浇混凝土的纵向裂缝;③越冬层面(或附近)上、下游侧水平缝开裂。

三、裂缝成因分析

(一)劈头缝与强约束区上部新浇筑混凝土的纵向裂缝成因

(1)水泥水化热,促使坝体温度上升。根据现场观察,开裂部位基本为变态混凝土区及富胶凝混凝土区,上述两区每方混凝土水泥用量分别比碾压混凝土高 60~70 kg,造成该部混凝土绝热温升为 26~27 ℃和 24~25 ℃。而短间歇连续升程的通仓浇筑致使坝体温度升高,散热缓慢,温控控制不到位。

(2)本工程越冬期长(11 月—翌年 3 月),气温低,持续时间长,虽经越冬期的坝体上、下游侧及仓面保温,但混凝土表面温度仍较低,而内部温度较高,这样就与上层新浇筑混凝土产生较大的温差,据监测,坝内混凝土最高温度为 45 ℃,而下层越冬层面的混凝土温度为 20 ℃,上、下层温差达到 25 ℃,超过温控要求允许值,导致下层老混凝土对上层新浇筑混凝土的约束强烈,而产生裂缝。

(3)混凝土模板拆除时正赶上低温时段,混凝土内外温差过大,产生裂缝。

(4)人工砂石骨料中石粉含量为 21.3%,接近上限 22%,且石粉中微粒含量(粒径不大于

0.007 5 mm)超标约4%,导致混凝土中微粒含量超标,增加了混凝土的收缩,收缩应力加大也导致了裂缝的产生。

(5)人工砂石骨料中接近针片状的大石较多,且有部分超径大石,导致混凝土中砂浆包裹不充分,混凝土的抗裂性能降低,在各种应力作用下,导致裂缝产生。

(6)9#坝段下 0+013.00—下 0+025.00 范围在高程 983.0 m 设置了入仓卸料通道,四周垂直布置,造成局部应力集中,引起裂缝。

(二)水平裂缝成因

水平方向裂缝形成因素除有上述纵向裂缝成因外,还可能有以下原因:

(1)越冬混凝土弹模、强度、极限拉伸值等都与上层新浇筑混凝土差别较大,在温度荷载作用下,二者难以产生变形协调,导致沿越冬层面水平开裂。

(2)越冬层面上,经冲毛处理后,浇筑时铺 1.0~1.5 cm 厚的水泥浆或水泥砂浆,后浇筑上层混凝土。①浇筑时,工序衔接上有问题,再加上日照强、风大,浆铺好后很快失水泛白,再摊铺上层混凝土时,影响层间结合质量。②施工时浆泛白、失水,再进行补水时,补充水分过多,造成浆液中灰浆变稀、流失,影响层间结合质量。

(3)越冬层面温度低,而上部混凝土内部最高温度很高,形成了较大的上、下层温差,以及内外温差,由于上述两种温差作用,在越冬面上、下游附近产生较大的竖向拉应力,这是造成水平缝的主要原因。

综上所述,内、外温差产生的拉应力大于层间结合抗拉强度,故形成水平裂缝。

四、裂缝处理措施

(一)上部新浇筑混凝土纵向裂缝及上、下游坝面劈头缝处理措施

(1)在裂缝端头采用风钻钻应力释放孔,孔深至越冬层面。钻孔 $\phi \geq 5$ cm,防止裂缝向坝内发展。

(2)在距上游坝面 0.5 m 裂缝处垂直套打 3 个直径 100 mm 孔,孔深入越冬层 200~500 mm,孔内灌注环氧砂浆。

(3)沿裂缝走向开 V 型槽,槽中心线与裂缝中心线重合,槽深 3 cm,槽顶宽度 6 cm,槽内清理干净后,用聚氨酯砂浆填槽并抹平。在 V 型槽中心线两侧平行裂缝呈梅花状钻注浆孔,然后进行灌浆,化学灌浆材料根据补强加固及防渗要求选用相应的灌浆材料,灌浆方法可参照《水工建筑物化学灌浆施工规范》(DLT 5406—2010)执行。

(4)灌浆完成后,在裂缝上出露位置倒扣半圆钢管,管内填沥青砂浆,半圆钢管直径不小于 150 mm,壁厚 $t \geq 3$ mm。

(5)半圆钢管上部布置 $\phi28$ mm 三级钢,间距 200 mm 的钢筋网片,覆盖裂缝,网片宽度 4.5 m。具体布置如图 1、2 所示。

(二)越冬层面水平缝处理措施

(1)首先探测裂缝开展深度,若裂缝深度小于 5 m,则只需要采用环氧树脂灌浆处理即可。具体布置如图 3 所示。在裂缝上部倾斜打入灌浆孔,穿过裂缝 40 cm,孔排距 3.0 m,并在缝外端部位做封闭处理,然后进行灌浆处理。

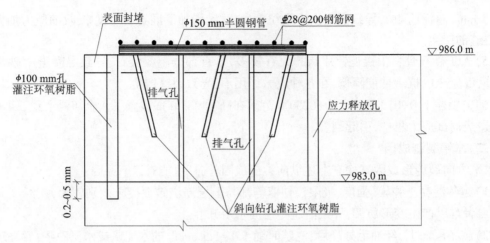

图 1　裂缝处理剖面示意图

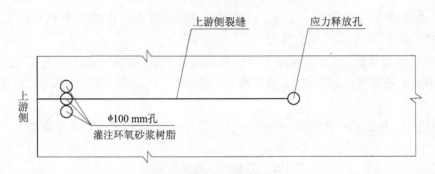

图 2　裂缝处理平面示意图

（2）若探测裂缝开展深度不小于 5 m，首先采用环氧树脂灌浆处理，灌浆处理完成后，在裂缝开展范围内布设钢管灌注桩，间排距 3 m×3 m，孔内埋设标准钢轨，并用高强度砂浆灌注钻孔。具体布置如图 4 所示。

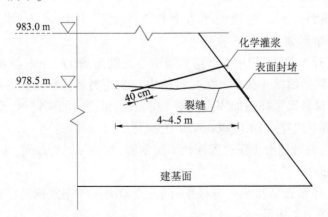

图 3　越冬层面小于 5 m 水平缝处理剖面示意图

（三）越冬层面水平缝预防措施

在越冬层面上游侧埋设两道铜止水，布设位置与大坝永久横缝铜止水相对应，并与坝体永久横缝铜止水搭接形成整体。

226

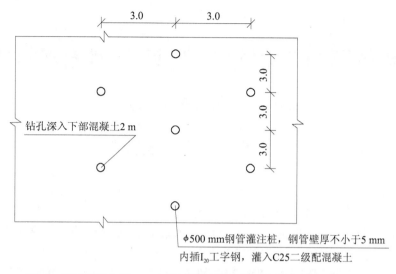

图 4　越冬层面大于 5 m 水平裂缝抗剪桩处理平面示意图(单位:m)

下游面处理诱导缝末端竖直布置一半圆钢管,开口朝向下游,钢管内填沥青油麻,做钢筋网,间距 200 mm 直径 28 mm 三级钢,详细布置如图 5 所示。

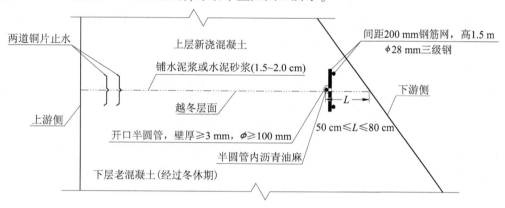

图 5　后期越冬层面处理剖面示意图

五、结　　语

通过及时对裂缝处理,能够消除裂缝产生的不利影响。裂缝处理完成后,对裂缝处理部位钻芯取样检查,结果表明裂缝处理能够达到预想效果。

通过对坝体裂缝产生原因的分析可知,大坝基础强约束区及上游面防渗区,对混凝土温控要求极高,容易产生温度裂缝,影响坝体安全,施工中应采取切实可行的温控措施,控制混凝土内外温差及强约束区基础容许温差达到设计及相关规范要求,避免混凝土产生严重温度裂缝,保证混凝土浇筑质量及工程安全。

(作者单位:中水北方勘测设计研究有限责任公司)

SETH 水利枢纽工程碾压混凝土坝温控防裂技术

蒋小健　秦明豪　王立成

一、工程概况及温控特点

SETH 水利枢纽工程主要由拦河坝、泄水建筑物、发电引水系统、坝后式电站厂房和过鱼建筑物等组成。拦河坝为碾压混凝土重力坝,正常蓄水位 1 027 m,最大坝高 75.5 m,坝顶高程 1 032.0 m。水库总库容 2.94 亿 m³,多年平均供水量 2.67 亿 m³,设计水平年改善灌溉面积 27.61 万亩,电站装机 27.6 MW。工程等别为 Ⅱ 等,工程规模为大(2)型。坝体上游面采用二级配富胶凝碾压混凝土+变态混凝土+辅助防渗层的防渗结构型式。坝体混凝土总量为 88.1 万 m³,其中碾压混凝土总量为 59.4 万 m³。

据工程附近的气象站资料统计,工程区多年平均降水量 188.7 mm,年降水量的 57% 集中在 5—9 月;平均水面蒸发量达 1 410.1 mm(20 cm 蒸发皿观测值),其中 5—8 月的蒸发量占全年的 66%,最大蒸发量多出现在 6 月份;多年平均气温 3.6 ℃,气温年际变化不大,年内变化很大,极端最高气温 38.4 ℃,极端最低气温 -47.7 ℃,变幅达 86.1 ℃;历年最大风速 17.3 m/s,最大冻土深度 239 cm。

典型严寒地区"冷"、"热"、"风"、"干"的不利气候因素和碾压混凝土坝分层碾压、通仓浇筑等施工特点使得该工程的混凝土温控具有以下特点:

混凝土施工期集中在 4—10 月,11 月—翌年 4 月平均气温均在 -4 ℃ 以下,12 月—翌年 2 月平均气温在 -11 ℃ 以下,且风大雪大,不适合混凝土施工,这种严寒气候条件和长间歇式的施工方式增加了坝体混凝土的温控防裂难度;坝体上下游面必须进行永久保温,越冬仓面及未进行永久保温的上下游坝面和其他临空面(横缝面等)在冬季需进行越冬保温,越冬面上浇筑新混凝土层的温控难度较大。

夏季气温较高(6—8 月平均气温在 18 ℃ 以上),混凝土温控降温问题较为突出,须采取控制浇筑温度、仓面保温、仓面喷雾降温、混凝土内部采用冷却水管降温等一系列工程措施,降低混凝土内部最高温度,降低后期混凝土温控难度。

春秋季(4—5 月和 9—10 月)寒潮频发,需对各临空面(仓面、上下游坝面和其他立模面)进行妥善临时保温,减小内外温差,降低混凝土开裂风险。

全年气候干燥,风大,需对混凝土表面采取妥善保温保湿措施,防止因混凝土表面干缩从而增加混凝土表面开裂风险。

针对这些温控特点,通过从设计到施工采取一系列温控措施尽可能降低大坝混凝土的开裂风险,收到良好效果。

二、设计温控标准和要求

在施工期根据大坝混凝土热力学性能复核试验结果和施工实际情况,对大坝施工期和运行期的温度和应力进行了仿真计算,根据仿真计算结果,对原设计拟定的温控指标,包括基础容许温差、上下层容许温差、容许内外温差和容许最高温度,进行了调整,调整后的结果如下。

(一)基础容许温差

基础温差系指建基面 $0.4L$(L 为浇筑块长边尺寸)高度范围的基础约束区内混凝土的最高温度和该部位稳定温度之差。该工程调整后的基础容许温差见表1。

表1　　　　　　　　　　　　　　　　基础容许温差　　　　　　　　　　　　　　单位:℃

距离基础面高度 h(m)	容许温差	
	$L=30$ m 以下	$L=30\sim50$ m
$0\sim0.2L$(强约束区)	16	14
$0.2\sim0.4L$(弱约束区)	18	16.0

注:"L"浇筑块长边长度。

(二)新老混凝土容许温差

考虑到碾压混凝土的抗裂性能较低,其极限拉伸值小于常态混凝土,在间歇期超过 21 d 的老混凝土面上继续浇筑时,老混凝土面上新浇混凝土的最高温度与新混凝土开始浇筑时老混凝土($L/4$ 范围内)的平均温度之差(新老混凝土温差,亦称上下层温差)从严按不超过 15 ℃控制。

(三)内外容许温差

为了不使碾压和常态混凝土产生太大的表面温度应力,防止发生表面裂缝,必须对混凝土的内外温差进行限制,考虑碾压混凝土早期抗裂性能较常态混凝土为低,早期形成的容许内外温差为 12 ℃,中后期形成的内外温差为 14 ℃。

(四)坝体混凝土浇筑温度

坝体混凝土各月浇筑温度按表2所示控制。表中1区指强约束区(基础强约束区和老混凝土面上 $0\sim L/4$ 范围新浇混凝土区,2区指基础弱约束区,3区为1区和2区除外区域;填塘和陡坡部位的混凝土按照强约束区对待。

表2　　　　　　　　　　　　　坝体混凝土各月容许浇筑温度

月份		4	5	6	7	8	9	10
月平均气温(℃)		5.9	13.6	18.7	20.2	18.2	11.8	3.7
浇筑温度(℃)	1区	自然入仓	12	12	12	12	12	自然入仓
	2区	自然入仓	12	15	15	15	12	自然入仓
	3区	自然入仓	自然入仓	自然入仓	自然入仓	自然入仓	自然入仓	自然入仓

(五)坝体混凝土容许最高温度

施工过程中基础温差、新老混凝土温差和内外温差较难控制,一般通过控制混凝土内部最高温度来实现。根据上述各温差控制要求,并参考类似的工程经验,本工程坝体混凝土最高温度按表3所示控制。

表 3 坝体混凝土容许最高温度

区域	月份						
	4	5	6	7	8	9	10
1 区	18	20.5	22	22	22	20.5	16
2 区	20	23	24.5	24.5	24.5	23	18
3 区	24	32	34	34	34	32	23

三、大坝温控与防裂措施

(一)优化施工配合比

原大坝混凝土施工配合比由中国水利水电第四工程局试验中心设计。在工程建设过程中,业主(阿勒泰地区 SETH 水库管理处)委托中国水利水电科学研究院材料所(以下均简称中国水科院)对 5 个用量较多的施工配合比(常态混凝土 $C_{28}25W6F300$、碾压混凝土 $C_{90}20W6F50$、富胶凝碾压混凝土 $C_{90}20W4F200$、机制变态混凝土 $C_{90}20W6F100$ 和 $C_{90}20W6F300$)大坝混凝土的热力学性能进行复核试验,以便为施工期大坝温控仿真计算和分析提供必要的混凝土热力学参数。在对 5 个混凝土施工配合比进行初步分析后,中国水科院材料专家认为工程所用各混凝土施工配合比的用水量均偏高,随后根据经验和室内拌合试验,在保持水胶比不变、满足各配比设计 Vc 值/塌落度以及设计含气量的条件下,对工程现场实际采用的混凝土施工配合比进行了微调。与现场实际采用的混凝土施工配合比相比,微调后各原材料用量主要变化包括:单位体积混凝土用水量减少 8~21.78 kg,胶凝材料用量减少 17~48.63 kg,砂率均增加 1%(砂用量增加 18~34 kg),减水剂用量减少,三级配混凝土(常态混凝土和大坝内部碾压混凝土)引气剂用量分别增加 0.4/10 000 和 2/10 000,二级配混凝土(富胶凝碾压和变态混凝土)引气剂用量减少 8/10 000~13/10 000。热力学复核试验结果表明,与现场采用的施工配合比的结果相比,微调后各配比混凝土的各项力学性能指标(抗压抗拉强度、极限拉伸等)均明显占优,绝热温升降低,混凝土的抗冻性能满足设计要求。

鉴于微调后混凝土配比的胶凝材料用量和用水量减少,既节约成本,又有利于温控防裂(水化热较低,收缩和自生体积变形较小),且各项热、力学指标均有明显改善,混凝土抗冻性亦满足设计要求。结合现场实际情况,对施工采用的混凝土配合比进行了调整。

(二)施工过程中的温度控制措施

(1)合理利用施工时段。尽量利用每年 4—5 月、9—10 月低温季节多浇、快浇混凝土,高温季节(6—8 月)尽量利用夜间浇筑混凝土,这样不仅可以节省温控(主要为骨料预冷)费用,而且可以确保混凝土的浇筑质量。

(2)严格控制浇筑层厚度和层间间歇时间。为利于混凝土浇筑块的散热,强约束区(1 区)浇筑层高一般控制在 1~1.5 m,其他部位最大浇筑高度控制在 1.5~3 m 以内,上、下层浇筑间歇时间控制在 5~10 d。

(3)做好遮阳隔热。在混凝土运输自卸车顶部加设活动遮阳棚,在车厢侧面喷涂聚氨酯隔热,在输送混凝土的皮带机上部架设遮阳防雨棚。通过运输、浇筑过程中的各种防护措施,减少混凝土在运输途中的温度回升,控制混凝土温度从出机口至浇筑完成温度在春秋季回升不超过

3 ℃，在夏季不超过 5 ℃。

（4）加强现场管理，加快施工速度。强化各工序的紧密衔接，缩短混凝土运输及等待卸料时间，入仓后快速摊铺、快速碾压（振捣），加快混凝土覆盖浇筑速度，严格控制直接铺筑层间间隔时间不超过 6 h。

（5）仓层浇筑期间仓面保温和保湿。采取快速入仓、快速平仓、快速碾压，保证混凝土从拌和到碾压完毕不超过 2 h，有效减少外界大气热量倒灌；非强约束区混凝土每仓浇筑高度 3 m，在高温及大风季节将仓面模板一次加高到 6 m，每次开仓前先进行雾炮机试喷，根据风向确定最佳水流量和压力及雾炮机摆放位置和角度，在施工中使仓面形成雾气小气候。同时安排工人手持喷雾枪对仓面进行补喷，争取达到较好的仓面喷雾保湿和降温效果。在开仓前准备足够的彩条布和聚乙烯卷材（或保温被，以下均称聚乙烯保温被），在浇筑坯层碾压/振捣完毕后立即覆盖彩条布对仓面进行保湿，当气温较高（高于 25 ℃），在彩条布上覆盖一层聚乙烯保温被进行隔热。

（6）仓层间隔期间仓面保温和保湿。在完成整个浇筑仓层的施工，待混凝土初凝后 2~4 h 开始对整个仓面进行冲毛处理，冲毛处理后的仓面用毛毡（毛毡厚度不小于 300 g/m²）覆盖，并将毛毡洒水湿透，对仓面进行保湿，毛毡上用彩条布严密覆盖，避免水分蒸发。在春秋季节（4—5 月和 9—10 月），工程区寒潮（连续 2~3 d 平均气温降低 6 ℃ 以上）频发，对仓面除按上述方法保湿外，时刻注意天气预报，如遇寒潮，在彩条步上加盖一层（4 月 30 号以后或 9 月 30 日以前）或二层（4 月 30 号以前或 9 月 30 日以后）聚乙烯保温被进行临时保温，保温被之间相互搭接宽度不少于 5 cm。聚乙烯保温被上用彩条布或三防布覆盖，其上用重物压盖，避免被大风掀起吹散。仓面保湿和临时保温至其下一仓层混凝土备仓。

（7）混凝土施工期间（4—10 月）大坝临空面保湿和保温。大坝混凝土临空面（原立模面）拆模后的保湿和保温在春秋季（4—5 月及 9—10 月）可采用 1~2 层聚乙烯保温被及外覆 1 层彩条布的方法进行。在夏季对大坝临空面采用河水进行流水降温和养护。秋季大坝临空面的临时保温和保湿持续至实施永久保温或越冬保温。

（三）施工期坝体混凝土最高温度控制

鉴于本工程大坝混凝土胶材用量较多（混凝土配比微调后胶材用量有所降低，但依然较多），绝热温升较高（碾压混凝土 23 ℃，富胶凝碾压混凝土 26.5~27.3 ℃，机制变态混凝土28.7~29.8 ℃），高温季节混凝土内部最高温度达到设计控制要求的难度较大（尤其是在基础约束区或老混凝土约束区）。施工中主要采用 3 种方法对混凝土内部最高温度加以控制：

（1）通过采取一系列措施控制混凝土的平均浇筑温度在强约束区（邻近基础或老混凝土，亦即 1 区）不超过 12 ℃，在其他部位不超过 15 ℃。降低浇筑温度不仅直接降低混凝土内部最高温度，且因水泥在较低的混凝土温度下水化较慢，混凝土内部达到最高温度的时间延缓，更利于水管冷却发挥其削峰作用。本工程所用降低浇筑温度的措施主要包括：通过采取地垅取料、混凝土浇筑前 4~5 h 开始风冷骨料和加冷水拌合等措施控制混凝土出机口温度；通过对混凝土运输或传送设施采取遮阳隔热措施减少混凝土在运输过程中的温度回升；通过仓面喷雾降温、快速摊铺碾压、碾压后及时用彩条布和聚乙烯保温被进行保湿和隔热，尽可能减少混凝土在摊铺碾压过程中的温度回升。

（2）采用水管冷却对坝体混凝土进行削峰降温：HPDE 水管间距一为 1.5 m×1.5 m，在强约束区加密至 1.0 m×1.0 m，富胶凝碾压混凝土区和机制变态混凝土区加密至 1.0 m×0.75 m；冷却水在春秋季采用河床基岩裂隙水,水温 8~10 ℃。夏季采用机组制冷水,水温 8 ℃;通水流量在升温期不超过 2.0 m³/h,降温期不超过 1.2 m³/h;通水时间随混凝土层间间隔时间和季节变化,对于连续浇筑(层间间隔不超过 7 d)的混凝土层,其水管冷却通水时间在夏季(6—8 月)为 20 d,在春秋季 7~15 d 或取消冷却通水,实际通水时间根据气温、混凝土浇筑温度以及混凝土内部温度变化,由现场工程师确定。对于层间间隔超过 10 d 的混凝土层,其水管冷却通水时间在夏季不超过 10 d,在春秋季可减少至 5~7 d 或取消。

(3)充分利用混凝土表面散热降低内部最高温度:春秋季若无寒潮,在升温阶段(从混凝土浇筑到其内部温度达到最高,一般为 2~4 d,随浇筑温度、水管冷却情况(水管间距,冷却水温和流量和环境温度变化)仅对混凝土仓面进行保湿,充分利用仓面散热。一般在降温阶段才对仓面用彩条布,必要时用 1~2 层(单层厚 2 cm)聚乙烯保温被进行临时保温。在夏天对仓面和立模面采用流水养护和降温,拆模前对模板进行喷淋降温。

(四)大坝永久和越冬保温

如前所述,本工程位于严寒地区,每年仅 4—10 月适合混凝土施工,11 月—翌年 3 月平均气温均在-4 ℃以下,尤其是 12 月—翌年 2 月,平均气温在-11 ℃以下,且风大雪大,不得不停工冬休。这种严寒气候条件和长间歇式的施工方式大大增加了坝体混凝土的温控防裂工作:坝体上下游面必须进行永久保温,越冬仓面及未进行永久保温的上下游坝面和其他临空面(横缝面等)在冬季必须进行越冬保温。

(1)根据大坝施工期和运行期温度应力仿真计算和分析结果,本工程采用在大坝上下游面均喷涂 10 cm 厚发泡聚氨酯(导热系数小于 0.024 W/m·K)进行永久保温。

(2)参考类似工程经验并经大坝施工期温度应力仿真计算和分析验证,越冬仓面及未进行永久保温的上下游坝面和其他临空面(横缝面等)的越冬保温按下述方式实施:①越冬仓面保温:仓面越冬期的表面放热系数应不大于 0.7 kJ/(m²·h·K),实施中采用在仓面铺设一层土工布,上覆聚乙烯保温被(10 层,总厚度不小于 20 cm,导热系数不小于 0.038 W/m·K)或黑心棉被(13 层,总厚度不小于 25 cm,导热系数不小于 0.05 W/m·K),保温被之间相互搭接宽度不小于 5 cm,在保温被上用土工布或防水彩条布覆盖,土工布之间搭接宽度不小于 50 cm,搭接部位用钢管和沙袋压实,仓面周边用沙袋无间隙压盖,确保仓面保温任何一处在越冬期不被大风掀起,确保越冬面保温效果。②未能进行永久保温的上下游坝面和其他临空面(横缝面等)的越冬保温根据具体情况采用不同的方法实施。ⓐ未拆模板部位(主要为越冬面周边大坝上下游面和横缝面):参考永久保温措施,在钢模板外 喷涂 10 cm 后发泡聚氨酯进行越冬保温。ⓑ已拆模板但由于各种原因未能进行永久保温的大坝上下游面及横缝面:在混凝土立面上张贴 10 cm 厚 EPS 苯板,用将整个张贴苯板的立面用防水彩条布(或土工布)蒙盖,彩条布或土工布搭接宽度不小于 30 cm,周边或搭接部位用板条压实并用发泡聚氨酯密封,避免冷空气进入。ⓒ蓄水或填土保温:根据越冬期上游围堰前的水位变化情况及越冬仓面高程分析,若不采取措施,越冬期基坑水位在 2018—2019 年越冬期将淹没 10#~14# 坝段的越冬仓面,为避免这种极为不利情况的发生,冬休前在下游围堰开口,开口底部高程低于 10#~14# 坝段的越冬仓面至少 1.0 m,且略高于越冬期下游水位,使大坝下游基坑内渗水可排至下游,避免越冬仓面被淹。同时设水泵定时抽水,控制上游基坑内水位低于越冬仓面高程至少 0.5 m,在将被淹没的 10#~17# 坝段上游面未拆模板外侧喷涂 10 cm 发泡聚氨酯进行越冬保温,10#~17# 坝段上游面已拆模板部位在越冬期将低于基坑内水位至少 4 m 以上,越冬期不做特殊防护,仅利用基坑蓄水进行保温。受结构布置和施工进度的影响,在 2018—2019 年冬休开始时,10#底孔坝段坝段、11#表孔坝段和 13#发电引水坝段预留混凝土台阶底部高程大多低于下游基坑越冬期可能达到的最高水位,为避免这些部位越冬期被淹,致使混凝土温度过度降低,给来年混凝土温控防裂造成难以克服的困难,对整个可能受影响的 10#~17#坝段下游均采用填土进行保温。填土采用自卸汽车运料,用反铲进行摊铺和夯实,填土顶部高程与越冬仓面高程一致,顶部宽度不小于 3 m,10#和13#坝段混凝土台阶上的填土厚度不小于 3.0 m(工程区最大冻土深度 239 cm)。越冬仓面保温向下游填土顶部延伸距离不小于 1.0 m。

这些越冬保温措施效果明显,整个大坝在 2018—2019 年越冬期除在 17#坝段靠近岸坡部位在廊道附近结构突变处以及岸坡接触灌浆止浆坎附近发现 3 条细小裂缝外,在其他部位未发现裂缝。越冬仓面中部混凝土表面温度基本都在 15 ℃以上,在上下游坝面附近也基本在 0 ℃以上。10#坝段底孔预留台阶内部混凝土内部温度在 12~17 ℃,大大减小了后续混凝土施工的温控难度。

(五)老混凝土面上新浇混凝土的温控防裂

在老混凝土面(龄期超过 21 d),尤其是越冬面上浇筑的混凝土层受下层老混凝土的强约束和外界气温的影响,在温控措施不力的情况下,极易因上下层温差、内外温差和混凝土自生体积收缩变形导致的应力过大,从而在上下游坝面发生危害性较大的水平裂缝(沿新老混凝土界面)和劈头裂缝,在坝段顺水流方向的中部的横缝或岸坡附近发生近似平行于坝轴线的裂缝。沿新老混凝土界面的水平裂缝多发生于随后的越冬期。劈头裂缝和其他裂缝多发生在老混凝土上(尤其是在越冬面上)浇筑的薄层混凝土中,尤其是在遭遇寒潮而混凝土临空面未能及时进行妥善临时保温的情况下。

在胶凝材料和混凝土配合比已定的情况下,老混凝土面(尤其是越冬面)上新浇混凝土的温控防裂主要通过优化混凝土浇筑计划和施工组织、控制新老混凝土上下层温差和内外温差来实施:

(1)优化混凝土浇筑计划和施工组织,尽可能连续浇筑(层间间隔不超过 7 d),在特殊情况下应尽可能控制层间间隔时间不超过 14 d。在无法避免的老混凝土面(例如越冬仓面)上浇筑新混凝土时,应尽可能使新浇混凝土薄层(仓层厚度 1.0~1.5 m)连续(仓层间隔不超过 1 周,最好控制在 5 d 以内)升高 6.0 m 以上,避免薄层(厚 3.0 m 或更薄)浇筑后长时间间隔。在保证总进度计划的前提下,将部分越冬仓面的上的混凝土浇筑尽可能推迟,以便越冬仓面下部混凝土的平均温度回升到 20 ℃以上,降低上下层温差的控制难度。

(2)控制新老混凝土层(上下层)温差主要通过控制浇筑温度、采用水管通水冷却和加强新浇混凝土的养护(保温保湿)来实施。根据大坝施工期温度应力仿真计算和分析,本工程越冬面新浇混凝土的浇筑温度不宜超过 12 ℃,越冬仓面以上一定范围(不少于 6.0 m 厚)新浇混凝土层的冷却水管的水平间距在上下游坝面附近的富胶凝碾压混凝土和机制变态混凝土范围内从 1.5 m 减小到 0.75 m,在混凝土浇筑后初期(5 d)加大通水流量(2.0 m³/h),5 d 以后按不超过 1.2 m³/h 控制。冷却水温在初期按不超过 8 ℃控制,中后期冷却水温采用 12~15 ℃。冷却通水时间,在连续浇筑的情况下,在气温较高季节(6—8 月)为 20 d,在气温较低季节(春秋季)为 10~15 d。在层间间隔时间超过 10 d 的情况下,冷却通水时间在夏季不超过 10 d,在(春秋季)不超过 7 d 或完全取消冷却通水,具体实施随浇筑温度、环境气温和混凝土内部温度变化。

(3)鉴于工程区在春秋季寒潮频发,加强混凝土仓面和临空面的临时保温对于控制新浇混凝土尤其是越冬面上新浇混凝土的内外温差,从而降低混凝土开裂风险尤为重要。

四、结　语

　　根据工程区气候特点、类似工程经验和大坝施工期和运行期混凝土温度应力仿真计算和分析的结果,制定切实可行的温控指标和有效的温控措施,通过调整混凝土配合比、优化浇筑进度计划和施工组织设计、控制混凝土浇筑温度、优化和加强混凝土水管冷却、加强混凝土施工期(4—10月)混凝土仓面和临空面的临时保温、及时进行坝面永久保温、及时进行仓面和其他坝体临空面的越冬保温,使坝体混凝土的基础温差、上下层温差和内外温差得到有效控制,显著降低了大坝混凝土的开裂风险。在过去两年的施工过程中,除个别结构突变部位和岸坡部位发生一些细小裂缝外,未发现大范围的贯穿性裂缝或劈头裂缝,大坝混凝土的温控防裂处于整体可控状态,有效保证了大坝混凝土的质量。

(作者单位:蒋小键　阿勒泰地区 SETH 水库管理处
　　　　　秦明豪　中国水利水电科学研究院
　　　　　王立成　中水北方勘测设计研究有限责任公司)

SETH 水利枢纽工程帷幕灌浆设计方案

李跃强　　　李瑞鸿

一、工程概述

SETH 水利枢纽工程由拦河坝、泄水建筑物、发电引水建筑物、工业和生态放水建筑物、坝后式电站厂房和过鱼建筑物等组成。工程任务为以工业供水和防洪为主,兼顾灌溉和发电。工程建成后,可使下游沿线乡镇防洪标准的洪水重现期由 10 年提高至 20 年,县城防洪标准由 20 年提高至 30 年。水库总库容 2.94 亿 m³,工程等别为 Ⅱ 等,工程规模为大(2)型。拦河坝为碾压混凝土重力坝,最大坝高 75.5 m,坝顶高程为 1 032.0 m,防浪墙顶高程为 1 033.20 m,坝顶总长 372.0 m。

二、工程地质情况

坝基为华力西期(γ_4^{2f})辉长岩侵入岩,坝基范围无断层发育,节理裂隙为主要含水透水通道,坝基渗漏为裂隙式渗流。

根据钻孔压水试验成果,坝基岩体渗透性不均一。上部岩体渗透性强,随深度增加,岩体渗透性逐渐变弱。左岸孔深 30 m 以上岩体透水性较强,多为中等透水-弱透水性;孔深 30 m 以下岩体透水性有减弱趋势,岩体以弱透水性为主,局部呈中等透水性。河床孔深 40 m 以上岩体透水性较强,差异大,多为中等-弱透水性;孔深 40 m 以下岩体透水性减弱,多为弱透水性。右岸孔深 50 m 以上岩体透水性强,差异明显,多为中等透水性,局部为弱透水性;孔深 50 m 以下岩体透水性减弱,多为弱透水性。

坝基岩体中未发现大的断层,结构面以构造裂隙为主,规模不大,多呈闭合状态,连通性差,且多无充填物,坝基岩体的渗透稳定性良好。基于此,坝基渗流控制以降低坝基扬压力、减少渗漏量为主要目标。

坝轴线处岩体透水率小于 3 Lu 埋深 40.00~85.00 m,相应高程 905.33~989.03 m。考虑到岩体渗透性不均一,防渗帷幕进入透水率小于 3 Lu 岩体以下一定深度。

坝址两岸地下水位低缓,无相对隔水层,不具备完全封闭条件,防渗帷幕长度根据绕坝渗漏量综合考虑。

三、帷幕灌浆设计方案

(一)压水试验成果

坝基覆盖层清除后,坝基渗漏通道主要是岩体结构面。根据坝址河床及两岸钻孔中进行的压水试验成果,岩体透水率为 0.6~79.0 Lu。其中,地表强风化和卸荷岩体破碎、裂隙张开,透水率一般大于 10.0 Lu,属中等-强透水性;左、右岸弱风化岩体透水率平均值为 3.2~26.0 Lu,属弱-中等透水性,微风化-新鲜岩体透水率 1.1~5.8 Lu,属弱透水性;河床部位弱风化岩体透水率 12.0~55.0 Lu,属中等透水性,微风化-新鲜岩体透水率 1.7~3.9 Lu,属弱透水性。就不同位置来讲,河床表部透水性较强,右岸岩体渗透性略强于左岸。

(二)防渗帷幕设计标准

上游帷幕深度控制标准为坝基透水率 $q \leqslant 3$ Lu,左岸近坝段和右岸透水率 $q \leqslant 3$ Lu,左岸远坝段透水率 $q \leqslant 5$ Lu。坝基部位主帷幕深度不小于 60 m,帷幕后主排水孔坝基扬压力折减系数 $\alpha \leqslant 0.25$。右岸坝肩处延伸入右岸 230 m,确保帷幕延伸至相对隔水层。

(三)防渗帷幕布置

为减少绕坝渗漏量,左右坝肩防渗帷幕应适当延长,大坝防渗帷幕范围为坝 0-067.44—坝 0+602.00。由于左岸山体单薄,为防止左岸山体绕渗,在左岸设置一道防渗帷幕,防渗帷幕范围为左岸 0+000.00—0+700.56。

考虑到河床坝段岩基裂隙较发育,结合地质情况,在裂隙较发育的部分河床坝段设置 2 排防渗帷幕,在左岸两处垭口部位设置 2 排防渗帷幕,其余左右岸坝段各设置 1 排防渗帷幕。2 排防渗帷幕的布置方式是,副防渗帷幕设置在上游侧,向上游倾斜 5°~10°,主防渗帷幕设置在下游侧,垂直布置,主副帷幕孔距均为 2.0 m。单排防渗帷幕的布置方式是,帷幕孔距 1.5 m,帷幕按三序孔布置。帷幕灌浆应在有混凝土覆盖的情况下施工,帷幕灌浆工艺采用"孔口封闭,自上而下,小口径钻孔,孔内循环"的高压灌浆工艺。根据大坝承受的水头及工程地质情况,初步确定帷幕灌浆最大灌浆压力为 $P_{max}=2.0$ MPa。

(四)帷幕灌浆技术要求

帷幕灌浆采用孔口封闭、自上而下分段循环灌浆法,并采用自动记录仪进行数据采集和分析。所有钻孔均需镶注孔口管,安装孔口封闭器。孔口管一般应深入到基岩结合面以下 2.0 m,露出廊道底板 10 cm 以上。坝基帷幕射浆管距孔底的距离不得大于 0.5 m,灌浆塞应塞在已灌段底部以上 0.5 m 处,一般情况下 1 台灌浆机只灌 1 孔;接触段灌浆塞宜跨越混凝土与基岩接触面安放。每一灌浆段长度一般 5.0~6.0 m(不含帷幕灌浆基岩与混凝土的接触段)。当岩体破碎、孔壁不稳、钻孔中遇有大裂隙或集中岩溶漏水时,应再缩短灌浆段长度,作为单独一段进行灌浆,对于特殊情况,需缩短或加长灌浆段长度,但灌浆段长度不应大于 10.0 m。

进行帷幕灌浆时,坝体混凝土与基岩接触段应先行单独灌浆并应待凝 24 h,并在接触段灌完后应下好孔口管,再开始下部第一段钻灌。

(五)帷幕灌浆施工顺序

同一坝段内灌浆工程施工顺序应是:固结灌浆→副帷幕灌浆→主帷幕灌浆。帷幕灌浆应先施工下游排,后施工上游排,帷幕后的主排水孔、坝基排水孔、下游排水孔及扬压力观测孔的钻孔,必须在该孔周围 20.0 m 范围内各种灌浆工程全部完成且经验收合格后方可进行。

四、结　语

通过坝址工程地质情况分析,结合压水试验结果,给出了防渗帷幕设计标准,并在此基础上提出了防渗灌浆布置方案和相关技术要求,以期为同类工程帷幕灌浆设计提供参考。

(作者单位:中水北方勘测设计研究有限责任公司)

SETH 水利枢纽工程固结灌浆设计方案

李跃强　朱伟君　李会波

混凝土重力坝为水工建筑物最常见的坝型之一,其靠自身重量保持大坝的稳定。由于混凝土坝为刚性坝,且自重大,对坝基的要求较柔性坝高的多。

为保证大坝坝基稳定,重力坝多以弱风化或微新岩体为坝基,若坝基范围有裂隙等结构面发育,重力坝坝基范围内则需进行固结灌浆。固结灌浆能够提高坝基岩石的整体性,增强坝基的抗压强度,减小坝基岩石的变形和不均匀沉降。本文以 SETH 水利枢纽工程为例介绍了坝基固结灌浆相关设计方案。

一、工程地质条件

坝址地层主要为第四系松散堆积物和华力西期(γ_4^{2f})侵入岩。两岸斜坡地段基岩出露,松散覆盖层主要分布在河床及两侧滩地。其中:左岸松散堆积物上部为坡积及洪积物,下部为冲积物,总厚度 2.0~6.0 m;河床及其右侧主要为冲洪积物,厚度一般 4.0~8.0 m;右岸松散堆积层厚度 2.5~4.5 m,左岸比右岸覆盖层厚,上游比下游厚。

坝基为坚硬致密的钾长辉长岩和二长辉长岩,均为坚硬岩类。坝基开挖至弱风化下部及微风化带,岩体结构为块状、次块状,岩体类别则以 A$_\text{II}$ 类为主。

坝基岩体中裂隙主要有 2 组,其走向为①NE40°~70°和②NW270°~300°,③NE10°~20°和④NW320°~330°仅少量发育。其中,左坝肩裂隙走向以①组为主,右坝肩裂隙走向以②组为主。

坝基岩体中节理裂隙较发育,为提高坝基岩体的整体性和抗变形能力,进行固结灌浆是必要的。

二、坝基岩体可灌性分析

根据坝址河床及两岸钻孔中进行的压水试验成果,岩体透水率为 0.5~170.0 Lu,总体以弱透水为主。岩体渗透性不一,渗透性主要受裂隙发育情况控制。上部岩体渗透性强,随深度增加,岩体渗透性逐渐变弱。

钻孔录像显示,坝基岩体中裂隙局部发育,以陡倾角裂隙为主,呈闭合-张开状,裂隙张开度一般小于 2.0 mm,个别较大,多无充填,部分张开较大者有方解石或岩屑充填,部分裂隙的裂隙面粗糙或有黄色锈膜。

总体看,坝基岩体是可灌浆的,通过灌浆可有效降低岩体的渗透性,提高岩体的整体性和抗变形能力。为保证灌浆效果,灌浆施工前应开展灌浆试验。

三、固结灌浆设计方案

(一)灌浆分区

根据坝基基岩裂隙发育情况、坝基受力条件及相关规范,该工程固结灌浆分为 A、B 两个区。灌浆廊道下游为 A 区,下游为 B 区。A 区孔深 6.0 m,B 区孔深 8.0 m。灌浆孔间排距为 2.5~3.0 m。15#~16#坝段固结灌浆孔布置示意图如图 1 所示;坝体断面固结灌浆孔布置示意图如图 2 所示。

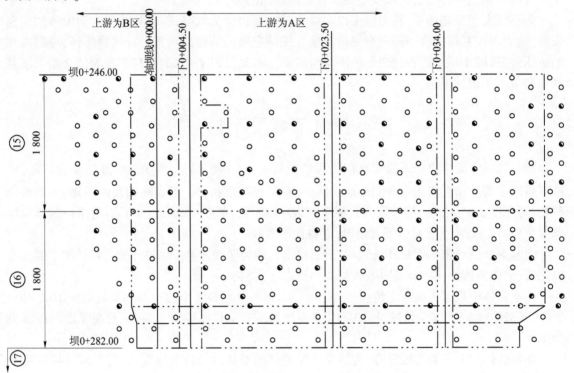

图 1　15#~16#坝段固结灌浆孔布置示意图(单位:mm)

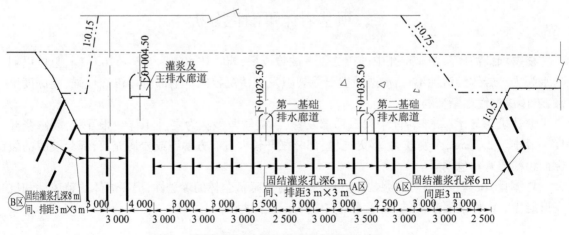

图 2　坝体断面固结灌浆孔布置示意图(单位:mm)

为控制混凝土和表层岩体的抬动,固结灌浆在有盖重条件下进行,盖重厚度为 3 m,盖重混凝土强度达到设计强度 50% 方可进行固结灌浆。

(二) 灌浆压力与浆液变换

(1) 固结灌浆的压力应根据工程地质条件、施工条件和灌浆试验等综合确定。灌浆压力宜分级升高,并严格按注入率大小控制灌浆压力,防止混凝土结构或基岩抬动。固结灌浆过程中控制混凝土浅表层岩体最大允许抬动值不超过 0.1 mm;当抬动变形,接近设计允许抬动值时应适当降压灌浆。抬动观测应有专门记录,记录每 10 min 一次。灌浆参考压力一序孔采用 0.4 ~ 0.5 MPa,二序孔 0.5 ~ 0.7 MPa,灌浆压力一律采用孔口回浆管的表压力为准,读其指针摆动中值。

(2) 浆液水灰比按 3:1、2:1、1:1、0.5:1(重量比)四个比级。开灌浆液水灰比选用 3:1。浆液变换应符合下列原则:①当灌浆压力保持不变,注入率持续减少时,或注入率不变而压力持续升高时,不应改变水灰比;②当某级浆液注入量已达到 300 L 以上时,或灌浆时间已达到 30 min 时,而灌浆压力和注入率均无改变或改变不显著时,应改浓一级水灰比;③当注入率大于 30 L/min 时,可根据具体情况越级变浓。

(三) 质量检查指标

坝基固结灌浆效果检查采用测量岩体弹性纵波波速和压水试验的方法,并结合分析灌浆孔和检查孔的钻孔取芯和灌浆试验成果为辅的方法进行综合评定。

灌前波速 3 000 m/s $\leqslant v_p \leqslant$ 3 500 m/s,灌后提高幅度 20% ~ 35%;灌前波速 3 500 m/s $\leqslant v_p \leqslant$ 4 200 m/s,灌后提高幅度不小于 15% ~ 20%;灌前波速 4 200 m/s $\leqslant v_p \leqslant$ 4 800 m/s,灌后提高幅度不小于 5% ~ 10% 建基面 0 ~ 3 m 范围岩体灌后 95% 的测试段纵波波速不小于 4 000 m/s。

检查孔均应采取岩芯,岩芯采取率应不小于 95%,获得率(RQD 值)应不小于 80%,混凝土与岩石结合面胶结良好。

四、结　　语

目前,有部分坝段完成了固结灌浆,并进行了质量检查,检查结果满足设计要求。固结灌浆能够提高基岩的承载能力,加强基础基岩整体性和均一性,减少坝基渗透。

(作者单位:中水北方勘测设计研究有限责任公司)

SETH 水电站工程电站厂房建筑设计

韩沙桐　阮　胜　靳可欣

一、概　　况

SETH 水利枢纽为地面厂房,电站装机 27.6 MW。工程任务以供水和防洪为主,兼顾灌溉和发电,并为加强乌伦古河流域水资源管理和水生态保护创造条件。厂区规划中分为 3 个部分,分别为大坝区(包括主厂房、副厂房、柴油机房、消力池排水泵房、表孔油泵房、底孔油泵房、两处警卫室、大坝楼电梯间、地下消防水泵房及消防水池)、现场管理区(包括管理用房、警卫室、水处理间、变电室)及后方管理区。根据功能需要,通过对各建筑物的精心安排,使各建筑物自然协调地联系在一起。在此仅针对厂区枢纽的主副厂房的建筑设计进行介绍。

二、设计指导思想

"以人为本",创造适宜人的可人环境,体现人文生态。

在工业建筑设计中不仅要满足生产工艺和生产空间的要求,也要为员工创造一个舒适的工作环境,工业建筑中的空间及环境与人相融合,让人们置身在工业建筑的良好环境中产生归属感、生活感和亲切感,最终达到提高员工的生活质量及工作效率。工业建筑虽然不能完全等同于民用建筑,但其基本原理是一致的,需要在满足不同的使用要求的同时,采用建筑设计、结构技术形式等种种手段,营造生产、建筑与空间形象,创造宜人的、有文化内涵的、优美的建筑环境。

建筑设计尽力塑造一种大方稳重的建筑形象。通过对外檐材料的合理搭配,使电站具有工业建筑独特的形象以及丰富的内涵,展现了工业建筑与现代建筑结合的独特魅力。

三、厂区总体建筑布局

厂区根据功能需要设有主厂房、上游副厂房、室外主变压器场、警卫室和其他附属用房,主厂房和副厂房作为一个整体贴临布置,2 台主变压器位于副厂房上游侧,厂区总体建筑布局见图 1。管理用房分为两部分,一部分为现场管理用房,位于厂区周边;一部分为后方管理用房,位于阿勒泰地区。

整个厂区布置紧凑合理。警卫室为厂区的序曲,设在厂区入口处;进厂路位于河道右岸,道路一侧为电站主体建筑——发电厂房。发电厂房包括主厂房和副厂房,作为一个整体进行设计。主厂房平面布置自上而下分别为:发电机层、水轮机层、蜗壳层,层间设有两部楼梯连通上下层交通。副厂房地下一层布置有高低压盘柜室、风机房等;地上一层布置有直流盘室、蓄电池室、电缆层及设备室等;二层布置有中控室层、继电保护室、计算机室、交接班室和 GIS 室,出线

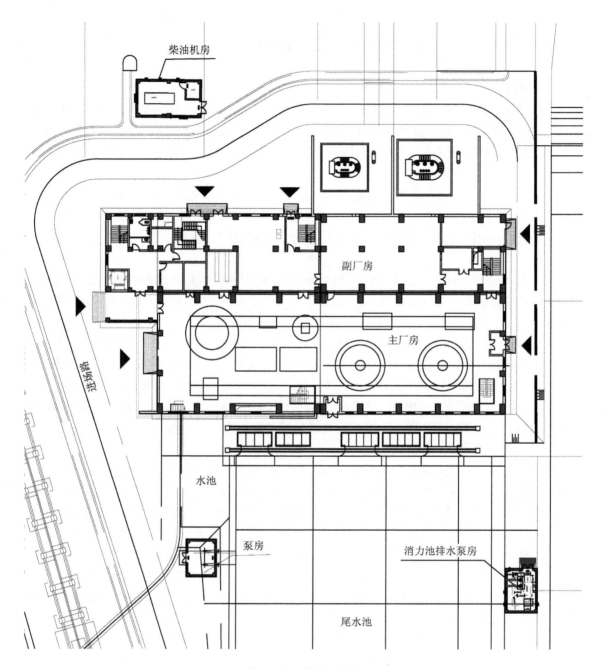

图 1　厂区布置示意图

架设置在 GIS 室屋顶；三层布置有电源室、调度管理自动化中心、通讯设备室、水情测报室、通信值班室、监测控制室、工具间及会议室等。副厂房作为厂区人员活动最频繁的区域,靠近厂区入口,符合人员活动规律,GIS 紧靠主厂房上游侧,更便于出线。整个厂区通过灌木和草地等植物的精心配置,形成良好的视觉及绿化景观效果。

在厂区内布置消防车道,车道宽大于 4.0 m,该车道连接主厂房入口、室外主变压器场,并能通至地面副厂房长边。

四、厂区设计的特点

(一)平面设计

主厂房地面以上为单层排架结构,建筑耐火等级为二级,地上部分长度为 52.60 m,宽度为 18.04 m,建筑高度为 17.60 m,室内外高差为 0.20 m。副厂房为框架结构,建筑耐火等级为二级,地上部分长度为 60.40 m,宽度为 11.66 m,建筑高度为 14.50 m。地上 3 层,地下 1 层,室内外高差为 0.20 m。

厂房平面设计中的第一个特点就是利用有限的空间进行设备布置,主厂房地上部分和副厂房贴临而建,地下部分以机电设备房间为主,功能紧凑合理,将分散的平面式布局变成集中的立体式布局,开关站出线架位于副厂房 GIS 室屋顶,减少占地面积,缩短电缆走线的长度,从而减少工程量。

厂房设计的第二个特点是设置集中、醒目的主入口,用幕墙作为维护结构,在吸引人流进入门厅后能快速指明方向进行有效疏散,电梯位于主入口附近,能同时兼顾主副厂房,交通联系紧密便捷。

厂房设计的第三个特点是整个建筑功能分区明确,中控室作为副厂房的主要房间,在设计中重点处理,将中控室、继保室和计算机室作为主体,布置在二层,同时将 GIS 室也布置在同层,利于电站值班人员管理和操作。平面布局尽量保证各层空间的完整性,将使用性质相近的房间集中布局,利于设备布置。中控室、继保室与 GIS 室同层,方便各房间的电缆布线,交通便捷,电缆走向顺畅。GIS 出线架位于副厂房屋顶,电缆线路经济便捷。

(二)立面设计

主、副厂房相临而建,建筑立面基本统一。在外立面设计中以简洁现代的处理手法统一考虑两个单体。以外墙装饰材料及纹理的变化作为主要的外立面处理手法,局部做重点处理突出亮点,在处理中采用了虚实对比等手法,一方面强调了明快的整体形象,一方面以丰富的细节处理表现现代建筑特色和文化内涵,充分反映了建筑的性格特点。外立面设计如图 2~5 所示。

(1)主厂房全长 52.60 m,宽 18.04 m,高 17.60 m,根据重点部位重点突出的原则,将主厂房的主立面做重点处理。主立面在厂房布置的基础上顶部设计悬挑的装饰构架,通过悬挑设计突出局部创造多变的体型,使生硬的立面变得凹凸灵动,给人眼前一亮的感觉,突出工业建筑的力量美感。构架距地 17.60 m,主立面构架长度 27.2 m,侧立面构架长度 18.7 m。

(2)主立面墙面外挂"水利枢纽工程"题字,整体形象醒目,同时将主立面一侧外墙做局部延伸处理,与副厂房呼应形成层次感的同时,也使相对体量较大的主厂房显得简洁而富于韵律,增加了建筑现代、优雅的视觉效果。

(3)主厂房屋面为金属板屋面,屋面一侧做内檐沟排水,利用这一特点,根据屋面坡度走向将主厂房两侧女儿墙设为斜线形,视觉上给人以渐变的感觉,也使立面更加丰富,体现现代感的主体结构效果,建筑生动而活泼。

(4)在外檐立面设计中也非常注重材料的运用,主入口处布置突出的门厅,用玻璃幕墙作为维护结构,仿佛从建筑主体上自然生长出来一样,吸引人流视线的同时也能满足防风保暖的要求,使建筑室内空间与室外空间融为一体。次入口的处理基本延续了外立面的建筑处理手法。外檐采用灰色涂料外墙面,外窗为中空玻璃节能塑钢窗。局部装饰板构架及仿木纹金属装饰格栅,整体色彩明亮、现代。

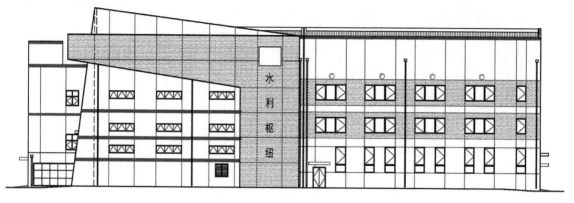

图2　正立面图

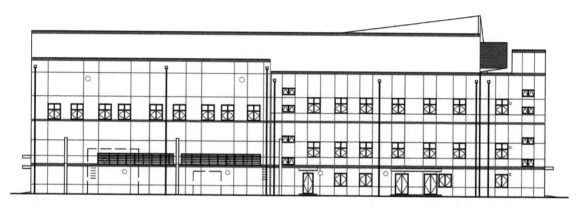

图3　背立面图

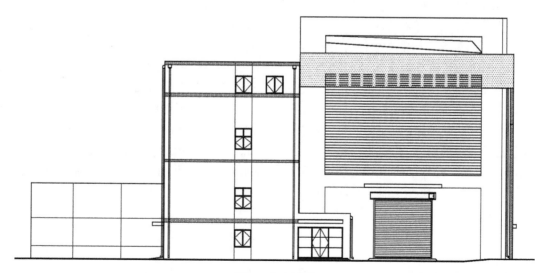

图4　左立面图

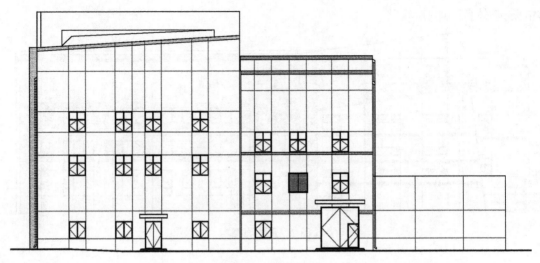

图 5　右立面图

五、内部装修设计

内装修设计遵循重点部位重点装修的原则,采用不同的装修标准:

(1)主厂房内设计以"明快、淡雅、现代"为主题,力图创造出宁静、舒畅的工作环境。内墙面、地面装修采用浅而明亮的颜色,起重吊车和机电设备采用时尚工业色系;在地面分格、灯饰布局和墙面建筑处理上都注意加强节奏和韵律感,浅蓝灰色钢网架,尽力削弱厂房长向和空间空旷的视觉感受。

(2)发电机层楼面采用环氧树脂自流平楼面,内墙面采用乳胶漆内墙涂料;水轮机层楼面为细石混凝土楼面,乳胶漆墙面,水泥砂浆顶棚;蜗壳层及以下楼面为混凝土随打随抹平,内墙面为水泥砂浆墙面,顶棚为混凝土顶棚。发电机层楼梯采用花岗岩楼面,其余各层楼梯面层采用混凝土随打随抹平,梯板底面采用白色涂料,不锈钢扶手、栏杆。其他部分采用一般装修。

(3)副厂房重点部位重点装修,门厅、过厅、楼梯间采用花岗岩楼地面,门厅为大理石内墙面,顶棚为轻钢龙骨矿棉板吊顶;蓄电池室、继电保护室、地下一层盘柜室、二层走廊、值班室、三层走廊、会议室等采用玻化砖楼地面,乳胶漆内墙面,顶棚为轻钢龙骨石膏板或矿棉板吊顶;二层中控室、计算机室、交接班室;三层通讯设备室、电源室、信息管理中心、水情测报室楼面为抗静电玻化砖楼面,乳胶漆内墙面,顶棚为轻钢龙骨石膏板或矿棉板吊顶;GIS室采用自流平环氧砂浆楼面,环氧涂料墙裙,乳胶漆内墙面,乳胶漆顶棚。卫生间为防滑地砖地面,瓷砖墙面,轻钢龙骨铝条板吊顶。楼梯踏面、踢面、息板、踢脚、梯段侧板均采用花岗岩楼面,梯板底面采用乳胶漆涂料,不锈钢扶手、栏杆。地上其他房间采用中档装修。

六、厂区绿化设计

绿化设计原则充分考虑"以人为本",创造舒适宜人的工作环境,体现人文生态。

在厂区景观设计中,"因地制宜"应是"适地适树"、"适景适树"最重要的立地条件。选择适生树种和乡土树种,做到宜树则树,宜草则草,充分反映出地方特色,只有这样才能做到最经济、最节约,也能使植物发挥出最大的生态效益,起到事半功倍的效果。

绿化设计主导思想以简洁、大方、美化环境、体现建筑设计风格为原则,使绿化和建筑相互融合,相辅相成。使厂区的绿化设计成为有机的组成部分,并为改善工程的自然环境提供有利的条件。

七、节能与环保

建筑节能主要是通过增强建筑物的围护结构(包括建筑物的外墙、外窗、屋面、分隔墙、楼板等)的保温隔热性能、提高建筑设备(包括空调采暖设备、照明设施、生活热水设备等)的能源利用效率、处理好建筑与建筑物室内的自然通风及设计合理的建筑外遮阳设施等几个方面的手段来达到节能目标。本工程所在地为严寒气候区,主厂房、副厂房及其它附属用房均执行《工业建筑节能设计统一标准》(GB 51245—2017)严寒地区 B 区进行节能设计。

在设计中,主厂房、副厂房外墙均采用 300 mm 厚蒸压加气混凝土砌块,40 mm 厚热固型聚氨酯外保温,传热系数为 0.42 W/(m² · K)。外窗采用 6+12A+6 厚中空玻璃塑钢窗,传热系数为 2.34 W/(m² · K),屋顶保温材料采用 100 mm 厚热固型聚氨酯外保温。

装修设计中采用环保材料,力求以人为本,为人们创造舒适的工作环境。

八、结　　语

通过工程设计,能看到建筑师为探索水利工程中建筑设计所做出的努力。随着建筑创作花样翻新,工业建筑还是一片净土,新的材料和新的技术很难应用其中。本设计作品力图在设计中结合工业建筑的特点,保留工业建筑形象的条件下,应用新材料、新技术、新手法,在布置中使工业建筑更符合人的行为习惯和具有时代感的审美观念,尽力创造我们自己的工业建筑作品。

(作者单位:中水北方勘测设计研究有限责任公司)

SETH 工程过水孔防冷激处理研究

计海力　王立成　赵　琳

一、工程概况

SETH 水利枢纽工程位于严寒地区,气候条件恶劣,夏季酷热,多风少雨,蒸发量极大,冬季严寒。经计算,库底水温度较低,又因为坝体采用上下游喷涂聚氨酯保温,坝体温度难以散发出去,造成坝体长期处于高温区,相应的底孔及引水钢管过流时,低温库水与高温坝体温差大,极易引起冷激问题,使得坝体产生过大温度应力,超过坝体混凝土抗拉强度,产生裂缝。本文对碾压混凝土大坝过流孔洞进行了设计,并提出了适合本工程合理设计方案,在保证大坝质量的情况下,节约投资,方便施工。

二、过流孔洞设计

(一)坝体过流冷激问题及防范设计

严寒地区混凝土坝体设置过流孔洞时,由于坝体混凝土温度高,而水流温度相对较低,造成混凝土内外温差过大,混凝土在温度荷载的作用下产生较大的拉应力,导致坝体混凝土出现环状裂缝,如果裂至廊道部位,水流将会沿着裂缝进入坝体,造成坝体渗漏,坝体结构失稳,极易出现漏坝、塌坝事故,危及整个工程安全。

因此,在过流孔洞设计时,采用如下设计方案:孔壁迎水面采用钢板护衬,钢板壁厚 6 mm,采用 10 cm 肋板加固,钢板背水侧喷涂硬质聚氨酯泡沫 5 cm 作为保温隔热材料。

(二)坝体温度场

枢纽工程大坝碾压混凝土温控设计采用上游面喷涂 10 cm 聚氨酯、下游采用 8 cm 聚氨酯进行坝体保温。因为保温层随着坝体浇筑升高同时施工,造成坝体混凝土内部温度散热途径只有层面及冷却水降温,散热效率极低,造成混凝土坝内部温度过高。山口电站地理位置与本工程气候条件相近,采用保温设计。运行 4 年后,实测坝体内部温度 22 ℃左右。本枢纽工程经过坝体温度场计算,大坝建成后坝体温度场如图 1 所示。

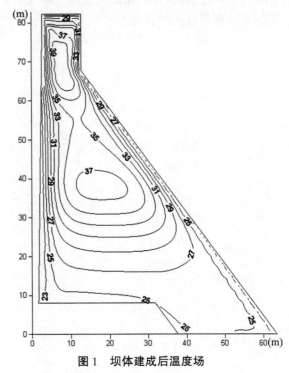

图 1　坝体建成后温度场

(三)库水温计算

坝址工程区最高气温40.9 ℃,最低气温-42.0 ℃,最大温差达到82.9 ℃,月平均气温分布不均,1月份月平均气温最低-15.3 ℃,7月份月平均气温最高20.2 ℃,相差较大。蒸发量多年平均1 571.8 mm;最大风速17.3 m/s,冻土最大深度239 cm。

坝址区各月平均气温和降水量统计见表1,4—10月份水温统计见表2。

表1　　　　　　　　　　坝址区各月平均气温和降水量统计表

项目	1月	2月	3月	4月	5月	6月	7月	8月	9月	10月	11月	12月	年
平均气温(℃)	-15.3	-11.3	-4	5.9	13.6	18.7	20.2	18.2	11.8	3.7	-6	-12.7	3.6
降水量(mm)	4.1	3.7	5.9	9.1	8.9	13	18.1	11.2	9.1	7.5	9.7	7.4	107.8

表2　　　　　　　　　　4—10月份水温统计表　　　　　　　　　　单位:℃

项目	4月	5月	6月	7月	8月	9月	10月
月平均水温	3.0	12.4	17.1	19.5	18.1	12.8	4.8
月最高水温	7.8	14.5	18.5	20.6	20.0	14.2	6.8
月最低水温	0.0	10.3	15.5	18.5	17.2	10.7	0.0

根据上述边界条件,进行库水温计算。经计算,库水温沿水深分布见表3。

表3　　　　　　　　　　库水温沿水深分布表

水深(m)	年平均水温(℃)	水深(m)	年平均水温(℃)
0.0	11.2	40	6.12
10	9.15	50	5.32
20	8.02	60	5.01
30	7.04	71.5	4.88

(四)孔洞周围温度应力计算

1.温度应力控制

允许拉应力计算公式为:$[\sigma]=E\varepsilon_t/K$,式中$E$为混凝土弹性模量,$\varepsilon_t$为极限拉伸,$K$为安全系数。$E$和$\varepsilon_t$都与混凝土龄期有关,对于后期混凝土均按龄期90 d计算,取$K=1.4$。常态混凝土极限拉伸值取0.85×10^{-4},碾压混凝土极限拉伸值取0.7×10^{-4}。

C25常态混凝土允许拉应力为:

$$[\sigma]=E\varepsilon_t/K=25.5\times10^9\times0.85\times10^{-4}/1.4=1.548(\text{MPa})$$

2.计算边界条件

(1)计算选用有限元分析软件ANSYS,进行热—结构耦合分析,计算坝体过流孔洞受过流冷激的影响。孔内过水温度取5.0 ℃,坝体内部温度取30.0 ℃,则温差为25.0 ℃。

建立孔洞的三维有限元模型,为避免周边约束对孔洞计算结果的影响,边界左右两侧采用水平向约束,上下两侧采用铅垂向约束。

(2)计算参数。计算模型中,孔洞周围混凝土强度标号 C25,主要物理力学参数值见表 4,水、混凝土主要热力学参数值见表 5,聚氨酯硬质泡沫材料参数值见表 6。

表 4 　　　　　　　　　　　　　　C25 混凝材料主要物理力学参数值

密度 （g/cm³）	轴心抗压 强度设计值 （MPa）	轴心抗拉 强度设计值 （MPa）	弹性模量 （GPa）	泊松比	线膨胀系数 （×10⁻⁵/K）
2.4	11.9	1.27	28.0	0.167	0.7~1.0

表 5 　　　　　　　　　　　　　　水、混凝土主要热力学参数值表

围岩	导热系数 [W/(m²·K)]	线膨胀系数 （×10⁻⁵/K）		比热 [J/(kg·K)]	与空气放热系数 [W/(m²·K)]	与水放热系数 [W/(m²·K)]
水	0.58	13(0 ℃)	25(10 ℃)	4 200.00	—	—
混凝土	2.45	0.7		960.00	30.0	100.0

表 6 　　　　　　　　　　　　　　聚氨酯硬质泡沫材料参数值表

密度(g/cm³)	比热[J/(kg·K)]	导热系数[W/(m²·K)]	5 cm 厚隔热板与空气对流系数[W/(m²·K)]
0.03	1 380	0.027	0.267

(3)计算工况及结果。为研究过水孔洞受过水冷激温度应力分布,按不喷涂隔热材料和喷涂隔热材料分别计算过,计算结果如下:①不喷涂隔热材料,应力主要由温度场通水后降低产生,温度相差越大,通水时温度场变化产生的应力也越大。从结果表可见,孔洞周围混凝土在通水时会产生很大的温降荷载及环向应力,结构全断面受拉且超过混凝土温度应力允许值应力,计算结果见表 7。②喷涂隔热材料,隔热材料会阻止热量传递,隔绝过流冷水与混凝土,不会产生较大的温降荷载,环向应力在混凝土允许温度应力内。环向应力如图 2 所示。

表 7 　　　　　　　　　　　　　　环向应力计算结果表 　　　　　　　　　　单位:MPa

项目	环向应力	允许拉应力
不喷涂隔热材料	2.231	1.548
喷涂隔热材料	0.654	1.548

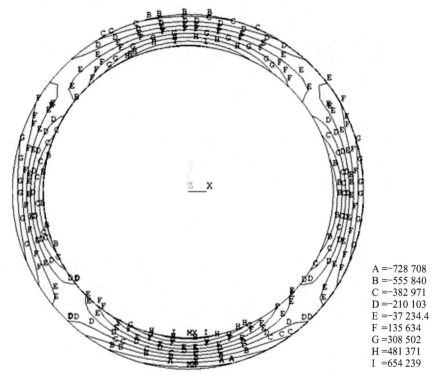

A =−728 708
B =−555 840
C =−382 971
D =−210 103
E =−37 234.4
F =135 634
G =308 502
H =481 371
I =654 239

图2　环向应力图(喷涂隔热材料;单位:Pa)

三、结论及建议

　　通过热–结构耦合方式,计算出严寒地区过流孔洞过流冷激时,不喷涂隔热材料时,运行期过流孔洞内外侧因混凝土温度与通水温度之间温差,产生超过混凝土允许的温度拉应力,极易造成裂缝。喷涂隔热材料后,能有效阻止热量传递,产生较小的环向应力,保证了工程的安全运行,对严寒地区同类工程设计有一定的借鉴意义。

（作者单位:中水北方勘测设计研究有限责任公司）

SETH 水利枢纽工程现场管理区建筑设计

徐 丽

水利枢纽工程的现场管理区即建设营地,既要满足建设期间使用需求,又要满足水电站建设投入使用后供运行管理人员工作、生活使用,为了保证使用者生活、生产质量,营地建设的总体规划设计和建筑设计有着重要的意义。

一、工程设计概况

根据 SETH 水利枢纽工程人员编制,在现场管理区及后方管理区共设办公用房建筑面积 390 m²,生产用房、仓库及其他建筑面积为 3 580 m²,总计面积为 3 970 m²,占地面积 11 910 m²。现场管理区位于大坝下游的右岸台地上,距离大坝区约 1 km,选址处位于较平缓的山坡台地处,场地为长方形,建筑布局为南北朝向。在进场道路侧,设置了一个场区出入口,方便使用。现场管理区占地面积约为 3 600 m²,设有管理用房、值班室、水处理间及变电室等建筑单体,总建筑面积约为 1 330 m²。

二、建筑设计

(一)设计理念

根据现场环境条件因地制宜,最大限度满足业主的使用功能要求,合理组织不同功能空间。在设计中突出功能的合理性、空间的整体性、环境的舒适性及景观的自然性。建筑外部造型简洁,内部空间尺度宜人。

(二)总体布局

根据功能需要,通过对现场管理区各建筑物的精心安排,使各建筑物自然协调地联系在一起,既相对独立又联系方便。管理用房位于整个场区的中心部位,沿管理用房周边布置环形消防车道,车道宽大于 4.0 m,满足消防通道及日常交通要求。各建筑物间距均不小于 6 m,满足防火间距要求。

(三)单体建筑物设计

场区内设有管理用房、值班室、水处理间及变电室等建筑单体。

1.现场管理区管理用房

现场管理区管理用房(如图 1 所示),框架结构,地上 3 层,建筑面积为 1 150.98 m²,外轮廓尺寸为 39.44 m×13.34 m,一层、二层层高 3.6 m,三层层高 3.9 m,屋面为平屋面和坡屋面结合的形式,内部设有办公室、防汛值班室、资料室、会议室等房间。

立面风格采用古典与现代结合的方式,整体造型错落有致,运用简约的处理手法,达到基地内建筑物与外部环境协调统一。

外装修设计:外檐立面在设计中,采用涂料墙面,外檐门窗采用塑钢节能门窗(四腔三密封

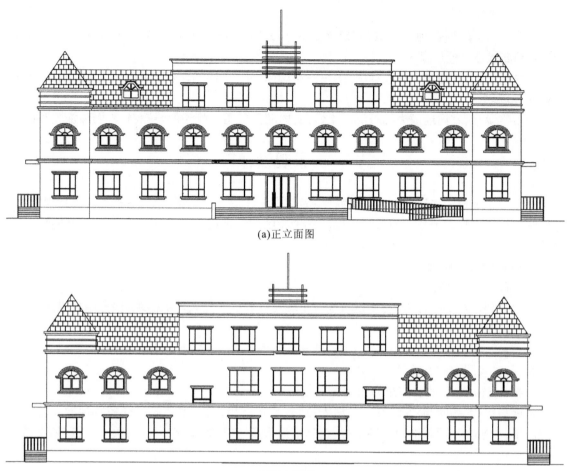

(a)正立面图

(b)背立面图

图 1 管理用房立面图

三玻两腔玻璃)。

内装修设计:室内地面为地砖地面(卫生间为防滑地砖楼地面),内墙面采用乳胶漆内墙涂料,乳胶漆涂料顶棚。

2.现场管理区值班室

值班室,砌体结构,地上一层,建筑面积为 24.8 m²,外轮廓尺寸为 3.6 m×5.7 m,檐口高度2.8 m,功能包括值班和休息用房。

外装修设计:外檐立面在设计中,采用涂料墙面,外檐门窗采用塑钢节能门窗(四腔三密封三玻两腔玻璃)。

内装修设计:室内地面为地砖地面,内墙面采用乳胶漆内墙涂料,乳胶漆涂料顶棚。

3.现场管理区水处理间

水处理间,框架结构,地上一层,建筑面积 55.25 m²,层高 3.60 m。

外装修设计:外檐立面在设计中,采用涂料墙面,外檐门窗采用塑钢节能门窗(四腔三密封三玻两腔玻璃)。

内装修设计:室内地面为细石混凝土地面,内墙面采用乳胶漆内墙涂料,乳胶漆涂料顶棚。

4.现场管理区变电室

变电室,框架结构,地上一层,建筑面积为 100.7 m²,外轮廓尺寸为 17.54 m×5.74 m,层高 3.9 m,功能包括高低压盘柜室。

外装修设计:外檐立面在设计中,采用涂料墙面,外檐门窗采用塑钢节能门窗(四腔三密封三玻两腔玻璃)。

内装修设计:室内地面为细石混凝土地面,内墙面采用乳胶漆内墙涂料,乳胶漆涂料顶棚。

三、景观设计

充分考虑工程的地理位置,以植物种植为景观主体,突出春、夏、秋和冬季不同的景观特色,展现水利枢纽工程营地独特的景观特色。整个场区的景观设计结合绿化布置,点面结合,自然合理。

(一) 植物配置原则

1.适地适树的原则

种植规划以乡土树种为主,满足植物对土壤小气候等自然条件的需求,保证绿化成活率。

2.丰富季相变化的原则

在满足植物正常生长的条件下,植物造景应注意季相变化,创造出春花烂漫、夏荫浓郁、秋色斑斓、冬景苍翠的四季美景。

3.丰富空间层次、疏密有致的原则

常绿与落叶、阔叶与针叶、乔木与灌木、地被与花草相结合,形成丰富的植物层次。通过植物的配植,创造出不同风格的草坪景观、疏林草地景观、密林景观等,形成通透、半通透和不通透的空间形式。

(二) 植物配置形式

在进场道路两侧、建筑物周边及场地周边等进行环境美化。选择形态、生态习性良好的小叶白蜡做为行道树。在道路周边,设置大叶黄杨、金叶女贞等绿篱,形成线性景观。草坪选择冷季型草坪,设计不同大小的若干草坪空间,形成通透的空间视野。结合地形设计,在坡地以及地形较高处形成林冠郁蔽的大乔木和小乔木、灌木种植群落,体现丰富的层次,为电站运行人员提供舒适、怡人、自然的环境。

四、节能设计

管理用房外墙墙体为 240 mm 厚蒸压加气混凝土砌块,采用 70 mm 厚挤塑聚苯板外保温,传热系数为 0.32 W/(m²·K);屋顶采用 100 mm 厚挤塑聚苯板保温材料,屋面传热系数为 0.30 W/(m²·K);外窗采用塑钢节能窗(四腔三密封),传热系数为 1.8 W/(m²·K)。采用节能设计后能源消耗降低 50%以上。

建筑工程节能设计通过节能型墙体、节能型屋面和节能型门窗、门窗密封条及热反射保温隔热窗帘等,提高了建筑物保温、隔热和气密性能。

五、结　　语

　　本工程现场管理区营地位于山区,设计时结合地形地貌,将建筑布局与自然环境充分结合,重视建筑物功能布局,景观设计尊重自然生态,营造了良好的营地环境。对类似工程营地建设起到很好的借鉴作用。

(作者单位:中水北方勘测设计研究有限责任公司)

SETH 水利枢纽工程主副厂房设计

徐　丽　　王浏刘

SETH 水利枢纽工程以供水和防洪为主,兼顾灌溉和发电,并为加强乌伦古河流域水资源管理和水生态保护创造条件。水库总库容 2.94 亿 m^3,水库多年平均供水量 2.58 亿 m^3,设计水平年改善灌溉面积 27.61 万亩,电站装机 27.6 MW。工程等别为 Ⅱ 等,工程规模为大(2)型。

本枢纽工程主要由拦河坝(碾压混凝土重力坝)、泄水建筑物(表孔和底孔坝段)、放水兼发电引水建筑物(放水兼发电引水坝段)、坝后式电站厂房和过鱼建筑物等组成。本文仅针对厂区枢纽的主副厂房的建筑设计进行介绍。

一、设计指导思想

"以人为本",创造适宜人环境,体现人文生态。

在工业建筑设计中不仅要满足生产工艺和生产空间的要求,也要为员工创造一个舒适的工作环境,工业建筑中的空间及环境与人相融合,让人们置身在工业建筑的良好环境中产生归属感、生活感和亲切感,最终达到提高员工的生活质量及工作效率。工业建筑虽然不能完全等同于民用建筑,但其基本原理是一致的,需要在满足不同的使用要求的同时,采用建筑设计、结构技术形式等种种手段,营造生产、建筑与空间形象,创造宜人的、有文化内涵的、优美的建筑环境。

建筑设计尽力塑造一种大方稳重的建筑形象。通过对外檐材料的合理搭配,赋予电站具有工业建筑独特的形象以及丰富的内涵,展现了工业建筑与现代建筑结合的独特魅力。

二、厂区总体建筑布局

厂区规划中分为 3 个部分,分别为大坝区(包括主厂房、副厂房、柴油机房、消力池排水泵房、表孔油泵房、底孔油泵房、尾水取水泵房、两处警卫室、大坝楼电梯间、地下消防水泵房及消防水池)、现场管理区(包括管理用房、值班室、水处理间、变电室)及后方管理区。根据功能需要,通过对各建筑物的精心安排,使各建筑物自然协调地联系在一起。如图 1 所示。

主厂房和副厂房作为一个整体贴临布置,两台主变压器位于副厂房上游侧。

在厂区内布置消防车道,车道宽大于 4.0 m,该车道连接主厂房入口、室外主变压器场,并能通至地面副厂房长边。在消防车道的中间部位设置 15 m×15 m 消防车回车场,各建筑物间距均不小于 10 m,满足防火间距要求。

图1　厂区总体建筑布局鸟瞰图

三、厂房设计特点

本工程主厂房为地面厂房,和副厂房作为一个整体设计,功能合理紧凑。副厂房在平面设计中,建筑功能分区明确,布置满足使用功能要求。平面布局尽量保证各空间的完整性,将使用性质相近的房间集中布局,利于设备布置。中控室、继保室和计算机室作为主体,布置在二层,与GIS室同层,交通便捷,利于电站值班人员管理和操作,同时电缆走向顺畅。GIS出线位于副厂房屋顶,减少占地面积,减少开挖,缩短电缆廊道长度,电缆线路经济便捷。

在主厂房的入口处及正立面,设计了大尺度的几何图形元素的装饰构架,使建筑风格简洁、现代,更具表现力。

(一)主厂房平面

主厂房为单层排架结构,地上部分长度为52.60 m,宽度为18.04 m,建筑高度为17.60 m。室内外高差200 mm。平面布置自上而下分别为:发电机层(高程974.00 m);水轮机层(高程969.00 m);蜗壳层(高程964.00 m),层间设有两部楼梯连通上下层交通。

(二)副厂房平面

副厂房为框架结构,尺寸为60.40 m×11.78 m×15.70 m(长×宽×高)。地上3层,局部4层;地下1层。地上部分建筑面积为2 206.7 m²。副厂房建筑高度为15.70 m。地下一层层高5.0 m,首层层高3.30 m,二层层高5.1 m,其中GIS室层高11.00 m;三层层高4.50 m,局部四层层高为3.30 m。

(三)外立面设计

主厂房和副厂房立面统一考虑,采用相同的元素和手法,使厂区建筑形成有机的整体。从现代关系入手,整体效果稳重大方又不乏细节的处理。采用乳胶漆外墙涂料,通过色彩和体型的变化来彰显建筑的特点。

在主厂房的入口处及正立面,设计了大尺度的几何图形元素的装饰构架,使建筑风格简洁、现代。

四、电站绿化设计

景观规划遵循"维护景观生态性,体现环境地域性、赋予工程观赏性"的设计理念,坚持"以人为本、因地制宜、统筹兼顾、可持续发展"的规划原则,并结合环境保护与水土保持的要求,充分考虑景观绿化的科学性、合理性和可操作性。

在电站景观设计中,"因地制宜"应是"适地适树"、"适景适树"最重要的立地条件。选择适生树种和乡土树种,做到宜树则树,宜草则草,充分反映出地方特色,只有这样才能做到最经济、最节约,也能使植物发挥出最大的生态效益,起到事半功倍的效果。

绿化设计主导思想以简洁、大方、美化环境、体现建筑设计风格为原则,使绿化和建筑相互融合,相辅相成。使电站的绿化设计成为有机的组成部分,并为改善工程的自然环境提供有利的条件。

对电站场区、进场道路等进行环境美化,选择新疆冷杉、新疆红松等当地优质树种,并点缀夜间照明。管理区周边布置相应的配套景观设施,设置休闲步道、亭廊等,形成建筑掩映于林间的景观效果。为电站运行人员及参观人员提供舒适、怡人、自然的环境。

五、节能与环保

(一) 节能设计原则和标准

本工程在建筑节能设计中尽量通过维护结构的保温隔热性能并充分利用机组热风,提高采暖设备的能源利用,利用自然通风和天然采光提高通风照明设施的能源利用。

本工程设计中采用二步节能标准。

(二) 建筑物分类

1.厂房建筑

根据规范要求,主厂房、副厂房及警卫室等为厂房建筑,均参照《公共建筑节能设计标准新疆维吾尔自治区实施细则》(J10997—2007XJJ034—2006)严寒地区 B 区进行节能设计,节能指标50%。

2.管理区建筑

根据规范要求,管理区内办公室、防汛值班室、水处理间等建筑,均参照《公共建筑节能设计标准新疆维吾尔自治区实施细则》(J10997—2007XJJ034—2006)严寒地区 B 区进行节能设计,体形系数和窗墙比均满足规范要求。

(三) 节能设计

在总平面的布置中,尽量避开冬季主导风向,利用自然通风,建筑朝向尽量选择本地区最佳朝向或接近最佳朝向。发展节能型墙体和屋面,重点推广外保温墙体,采用合理的窗墙比及建筑体型。大力推广节能型门窗、门窗密封条及热反射保温隔热窗帘等。提高建筑物保温、隔热和气密性能。

1.节能指标

（1）主厂房、副厂房在设计中外墙采用 300 mm 厚蒸压加气混凝土砌块,40 mm 厚挤塑聚苯板外保温,传热系数为 0.41 W/(m²·K);屋顶采用 100 mm 厚挤塑聚苯板保温材料,传热系数为0.30 W/(m²·K);外窗采用塑钢节能窗(四腔三密封),传热系数为 1.8 W/(m²·K)。

（2）厂区附属用房及管理区用房外墙墙体为 240 mm 厚蒸压加气混凝土砌块,采用 70 mm 厚挤塑聚苯板外保温,传热系数为 0.32 W/(m²·K);屋顶采用 100 mm 厚挤塑聚苯板保温材料,屋面传热系数为 0.30 W/(m²·K);外窗采用塑钢节能窗(四腔三密封),传热系数为 1.8 W/(m²·K)。采用节能设计后能源消耗降低 50% 以上。

建筑工程节能设计通过节能型墙体、节能型屋面和节能型门窗、门窗密封条及热反射保温隔热窗帘等,提高了建筑物保温、隔热和气密性能。建筑耗能标准达到行业和地方节能要求,建筑节能措施是科学有效的。

2.建筑材料的热工性能

挤塑聚苯板材料的表观密度为 22～35 kg/m³,导热系数 0.030 W/(m·K),燃烧性能 B1级。建筑外门窗抗风压性能分级为 4,气密性能分级为 6,水密性能分级为 3、保温性能分级为5,塑钢窗传热系数为 1.8 W/(m²·K),外门实体部分加保温。

装修设计中采用环保材料,力求以人为本,尽量为人们创造舒适的工作环境。

六、结　语

SETH 水利枢纽工程主副厂房的设计,注重平面布局,在满足使用功能的前提下,充分利用空间,节约土地资源和建筑材料;立面风格简洁现代,运用简洁、明快的处理手法展现厂房建筑的独特魅力,对其它类似水电站厂房设计提供了较好的参考和借鉴。

(作者单位:中水北方勘测设计研究有限责任公司)

SETH 水利枢纽工程导流底孔封堵闸门设计

一、工程概况

SETH 水利枢纽工程以供水和防洪为主,兼顾灌溉和发电,并为加强乌伦古河流域水资源管理和生态保护创造条件。挡水建筑物(碾压混凝土重力坝)最大坝高 75.5 m,水库总库容 2.94 亿m³,电站总装机容量为 27.6 MW,属Ⅱ等大(2)型工程。

左岸 8#挡水坝段底部设置 1 条 8.0 m×5.0 m(宽×高)导流底孔,属临时性水工泄水建筑物,在完成导流泄水任务后将用混凝土进行封堵。在导流底孔进口段设置 1 扇导流封堵闸门。导流底孔的施工期临时拦洪度汛设计洪水标准为 50 年一遇,洪峰流量为 636 m³/s,相应水位为 987.75 m。第 3 年 11 月初,导流底孔下闸,水库蓄水。导流底孔过流时间为 4 年。

二、导流底孔布置及闸门运行特点

在导流底孔进口设有 1 扇工作闸门,工作闸门孔口尺寸为 8.0 m×5.0 m(宽×高),其底槛高程为 971.00 m,闸门挡水水位按照 1 024.5 m 设计,下闸水位按照 5 年一遇 11 月平均流量水位 972.10 m 设计,启门水位按照导流底孔下闸 24 h 后闸前水位 977.00 m 设计。采用 2×800 kN 固定卷扬启闭机操作闸门。

闸门采用平面滑动钢闸门,面板及水封均布置在下游侧。

闸门操作条件为动水启闭,闸门平时处于常开状态,利用锁定梁把闸门所在孔口,启闭机吊具直接与闸门吊耳相连。度汛高程为 990.00 m,根据度汛高程、启闭机上极限及闸门整节提出孔口后在坝顶以上有一定富余量考虑,确定启闭机安装平台高程 991.00 m。导流封堵闸门布置图如图 1 所示。

三、门型选择及门体结构设计

闸门需要动水启闭,闸门的主支承方式按移动时的摩擦方式分为滑动和滚动两类。挡水水位较高而启门水位较低时,需要闸门的主支承具有较高的承压能力,此时,一般选择滑块作为闸门的主支承;挡水水位较低而启门水位比较高时,需要闸门的主支承具有较小的摩擦系数以降低启闭机的启闭容量,此时,一般选择轮式支承;挡水水位较高而启门水位也较高时,需要采用轮式支承与滑道支承组合的方式,在启门时由轮子支承以降低摩擦力,当闸门处于完全关闭状态时,随着水压力的增加支承方式由轮子调整为滑块。本工程的挡水水头为 53.5 m,闭门水头为 0.8 m,启门水头为 6 m,属于挡水水头较高而启门水头较低的情况,因此,本工程导流封堵闸门的门型为平面滑动钢闸门。

工作闸门为焊接结构,根据闸门工作环境温度及荷载工况确定闸门主材为 Q345C。主横梁

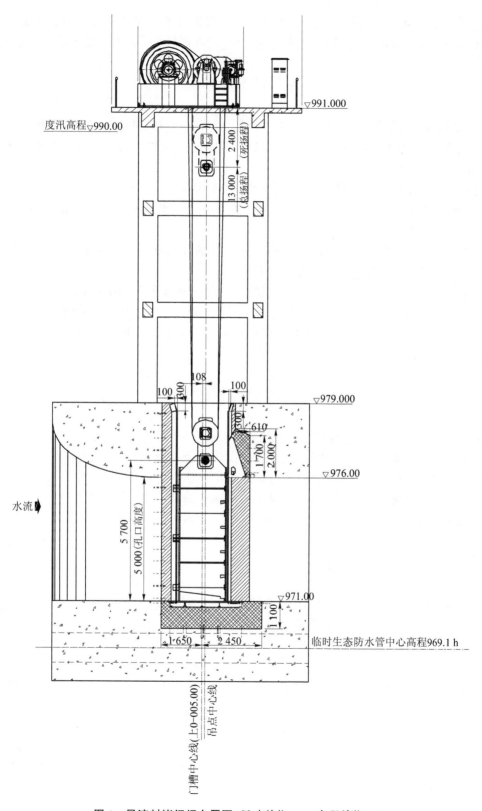

图 1 导流封堵闸门布置图(尺寸单位:mm;高程单位:m)

采用工字型实腹式等截面焊接梁。闸门主支承材料根据荷载条件选择弧面钢复滑块。门叶按照国家运输单元划分标准分2节设计、制造及运输,运抵现场后采用焊接的方法拼装成整体。

四、门槽设计

导流底孔的主要任务是施工期的泄水,期间大量石子、弃渣、推移质等各种杂物随着水流从导流底孔通过。因此,闸门槽的设计主要考虑导流期间门槽的空蚀破坏、磨蚀破坏以及门槽内杂物的淤积等问题。

(1)改善闸门槽内的水力学条件,降低因空化空蚀而破坏门槽,采用Ⅱ型门槽,闸门槽宽度 $W=2\ 100$ mm,门槽深度 $D=1\ 200$ mm,$W/D=1.75$;错距 $\Delta=90$ mm,错距比 $\Delta/w=0.042\ 9$,;斜坡比 $\Delta/x=0.1$;圆角半径 $R=70$ mm。

(2)为了防止导流期间门槽发生磨蚀破坏,埋件的外漏表面均采用抗磨蚀不锈钢复合钢板,不锈钢层的材料为双相不锈钢022Cr22Ni5Mo3N。

(3)解决杂物或者推移质在门槽内堆积的常用办法有设置门槽保护框和利用水流冲洗2种。门槽保护框的缺点:保护框与门槽间隙过大,导流期间有可能被水流冲走,石子、弃渣或者推移质等杂物进入到门叶与保护框之间造成保护框提取困难。在枯水期下闸时利用人工或者小开度水流冲击的方式清理门槽内堆积的杂物。

五、锁定装置设计

导流闸门需要经过多年之后才进行下闸,期间闸门一直锁定在孔口,汛期闸门的水力学条件极为复杂,所以设计一套安全可靠的锁定装置是十分必要的。锁定装置的设计主要考虑两方面的因素:①具有可靠的锁定功能;②确保闸门在汛期水流冲击时不出现较大幅度的摆动。锁定装置如图2所示。

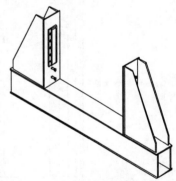

图2 锁定装置等轴测视图

六、启闭机选择

导流封堵闸门常用的启闭机型式有临时起吊设备、固定卷扬启闭机和门机等。从安全性、可操作性及经济性的角度出发,在现场有足够安全操作空间且启闭容量适合时首选临时起吊设备;当导流孔口数量较多,且封堵时间充裕时,可以选择门机;当导流孔口数量少,可选择固定卷扬启闭机。本工程仅有一孔导流底孔,且现场没有临时起吊设备操作的空间,因此,选择固定卷扬启闭机作为闸门的操作设备。

七、结　语

导流封堵闸门各项设计指标满足规范要求。导流封堵闸门虽然为临时设备,但是对水库蓄水及后续工作具有重要的影响。

(作者单位:中水北方勘测设计研究有限责任公司)

SETH 碾压混凝土坝水管冷却设计

赵云飞　　房　彬

一、工程概况

SETH 水利枢纽工程任务为供水和防洪,兼顾灌溉和发电,并为加强流域水资源管理和水生态保护创造条件。工程主要由碾压混凝土重力坝(含挡水坝段、表孔和底孔坝段、放水兼发电引水坝段等)及消能防冲建筑物、坝后式电站厂房和升鱼机等组成。水库总库容 2.94 亿 m^3,最大坝高 75.5 m,坝顶长度 372 m,共分成 21 个坝段,主河床布置泄水坝段,左、右岸布置非溢流坝段。坝后式电站厂房共装机 3 台,总容量 27.6 MW。工程建成后,可使下游沿线乡镇防洪标准的洪水重现期由 10 年提高到 20 年,县城防洪标准由 20 年提高到 30 年。

工程为 II 等工程,工程规模为大(2)型。拦河坝(含挡水坝段、表孔和底孔坝段、放水兼发电引水坝段等)及消能防冲建筑物为 2 级建筑物,升鱼机和电站厂房为 3 级建筑物,导流建筑物级别为 4 级。

二、冷却水管管网

本工程大坝混凝土浇筑后一般前 2~7 d 处于升温期(实际升温时间随气温、混凝土浇筑温度和水管冷却效果变化),之后为降温期。一般来说,气温越低、浇筑温度越低、水管冷却效果好,升温时间越长,混凝土内部达到的最高温度越低。处于升温期和降温期的混凝土对水管冷却具有不同的要求。为了达到最大幅度削峰的目的,升温期水管冷却的水温宜低,流量宜大,而降温期水管冷却的水温宜较高一些,流量宜应小一些。鉴于不同时期混凝土对水管冷却的不同要求,该工程的冷却水管管网应按两个回路布设,其中一个管网回路负责升温期混凝土的冷却,另一个管网回路负责降温期混凝土的冷却。鉴于冷水机组一进一出的配置,可考虑将冷水机组出水管(水温 6~8 ℃)接入升温期混凝土冷却管网进水口,升温期管网出水管(水温 10~12 ℃)再接入降温期冷却管网回路,降温期冷却期管网回水接入冷却机组进水口处调节水箱。

三、混凝土温度监测

利用大坝混凝土浇筑仓层布设有设计温度或具备温度测量功能的监测仪器观察混凝土的温度变化。对于无法利用设计监测仪器观察其温度变化的混凝土浇筑仓层,在每个浇筑仓层高程中心部位埋设 3 根测温线,仓层平面中心碾压混凝土内埋设 1 根测温线,上下游坝面附近机制变态混凝土区内(距离上下游坝面 1.0 m,离坝段左右横缝距离相近)各 1 根,利用测温线观察大坝混凝土的温度变化情况。测温线温度观测频次要求:升温期每 2 h 观测一些,降温期前 3 d 每 8 h 观测 1 次,3 d 以后每 24 h 观测 1 次。

四、水管冷却技术要求

(一)冷却水管材质和管径

SETH 大坝混凝土内预埋冷却水管采用大坝专用高导热性 HDPE 塑料冷却水管。管内径 30/32 mm,壁厚 2 mm,导热系数不小于 1.66 kJ/(m·h·K)。在基础和越冬层面以上 6 m 范围内,水管内径采用 32 mm,其他部位水管内径采用 30 mm。高强聚乙烯 HDPE 塑料冷却水管技术要求见表 1。

表 1 高强聚乙烯 HDPE 塑料冷却水管技术要求

项目	指标
管内(外)直径(mm)	30/32
管壁厚度(mm)	2.0
标准卷长(m)	200
导热系数(kJ/(m·h·K))	≥ 1.66
拉伸屈服应力(MPa)	≥ 20
纵向尺寸收缩率(%)	< 3
断裂伸长率(%)	200
破坏内水静压力(MPa)	≥ 2.0
液压试验	不破裂、不渗漏(温度:20 ℃;时间:1 h;环向应力:11.8 MPa)
	不破裂、不渗漏(温度:80 ℃;时间:170 h;环向应力: 3.9 MPa)

(二)水管间距

根据仿真计算结果,结合类似相关工程经验,SETH 大坝混凝土冷却水管间距按下述设置:

(1)强约束区(基础和越冬层面以上 6.0 m 范围以内的浇筑层)水平和垂直间距均为 1.0 m,上下游坝面附近机制变态混凝土区内水平间距应减小至 0.75 m。

(2)弱约束区(距离基础和越冬层面超过 6.0 m 的浇筑层)水平和垂直间距均为 1.5 m,上下游坝面附近机制变态混凝土区内水平间距应减小至 1.0 m。

(3)单层冷却水管一般布置在浇筑层中下部,多层冷却水管垂直向布置可根据铺层厚度进行,原则上应均匀。

(4)根据施工要求进行冷却水管层数调整时,原则不减少单位长度冷却水管控制的混凝土方量。

(三)水管布置其它要求

冷却水管采用蛇型布置,除满足间距控制外,还满足以下要求:

(1)冷却水管采用蛇型布置,单根水管的长度不大于 200 m,蛇形管走向垂直于横缝,进水管从上游弯曲至下游,蛇形管应避免交叉。

(2)冷却水管接头处必须连接紧密,严格防止漏水。

(3)单根水管长度富余时,在不浪费材料的前体下,宜使上、下游坝面附近机制变态混凝土区域内水管水平和垂直间距减少。

（4）进出口处水管水平间距或垂直间距一般不小于 1.0 m，管口外露长度不应小于 20 cm，并对管口妥善保护，防止堵塞。

（5）冷却蛇形管不允许穿过横缝及各种孔洞。

（6）在进行接触灌浆、固结灌浆、帷幕灌浆时，若需要在已浇筑仓面打孔，应防止避免冷却水管被钻孔打断，保证冷却水管在钻孔时不被破损。

（7）支管进出口分区分片集中布置于大坝下游栈桥上，与水包连接，水包再与相应冷却管网回路的总管连接；冷却干管和支管均需包裹保温材料，冷却蛇形管进口水温与冷水机组出口水温之差不应超过 1℃。

（8）支管与各条冷却水管之间的联结应随时有效，并能快速安装和拆除，同时要能可靠地控制各回路水管的流量和方向。

（9）单根冷却蛇形管冷却水流量控制在 1.2~1.8 m³/h，水流方向每 24 h 变换一次。

（10）支管及坝内冷却蛇形管均应编号标识，并作详细记录。

（11）在完成冷却任务后，应先用 M40 的水泥浆对坝内冷却蛇形管进行回填灌浆，再切除蛇形管的外露部分，并处理至满足坝面美观要求。

（四）冷却水温、流量和通水时间

为了达到水管冷却的主要目的——削峰（降低混凝土内部最高温度，从而降低混凝土基础温差、上下层温差和内外温差），升温期和降温期采用不同的冷却水温、流量和通水时间。升温期采用较低的冷却水温和较大的流量，降温期采用较高的水温和较小的流量。

春季（4、5 月）和秋季（9、10 月）升温期混凝土冷却水温不高于 10 ℃，流量 1.5 m³/h，降温期混凝土冷却水温采用 12~15 ℃，流量 1.2 m³/h。水管冷却通水在水管埋设后立刻开始进行，冷却通水水温、流量切换时间和总的冷却通水持续时间根据混凝土内部温度变化情况、实际冷却水温和后续混凝土层浇筑时间控制，当混凝土内部温度连续 2 个测值（每 2 h 观测 1 次）低于前次测值时，混凝土冷却由升温期冷却变化为降温期冷却（切换冷却回路）。对于连续浇筑的混凝土仓层，总的冷却通水时间控制在 15~20 d，当混凝土内部温度降低到 25 ℃左右时可停止通水。当层间间隔时间超过 10 d 时，总的冷却通水时间根据被冷却混凝土温度控制，当混凝土内部温度降低到 25~27 ℃左右时应停止通水。

夏季（6、7、8 月）升温期混凝土冷却水温应控制在 6~8 ℃，流量 1.5~1.8 m³/h，降温期混凝土冷却水温控制在 10~15 ℃，流量 1.2 m³/h。冷却通水水温、流量切换时间和总的冷却通水持续时间控制参照春秋季冷却通水要求执行（如上段文字所述）。

五、结　语

本工程采取以上措施后，对坝体混凝土温度控制效果显著，降温效果理想，取得了良好的温控效果，工程浇筑至今仅出现少数裂缝，该技术方案可供今后类似工程参考借鉴。

（作者单位：新疆阿勒泰地区 SETH 水库管理处）

SETH 水利枢纽过鱼建筑物设计

马妹英　　　胡国智

一、工程概述

SETH 水利枢纽工程是额尔齐斯河流域乌伦古河上游的控制性工程,工程主要任务为工业供水和防洪,兼顾灌溉和发电,并为加强乌伦古河流域水资源管理和水生态保护创造条件。本工程等别为Ⅱ等,工程规模为大(2)型。大坝为碾压式混凝土重力坝,最大坝高 75.5 m,坝顶长度 372 m。水库总库容 2.94 亿 m³,水电站装机 3 台,总装机容量 27.6 MW(2 台大机组容量 12.0 MW,1 台小机组单机容量 3.6 MW)。

大坝设计洪水重现期为 100 年一遇,校核洪水重现期为 1 000 年一遇;泄水建筑物消能防冲设计洪水标准取 50 年一遇。水电站厂房为 3 级建筑物,设计洪水标准取 50 年一遇,校核洪水标准取 200 年一遇。

本工程主要建筑物的地震设计烈度采用工程区地震基本烈度即Ⅷ度设计。

二、鱼类概况

(一) 鱼类种类

工程区河段分布有 6 种鱼类,其中土著鱼类 5 种,分别是贝加尔雅罗鱼、河鲈、尖鳍鉤、北方须鳅和北方花鳅;非土著鱼类 1 种,为麦穗鱼。其中贝加尔雅罗鱼为春季溯河产卵鱼类,河鲈、尖鳍鉤、北方须鳅和北方花鳅为定居性鱼类。

主要鱼类为贝加尔雅罗鱼和河鲈。贝加尔雅罗鱼为中上层鱼类,喜聚群活动,尤其春、夏季水温逐渐升高时活动于浅水觅食,冬季水温降低居深水处越冬;其产卵期为 4 月中、下旬,产卵时间 15 d 左右,有溯河产卵的习性,该鱼主要在河道底质为砂砾底上产卵繁殖;贝加尔雅罗鱼为杂食性鱼类,主要摄食水生昆虫为主、水生高等植物、浮游生物,以及鱼类等食物。河鲈栖息在湖泊和水库,以及河道形成河湾和坑塘中,较为适应亚冷水水域环境(介于温水与冷水水域之间),适应能力强,具有广泛的生态学侵占性,繁殖力强,种群数量增加的很快;其产卵期较早,4 月下旬湖水解冻后即开始产卵,产时水温为 6~8 ℃,产卵地点为所栖息水域沿岸具有水草的浅水区域;河鲈为小型肉食性鱼类,在仔鱼阶段主要摄食浮游动物,在成鱼阶段主要摄食各种鱼类,也少量摄食水生昆虫。

(二) 鱼类数量及体长

根据工程区河段现场调查成果,评价河段渔获情况见表 1。

表 1

评价河段渔获物组成

种类	重量 （g）	重量百分比 （%）	尾数	尾数百分比 （%）	尾均重 （g）	体长范围 （mm）	体重范围 （g）
北方花鳅	72	0.61	18	1.40	4	72~105	2~7
北方须鳅	3964	33.36	737	57.18	5.4	42~140	0.6~35
贝加尔雅罗鱼	2879	24.23	78	6.05	36.9	56~190	3~130
河鲈	124	1.04	11	0.85	11.3	73~102	4~19
尖鳍鮈	4741	39.90	431	33.44	11	25~126	0.1~44
麦穗鱼	103	0.87	14	1.09	7.4	52~82	2~10
总计	11883	100.00	1289	100.00			

（三）过鱼对象及过鱼季节

本工程过鱼设施以恢复坝址上下游的洄游通道，沟通上下游的鱼类交流，保护土著鱼类资源为目标。结合工程所处河段的鱼类分布、鱼类洄游特性以及鱼类的保护价值，初拟过鱼对象见表 2。

表 2　　　　　　　　　　　工程区河段初步拟定过鱼对象

	鱼名	迁徙类型	土著鱼类	经济鱼类
主要过鱼对象	贝加尔雅罗鱼	春季溯河产卵鱼类	√	√
	河鲈	定居性鱼类	√	√
兼顾过鱼对象	尖鳍鮈、北方须鳅、北方花鳅	定居性鱼类	√	

初步拟定每年进行人工过鱼的时间为 4—6 月（繁殖期），其他时间鱼类也可以根据生活习性需要通过过鱼设施过坝。工程运行过程中可根据实际情况调整。

三、过鱼建筑物布置

（一）现有过鱼建筑物概述

现有技术的过鱼建筑物主要有鱼道（又称鱼梯）、鱼闸、缆机式升鱼机、集运鱼船等。其中鱼道是一种比较常用的过鱼建筑物型式，其优点是操作简单，运行保证率高，可沟通上下游水系，在自然条件下连续过鱼，运行管理费用低，并且在适宜条件下，其他水生生物也可以通过鱼道，对维护原有生态平衡有较好的作用，其缺点是鱼道一般较长，在枢纽中较难布置，造价过高，一般 80 m 左右的坝体，过坝鱼道投资约为 1.0 亿，施工及运行管理难度加大。随着坝高增加，投资增加更多、施工以及运行管理更加困难；鱼类上溯洄游需要耗费较大能量，对于鱼类产卵繁殖不利；鱼道的流速、流态受上、下游水位和流量的变化影响较大，不适于高坝过鱼。鱼闸、缆机式升鱼机和集运鱼船均为人为操作过鱼手段，适用于高坝过鱼。鱼闸的工作原理和运行方式与船闸相似，其优点是可适应上游水位一定的变幅，缺点是鱼闸对主体工程布置影响较大，投资大，且操作运行复杂，后期运行管理及维修程序复杂。

缆机式升鱼机是利用机械升鱼和转运设施助鱼过坝，其优点是适宜高坝过鱼，并且适应水库水位的较大变幅,也可用于较长距离转运鱼类,缺点是需要设置较高的缆机支架及较大的支架基础,布置困难;由于缆机自身运力有限,运鱼量较小;坝顶缆机需跨越两岸(或凹岸两端)缆机布置较复杂,缆索长度较长,运鱼速度慢,鱼类长时间处于运鱼设备中,一直处于惊恐状态,对产卵繁殖期鱼类不利;缆索为柔性结构,无风运鱼过程中产生晃动较大,对鱼类影响更大;运行中受风力及天气因素影响较大,上游转运操作较复杂,运行及检修费用较高。集运鱼船由集鱼船和运鱼船组成,利用驱鱼装置将鱼驱入运鱼船,然后通过通航建筑物过坝后将鱼投放入上游适当水域,故其仅限于建有通航建筑物的枢纽工程,并且其受气候环境影响较大,又难以诱集底层鱼类,难以保证过鱼效果。上述各种过鱼建筑物在工程中都有运用,通过各种工程实践表明,过鱼效果较差。

(二)本工程过鱼建筑物布置

针对目前过鱼建筑的优缺点,本工程采用了创新型过鱼建筑物设计(获得国家发明专利,专利号:ZL 2015.1.0991956.7),具体布置方式如下:采用短鱼道与回转吊升鱼相结合的型式,首部以短诱鱼道与下游河床相接,鱼类可通过诱鱼道上溯游至一定高程处的集鱼池,再以电动葫芦吊运+运鱼电瓶车运送至坝脚,用塔吊将集鱼箱内的鱼类集中提升过坝,置于坝前库内的运鱼船内,将鱼送至上游远处放生。该布置衔接连续性强,并且避免了坝高库长而单纯使用鱼道过鱼造成的鱼道过长、鱼类难以攀爬的问题。具体如图1所示。

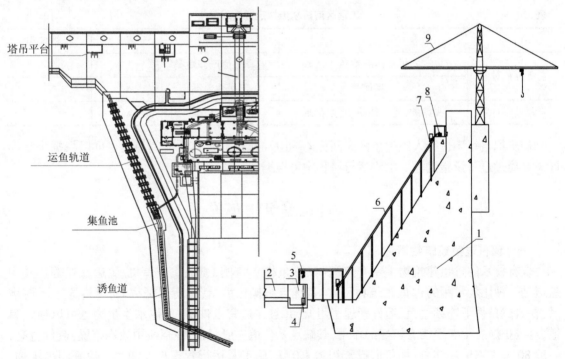

图1 过鱼建筑物平面布置及纵剖图

(三)鱼道设计

1.设计水位

根据《水电工程过鱼设施设计规范》(NB/T 35054—2015),鱼道设计运行水位应根据坝(闸)上下游可能出现的水位变动情况合理选择。上游设计水位范围可选择在过鱼季节电站的正常运行水位和死水位之间,下游设计水位可选择在单台机组发电与全部机组发电的下游水位之间。本工程过鱼季节下游最主要的运行工况为机组满发流量 63.9 m³/s,对应下游水位 968.72 m,也是鱼道运行的最高下游水位;过鱼季节特殊运行工况为 1 台小机组满发流量 8.6 m³/s,对应下游水位 967.7 m,也是鱼道运行的最低下游水位。上游出口由于并未直接通往库内,故上游水位由集鱼池内水位控制。

2. 鱼道设计流速

设计流速依据导则、规范以及类似工程拟定。流速的设计原则:过鱼设施内流速小于鱼类的巡游速度,这样鱼类可以保持在过鱼设施中前进;过鱼断面流速小于鱼类的突进速度,这样鱼类才能够通过过鱼设施中的孔或缝。

本阶段采用临近流域类似工程调研的经验建议值:0.8~1.0 m/s。针对主要过鱼对象贝加尔雅罗鱼和河鲈,以建议值为主,初拟设计极限流速 0.8 m/s。

3. 鱼道相关水力计算

计算依据《水利水电工程鱼道设计导则》(SL 609—2013)以及《水电工程过鱼设施设计规范》(NB/T 35054—2015)中相关公式。

1)隔板水位差

$$\Delta h = \frac{v^2}{2g\varphi^2}$$

式中　Δh——隔板水位差,m;

　　　v——鱼道设计流速,取 0.8 m/s;

　　　g——重力加速度,9.81 m/s²;

　　　φ——隔板流速系数,一般可取 0.85~1.00。根据《水电工程过鱼设施设计规范》(NB/T 35054—2015)附录 B,流速系数可取 0.85~0.90,本工程取 0.9。

经计算,隔板水位差为 0.040 3 m,设计取 0.04 m。

池室底坡为 0.04/2.0=1/50。

2)鱼道过流流量

(1)公式 1:

$$Q = C_d b_2 H_2 \sqrt{2g D_h}$$

式中　Q——流量,m³/s;

　　　b_2——竖缝宽度,m,本工程为 0.3 m;

　　　H_2——缝上水深,即上游池室水位与竖缝顶高差,m,计算用(进口水深+Δh);

　　　g——重力加速度,9.81 m/s²;

　　　D_h——池室间水头差,m;

　　　C_d——流量系数,主要受竖缝结构形态的影响,竖缝上游边界的圆化处理能增大竖缝的流量系数,对于圆化处理的竖缝可取 0.85,对于尖锐棱角的竖缝可取 0.65。本工程采用 0.65。

(2)公式 2:

$$Q = \frac{2}{3}\mu s h_0^{\frac{3}{2}}\sqrt{2g}$$

式中　Q——流量,m³/s;

　　　μ——流量系数,查图可知;

s——竖缝宽度,m,本工程为 0.3 m;

g——重力加速度,9.81 m/s²;

h_0——池室内上游水深,m,计算用(进口水深+Δh)。

本鱼道竖缝宽度 0.30 m,隔板水位差计算为 0.04 m,根据拟定工况利用以上两个公式计算鱼道过流量可得,鱼道运行时,流量在 0.1~0.43 m³/s 内浮动即可满足鱼道过鱼要求。

这样鱼类才能够通过过鱼设施中的孔或缝。

本阶段采用临近流域类似工程调研的经验建议值:0.8~1.0 m/s。针对主要过鱼对象贝加尔雅罗鱼和河鲈,以建议值为主,初拟设计极限流速 0.8 m/s。

4.辅助设施

(1)观察设施:为观察过鱼效果在合适的池室壁上安装观测摄像头。

(2)防护栏:鱼道顶部设置防护栏,以防杂物进入鱼道,也可防止鱼类跳出鱼道。

(3)诱鱼设施:为增强诱鱼效果,使鱼类可以更加顺利的进入鱼道,在布置允许的情况下在采用诱鱼设施,可采用灯光、声音等辅助措施。

5.运行维护

鱼道投入运行以后要建立巡查等规章制度,加强鱼道的保养维修,每年应进行一次全面的维修,避免出现因管理不善或维护不够而导至鱼道废弃使用的情况。

四、结　语

本文通过对 SETH 水利枢纽过鱼建筑设计的详细论述,结合短鱼道集诱鱼、综合轨道式过鱼结构机械提升过坝的工作原理,既发挥了鱼道和升鱼机的优势,又避免了单纯鱼道过长、造价高、无法适应水位变化,以及缆机式升鱼机在枢纽中布置局限坝型、运鱼时间长,鱼类易受惊吓等缺点。与传统过鱼建筑物相比,轨道式过鱼结构在实际运用过程中,占地少、易布置、投资省、设计灵活性强,适用于中、高坝过鱼,又能适应库水位较大变幅,可同时过多种鱼类,能大量过鱼,便于长途转运,还可以满足施工期过鱼。工程建设正在进行中,截止目前,工程进展顺利。为今后中、高坝体过鱼建筑物设计提供了宝贵的经验。

(作者单位:中水北方勘测设计研究有限责任公司)

SETH 水电站厂房区给排水及消防系统设计

王宏伟　李一洲　李一川

一、工程概况

SETH 水利枢纽具有多年调节能力的水库,可控制乌伦古河近全部径流,工程任务以供水和防洪为主,兼顾灌溉和发电,并为加强乌伦古河流域水资源管理和水生态保护创造条件。水库总库容 2.94 亿 m³,水库多年平均供水量 2.58 亿 m³,设计水平年改善灌溉面积 27.61 万亩,电站装机 27.6 MW。工程建成后,可使下游沿线乡镇防洪标准的洪水重现期由 10 年提高到 20 年,县城防洪标准由 20 年提高到 30 年。工程等别为 Ⅱ 等,工程规模为大(2)型。

电站采用坝后式电站,布置在河床右侧。主厂房基础均置于弱风化岩层上,副厂房基础置于坝后回填素混凝土上。厂区建筑物由主厂房、副厂房、尾水建筑物和管理用房等组成。主厂房包括主机间和安装间两部分,安装间布置于主机间右侧;副厂房包括二次副厂房、一次副厂房及户内站用变压器、GIS 室等,副厂房布置于主厂房上游侧。2 台 110 kV 主变设置在副厂房上游侧室外。厂区地坪高程为 973.80 m,厂区在主厂房上游侧有主通道与右岸进厂公路相连,主变压器左侧布置回车场,尾水平台布置有门机,并有通道与厂坪区连通。现场管理房布置于主厂房下游尾水右岸。厂区周围边坡底部设置排水沟。

二、电站厂房区给排水系统设计

(一)设计基本资料

SETH 水电站常住运行人员 5 人,水定额按 200 L/(d·人)计,时变化系数为 2.8。厂房区道路和绿地面积合计 3 800 m²,用水定额均按 2.0 L/(m²·d)计。

副厂房第一、第二及第三层布置有卫生间,副厂房建筑高度为 16.60 m。地下一层层高 5.0 m,首层层高 4.20 m,二层层高 5.1 m,其中 GIS 室层高 11.00 m;三层层高 4.50 m,局部四层层高为 3.30 m。

(二)给水系统设计

1.生活用水量

高日生活总用水量为 1.0 m³/d,高日高时生活用水量 0.12 m³/h,浇洒道路和绿地用水量 7.6 m³/d,管网漏失水量及未预见用水量 0.86 m³/d。

综上所述,本项目高日设计供水量为 9.46 m³/d,高日高时生活用水量为 0.12 m³/h。

2.水源

电站厂区生活用水水源为电站厂房压力钢管内有压水及电站尾水,其中压力钢管内有压水为主要水源,电站尾水为备用水源。将压力钢管内有压水及电站尾水经管道引至设在厂区附近的 100 m³ 地下蓄水池,压力钢管补水启闭通过浮球式液压水位控制阀控制。当压力钢管补水不能满足蓄水池补水需要时再通过电站尾水取水泵房内设置的不锈钢深井潜水泵进行补水。

尾水取水泵房内设置的 2 台不锈钢深井潜水泵,由蓄水池的水位控制启停,启停液位信号来自蓄水池内液位计。水泵一用一备,单泵流量 50 m³/h,单泵扬程 30 m。当蓄水池水位降低到深井潜水泵启泵水位时自动开启不锈钢深井潜水泵,当水位达到正常水位时自动关闭潜水泵。潜水泵交替运行。潜水泵在地下消防泵房和尾水取水泵房可手动启停。

3.生活给水系统设计

地下蓄水池贮存鱼类增殖站用水、现场管理区生活用水、电站厂房区生活用水及地下消防水池补水时的调节水量,故地下蓄水池有效容积设计为 100 m³。

地下消防水泵房内设 1 套电站厂房区生活供水处理设备,经设备处理后的出水满足《生活饮用水卫生标准》(GB 5749—2006)。根据水力计算及现有设备型号,生活供水处理设备流量为 18 m³/h,设备出口压力为 0.6 MPa。经生活供水处理设备处理后的水直供电站厂房区内各生活用水点用水。由生活供水管道内压力控制生活供水处理设备自动启停。当 100 m³ 蓄水池的水位降低到最低水位时自动停止生活供水处理设备供水泵,液位信号来自 100 m³ 蓄水池内液位计。在地下消防水泵房内可手动启停生活供水处理设备。

压力钢管内有压水引水管及电站尾水引水管采用不锈钢管,室外给水管道采用 PE 给水管,室内给水管道采用 PP-R 管。如图 1 所示。

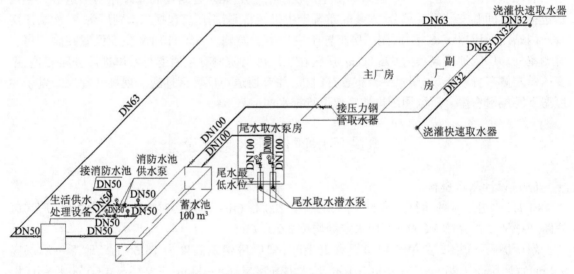

图 1　生活给水系统原理图(单位:mm)

(三)排水系统设计

排水体制采用污废合流制。

1.生活排水量

高日排水按高日生活用水量的 90% 计,为 0.9 m³/d。

2.生活排水系统设计

电站副厂房室内生活污废水经室内排水管排至室外污水检查井,再经室外污水管统一收集后排入化粪池。经化粪池处理后的水再经埋地式一体化污水处理设施处理达到《城镇污水处理厂污染物排放标准》(GB 18918—2002)中规定的一级 A 标准后排入附近河道。

室外排水管采用 HDPE 双壁波纹排水管,室内排水管采用 PVC-U 排水管。

三、电站厂房区消防系统设计

(一)设计基本资料

SETH 水电站为坝后式电站,厂房为地面厂房,厂区地面高程 973.80 m。厂区设有主厂房、副厂房、室外主变压器场、警卫室和其他附属用房,主厂房和副厂房作为一个整体贴临布置,2 台主变压器位于副厂房上游侧。

电站工程等别为 Ⅱ 等,工程规模为大(2)型。主厂房为单层排架结构,地上部分长度为 48.52 m,宽度为 18.00 m,建筑高度为 17.40 m。主厂房由 2 个机组段(大机)和安装间组成,1 台小机布置在安装间下部,机组段从上而下依次为发电机层、水轮机层、蜗壳层、尾水管层等。从发电机层高程至尾水管基础底高程厂房下部结构高 17.0 m,自发电机层高程至厂房屋顶高度为 17.2 m,主厂房总高度为 34.2 m。

副厂房为框架结构,尺寸为 60.40 m×21.03 m×16.60 m(长×宽×高)。地上 3 层,局部 4 层;地下 1 层。地上部分建筑面积为 2 390 m²。地下一层为高低压盘柜室、风机房等;地上一层为直流盘室、蓄电池室、电缆层及设备室等,室内地面标高 974.00 m;二层为中控室层、继电保护室、计算机室、交接班室和 GIS 室,室内标高 978.20 m;出线架设置在 GIS 室屋顶,屋顶结构标高 989.20 m,屋顶女儿墙顶高 990.40 m;三层为电源室、调度管理自动化中心、通讯设备室、水情测报室、通信值班室、监测控制室、工具间及会议室等,室内标高 983.30 m,屋顶结构标高 987.80 m,屋顶女儿墙顶高 989.00 m;局部四层为电梯机房,室内标高为 987.80 m。

副厂房建筑高度为 16.60 m。地下一层层高 5.0 m,首层层高 4.20 m,二层层高 5.1 m,其中 GIS 室层高 11.00 m;三层层高 4.50 m,局部四层层高为 3.30 m。

副厂房地下一层布置 2 部室内楼梯;地上布置 3 部室内楼梯、1 部电梯,满足副厂房的垂直、水平交通及安全疏散。

主变压器 2 台,布置在副厂房上游侧,变压器之间及两侧设置防火墙,防火墙高度高于变压器油枕顶部 0.3 m,长度长出贮油池(坑)两端各 0.5 m。

(二)消防用水量

电站厂区内最大建筑为主副厂房。根据《水电工程设计防火规范》(GB 50872—2014)规定,同一时间内火灾次数为 1 次,消防水量按一个设备 1 次灭火的最大水量和一个建筑物 1 次灭火的最大水量之中的较大者确定。因厂区 1 次消防用水量为 216 m³,单台 12 MW 水轮发电机组 1 次灭火用水量约为 7.9 m³,故按消火栓用水量确定厂区消防水量。

因厂区消防水池与邻近管理区消防水池合用,管理区消防用水量为 288 m³,1 次火灾最大消防用水量并考虑 1.2 倍安全系数,因此设计有效容积为 350 m³ 的消防水池。

(三)消防水源

消防水源同生活水源为电站厂房压力钢管内有压水及电站尾水,其中压力钢管内有压水为主要水源,电站尾水为备用水源。将压力钢管内有压水及电站尾水经管道引至设在厂区附近的 100 m³ 地下蓄水池。地下蓄水池中的水经地下消防水泵房内的 2 台消防水池供水泵提升后进入 350 m³ 消防水池。

2 台消防水池供水泵一用一备,单泵流量 10 m³/h,单泵扬程 10 m。由 350 m³ 消防水池水位控制消防水池供水泵自动启停。当 100 m³ 蓄水池的水位降低到最低水位时自动停泵。消防水池水位在启泵水位时自动开启消防水池供水泵。液位信号来自消防水池和蓄水池内液位计。在中控室和地下消防水泵房内可手动启停消防水池供水泵。

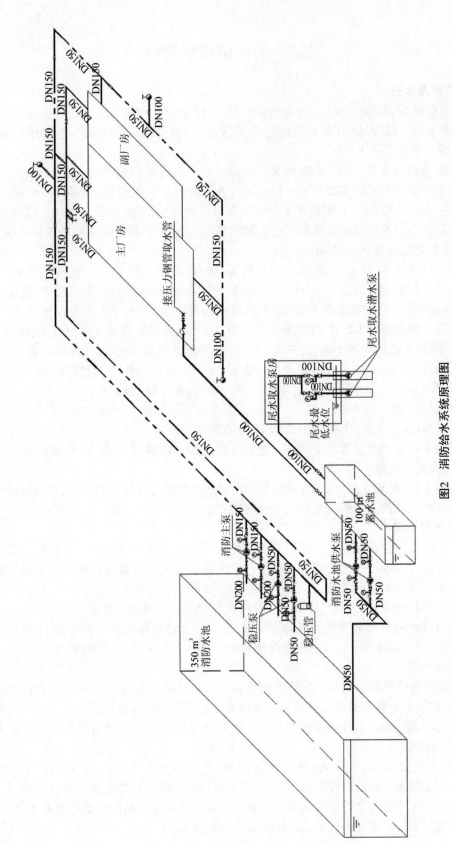

图2　消防给水系统原理图

(四)消火栓系统设计

本工程供水系统采用临时高压消防供水系统,枢纽电站主副厂房室内消防用水量为 10 L/s,室外消防用水量为 20 L/s,火灾延续时间 2 h,一次消防用水量为 216 m³。如图 2 所示。

枢纽电站消防供水设施位于地下消防泵房内。枢纽电站消防主泵包括 2 台消防泵(一用一备),单台主泵的流量为 30 L/s,单台主泵扬程为 80 m,消防主泵采用自灌充水。当消防主泵出水管上的压力降到设定值时,自动启动消防主泵。消防主泵除能自动启动外能手动启停。

消防稳压装置包括 2 套消防稳压泵、1 个稳压罐及相关配套设备。稳压泵的流量为 4.7 m³/h,扬程为 55 m。稳压泵的启停由稳压泵组出水管上的压力开关及消防主泵的启停控制。气压罐总容积为 1 000 L,有效储水容积为 150 L。在枢纽电站中控室和地下消防水泵房内可手动启停消防主泵。

电站厂区主副厂房室内的消防用水从室外消防管网上引入。在主厂房内设环状消防管网,管道直径 DN150 mm,主环网布置在水轮机层。主厂房在环网上设有分段检修的阀门。从环网上引出消防立管至厂房各层布置消火栓,间距不大于 30 m,保证有两股充实水柱同时到达室内任何部位。

在副厂房内设环状消防管网,管道直径 DN125 mm,主环网布置在第三层。副厂房在环网上设有分段检修的阀门。从环网上引出消防立管至厂房各层布置消火栓。除电气房间外,消火栓间距不大于 30 m。

主厂房发电机组水喷雾用水由主厂房内消防环管网引出。

消火栓给水管道采用不锈钢钢管,卡箍连接。

(五)水喷雾系统设计

本电站 2 台额定容量为 12 MW 的水轮发电机组采用固定水喷雾灭火方式。在每台发电机定子上、下端部线圈圆周长度上分设消防供水环管,环管上均布消防水雾喷头,线圈圆周长度上喷射的水雾水量不小于 15 L/(min·m),每台机组消防耗水量约 329.2 L/min。灭火延续时间按 24 min 计算,单台 12 MW 水轮发电机组一次灭火用水量约为 7.9 m³,水雾喷头前工作压力不小于 0.35 MPa。

消防给水来自厂区地下消防水池,由消防水池引消防总管贯穿主厂房,然后再由消防总管引消防支管至每台机组发电机层上游侧的发电机消防盘柜。在水轮发电机风罩内适当位置设置火警感温探测器及感烟探测器,发生火灾时发出报警信号,值班人员确认火灾后要在现地或在中控室手动控制消防盘柜的电动阀进行消防。电动阀前供水压力不小于 0.45 MPa。

(六)灭火器及其他消防设施配置

按《建筑灭火器配置设计规范》(GB 50140—2005)要求,电站厂房内的机房、中控室以及配电室内配置手提式二氧化碳及推车式磷酸铵盐干粉灭火器。油库、油处理室内配置泡沫灭火器和移动泡沫灭火设备。厂房区内其余需要配置灭火器的位置均按照规范要求,配备手提式灭火器、推车式灭火器或二者的组合形式,灭火器类型选用磷酸铵盐干粉型灭火器、二氧化碳型灭火器或二者的组合形式。

电缆室、电缆通(廊)道,电缆竖井的出入口处配备两套防毒面具。油罐室及油处理室配备移动泡沫灭火设备。

在主变压器及油罐油处理室附近设置消防沙箱。

(作者单位:中水北方勘测设计研究有限责任公司)

SETH 水电站通风空调系统设计

付 兵 张金岳 吕涟漪

一、工程概况

SETH 水利枢纽工程为多年调节能力的水库,水库总库容为 2.94 亿 m^3。工程任务为工业供水和防洪,兼顾灌溉和发电,为加强乌伦古河流域水资源管理和维持生态创造条件,发电服从供水和防洪。电站在电力系统中承担基荷任务,大机组装机容量为 2×12 MW,年利用小时数 2 953 h,小机组容量为 3.6 MW,年利用小时数 3 850 h。

工程区属大陆性寒冷气候区。多年平均气温 3.6 ℃,极端最低气温为 -42.0 ℃,极端最高气温为 40.9 ℃。

SETH 水库灌区的灌溉时间为 4 月至 9 月,非灌溉期 10 月至翌年 3 月水库下放生态基流和灌区工业人畜用水,工业用水贯穿全年。

二、室外温度设计参数

SETH 水利枢纽工程海拔高程是 735.3 m,而 SETH 水利枢纽工程海拔高程 973.50 m,气象站海拔高程与工程区相差不大,采用《民用建筑供暖通风与空气调节设计规范》(GB 50736—2012)阿勒泰气象资料:

夏季通风室外计算温度(℃)	25.5
夏季空调室外计算干球温度(℃)	30.8
夏季空调室外计算湿球温度(℃)	19.9
夏季空调室外计算日平均温度(℃)	26.3
夏季通风室外计算相对湿度(%)	43
冬季供暖室外计算温度(℃)	-24.5
冬季供暖期室外平均温度(℃)	-8.6
冬季通风室外计算温度(℃)	-15.5
冬季供暖期天数(d)	176
最大冻土深度(cm)	239

三、室内温度设计参数

根据《水力发电厂供暖通风与空气调节设计规范》(NB 35040—2014)规定及相关专业提供的设计资料,工程主要部位室内空气设计参数见表 1。

表 1

序号	部位	冬季室内温度		夏季室内温度
		发电机组正常运行时期	发电机组检修时期	
1	发电机层	≥10	≥5	≤33
2	水轮机层	≥8	≥5	≤33
3	蜗壳层	≥10	≥5	≤33
4	阀控式密封蓄电池室	≥15	≥15	≤33
5	油处理室	10~12	≥5	≤33
6	水泵房	≥5	≥5	≤33
7	空压机室	≥12	≥12	≤33
8	中控室、继电保护室	18~20	16~24	26
9	计算机室	18~20	16~24	26
10	办公室、值班室	16~24	16~24	26
11	电器设备室	≥5	≥5	≤35
12	电梯机房	≥5	≥5	—
13	启闭机房控制室	≥10	≥10	—
14	油泵房	≥5	≥5	—

工程各部位室内空气温度 单位：℃

四、通风系统

主厂房及其附属用房设置机械通风系统,通风系统原理图如图1所示。

(一)主厂房发电机层

发电机层设置自然进风、机械排风系统。下游侧墙下部设防尘、防虫及防水百叶窗进风。发电机层、水轮机层、蜗壳层送风全部汇集到发电机层,由下游侧墙上部设置的轴流风机排风至室外,排风风机共7台,单台风量3 849 m³/h,总排风量为26 943 m³/h。

(二)主厂房水轮机层

水轮机层设机械送风系统,通过竖井由室外取风,送风采用带过滤器的风机箱通过风管送风至水轮机层,回风通过楼梯间回流至发电机层,送风量5 200 m³/h。

油罐室、油处理室合用1套机械排风系统,排风系统兼做事故通风。油罐室、油处理室与主厂房的隔墙上各设1个电动防火阀作为进风口,由防爆排烟风机通过风管排风至室外,油罐室、油处理室内分别设置上、下部排风口,总排风量为2 900 m³/h。

空压机室与主机间的隔墙上设电动防火阀作为进风口,设1台轴流风机排风至主机间,总排风量为1 340 m³/h。

(三)蜗壳层

蜗壳层设机械送风系统,通过竖井由室外取风,送风采用带过滤器的风机箱通过风管送风至水轮机层,回风通过楼梯间回流至发电机层,送风量为9 185 m³/h。

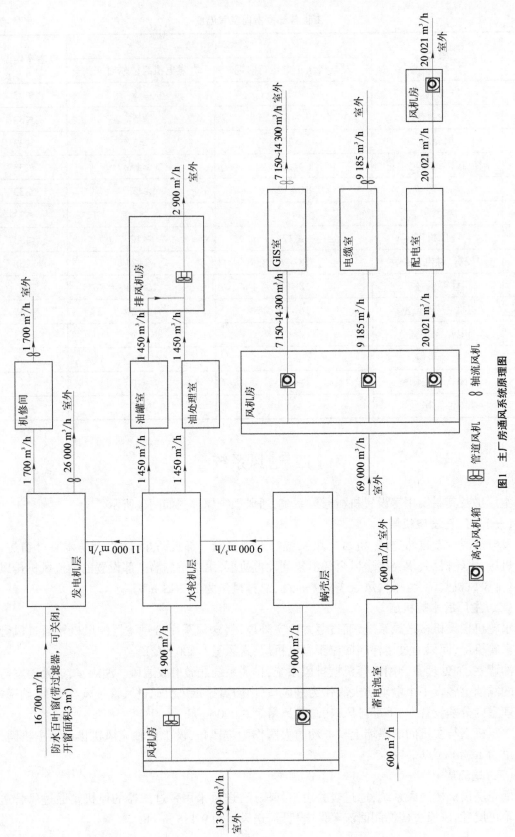

图1 主厂房通风系统原理图

(四)配电室

配电室设机械送、排风系统,送风机房内设 1 台带过滤器的风机箱,由室外取风,通过风管送风至配电室;排风机房内设 1 台风机箱,通过风管及风道排风至室外,系统风量为 20 021 m³/h。

(五)蓄电池室

蓄电池室设机械排风系统,通过门窗缝隙进风,外墙设防爆轴流风机排风至室外,通风量为 613 m³/h。

(六)机修间

机修间设机械排风系统、从主厂房自然进风,采用轴流风机通过风管排风至室外,通风量为 1 742 m³/h。

(七)地上电缆层

电缆层共分为 2 个电缆室,设置机械送、排风系统。排风系统兼事故通风。2 个电缆室合用 1 个送风系统,送风采用带过滤器的风机箱由室外通过风道取风通过风管分别送到电缆室。每个电缆室外墙上设 2 台轴流风机排风至室外,其中 3 台在主变段内的风机进口加防火阀,总通风量为 9 185 m³/h。

(八)GIS 室

GIS 室设置机械送、排风系统。排风系统兼事故通风。送风采用 1 台带过滤器的双速风机箱,由室外通过风道取风通过风管送到 GIS 室。排风由外墙上设置的轴流风机排风至室外。排风风机分上、下两部分,下部为正常通风,开启送风风机低速送风,事故时开启送风机高速送风及全部排风风机,正常通风的通风量为 7 150 m³/h,事故通风量为 14 300 m³/h,送风风机的风量为正常通风量的 80%,保持室内负压。

(九)柴油机房及储油间

厂房外柴油机房及储油间均设置机械排风系统,排风机采用防爆轴流风机,将室内的有害气体排至室外。

(十)地下消防水泵房及消防水池

消防泵房设置机械排风系统,排风机采用轴流风机,通过风管排风排至室外。

(十一)副厂房电梯机房

副厂房电梯机房设置机械排风系统,排风采用外墙设置的轴流风机排风排至室外,通过门窗缝隙自然补风。

五、供暖系统

(一)厂区及坝区供暖系统

主厂房发电机层采用电热辐射板加机组热风供暖。电热辐射板布置在距发电机层地面 4.0 m 的高度上,单台发热量为 4.0 kW。油罐室、油处理室、空压机室等布置电采暖器,其中油罐室及油处理室的电采暖器为密闭型防爆电采暖器。

消防泵房、副厂房、警卫室、下坝址电梯机房、副厂房电梯机房、生态基流及鱼道补水阀井、消力池排水泵房、表孔油泵房、底孔油泵房、升鱼机启闭机房控制室等有供暖需求的房间全部采用电采暖器供暖。

（二）现场管理区

现场管理区设置电热锅炉房 1 座，设置在管理用房内，锅炉的额定供热量为 0.35 MW，供水温度为 85/60 ℃，配套设置循环水泵、软化水装置、软化水箱、定压补水装置等。

现场管理用房采用热水散热器供暖，热源由管理区内的电热锅炉房提供，散热器采用内腔无砂型铸铁散热器，系统形式为水平单管系统，每个房间供水支管上设置 1 个两通温控阀，每组散热器设置手动放气阀。

现场管理区的警卫室、变电室、水处理间采用电采暖器供暖。

（三）后方管理区

后方管理区管理用房采用地板辐射供暖，热源由市政热网提供。

（四）供暖系统控制

采用厂区供暖系统采用现地控制及温控器自动控制。主机间电热辐射板采用分组控制，其他电散热器采用分台控制。

六、空调系统

副厂房中控室、计算机室、继电保护室、办公室等房间设多联式空调系统，室内机采用吊顶嵌入式，室外机设置在副厂房屋顶上，空调采用现地分室控制。

（作者单位：中水北方勘测设计研究有限责任公司）

SETH 水库 RCC 大坝翻转模板的设计与应用

张 东

一、概 述

SETH 水利枢纽工程任务为工业供水和防洪,兼顾灌溉和发电,并为加强乌伦古河流域水资源管理和维持生态创造条件。水库总库容 2.94 亿 m³,多年平均供水量 2.631 亿 m³。拦河坝坝型为碾压混凝土重力坝,最大坝高 75.5 m,坝顶总长 372.0 m,坝顶高程为 1 032.0 m。拦河坝(含挡水坝段、表孔和底孔坝段、放水兼发电引水坝段等)为 2 级建筑物,坝后工业和生态放水管、过鱼建筑物和水电站厂房为 3 级建筑物。SETH 水利枢纽工程施工导流采用河床分期导流、左右岸基坑全年施工的导流方式,为保证施工总目标顺利实施,工程主要节点日期如下:2016年 9 月 15 日进场,开始进行场内道路及砂石系统场平等工程施工;2016 年 10 月 10 日,开始左岸坝基开挖;2017 年 5 月 20 日浇筑导流明渠混凝土;2017 年 7 月 15 日浇筑左岸 1# ~ 9#坝段碾压混凝土;2017 年 10 月 22 日,河床截流,导流底孔过水;计划 2019 年 11 月 1 日,导流底孔下闸,水库蓄水;在 2020 年 9 月 30 日,工程完工。碾压混凝土施工月强度 3.5 万 m³,最大日强度 3 600 m³,最大小时强度 180 m³,最大日上升高度 1.2 m。如此施工强度,除在施工中必须科学组织、精心安排外,模板能否适应混凝土快速连续上升的要求,是大坝能否按期完工的关键环节之一。

二、大坝 RCC 模板总体规划

大坝上下游面总立模面积 15 600 m²。模板除满足大坝外观、形体要求外,还必须满足碾压混凝土施工连续不间断上升要求。为此,碾压混凝土大坝模板施工总体方案为:从左岸至右岸布置 1# ~ 21#共 21 个坝段,坝体上游坝面高程 986.0 m 以上铅直,以下坡比 1:0.15;下游坝面高程 1 018.0 m 以上铅直,以下坡比 1:0.75。大坝浇筑用翻转模板以垂直叠放的 2 ~ 3 块模板为 1 个施工单元,在混凝土浇筑过程中交替上升,上游面采用模板长 3 m、宽 3 m,重约 1.3 t,下游坡面采用模板长 3 m、宽 1.875 m,重约 0.8 t,主要构件包括面板、支撑桁架、调节螺杆、工作平台、锚固件等,全部为钢结构。连续交替上升翻转模板主要用于上下游坝面及坝体两端横缝,模板能否满足低温季节碾压混凝土快速上升的要求便成了模板设计的关键所在。

三、碾压混凝土模板设计特点工法

(一)碾压混凝土模板特点

碾压混凝土模板技术特有的要求:一是满足混凝土不间断连续上升铺筑的需要;二是碾压混凝土早期强度较低,模板锚固点处的锚固强度发展缓慢;三是碾压混凝土属于干硬性混凝土,施工过程中混凝土产生的侧压力较小。因此,碾压混凝土模板设计的关键就是要解决模板锚固筋锚固强度较低级模板要求快速上升这一矛盾,同时还需要使模板在现场的安拆简单迅速。借鉴以往碾压混凝土工程经验以及本工程特点,即结构上游面采用 3 套 3 m×3 m 模板交替上升,单套模板高度方向设计三排锚筋形成独立悬臂结构,下游采用 6 套 3 m×1.875 m 模板交替上升,单套模板高度方向设计两排锚筋。

(二)工法特点

翻转模板采用悬臂结构型式,通过水平方向预埋的锚筋固定,无需在仓内设置拉筋,模板受力条件好,不易变形走样,便于碾压混凝土机械化、快速施工作业。翻转模板以垂直叠放的 3 块模板为一个施工单元,在混凝土浇筑过程中交替上升,可实现碾压混凝土不间断、连续上升施工。每拆卸安装模板一次所需时间为 5~8 min,拆、立模板不影响仓内混凝土正常浇筑,不占直线工期。模板设有操作平台,确保模板安装、拆卸时作业人员施工安全。模板实用性强,上、下块模板之间通过调节螺杆连接,可适用于各种外型的水工建筑物,即使在变坡处也可保证碾压混凝土连续上升。翻转模板实用性强、周转次数多,能显著降低工程模板费用,缩短工程施工工期;经济效益显著,已广泛应用。

四、SETH 大坝碾压混凝土翻转模板

(一)设计依据

(1)施工时段:每年 4 月 20 日至 10 月 10 日,除 7—8 月外,其他施工时段位于低温季节。

(2)施工强度:模板确保混凝土日上升 1.2 m。

(3)模板结构设计为静定结构,结构及锚固点受力明确,确保系统受力安全可靠。

(4)模板拆安方便、快捷以减少安装周期。

(二)模板设参数

(1)允许承载混凝土侧压力:15 kPa。

(2)结构上游面采用 3 套 3 m×3 m 模板交替上升,单套模板高度方向设计 3 排 6 根锚筋,下游采用 6 套 3 m×1.875 m 模板交替上升,单套模板高度方向设计 2 排 4 根锚筋。

(3)每个锚固点在碾压混凝土浇筑后 48 h 应提供拉拔力 35 kN。

(4)模板安拆方便,翻转 1 块模板时间控制在 8 min 以内。

(三)模板结构

模板组成包括以下 4 部分。

(1)面板。采用 5 mm 厚钢板制作,长宽规格为 2 种:一种为宽 3 m、高 3 m,另一种为宽 3 m、高 1.875 m。

(2)支撑桁架。每块面板背面用螺栓垂直固定两榀支撑桁架,两榀桁架水平间距为 1.5 m,每榀桁架由[10 槽钢和∠63 角钢焊接而成,其中内弦杆(连接面板的弦杆)采用 2[10 槽钢,外弦杆和腹杆均采用 2∠63 角钢,内、外弦杆间距为 1.2 m,各杆件通过节点板焊接固定。每块模板背面的两榀桁架外弦杆间用 6 根∠63 角钢通过螺栓相连,形成空间整体结构。桁架不仅要作为整个模板的支撑系统,而且提升吊环和工作平台也设置安装在桁架上,其中提升吊环采用 φ20 mm 圆钢加工而成,焊接固定在每榀桁架内弦杆上端外侧;工作平台布置在两榀桁架之间,两端分别连接固定在桁架下部腹杆上。

(3)工作平台。工作平台设计为钢板网式以防滑、防积水。工作平台布置在两榀桁架之

间,两端分别连接固定在桁架下部腹杆上,并在其背桁架外侧铺设安全防护网。相邻两块模板之间的防护网应予栓接牢固,且安全防护网应与每块模板底部的安全操作平台栓接密实,确保其整体防护能力。在模板提升过程中,应事先将上、下两块模板外侧的安全防护网连接处拆卸开,待原下部模板提升至待浇筑仓并将下部螺杆及仓内拉筋焊接加固完毕时,须及时将该模板下部的安全防护网与相邻上下部位的模板防护网进行栓接。

(4)锚固件。为方便施工,锚筋采用 1 m 长 $\phi25$ mm 圆钢制作。每块 3 m×3 m 模板上设置有 3 排 6 根锚筋,间排距均为 1.8 m×1.2 m、1.8 m×0.8 m;每块 3 m×1.875 m 模板上设置有 2 排 4 根锚筋,间排距均为 1.8 m×0.8 m。锚筋一端做 135°弯钩埋入混凝土中,另一端穿过定位孔通过螺帽与模板固定,锚筋角度控制在 45°为宜。

(四)翻转模板工艺原理

1.单块翻转模板组成

单块翻转模板主要由面板系统、支撑系统、锚固系统、工作平台以及其他辅助系统组成,组装如图 1、2 所示。

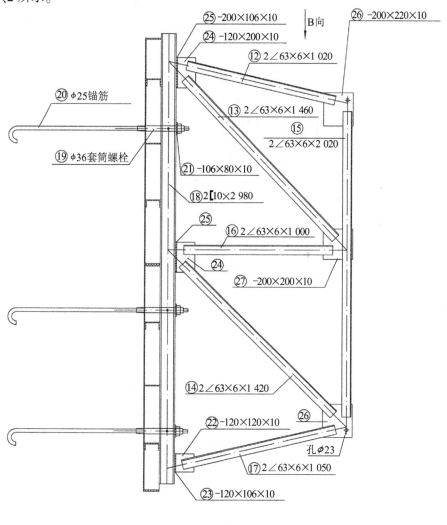

(a)侧视图

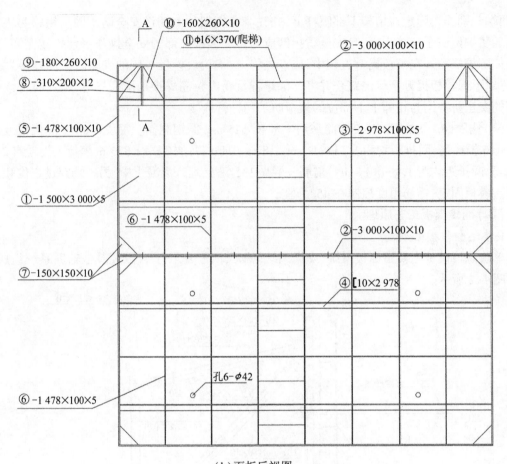

（b）面板后视图

图1　单套3 m×3 m模板组装图（单位：mm）

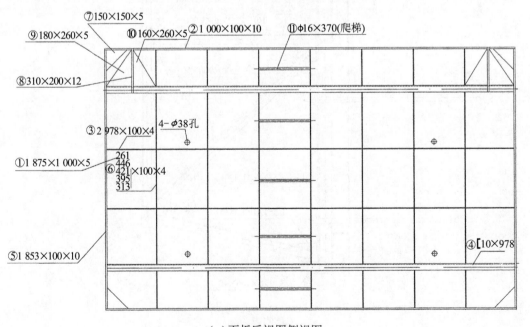

（a）面板后视图侧视图

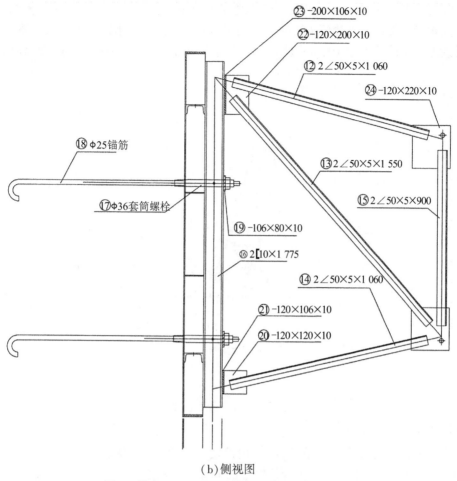

(b)侧视图

图2　单套3 m×1.875 m **模板组装图**(单位:mm)

3 m×3 m 面板系统为 2 块 3.0 m×1.5 m 面板组成,结构尺寸 3.0 m×3.0 m;3 m×1.875 m 面板系统为一块 3.0 m×1.875 m 面板组成,结构尺寸 3.0 m×1.875 m。支撑系统均为两榀支撑桁架,两榀桁架外弦杆间用角钢螺栓剪刀形式相连,形成空间整体结构。锚固系统主要由蛇型锚筋和锚锥组成。其中锚筋是长 100cm、直径 φ25 mm 的圆钢,其末端加工成弯钩状;锚锥采用 45Mn 钢加工而成,长 34 cm,另一端为 M30 的螺杆。施工时锚筋预埋在混凝土中,锚锥与锚筋旋紧后在锥型套筒表面套上塑料套以便于拆除,周转使用,锚锥另一端通过螺帽和缀板将模板固定。

2.起始模板安装

将组装成套的模板运至安装处,运输和现场堆放时板面向下,用方木垫平,最多只能叠放 1 块,以边运边安装为宜。从仓位的一端或仓位转角处开始,根据模板配板图将组装好的模板依次在仓位面上定位。第一块模板安装时,须使用水平仪和铅垂线,以保证模板安装时模板水平、垂直。模板安装采用吊车或塔机配合,吊装钢丝绳只准栓在桁架两侧的吊耳上,吊起后指挥到位将模板架立在起始仓模板上边线,桁架与桁架对接到位装上连接销,装好调节螺杆后便可松开吊钩。模板起吊前,检查吊装用绳索、卡具及每块模板上的吊环是否完整有效,检查无误后方可起吊。将吊车的位置调整适当,做到稳起稳落,就位准确。起始浇筑部位只先安装最下层模板,中间层、最上层模板在碾压混凝土浇筑过程中安装。中间层和最上层模板安装在碾压混凝土浇筑到距其下层模板上边线 600 mm 时便可开始,安装方法相同。模板第一次安装时,面板要比混凝土面设计线前倾 10 mm,以后各次安装模板时,将面板前倾 6 mm。如图 3 所示。

图3 模板安装示意图

3.翻转模板应用及吊装

吊车钢丝绳拴挂待拆除模板吊耳,吊钩稍带紧→紧固中层(翻转模板三块组合,称作上中下层)模板的套筒螺丝→拆卸下层模板接缝上的 U 型卡、连接销→松卸下层模板的套筒螺丝→紧缩调节螺杆使模板脱开混凝土面→拆卸桁架上的内铁楔和外连接销→指挥吊车将模板提起→将拆除后的模板安装在上层模板上。如图 4 所示。

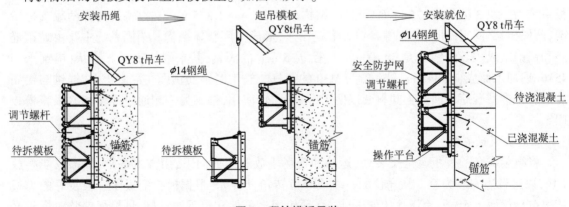

图4 翻转模板吊装

翻转模板垂直上每 2~3 块为一单元,上、下层模板面板之间通过连接销连接,左右之间用 U 型卡连接;上、下桁架之间通过插销和调节螺杆连接,桁架与面板用连接螺栓固定。在转折处,可通过调节螺杆而实现变坡,不影响仓内混凝土连续浇筑。翻转模板在工作状况时为悬臂结构,开始浇筑碾压混凝土后,混凝土侧压力通过面板系统传递给支撑系统的桁架部分,再通过支撑系统的竖向调节杆传力给其下一层模板的支撑系统,最后传力给锚固系统。作用在模板上的所有荷载最终转换为集中力,由最下层模板的锚筋共同承担。模板拆除顺序由下至上依次进行,最下层模板拆除标准为:埋设中间层模板锚筋的该层碾压混凝土凝期满足要求,中间层模板锚筋达到设计要求的抗拔力。最下层模板拆除前,先将中层模板锚锥紧固,再拆除最下层翻转模板并安装到最上层,依次进行,实现模板连续交替上升。

模板定位后,根据测量放样点拉线检查横向平整度,吊锤球检查竖向平整度,用调节杆调节模板的倾斜度,将模板校正调直,然后在面板之间用 U 型卡连接。在面板空隙之间插入补缝板,用螺栓将其固定。仓位模板验收合格后,开始碾压混凝土浇筑,当混凝土浇筑至预埋螺栓孔附近应及时安装好预埋螺栓及 D25 锚筋。模板每翻高 1 层,测量放样 1 次,根据放样点检查模板变形情况,依据放样点拉线利用调节螺杆校正模板。

(五)翻转模板现场使用

2017 年 7 月 20 日,模板在大坝的 8#~9# 坝段正式投入使用。起始块模板常规内拉且内外撑的支模方式,完成起始仓浇筑后,随着浇筑层的升高,相继完成 2# 及 3# 模板的安装,3 块模板共同组成 1 套交替上升式翻转模板体系,满足大坝浇筑连续上升的要求。并仓后的面积达到 3 000~4 800 m²,翻转模板首次使用时,上下游模板上口出现跑模 4~10 mm 的现象,两端模板上口出现跑模 40 mm 现象且底部丝杆有变形,经分析原因如下:①浇筑速度过快,超过规定的速度 1.2 m/d;②初次浇筑时混凝土初凝时间大于 10 h;③上下游振动时间过长,距模板较近,端头振动碾靠近模板边缘碾压,对模板附加了很大的施工荷载。

整改方案为:上下游面模板第一次安装时,面板要比混凝土面设计线前倾 10 mm,以后各次安装模板时,将面板前倾 6 mm;端部距模板面 2 m 范围的碾压混凝土改为变态混凝土,将丝杆直径改为 32 mm;混凝土的上升速度控制在 30 cm/6 h,混凝土初凝时间调整为 8 h;变态混凝土区 φ100 mm 插入式振捣器人工振捣距离模板 25 cm,采用 BW202AD-4 双钢轮振动碾碾压。截至 2019 年 5 月,模板使用顺利,左岸大坝浇筑达到高程 986 m,体型尺寸良好,模板的安拆速度最快达到 6 min/块,日上升速度达到 1.2 m/d。

五、效果及评价

SETH 水库混凝土方量大,地处寒冷地区且施工工期紧,翻转模板的应用避免多次转运,缩短安装时间,模板安装和耗材使用费用经测算较普通模板节省 22 元/m²。翻转模板在 SETH 大坝碾压混凝土的应用结果表明,该模板操作简单、使用可靠、结构轻巧、设计合理、施工效率高、节约成本,满足工程施工需要。

(作者单位:甘肃省水利水电工程局有限责任公司)

喀什噶尔灌区渡槽工程支撑系统设计与应用

张　东

一、工程概况

工程渡槽设计引用流量 87 m³/s，加大流量 100 m³/s。单跨渡槽由槽身段、渡槽下部排架柱结构、渡槽灌注桩基础组成。槽身段总长 660 m，单跨长 30 m。渡槽上部槽身为二孔双联预应力钢筋混凝土涵洞式矩形槽，槽身宽度 13.1 m。槽身过水断面尺寸 5.5 m（宽）×3.5 m（高）×2 孔，槽身采用矩形断面，底板、顶板均为梁板结构。

多年年平均风速 1.9 m/s，历年最大风速为 31 m/s，历年平均最大风速为 19.74 m/s，风向多为 NW、NNW。河床段砂卵砾石厚超过 35 m。

二、单跨槽身预应力钢筋混凝土浇筑顺序及总体浇筑方案

（一）浇筑顺序

一期混凝土浇筑侧墙底贴脚以下梁板结构，二期混凝土浇筑底贴脚以上墙身及顶板，然后进行预应力张拉，最后进行槽身端头二期混凝土浇筑。

（二）槽身混凝土浇筑模板系统

槽身底模及侧模采用定型钢模板。两侧侧模总质量 35 t，底模总质量 49 t；两孔双联槽身内模配置 30 m 长钢模台车 2 套，2 套 30 m 长钢模台车自重 190 t，按槽身纵向 10 m 每节布置，每节两端布置 4 个支撑点，每套台车 12 个支撑点。

三、槽身支撑系统施工

（一）支撑系统方案确定

经满堂脚手架和满堂门架的方案比较，根据工程的特点，本工程采取满堂门架法施工方案，其方案安全可靠、经济实用。

（二）支撑基础处理

支撑基础采用夯填砂砾料，厚度为 2 m。

门架搭设首先进行地基表面覆盖层的清理，然后进行地基碾压。在压实合格的地面上回填基础砂砾料。基础砂砾料取河道内砂砾料。压实相对密度不小于 0.85，粒径不大于 100 mm，防止地基的不均匀沉陷。在碾压好的地基表面上按门架间距的铺设底部枕木，枕木采用 20 cm×15 cm 方木，以便把上部荷载较均匀地分散到地基上。

（三）支架设计依据

《建筑施工门式钢管脚手架安全技术规范》（JGJ 128—2010），备案号 J 43—2010。

1.支撑架材料要求

本工程支撑架全部采用门型架,门架立杆选用 $\phi57\times3.0$ mm 的焊接钢管,立杆加强杆选用 $\phi25\times2.0$ mm 的焊接钢管,横杆选用 $\phi53\times3.0$ mm 的焊接钢管,横杆加强杆选用 $\phi25\times2.0$ mm 的焊接钢管。底梁模板及侧面横肋选用 $\phi48\times3.0$ mm 的焊接钢管。

方木的顺纹抗拉强度不得小于 8.0 MPa,抗剪设计值不得小于 1.4 MPa。

2.支撑架结构形式

门架体系由支架基础(地基夯实找平)、20 cm×15 cm 方木、可调节底托、门架、横杆、斜撑杆、可调节顶托、[10 工字钢及 10 cm×15 cm 方木做纵横向托梁。模板系统由侧模、底模、台车、端模等组成,方木采用松木或杉木。

3.门架支撑系统承受的荷载分析

门架支撑系统承受的荷载主要有:钢筋混凝土自重、底模与侧模及其支撑系统自重、钢模台车及其顶板混凝土自重、施工活荷载、振捣荷载、风荷载、工作台板及其安全防护栏自重等荷载组成。基础还要承受满堂排架自重。其中:钢模台车及其顶板混凝土自重通过台车 12 个支撑点传递至底板,从而产生集中荷载。

4.支撑结构承载力

1)受力分析

根据各部位承受荷载的不同,选用渡槽最大受力截面进行受力分析,门架排距按 1.5 m 设计。

荷载取值:

(1)钢筋混凝土容重 $q=26$ kPa;

(2)模板荷载 q_2:内模 $q_{内}=0.8$ kPa,外模 $q_{外}=1.4$ kPa;

(3)施工人员及机械荷载 q_3:$q_3=2.0$ kPa(施工中要严格控制其荷载量);

(4)混凝土振捣荷载 q_4:$q_4=2.5$ kPa。

按 1.5 m 宽度条带进行受力分析:

1 台车质量 196 t,24 个支点每个支点 8.2 t,分布于 2.3 m×1.5 m 上(23.8 kPa)

F_2——顶板混凝土自重 195 t,每个支点 8.2 t,分布于 2.3 m×1.5 m 上(23.8 kPa);

F_3——活动荷载:3 kPa;

F_4——振捣荷载:2.5 kPa;

F_5——底板自重:9 kPa;

F_6——底模自重按 160 kg/m² 计,分布于 1.5 m×4.6 m 上(1.6 kPa);

F_7——1.5 m 边墙混凝土自重:16.8 t,分布于 1.2 m×1.5 m 上(93.3 kPa);

F_8——外模分布到 1.5 m 宽边墙重量 0.85 t,(4.7 kPa);

F_9——中墙分布到 1.5 m×1.5 m 宽底梁重 18.6 t,分布于 1.5 m×1.5 m 上(83 kPa);

F_{10}——边梁钢绞线自重 54 kg/m,0.45 kPa;

F_{11}——中梁钢铰线自重 106 kg/m,0.71 kPa。

2)荷载效应组合

荷载与荷载效应为线性,满堂脚手架和模板支架荷载效应的基本组合见表 1。

表 1

满堂脚手架和模板支架荷载效应的基本组合

计算项目	荷载效应的基本组合	
满堂脚手架模板支架、稳定	由永久荷载效应控制的组合	永久荷载+0.7 可变荷载+0.6 风荷载
	由永久荷载效应控制的组合	①永久荷载+可变荷载
		②永久荷载+0.9(可变荷载+风荷载)

(四)计算用表及相关规定

1.钢材的强度设计值与弹性模量

钢材的强度设计值与弹性模量按表 2 的规定取值。

表 2 　　　　钢材的强度设计值与弹性模量

项目	Q235 级钢		Q345 级钢	
	钢管	型钢	钢管	型钢
抗拉、抗压和抗弯强度设计值(MPa)	205	215	300	310
弹性模量(MPa)	2.06×10^5			

2.门架立杆长细比调整系数

门架立杆长细比调整系数见表 3。

表 3 　　　　调整系数 k

脚手架搭设高度(m)	≤30	>30 且≤45	>45 且≤55
k	1.13	1.17	1.22

3.地基要求

地基要求见表 4。

表 4 　　　　地基要求

搭设高度(m)	地基土质		
	中低压缩性且压缩性均匀	回填土	高压缩性或压缩性不均匀
≤24	夯实原土,干重力密度要求 15.5 kN/m³.立杆底座置于面积不小于 0.075 m² 的垫木上	土夹石或素土回填夯实,立杆底座置于面积不小于 0.10 m² 的垫木上	夯实原土,铺设通长垫木
>24 且≤40	垫木面积不小于 0.10 m²,其余同上	砂夹石回填夯实,其余同上	夯实原土,在搭设地面满铺 C15 混凝土,厚度不小于 150 mm
>40 且≤55	垫木面积不小于 0.15 m² 或铺通长垫木,其余同上	砂夹石回填夯实,垫木面积不小于 0.15 m² 或铺通长垫木	夯实原土,在搭设地面满铺 C15 混凝土,厚度不小于 200 mm

4.地基承载力修正系数

地基承载力修正系数见表5。

表5 地基承载力修正系数

地基土类别	修正系数(k_c)	
	原状土	分层回填夯实土
多年填积土	0.6	—
碎石土、砂土	0.8	0.4
粉土、黏土	0.7	0.5
岩石、混凝土	1,0	—

5.满堂门架规范规定

满堂门架跨距和间距应根据实际荷载计算确定,门架净间距不宜超过1.2 m。满堂脚手架的高宽比不应大于4,搭设高度不宜超30 m。满堂脚手架在每步门架两侧立杆上应设置纵向、横向水平加固杆,并应采用扣件与门架立杆扣紧。

剪刀撑按图1要求设置。

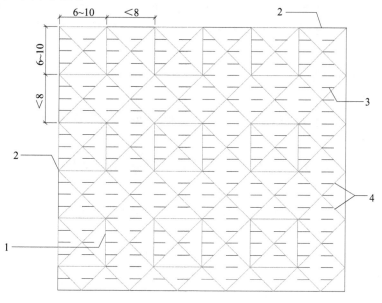

1—竖向剪刀撑;2—周边竖向剪刀撑;3—门架;4—水平剪刀撑

图1 剪刀撑设置示意图(单位:m)

(1)搭设高度12 m及以下时,在脚手架的周边应设置连续竖向剪刀撑;在脚手架的内部纵向、横向间隔不超过8 m应设置一道竖向剪刀撑;在顶层应设置连续的水平剪刀撑。

(2)竖向剪刀撑应由底至顶连续设置。

在满堂脚手架的底层门架立杆上应分别设置纵向、横向扫地杆,并应采用扣件上与门架立杆扣紧。

(五)支撑系统设计

因渡槽结构施工的需要,需搭设 15.6 m(宽)×26.5 m(长)×10 m(高)满堂脚手架,架上施工荷载 3.0 kPa,施工现场具备 MF1019 门架、$\phi 57 \times 3$ mm 钢管和配套扣件,其他配件可以根据施工需要选择,活动荷载 3 kPa,振捣荷载 2.5 kPa,基本风压 $W_0 = 0.66$ kPa,选择门架的布置方式,并进行稳定承载力计算。

1.一榀门架的稳定承载力计算

满堂脚手架搭设高度 10 m 时:计算得 $N^d = \psi A f = 107.68$ kN。

由此可知,本案满堂脚手架搭设高度为 10 m 时,一榀门架稳定承载力的限值、所搭设架体一榀门架的轴向力设计值均应不超过此限值,即 $N \leqslant N^d$。

2.架体的排布设计

根据本方案上部固定荷载较大的特点,门架平面排布选择复式(交错)布置的方式,门架的纵距根据不同荷载布置,间距为 1.00+0.5=1.5(m),纵距梁底为 0.6 m,底板为 0.75 m,在架体高度方向上选择 5 步整架 1 步调节架,调节架高度选择 0.5 m,则高度方向共 6 步架,其高度为 5×1.9+0.5=10(m),其余用可调托座调整。

底层门架设纵、横向扫地杆。水平加固杆按步在门架两侧的立杆上纵、横向设置。竖向剪刀撑在外部周边设置,内部纵向 4 跨距设置,横向 4 间距设置。水平剪刀撑每 4 步设置,剪刀撑均连续设置,竖向剪刀撑斜杆间距 4 步设置。

3.计算单元选择

以 1.5 m 宽为计算单元。

1)边梁支架以上荷载

$$F_3 + F_4 + F_6 + F_7 + F_8 + F_{10} = 105.6 \text{ kPa}(每榀门架 63.4 \text{ kN})$$

2)中梁支架以上荷载

$$F_3 + F_4 + F_6 + F_9 + F_{11} = 91 \text{ kPa}(每榀门架 68.3 \text{ kN})$$

3)台车支点处支架以上荷载

$$F_1 + F_2 + F_3 + F_4 + F_5 + F_6 = 63.7 \text{ kPa}(每榀门架 54.9 \text{ kN})$$

4)台车支点范围外底板支架以上荷载

$$F_1 + F_3 + F_4 + F_5 + F_6 = 39.9 \text{ kPa}$$

由于本案架体上荷载不均匀,按具体受力情况布置架体,排布纵、横间距:边梁底部间距为 1.5 m,纵距为 0.6 m;中梁底部间距为 1.5 m,纵距为 0.75 m;台车支点断面底板处间距为 1.5 m,纵距为 0.6 m;其他衬板支撑间距为 1.5 m,纵距为 0.75 m。使用脚手架时排距 0.5 m,间距 0.5 m,步距 1.2 m;选择架体中梁带剪刀撑的门架为计算单元。

5)N_{G1k}、$\sum_{i=3}^{n} N_{Gik}$ 的计算

(1)每米高架体:$N_{G1k} = 0.331$ kN/m。

(2)剪刀撑、扫地杆均采用 $\phi 48 \times 3$ mm 钢管,按 0.12 kN/m 计算。

(3)架体上固定荷载产生的轴向力标准值 $\sum_{i=3}^{n} N_{Gik}$ 计算:

$$\sum_{i=3}^{n} N_{Gik} = 61.5 \text{ kN}$$

(4)架体上施工荷载产生的轴向力标准值$\sum N_{qk}$计算,按每一榀门架的负荷面积计算:

$$\sum N_{qk} = \sum_{i=1}^{n} N_{Gik} = 2.16 \text{ kN}$$

6)风荷载计算

(1)μ_z的确定

根据本案所给条件,$H=10$ m时,查《建筑结构荷载规范》(GB 50009—2012),得$\mu_z=1.33$。

(2)μ_s的确定

门架纵向27排,15.6 m;横向18列,26.5 m;满足一榀门架的负荷面积不大于$0.75 \times 1.5 = 1.125 (\text{m}^2)$。计算风荷载时,可按门架立杆与水平加固杆组成的多榀桁架,根据现行国家标准《建筑结构荷载规范》(GB 50009—2012)的规定,按$\mu_{stw} = \mu_{st} \dfrac{1-\eta^n}{1-\eta}$公式计算得到的$\mu_{stw}$是架体的整体风荷载体型系数。经计算,取矩形平面槽身墙面迎风面体型系数$\mu_{stw}=1.0$。

(3)w_{kf}、w_{km}计算

$$w_{kf} = \mu_z \mu_{stw} w_0 = 1.33 \times 2.306 \times 0.5 = 1.533 (\text{kPa})$$
$$w_{km} = \mu_z \mu_{stw} w_0 = 1.33 \times 0.8 \times 0.5 = 0.532 (\text{kPa})$$

(4)F_{wf}、F_{wm}计算

$$F_{wf} = l_a H w_{kf} = 1.5 \times 10 \times 0.586 = 8.8 (\text{kN})$$
$$F_{wm} = l_a H_m w_k = 1.5 \times 6 \times 0.6 = 5.4 (\text{kN})$$

(5)倾覆力矩计算

$$M_{wq} = H \left(\frac{1}{2} F_{wf} + F_{wm} \right) = 10 \times \left(\frac{1}{2} \times 8.8 + 5.4 \right) = 9.8 (\text{kN} \cdot \text{m})$$

(6)门架立杆附加轴力计算

$$N_{wn} = \frac{6 \times 98}{(2 \times 23.1) \times 23 \times 0.6} = 0.95 (\text{kN})$$

(7)作用于一榀门架的最大轴向力设计值计算

组合风荷载时,按《建筑结构荷载规范》(GB 5009—2012)中式(5.4.2-2)、式(5.4.2-3)计算:

$$N_j = 1.2 \left[(N_{G1k} + N_{G2k})H + \sum_{i=3}^{n} N_{Gik} \right] + 0.9 \times 1.4 \left(\sum_{i=1}^{n} N_{Gik} + N_{wn} \right)$$
$$= 1.2 \times \left[(0.331 + 0.12) \times 10 + 61.5 \right] + 0.9 \times 1.4(2.16 + 0.95)$$
$$= 83.13 (\text{kN})$$

$$N_j = 1.35 \left[(N_{G1k} + N_{G2k})H + \sum_{i=3}^{n} N_{Gik} \right] + 1.4 \left(\sum_{i=1}^{n} N_{Gik} + 0.6 N_{wn} \right)$$
$$= 1.35 \times \left[(0.331 + 0.12) \times 10 + 61.5 \right] + 1.4 \times (0.7 \times 2.16 + 0.6 \times 0.95)$$
$$= 92.02 < N^d = 107.68 (\text{kN})$$

取$N=92.02$ kN满足承载力要求。

(六)支架托梁验算

1.门型架顶部纵梁$10^\#$工字钢受力验算

$10^\#$工字钢沿槽身纵铺,铺设25道,横向另架两排,做为操作架,门架排列为18 cm×27 cm,

则有 3 道纵梁承载其分担荷载为:68.3 kN/榀。

$q = 68.3 \div 1.5 = 45.53(kN/m)$

工字钢简支梁计算间距以 100 cm 考虑。

最大弯矩 $M_{max} = 1/8 \times 45.53 \times 1\,000^2 = 5.7 \times 10^6 (N/mm)$

查图表 10# 工字钢抵抗矩 $Wx = 49\ cm^3 = 4.9 \times 10^4 (mm^3)$

Ⅰ级钢容许应力为 $f = 215\ MPa$

$\& = M_{max}/W_x = 5.7 \times 10^6/4.9 \times 10^4 = 116.3 < f = 215(MPa)$

验算:$W_{max} = 5qL^4/384EI$

其中:10# 工字钢截面惯性矩 $I_x = 245 \times 10^4\ mm^4$,弹性衡量 $E = 206 \times 10^3\ MPa$。

则:$W_{max} = 5 \times 45.53 \times 1\,000^4/384 \times 206 \times 10^3 \times 245 \times 10^4 = 1.2 < L/400 = 1\,000/400 = 2.5(mm)$

经计算,10# 工字钢满足荷载要求。

2.工字钢上方木承载验算(10 cm×15 cm)

方木以简支梁计算,计算长度 $L = 750\ mm$,间距 300 mm:

荷载:$q = 68.3 \times 3 \div 5 \div 1.5 = 18.2(kN/m)$

$M_{max} = 1/8QL^2 = 1/8 \times 18.2 \times 0.75^2 = 1.28(kN \cdot m)$

$W_{max} = 1/6bh^2 = 1/6 \times 100 \times 150^2 = 3.75 \times 10^5(mm^3)$

一般松木或云杉的顺纹抗拉强度:$f = 8.0\ MPa$

$M_{max}/W_x = 1.28 \times 10^6/3.75 \times 10^5 = 3.4\ MPa < f$;满足要求。

横向选择 10 cm×15 cm 的方木进行铺设,间距 300 mm,铺设的高为 15 cm,宽为 10 cm。

方木抗剪验算:

松木顺纹抗剪设计值 f_v 取 1.4,剪力 $V = 0.625 \times 18.2 \times 0.75^2 = 6.4(kN)$

抗剪承载能力:

$$\tau = VS/Ib$$

式中　τ——受剪应力设计值;

　　　V——剪力;

　　　I——毛截面惯性矩;

　　　S——毛截面面积矩;

　　　b——截面宽度,$b = 100\ mm$。

10 cm×15 cm 方木:

$I = bh^3/12 = 100 \times 150^3/12 = 2.8 \times 10^7(mm^4)$

$S = 1/2A \times 1/4h = 1/2 \times 100 \times 150 \times 1/4 \times 150 = 2.8 \times 10^5(mm^3)$

所以:$\tau = 6.4 \times 10^3 \times 2.8 \times 10^5/2.8 \times 10^7 \times 100 = 0.64(MPa) < f_v$

10×15 cm 方木跨中挠度 $W = 0.521 \times qL/100EI = 0.521 \times (18.2 \times 750^4)/(100 \times 9 \times 10^3 \times 2.8 \times 10^7) = 1.19(mm) < [f] = L/250 = 3\ mm$,抗弯满足要求。

(七)地基承载力计算

地基处理采用夯填 2 m 砂砾料,立杆下部垫 20 cm×15 cm 方枕木,底托为 9 cm×9 cm 钢托板。地基处理后,要求最小承载力为 300 kPa,现取地基最大受荷处,即横梁支撑杆件下部地基进行计算。地基采用振动碾压实,不合格地基土要清除换填。

地基土为砂砾卵石,根据地基与基础规范,查得砂卵石土的承载力标准值为 $300\sim500$ kPa,见表6。

表6
碎石土承载力标准值
单位:kPa

土的名称	稍密	中密	密实
卵石	$300\sim500$	$500\sim800$	$800\sim1\,000$
碎石	$250\sim400$	$400\sim700$	$700\sim900$
圆砾	$200\sim300$	$300\sim500$	$500\sim700$
角砾	$200\sim250$	$250\sim400$	$400\sim600$

修正后的地基承载力

$$f_a = K_c \cdot f_{ak}$$

式中　K_c——地基承载力修正系数,取0.8;

f_{ak}——地基承载力特征值。

取 $f_{ak}=300$ kPa,则 $f_a=0.8\times300$ kPa $=240$ kPa。

经前面计算,每榀门架最大标准轴为 61.8 kN。

门架底座支撑在 150 cm×200 cm×1 500 cm 的方木上,方木使用松木,每榀门架方木接地面积为 $0.2\times1.5=0.3(\mathrm{m}^2)$

实际承载力为 61.8 kN/0.3 m^2 $=206$ kPa$<f_a$,地基承载力满足要求。

(八)方木支座验算

1.受力分析

荷载如图2所示。

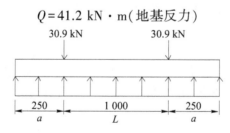

图2　荷载图(尺寸单位:mm)

弯矩如图3所示。

$$M_{max}=1/8qL^2(1-4\times a^2/L^2)$$

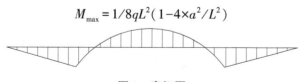

图3　弯矩图

剪力如图4所示。

$$V=1/2qL$$

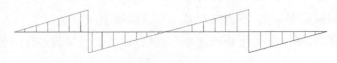

图 4 剪力图

2.抗拉应力验算

$M_{max} = 1/8 \times 41.2 \times 1^2 (1-4 \times 0.25^2/1^2) = 3.86(kN \cdot m)$

$W_{max} = 1/6bh^2 = 1/6 \times 200 \times 150^2 = 7.5 \times 10^5 (mm^3)$

$M_{max}/W_{max} = 3.86 \times 10^6/7.5 \times 10^5 = 5.15(MPa) < f = 8.0(MPa)$

方木抗弯拉应力满足要求。

3.抗剪应力验算

$V = 1/2qL = 1/2 \times 41.2 \times 1 = 20.6(kN)$

松木顺纹抗剪强度设计值 f_v 取 1.4 MPa

抗剪承载能力：

$$\tau = VS/Ib$$

式中　τ——受应力设计值；

　　　V——剪力；

　　　I——毛截面惯性矩；

　　　S——毛截面面积矩；

　　　b——截面宽度。

200 mm×150 mm 松木：

$I = bh^3/12 = 200 \times 150^3/12 = 5.625 \times 10^7 (mm^4)$

$S = 1/2A \times 1/4h = 1/2 \times 200 \times 150 \times 1/4 \times 150 = 5.6 \times 10^5 (mm^3)$

$b = 200$ mm

$\tau = 20.6 \times 10^3 \times 5.6 \times 10^5/5.625 \times 10^7 \times 200 = 1.02(MPa) < f_v$

抗剪满足要求。

（九）支撑架预压

第一跨排架搭设完成，并经各部门联合验收后，进行排架预压以减小非弹性变形的影响，预压荷载为浇筑混凝土重量的 1.2 倍，并按照规范设置剪刀撑以提高稳定性。静载试验采用砂袋压载，砂袋采用小型机械配合人工装袋。

四、效果评价

门式脚手架的优点在于：搭设、拆除操作方便，材料供应少，人员投入少，降低了成本，节约了施工空间，减少了模板支撑所用的时间，缩短了工期，在施工过程中让脚手架应用的更加灵活、方便。在喀什噶尔灌区渡槽工程支撑体系施工中对门架式脚手架进行了设计，并安全使用，取得了良好的经济效益。

（作者单位：甘肃省水利水电工程局有限责任公司）

SETH 水利枢纽工程重力坝坝段联合受力计算分析

赵晓露　孙其臣　丁佳峰　金津丽　何晓萌

一、工程现状

坝基主要为辉长岩侵入体,岩性单一,表部岩体稍破碎,下部岩体大部分较完整。坝基外侧地层为石炭系中统巴塔马依内山组玄武岩、凝灰岩及砂岩组成,局部夹泥质粉砂岩、凝灰质砂岩,岩体中结构面发育,岩体破碎,质量较差。地表第四系地层有冲积层、冲洪积层及坡洪积物,分布于沟谷,厚度不大,多小于 5 m。

坝顶高程 1 032.0 m,15#坝段坝底高程956.5 m。针对存在的地质缺陷,进行如下地基处理及设计改进,15#坝段风化深槽回填 C25 三级配混凝土塞,回填高程 952.0~963.5 m,16#坝段贯穿的断层破碎带回填 C25 三级配混凝土塞,回填高程 961.4~963.5 m。为提高坝体抗滑稳定,15#、16#坝段在 970 m 高程以下混凝土统一碾压,970 m 高程以上按原设计分缝,对 15#、16#坝段联合受力做抗滑稳定和应力应变复核。

二、计算输入

(一)计算模型

假定模型沿顺水流向方向为正 x 方向;坝轴线指向左岸为正 y 方向;铅垂向上为 z 正方向。15#、16#坝段联合受力有限元计算模型单元图如图 1 所示。建基面坝体和岩石采用不同节点,建有接触单元。

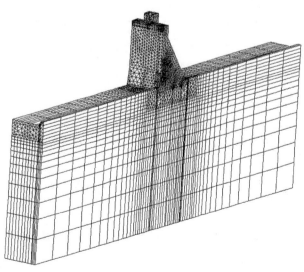

图 1　重力坝 15#、16#坝段联合受力有限元计算模型单元图

(二)计算参数

C15 混凝土静弹性模量 22 GPa,泊松比 0.167,容重 23.5 kN/m³,动弹性模量 27.5 GPa。C20 混凝土静弹性模量 25.5 GPa,泊松比 0.167,容重 23.5 kN/m³,动弹性模量 31.9 GPa。C25 混凝土静弹性模量为 28 GPa,泊松比为 0.167,容重 23.5 kN/m³,动弹性模量 35 GPa。坝基岩(石)体强度指标建议值见表1。

表1 坝基岩(石)体强度指标建议值

岩体类别	岩体特征分布	弹性模量(GPa)	变形模量(GPa)	饱和抗压强度(MPa)	抗剪强度指标		
					C'(MPa)	f'	f
A_{II}	深槽周边岩体	18~20	11~13	100	1.4~1.6	1.20~1.30	—
A_{III}		12~14	6~8	60	0.9~1.1	0.90~1.10	—
A_{IV}	深槽内弱风化辉长岩石	4~6	1~3	—	0.3~0.4	0.60~0.70	—
A_{V}	深槽内全强风化辉长岩石	1~2	0.5~1	—	0.05~0.1	0.40~0.50	—
混凝土/岩	弱风化	—	—	—	0.7~0.9	0.80~0.95	0.55~0.65
	微-新	—	—	—	1.0~1.2	0.85~1.00	0.65~0.75

(三)计算荷载

基本荷载主要有:自重、水压力、浪压力、泥沙压力、扬压力、地震荷载及冰压力。本工程地震烈度 0.2g,特征周期 0.45 s,相应场地地震基本烈度为Ⅷ度。

(四)计算工况

各计算工况荷载组合见表2。

表2 各计算工况荷载组合

荷载组合	工况	相应水位(m)		荷载							备注
		上游	下游	①	②	③	④	⑤	⑥	⑦	
基本组合	1.正常蓄水位	1 027.0	968.844	√	√	√	√	√			正常蓄水位(浪压力)或冬季正常蓄水位(冰压力)取二者中的大值
		1 027.0	968.844	√	√	√		√		√	
	2.校核洪水位	1 029.94	973.35	√	√	√	√	√			校核洪水位
特殊组合	3.正常蓄水位+地震	1 027.0	968.844	√	√	√	√	√	√		正常蓄水位(浪压力)+地震或冬季正常蓄水位(冰压力)+地震取二者中的大值
		1 027.0	968.844	√	√	√		√	√	√	

注:各荷载定义分别如下:①自重;②静水压力;③泥沙压力;④浪压力;⑤扬压力;⑥地震荷载;⑦冰压力。

三、计算结果

(一)应力计算结果

15#、16#坝段坝体应力最大等值线区域值见表3。

表3   15#、16#坝段大部分区域各工况应力值及其位置表   单位:MPa

工况	第1主应力	第3主应力	铅垂向正应力
正常蓄水位	−0.223~0.198	−3.910~−0.437	−1.790~−0.113
校核洪水位	−0.254~0.210	−4.210~−0.471	−1.950~−0.139
正常蓄水位+地震	0.096~1.050	−3.630~−0.316	−0.748~0.405

注:表中应力均以拉应力为正;压应力为负。

各组合工况下,坝基应力满足规范要求。静力工况坝基底面均未出现铅垂向拉应力,动力工况坝基底面上游折角位置出现不大于0.02 MPa的铅垂向拉应力,满足规范中铅垂向拉应力区宽度宜小于坝底宽度的0.07倍的要求。

(二)位移计算结果

15#、16#坝段联合受力各工况坝体顺水流方向位移值、铅垂方向位移值及坝体总位移最大值见表4。

表4   15#、16#坝段联合受力各工况坝体各方向最大位移值表   单位:cm

工况	顺水流方向	铅垂方向	总位移
正常蓄水位	0.956	−0.519	1.089
校核洪水位	1.123	−0.518	1.236
正常蓄水位+地震	2.136	−0.418	2.176

注:表中位移顺水流方向以指向下游为正;铅垂方向以向上为正。

15#、16#联合受力坝段的各工况的位移都在正常的范围内。

(三)稳定计算结果

15#、16#坝段选择2个坝段底部积分后计算的安全系数,见表5,根据计算结果,15#、16#坝段联合积分的坝基面抗剪断安全系数 K' 均不小于规范规定的坝基面抗剪断稳定安全系数。

表5   15#、16#坝段联合作用各工况安全系数表

工况	抗剪断安全系数 K'	规范规定的坝基面抗剪断安全系数 K' 最小值
正常蓄水位	3.30	3.0
校核洪水位	3.08	2.5
正常蓄水位+地震	2.33	2.3

四、结　语

　　针对 15# 坝段坝踵位置存在风化深槽,16# 坝段存在贯穿的断层破碎带等地质问题,设计将 15#、16# 坝段在 970 m 高程以下混凝土统一碾压,970 m 高程以上按原设计分缝。15#、16# 坝段联合受力下应力、位移、坝基面抗剪断安全系数均满足规范的要求。

(作者单位:中水北方勘测设计研究有限责任公司)

某严寒地区碾压混凝土重力坝安全监测设计

张　猛　张庆斌　朱　卫

一、工程概况

SETH 水利枢纽水库总库容 2.94 亿 m³,电站装机 27.6 MW,工程等别为Ⅱ等,工程规模为大(2)型。拦河坝坝型为碾压混凝土重力坝,最大坝高 75.5 m,坝顶总长 372.0 m,共分为 21 个坝段。电站厂房采用坝后式电站厂房。如图 1 所示。

图1　拦河坝纵断面布置图

工程地处严寒,多年平均气温 3.6 ℃,极端最高气温 40.9 ℃,极端最低气温-42.0 ℃。工程周边地区地震活动强烈,具有频度与强度均较高的特点,坝址区地震动峰值加速度为 0.20g。

二、设计目的及原则

安全监测设计以监控各建筑物在施工期、蓄水期和运行期的安全为主要目的,同时兼顾反馈设计、优化施工等需要。监测设计遵循以下原则:

(1)监测布置突出重点,兼顾全面。根据工程地质条件、结构特点,选择重点部位进行重点监测,并兼顾一般部位,形成全面完善的监测网络。

(2)监测系统力求性能可靠,操作简便。此外,还应具有先进性、经济性和长期稳定性,能反映出当前大坝安全监测的技术和水平。

(3)施工期与运行期全过程监测。监测仪器尽可能在施工期开始监测,满足工程施工期与运行期各阶段的监测要求。

(4)重点监测项目多种手段互相校验。对重点部位的重点监测项目采用多种监测手段互相校验,以便在资料分析时互相印证。

(5)自动化监测与人工监测相结合。施工期以人工观测为主,在运行期以自动化监测为主。

(6)仪器监测与人工巡视检查相结合。

三、监测内容

本工程主要对拦河坝、消力池、压力管道及岔管、坝后式电站厂房和建筑物边坡等进行监测。考虑工程地处严寒、强震地区,坝体混凝土应力状况复杂、施工期温控要求高,因此重点对坝体的变形、渗流、应力应变及温度以及地震反应进行监测,同时兼顾一般监测部位和项目,并对影响效应量变化的环境量进行监测。

四、监测布置

(一)拦河坝

根据工程地质条件和结构型式,在拦河坝最大坝高处的10#和14#坝段布置2个重点监测断面,在左、右岸坡6#和18#坝段布置2个一般监测断面,重点监测断面包括变形、渗流、应力应变及温度监测,一般监测断面以变形和渗流监测为主。此外,在坝体表面、坝体与岸坡及基础交界部位、坝体基础内布置监测仪器进行全面监测。如图2所示。

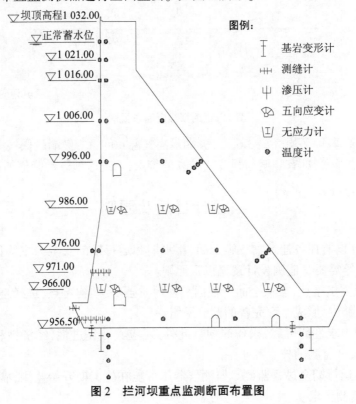

图2 拦河坝重点监测断面布置图

1.变形监测

1)水平位移

水平位移采用引张线结合正、倒垂垂线组的方法进行监测。在坝顶和坝基廊道内各布置1条引张线,两坝肩1#和21#坝段分别布置正、倒垂线组,作为坝顶引张线的基准点,在11#和15#

坝段分别布置 1 条正、倒垂线组,坝体每级廊道分别设测点,作为坝基引张线的基准点,每条引张线在每个坝段各设 1 个测点。坝顶引张线采用浮托式引张线,坝基廊道内引张线采用无浮托式引张线。正、倒垂线组作为引张线基准点的同时,监测所在坝段的坝体和坝基水平位移。

在布置垂线组的坝段和部分典型坝段顶部各设置 1 个表面水平位移监测点,用交会法监测各坝段水平位移,与垂线与引张线测值进行比对和校验。

2）垂直位移

坝体和坝基的垂直位移采用精密水准法监测。坝顶和坝基每个坝段结合水平位移测点分别布置 1 个垂直位移测点,在坝顶两岸稳定基岩上各布置 1 个岩石标工作基点,另外在基础廊道布置 1 套双金属管标工作基点。基准点布置在坝下 1 km 以外稳定新鲜的岩基上。

3）坝基倾斜

在每个重点监测断面和一般监测断面的基础横向廊道内沿上、下游方向在坝踵、坝中和坝趾位置各布置 1 个垂直位移测点,用精密水准法监测坝基倾斜变形。

4）基岩变形

基岩变形采用基岩变形计进行监测。在每个重点监测断面和一般监测断面坝踵及坝趾分别布置 1 套基岩变形计,监测基础岩体变形。

5）接缝开合度

接缝开合度采用测缝计监测,主要对坝体横缝、坝体与基岩及坝肩岩体接缝的开合度。

在重点监测断面各选择 2 个横缝,一般监测断面各选择 1 个横缝,每个横缝分别在坝基、坝中和坝顶高程附近各布置 1 支测缝计监测诱导缝变化。

在坝体与两岸坡连接位置各布置 3 支测缝计,分别布置在坝基、坝顶高程附近和建基面高程突变位置,监测接缝开合度变化。

在每个重点监测断面和一般监测断面的坝踵及坝趾与基岩接缝位置各布置 1 支竖向测缝计,在坝体与上游岩体接缝位置各布置 1 支测缝计,监测坝体与坝基及上游岩体的接缝开合度变化。

在导流底孔与封堵混凝土接缝之间沿上、下游方向布置 2 个监测断面,每个监测断面布置 4 支测缝计监测封堵混凝土与坝体之间的开合度变化情况,同时在施工期用于指导灌浆施工。

2.渗流监测

1）坝基扬压力

坝基扬压力采用渗压计和测压管结合进行监测。在拦河坝布置 4 个横向渗流监测断面和 1 条纵向渗流监测断面。每个横向在灌浆帷幕前布置 1 支渗压计、在灌浆帷幕后沿水流方向在坝基布置 3~4 支测压管。纵向监测断面布置在灌浆帷幕后第一道排水幕线上,在每个坝段各布置 1 根测压管,测压管内安装渗压计,以实现自动化监测。

2）坝体渗透压力

坝体渗透压力主要监测碾压混凝土的层间渗透压力,采用渗压计监测。在拦河坝重点监测断面正常蓄水位以下 966.0 m 和 986.0 m 高程附近的混凝土浇筑缝,分别在上游坝面与坝体排水管之间布置 5 支渗压计,监测混凝土的层间渗透压力,评价混凝土的施工质量和防渗效果。

在导流底孔与封堵混凝土接缝之间沿上下游方向布置 2 个监测断面,每个监测断面布置 4 支渗压计监测封堵混凝土与坝体之间的渗透压力。

3）绕坝渗流

绕坝渗流采用测压管监测。沿流线方向,在拦河坝右岸布置 2 个监测断面。由于拦河坝左岸存在单薄山体,在拦河坝左岸布置6个监测断面,断面布置在灌浆帷幕折线位置和断层位置附近。每个监测断面分别布置2~3个测点,其中帷幕前各设1个测点。

4) 渗流量

渗流量监测采用量水堰监测。在基础廊道上、下游侧排水沟与渗漏集水井交汇位置前端布置4套量水堰,在坝体994.0 m高程排水廊道的各个出水口位置各布置1套量水堰,监测坝基和坝体渗流量。

5) 水质分析

在量水堰堰口、渗流出口等部位取得水样与库水样做相同项目分析。水质分析主要进行简分析,分析项目包括水温、色度、混浊度、气味、pH值等。

3. 应力应变及温度监测

1) 应力应变

为监测坝体应力的分布情况,在拦河坝每个重点监测断面坝基附近966.0 m高程和上游坝面转折部位986.0 m高程附近各选择2个水平监测截面,每个监测截面在上、下游坝面附近及坝体内布置3~4组五向应变计组,每组应变计组附近同时布置1支无应力计,监测坝体混凝土应变。

在底孔、表孔和导流底孔等部位分别布置一定数量的钢筋计和应变计,监测局部结构应力应变。

2) 温度

通过坝体的温度监测可以了解坝体温度场的分布和温度对坝体表面及坝体内部应力变化的影响,并检验施工期温控措施和运行期保温措施的效果。

在坝体2个每个重点监测断面按照10 m左右间距网格布置温度计,温度计结合坝体应变计组布置,有应变计组的位置不再布置温度计。上游坝面位置的温度计在水位变动区域测点适当加密,此外,在上游保温层以外与坝面保温层内对应布置1排温度计,以检验保温层的保温效果,并在水库蓄水后监测库水温。

每个监测断面基础坝踵和坝趾位置分别钻孔安装4支温度计,布置在基岩面以下8 m范围内,监测坝基温度。

(二) 消力池

消力池主要进行垂直位移、扬压力和锚杆应力监测。

1. 垂直位移监测

垂直位移采用精密水准法测量,在消力池两侧边墙各布置4个垂直位移测点,工作基点与电站厂房共用。

2. 扬压力监测

消力池扬压力采用渗压计监测。在消力池底板下设1个纵向扬压力监测断面和2个横向监测断面。纵向监测断面布置在中心线上,沿水流方向在底板下布置4支渗压计。横向监测断面布置在消力池中间部位和末端部位附近,每个监测断面在左、中、右底板位置共布置3支渗压计。

3. 锚杆应力监测

在水垫塘设2个纵向监测断面,每个监测断面在底板选择5支锚杆布置锚杆应力计,监测锚杆应力。

(三)压力钢管及岔管

压力钢管及岔管主要进行开合度、管道外水压力和应力应变监测。

1.开合度监测

开合度监测主要监测钢管与周围混凝土缝隙变化,采用测缝计监测。在压力钢管和钢岔管部位各选择 1 个监测断面,每个断面各布置 4 个测点进行监测。

2.外水压力监测

在压力钢管选择 2 个监测断面,每个断面各布置 4 支渗压计,监测压力钢管周围外水压力。

3.应力应变监测

在开合度监测断面位置同时监测钢板应力,每个断面在压力钢管四周分别布置 1 组两向钢板计,并在钢岔管外焊缝附近布置 8~9 组两向钢板计,监测钢板应力。

(四)电站厂房

电站厂房主要进行垂直位移、接缝开合度和扬压力监测。

1.垂直位移监测

垂直位移采用精密水准法测量,在厂房下游侧尾水平台和厂房结构缝等位置设 6~10 个垂直位移标点,在厂房附近稳定基岩位置布置 2 个工作基点,水准基点与坝体共用。

2.开合度监测

在厂房结构缝之间及厂房与基岩接触面共布置 16~18 支测缝计,监测接缝开合度变化。

3.扬压力监测

在厂房 2# 机组和安装间中心线位置建基面分别布置 1 个扬压力监测断面,每个监测断面在底板下沿水流方向各布置 4 支渗压计,监测厂房基础扬压力。

(五)变形监测

边坡变形监测包括表面变形和内部变形监测。表面变形采用交会法观测,根据边坡开挖情况,在坝体和鱼道等建筑物边坡布置一定数量的表面变形测点,工作基点纳入外部变形监测网。内部变形采用多点位移计监测,测点结合表面变形测点布置。

另在坝址下游 F11 活断层附近的上盘和下盘位置分别相对布置 3 个表面变形监测点,监测活断层可能发生的相对变形,采用 GPS 进行监测。

(六)环境量监测

环境量监测主要是对大坝作用量的监测,根据工程建筑物级别及工程结构特点,主要设置水位、水温、气温、降雨量监测项目。

(七)水力学监测

在表孔和底孔各布置 1 个监测断面,分别布置 8 支脉动压力传感器进行监测。

(八)地震反应监测

工程处于地震活动强烈地区,为监测强震对工程造成的影响,设置结构反应台阵。采用强震仪监测,每台强震仪含三分向拾振器。在溢流坝段和右岸非溢流坝段各布置 1 个监测断面,每个断面的基础廊道和坝顶分别布置 1 个测点,另在距离坝址下游 350 m 左右自由场布置 1 个测点,进行坝体及场地地震反应监测。

(九)变形监测控制网

变形监测控制网包括平面位移监测控制网和垂直位移监测控制网,分两层次进行布置,第一层次为基准点网,第二层次为工作基点网。

1.水平位移监测控制网

水平位移监测网坐标系与电站施工坐标一致,根据坝区地形地况和枢纽各建筑物布置情况,初步建立覆盖坝区、边坡等部位的工作基点 2 个,基准点 2~4 个。水平位移监测网采用一等边角网形式,利用全站仪和 GPS 进行观测。各监测网点观测精度要求测角中误差不大于 0.7″,三角形闭合差 2.5″、测边中误差不大于 ±1.41 mm。

2.垂直位移监测控制网

垂直位移基准点由 3 个基岩标组成,布置在大坝下游 1 km 以外区域稳定新鲜的岩基上,作为拦河坝、厂房等建筑物垂直位移测量的基准。工作基点布置在拦河坝、厂房等建筑物附近地质构造较好、新鲜稳定的基础上,其中拦河坝附近和厂房附近各设 2 个工作基点。

(十)巡视检查

从施工期到运行期,拦河坝及其附属建筑物,均应定期进行巡视检查。

五、监测自动化

安全监测自动化系统采用分布式网络结构,由监测站及中心监测站组成,各现场监测站之间及现场监测站与中心监测站之间采用双绞线进行通信。

各现场监测站内设置数据采集测控单元(MCU),具有自动采集、信号转换和输出功能,同时结合工程特点满足防雷、防寒等功能要求。中心监测站内设置工控机、服务器及辅助设备,具有数据采集、数据存储、管理与分析、检索查询、异常报警等功能,并能将监测数据进行远程上传。如图 3 所示。

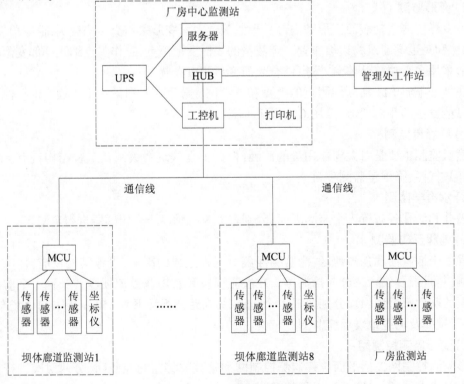

图 3 监测自动化系统结构框图

六、结　　语

　　安全监测设计是一个动态的过程,随着工程的进展应进行全过程优化。根据工程基础开挖过程中发现的风化深槽及破碎带,及时补充了处理部位的渗流和变形监测设备,以满足工程运行需要,达到实用和可靠的目的。

(作者单位:中水北方勘测设计研究有限责任公司)

SETH 水利枢纽碾压混凝土施工综述

孔西康　　宋燕宁

一、工程概况

SETH 水利枢纽工程等别为 Ⅱ 等,工程规模为大(2)型。工程任务为工业供水和防洪,兼顾灌溉和发电,并为加强乌伦古河流域水资源管理和维持生态创造条件。水库总库容为 2.94 亿 m^3,多年平均供水量 2.631 亿 m^3,设计水平年改善灌溉面积 27.61 万亩,电站装机 27.6 MW。工程建成后,可使下游沿线乡镇防洪标准的洪水重现期由 10 年提高到 20 年,县城防洪标准由 20 年提高到 30 年。

工程主要由拦河坝(碾压混凝土重力坝)、泄水建筑物(表孔和底孔坝段)、放水兼发电引水建筑物(放水兼发电引水坝段)、坝后式电站厂房和过鱼建筑物等组成。

拦河坝坝型为碾压混凝土重力坝,最大坝高 75.5 m,坝顶高程为 1 032.0 m,防浪墙顶高程为 1 033.20 m。非溢流坝段坝顶宽度 10.5 m,表孔溢流坝段坝顶宽度 29.5 m。从左岸至右岸布置 1#~21# 共 21 个坝段,坝顶总长 372.0 m。坝体上游坝面高程 986.0 m 以上铅直,以下坡比 1:0.15;下游坝面高程 1 018.0 m 以上铅直,以下坡比 1:0.75。左岸 1#~9# 和右岸 15#~21# 坝段为非溢流挡水坝段。

坝体混凝土包括常态混凝土和碾压混凝土,除结构和布置上要求采用常态混凝土的部位外,坝体内凡具备条件的部位均采用碾压混凝土或变态混凝土,混凝土总方量共 77 万 m^3,其中坝体常态混凝土约 17 万 m^3、坝体碾压混凝土(包括变态混凝土)约 60 万 m^3。

二、施工特性

大坝作为主要挡水建筑物,混凝土耐久性等指标要求高,特别是本工程处于高寒地区,工程区属大陆性寒冷气候,年降水量小而蒸发量;年内温差变化大,极端最低气温 - 42.0 ℃,最高气温 40.9 ℃,碾压混凝土和变态混凝土的抗冻防渗等级要求高。施工时段内昼夜温差大,对混凝土的温度控制、保温措施、浇筑强度和质量保证等都有非常严格的要求。

施工区域具备多风、干燥、高蒸发等不利气候条件,会造成碾压混凝土快速失水、骨料泛白、发干等现象,影响碾压混凝土的可碾性和层间结合质量。

因此,本工程大坝碾压混凝土施工质量和温度控制工作是本工程施工质量控制重点。

三、配合比设计

混凝土配合比主要反应的是混凝土中水泥、砂子、石子和水 4 种主要材料数量之间的比例关系。SETH 水利枢纽碾压混凝土配合比设计主要采用高掺粉煤灰、提高外加剂减水率,低用水量、低 V_c 值和石粉代砂的方案:三级配和二级配碾压混凝土总胶材用量为 192 kg/m^3 和

213 kg/m³,粉煤灰掺量提高至60%,外加剂减水率提高至19%~20%,三级配和二级配碾压混凝土用水量分别降至90 kg/m³和100 kg/m³,出机口Vc值降至1~3 s。实践证明,采用上述配合比满足经济合理、节约胶凝材料用量的经济指标,对降低发热、削减温升的峰值有利,有效保证了碾压混凝土工作度、泛浆率等工作性能,确保了层间结合施工质量,经检测,符合各项设计技术和性能指标要求。

四、入仓方式选择

为充分发挥碾压混凝土快速施工的优势,加快施工进度,确保施工质量,经科学分析和综合对比,确定充分利用已形成的施工道路,因地制宜,采用自卸车直接入仓的方式。该入仓方式施工灵活、简便,提高了混凝土的入仓效率,适应碾压混凝土快速施工的特点;减少了混凝土运输过程中的周转环节,减小了碾压混凝土Vc值损失和温度回升,有利于混凝土温度控制和层间结合施工质量的保障,进而使SETH水利枢纽施工质量和施工工期均得到了有效保障。

五、施工质量控制

(一)模板安装质量控制

SETH水利枢纽碾压混凝土施工模板以连续翻转模板为主,辅以组合钢模板和定型模板:坝体上、下游面和坝体横缝部位采用连续翻转模板,坝体下游台阶施工采用组合钢模板;坝体内部廊道采用定型钢模板;特殊部位采用钢模板或木模板拼缝。施工用模板在安装前进行型体和外观检测,确保模板本身无变形,面板无污染;按照测量放样进行模板安装,安装完成后重点检查模板拼缝和型体偏差,模板拼缝采用砂浆或原子灰勾缝避免漏浆,并逐根检查模板拉杆角度、焊接接头质量和松弛度,有效避免了碾压混凝土施工时因模板原因产生跑模或爆模等影响混凝土施工质量的现象。

(二)缝面处理

碾压混凝土基础面采用高压冲毛机人工冲毛,冲毛质量以露出粗砂、小石微露为准,碾压条带交接处的局部松散混凝土和外露大骨料,采用人工凿毛进行凿除。根据不同的气温条件,在大面积冲毛前做混凝土冲毛试验,以确定最佳的冲毛时机,确保基础面施工质量。每一仓混凝土开浇前,在基础面上均匀摊铺一层2.0 cm厚的高-强度等级的砂浆,然后再进行上部碾压混凝土施工。

坝体上游防渗区每一胚层间层面均铺一层水泥掺合料净浆或水泥砂浆,以保证碾压混凝土分层层间结合质量和防渗效果,其余部位不做特殊处理。碾压混凝土施工期间要确保入仓强度和铺筑碾压速度,尽量避免发生冷缝,尤其上游防渗区,不允许出现冷缝。当层面因间歇时间过长、接近初凝或局部失水发白时,则采用在施工层面铺筑一层水泥掺合料净浆或大流动度砂浆的方式进行处理,当碾压混凝土层面已初凝而未终凝时,将层面上的松散骨料清除干净,然后铺筑一层2 cm厚高-强度等级的砂浆,再继续下一层碾压混凝土施工。当仓面混凝土已经终凝时,则停仓按照混凝土基础面进行冲毛处理。

(三)碾压混凝土卸料、摊铺和碾压

SETH水利枢纽部位碾压混凝土采用大仓面薄层连续或间歇铺筑为主,平层法施工,并仓后最大仓面面积近 4 500 m²,平均仓面面积为 2 000~4 000 m²,最大混凝土升层高度为 6 m,一般为 3 m。开仓前在模板上采用红油漆醒目标注分层厚度和层数,根据入仓口位置和条带顺序、冷却水管影响等,采用退铺法或进占铺法叠加式卸料,按梅花形依次堆卸,卸料时按照要求逐层逐条带的铺筑顺序进行卸料,料堆边缘与模板距离不小于 1 m,料堆均匀,易于摊铺。人工分散料堆周边出现分离的大骨料,防止骨料集中或破坏冷却水管。

卸料后及时进行摊铺,保证下层混凝土在允许的层间间隔时间内得到覆盖。摊铺时控制大面平整,没有明显的起伏和较大高差,尤其严禁整个仓面向下游倾斜。摊铺厚度按松铺 35 cm 控制,压实后胚层厚度约为 30 cm,集中的骨料采用人工及时分散。模板及止水等预埋件周边采用人工摊铺,以免造成模板、止水等预埋件的位移或损坏。

由于 SETH 水利枢纽气候影响,遇高温或多风季节易造成骨料泛白现象,摊铺完成后及时进行全条带静碾保水,防止骨料泛白。

碾压时振动碾行走方向与摊铺方向一致,防渗层碾压垂直水流方向碾压,其余部位有条件时均为垂直水流方向,特殊部位可根据实际情况确定。振动碾行走速度控制在 1.0~1.5 km/h,压实遍数为静碾 2 遍+振碾 8 遍+静碾 2 遍。碾压作业采用条带搭接法,各条带间搭接宽度控制在 20 cm,端头部位的搭接宽度不小于 1 m。为保证碾压混凝土液化泛浆效果,在振动碾碾压时,每台振动碾配 1 名工人,对出现麻面或返浆效果不好的部位,进行骨料分散或填充细骨料。正常的碾压过程中严禁喷水或洒水,以免影响混凝土强度,在混凝土失水发干的情况下,可以适当喷雾保湿。碾压混凝土从出机至碾压完毕,要在 2 h 内完成,不允许入仓或平仓后的混凝土拌合物发生初凝现象。每层碾压完毕后采用核子密度仪进行压实度检测,按 1 点/100 m² 进行检测。根据检测结果对不合格的部位进行补碾,全部检测合格后方可进行下一胚层施工。

(四)变态混凝土质量控制

碾压混凝土浇筑施工中,在靠近上游或横缝模板、下游台阶面、预埋件、廊道及其他孔口周边或振动碾碾压不到的地方,均采用机制变态混凝土进行施工,通过拌和站机器拌和保证其加浆量符合设计要求。变态混凝土振捣方法同一般常态混凝土,振捣范围与碾压混凝土搭接 20 cm,并采用振动碾将搭接部位补碾压实。层面连续上升时,浇筑上层变态混凝土时振捣器要深入下层 5~10 cm,以保证混凝土层间结合良好。

坝体止水及其他预埋件周边,振捣过程中尤其应注意振捣棒不直接接触止水或预埋件,并应有 20~30 cm 的安全距离,防止在振捣过程中发生位移或损坏。必要时通过复保证止水周边变态混凝土振捣密实,且与止水结合紧密。

(五)横缝造缝

开仓前经测量画出各坝块间分缝位置并采用红油漆在模板上进行醒目标注,横缝切缝采用液压式切缝机和人工手持式切缝机进行切缝,切缝设备的切缝深度不小于 25 cm,成缝宽度约为 10~12 mm,缝内嵌入 4 层聚乙烯彩条布。切缝时按照分缝标注拉线定出分缝位置,保证切缝平直,避免上下错缝。

(六)冷却水管的埋设和保护

人工通水冷却时降低把体内部温度峰值和减小温度裂缝发生几率的重要手段,冷却水管的埋设和保护工作尤为重要。SETH 水利枢纽冷却水管采用 HDPE 聚乙烯管,冷却水管外径 32 mm、内径 28 mm,铺设间距为 1.5 m×1.5 m(垂直距离×水平距离)单根管长不大于 300 m,在平面上按蛇形布置,距碾压混凝土边线为 1.5 m。为保证在施工时冷却水管不位移,采用

$\phi6.5$ mm圆钢加工成的"U"型卡固定在铺设层面上,弯管处采用 3 个"U"型卡进行固定,直管处每 2 m 用"U"型卡进行固定。铺料时注意冷却水管部位不得有粗骨料集中,以免损坏。水管铺设好以及覆盖 1 层混凝土后,及时进行通水检查有无漏水,如有漏水或堵塞,及时检查处理,确保冷却水管畅通完好。

冷却水管进、出水口均就近集中引出至廊道内或下游坝面等便于通水管理和供水管道布设的地方,引出管口外露长度不小于 1 m,并逐层逐根挂牌标示,采取妥善的保护方法进行保护,防止堵塞或破坏。

六、温度控制

(一)控制出机口温度

高温季节施工时,为降低混凝土浇筑温度,骨料的运输、堆放均设有保温防晒措施,骨料堆放高度要求不小于 3 m,通过风冷系统对骨料进行充分预冷,并每班进行砸石检测骨料预冷效果,特别注意粗骨料内部温度,防止粗骨料未冷透致使碾压混凝土温度回升过快;然后加 1～2 ℃制冷水拌和的方式进行混凝土拌制,确保碾压混凝土出机口温度控制在 12 ℃以内。

(二)减少温度回升和倒灌

自卸车运输时增设防晒遮阳棚防止混凝土暴露、暴晒;在车厢两侧挂设保温隔热板进行隔热,并对自卸车车体和车厢采用制冷水降温,减小外部温度的影响;减少运输和存料时间,合理配置运输车辆,加强仓面施工管理,避免出现浇筑中断、运输车辆长时间不卸料等现象;同时根据外界环境温度和 Vc 损失情况,动态调整混凝土 Vc 值,确保碾压混凝土的快速施工和碾压效果。

在混凝土施工仓面采用喷雾机、喷雾枪等进行人造喷雾,营造仓面小气候,适当降低施工环境温度,一般可降低仓面温度 2～4 ℃,同时也增大了施工仓面环境湿度,避免混凝土失水发干发硬现象。

同时为减少外界温度倒灌,最大可能将碾压混凝土施工仓面变小,有利于混凝土的快速摊铺覆盖和碾压,在碾压完成后及时覆盖聚氯乙烯保温卷材。

(三)人工通水冷却

初期通水冷却可有效削减混凝土初期水化热温升,减少基础温差和内外温差。SETH 水利枢纽碾压混凝土实行浇筑过程中通水冷却,在冷却水管铺设完成并碾压结束后,立即开始采用 8～12 ℃河水进行初期通水冷却,削减高温季节施工带来的不利影响,延迟温升速率,降低温度峰值。并延长冷却通水时间,保证坝体碾压混凝土最高温度和内外温差满足设计要求,有效抑制坝体温度裂缝发生几率,确保了高温季节碾压混凝土施工质量。

(四)保温措施

低温季节或昼夜温差过大时,采取推迟拆模时间、延长养护时间及其他临时保温措施进行新浇筑混凝土保温。如在模板外侧喷涂 5～8 cm 聚氨酯泡沫,使其在混凝土浇筑过程中对新浇筑混凝土进行保温保护;混凝土碾压完成后,立即在不具备覆盖条件的混凝土面上铺设保温被进行表面保温和保护;混凝土拆模后立即采取挂贴聚乙烯泡沫板、苯板等方式进行表面保温和保护工作;具备条件后,在坝体混凝土永久外露面喷涂 8～10 cm 聚氨酯泡沫进行永久保温和保护工作。

(五)冬歇期保温措施

本工程处于高纬、高寒地区,施工有效时段为4—10月,11月—翌年3月为冬歇期,冬歇期间之前除完成混凝土上下游面的永久保温措施外,在水平缝面上需要采取临时越冬保温措施。越冬保温具体措施为:先将混凝土水平施工缝面均匀洒水,然后铺设1层土工布,防止水分渗透至上部保温棉被;在土工布上连续铺设总厚度不小于25 cm的棉被保温层,最后在保温被层上表面铺设1层土工布,起到防风、防水下渗至保温被。所有保温棉被搭接宽度不小于10 cm,土工布搭接宽度不小于50 cm,搭接部位及仓面周边用沙袋或钢管等压实压牢以保证保温结构整体性和保温效果。

冬歇期后复工时,择机分层拆除保温结构,以让混凝土适应外界环境和外部温度,减小混凝土与外接温度之间的差值,起到更好的防裂效果。

七、结　语

碾压混凝土施工质量控制直接关系到大坝安全和使用性能,通过采取配合比优化设计、科学合理的入仓道路布置和入仓方式选择、加强工序质量过程控制、采取合理的保温、保护措施等施工质量控制方法,确保入仓强度并及时摊铺、碾压和覆盖,缩短碾压混凝土层间间歇时间,充分发挥了碾压混凝土快速施工的特点和优势,有效解决碾压混凝土的工作性能,使碾压混凝土层间结合质量和温控防裂效果得到了有效提高,从而保证了大坝碾压混凝土整体施工质量。

(作者单位:二滩国际工程咨询有限责任公司)

SETH 碾压混凝土大坝施工技术

张　东

一、工程概况

SETH 水利枢纽工程任务为工业供水和防洪,兼顾灌溉和发电,并为加强乌伦古河流域水资源管理和维持生态创造条件。水库总库容 2.94 亿 m^3,多年平均供水量 2.631 亿 m^3,设计水平年改善灌溉面积 27.61 万亩,电站装机 27.6 MW。工程建成后,可使下游沿线乡镇防洪标准的洪水重现期由 10 年一遇提高到 20 年一遇,县城防洪标准由 20 年一遇提高到 30 年一遇。枢纽工程主要由拦河坝(碾压混凝土重力坝)、泄水建筑物(表孔和底孔坝段)、放水兼发电引水建筑物(放水兼发电引水坝段)、坝后式电站厂房和过鱼建筑物等组成。混凝土总量 86.7 万 m^3,其中碾压混凝土 62.5 万 m^3,最大坝高 75.5 m,坝顶高程为 1 032.0 m,从左岸至右岸布置 $1^\#$~$21^\#$ 共 21 个坝段,坝顶总长 372.0 m。左岸 $1^\#$~$9^\#$ 和右岸 $15^\#$~$21^\#$ 坝段为非溢流挡水坝段,其他坝段为功能坝段。

根据某县气象站 1971—2012 年的气象观测资料统计,多年平均降水量 188.7 mm,年降水量的 57%集中在 5—9 月。平均水面蒸发量达 1 410.1 mm(20 cm 蒸发皿观测值),其中 5—8 月的蒸发量占全年的 66%,最大蒸发量多出现在 6 月份。多年平均气温 1 ℃,气温年际变化不大,年内变化很大,极端最高气温 38.4 ℃,极端最低气温-47.7 ℃,变幅达 86.1 ℃,夏季 6—8 月平均气温在 18 ℃以上。历年最大风速 17.3 m/s,最大冻土深度 239 cm。见表 1。

表 1　　　　　　　　　　　　　　二台水文站平均气温和降水量统计表

项目	1 月	2 月	3 月	4 月	5 月	6 月	7 月	8 月	9 月	10 月	11 月	12 月	全年
平均气温(℃)	-15.3	-11.3	-4	5.9	13.6	18.7	20.2	18.2	11.8	3.7	-6	-12.7	3.6
降水量(mm)	4.1	3.7	5.9	9.1	8.9	13	18.1	11.2	9.1	7.5	9.7	7.4	107.8

二、原材料选择

SETH 水利枢纽工程选用富蕴天山水泥有限责任公司生产的专供天山牌普通硅酸盐水泥 42.5(水化热小于 293 kJ/kg),乌鲁木齐乾元盛贸易有限公司生产的 I 级(F 类)粉煤灰,江苏苏博特新材料股份有限公司生产的 SBTJM-II 混凝土高效减水剂和 GYQ-I 混凝土高效引气剂、以及 HME-III 低碱型混凝土膨胀剂,砂石骨料采用项目部生产的灰长岩破碎石和人工砂。工程使用的原材料全部符合国家标准及规范要求。

三、混凝土生产系统

SETH 碾压混凝土重力坝设置 2 座 HZS270-1Q4500 型微机控制混凝土搅拌站,搅拌机生产厂家是德国 BHS,主站配置件生产厂家是郑州水工。砂石骨料配料称量精度在动态时为±2%、在静态时为±0.25%,水泥、粉煤灰、外加剂配料称量精度在动态时为动态±1%、静态时为±0.2%。

混凝土搅拌站的布置形式为二阶式:由 2 个主站、制冷车间、5 个 200 m³ 中转预冷骨料仓、地垄、骨料输送系统及 8 个 400 t 粉料仓等组成,生产能力常态混凝土为 400 m³/h、碾压混凝土为 240 m³/h,可满足混凝土生产强度要求。

四、碾压混凝土施工技术

SETH 水利枢纽工程地处我国高寒干旱地区,高温、干燥、高蒸发、风大是主要气候特征,结合以往碾压混凝土坝的施工经验和现场条件,施工前制定了《碾压混凝土施工工法》并进行了碾压混凝土试验,通过 SETH 水利枢纽工程碾压混凝土现场碾压工艺试验证,取得了可靠的试验参数和碾压工艺,施工机械设备的性能得到了验证,使混凝土的碾压施工达到优质、高效、质量第一的目的。

(一)混凝土的碾压施工工艺、参数

(1)严格控制碾压混凝土入仓 Vc 值。出机口的 Vc 值应控制在 1~3 s,仓面的 Vc 值应控制在 3~5 s,按照 Vc 值动态控制的原则并根据气温的变化情况,必要时进行喷雾加湿处理。

(2)振动碾的行走速度控制在 1.0 km/h。

(3)铺层厚度 33 cm。

(4)根据现场碾压混凝土湿密度检测结果,最佳碾压遍数确定为无振 2 遍加有振 8 遍,即 2+8 组合,另收面层可加无振 2 遍收面。

(5)本次碾压试验的变态混凝土采用了人工现场加浆的施工工艺,采用扣槽的加浆方式,从现场施工效果来看,控制加浆量在 5% 时反浆较为充分,后续变态混凝土施工时采用 5% 加浆量。

(6)严格控制用于层间结合砂浆的稠度,按照规范要求摊铺厚度按照 20~30mm 控制,以保证层间结合的质量。

(二)平层通仓法碾压

SETH 碾压混凝土在大坝下部一般选 2~3 个坝段进行平层通仓法施工,上部可根据施工条件选多个坝段,仓面面积控制在 3 000 m² 左右。依据现场条件提前规划入仓方式,入仓方式采用水平入仓或垂直加水平入仓。每一仓开仓前由工程部提交仓面设计,设计内容包括人员和设备的配置、入仓方式、入仓道路、混凝土分区、配合比、冷却水管埋设、层间处理方式、作业流程图等,开仓前在现场技术交底和安全交底,做到人人清楚自己的工作和注意的安全事项。

(三)变态混凝土施工

变态混凝土主要用于大坝上游面、靠岸坡部位、止水埋设处、廊道周边、楼梯井、抽排竖井、模板周边和其他孔口周边以及振动碾碾压不到的地方。变态混凝土的运输、卸料、摊铺与同高程、同部位的碾压混凝土施工同时进行。

变态混凝土施工部位均为细部结构等狭小部位,为使埋件、止水、模板等不受到冲击、破坏,施工时混凝土可卸料在变态混凝土附近的碾压混凝土施工部位,然后采用小型平仓机配合人工平仓摊铺。混凝土料推到离模板、止水、埋件等细部结构 30 cm 左右时小型平仓机即停止前进,辅以人工平仓。设置集中制浆站,进行变态混凝土掺用的灰浆拌制。碾压混凝土配合比中变态混凝土的灰浆掺量为 5%。

变态混凝土采用沟槽法加浆的方式。具体要求:在已经摊铺好的碾压混凝土上,人工采用钉耙将碾压混凝土掏出沟槽,然后将灰浆均匀地掺入沟槽内。灰浆采用装有计量装置的加浆机或人工掺入,灰浆均匀掺入在混凝土沟槽内。人工用盛装容器进行掺入的具体方法为:首先确定每单位长度沟槽中需要的注入量,然后根据注入量制作相同容量的容器,每次容器盛满后均匀掺入在每单位长度沟槽中。

灰浆掺入碾压混凝土内 10~15 min 后开始振捣,加浆到振捣完毕控制在 40 min 内,振捣采用 $\phi100$ mm 振捣器将碾压混凝土和灰浆的混合物振捣均匀密实。层面连续上升时,振捣器应插入下层变态混凝土内 5~10 cm。$\phi100$ mm 振捣器插入混凝土的间距不超过 75 cm,$\phi50$ mm 软轴振捣器插入混凝土的间距不超过 35 cm,振捣器应垂直按顺序插入混凝土,避免漏振。

振捣时间以振捣后混凝土表面完全泛浆为准,一般不应小于 15 s,振捣器应缓慢拔出变态混凝土,拔出时混凝土表面不得留有孔洞。

在止水埋设处的变态混凝土施工过程中,应采取妥善措施保证止水设施不变位,对人工剔除该部位混凝土中的大骨料,振捣应仔细谨慎,以免产生任何渗水通道。

变态混凝土相邻碾压混凝土条带。在变态混凝土施工完成后进行碾压,相邻区域混凝土碾压时与变态混凝土区域搭接宽度应大于 20 cm。变态混凝土与碾压混凝土的结合部位用小碾补碾 2~3 遍。

(四)碾压混凝土层间结合

1.水泥灰浆的铺设

迎水面各碾压混凝土层间铺设宽 2~5 m、厚 3~5 mm 的水泥灰浆,水泥灰浆按试验室签发的配料单配制,要求配料计量准确,搅拌均匀,作业队负责制浆和洒铺作业,试验室对配制浆液的质量进行检查。洒铺水泥灰浆之前,作业队做到洒铺区内干净,无积水。洒铺水泥浆体在该条带卸料之前分段进行,不允许洒铺水泥灰浆后,长时间未覆盖混凝土。水泥灰浆铺设应均匀,不漏铺,沿上游模板一线铺厚一些,以增强层间结合的效果。

2.层间结合与缝面处理

连续上升铺筑的碾压混凝土,层间间隔时间控制在混凝土初凝时间以内,若坝体迎水面 8~15 m 范围以外超过直接铺筑允许时间而小于加垫层铺筑允许时间,则对层面采取铺洒一层水泥煤灰净浆措施后继续正常施工。为确保层间质量,次高温和高温季节施工,对已碾压完毕的层面及时覆盖保温被。对施工缝及冷缝进行缝面处理时,用冲毛的方法清除混凝土表面的浮浆及松动骨料,层面处理完成并清洗干净,经验收合格后,均匀铺 2~3 cm 厚的高一标号砂浆,然后摊铺碾压混凝土,并在 2.0 h 内碾压完毕。砂浆超前碾压混凝土 8~12 m,运输车辆不得在已摊铺砂浆的层面上行走。为便于施工缝砂浆均匀摊铺,确保施工质量,砂浆稠度 80~100 mm。

坝坝体防渗区(二级配碾压混凝土)内每个碾压层面,铺水泥煤灰净浆 2 mm 厚,以提高层间结合及防渗能力。

间歇上升的碾压混凝土浇筑仓,其间歇时间宜为 5~7 d,不小于 3 d。

3.卸料与平仓

碾压混凝土的铺筑作业要均衡连续进行,要求铺料方向与卸料方向垂直,铺筑层以固定方向逐条带铺筑。采用平铺法进行碾压混凝土浇筑,本工程碾压混凝土的压实厚度为 30 cm,碾压厚度 34 cm。自卸汽车卸料时,卸在新铺未碾压混凝土斜面上,汽车在碾压混凝土面上行驶应避免急刹车、急转弯,转弯半径不小于 15 m,车速控制在 5 km/h 以内;平仓机严禁在已平仓的或碾压过的混凝土面上急转弯。卸料点与模板距离不得小于 3 m,避免混凝土直接冲击模板。三级配与二级配混凝土的分界线,按其误差不得超过 0.5 m 控制。

4.碾压与成缝

仓面碾压时混凝土的 Vc 值控制在 3~5 s,根据外界气温调整数值。碾压条带距平仓条带最大距离控制在 15 m 以内,以确保层面泛浆效果,保证混凝土层面结合质量。振动碾作业的行走速度采用 1~1.5 km/h。碾压作业程序按无振 2 遍→有振 8 遍→无振 2 遍执行,在仓面周边的 1~3 m 范围内应增加单轮有振 8 遍。大型振动碾碾不到的边缘拐弯部位,采用小型振动碾碾压密实。小型振动碾 LW321F 碾压作业程序按:无振 2 遍→有振 32 遍→无振 2 遍。碾压作业要求条带清楚,条带宽度同振动碾轮压宽度,技术员在两侧的混凝土或模板上标识碾压宽度,走偏距离应控制在 10 cm 范围内,碾压条带必须重叠 15~20 cm,同一条带分段碾压时,其接头部位应重叠碾压 2.4~3 m(碾压机车身长度)。碾压混凝土从出机至碾压完毕,在 2.0 h 内完成。碾压混凝土的允许层间间隔时间控制在小于混凝土初凝时间 1~2 h 以内。层间间歇时间,高温季节(6—9 月)小于 6 h,次高温季节(4—5 月、10 月)小于 8 h。通仓方式碾压的大坝横缝,用切缝机形成诱导缝,采用先碾后切,在碾压完成后进行切缝施工。采用间断切缝,间距不大于 10 cm,缝内填充 4 层彩条布,填充物顶部距压实面 1~2 cm,切缝完毕后用振动碾碾压 1~2 遍。

五、碾压混凝土的温控措施

(一)混凝土制冷系统

本工程拌合系统采用一次风冷加冰水拌合,总设计生产能力为 12 ℃低温碾压混凝土产量 300 m³/h,其中冰水生产能力 22.5 m³/h;制冷剂采用氨(R717),骨料冷却系统为氨泵强制循环供液,冰水预冷系统采用直接高压供液。为简化制冷系统,制冷设备全部设置在一个冷冻站内。

(二)碾压混凝土仓面喷雾保湿降温

在施工现场采取制造仓面小气候的措施,在坝体浇筑仓外增设喷淋(雾)系统,降低大坝浇筑仓面周围的温度,提高湿度;仓面采用固定式远程喷雾机和手持式喷枪进行喷冷水雾降温,根据工程实践证明,采用仓面小气候可以降低仓面气温 10 ℃左右,降低浇筑温度 5~8 ℃,仓面湿度可以提升 30% 左右。在 6—8 月份收仓仓面和暂停仓面覆盖保温被,以降低混凝土表面水分蒸发,进一步提高混凝土质量。保温被采用双层编制布内置聚氨酯泡沫,其中尺寸为 1 m× 10 m、厚度为 5 cm 的保温被配置约 6 000 m²;尺寸为 1 m×4 m、厚度为 2 cm 的保温被配置为 4 000 m²,满足了高温季节混凝土施工仓面保温及养护的要求。

(三)埋设冷却水管降温

冷却水管采用高强聚乙烯塑料管,管径 32 mm、壁厚 2 mm、导热系数 $K ≥ 1.0$ kJ/(m·h·K),管中流速控制在 0.6 m/s 左右。冷却水管不穿过横缝,距混凝土边缘水平距离为 0.75 m。6—8 月份施工基础约束区外混凝土的在 9 月份进行二次通水冷却,过水时间为 1~2 个月,控制坝体内外温差。冷却水管控制在 300 m 以内,水管排间距 1.5 m×1.5 m。根据气温情况在上层混凝土完成后 1~2 d 内进行通水冷却,通水采用河水(高温季节采用 10~12 ℃基坑渗水),通水历时 20 d。为了防止通水冷却时水温与混凝土浇注块温度相差过大和冷却速度过快而产生裂缝,初期通水冷却差按 15~18 ℃控制,后期按 20~22 ℃控制,混凝土降温速度控制在 0.5~1.0 ℃/d 范围内。

(四)大坝越冬临时保温

首先在越冬面铺设一层塑料薄膜(厚 0.6 mm),然后在其上铺设 2 层 2 cm 厚的聚氨酯泡沫保温被和 13 层棉被作为临时保温,最后在顶部铺设一层三防帆布防水。为加强保温及防止侧面进风,在越冬面上下游侧用模板和砂袋做防风墙,在保温被周边及越冬面以下 3 m 范围内喷涂 10 cm 厚聚氨酯硬质泡沫。模板未拆除部位在模板上喷涂聚氨酯泡沫方式进行越冬保温,喷涂厚度 10 cm。

六、结　　语

通过实践,本工程制订的《碾压混凝土施工工法》适合自身要求,进一步积累了严寒干燥地区碾压混凝土的施工经验。

(作者单位:甘肃省水利水电工程局有限责任公司)

SETH 水利水电施工导流及防汛度汛技术措施

朱 衍 贺

在水利工程施工中,为解决水对施工的影响,创造干地施工条件,保证过程的顺利进行,因此,要在河床中修筑围堰围护基坑,将工程施工期间影响正常作业的水源通过预定方式引向下游,为施工区提供良好的作业条件,这种措施称之为施工导流。导流方法和导流时间的选择,是每一个水利工程的重点环节,关系到整个水利工程在施工期的总工期。质量目标、投资计划和安全度汛等。结合工程现场地质情况和自然条件,选择经济适用,能使各种资源得到合理利用,又切实可行的导流方案和防汛度汛方案至关重要,还要确保工程工期、质量、安全,投资得到控制。

一、施工导流方式

目前,在我国水利项目施工过程中,施工导流比较常用的方式有 2 种:一是分期围堰施工导流;二是一次拦断河床围堰施工导流。有特殊原因和要求及国内一些大型工程在实际施工过程中也有分三期进行导流作业的。

分期围堰导流也叫分段导流或河床内导流,一般就是用围堰分段将施工区域根据施工时段围护起来为施工创造干地施工的条件。分阶段进行施工,一般两段两期导流在实际施工过程中应用比较广泛,分期围堰导流一般用于河床比较宽、流量大、工期比较长的工程。根据不同时段泄水道的特点,分期围堰导流又分为束窄河床导流和通过建筑物导流。

一次拦断河床导流是在河床内根据施工区域的范围在河道上下游修筑横向围堰对河道进行拦截,使原河道的水经河床外修建的临时过水通道或永久性的过水建筑物流出,一般的过水建筑有明渠、隧洞、涵管等。一次拦断河床围堰导流一般适用于枯水期流量不大,河道狭窄的河流。根据导流泄水建筑物的类型一般有明渠导流、隧洞导流、涵管导流等方式。

二、工程中施工导流的方案

本工程的导流有以下特点:①工程坝址处河谷呈不对称"U"形谷,谷底宽约 160 m;②主河槽宽 60 m,左岸台地及右岸滩地各宽 50 m,左岸台地地势平坦,表层有 4~6 m 的沙土;③本工程设计为碾压混凝土坝;④根据当地的水文资料在枯水期的流量较小。详见表 1。

表 1 分期设计洪峰流量成果表 单位:m³/s

分期	$P=5\%$	$P=10\%$	$P=20\%$
4 月	200	157	104
5—7 月	510	429	336
8 月	180	143	110
9—翌年 3 月	100	79	55

根据以上工程的特点,该工程施工可以选用隧洞导流和河床分期(底孔)导流2种方案。隧洞导流方案与河床分期(底孔)导流方案比较见表2。

表2 施工导流方式比选一览表

序号	项目	隧洞导流方案	河床分期导流方案
1	导流标准(a)	10	10
2	导流流量(m³/s)	425	425
3	导流泄水建筑物(1孔)(m)	6.0×8.0(隧洞)	8.0×5.0(底孔)
4	施工总工期(月)	42	42
5	导流工程投资(万元)	5 841	2 440
6	洞(孔)身	3 036	1 417
7	洞(孔)下埋管	844	151
8	上游围堰	478	439
9	下游围堰	132	130
10	堵头混凝土	230	

与隧洞导流相比,河床分期(底孔)导流为露天施工,导流工程投资较少且工期容易得到保证,结合地形条件特征、水文资料和本工程的特点以及导流流量、导流泄水建筑物、施工总工期及导流工程投资等几个方面对施工导流设计方案进行比选,最终选定了河床分期导流方案施工导流完成后达到左右岸基坑全年施工的目的。一期导流(第一个枯水期,第一年10月10日至第二年10月25日)泄水道选择原河床过水,设置纵向临时围堰挡水(采用土石围堰,迎水面防冲刷采用抛石护坡,堰体防渗采用高喷防渗墙防渗,);对左岸1#~9#坝段进行施工作业,完成983 m高程以下的混凝土作业,建筑物具备挡水条件。导流底孔和导流明渠形成以后,进行二期导流(第二个枯水期,第二年10月25日至工程结束),设计导流流量21.3 m³/s,二期导流在河道上下游修筑横向围堰(采用土石围堰,迎水面防冲刷采用抛石护坡,堰体防渗采用高喷防渗墙防渗)及纵向常态混凝土导墙作为挡水建筑物,泄水建筑物为8#坝段坝体预留临时底孔及其上游引渠和下游明渠。为方便施工,导流底孔断面确定为矩型,导流底孔尺寸为8.0 m×5.0 m。

在本工程施工中,施工导流是主体工程开工前期一项主要工程,为保证施工导流目标的实现,采取了一些技术措施。

(一)做好施工前的准备工作

在工程开工后,项目部各部门人员需要做好一些准备工作。主要包括:①对施工现场的地形、地质、水文、气象、冰情等周围的环境进行资料的收集,尤其是坝址历年逐月最大、最小及平均流量,洪水期、枯水期等季节的一般流量,坝址上游梯级水库及水工建筑物对下游的影响,并对资料进行分析和整理;②对施工导流的设计方案和施工图纸进行学习交底,主要有导流方式的类型、方案的规划布置,导流建筑物的形式、导流的时间,掌握这些关键的要素才能在施工过程中做到全面管理,才能合理安排施工人员并对施工机械设备进行合理调配,以确保它们在施工中的发挥有效的作用。

(二)合理控制施工进度

工程施工导流的施工工序是一个复杂且关键的的工序,主要有围堰填筑、泄水建筑物的修建、截流、围堰的防渗处理等多个环节的工作。因此,为保证导流过程的正常作业,项目部制定了施工进度计划方案,在施工过程中要求严格按照方案执行,以保证施工导流任务的顺利完成。在具体的施工中,由于其他原因影响施工进度不能正常进行,延误关键线路的工期,导致实际工程进度形象与编制的施工进度计划方案出现偏差,项目部积极组织相关管理人员讨论分析原因,制定切实可行,合理有效的技术措施控制导流施工进度目标的实现。在分项工程开工前积极组织作业人员进行技术交底和专项方案学习,积极督促现场的生产管理和落实,充分发挥各专项施工方案、进度计划在施工过程中的指导作用,避免出现施工管理人员无计划、无目标等蛮干现象,造成施工现场管理混乱、工程进度滞后和工程成本增加。

(三)增强管理人员成本控制的意识

在工程开工后项目部积极组织人员进场,安排相关人员对工地实际情况进行现场查勘,认真学习图纸和招投标要求,结合现场实际编制合理有效的施工组织设计和进度计划。本工程在一期施工导流,结合现场的有力地形,在围堰填筑工程中合理的结合了左岸明渠,基坑等基础开挖的土石方对围堰进行填筑,对开挖的废料做到了有效的利用。在二期施工导流分项工程开工前,通过水文资料的搜集和掌握,组织有关专家对河水的流量和后期的预测进行分析和论证,通过数据分析和计算确定出合理的过水断面,在右岸坝基开挖施工中结合二期施工导流的方案,利用坝基开挖的弃料提前对导流的围堰进行填筑,避免在围堰填筑中二次挖运,造成成本增加。在施工过程及时调整施工计划,保证主要工程的施工进度:对于施工单位而言,各项工程施工周期越长,发生的成本就越多。在实际施工过程中不可预测的影响因素很多,有施工期的气候、周边环境、地质情况变化、不可抗力的外界干扰、人为因素等等,都有可能影响到施工进度,主要工程的进度直接影响到总工期的时间,因此,也是成本控制的关键之一。施工工期越长,施工人员工资,机械费用、大型材料的摊销等各项管理费用都会增加,从而导致成本费用大大增加。加强项目部技术人员的管理和技术培训,狠抓施工质量:各分项工程开工前项目部组织工程技术人员和相关的劳务人员认真学习图纸和规范要求,依据施工图纸和规范要求施工,同时加大过程控制的管理,针对在施工过程中发现的问题及时处理,避免出现返工而导致施工成本增加。

三、防汛度汛措施

(一)组织和管理措施

防汛度汛措施是为保证工程施工期的安全度汛,提高项目部全体员工对洪水的防汛应急措施和处置能力,减少项目部财产损失,员工的生命财产安全,保障工程不受洪水的影响,可以顺利建设。在汛期到来的时间段,克服麻痹侥幸心理,清醒认识到防汛度汛的重要性,树立工作人员的紧迫感和责任感,做到未雨绸缪,细化措施,强化防范,贯彻落实防汛责任制,做到人员思想统一、技术措施到位、防汛应急物资到位的各项防汛准备工作,坚决做好防洪防汛措施的落实工作。

项目部成立防汛度汛小组,对河流的洪水做了相关资料的收集,根据资料分析,本工程施工汛期时段,凌汛期为10月到翌年4月,10月初到12月上旬为流凌封河期,11月上旬到4月中旬为封冻期,其中12月上旬到翌年3月中旬为稳封期,3月中旬到4月底为开河期。主汛期为

5 初到 7 月底,在河流上游山区冬季积雪达半年之久,积雪量比较大,在每年春季来临的时,随着气温的回升,积雪开始融化流入河流,气温越高融水量就越大,也必有一次大的融雪洪水的发生。融雪型洪水具有明显的日变化,涨洪较平缓,一般一日一峰主要是上游的积雪融水,这个时期又是降水较多的时期,降水降到雪面,又促使积雪更强烈的消融,从而形成降水和融雪混合型洪水。这类洪水短时间流量大,主要集中在下午和晚上,对围堰的危害最大。根据进度计划安排,2019 年是防洪度汛的关键之年,也是施工风险最大的一年。如遇洪水或超标准洪水,工程施工受影响的部位是 10# ~ 17# 坝段、厂房及消力池工程,因此,制定防度汛措施是非常必要的。本工程 2018 年工程度汛设计防洪水标准为全年 10 年一遇,洪峰流量为 425 m³/s,导流底孔上游最高水位为 981.32 m,导流底孔下泄流量为 401.28 m³/s。针对上述的资料分析项目部制定出了相关的管理制度和措施,要求统一思想提高全员认识,认真做好洪水来临前的准备工作,及时传达管理单位及自治区对防汛工作的指示,要求项目部全体职工及各参建协作队在防汛工作中不得存在侥幸心理。严格落实防汛期间隐患排查制度,并及时安排整改,制度防范措施,储备充足的防汛物资筹。根据防汛需要备足备齐人员和防汛物资,及时申请筹备足够的编织袋、块石、雨衣、救生衣、木桩、铅丝网、照明灯、篷布、水带、铁锹等防汛物资和防汛应急设备,确保出现汛情时人员和物资能够拉得出、用得上,提高灾情、险情应对处置的水平。落实防汛责任制度,加强防汛值班的巡视工作,按照上级防汛工作有关规定,根据现场的实际情况及时修订防汛值班制度,实行防汛值班领导 24 h 值班负责制。值班人员必须严格遵守各项防汛工作制度,不得擅自离开值班岗位,认真观察天气变化和来水情况的发展,发现问题立即上报主管领导,并采取有效措施加以防范和处理。值班人员必须做到及时、准确的向上级汇报信息。

(二)技术措施

在加强管理措施的同时,项目部根据工程实际的条件制定相关的实施方案,在汛期来临前项目部制定了防汛演练的专项预案,并组织人员进行了现场模拟演练,通过模拟演练检验了预案的可操作性,明确全体人员的职责和应急的程序,提高全员对预案的熟悉程度。结合工程的实际情况和特征,为防止特大洪水来临对围堰形成破坏,导致更严重的事故发生和对工期造成影响,综合考虑将上游围堰和上游明渠挡墙在原设计高度上分别加高 1 m,具体措施在上游明渠挡墙上先铺一层土工膜,在铺好的土工膜上面采用人工装沙袋进行码放底宽 1.5 m、顶宽 1 m、高度 1 m 的挡水墙,后采用土工膜全覆盖,并对土工膜接缝处进行焊接,保证加高挡墙的质量不会被来水冲毁,采用石渣对上游横向围堰整体加高 1 m。在围堰加高后,选择在上游横向围堰处预留缺口,在超标准洪水来临后通过预留的缺口将水导向下游以保护围堰不被洪水所破坏。主要的方案是在上游横向围堰右侧靠近山体部分(长约 26 m)从高程 984.00 m 至高程 981.32 m,缺口最大水深 1.5 m;缺口底宽为 20 m,靠山侧边坡 1:0.5,靠导墙侧边坡 1:1.5,上口宽约 26 m。形成缺口并用 18 cm 厚混凝土进行衬砌防护,上下游坡脚开挖至原地面并设齿槽,围堰上游坡面选择土工膜和格宾网装块石进行防护,防止河水在缺口流出时冲刷围堰,对围堰造成破坏。缺口施工完毕后对缺口处采用沙袋进行封闭,上游水位控制在 983.00 m,使之具备抵御全年 20 年一遇超标准洪水(相应入库洪峰流量 516 m³/s)的能力和保护围堰不被超标准洪水破坏措施。如图 1 所示。

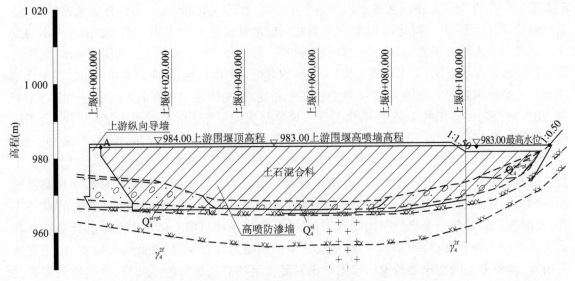

图1　上游围堰纵断面布置图

四、结　语

在水利水电工程建设时期,一定要重视施工导流和防汛度汛的问题,因地制宜地选择科学的导流方案和防汛度汛措施。必须了解和掌握当地的水文资料、地质条件、地形地貌、枢纽布置、冰情、施工条件以及施工进度等。在对这些影响因素数据整理分析后,制定出科学合理的方案和保证措施。根据实际制定的措施,做好导流和防汛度汛的前期准备工作,合理调配人材机的使用保证施工进度,并且加强对施工过程的管理,提高管理水平,保证工程施工期的安全工作和施工进度,使施工导流工程在水利工程中能有更好的发展,为后续的工程建设提供更好的保障。

(作者单位:甘肃省水利水电工程局有限责任公司)

SETH 水库 RCC 大坝温度控制技术和措施

张 东

一、温控的自然条件

本工程碾压混凝土施工期主要为每年的 4 月中旬—10 月中旬,4—5 月份气温低但风大,6—9 月上旬气温高、干燥,水分蒸发很快。只有 9 月中旬—10 月中旬气候比较适合进行碾压混凝土施工。因此,在高温、干燥、高蒸发、大风条件下进行碾压混凝土施工的温控就是施工的难点。

由于坝址区 10 月中、下旬开始进入冬季,随之逐渐进入冬季严寒阶段,一直到翌年 4 月初才开始进入混凝土施工期,有记载的极端最低温度为 -47 ℃,此阶段混凝土施工进入冬休期。这种间歇式的施工方法及恶劣的气候条件使混凝土具有独特的温度应力时空分布规律,更增加了碾压混凝土坝温控与防裂的难度。严寒条件下混凝土越冬保护及层面保护问题也是必须考虑的问题之一。

根据某县气象站 1971—2012 年的气象观测资料统计,多年平均降水量 188.7 mm,年降水量的 57% 集中在 5—9 月。平均水面蒸发量达 1 410.1 mm(20 cm 蒸发皿观测值),其中 5—8 月的蒸发量占全年的 66%,最大蒸发量多出现在 6 月份。多年平均气温 1 ℃,气温年际变化不大,年内变化很大,极端最高气温 38.4 ℃,极端最低气温 -47.7 ℃,变幅达 86.1 ℃,夏季 6—8 月平均气温在 18 ℃以上。历年最大风速 17.3 m/s,最大冻土深度 239 cm。见表 1。

表 1　　　　　　　　　某水文站平均气温和降水量统计表

项目	1 月	2 月	3 月	4 月	5 月	6 月	7 月	8 月	9 月	10 月	11 月	12 月	全年
平均气温(℃)	-15.3	-11.3	-4	5.9	13.6	18.7	20.2	18.2	11.8	3.7	-6	-12.7	3.6
降水量(mm)	4.1	3.7	5.9	9.1	8.9	13	18.1	11.2	9.1	7.5	9.7	7.4	107.8

二、设计温度控制要求及温控分区

中水北方勘测设计研究有限责任公司提出的温控设计要求见表 2~4。

温控分区图如图 1 所示。

三、温控技术要求

(一) 常态混凝土温控技术要求

当下层混凝土龄期超过 28 d 成为老混凝土时,其上层混凝土应控制上、下层温差,对连续上升坝体且高度大于 $0.5L$(浇筑块长边尺寸)时,允许老混凝土面上下各 $L/4$ 范围内上层最高平均温度与新混凝土开始浇筑下层实际平均温度之差为 15~18 ℃;浇筑块侧面长期暴露时,或

表2 坝体混凝土温度控制温差标准表 单位:℃

基础允许温差	碾压混凝土	距基岩高度 h	浇筑块长边长度 L			说明
			30 m 以下	30~70 m	70 m 至通仓	
		(0~0.2)L	15.5	12	10	
		(0.2~0.4)L	17	14.5	12	
		≥0.4L	19	16.5	14.5	
	常态混凝土	距基岩高度 h	浇筑块长边长度 L			新老混凝土指间歇超过混凝土龄期28 d
			20 m 以下	20~30 m	30~40 m	40 m 至通仓
		(0~0.2)L	22	19	16	14
		(0.2~0.4)L	24	22	19	17
		≥0.4L	27	25	23	21

龄期(d)		施工期
上、下层混凝土		常态 15~18;碾压 10~13
混凝土内外温差	(0~0.4)L	12(碾压) 15(常态)
	≥0.4L	14(碾压) 18(常态)

表3 基础允许温差控制的坝体混凝土温度控制表

混凝土	碾压混凝土										
距基岩面高度 h(m)	(0~0.2)L (L 浇筑块长边长度)					(0.2~0.4)L (L 浇筑块长边长度)			≥0.4L (L 浇筑块长边长度)		
温度控制区	1-①	1-②	1-③	1-④	1-⑤	2-①	2-②	2-③	3-①	3-②	3-③
允许最高温度(℃)	17.0	17.5	18.0	22.0	22.5	20.5	24.0	27.5	27.5	30.5	31.0
平均稳定温度(℃)	5.0	5.5	6.0	6.5	7.0	8.5	9.5	10.5	11.0	11.5	12.0
浇筑层厚度(m)	3.0	3.0	3.0	3.0	3.0	3.0	3.0	3.0	3.0	3.0	3.0
浇筑层间歇期(d)	5~7	5~7	5~7	5~7	5~7	5~7	5~7	5~7	5~7	5~7	5~7

月份	气温(℃)	水温(℃)	允许浇筑温度(℃)										
4	5.9	3.0	自然	自然	自然	自然	自然	自然	自然	自然	自然	自然	自然
5	13.6	12.4	自然	自然	自然	自然	自然	自然	自然	自然	自然	自然	自然
6	18.7	17.1	15.0	15.0	15,0	15.0	15.0	15.0	15.0	15.0	自然	自然	自然
7	20.2	19.5	16.0	16.0	16.0	16.0	16.0	16.0	16.0	16.0	自然	自然	自然
8	18.2	18.1	15.0	15.0	15.0	15.0	15.0	15.0	15.0	15.0	白然	自然	自然
9	11.8	12.8	自然	自然	自然	自然	自然	自然	自然	自然	自然	自然	自然
10	3.7	4.8	自然	自然	自然	自然	自然	自然	自然	自然	自然	自然	自然

混凝土	碾压混凝土										
距基岩面高度 h(m)	(0~0.4)L （L 浇筑块长边长度）								≥0.4L （L 浇筑块长边长度）		
混凝土龄期(d)	施工期								施工期		
混凝土允许内外温差(℃)	12								14		
温度控制	1-①	1-②	1-③	1-④	1-⑤	2-①	2-②	2-③	3-①	3-②	3-③
月份 气温(℃) 水温(℃)	内外温差允许坝体出现的最高温度(℃)										

表4　　　　　　　　　　　内外温差控制的坝体允许最高温度控制表

月份	气温(℃)	水温(℃)	1-①	1-②	1-③	1-④	1-⑤	2-①	2-②	2-③	3-①	3-②	3-③
4	5.9	3.0	18.0	18.0	18.0	18.0	18.0	18.0	18.0	18.0	20.0	20.0	20.0
5	13.6	12.4	25.0	25.0	25.0	25.0	25.0	25.0	25.0	25.0	28.0	28.0	28.0
6	18.7	17.1	30.5	30.5	30.5	30.5	30.5	30.5	30.5	30.5	33.0	33.0	33.0
7	20.2	19.5	32.5	32.5	32.5	32.5	32.5	32.5	32.5	32.5	34.0	34.0	34.0
8	18.2	18.1	30.5	30.5	30.5	30.5	30.5	30.5	30.5	30.5	32.0	32.0	32.0
9	11.8	12.8	24.0	24.0	24.0	24.0	24.0	24.0	24.0	24.0	26.0	26.0	26.0
10	3.7	4.8	16.0	16.0	16.0	16.0	16.0	16.0	16.0	16.0	18.0	18.0	18.0

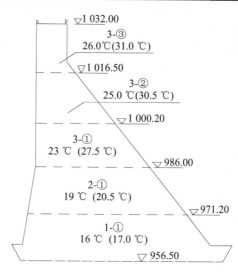

图1　温控分区图

上层混凝土高度小于 0.5L 或非连续上升时应加严上下层温差控制。混凝土早期形成的内外温差控制不超过 15 ℃,中后期控制内外温差不超过 18 ℃。坝基填塘、陡坡、垫层等部位混凝土容许最高温度按相应坝段基础强约束区最高温度控制。

(二)碾压混凝土温控技术要求

在间歇期超过 28 d 的老混凝土面上继续浇筑时,老混凝土面以上 $L/4$ 范围内的新浇筑混凝土按新老混凝土温差控制,温差控制标准为不超过 10 ℃。早期形成的内外温差控制不超过 12 ℃,中后期形成的内外温差控制不超过 14 ℃。坝基填塘、陡坡、垫层等部位混凝土容许最高温度按相应坝段基础强约束区最高温度控制。

四、混凝土温控措施

(一)降低混凝土出机口温度

1.优化混凝土配合比,降低混凝土水化热温升

通过采用低水化热的水泥(水泥 7 d 水化热不大于 293 kJ/kg)、高参量的 Ⅰ 级粉煤灰、SBTJM-Ⅱ型缓凝高效减水剂、GYQ-Ⅰ型引气剂,大坝除上、下游防渗区采用二级配混凝土,其他均为三级配混凝土的措施来优化混凝土配合比,降低水化热温升。本工程碾压混凝土水泥采用了比表面积为 310 cm²/g 的特供水泥。

2.增加储料堆高度

人工骨料系统料仓最大堆料高度为 10 m,可以保证各料场堆料高度大于 10~15 m,并且不少于 3 d 的储料量。由于采用地弄给料机取料,料堆底部中心的骨料温度受环境温度的影响较小,而且温度比较稳定,提高了拌和楼风冷骨料仓(一次风冷仓)的风冷保证率。

3.保证料流风冷时间

尽量缩短骨料进仓间隔时间,及时足量的向料仓补料,使料流在一次风冷料仓中停滞时间达 2.5 h 以上,使骨料得到充分冷却。

4.采用保温廊道和遮阳廊道

人工骨料系统料仓至拌和系统中转料仓之间骨料输送皮带顶上搭设彩钢瓦遮阳棚,挡住直射阳光,减少阳光直射引起的温升,同时也起到遮雨作用。风冷骨料仓(一次风冷仓)至拌和楼皮带采用全封闭保温廊道,从空气冷却器引一加装开关的支管接入骨料输送廊道,廊道内通冷风,并在廊道进出口添加风帘,防止骨料输送过程中温度升华。

5.采用一次风冷方案

1)工艺设计参数

(1)蒸发温度。骨料风冷:-15 ℃;制冰水:-5 ℃。

(2)冷凝温度。冷凝温度 32 ℃;当地夏季温度按 18.2 ℃考虑。

2)制冷站概述

本工程总设计生产能力为 12 ℃ 低温碾压混凝土产量 300 m³/h,其中冰水生产能力 22.5 m³/h;制冷剂采用氨(R717),骨料冷却系统为氨泵强制循环供液,冰水预冷系统采用直接高压供液。为简化制冷系统,制冷设备全部设置在一个冷冻站内。

3)制冷系统主要设备选型

(1)风冷系统。共选用 5 台 LG20ⅢTA250 螺杆式制冷压缩机组,机组运行工况:-15 ℃/32 ℃,单台制冷量 743 kW;轴功率 217.7 kW,电机功率 250 kW,电压 380 V/50 Hz;预润滑油泵电机功率 1.1 kW;5 台机组运行工况下总制冷量 3 713 kW,总装机总功率 1 250 kW,冷凝器总负荷 4 805 kW。

(2)冰水系统。选用 1 台 LG20ⅢDA185 螺杆式制冷压缩机组,机组运行工况:-5 ℃/32 ℃,单台制冷量 686 kW;轴功率 139 kW,电机功率 185 kW,电压 380 V/50 Hz;预润滑油泵电机功率 1.1 kW;总装机总功率 185 kW,冷凝器总负荷 826 kW。

(3)空气冷却器。通过计算,单个骨料采用一个料仓,料仓体积过大,骨料冷却困难,故将单一骨料藏均分为两个 200 m³ 料仓;空气冷却器按每一个料仓配 1 套,共 6 套。骨料输送廊单

独配空气冷却器 1 套。

G4 仓选配 GKL 1650、G3 仓选配 GKL 2200、G2 仓选配 GKL 1650 的空气冷却器。空气冷却器 GKL 1650 风量为 4.1 万 m³/h，空气冷却器 GKL 2200 风量为 5.4 万 m³/h。

选用 1 台 LZL240 螺旋管式蒸发器，配带分液器和集油器组件，直接将 20 ℃清水降温至 2 ℃，设置于机房制冷机房内，采用压力供液。选用 3 台 SPL-2010CS 型蒸发式冷凝器，架设于制冷机房屋顶。

（4）高压贮液器。选用 2 台 ZA8.0 高压贮液器，单台容积 8 m³，贮液量在 30%~70% 之间波动。

（5）桶泵机组。风冷氨系统选择 3 台 ATB5.0-2 桶泵机组，单台低压循环贮液器容积 5 m³，每台低压循环贮液器配置 2 台 CNF50-200/AGX8.5 屏蔽氨泵，一开一备。每台桶泵机组自带 1 个现场控制箱。

（6）冰水水泵。选用 2 台离心泵，一开一备，流量 30 m³/h，扬程 40 m。

（7）辅助容器。制冷站采用 1 台 JY500 集油器，为保证氨系统各设备正常工作，应根据系统运行情况，定期及时排出设备内的冷冻机油。制冷站采用 1 台 JX159 紧急泄氨器，当紧急情况发生时，将系统内的氨液通过紧急泄氨器快速排放。制冷站内设置 1 台 KF096 空气分离器，排出系统内的不凝性气体，提供制冷系统的运行效率。制冷站内设置 1 台 HZAP10 热虹吸贮液器。

4）制冷设计

（1）设计依据。工地原材料初始温度见表 5。

表 5　　　　　　　　　　　工地原材料初始温度　　　　　　　　　　单位：℃

原材料	石料 G1~4	水泥 C	粉煤灰 F	砂 S	水 W	冰水 W0
温度	22	40	40	22	20	3

混凝土配合比见表 6。

表 6　　　　　　　　　混凝土配合比：$C_{90}20W_6F_{50}$

大石 G2	中石 G3	小石 G4	砂 S	水泥 C	粉煤灰 F	水 W	ZB-1A
40~80 mm	20~40 mm	5~20 mm					
431	575	431	708	80	98	90	1.424

骨料含水量按 G2、G3 含水 0.5%，G4 含水 1%，砂含水量按 1.5% 考虑；预冷混凝土出机口温度不大于 12 ℃；预冷混凝土总生产能力 300 m³/h。

（2）设计计算。出机口温度计算表见表 7。

表 7　　　　　$C_{90}20W_6F_{50}$人工降温混凝土出机口温度（风冷+冰水）

项目	用量（kg/m³）	含水率（%）	含水量（kg/m³）	比热[kJ/(kg·K)]	综合系数[kJ/(m³·K)]	进料温度（℃）	热量（kJ/m³）
G1	0	0	0	0.963	0.00	2	0.00
G2	431	0.5	2.155	0.963	422.00	2	844.00
G3	575	0.5	2.875	0.963	562.99	3	1 688.98

续表7

项目	用量 （kg/m³）	含水率 （%）	含水量 （kg/m³）	比热 [kJ/(kg·K)]	综合系数 [kJ/(m³·K)]	进料温度 （℃）	热量 （kJ/m³）
G4	431	1	4.31	0.963	428.95	3	1 286.85
S	708	1.5	10.62	0.963	716.04	22	15 752.94
C	80	0	0	0.796	63.68	40	2 547.20
F	98	0	0	0.796	78.01	40	3 120.32
ZB-1A	1.424	90	1 281 6	0.796	1.13	22	24.94
W	90	100	67.758 4	4.187	372.64	3	1 117.93
ICE	0	100	0	2.094	0.00	−1	0.00
				4.187	0.00	0	0.00
机械热							5 158.94
合计	2 413.424		89		2 645.45		31 542.10
混凝土出机口温度（℃）							11.92

（3）骨料冷却。采用一次风冷方式，将骨料 G2 从 22 ℃降至 2 ℃；G3、G4 从 25 ℃降至 3 ℃；预冷骨料采用保温输送廊，通冷风继续降温，不考虑温升；系统蒸发温度−15 ℃，考虑冷损，一次风冷总耗冷量为：3 466 kW。

（4）拌和楼内用 3 ℃冰水，考虑到输水系统温升，实际冰水出水温度按 2 ℃考虑，冰水生产能力按 22.5 m³/h。蒸发温度−5 ℃，冰水系统总耗制冷量 542 kW。制冷设备清单见表 8。

表 8　　　　　　　　　　　　　制冷设备清单

序号	货物名称	型号和规格	单位	数量	生产厂家	备注
1	螺杆式热虹吸制冷压缩机组	HLG20ⅢTA250	台	5	武冷	含控制柜、随机配件、专用工具、随机资料
2	螺杆式热虹吸制冷压缩机组	HLG20ⅢDA185	台	1	武冷	
3	蒸发式冷凝器	SPL-2010CS	台	3	上海宝丰	含开关柜
4	高效空气冷却器	GKL2200	台	2	武汉鼎鑫	
5	高效空气冷却器	GKL1650	台	4	武汉鼎鑫	
6	软连接、连接风管		套	6	武汉鼎鑫	
7	连接保温回廊风道		套	1	武冷	
8	离心鼓风机	4-75-12E	台	2	武汉和昌博锐	含启动柜、功率 75 kW
9	离心鼓风机	4-75-11No.10.5E	台	4	武汉和昌博锐	含启动柜、功率 55 kW
10	螺旋管式蒸发器	LZL240	台	1	武冷	
11	贮液器	ZA8.0	台	2	武冷	
12	热虹吸贮液器	HZAP10	台	1	武冷	
13	桶泵机组	ATB5.0-2	台	3	武冷	

续表8

序号	货物名称	型号和规格	单位	数量	生产厂家	备注
14	集油器	JY500	台	1	武冷	
15	空气分离器	KF096	台	1	武冷	
16	紧急泄氨器	JX159	台	1	武冷	
17	冰水泵	$Q = 43.5 \ \mathrm{m^3/h}$; $H = 38 \ \mathrm{m}$	台	2		含开关柜 (水泵一开一备)

（二）仓面温控措施

1.控制浇筑层厚度和上、下浇注层间歇时间

为利于混凝土浇筑块的散热,基础部分和老混凝土约束部位浇筑层一般为 1.0~5.0 m,基础约束区以外最大浇筑高度控制在 3 m 以内,上、下浇筑间歇时间为 5~7 d。在高温季节,可采用表面流水冷却的方法进行散热。

2.掺加缓凝高效减水剂

高温季节,采用 SBTJM-Ⅱ 缓凝高效减水剂,适当调整掺量,使高温季节混凝土的初凝时间不小于 6 h。通过试验室室内试验:在温度为 29~30 ℃时,初凝时间为 9 h;室外温度为 20~32 ℃,大风、阳光直射、干燥条件下,初凝时间为 6 h,终凝时间为 17 h。

3.混凝土运输车保温

对于碾压混凝土,尽量采用自卸车直接入仓的方式,减少中间环节的倒运,降低预冷混凝土的温度回升。根据新疆特殊的雨量偏少这一特点,在购买新车前要求车辆厂家直接在厂里进行液压翻身防晒板的制作安装,既解决了自制防晒棚使用不方便和使用时间较短的缺点,又加快了混凝土的运输速度;其余混凝土运输车的车顶补搭设活动遮阳蓬,以减少混凝土温度回升。

4.仓面小气候制造和保温覆盖

在施工现场采取制造仓面小气候的措施,在坝体浇筑仓外增设喷淋(雾)系统,降低大坝浇筑仓面周围的温度,提高湿度;仓面采用固定式远程喷雾机和手持式喷枪进行喷冷水雾降温,根据工程实践证明,采用仓面小气候可以降低仓面气温 10 ℃左右,降低浇筑温度 5~8 ℃,仓面湿度可以提升 30% 左右。

在 6—8 月份收仓仓面和暂停仓面覆盖保温被,以降低混凝土表面水分蒸发,进一步提高混凝土质量。保温被采用双层编制布内置聚氨酯泡沫,其中尺寸为 1 m×10 m、厚度为 5 cm 的保温被配置约 6 000 m²;尺寸为 1 m×4 m、厚度为 2 cm 的保温被配置为 4 000 m²,满足了高温季节混凝土施工仓面保温及养护的要求。

5.坝体埋设冷却水管进行多期通水冷却

约束区、坝体度汛缺口部位和 5—9 月的施工部位埋设冷却水管。冷却水管采用高强聚乙烯塑料管,管径 32 mm、壁厚 2 mm、导热系数 $K \geqslant 1.0 \ \mathrm{kJ/(m \cdot h \cdot K)}$,管中流速控制在 0.6 m/s 左右。冷却水管不穿过横缝,距混凝土边缘水平距离为 0.75 m。6—8 月份施工基础约束区外混凝土时,在 9 月份进行二次通水冷却,过水时间为 1~2 个月,控制坝体内外温差。冷却水管控制在300 m 以内,水管排间距 1.0 m×1.0 m~1.5 m×1.5 m。根据气温情况在上层混凝土完成后 1~2 d 内进行通水冷却,通水采用河水(高温季节采用 10~12 ℃ 基坑渗水),通水历时 20 d。为

了防止通水冷却时水温与混凝土浇注块温度相差过大和冷却速度过快而产生裂缝,初期通水冷却差按 15~18 ℃控制,后期按 20~22 ℃控制,混凝土降温速度控制在 0.5~1.0 ℃范围内。坝体冷却水温度控制见表 9。

表 9　　　　　　　　　　　　坝体冷却水温度控制表

月份		4	5	6	7	8	9	10
冷却水温度(℃)	0~0.2L	河水	河水	河水	河水	河水	河水	河水
	0.2L~0.4L	河水	河水	河水	河水	河水	河水	河水
	≥0.4L	河水	河水	河水	河水	河水	河水	河水

注:冷却水温度与混凝土最高温度之差不能超过 25 ℃,坝体降温速度不宜大于 1 ℃/d。

6.其他技术措施

碾压混凝土浇筑采用斜面碾压技术,缩短层间覆盖时间,本工程层间间隔时间基本控制在 4~6 h 以内;高温季节层间间隔时间基本控制在 2 h 以内;强化资源配置使碾压混凝土浇筑做到快平快碾;避开高温时段浇筑混凝土;动态控制碾压混凝土 Vc 值等。

五、混凝土越冬保温保护措施

严寒地区碾压混凝土高重力坝坝上、下游越冬层面如果温度应力超标,容易引发裂缝,对此采取严格的保温措施。当地气温进入冬季阶段,冬休期越冬层面混凝土必须进行临时保护,上、下游坝面和端部采取永久保温和临时保温相结合的保护措施。

(一)大坝上游面保温

本工程大坝上游面采用"喷涂聚脲防水涂料+喷涂硬泡聚氨酯+防老化面漆"的表面防渗和保温方案。喷涂硬泡聚氨酯主要技术性能要求见表 10。

表 10　　　　　　　　　　喷涂硬泡聚氨酯主要技术性能要求

序号	项目	性能要求
1	密度(kg/m³)	≥45
2	导热系数[W/(m·K)]	≤0.024
3	压缩性能(形变 10%)(kPa)	≥200
4	不透水性(无结皮)0.2 MPa,30 min	不透水
5	尺寸稳定性(70 ℃,48 h)(%)	≤1.5
6	闭孔率(%)	≥92
7	吸水率(%)	≤2
8	防火等级	B2
9	表面平整度(mm)	±3

(二)大坝下游面保温

下游面采用"喷涂硬泡聚氨酯+防老化面漆"的表面保温方案。

(三)大坝侧面保护

坝体侧面采用粘贴 10 cm 厚 XPS 板。

(四)大坝越冬面保温

首先在越冬面铺设一层塑料薄膜(厚 0.6 mm),然后在其上铺设 2 层 2 cm 厚的聚氨酯泡沫保温被和 13 层棉被作为临时保温,最后在顶部铺设一层三防帆布防水。为加强保温及防止侧面进风,在越冬面上下游侧用模板和砂袋做防风墙,在保温被周边及越冬面以下 3 m 范围内喷涂 10 cm 厚聚氨酯硬质泡沫。9#和 10#坝段横缝面,对模板拆除部位采用黄土覆盖,应确保黄土包裹模板 1 m,顶宽 2 m;模板未拆除部位在模板上喷涂聚氨酯泡沫方式进行越冬保温,喷涂厚度 10 cm。6#和 7#坝段横缝面,直接在模板上喷涂聚氨酯泡沫方式进行越冬保温,喷涂厚度 10 cm。坝体上游面钢筋外露部位采用土工布包裹后喷涂聚氨酯泡沫 10 cm 的方式进行保温,确保钢筋外露部位的混凝土保温防护效果。导流底孔采用进出口挂门帘与底孔顶部安装采暖片结合的方式进行保温,门帘由土工布及保温被缝合组成,厚度 5 cm,工字钢固定,门帘入水 5 cm;底孔内装 40 片暖气片(4 片一组),采用 10 个自动温控器控制温度,使导流底孔内温度保持在 5 ℃。

(五)大坝越冬面的揭开

第二年的 3 月底—4 月初,结合现场实际气温与混凝土表面实测温度的情况,逐步拆除临时保温被,越冬层面混凝土温度与日平均气温温差小于 3 ℃,可把保温被完全揭开。

(六)监测成果

1.坝址气温

大坝冬季保温采用覆盖保温被的方法,为了监测保温效果,在大坝布置了 9 支温度计,采用自动化监测的方法对大坝温度进行了监测。2018 年 11 月—2019 年 3 月坝址气温统计见表 11。

表 11 　　　　　　　　　2018 年 11 月—2019 年 3 月坝址气温统计表

月份	2018 年 11 月		2018 年 12 月			2019 年 1 月			2019 年 2 月			2019 年 3 月		
旬	中旬	下旬	上旬	中旬	下旬	上旬	中旬	下旬	上旬	中旬	下旬	上旬	中旬	下旬
坝址平均气温(℃)	−13.24	−6.46	−16.88	−13.73	−13.56	−13.33	−12.73	−15.00	−14.67	−11.22	−8.74	−4.24	−0.84	5.05
多年平均气温(℃)	−9.10	−13.50	−16.10	−18.30	−20.80	−21.00	−21.15	−21.30	−18.90	−16.95	−15.25	−11.70	−7.50	0.30
差值(℃)	−4.14	7.04	−0.78	4.57	7.24	7.67	8.42	6.30	4.23	5.73	6.51	7.46	6.66	4.75

表 11 数据表明,2018 年冬季坝址气温高于当地多年平均气温,气温回升明显。

2.温度计布置方式

1#、6#温度计布置在 9#和 14#坝体上游面,3#、4#、5#温度计布置在 9#、11#、14#坝体下游面。2#温度计布置在 9#坝体分缝端头,7#温度计布置在 14#坝体中部越冬层表面,8#温度计布置在 18#坝段基础覆盖混凝土坝体越冬层表面,9#温度计布置在围堰上测量外界温度。如图 1 所示。

图 1　温度计布置图

3.坝体表面温度

冬季期间坝体表面各部位温度情况:

(1)上下游表面温度:14#坝段上游面为 0.32~14.67 ℃,下游面为 7.54~17.14 ℃。

(2)顶面温度:14#坝段顶面为 13.75~20.11 ℃。

(3)侧面温度:9#坝段侧面温度 1.17~4.66 ℃。

4.坝体内部温度

大坝温度计变化量统计见表 12。

表 12　　　　　　　　　　　大坝温度计变化量统计表

序号	测点编号	安装位置	高程(m)	累计变化量(℃)	备注
1	D10-T30	170.016 断面,坝上 0.011	958.807	9.2	同孔
2	D10-T31	170.016 断面,坝上 0.011	957.807	9.0	
3	D10-T32	170.016 断面,坝上 0.011	955.307	8.5	
4	D10-T33	170.016 断面,坝上 0.011	951.307	8.3	
5	D10-T34	170.038 断面,坝下 50.038	955.010	11.0	同孔
6	D10-T35	170.038 断面,坝下 50.038	954.010	10.9	
7	D10-T36	170.038 断面,坝下 50.038	951.510	10.0	
8	D10-T37	170.038 断面,坝下 50.038	947.510	9.1	
9	D12-T12	203.500 断面,坝下 004.075	960.500	13.5	
10	D12-T13	203.500 断面,坝下 019.075	960.500	14.7	
11	D12-T14	203.500 断面,坝下 034.075	960.500	16.9	

序号	测点编号	安装位置	高程(m)	累计变化量(℃)	备注
12	D14-T27	237.507 断面,坝上 9.492	957.695	9.2	同孔
13	D14-T28	237.507 断面,坝上 9.492	956.695	9.8	
14	D14-T29	237.507 断面,坝上 9.492	954.195	10.8	
15	D14-T30	237.507 断面,坝上 9.492	950.195	10.9	
16	D14-T31	237.550 断面,坝下 47.088	956.470	8.4	同孔
17	D14-T32	237.550 断面,坝下 47.088	955.470	9.0	
18	D14-T33	237.550 断面,坝下 47.088	952.970	8.7	
19	D14-T34	237.550 断面,坝下 47.088	948.970	9.2	
20	D16-T9	273.000 断面,坝下 007.000	968.500	10.2	
21	D16-T10	273.000 断面,坝下 019.075	968.500	18.2	
22	D16-T11	273.000 断面,坝下 034.075	968.500	19.2	

温度变化曲线如图 2、3 所示。

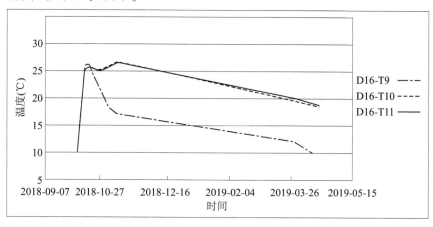

图 2 大坝 16#坝段 D16-T9、T10、T11 温度—时间曲线

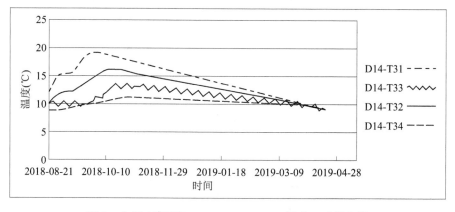

图 3 大坝 14#坝段 D14-T31、T32、T34 温度—时间曲线

目前大坝温度累计最大变化量为 19.2 ℃,监测效应量分布总体符合一般规律,各部位工作现状总体正常。

(七)冬季保温效果

从整个越冬时段(11 月—翌年 3 月底)的环境温度监测数据分析,比多年平均气温高了 5.12 ℃。坝体监测数据显示,除侧面温度,坝体其他表面温度与环境温差大,大坝冬季保温效果显著。

六、结　语

SETH 水利枢纽碾压混凝土大坝两年多的施工,已经浇筑的碾压混凝土重力坝经过零下三十多度严冬的考验,通过钻孔取芯和试验室的各项检测,指标均在设计和理论计算的范围内。越冬期间的监测数据表明大坝冬季保温效果显著,2018 年冬季坝体内外温差经温控仿真分析,坝体拉应力没有超过允许拉应力,坝体不会因为内外温差过大而开裂,保温措施对减小内外温差起了重要作用。在炎热、干燥、高蒸发、高温差及严寒条件下建设碾压混凝土重力坝遇到的各种困难很多,没有多少经验可以借鉴,经过工程建设者和科研人员的共同努力,在环境恶劣地区建设碾压混凝土重力坝取得了初步成功。

(作者单位:甘肃省水利水电工程局有限责任公司)

SETH 大坝 10#、11# 和 13# 坝段错台及其下游面混凝土越冬期填土保温措施

李明娟　　胡国智

一、存在的问题

根据 2019 年大坝混凝土浇筑进度计划,10#、11# 和 13# 坝段下游混凝土错台处二期常态混凝土的施工需在 2019 年 4 月份冬休复工后相继进行。由于越冬期水温很低,大部分时间位于 4 ℃以下,若下游采用蓄水越冬保温方案,10#、11# 和 13# 坝段下游混凝土错台附近相当大范围的混凝土,尤其是 10# 和 13# 坝段 966.0 m 高程以下和 11# 坝段 966.0 m 高程以下混凝土错台下部混凝土受其影响将下降到 10 ℃以下,距离表面 5.0 m 范围内的混凝土温度将下降到 4 ℃以下,如此低的混凝土温度难以尽快整体恢复到 10 ℃以上,这将给其上部常态二期混凝土的温控防裂带来很大风险。

二、越冬措施

为了尽可能使 10#、11# 和 13# 坝段混凝土错台及其下部混凝土在 2019 年 4 月份冬休复工,浇筑其上部常态二期混凝土时保持较高温度,在现场实际可行的施工条件下,尽可能减小控制上下层温差的难度,降低上层新浇常态混凝土的开裂风险。拟对 10#~16# 坝段下游坝面及 10#、11# 和 13# 三个坝段的混凝土错台部位全部采取填土,进行 2018—2019 年越冬保温,10#、11# 和 13# 三个坝段混凝土错台部位填土保温布置示意图如图 1~4 所示。

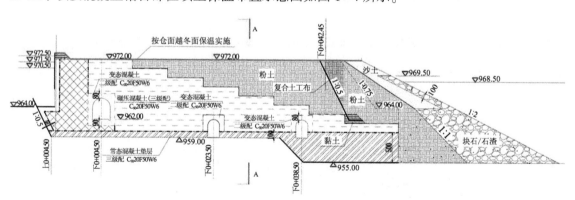

图 1　10# 坝段混凝土错台及左侧下游面填土保温布置示意图

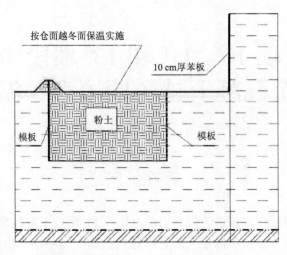

图 2 10#坝段混凝土错台填土保温布置示意图(A—A 剖面)

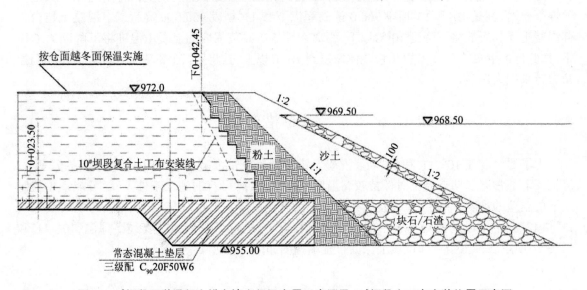

图 3 11#坝段下游混凝土错台填土保温布置示意图及 10#坝段土工布安装位置示意图

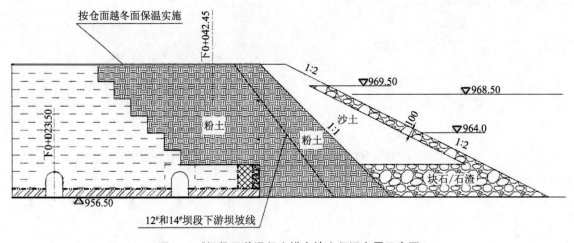

图 4 13#坝段下游混凝土错台填土保温布置示意图

三、保温措施设计和施工要点

（1）保温填筑体顶部宽度初拟为 6.0 m，实际所需宽度根据 12 m³ 自卸卡车的安全行驶路宽确定。

（2）图 1~4 中保温填筑体顶部高程按越冬面高程 972.0 m 考虑，具体实施应按实际越冬面高程确定。

（3）各错台部位和下游坝坡处均采用粉土或黏粒含量较多的细沙土回填，各下游坝坡和 11# 坝段下游错台部位的粉土填筑厚度水平方向不小于 3.0 m，垂直坝面方向不小于 2.5 m，以减小渗水，提高保温效果。

（4）对与下游沙土填筑区邻近的 2.0~2.5 m 范围内的粉土填筑区（实际碾压区宽度在不影响其相邻模板和混凝土面安全的情况下尽可能加大）采用洒水和静碾以增加其密实度，提高其防渗效果，洒水量和碾压遍数根据现场试验确定。

（5）下游实际填筑坡度根据填筑料的自然稳定坡度确定。

（6）保温填筑体下游坡面采用 1.0 m 厚的块石护坡，护坡顶部高程不低于 969.5 m，高出下游水位至少 1.0 m。

（7）10# 坝段混凝土错台向上游延伸范围大，错台下部混凝土厚度较小，除整个错台部位全部填筑粉土或黏粒含量较多的细沙土外，在下游靠近 11# 坝段错台部位设土工布防渗（参见图 1 和图 3），采用整幅土工布，其底部设黏土止水基座，用木条将土工布左侧固定于 10# 坝段底孔左侧混凝土墙，右侧固定于 11# 坝段靠近下游错台的横幅面上（图 3），木条固定处用聚氨酯或其他密封胶密封止水。

（8）各错台粉土填筑体顶部与其周围混凝土越冬仓面一起全部按混凝土越冬仓面采用"土工布+25 cm 厚保温棉被+土工布"的方式进行越冬保温；若错台周围模板高出仓面 50 cm 以上，应在模板两侧先行填土，随后再和仓面一起进行越冬保温（图 2）。

（9）10#~14# 坝段下游侧模板处的越冬保温方法与前述错台周围模板处的相同，即模板两侧先填土，再和相邻越冬仓面一起按越冬仓面进行越冬保温，下游模板处的保温范围自模板处向下游延伸距离不少于 2.5 m。

（10）在对混凝土错台进行填土保温之前应对错台混凝土面进行彻底清理。

四、结 语

本工程采取上述措施，在 2019 年 4 月冬休复工后，错台仓面及其下部混凝土混度回温效果达到了预期，常态二期混凝土浇筑顺利进行，新旧混凝土衔接紧密，温控裂缝满足规范要求，该技术方案可行，可供今后类似工程参考借鉴。

（作者单位：中水北方勘测设计研究有限责任公司）

SETH 水利枢纽工程坝基开挖光面爆破施工

郭 勇 邦

一、工程概况

SETH 水利枢纽工程主要由拦河坝(碾压混凝土重力坝)、泄水建筑物(表孔和底孔坝段)、放水兼发电引水建筑物(放水兼发电引水坝段)、坝后式电站厂房和过鱼建筑物等组成。水库总库容 2.94 亿 m^3,设计水平年改善灌溉面积 27.61 万亩,电站装机 27.6 MW。

SETH 水利枢纽坝基石方爆破开挖量约 40 万 m^3,每 10 ~ 15 m 预留 2 m 宽马道,爆破施工工期 2 个月,作业面窄、工程量大、施工强度高。岩石矿物成分以华力西期(γ_4^{2f})辉长岩为主,抗风化能力较弱,强风化岩体水平厚度不大。坝址岩石因风化和其他外力作用,表面岩体破碎,对光面爆破施工影响很大。

二、光面爆破施工依据

《SETH 水利枢纽工程大坝土建及安装工程施工》合同文件和现场试验数据;
《水利水电工程爆破施工技术规范》(DL/T 5135—2001);
《爆破安全规程》(GB 6722—2014)。

三、光面爆破施工

结合本工程实际地质、地形及古河钻、潜孔钻、手风钻等机械设备,以及施工组织设计、爆破试验方案,坝基上部边坡均采用预裂爆破方式。通过现场爆破试验数据和岩层结构摸索出合适的单位装药量、预裂爆破线装药密度、起爆网路及最大单段药量。通过爆破试验成果分析,调整单孔药量及单段起爆药量,应用于实际施工,以减小爆破振动,确保岩石开挖质量和周边建筑物的安全。

(一)装药结构

1. I 型装药结构

预裂孔均采用间隔装药。从孔口到孔底线装药密度为 0.3 kg/m,导爆索上的药卷均匀分布,药卷间距为 35 cm,药卷长度为 15 cm,孔口段堵塞长度 1.3 m。孔底段为克服岩体底部夹制力进行加强装药,装药量为 0.9 kg。

I 型装药结构如图 1 所示。

图 1　I 型装药结构示意图(单位:m)

2. II 型装药结构

预裂爆破采用间隔装药。从孔口到孔底线装药密度的变化应与岩性的变化相适应,导爆索上的药卷应均匀分布线装药结构,减小线装药量。将试验时线装药密度 0.3 kg/m,药卷间距 0.35 m,调整为线装药量 0.25 kg/m,药卷间距 0.25 m,底部加强装药为 0.6 kg。

Ⅱ型装药结构如图 2 所示。

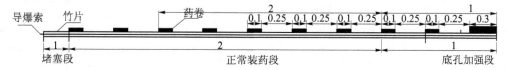

图 2　Ⅱ型装药结构示意图(单位:m)

(二)装药及布置

1.炮孔布设

炮孔布设采用梅花形布孔,起爆方式采用微差挤压起爆,预裂孔炸药采用乳化炸药,辅助孔及主爆孔采用 2# 岩石硝铵炸药,爆破试验网路采用塑料导爆管毫秒微差爆破网路。炮孔布设及起爆方式如图 3 所示。

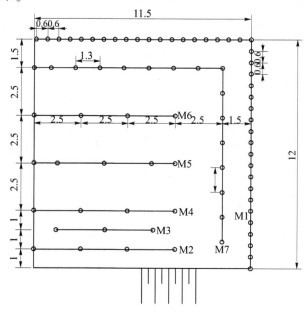

图 3　炮孔平面布置图(单位:m)

2.现场爆破参数

现场爆破参数见表 1~3。

表 1　　　　　　　　　　　　　　　　　预裂爆破参数表

组号	钻机	钻头直径(mm)	孔径(mm)	孔深(m)	孔距(cm)	钻孔角度(°)	装药型式	线装药密度(g/m)	堵塞段(cm)	底部加强装药量(g)
左岸Ⅰ	HCR1200-ED2	76	90	10	60	63	Ⅰ	300	130	600
左岸Ⅱ	HCR1200-ED2	76	90	10	50	60	Ⅱ	250	100	180
左岸Ⅲ	HCR1200-ED2	76	90	9	50	63	Ⅱ	250	100	180
右岸Ⅰ	HCR1200-ED2	76	90	10	60	63	Ⅰ	300	130	600
右岸Ⅱ	HCR1200-ED2	76	90	4	60	63.43	Ⅱ	300	100	450
右岸Ⅲ	HCR1200-ED2	76	90	10	50	60	Ⅱ	250	100	180

表2 辅助孔爆破参数表

爆破组号	爆破分类	孔径(mm)	孔深(m)	钻孔角度(°)	梯段高度(m)	最小抵抗线(m)	排距(m)	间距(m)	超钻(m)	堵塞长度(m)	药卷直径(mm)	单耗(kg/m³)	装药量(kg)
左岸Ⅰ	缓冲孔	90	2.3	90	8.94	1.0	—	1.3	—	1.3	32	0.21	0.8
左岸Ⅱ	缓冲孔	90	0.6	90	10	1.0	—	1.5	—	1.0	32	0.25	0.5
左岸Ⅲ	缓冲孔	90	2.3	90	8.94	1.0	—	1.3	—	1.3	32	0.21	0.8
右岸Ⅰ	缓冲孔	90	2	90	8.94	1.0	—	1.3	—	1.3	32	0.21	0.8
右岸Ⅱ	缓冲孔	90	2	90	8.94	1.0	—	1.3	—	1.3	32	0.21	0.8
右岸Ⅲ	缓冲孔	90	2	90	8.94	1.0	—	1.3	—	1.3	32	0.21	0.8

表3 主体爆破参数表

爆破组号	爆破分类	孔径(mm)	孔深(m)	钻孔角度(°)	梯段高度(m)	最小抵抗线(m)	排距(m)	间距(m)	超钻(m)	堵塞长度(m)	药卷直径(mm)	单耗(kg/m³)	装药量(kg)
左岸Ⅰ	主爆孔	90	10	90	8.94	1.6	2.5	2.5	0	2.8	32	6	12.72
左岸Ⅱ	主爆孔	90	5.8	63、90	10	1	1.5	1.3	0	1.0	32	0.25	2.3
左岸Ⅲ	主爆孔	40	5	63.43	5	1.6	1	0.8	0	1.5	32	0.4	200
右岸Ⅰ	主爆孔	90	10	90	8.94	1.6	2.5	2.5	0	2.8	32	6	12.72
右岸Ⅱ	主爆孔	90	10	63、90	10	1	1.5	1.3	0	1.0	32	0.25	2.3
右岸Ⅲ	主爆孔	90	10	90	8.94	1.6	2.5	2.5	0	2.8	32	6	12.72

3.起爆网络图

1)预裂光面爆破

预裂光面爆破如图4所示。

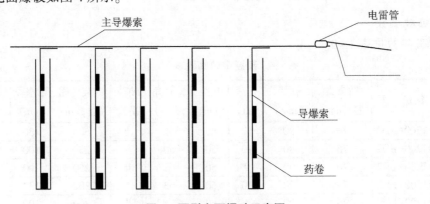

图4 预裂光面爆破示意图

2) 主爆孔及辅助孔

主爆孔及辅助孔如图 5 所示。

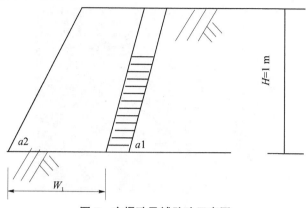

图 5　主爆孔及辅助孔示意图

三、爆破效果分析

(一) 左岸 I

由于左岸岩石相对破碎的特点, 爆破效果一般, 爆破残渣比较破碎, 残孔率 60%, 如图 6 所示。

图 6　左岸 I 爆破效果

(二) 左岸 II

爆破效果良好, 爆破残渣相对破碎, 易于开挖拉运, 残孔率 75%, 如图 7 所示。

图 7　左岸 II 爆破效果

(三)左岸Ⅲ

由于存在地质裂隙,爆破残渣相对破碎,残孔率60%,如图8所示。

图8 左岸Ⅲ爆破效果

(四)右岸Ⅰ

爆破效果良好,爆破残渣比较破碎,易于开挖拉运,残孔率60%,如图9所示。

图9 右岸Ⅰ爆破效果

(五)右岸Ⅱ

爆破效果良好,爆破残渣相对破碎,易于开挖拉运,残孔率80%,如图10所示。

图10 右岸Ⅱ爆破效果

(六)右岸Ⅲ

爆破效果良好,爆破残渣相对破碎,残孔率85%,易于开挖拉运,如图11所示。

图11　右岸Ⅲ爆破效果

四、结　　语

爆破过程很复杂,受地质、开挖深度、炮孔布置、钻孔设备等因素的影响,爆破效果也不一样,总之,在施工时,根据主要岩石特性进行现场爆破试验,在具体施工时,根据钻孔深度和孔中的粉尘判断岩层性质,从而对爆破试验的数据进行微调,达到光面效果。

(作者单位:甘肃省水利水电工程局有限责任公司)

SETH 水利枢纽工程人工骨料加工系统设计

王 文 己

一、工程概况

SETH 水利枢纽碾压混凝土重力坝混凝土浇筑主体工程总量约 83.16 万 m³,其中大坝工程混凝土浇筑约为 76.57 万 m³。临建工程混凝土浇筑约为 0.5 万 m³;厂房混凝土约 3 万 m³。因此,SETH 水利枢纽混凝土总量约 86.7 万 m³,其中三级配混凝土浇筑约 62.5 万 m³,二级配混凝土浇筑约 24.2 万 m³,见表 1。

表 1　　　　　　　　　大坝及电站各标砂石骨料需要量　　　　　　　　单位:万 m³

标段	0.16~5 mm	5~20 mm	20~40 mm	40~80 mm	合计
大坝标(土建 I 标)	63.76	43.13	48.74	28.05	183.68
电站标(土建 II 标)	2.31	1.56	1.77	1.02	6.66
合计	66.07	44.69	50.51	29.07	190.34

二、系统设计

(一)设计依据

(1)《水利水电工程砂石加工系统设计导则》(DL/T 5098—1999)。

(2)《水利水电施工组织设计规范》(SL 303—2017)。

(3)粒度特性:破碎产品粒度特性采用相关设备厂家提供的试验数据(同类岩石)。

(二)设计原则

(1)确保 SETH 水利枢纽工程施工进度和工程质量,砂石系统设计遵循加工工艺先进可靠、成品砂石质量符合规范要求,砂石生产能力满足工程需要的原则。

(2)在保证砂石生产质量和数量的前提下,选择砂石单价相对较低、总投资相对较少的设计方案。

(3)为提高砂石系统长期运行的可靠性,砂石系统加工关键设备采用技术领先、质量可靠、单机生产能力大、使用经验成熟的先进设备。

(4)充分利用地形地貌特点,使总体布置紧凑、合理,降低工程造价。

(三)系统总规模

1.整体能力

根据本标段施工进度安排,混凝土叠加浇筑高峰强度为 5.8 万 m³/月。考虑因客观原因造成工期滞后而抢工期,以及其他施工单位混凝土浇筑的需要,砂石系统规模设计按混凝土浇筑 6 万 m³/月考虑。

加工系统按两班工作制、每班 8 h、每月 25 d 计,则月工作时间为 400 h,1 m³ 混凝土用砂石骨料 2.25 t,砂石成品率统一按 75% 考虑,则小时生产强度为:

$$（60\ 000×2.25）÷（25×8×2×0.75）= 450（t/h）$$

考虑适当富余，系统生产能力按 500 t/h 设计。

2.各车间生产能力

1）粗碎

本标段外运开挖有用料经过粗碎车间颚式破碎机后，直接进筛分出 40~80 mm 的粗骨料，试验表明，岩石通过颚式破碎机后，粗骨料中针片状成品含量较少，粒径较为均匀，产量较大，能够满足施工需要。粗碎车间生产率按系统的总生产能力 500 t/h 设计。

2）中碎

中碎车间主要是生产 5~40 mm 的中石、小石，中碎成品料中各组种粒径料，可根据使用情况作为制砂原料，中碎车间的生产能力按中石、小石的需要量设计，并考虑后段制砂的需求。需要的中石、小石占总量的 45%，中碎车间生产率按 375 t/h 设计。

3）制砂

砂石骨料中砂的用量占 35%，制砂车间生产率按 175 t/h 小时考虑。常态砂和碾压砂要分别堆存，工艺满足同时或单独生产此两种砂，见表 2。

表 2   砂石骨料车间生产率表

车间	设计生产能力(t/h)	备注
粗碎车间	500	—
中碎车间	375	包括部分细骨料
制砂车间	175	—

三、流程设计

（一）总流程工艺方案

砂石骨料加工系统是大坝工程的一个附属项目，生产大坝和电站厂房混凝土骨料。为保证成品粗骨料的质量，控制针片状含量，采取多段破碎的工艺设计方案。粗碎为开路生产，依次为粗碎车间、第一筛分车间、中碎车间、第二筛分车间及制砂车间、第三筛分车间。制砂车间为闭路生产。

（二）工艺流程简述

根据工程所需骨料的要求，本砂石加工系统共由毛料处理（粗碎）、第一筛分、中碎、第二筛分、制砂、第三筛分等车间组成。具体流程如下：

（1）采石场开采的不大于 750 mm 的石料由自卸汽车运输至粗碎车间受料仓，受料仓中设有 I16 工字钢网格，并派专人维护，以避免堵料。

（2）石料经受料仓下方安装的 ZSW150×600 振动给料机均匀放料至 ASD4836 颚式破碎机进行粗碎，粗碎后的石料经 1# 胶带输送机送入半成品料堆，后经半成品料堆下方安装的 2 台 GZG125-150 振动给料机均匀放料至 2# 胶带输送机后送入 2YKRH2460 重型振动筛进行第一次筛分。2YKRH2460 重型振动筛上层安装 80 mm×80 mm 规格筛网，下层安装 40 mm×40 mm 规格筛网。筛分后，经振动筛前出料端的分料斗调节，选择适量的 40~80 mm 规格的石料经 19# 胶带输送机至成品料堆堆存；大于 80 mm 的石料和小于 40 mm 的石料及部分 40~80 mm 的石料经 3#胶带输送机至 GPY300S 单缸液压圆锥破碎机进行中碎。

(3)中碎后的物料经 4#胶带输送机送至 2 台并列的 3YKR2460 振动筛进行二次筛分。3YKR2460 振动筛上层安装 40 mm×40 mm 规格筛网,中层安装 20 mm×20 mm 规格筛网,下层安装 5 mm×5 mm 规格筛网,经筛分后的大于 40 mm(上层筛网上)的石料经 5#和 6#胶带输送机返回调节料仓,经调节料仓下的 1 台 GZG80-125 振动给料机均匀给料至 1 台 HPY300 多缸液压圆锥破碎机做再破碎,破碎后的物料也经 4#胶带输送机至 2 台并列的 3YKR2460 振动筛进行筛分;经该振动筛出料端的分料斗调节,选择适量的 20~40 mm 规格石料经 8#和 22#胶带输送机至成品料堆堆存,选择适量的 5~20 mm 规格石料经 9#和 21#胶带输送机至成品料堆堆存;小于 5 mm 的石料(下层筛网筛下)经 7#和 10#胶带输送机送至制砂料堆,经 8#、9#胶带输送机出料端的分料斗调节后,多余部分的 20~40、5~20 mm 的石料也经 10#胶带输送机送至制砂料堆。

(4)经制砂料堆下方安装的 2 台 GZG80-125 振动给料机均匀放料至 11#胶带输送机后送入 2 台并列的 PLS-1000Ⅱ立式冲击破碎机进行细碎制砂,细碎后的石料经 12#胶带输送机送至 2 台并列的 3YKR2475 振动筛进行 3 次筛分。

3YKR2475 振动筛上层安装 10 mm×10 mm 规格筛网、中层安装 5 mm×5 mm 规格筛网、下层安装 3 mm×3 mm 规格筛网。经筛分后的大于 5 mm(上、中层筛网上)和部分 3~5 mm 的石料(经分料斗调节)经 13#和 14#胶带输送机返回立式冲击破碎机做再破碎。另一部分 3~5 mm 的物料经 16#胶带输送机及其出料端的分料斗调节后分成两部分,一部分经 20#胶带输送机至碾压砂成品料堆堆存;另一部分经 18#和 19#胶带输送机至常态砂成品料堆堆存。

(三)工艺设计基本特点

(1)于粗碎车间后及制砂车间前均设置调节料堆,使粗碎、中碎和制砂成为相对独立的分单元,具有更好的适应性和调节性。

(2)中碎采用 GPY 单缸液压圆锥和 HPY 多缸液压圆锥配合生产,该两种圆锥均采用国际先进技术生产,采用层压破碎形式,不仅产量大,粒型也好,该种使用形式广泛用于水电工程项目骨料生产中。其选用的 HPY 多缸圆锥,负荷率低,具有更好的适应性和调节性。

(3)制砂设备选用 PLS 立式冲击破碎机,是水电工程中主流的制砂设备,具有成品率高、砂子粒型好、级配合理等优点。制砂设备数量选用 2 台,单机负荷率低,具有更好的适应性和调节性,可适应一定量的增容。

(4)第三筛分车间选用 2 台三层圆振筛,中下筛网选配分为 5 mm×5 mm 和 3 mm×3 mm 规格,通过选择部分 3~5 mm 石料返回制砂机做再破碎的方法来调整砂子级配,该方法简单、效果好,已广泛地用于水电行业制砂生产中。

四、设备选型

(一)粗碎设备

根据各车间生产能力,粗碎设备选定 1 台 ASD4836 颚式破碎机,最大进料粒度为 800 mm,当颚板开口为 150 mm 时,处理能力 440 t/h,即可满足工艺要求,最大排料粒度约为 250 mm,负荷率为 0.85。

给料口尺寸:宽 910 mm,长 1 220 mm;最大给料尺寸:770 mm;出料粒径:75~250 mm;主电动机功率:160 kW;生产率:280~620 t/h;质量:42 t。

(二)中碎设备

粗碎料进入中碎前需经过预筛分,选出合适比例的 40~80 mm 大石,即 500×15%＝75 t,进入中碎的石料量为 425 t。中碎设备初步选用 GPY300S-EC 单缸液压圆锥破碎机和 HPY300F 多缸圆锥破碎机配合使用。

其中 GPY300S-EC 单缸圆锥破碎机最大进料粒度为 320 mm,CSS 为 40 mm,处理能力为 490 t,负荷率为 0.87。依据其出料粒度曲线,小于 40 mm 石料占 70%,小于 20 mm 石料占 25%,小于 5 mm 石料占 5%。

经 GPY300S-EC 单缸圆锥破碎机破碎后的石料进行筛分后,大于 80 mm 的 127.5 t/h 的石料进入 HPY300F 多缸液压圆锥破碎机进行破碎。该机最大进料粒度为 108 mm,CSS 为 20 mm,处理能力为 210 t/h,负荷率为 0.61,最大出料粒度小于 40 mm。其出料粒度中,小于 20 mm 石料占 85%,小于 5 mm 石料占 25%。

GPY300S-EC 圆锥主要技术参数:

破碎锥大端直径:1 200 mm;进料口尺寸:380 mm;最大给料尺寸:320 mm;

排料口尺寸:35~45 mm;生产能力:350~520 t/h;电机功率：250 kW;质量:24 t。

HPY300F 圆锥主要技术参数:

破碎锥大端直径:1 100 mm;进料口尺寸:150 mm;最大给料尺寸:120 mm;

排料口尺寸:16~45 mm;生产能力:170~430 t/h;电机功率:220 kW;质量:26 t。

(三)制砂设备

依据工程需要量要求,制砂车间综合制砂能力应达到 175 t/h。依据中碎段的通过能力及出料级配,经中碎后会产生 0~5 mm 砂为 53 t/h,故制砂车间需增加 122 t/h 的制砂量。制砂车间制砂设备配备 PLS-1000Ⅱ立式冲击破碎机 2 台,中心叶轮单机通过能力为 280 t/h,其成砂率按 35% 计算,实际单机通过能力约为 200 t/h,负荷率约为 0.71。

依据生产工艺,在实际生产中,或调整部分 3~5 mm 石料回到制砂机做再破碎,已调整砂子细度模数,该选型的制砂机的通过能力具有充足的调整余量。

其主要技术参数:

叶轮转速:1 240~1 460 r/min;最大入料粒径:60 mm;出料粒径:5 mm(20%~60%);

处理能力:250~400 t/h;功率:2×200 kW;设备质量:17 t。

(四)第一筛分车间筛分设备

依据生产工艺,第一筛分车间处理量为 500 t/h,筛分设备选用 2YKRH2460 重型圆振动筛 1 台,其最大处理能力为 800 t/h。其上下层筛网规格为 80 mm 和 40 mm,其每层最大筛分通过能力为 460 t/h 和 315 t/h,实际需承担的筛分量为 162.5 t/h 和 62.5 t/h。

其主要技术参数:

筛面尺寸:2 400 mm×6 000 mm;筛网层数:2 层;筛孔尺寸:5~100 mm;筛面倾角:20°;

频率:800 r/min;最大入料粒度:300 mm;双振幅:6;处理能力:140~800 t/h;

电机:37 kW;理论质量:9.5 t。

(五)第二筛分车间筛分设备

依据生产工艺,第二筛分车间处理量为 552.5 t/h,筛分设备选用 3YKR2460 圆振动筛 2 台,其单机最大处理能力为 800 t/h。3YKR2460 圆振动筛上、中和下层筛网规格为 40、20、5 mm,其每层最大筛分通过能力为 315、209、73 t/h,每层筛网实际需承担的筛分量为 212、107.5、26.5 t/h。

其主要技术参数:

筛面尺寸:2 400×6 000 mm;筛网层数 3 层;筛孔尺寸:5~100 mm;筛面倾角:20°;

频率:800 r/min;最大入料粒度:200 mm;双振幅:6~8;处理能力:120~880 t/h;

电机:45 kW;理论质量:11.05 t。

(六)第三筛分车间筛分设备

依据生产工艺,第三筛分车间处理量为 405 t/h,筛分设备选用 3YKR2475 圆振动筛 2 台,其单机最大处理能力为 950 t/h。3YKR2475 圆振动筛上、中和下层筛网规格为 10、5、3 mm,其每层最大筛分通过能力为 197、103、58 t/h,每层筛网实际需承担的筛分通过量为 132、87.5、52.5 t/h。

其主要技术参数:

筛面尺寸:2 400×7 500 mm;筛网层数 3 层;筛孔尺寸:5~100 mm;筛面倾角:20°;

频率:810 r/min;最大入料粒度:200 mm;双振幅:6~9;处理能力:150~950 t/h;

电机:55 kW;理论质量:17.6 t。

(七)第三筛分车间选粉设备

依据生产工艺,第三筛分车间设计选粉机 1 台,主要控制常态砂中的细粉含量,设备选型 SXL-900,其处理量为 80~160 t/h,满足生产要求。

其主要技术参数:

主轴转速:810 r/min;主轴电机功率:37 kW;处理风量:107 500 m^3/h;风机功率:132 kW;

处理能力:80~160 t/h;理论质量:30 t。

五、结　　语

一个项目的骨料加工系统设计必须根据骨料需要量,详细计算生产能力,再根据生产能力确定设备,这样可以避免供料不足或者设备利用率不高的现象。

(作者单位:甘肃省水利水电工程局有限责任公司)

SETH水利枢纽工程围堰高压旋喷灌浆（高喷墙）施工工艺及质量控制

王　江　海

一、工程简介

SETH水利枢纽工程主要由拦河坝(碾压混凝土重力坝)、泄水建筑物(表孔和底孔坝段)、放水兼发电引水建筑物(放水兼发电引水坝段)、坝后式电站厂房和过鱼建筑物等组成。本工程施工导流采用河床分期导流、左右岸基坑全年施工的导流方式,一期围堰及二期上下游横向土石围堰均采用高喷防渗墙防渗结构。施工总工期受大坝及电站厂房控制;本标段2017年受围堰高喷灌浆成功与否影响的主要节点工期为:(1)2017年4月1日开始左岸坝基开挖;(2)2017年6月1日开始浇筑左岸1#~9#坝段及导流明渠混凝土;(3)2017年9月15日河床截流,导流底孔过水。

二、高喷墙设计指标及施工参数

(1)左岸一期基坑临河侧及其上、下游高喷墙轴线总长236.13 m,成墙总面积1 855 m²。墙顶为高喷平台,顶高程973.00 m,防渗墙平均墙高7.86 m,最大墙高10.06 m。右岸二期基坑上游围堰高喷墙轴线长112.63 m,成墙面积2 212 m²,防渗墙平均墙高17.52 m,最大墙高19.50 m;右岸二期基坑下游围堰高喷墙轴线长77.14 m,成墙面积567 m²,防渗墙平均墙高7.35 m,最大墙高8.1 m;高喷墙底入岩深度为0.50 m。

(2)灌浆孔孔距1.0 m,单排旋喷套接布孔,分两序施工。

(3)防渗墙厚80 cm,渗透系数$k \leqslant 10^{-5}$ cm/s。

(4)高压喷射注浆采用双管法:①高压浆液:压力30~43 MPa,流量70~80 L/min,密度大于1.65 g/cm³;②压缩空气压力0.6~1.0 MPa,排量2.0 m³/min;③旋转速度:6~8 r/min;④提升速度:6~10 cm/min。

具体参数应根据试验确定。在施工过程中,如果防渗墙体不能满足墙厚80 cm和渗透系数$k \leqslant 10^{-5}$ cm/s要求,应及时调整施工参数。

三、高喷墙施工工艺

(一)设计要求

为了满足高喷墙厚度80 cm要求,本工程采用旋喷套接(如图1所示)的结构形式,喷射半径控制在不小于0.64 m,先进行Ⅰ序孔施工,后进行Ⅱ序孔施工(如图2所示)。

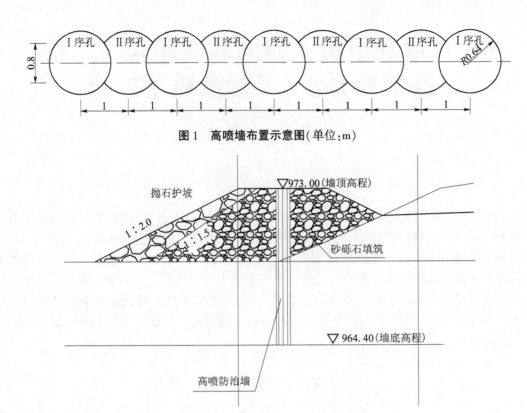

图 1　高喷墙布置示意图（单位：m）

图 2　一期围堰高喷墙典型剖面图（高程单位：m）

（二）施工布置

根据施工现场的实际情况，在不妨碍其他施工工序和部位施工的情况下，遵循因地制宜的原则进行施工场地布置。本文主要介绍一期围堰的施工布置。

1.施工场地布置

施工场地布置应进行全面规划，开挖排浆沟和集浆池，作好冒浆排放措施、文明施工措施和环境保护措施。高喷平台应平整、稳固，应采用回填、压实、加固和边坡保护等措施，本工程采用回填砂砾料压实并于迎水面做抛石护坡的保护措施。在喷射灌浆前，应按施工图规定的喷射灌浆方法进行施工机械设备调试运行。

2.高喷灌浆制浆系统布置

根据施工部位范围及施工道路，本着方便的原则，布置 1 个高喷灌浆泵房，在一期围堰下游侧导流明渠处布置机房，用于安装空压机、高压泵及材料堆放，将高速搅拌机制出的浆液利用高压泵送至高喷台车。根据施工部位要求，采用袋装水泥，在灌浆泵房布置 1 个水泥平台，利用高速搅拌机制浆，保证浆液的供应。

3.施工供水系统布置

根据施工现场泵房位置，本工程直接引用河水作为施工用水，配备 4 台 7.5 kW 抽水泵配合灌浆泵房用水。灌浆用水应符合《混凝土用水标准》(JGJ 63—2006)要求，拌浆水温度不得高于 40 ℃。

4.施工供电系统布置

根据施工现场现有的电源，本着施工方便的原则，就近协调电源，施工电源接至施工现场。施工主电源为 240 mm² 铝芯电缆线，电缆线长度根据现场接线距离而定。施工段配置配电箱。

5.施工道路布置

根据施工要求,施工道路修筑到高喷灌浆制浆系统部位,满足施工设备进场及施工材料在雨季的运输要求。

(三)主要施工设备配备

主要施工设备配备见表1。

表1 高压旋喷灌浆主要施工机械设备配备表

序号	设备名称	型号	功率(kW)	数量	备 注
1	钻机	YZJ-100	37	2	钻孔深 5~40 m
2	离心泵	3PN	22	2	流量 108 m³/h
3	轴流泵	NL76-9	3	4	流量 55~95 m³/h
4	泥浆泵	S-2DN6/3	11	2	流量 6 m³/h,压力 3 MPa
5	灰浆拌合桶	130 型	10	2	拌合容量 130 L
6	高速搅拌机	NJ-600	37	2	拌合容量 600 L
7	高压水泵	3XZ	75	2	流量 75 L/min,输出压力 49.1 MPa
8	空压机	LY-13/12	110	2	额定压力 8 kg/m²,排气量 6 m³/min
9	电焊机		15	2	
10	高喷台车	GP1800-2	7.5	2	
11	高压泵	GPB-90WD	90	2	
12	潜水泵		2.2~5	4	
13	电动调速卷扬机	300 型	11	1	
14	材料运输车	长城皮卡		1	

(四)施工工艺

1.施工准备

主要包括施工用原材料的准备,用水供电系统的架设,设备的安装与调试。

2.施工顺序

高压旋喷灌浆孔距为 1 m,喷射作业分两序施工,首先喷射Ⅰ序孔,然后喷射Ⅱ序孔。相邻孔的作业间隔不小于 24 h。

3.施工工艺

1)钻孔

(1)采用跟管钻机进行钻孔,孔径为 127 mm,其中心允许误差不得大于 5 cm,成孔偏斜率应不大于1%。

(2)为防止钻进中钻孔塌陷,采用直径 100 mm 和直径 90 mm 的 PVC 管护孔。

(3)钻进暂停或终孔待喷时,孔口加盖保护,并采取措施防止坍孔。

(4)钻孔深度以入岩 1 m 为基准终孔。

2)制浆

(1)制浆材料采用袋装水泥,水泥用量按照袋装规格而定。

(2)水泥浆液的搅拌时间,使用普通搅拌机时不小于 90 s,使用高速搅拌机时不少于 30 s。

从开始制备至用完的时间小于 4 h。

(3)浆液在使用前过筛,并定时检测其密度。

(4)浆液温度保持在 5~40 ℃之间,低于或超过此标准的视为废浆。

3)浆材

采用普通硅酸盐 P.O 42.5 水泥浆,水灰比(质量比)为 1:1。

4)高喷灌浆

(1)施工顺序:单排高喷按孔位顺序施工。

(2)施工参数:本工程采用双管法高压旋喷法进行施工:高压浆液:压力 30~43 MPa,70~80 L/min,水灰比 1:1,浆液比重为 1.65 g/cm³,允许有 0.05 的波动;风压:压力 0.6~0.8 MPa,排量 2 m³/min;旋转速度:高压喷杆的旋转速度为 6~8 r/min;提升速度:高压喷杆的提升速度为6~10 cm/min。

5)高压旋喷施工

(1)将高压旋喷台车移至孔位,把喷杆下至孔底,带风下入,以免堵塞喷眼。

(2)当喷杆缓缓下入孔底后,开始静喷 1~2 min,待孔口翻浆后提升,提升速度为6 cm/min,喷杆转动速度为 6 r/min。

(3)当喷杆提至预定标高时可结束该孔的喷射工作。

6)特殊地层处理方法

特殊地层两排高喷按先背水侧再迎水侧孔位顺序加密的施工方法。

7)冬季施工处理方法

(1)做好防雪、保温相应措施。

(2)机电及配电设施随时按有关规定进行绝缘检查。

(3)温度达到 0 ℃以下时应在施工场地搭设临时简易帐篷,施工机械搭设暖棚,施工人员应当采取相应的保温抗寒措施,人员宿舍应当架设暖器供暖。

(4)施工用水应进行加温处理,确保施工用水保持在 5~40 ℃之间。

四、高喷墙施工质量控制

(1)高喷灌浆用水泥必须符合要求,强度在 P.O 42.5 级及以上,水泥浆液搅拌时间,使用高速搅拌机时应不小于 30 s,使用普通搅拌机时应不小于 90 s,水泥浆自制备至用完的时间应不超过 4 h。

(2)钻孔孔位与设计孔位偏差不得大于 50 mm,钻孔孔深应深入基岩 1 m 以上,钻孔终孔后待喷时孔口应加以保护。

(3)高喷灌浆宜全孔自下而上连续作业,中途有暂停时搭接段应进行复喷,复喷长度不得大于 0.50 m。

(4)高喷灌浆过程中应采取必要措施保证孔内浆液上返畅通,避免造成地层劈裂或地面抬动。

(5)特殊情况处理,如孔内严重漏浆,采取以下措施进行处理:①降低喷射管提升速度或停止提升;②降低喷浆压力、流量,进行原地灌浆;③喷射浆液中掺加速凝剂;④加大浆液浓度或灌注水泥砂浆、水泥黏土浆;⑤向孔内冲填砂、土等堵漏材料。

(6)遇上孔内漏浆严重,采取以上特殊措施后孔口仍不能翻浆时,对这些施工孔或者施工段就必须采取升浆混凝土结合静压注浆的施工措施来处理,直到这些孔或施工段不漏水为止。

五、高喷墙施工质量保证措施

(1)旋喷管进入预定深度后,先进行试喷,待达到预定压力、流量后,再提升旋喷,若中途发生故障,立即停止提升和旋喷,以防桩体中断。同时进行检查,解除故障,开喷后将喷头下至停喷点以下 30 cm,重新提升、喷射。

(2)水泥浆液必须严格过滤,防止结块水泥及杂物堵塞管路及喷嘴。

(3)每次旋喷完毕,立即用清水冲洗旋喷机具和管路,检查磨损情况,如有损坏及时更换。

(4)施工过程中做好记录。

(5)施工中严格按照规程规范施工,做到自检、自查、自纠,确保施工质量。

(6)制定严密的规章制度,各项工序技术员严把验收关,钻孔终孔必须经技术员检查,必须经质检人员验收合格后,才能开始喷浆。

(7)开喷前对施工人员做好技术交底,保证技术措施在施工中落实。

(8)做好对施工机械的保养,确保在施工期间设备正常工作。

六、高喷墙施工质量检查

高喷墙质量检查主要分为施工过程中检查与施工后检查。

(1)施工过程检查主要为压力、流量、旋转速度、提升速度以及浆液密度的检查。

(2)施工后质量检查:①高喷防渗墙墙体的防渗性能和抗压强度检验采用围井法,围井法检验应在围井高喷灌浆结束后 7 d 进行,如需开挖或取样,宜在 14 d 后进行;②防渗面积每 3 000 m² 设 1 个围井,本工程共设 3 个围井,一期基坑内部及二期基坑上、下游围堰处各设 1 个围井;③围井各边应和被检验墙体的施工参数及墙体结构一致;④围井板墙轴线内平面面积不小于 4.5 m²;⑤围井的深度应与被检验墙体深度一致,注水水头高于围井顶部时,围井顶部应予封闭。

七、结　　语

由于高喷灌浆喷射流的压力很大,当它连续和集中地作用在土体上时,压应力和冲蚀等多种因素在很小的区域内产生效应,对从粒径很小的细粒土到颗粒直径较大的卵石、碎石土,均有巨大的冲击和搅动作用,使注入的浆液和土搅混拌合凝固成新的凝结体。实践表明,高喷灌浆对各类土都有良好的处理效果。但对于含有较多漂石、块石的地层以及坚硬密实的其他土层,因高压喷射流可能受到阻挡或削弱,冲击破碎力和影响范围急剧下降,处理效果可能达不到设计要求,因此应当预先进行现场试验。

本工程高喷灌浆作业完成后,对高喷墙进行了钻孔压水检测,并通过了工程参建各方的验收,高喷防渗墙满足设计防渗要求,在左岸基坑开挖过程中,减少了基坑抽排水投入、加快了基坑开挖进度,实现了本工程 2017 年度的节点目标,于 2017 年 10 月 20 日成功截流。

(作者单位:甘肃省水利水电工程局有限责任公司)

SETH 水利枢纽砂石系统生产能力和除尘设备升级改良

王长江　宁　钟　吴亚兵

一、项目介绍

(一)项目概况

SETH 水利枢纽工程主要由拦河坝、泄水建筑物、放水兼发电引水建筑物、坝后式电站厂房和过鱼建筑物等组成。工程等别为Ⅱ等,工程规模为大(2)型,碾压混凝土重力坝最大坝高 75.5 m,水库总库容 2.94 亿 m³,设计水平年改善灌溉面积 27.61 万亩,电站装机 27.6 MW。

(二)系统布置、系统组成

砂石骨料加工系统设置在大坝上游约 1 km 处,石料开采区在 C6 料场西北方向,紧邻 C6 石料场,开采面积约 9.00 万 m²。

SETH 砂石骨料加工系统工程由粗碎车间、半成品料堆、第一筛分车间、中碎车间、第二筛分车间、制砂料堆、制砂车间、第三筛分车间、成品料仓、供配电系统、除尘系统及相应的临时设施等组成,各车间之间用胶带机连接。粗碎为开路生产,依次为粗碎车间、第一筛分车间、中碎车间、第二筛分车间及制砂车间、第三筛分车间。

(三)枢纽工程骨料需求

SETH 水利枢纽混凝土总量约 86.7 万 m³,其中大坝工程混凝土浇筑约为 76.57 万 m³,临建工程混凝土浇筑约为 0.5 万 m³,厂房混凝土约 3 万 m³。三级配混凝土浇筑约 62.5 万 m³,二级配混凝土浇筑约 24.2 万 m³。混凝土浇筑高峰强度为 5.8 万 m³/月,砂石系统生产 6 万 m³/月,加工系统成品料生产能力约为 250 m³/h。见表 1。

表 1　　　　　　　　大坝及电站各标砂石骨料总需要量　　　　　　　单位:万 m³

标段	0.16~5 mm	5~20 mm	20~40 mm	40~80 mm	合计
大坝标(土建Ⅰ标)	63.76	43.13	48.74	28.05	183.68
电站标(土建Ⅱ标)	2.31	1.56	1.77	1.02	6.66
合计	66.07	44.69	50.51	29.07	190.34

需求比例:大石:中石:小石:砂子 = 1:1.73:1.53:2.27。

二、系统生产能力、产量级配升级改良

(一)背景介绍

骨料加工生产系统于 2017 年 6 月 15 日开始单机调试,2017 年 7 月 10 日联机试生产,试运行到 8 月底,联机试生产完成。

工程所在地处于新疆北部,冬季气温过低,温度太低不适合混凝土浇筑,2017 年 11 月中旬

至2018年3月中旬进入了冬休期,冬休期间也暂停了骨料的生产。因此,2017年系统生产期为8月底至11月底,统计共生产大石(40~80 mm)31 215 m³、中石(20~40 mm)68 202 m³、小石(5~20 mm)32 524 m³、砂子40 017 m³;其中9月份共生产大石(40~80 mm)17 421 m³、中石(20~40 mm)38 170 m³、小石(5~20 mm)18 309 m³、砂子22 451 m³。

原有主要破碎、制砂设备见表2

表2 原有主要破碎、制砂设备统计表

编号	设备名称	规格型号	数量(台)
1	颚式破碎机	ASD6048	1
2	圆锥破碎机	GPY300S	1
3	圆锥破碎机	HPY300	1
4	立式冲击破碎机	PLS-1000Ⅱ	2

(二)2017年9月产能分析

9月份生产状况统计见表3。

表3 9月份生产状况统计表(工作356 h)

项目	原料(小于80 mm)	大石(40~80 mm)	中石(20~40 mm)	小石(5~20 mm)	砂子
实际生产量(t)	96 300 t	17 421	38 170	18 309	22 451
实际比例	1	2.19	1.05	1.29
需求比例	1	1.73	1.53	2.27
生产设备	颚破	多缸和单缸			制砂机
设计生产能力(t/h)	280~620	200~430	355~435		200~285
实际生产能力(t/h)	270.5	158.65			112.255

注:因2017年9月份大坝浇筑使用骨料高峰期,系统生产时间连续、稳定。

生产比例:大石:中石:小石:砂子 = 1:2.19:1.05:1.29。

需求比例:大石:中石:小石:砂子 = 1:1.73:1.53:2.27。

结论:破碎机生产能力达不到设计要求,中石产量偏多,小石、砂子比例偏小,满足不了不同粒径的混凝土级配需求。

(三)2017年全年产能分析

2017年全年共生产大石(40~80 mm)31 215 m³,中石(20~40 mm)68 202 m³,小石(5~20 mm)32 524 m³,砂子40 017 m³。

2017年全年生产比例:大石:中石:小石:砂子 = 1:2.18:1.04:1.28。

2017年9月份生产比例:大石:中石:小石:砂子 = 1:2.19:1.05:1.29。

骨料需求比例:大石:中石:小石:砂子 = 1:1.73:1.53:2.27。

结论:中石产量偏多,小石、砂子比例偏小,满足不了不同粒径的混凝土级配需求。

(四)综合分析、确定改良方案

由机械设备送入受料仓料斗的混合料,含带部分泥土占用了给料机料斗容量,降低了颚破机破碎合格骨料出产量,从而导致颚破生产能力不足;颚破出料粒径过大(粒径在200 mm左右),大粒径骨料进入单缸圆锥破碎机和多缸圆锥破碎机设备负担加大,与设备的原设计产能相比降低,中石、小石及砂子产量总体降低,最终达不到设计生产能力。另外,中石产量过剩,满足不了骨料粒径级配的混凝土需求比例要求,需要将过剩的中石进行破碎制成砂子。

综上所述,砂石骨料生产能力和骨料级配的产量制约大坝浇筑进度和质量,为提高生产能力,保持产能稳定性,改善生产骨料级配比例,参建方相关人员走访、咨询相关砂厂和联系多方系统生产厂家,最终研究得出改良方案。

(1)加强料场开采管理力度,严格按照爆破设计参数开挖爆破,控制骨料粒径,进入系统受料仓前,筛选粒径过大的骨料,降低颚破机破碎负担。

(2)给料机下方安装篦条筛,筛去不合格的泥土,增加给料机和颚破机容量使用容积率,减少后续转料作业的扬尘,减少对空气环境污染。

(3)颚式破碎机(Ⅰ破)初破后,将初破(Ⅰ破)的骨料(粒径在200 mm)传输进入2台69式破碎机(Ⅱ破)进行二次破碎(粒径在100 mm),二次破碎骨料,进入单缸圆锥破碎机和多缸圆锥破碎机后,提高整体破碎效率,提高产量。

(4)在中石(20~40 mm)料斗处切割分路,分路下方增加皮带机,将分出的骨料送至1台小型圆锥破碎机,经小型圆锥破出来的破碎骨料直接送至制砂机,减少中石产量,提高砂子产量。

(五)升级改良后生产线工艺描述

待加工物料由装载机运送到待加工料受料平台,经篦条筛筛去小块石头和泥土后进颚式破碎机(Ⅰ破)进行初步破碎,小块石头和泥土由皮带机送到泥土、杂物料堆,小块石头和颚破下料一起进69式破碎机(Ⅱ破)进行二次破碎;二次破碎后的砂石混料由皮带机经缓冲料堆进第一筛分车间(Ⅰ筛),中间层石料作为成品(40~80 mm)直接送往料堆,筛上大料和筛下细料由皮带机送到单缸圆锥破碎机(Ⅲ破)进行破碎;单缸破碎机破碎的石料由皮带机输送至第二筛分车间(Ⅱ筛),筛上大料往回输送到多缸圆锥破碎机(Ⅲ破)继续破碎,中间层两种石料(20~40 mm和5~20 mm)作为成品送到料堆,部分中石经小圆锥破碎机破碎后进入制砂机,最下层砂石混料进制砂机制砂,多缸圆锥破碎机破碎的物料与单缸圆锥破碎机破碎后的物料一起进振动筛(Ⅱ筛);制砂机下料由皮带机输送到第三筛分车间(Ⅲ筛),(Ⅲ筛)筛上料回制砂机,中间层石料少部分经回路皮带重新进入制砂机,大部分和最下层粉砂混料一起作为成品,由皮带机分别送到碾压砂和常态砂储料仓库。升级改良工艺流程如图1所示。

(六)升级改良后产能分析及结论

SETH水利枢纽工程于2018年6月初复工,砂石系统的升级改良工作在复工后启动安装,并于7月底完成安装,进入调试阶段,调试阶段设备运行正常,处于试生产阶段。见表4。

2018年7月底改良后至8月初调试阶段期间,共生产骨料统计:大石(40~80 mm)4 614 m³,中石(20~40 mm)7 803 m³,小石(5~20 mm)6 973 m³,砂子9 423 m³。

产能分析:

改良后生产比例:大石:中石:小石:砂子 = 1:1.69:1.51:2.04。

骨料需求比例:大石:中石:小石:砂子 = 1:1.73:1.53:2.27。

目前,系统处于试运行期,系统生产能力和级配产量,基本满足现阶段混凝土供应需要,级配不均匀、粒径过剩现象逐渐消除;生产系统仍处于调试运行阶段,承包人及参建相关各方持续关注系统的各项运行指标,密切跟踪检查、分析系统进入正常运行状态后,生产能力及级配要求是否满足骨料的供需,并及时进行系统设备、运行动态微调。

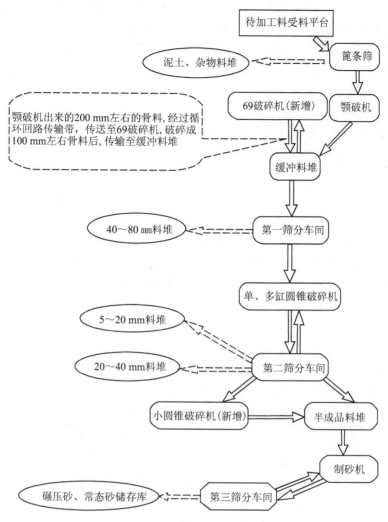

图1　升级改良工艺流程图

表4　　　　　　　　　　　改良后现有破碎、制砂设备统计表

编号	设备名称	规格型号	数量(台)	说明
1	颚式破碎机	ASD6048	1	
2	69式破碎机	60-90	2	新增
3	圆锥破碎机	GPY300S	1	
4	圆锥破碎机	HPY300	1	
5	圆锥破碎机	美卓 GP100	1	新增
6	立式冲击破碎机	PLS-1000Ⅱ	2	

三、砂石加工系统除尘升级改良

(一)除尘升级改良背景

SETH 水利枢纽工程所处地域环境,常年刮风,系统生产过程中产生大量的粉尘,对环境污

染和人员健康带来巨大的威胁;另外,人员驻地营地规划与系统距离较近,粉尘飞扬影响正常的办公、生活及健康,砂石系统规划位置距离唯一进场道路很近,扬尘飘散也影响正常交通通行,系统的降尘工作至关重要。系统建设期在粗骨料进料、下料点安装除尘喷雾化水的装置,起到一定的降尘效果。但因该地区干旱缺水,降雨量稀少,稀少的水分也会被风带走,因此,喷雾降尘效果甚微,给枢纽工程开展正常的工作、生活及交通带来严重的影响。

为保护自然环境和生产环境,保障生产工人的身体健康,同时,回收砂石生产过程中产生的有经济价值的扬尘微细粉,枢纽工程各参建方要求对系统除尘改良。

(二)扬尘点存在部位分析

目前生产线固定扬尘点粉尘,主要来源于:

(1)箅条筛出料口、土筛回料落料口、颚破(Ⅰ破)出料口,69破(Ⅱ破)进料口、出料口,共5个扬尘点。

(2)动筛(Ⅰ筛)进料口、筛床、筛下落料点、中转料地坑下料口,共6个扬尘点。

(3)圆锥破(Ⅱ破)进料口、下料落料点,共4个扬尘点。

(4)振动筛(Ⅱ筛)进料口、筛床、筛下落料点、返料转运点、成品分料转运点、往制砂机输送转运点,共18个扬尘点。

(5)制砂机进料口、出料口,共4个扬尘点。

(6)振动筛(Ⅲ筛)进料口、筛床、筛下、返料转运点、成品骨料中转点、分配点、粉料中转点、分配点、一种成品中转点,共19个扬尘点。

除尘升级改良前已安装的喷雾化水位置见表5。

表5　　　　　　　　　除尘升级改良前已经安装的喷雾化水位置

序号	扬尘点位置	除尘方式	数量(个)	备注
1	箅条筛出料口、土筛回料落料口	喷雾降尘	2	喷雾化水降尘的使用,已经考虑风力、粉尘发生特点和对下道生产工序的影响,以及水压、水流流量的控制
	颚破(Ⅰ破)下料口		1	
	69破(Ⅱ破)进料口		2	
2	振动筛(Ⅰ筛)进料口、筛床	喷雾降尘	2	
	振动筛(Ⅰ筛)落料点		3	
	中转料地坑下料口		1	
3	2台圆锥破碎机进料口、出料口	喷雾降尘	4	
4	成品砂储存地点	钢结构封闭骨料储存库	1	成品砂储存库区已经修建封闭储存库

(三)除尘升级改良方案确定

根据现场生产线和生产设备布置特点,咨询环保设备厂家,结合粗碎车间、第一筛分车间、第二筛分车间及中碎车间已经安装了4处15个扬尘较小的扬尘点喷雾降尘设施,最终确定:

(1)给料机下方安装箅条筛,筛去不合格的泥土,将筛去的泥土运到指定渣场,从粉尘源头采取主动控制手段,减少泥土进入系统以后带来的扬尘、粉粒。

(2)对第二筛分车间和第三筛分车间2处共37个扬尘点新加装除尘器进行粉尘回收处理,对粉料含量高的扬尘点加大力度处理,除尘设备采取靠近产生扬尘点布置的方式。

参建各方共同研究确定了设备安装的升级改良方案,于7月底完成设备的布置安装,现在除尘设备处于试运行阶段见表6。

表6　　　　　　　　　　主要处理扬尘点分布和新增除尘器布置表

序号	扬尘点位置	除尘设施	数量(个)
1	2台振动筛(Ⅱ筛)进料口、筛床、筛下落料点	4#布袋除尘器 SLQM96-8	12
	返料转运点		1
	成品分料转运点		4
	往制砂机输送转运点		1
2	2台振动筛(Ⅲ筛)进料口、筛床、筛下	5#布袋除尘器 SLQM96-8	11
	返料中转点		1
	成品骨料中转点、分配点		3
	粉料中转点、分配点		3
	一种成品中转点		1

除尘设备布置流程如图2所示。

图2　除尘器设备布置流程图

(四)除尘改良粉尘生产情况

(1)安装在第二、第三筛分车间的除尘设备,收集了原飘散在空气中的扬尘、粉尘。从统计数据分析,骨料生产总量 28 813 m³,粉尘收集量约 180 m³,收集量占骨料总体生产量的 0.5% ~ 0.7%,将飘散的粉尘集中的收集、储存,实现了"飘散"走的价值再利用。

(2)筛分车间产生扬尘飘散点的密封情况越全面,扬尘收集量与除尘效果越理想,创造的经济价值及环境保护效果就越明显。因此,系统后期调试、运行过程中扬尘点密封须密切关注,实现除尘设备最优性能。

(五)除尘升级改良效果

(1)设备安装完成,虽处于试运行阶段,但在原有喷雾基础上,经过技术措施主动降低扬尘,有效控制了粉尘飘散对大气的污染,砂石系统粉尘飞扬大幅减少,工作、生活环境得到改良。

(2)布置靠近皮带机位置的除尘器,回收的粉尘直接送到皮带机运走。布置在生产设备旁边合适位置的除尘器,收集的粉尘就地堆放集中中转进库,粉尘再利用带来经济价值。

四、结　　语

砂石加工系统的升级改良后,虽处于试运行阶段,但通过运行阶段生产能力、骨料级配的产量、除尘效果相关数据分析,和升级改良前比较有很大的提升;为了系统各项技术指标达到要求和满足混凝土浇筑的骨料需求量,符合环境保护要求,还需对系统的运行密切关注、分析,确保枢纽工程顺利进行。

(作者单位:二滩国际工程咨询有限责任公司)

浅谈 SETH 水利枢纽工程混凝土拌合站建设

张 延 荣

一、工程简介

SETH 水利枢纽工程主要由拦河坝(碾压混凝土重力坝)、泄水建筑物、放水兼发电引水建筑物、坝后式电站厂房和过鱼建筑物等组成。根据工程施工图纸计算,建成本工程需要常态及碾压混凝土共计 70 万 m^3,为满足混凝土浇筑施工需要,选择在右岸坝下布置 1 座混凝土生产系统,承担混凝土生产任务,满足混凝土浇筑最大仓面的浇筑要求。

二、拌合站基础施工计算

SETH 水利枢纽工程拌合站采用 HZS270-1Q4500 型微机控制混凝土拌合站,设计理论产量 240 m^3/h,每台拌合机设置容量为 400 t 的 2 个水泥罐,2 个粉煤灰罐,4 个贮存罐沿拌合机成扇形布置。

(一)基础计算基本参数

每个水泥罐自重 15 t,装满水泥重 415 t,合计 415 t;水泥罐直径 5.5 m,高 17 m。水泥罐基础采用独立 C30 钢筋混凝土基础,基础尺寸为 6.5 m×6.5 m×5 m,基础采用 φ14@ 200 mm×200 mm 上下两层钢筋网片,架立筋采用 φ18@ 450 mm×450 mm 钢筋双排双向布置,基础预埋地脚钢板与水泥罐支腿满焊。贮存罐支腿与事先预埋在混凝土基础中的 0.8 m×0.8 m×0.08 m 的钢板进行焊接,焊缝厚度不小于 15 mm。每块钢板后设 8 根直径为 25 mm 的锚固钢筋,锚固长度为 150 cm。施工前先对地基进行处理,处理后现场检测,测得地基承载力超过 350 kPa。

(二)水泥罐基础计算书

1.计算基本参数

水泥罐自重 15 t,装满水泥共重 415 t。水泥罐总高 22 m,罐高 17 m,柱高 5 m。

2.地基承载力计算

混凝土基础面积:$S = 42.25$ m^2;混凝土体积:$V = 42.25×5 = 211.25$(m^3);基础混凝土自重:$G_d = 211.25×2\ 500×9.8 = 5\ 175.63$(kN);装满水泥的水泥罐自重:$G_{sz} = 415×9.8 = 4\ 067$(kN);总自重为:$G_z = 5\ 175.63+4\ 067 = 9\ 242.63$(kN);基底承载力:$P = G_z/S = 9\ 242.63/42.25 = 218.76$(kPa);基底经处理后检测的承载力不小于 350 kPa;水泥罐基础满足地基承载力要求。

3.抗倾覆计算

风荷载强度计算:根据全国风压表,青河县最大风荷载取值为 0.55 kPa。风力计算:平均作用高度为:$H = 17/2+5 = 13.5$(m);单根水泥罐的风力大小为 $F = A×W = 40.84$ kN;1 个水泥罐的叠加倾覆力矩 $M_1 = F×H = 551.31$ kN·m。

抗倾覆计算以空罐计算,水泥罐自重 15 t,力矩为基础宽度的 6.5 m,则基础与水泥罐总重产生的稳定力矩为 $G_w = (G_d + G_s)/2 × L = 2\ 159.82$(kN·m);$M_1 < G_w$,则抗倾覆合格。

三、拌合站生产能力计算

SETH 水利枢纽工程合同工期为 2017 年 4 月至 2020 年 9 月,总工期 32 个月,混凝土高峰月浇筑强度约为 5 万 m³,根据施工进度计划安排及施工组织安排,混凝土浇筑仓号划分最大 5 个坝段为一个浇筑仓号,最大仓面为 10# ~ 14# 坝段 970.00 m 高程,坝体底宽 55.4 m,坝段长度 88 m,最大仓面面积为:88×55.4 = 4 875.2(m²),发生在 2018 年 6 月。混凝土浇筑采用平层通仓法施工,铺料层厚 30 cm,实验室测得碾压混凝土初凝时间为 8 ~ 10 h,为了保证混凝土施工质量,覆盖时间按 8 h 覆盖一层计算,计算得混凝土拌合能力最小应该需要 182.82 m³/h。

混凝土的产量计算公式为:

$$P = K_1 \cdot 360 V/(t_1 + t_2 + t_3 + t_4)$$

式中 V——搅拌机出料容量,m³;

   t_1——进料时间,s;

   t_2——搅拌时间,s;

   t_3——出料时间,s;

   t_4——必要的技术间歇时间,s;

   K_1——时间利用系数,0.9;

计算得出本工程拌合系统的施工生产率为 0.9×3 600×4.5/(15+15+90+5) = 116.64(m³/h),2 台拌合机施工生产率共计 233.28 m³/h,能够满足最大仓面设计铺筑强度要求。

四、拌合站设备配置及方案

(一)搅拌楼设备规格

混凝土搅拌楼为 2HZS270-1Q4500L 型混凝土拌合站,生产常态混凝土时,实际生产能力不小于 400 m³/h。

生产碾压及预冷混凝土时,每盘混凝土从配料到成品混凝土放料结束的总时间为 135 s,实际生产能力不小于 240 m³/h。

(二)拌合站整体结构布局

该拌合站为二阶式布置的混凝土拌合站,主要由主站、混凝土出料斗、搅拌主机、卸料装置、预加料斗、粉料称量装置、除尘装置、水外加剂配料装置、控制室、气路控制系统、水管路系统、外加剂管路系统、粉料输料装置、螺旋给料装置、上料胶带输送机、水平胶带输送机、骨料配料装置、骨料仓、冷风机平台及骨料风冷装置、仓顶可逆胶带机、料场及骨料输送装置、电气控制系统等部分组成。

主站柱距 5.2 m×6.6 m(单站),自上而下分别为:进料层结构、配料层(内置粉料配料装置、除尘装置、水外加剂配料装置、预加料斗、上料胶带输送机驱动端等)、上排架、搅拌层(内置双卧轴强制式搅拌机)、出料层(出料斗所在层)、立柱等。主站外围采用双面彩色保温夹芯板,既起到隔音保温又起到装饰效果。

8 个 400 t 粉料仓位于主站两侧,散装水泥罐及粉煤灰罐各 4 个,水泥的储存量可以满足高峰期 3 d 的需用量。

拌合站后台设置 2 个钢结构风冷骨料仓,每个骨料仓分为 4 个单格,单格容积为 200 m³,每格骨料仓横截面尺寸为 5 m×5 m,骨料仓直段高度为 8 m,分别储存 40 ~ 80 mm 石子、20 ~

40 mm石子,5~20 mm石子及碾压砂。

风冷骨料仓与拌合站配料层之间采用1 200 mm皮带运输机上料,皮带角度为14°,周边全封闭保温廊道,从空气冷却器引出一道加装开关的支管接入骨料输送廊道,廊道内通冷风,并在廊道进出口添加风帘,防止骨料输送过程中温度升高。

风冷骨料仓右侧50 m位置设置骨料堆料仓,堆料仓长34 m,宽20 m,堆料高度10 m,各骨料堆料仓之间采用16 mm厚及32号工字钢组合的钢板墙隔断,顶部采用钢骨架彩钢棚全封闭,堆料仓骨料由堆料场2套地磅给料机及上料胶带机送入骨料仓。详见表1。

表1 拌合站设备配置表

序号	名称及型号	单位	数量
1	2HZS270-1Q4500L型微机控制混凝土拌合站主站	台	1
2	φ402 mm螺旋输送机	条	6
3	φ325 mm螺旋输送机	条	2
4	400 t水泥罐	套	8
5	200 m³骨料仓	套	8
6	160 t地磅	台	1

五、拌合站环境保护、水土保持措施

施工过程中环境保护和水土保持是国家环境保护事业的重要组成部分,在项目施工中必须严格执行《中华人民共和国环境保护法》及《中华人民共和国水土保持法》。为全面落实国家环保、水保主管部门的法律、法规及规定,贯彻公司"预防为主,防止结合,治管并重,讲求实效"的环保管理方针和"谁污染谁治理"的原则,特制定以下措施及制度:

(1)环保、水保范围包括:混凝土生产和运输道路的扬尘处理、设备清洗的油污水排放处理、生活垃圾处理、砂石料仓及储存场及其邻近受影响的范围。

(2)施工过程中易产生扬尘的施工部位,如砂石料的供给、场内运输道路等,应采取相应的洒水降尘措施。

(3)散料或粉状料(如水泥等)堆放和运输应加盖篷布或采取封闭措施,避免扬尘及抛洒。

(4)固体废物的处理:生产和生活垃圾应分类统一收集,集中处理,运至环保部门指定的垃圾场。

(5)对设备所配置的吸尘设施定期进行检查,确保其性能良好,工作正常。

(6)生产废水全部经过沉淀池处理后,用作道路洒水降尘。

(7)拌合站区域环境保护负责人要加强环境保护的管理及检查力度,使环境影响因素消灭在萌芽状态。

六、结　语

选用1座2HZS270-1Q4500L型混凝土搅拌站,生产常态混凝土时,实际生产能力为单站不小于400 m³/h,生产碾压及预冷混凝土时,实际生产能力为单站不小于240 m³/h,能够满足SETH水利枢纽工程项目混凝土月浇筑强度要求。

(作者单位:甘肃省水利水电工程局有限责任公司)

混凝土人工骨料加工系统中常见问题的处理方法
——SETH 水利枢纽工程混凝土骨料加工系统设计

一、工程概况

SETH 水利枢纽碾压混凝土重力坝混凝土浇筑主体工程总量约 83.16 万 m³,其中大坝工程混凝土浇筑约为 76.57 万 m³。临建工程混凝土浇筑约为 0.5 万 m³;厂房混凝土约 3 万 m³。因此,SETH 水利枢纽混凝土总量约 86.7 万 m³,其中三级配混凝土浇筑约 62.5 万 m³,二级配混凝土浇筑约 24.2 万 m³,见表 1。

表 1　　　　　　　　　　大坝及电站各标砂石骨料需要量　　　　　　　　单位:万 m³

标段	0.16~5 mm	5~20 mm	20~40 mm	40~80 mm	合计
大坝标(土建Ⅰ标)	63.76	43.13	48.74	28.05	183.68
电站标(土建Ⅱ标)	2.31	1.56	1.77	1.02	6.66
合计	66.07	44.69	50.51	29.07	190.34

二、生产概况

SETH 骨料加工厂于 2017 年 6 月 15 日开始单机调试,2017 年 6 月 18 日联机试生产,试运行到 6 月低,联机试生产基本完成。截止目前,设备联机运转生产时间 1 154 h,生产大石(40~80 mm)31 215 m³,中石(20~40 mm)68 202 m³,小石(5~20 mm)32 524 m³,砂子 40 017 m³,生产比例:大石:中石:小石:砂子 = 1:2.18:1.04:1.28。目前料场储备的成品料:大石子约 1 万 m³,中石子约 2.5 万 m³,小石子约 400 m³,砂子约 2 000 m³。

三、产能问题分析

(一)9 月份生产状况统计
9 月份生产状况统计见表 2。

表 2　　　　　　　　　9 月份生产状况统计表(工作 356 h)

项目	原料 (小于 80 mm)	大石 (40~80 mm)	中石 (20~40 mm)	小石 (5~20 mm)	砂子
实际生产量(t)	96 300	17 421	38 170	18 309	22 451
实际比例		1	2.19	1.05	1.29
需求比例		1	1.33	1	1.64
生产设备	颚破		多缸和单缸		制砂机
设计生产能力(t/h)	280~620		200~430	355~435	200~285
实际生产能力(t/h)	270.5		158.65		112.255

结论:颚破生产能力不足,出料粒径过大,导致后面的设备负担加大,从而达不到设计生产能力。另外,中石产量严重偏多,不符合不同粒径的混凝土需求比例。

(二)2017 年全年产能分析

生产大石(40~80 mm)31 215 m³,中石(20~40 mm)68 202 m³,小石(5~20 mm)32 524 m³,砂子 40 017 m³。

大石:中石:小石:砂子=1:2.18:1.04:1.28。

结论:中石产量偏多,砂子比例偏小,不符合不同粒径的混凝土需求比例。

经过以上的产能分析发现的问题主要是:

(1)颚破破出的原料过大,对一筛破坏大;

(2)中石产量多,砂子产量少。

针对以上问题,经过现场调试采取以下方案:

针对问题(1):从两个方面解决,首先从原料开采着手,在布置炮眼时,由原来的 3 m×3 m 间距调整到 2.5 m×2.5 m 的间距,深度 9 m 不变。经过试验,调整后的爆破效果非常好,几乎没有超过 80 cm 的块石,通过颚破破碎后,最大的块石长度为 40 cm,不但减轻了一筛的磨损和筛网撞击损坏,还提高了粗碎效率,提高产能。其次从粗碎车间入手,在粗碎颚破出口增加 1 台二碎,对一破设备出来的石料再次破碎,使超径(≥80 cm)块石和非超径的块石粒径再次减小,使得最大粒径小于 80 cm,40~80 mm 大石子产量提高。

针对问题(2):为了解决中石产量偏多,砂子比例偏小问题,经过现场产量计算,将 1/3 的中石制成砂,即可解决问题,计算如下:

通过 20~40 mm 的输送皮带每小时输送 200 t,即 20~40 mm 中石的生产能力为 200 t/h,根据砂子与中石的生产比率和需求比率,将中石生产量的 40%细碎为砂子(2.19−1.33/2.19×100=40%),即 80 t/h 细碎为砂子。根据辉长岩的性质和小时生产能力(80 t/h)确定安装 1 台 GP100 圆锥破碎机,将 20~40 mm 中石破碎到 5~20 mm 小石去制砂,既提高了砂子产量,又满足了混凝土生产需求比率。

四、结　　语

人工骨料加工系统中,中石偏多、砂子偏少是常见问题,只有通过骨料特点、性质选择适合的设备进行调整方可解决。

(作者单位:甘肃省水利水电工程局有限责任公司)

碾压混凝土重力坝测缝计安装工艺

张 永 安

一、概　述

SETH 水利枢纽工程等别为 II 等,工程规模为大(2)型。拦河坝(含挡水坝段、表孔和底孔坝段、放水兼发电引水坝段等)为 2 级建筑物,坝后工业和农业放水管、过鱼建筑物为 3 级建筑物,水电站厂房为 3 级建筑物。水库大坝两岸坝肩永久边坡级别为 2 级边坡,坝后工业和农业放水管、过鱼建筑物和电站厂房永久边坡定为 3 级,库岸边坡防护和上坝道路开挖边坡等为 4 级边坡。

为了保证运行期大坝下游安全,监测大坝在运行过程中各坝段接缝开合度,因此,在各坝段接缝处布置测缝计。

测缝计是测量结构接缝开合度或裂缝两侧块体间相对移动的观测仪器。按照安装方式的不同可分为:表面测缝计、埋入式测缝计、两向测缝计(脱空计)、三向测缝计。

BGK-4400 型振弦式测缝计(埋入式),主要安装在结构物内部,用于测量混凝土、岩石、土体和结构物伸缩缝的开合度,内置的温度传感器可同时监测安装位置的温度,内部万向节接头允许一定程度的剪切位移。采用不锈钢制造,具有很高的精度和灵敏度、卓越的防水性能、耐腐蚀性和长期稳定性,如图 1 所示。

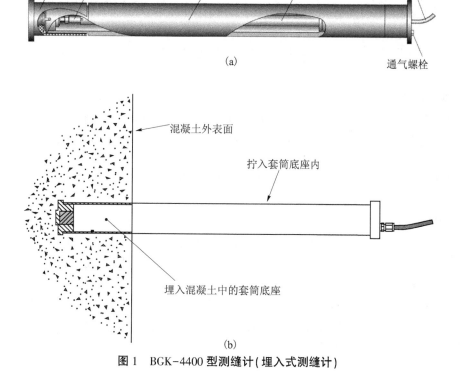

图 1　BGK-4400 型测缝计(埋入式测缝计)

BGK-4420型振弦式测缝计(表面测缝计),主要安装在结构物表面,用于测量结构物伸缩缝、裂缝的开合度,两端的万向节接头允许一定程度的剪切位移。见图2。

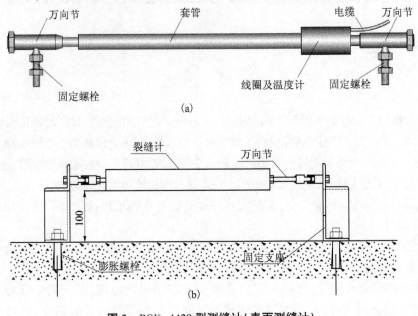

图2　BGK-4420型测缝计(表面测缝计)

二、监测项目

测缝计主要监测结构接缝开合度或裂缝两侧块体间相对移动。

三、测缝计施工安装工艺

(一)埋设前工作

(1)依照不同的安装方式,准备相应的连接器材。表面测缝计:应备好锚固板、仪器保护罩、木榔头及其他辅助工具和材料。埋入式测缝计:应备好钻孔工具及其他辅助工具和材料。

(2)备好接长信号电缆、电缆连接器具以及辅助材料。

(3)对测缝计和电缆做外观检查,并用相关仪表测试其有关参数,检查结果应满足埋设要求。

(二)测缝计的安装方法

(1)表面测缝计安装要点:在接缝两侧上预埋好固定测缝计支座的固定螺栓,安装好测缝计,调节接长杆(连杆)位置,拉开测缝计,使其预留可能的开合间距(或1/3~1/2量程位置),调节完毕好,安装仪器保护罩。安装示意图如图3所示。

(2)埋入式测缝计安装要点:在先浇混凝土上预埋测缝计套筒,或在先浇混凝土上钻孔,仪器组装时,预留可能的开合间距(或1/3~1/2量程位置)。使用土工布包裹仪器接缝位置,后安装测缝计。安装示意图如图4所示。

图 3　表面测缝计安装示意图

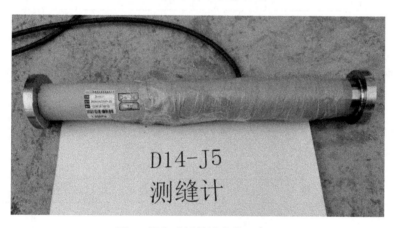

图 4　埋入式测缝计安装示意图

(三)测缝计的安装标准

(1)测缝计安装位置允许偏差为±20 cm。

(2)测缝计与结构物平行度允许偏差为±1°。

(3)测缝计与结构物垂直度允许偏差为±1°。

四、测缝计初始值确定

测缝计安装完毕应进行连续测读,取其环境量基本不变时的稳定读数作为起始读数。

采用分辨力不低于 0.1 Hz 的频率读数仪测读,应平行测定 2 次,其读数差不大于 2 Hz;或采用分辨力为 0.1 kHz^2 的频率模数读数仪测读,应平行测定 2 次,读数偏差不大于 2 kHz^2;带测温功能的钢筋计的初始温度,应平行测定 2 次,读数差不大于 0.5 ℃。

BGK-408 型振弦式读数仪指标:频率精度 0.05 Hz,温度分辨率 0.1 ℃。

五、考证表填写

《大坝安全监测仪器安装标准》(SL 531—2012)中测缝计安装埋设考证表格式见表1。

表 1

振弦式位移计安装考证表

工程或项目名称					
测点编号		仪器编号		生产厂家	
传感器系数 K (mm/Hz^2, kHz^2)		量程(mm)		出厂零位移读数 (Hz, kHz^2)	
埋设日期		天气		气温(℃)	
气压(kPa)		上游水位(m)		下游水位(m)	
埋设方向		锚固板间距(mm)		仪器与裂缝不垂直度(°)	
埋设高程(m)		桩号(m)		坝轴距(m)	
埋设前频率 (Hz, kHz^2)		安装调整后频率 (Hz, kHz^2)		安装调整后相应位移(mm)	
安装埋设完成后频率(Hz,kHz^2)			安装埋设完成后相应位移(mm)		
埋设示意图及说明					
技术负责人:	校核人:		埋设及填表人:		日期:
监理工程师:					
备注					

六、监测数据处理

(一)测缝计初始值和仪器系数

测缝计的初始值按照要求进行取值。每支测缝计都有其自身的仪器系数和温度改正系数,在其出厂检测证书中查询,如图5所示。

(二)测缝计记录计算表

测缝计记录计算表应详细记录仪器设计编号、安装埋设位置、安装高程、出厂编号、埋设时间、计算公式、仪器系数、温度系数、基准频率值、基准温度值等数据,见表2。

图5　测缝计出厂检测证书

表2　　　　　　　　　　　　　　　　　测缝计观测记录

承包单位:基康仪器股份有限公司

设计编号	D7-J1	桩号(m)	118.712 4	坝轴距(m)	坝上0.311 0
出场编号	12061712976	高程(m)	965.183 1	埋设时间	2017/8/10
计算公式	$L = G(R_1 - R_0) + K(T_1 - T_0)$				
参数	直线系数	0.010 108	基准值R_0		3 622.1
	温度系数	−0.008 84	基准温度T_0		21.3
序号	监测日期	读数(kHz²)	温度(℃)	变化量(mm)	备注
1	2017-8-10T11:00	2 663.2	27.4		安装前
2	2017-8-10T11:00	3 647.5	24.9		安装后
3	2017-8-18T6:00	3 640.3	16.5		浇筑完成
4	2017-8-18T14:00	3 626.0	19.1		
5	2017-8-18T22:00	3 623.9	20.2		
6	2017-8-19T6:00	3 622.1	21.3	0.000	回填24 h后基准值
7	2017-8-19T11:00	3 620.9	22.0	−0.018	
8	2017-8-19T23:00	3 619.0	23.0	−0.046	
9	2017-8-20T11:00	3 617.4	24.0	−0.071	
10	2017-8-20T23:00	3 616.6	24.6	−0.085	

(三) 测缝计过程线图

测缝计过程线图如图 6 所示。

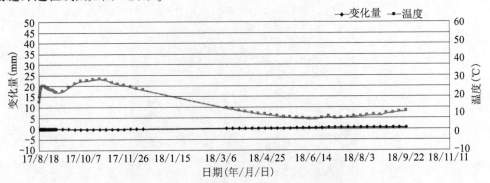

图 6 大坝 7 号坝段 D7-J1 测缝计时间曲线

七、结　语

测缝计监测效应量主要为结构接缝开合度或裂缝两侧块体间相对移动量,是判断大坝是否符合设计要求的重要监测项目,因此应严格按照规范及设计要求进行测缝计安装,以确保监测数据真实可靠,正确反映监测效应量。

(作者单位:基康仪器股份有限公司)

碾压混凝土重力坝渗压计安装工艺

张　永　安

一、概　　述

为了保证运行期大坝下游安全,监测大坝坝基扬压力、坝体渗透压力、测压管水头,在各坝基、坝体内部、测压管内布置渗压计。

BGK-4500S 系列弦式渗压计埋设在水工建筑物、基岩内或安装在测压管、钻孔、堤坝、管道或压力容器里,测量孔隙水压力或液体液位。其各种性能非常优异,主要部件均为特殊钢材制造,适合各种恶劣环境使用。特别是在完善电缆保护措施后,可直接埋设在对仪器要求较高的碾压混凝土中。标准的透水石是用带 50 μm 小孔的烧结不锈钢制成,以利于空气从渗压计的空腔排出。BGK-4500SV 型弦式渗压计采用专用通气电缆连接,可有效克服气压对测值的影响。振弦式渗压计结构示意如图 1 所示。

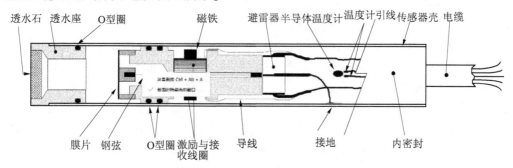

图 1　振弦式渗压计结构示意图

二、监测项目

渗压计主要监测项目为水压力。

(1)在坝基和坝肩埋设渗压计,通过坝体接缝或裂缝,坝基和坝肩岩石内的节理、裂缝或层面所产生的渗漏,可以测定校核抗滑稳定和渗透稳定。

(2)在混凝土坝坝基埋设渗压计,用于观测混凝土坝坝基扬压力,也称扬压力计。

(3)在测压管内埋设渗压计,将孔隙水压力转换成水位高度,观测测压管内水位高程。

三、渗压计施工安装工艺

(一)埋设前工作

(1)备好足够合格的干净中粗砂、泥球、回填用料及其他埋设辅助材料和专用工具等。用于渗压计周围回填的干净中粗砂,应起到集水和反滤作用。用于封孔的泥球,应做膨胀率和崩解试验,使之满足封孔和埋设要求。埋设用的集水反滤材料、封孔材料及回填用料同其周围介质,均应满足反滤及渗透稳定要求。备好信号电缆、电缆连接工具及材料。

（2）将透水石煮沸 1~2 h,待冷却后浸泡在冷开水中备用,不应露出水面。

（3）对渗压计和电缆做外观检查,并用相关仪表测试有关参数,检查结果应满足安装要求。将渗压计按要求接好电缆并在电缆头做好固定标记。

（4）按设计要求测量放样渗压计安装位置,其中渗压计安装高程为最重要的数据,安装时必须取得高程数据,否则不能进行安装。

(二)钻孔埋设安装

（1）钻孔直径取决于埋设渗压计的数量及封孔材料,宜采用 $\phi 108~146$ mm。

（2）钻孔倾斜度,一般要求 100 m 内不大于 1°,特殊部位要求 100 m 内不大于 0.5°。

（3）钻孔应用干钻钻进,当钻进十分困难时,可用少量润滑水,但在埋设渗压计上下各 1 m 范围内不允许使用润滑水,当碰到塌(缩)孔时,应用套管跟进,严禁泥浆固壁。

（4）对各图层应仔细描述,测记初见水位及稳定水位,钻至埋设底高程以下 0.5 m 后,清孔,埋设前应提供钻孔柱状图。

（5）在水中将渗压计装上透水石,然后小心地提出水面,移入孔内,匀速下放。

（6）干孔埋设时,渗压计承压膜应朝上。

（7）按设计高程将渗压计置于厚度约 1.0 m 的集水反滤砂中。其上用泥球封孔(周围介质为黏性土),厚度不宜小于 4.0 m。然后回填填料。

（8）在埋设回填过程中严格控制下料量和速度,避免架空,并使之初步密实。缓慢提拔套管,并控制填料表面距套管底端 0~0.5 m。回填完成后,向孔内注入适量水,并将孔口加以保护。

(三)坑式埋设安装

（1）在坝内埋设,当填筑面高程超出测点埋设高程约 0.3 m 时,在测点部位挖坑,坑深约 0.4 m(其平面尺寸以操作方便和减少开挖为度),采用砂包裹体法将渗压计平卧于坑内就地埋设。砂包裹体用水饱和。当在基岩面制坑(含手钻造孔)困难时,也可用钻机钻孔埋设。

（2）渗压计就位后,采用薄层铺料、专门压实的方法回填,并控制填料含水率及干密度与周围坝体一致。渗压计以上的填方安全覆盖厚度应不小于 1.0 m。

（3）渗压计的连接电缆可沿坝面开挖沟槽敷设,当横穿防渗体时,应加阻水环。电缆在沟槽内应呈 S 形布设,并预留一定的伸缩环。

(四)混凝土坝施工期孔(洞)式埋设安装

（1）在混凝土浇筑层面埋设渗压计,应在浇筑下一层混凝土时,在埋设位置层面预留一个深 30 cm、直径 20 cm 的孔。在孔内铺一层细砂,将渗压计竖直向上,放在砂垫层上。用细砂将渗压计埋好,孔口放一盖板,再浇筑混凝土。

（2）在基岩面上埋设渗压计,应在埋设的基岩位置上钻一深 100 cm、直径 5 cm 的集水孔,孔内填以细砾,将裹有渗压计(平置)的砂包放在集水孔顶部,使渗压计位于建基面上。用砂浆封住砂包,待砂浆凝固后即可浇筑混凝土。

（3）在水平浅孔内埋设渗压计,应在埋设部位钻一孔深 50 cm、直径 15~20 cm 的浅孔。如孔无透水裂隙,可根据需要,在孔底套钻一个孔径 3 cm 的小孔,在小孔内填入细砾,在大孔内填细砂,将渗压计平埋在细砂中,孔口盖上盖板,并用水泥砂浆封住,待砂浆凝固后即可填筑混凝土。

（4）在坝基深孔内埋设渗压计,深孔直径不小于 100 mm,先向孔内填入 40 cm 厚的粒径约为 10 mm 的砾石,然后将装有渗压计的细砂包吊入孔底。再在其上填 40 cm 厚的细砂,然后填 20 cm 厚的粒径 10~20 mm 砾石。再在余孔段灌入水泥膨润土或防缩水泥砂浆。

(五)测压管内埋设安装

(1)依测压管深度,选用ϕ1.5~2.5 mm的不锈钢丝悬吊渗压计,将其放至设计高程。

(2)在管口固定钢丝绳。

(3)管口应留有通气孔。

(4)孔口应加以保护。

四、渗压计初始值确定

(1)振弦式渗压计的零压频率(无温度气压修正的)或零压频率模数(有温度气压修正的),应在现场渗压计就位约0.5 h后测记。当钻孔埋设渗压计位于水下时,应先将渗压计于水下就位约0.5 h后测记该水位下渗压计的输出频率或频率模数值,再提出水,并测记零压频率或频率模数值,然后用上述测值反算渗压计承受水头,与实测水位(头)比较,其允许偏差为±1%。零压频率用分辨力为0.1 Hz的振弦频率测定仪测读,应平行测定2次,其读数差不大于1 Hz。零压频率模数用分辨力为0.1 kHz^{2}的读数仪测读,应平行测定2次,其读数差不大于2 kHz^2。

(2)差动电阻式渗压计的零压电阻比的测定方法同振弦式渗压计的,采用最小读数为0.01%的差动电阻式数字指示仪测读,应平行测定2次,其读数差不大于0.02%。

(3)压阻式渗压计的零压电压的测读方法同振弦式渗压计的,采用准确度0.005%的电压表测读,应平行测定2次,其读数差不大于0.2 mV。

五、考证表填写

《大坝安全监测仪器安装标准》(SL 531—2012)中渗压计安装埋设考证表格式见表1、2。

表1　　　　　　　振弦式孔隙水压力计埋设考证表(钻孔法)

工程或项目名称						
钻孔编号		钻孔直径(mm)		初见水位(m)		稳定水位(m)
测点编号		测头编号		生产厂家		
传感器系数 K (kPa/Hz^2,kHz^2)				量程(mm)		测头内阻(Ω)
电缆长度(m)			电缆长度标记(m)			
埋设高程(m)			桩号(m)		坝轴距(m)	
现场室内计数 (Hz,kHz^2)			孔内水深 (m)		入孔前读数 (Hz,kHz^2)	
就位后计数 (Hz,kHz^2)			零压读数 (Hz,kHz^2)		埋设完毕读数 (Hz,kHz^2)	
埋设日期			气温(℃)		气压(kPa)	
天气			上游水位(m)		下游水位(m)	
埋设示意图及说明						
技术负责人:　　　　　校核人:　　　　　埋设及填表人:　　　　　日期:						
监理工程师:						
备注						

表 2 振弦式孔隙水压力计埋设考证表(埋入法)

工程或项目名称							
测点编号		测头编号			生产厂家		
传感器系数 K (kPa/Hz^2, kHz^2)			量程(mm)			测头内阻(Ω)	
电缆长度(m)		电缆长度标记(m)					
埋设高程(m)		桩号(m)			坝轴距(m)		
埋设前读数 (Hz, kHz^2)		零压读数 (Hz, kHz^2)			埋设完毕读数 (Hz, kHz^2)		
埋设日期		气温(℃)			气压(kPa)		
天气		上游水位(m)			下游水位(m)		
埋设示意图及说明							
技术负责人:	校核人:			埋设及填表人:		日期:	
监理工程师:							
备注							

六、监测数据处理

(一)渗压计初始值和仪器系数

渗压计的零压频率或零压频率模数按照要求进行取值。每支渗压计都有其自身的仪器系数和温度改正系数,在其出厂检测证书中查询,如图 2 所示。

图 2 渗压计出厂检测证书

(二)渗压计记录计算表

渗压计记录计算表应详细记录仪器设计编号、安装埋设位置、安装高程、出厂编号、埋设时间、计算公式、仪器系数、温度系数、基准频率值、基准温度值等数据,见表 3。

表 3

渗压计观测记录

承包单位:基康仪器股份有限公司

设计编号	D6-P2	坐标(X)		101.022 5		坐标(Y)	−14.013
出场编号	12131724873	高程(m)		971.253 4		埋设时间	2017-8-22
计算公式				$P = G(R_1 - R_0) + K(T_1 - T_0)$			
参数	直线系数		−0.110 658 6		基准值 R_0		8 999.4
	温度系数		−0.076 24		基准温度 T_0		21.4
序号	监测日期	读数(kHz^2)	温度(℃)	水压力(kPa)	水位高程(m)		备注
1	2017-8-22	8 999.4	21.4	0.000 0	0.000		埋前读数
2	2017-8-22	9 000.4	14.4	0.423 0	971.297		埋后读数
3	2017-8-23	8 994.4	24.4	0.324 6	971.286		
4	2017-8-24	8 985.7	34.3	0.532 5	971.308		
5	2017-8-25	8 985.7	35.1	0.471 5	971.301		
6	2017-8-26	8 992.9	33.7	0.000 0	971.253		
7	2017-8-27	8 992.7	32.2	0.000 0	971.253		
8	2017-8-28	8 992.9	30.4	0.033 1	971.257		
9	2017-8-29	8 993.1	29.6	0.072 0	971.261		
10	2017-8-30	8 995.6	28.6	0.000 0	971.253		

(三)渗压计过程线图

渗压计过程线图应根据其安装方式和其反映的监测数据类型来确定过程线图中显示水位高程还是水头压力。如图3、4所示。

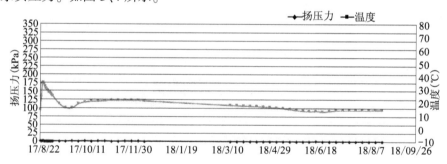

图 3　D6-P2 渗压—时间曲线

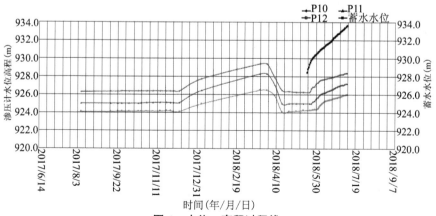

图 4　水位—高程过程线

七、结　语

　　渗压计监测效应量主要为坝基扬压力、坝体渗透压力、绕坝渗流水头,是判断大坝是否符合设计要求的重要监测项目,因此应严格按照规范及设计要求进行渗压计安装,以确保监测数据真实可靠,正确反映监测效应量。

（作者单位:基康仪器股份有限公司）

SETH 水利枢纽水土保持设计探讨及思考

王 童 朱 文 张 鑫

一、项目概况

SETH 水利枢纽工程由拦河坝、泄水建筑物、发电引水建筑物、工业和生态放水建筑物、坝后式电站厂房和过鱼建筑物等项目组成。水库正常蓄水位为 1 027 m,总库容 2.94 亿 m³,电站装机容量 27.6 MW,多年平均发电量 8 488 万 kW·h,多年平均供水量 2.631 亿 m³,工程等别为 Ⅱ 等,工程规模为大(2)型。

工程建设总开挖量为 118.94 万 m³(自然方),工程产生弃渣 116.75 万 m³(松方),共设置 2 个弃渣场,其中 1# 弃渣场堆放弃渣 93.42 万 m³(松方),2# 弃渣场位于水库淹没区,堆放弃渣 23.33 万 m³(松方)。

工程设石料场 1 处,布设施工区 2 处,新建场内交通道路 14.11 km,坝下交通桥 1 座。工程征占地总面积为 1 770.50 hm²,总工期 42 个月,总投资为 187 213.55 万元。

二、项目区概况

项目区属北温带大陆性寒冷干旱气候,多年平均降水量 188.7 mm,多年平均气温 1 ℃,不小于 10 ℃年有效积温 3 580 ℃,多年平均水面蒸发量 1 410.1 mm,多年平均风速 1.4 m/s,最大冻土深度 239 cm。土壤类型以棕钙土、灰棕漠土为主,植被类型为山地荒漠植被,地表植被稀疏,植被覆盖率约为 15%。

工程区土壤侵蚀类型包括风力侵蚀和水力侵蚀,局部地区有重力侵蚀,侵蚀强度以轻度为主,原生土壤侵蚀模数为 1 700 t/(km²·a)。根据《全国水土保持规划》,项目区属国家级水土流失重点预防区,工程执行建设类项目水土流失防治一级标准。

三、水土保持设计重点

根据项目区基本情况,结合工程扰动产生的水土流失特点,本工程水土保持设计的重点包括:

(1)项目区属于国家级水土流失重点预防区,土壤侵蚀类型包括风力侵蚀和水力侵蚀,局部地区有重力侵蚀,侵蚀强度以轻度为主,原生侵蚀模数为 1 700 t/(km²·a),加之工程建设扰动地表面积较大,产生的弃渣量较大,因此,弃渣场的选择及防护措施是水土保持工作的重点。

(2)工程区为山地荒漠植被,地表植被稀疏,植被盖度不高,地表植被被破坏后,自然恢复过程将十分缓慢,加之工程区气候干燥,降水量小,蒸发量大,多年平均降水量仅 188.7 mm,平均水面蒸发量达 1 410.1 mm,植物生长主要受水源条件制约,因此,为保证植物措施发挥作用,需结合工程布置,各水土流失防治区配置合理的灌溉措施,保证植物成活率。

(3)工程区位于低山丘陵区,沟谷内松散堆积物厚度不大,由碎块石及碎石土组成,土壤以棕钙土、灰棕漠土为主，土层厚度不大，因此，如何保护、合理调配、综合利用表土资源，是工程水土保持工作的重点。

四、水土保持措施布局

根据上述分析，结合主体工程设计施工总体布置方案、水土流失特点及后期需求，拟定本工程水土保持措施的总体布局。

（一）主体工程区

施工结束后，对导流明渠、大坝坝肩两侧、工程管理范围可绿化区域进行土地平整，覆库区表层土，并进行绿化美化，配灌溉设施。对工程现场管理基地周边空闲地采取园林景观式绿化美化措施。

（二）弃渣场区

根据弃渣场布设位置的不同采取浆砌石挡渣堤、铅丝石笼挡墙、铅丝石笼护坡等防护。在弃渣场上游开挖排水沟，减轻降雨产生的汇流对渣体的冲刷。施工完毕后对弃渣场弃渣顶面进行土地平整。施工期，对剥离的表土进行临时拦挡，施工结束后，回填本区剥离表土及库区表层土，并对弃渣场进行植被恢复。

（三）料场区

施工期，剥离料按照稳定边坡堆放，并采取临时拦挡措施；沿料场上游开挖排水沟，以便将降雨及时排走。取料结束后，将无用层剥离料回填至缓坡区域，进行土地平整，植被恢复。

（四）交通道路区

对永久道路挖方边坡临河侧，用木桩防护，永久道路两侧栽植行道树，永久道路挖方下边坡播撒草籽绿化。

对部分施工道路，路面坡脚修建干砌石挡土埂。施工结束后，播撒草籽恢复植被，施工期开挖排水沟。

（五）施工生产生活区

施工期，在施工生产生活区四周开挖临时排水沟，施工结束后，进行土地平整，回填本区剥离表土及库区剥离的表层土，播撒草籽恢复植被。

（六）工程永久办公生活区

施工前，剥离表土，施工结束后，回填表土，对办公生活区空闲区域进行绿化美化。

（七）移民安置区

对安置区建设产生的临时堆土进行防护，对安置区外围、房前屋后等空闲地及居民点内道路绿化美化。

五、水土保持设计经验总结

（一）弃渣场设计

本工程设弃渣场 2 处，分别为临河型弃渣场和库区型弃渣场，工程所设的 2 处弃渣场为水利水电工程常见的两种弃渣场类型，具有很好的代表性。

1.临河型弃渣场分析与措施设计

临河型弃渣场需首先根据 SL 575—2012，确定弃渣场级别，查"表 3.1.2　弃渣场防护工程建筑物级别"确定拦渣堤的工程级别,查"表3.2.1　弃渣场防护工程防洪标准",分析弃渣场防护工程防洪标准,并结合河道管理和防洪要求,综合确定弃渣场的防洪标准,并通过河道断面数据,计算防洪水位。

2.库区型弃渣场分析与措施设计

(1)库区型弃渣场不应占用有效库容,占用死库容的,弃渣场设置不宜影响水库大坝、取水及泄水等建筑物安全及运行。

(2)应按施工导流期与水库运行期,分析弃渣场是否影响河道行洪与影响水库的正常运行。

(3)库区型弃渣场的防护措施应根据弃渣场施工导流期和运行期的受影响程度采取水土保持措施。一般情况下,应设置拦挡和护坡措施,防止施工导流期洪水对渣脚和坡面的冲刷影响,如果水库位于水库消落带,还应对渣面进行防护。

(二)库区表土可用做后期绿化覆土

根据 SL 575—2012 规定,对于水库淹没范围内的耕地,可根据水土保持有关剥离表土供需平衡分析,综合取土、运输、储量等条件,将其耕作熟土剥离,用于后期绿化覆土。设计时,应结合库区取土料,对库区土料储量进行勘探,综合分析运距、施工运输难易程度、造价、表土临时防护等,明确库区取土的可行性,核算可取表土量。

(三)因地制宜的灌溉设计

项目区降水量小,蒸发量大,地表植被稀疏,植被类型主要为半荒漠草原地,以耐风沙、耐盐碱、耐干旱的小灌丛植物为主。因此,植物措施主要受水源条件制约,需配备灌溉设施,才能保证植物的成活。根据植物措施设置的位置,分别进行了灌溉设施设计。

(1)导流明渠区位于大坝左岸下游,周边有永久场内道路相连,交通便利。因此,灌溉采用小型移动喷灌机或灌溉浇水车,取下游河道水进行灌溉。

(2)大坝坝肩两侧区域:右岸坝肩下游两侧区域可改造成施工期间大坝右岸设立的高位水池,由泵站抽取库区水,经钢管将水引至水池,通过管道输送至右岸坝肩绿化区域进行灌溉。左岸无可利用高位水池,永久上坝公路可直达该区域,因此,运行期可采用移动喷灌机或灌溉浇水车,抽取库区水,定期进行灌溉。

(3)下游工程管理范围:工程管理基地绿化直接采用管理基地处理后的生活污水,大坝下游管理范围绿化区域可改造成施工期间大坝右岸设立的高位水池,由泵站抽取库区水,经钢管将水引至水池,通过管道输送至右岸下游绿化区域进行灌溉。通过配置喷灌和微喷等灌溉设施,满足植物生长水源需求。

(四)与环评专业结合的绿化配置

水土保持植物措施设计时,绿化树种结合工程区占用的珍稀保护植物细子麻黄、罗布麻、梭梭、锁阳及额河杨等,在大坝管理范围、电站厂房、永久交通道路及工程永久办公生活区绿化中,对这些保护植物采用移植、育苗栽植、采集种子或枝条育苗后栽植等方式,进行恢复。这些保护植物都是适生的当地树种、草种,既可以有效地保证成活率,又减少了外购树种、草种的成本,保护珍稀植物的同时降低了造价;既节省了苗木投资,又保护了库区淹没造成的珍稀植物损失,保护了植物多样性,具有很好的借鉴意义。

六、改进建议

目前,工程已开工建设,水土保持工程与主体工程同步实施中,虽然工程已设计了较完备的水土保持措施,但通过与现场配合,仍有以下改进建议,需以后设计中加以完善。

(一)弃渣场选址

水利水电工程弃渣场原则上不宜在河道管理范围和水库淹没区弃渣,若在河道管理范围内弃渣,应征得河道管理部门的同意,且经论证不影响河道行洪能力;若在水库淹没区弃渣,应经规划专业论证,不影响水库正常使用功能后方可弃渣。

(二)弃渣场后续变更设计

由于实施阶段主体设计方案、施工方案调整,前期设计深度不足及现场条件限制等原因,原规划弃渣场有时不能满足实施阶段弃渣要求。根据办水保〔2016〕65号文,在水土保持方案确定的弃渣场外新设弃渣场的,或者需要提高弃渣场堆渣量达到20%以上的,生产建设单位应当在弃渣前编制水土保持方案(弃渣场补充)报告书,报水利部审批。因此,在可研阶段弃渣场规划时,水保专业应与施工专业、移民专业充分配合,在弃渣场容量、弃渣运距及道路建设、征地难度、周边敏感性因素等多方面进行分析比选,并充分考虑进场道路与场内永久道路弃渣、过鱼设施、危岩处理及其他由于设计深度增加引起的弃渣量增加,选定满足弃渣要求的弃渣场。

七、结　语

通过水土保持工程措施和植物措施等的综合防治,工程建设可能造成水土流失的原地貌扰动区域全部得到治理,六项指标全部达到目标值的要求,具有明显的生态效益和社会效益。弃渣场设计、库区表土用做后期绿化覆土、因地制宜的灌溉设计及与环评专业结合的绿化配置等水土保持设计,对类似水利水电工程均具有明显的借鉴意义。

(作者单位:中水北方勘测设计研究有限责任公司)

水利水电工程临河型弃渣场水土保持设计研究
——以 SETH 水利枢纽工程弃渣场为例

王 童 马士龙 张 鑫 朱 文

一、工程概况

SETH 水利枢纽工程由拦河坝、泄水建筑物、发电引水建筑物、工业和生态放水建筑物、坝后式电站厂房和过鱼建筑物等项目组成。水库正常蓄水位为 1 027 m,总库容 2.94 亿 m³,电站装机容量 27.6 MW,多年平均发电量 8 245 万 kW·h,多年平均供水量 2.631 亿 m³,工程等别为Ⅱ等,工程规模为大(2)型。

工程建设总开挖量为 118.94 万 m³(自然方),工程产生弃渣 116.75 万 m³(松方),共设置 2 个弃渣场,其中 1# 弃渣场堆放弃渣 93.42 万 m³(松方),2# 弃渣场位于水库淹没区,堆放弃渣 23.33万 m³(松方)。本文以坝下 1# 弃渣场为例,对临河型弃渣场水土保持措施设计进行研究探讨。

二、弃渣场概况及自然条件

(一)弃渣场概况

1# 弃渣场位于坝下约 1.5 km 处的右岸阶地,弃渣总量 93.42 万 m³,最大堆渣高度 12.0 m,占地面积 10.22 hm²,占地类型均为草地。渣场主要堆放重力坝、消能防冲设施、发电厂房、坝区永久路的开挖弃渣,弃渣以石方为主,约占 98%。

(二)地形地质条件

1# 弃渣场位于坝下游右岸阶地,地形平缓开阔,现场勘察沿河道方向布置探井,在竖井中采用刻槽法取样试验。

弃渣场地层岩性上部为第四系全新统坡洪积层(Q_4^{dl+pl}),第四系上更新统冲洪积物砂砾石,物质组成以碎石为主,夹粉土,顶部 0.2~2.3 m 为粉土、碎石土或粉砂层。下伏基岩为石炭系中统巴塔马依内山组(C_2b^d)第四段凝灰岩,挡渣墙基础置于第四系全新统坡洪积层(Q_4^{dl+pl}),岩土性质为砂砾石,允许承载力为 200 kPa,基底面与地基的摩擦系数为 0.50,内摩擦角为 28°。

三、弃渣场堆置及稳定分析

(一)弃渣堆置

弃渣采用自下而上的方式堆置,渣场设计堆渣高程为 968~980 m,最大堆渣高度为 12 m,第一级台阶高度为 8.0 m,设宽 2 m 的马道,弃渣堆置边坡坡比为 1:2,弃渣场容量为 107.84 万 m³,设计弃渣量 93.42 万 m³,满足容量要求。

(二)弃渣场稳定分析

按弃渣场堆渣坡比 1:2 进行堆渣体稳定计算,弃渣场抗滑稳定计算采用计条块间作用力的简化毕肖普法。假定渣体单一均匀;弃渣按无黏性土考虑,黏聚力 C 值为 0;计算工况包括弃渣场正常和持久条件下运用的正常运用工况和弃渣场在正常工况下遭遇Ⅷ度地震时的非常运用工况。计算结果见表 1。

表 1 　　　　　　　　　　　　弃渣场抗滑稳定计算表

弃渣场级别	计算工况	计算值	规范允许值
4 级	正常运用	1.401	1.15
	非正常运用	1.242	1.05

四、弃渣场防护工程级别及标准

(一)弃渣场级别及防护工程级别

根据《水利水电工程水土保持技术规范》(SL 575—2012) "表 3.1.1　弃渣场级别"与"表 3.1.2　弃渣场防护工程建筑物"相关规定,弃渣场级别为 4 级,拦渣堤级别为 4 级,植被恢复与建设工程为 3 级。

(二)设计标准

1.拦渣堤防洪标准

根据《水利水电工程水土保持技术规范》(SL 575—2012),拦渣堤防洪标准根据其相应建筑物级别,按"表 3.2.1"确定,还应满足河道管理和防洪要求。由于本工程河段无防洪规划,且堆渣河道范围内不存在防护对象,因此,渣场所在河道无防洪标准和防洪要求,拦渣堤的防洪标准可直接根据拦渣堤级别查"表 3.2.1"确定为 20 年一遇。

2.永久截排水标准

弃渣场永久截排水标准为 5 年一遇短历时设计暴雨。

3.植被恢复和建设工程标准

植被恢复和建设工程为 3 级标准,满足水土保持和生态保护的要求,执行生态公益林标准。

五、弃渣场受洪水影响情况分析

施工导流期间,在第 1 年 8 月底前,原河床过水,设计洪水标准 20 年一遇时,洪峰流量 516 m^3/s,渣场断面洪水位为 970.01 m;第 1 年 9 月中旬至第 3 年 10 月底,围堰(或坝体)挡水,导流底孔过水,设计洪水标准 20 年一遇时,导流底孔下泄流量为 472.30 m^3/s,此时渣场断面洪水位为 969.03 m。因此,施工导流期间,设计洪水标准 20 年一遇时,渣场断面最大洪水位为 970.01 m,高于渣底高程,弃渣场下游可能受到洪水影响。

水库蓄水运行后,根据主体工程防洪调度情况,当水库水位达到 30 年一遇防洪高水位 1 028.24 m时,入库流量大于库水位相应泄量时,水库敞泄,此时表孔与底孔同时泄流,最大泄量为 1 056.0 m^3/s,此时渣场断面水位为 970.54 m,高于渣底高程,弃渣场下游可能受到洪水影响。

因此,为防止洪水对堆渣的影响,在临河侧对渣体进行拦挡,且拦挡工程应高于渣场断面最大水位,即 970.54 m。

六、弃渣场水土保持措施设计

(一)水土保持措施总体布局

在渣场下游坡脚建浆砌石挡渣堤,为防止上游坡面汇水冲刷渣面,在弃渣场周边布设截排水沟,将汇水排入下游沟道或河道内,弃渣完毕后对弃渣顶面进行土地平整,回填库区及本区剥离表土,栽植灌草恢复植被,对剥离的表土进行临时拦挡和临时苫盖。

(二)拦挡工程

在渣场临河侧建浆砌石挡渣堤,拦渣堤高程为971 m,基础深1.25 m,顶宽0.70 m,面坡铅直,背坡坡度为1:0.7,墙身设ϕ110 mmPVC排水管,比降5%,向下游倾斜,排水管间距均为2.00 m,梅花形布置,管口用复合土工布反滤,拦渣墙及基础材料均为M10浆砌块石。墙身每隔10 m及地形变化处设置伸缩缝,缝宽2 cm,采用沥青麻絮填塞。

(三)截排水工程

为防止降雨及坡面汇水冲刷渣面,在弃渣场上游和周边布设截排水沟,将汇水排入下游沟道或河道内。截水沟采用梯形断面,断面尺寸0.6 m×0.7 m,坡比为1:1,浆砌石衬砌厚度0.3 m,每隔10 m及地形变化处设置伸缩缝,缝宽2 cm,采用沥青麻絮填塞。截水沟底部设10 cm厚砂砾垫层。

(四)土地整治工程

施工前,对弃渣场部分有表土区域进行表土剥离,弃渣完毕后,对弃渣场顶面和坡面覆土,覆土厚度40 cm,覆土优先选用施工前剥离的表土,不足部分来自库区剥离的表层土。

(五)植物措施

弃渣场覆土后,考虑适地适树和当地物种优先的原则,在弃渣场表面植灌草,并结合工程区占用的1级珍稀保护植物细子麻黄,进行植被恢复。草籽选用多种草籽掺和拌制,混播草种为:针茅、披碱草、旱雀麦、骆驼刺及蓄水清库前采集的细子麻黄草种,播撒量120 kg/hm²;灌木选用沙棘、锦鸡儿,株行距为1 m×1 m。

(六)临时措施

施工期间,考虑后期绿化覆土需要,对弃渣场的剥离料集中临时堆放在渣场一角,堆放坡度为1:2,堆高3.0 m,为防止堆渣体流失,在剥离料四周用袋装土进行临时拦挡,袋装土高1 m,底宽2.0 m,顶宽1.0 m。

七、结语及建议

水利水电工程大多位于地形条件复杂的山丘区,主体工程渣场选址时,多考虑运距、弃渣便利及经济性,受交通条件限制,在不影响行洪和河势稳定的前提下,一般弃渣场会就近选择河道两岸地势较平坦的河滩地或台地。这类弃渣场为水利水电工程常见的弃渣场类型,具有很好的代表性。由于堆渣体渣脚施工期及运行期可能全部或部分受洪水影响,这些弃渣若不能很好的处理,将堵塞河道,造成严重的水土流失。因此,做好临河型弃渣场的水土保持措施设计,可为同类型弃渣场提供参考。结合本弃渣场实际设计经验,对该类型弃渣场设计提出以下建议:

(1)临河型弃渣场拦渣堤防洪标准的确定需结合河道防洪规划中确定的该河段防洪标准、

堆渣河段范围内防护对象的防洪标准及由弃渣场防护确定的防洪标准综合确定,并取三者的外包值,确定拦渣堤的防洪标准。

（2）在确定拦渣堤防洪标准的前提下,计算河道的防洪水位,需要已知河道设计标准的洪峰流量和河道断面数据。河道断面数据应包括天然河道情况下弃渣范围内河道最小断面和弃渣后束窄的河道断面数据。

（3）根据《水法》、《防洪法》及《河道管理条例》有关规定,临河型弃渣场禁止设置在河道管理范围内,不得影响河道行洪安全。根据水利水电工程实践经验,目前大多数工程均位于山丘区无堤防的河道,因此,无法直观明确河道管理范围,若在该类型河道滩地或台地设置弃渣场,需征得河道主管部门或水行政主管部门同意后,方可弃渣。

（4）拦渣堤基础埋深应满足冲刷深度和冻土深度要求。冲刷深度计算按《堤防工程设计规范》（GB 50286—2013）计算,并考虑洪水冲刷因素的不确定性保留足够的安全余地。堤顶高程应满足拦渣要求和防洪要求,按设计洪水位加堤顶超高确定。

（5）水土保持植物措施设计时,绿化树种可结合工程区占用的珍稀保护植物,对这些保护植物采用移植、育苗栽植、采集种子或枝条育苗后栽植等方式,进行恢复。这些保护植物都是适生的当地树种、草种,既可以有效地保证成活率,又减少了外购树种、草种的成本,保护珍稀植物的同时降低了造价,既节省了苗木投资,又保护了库区淹没造成的珍稀植物损失,保护了植物多样性,具有很好的借鉴意义。

（作者单位:中水北方勘测设计研究有限责任公司）

工程设计过程中水文成果计算及使用的体会

高　诚

一、基本情况

SETH 水利枢纽位于青河县境内乌伦古河干流上游河段,水库总库容 2.94 亿 m³,以供水和防洪为主,兼顾灌溉和发电,并为加强乌伦古河流域水资源管理和水生态保护创造条件。

乌伦古河是一条独立内陆河,发源于阿尔泰山东段海拔 3 550 m 的达拉大坂,包括大青河、小青河、查干河、布尔根河等支流,流经富蕴、福海、182 团,注入吉力湖,出吉力湖经库依尕河 (7 km) 流入乌伦古河。乌伦古河流域以二台水文站为界分为上游区和下游区。乌伦古河径流补给以降水及季节积雪融水为主,有少量的冰川融水和地下水补给,径流量呈年际变化大,年内分配不均匀的特点,该流域经常出现连续枯水年和连续丰水年。

SETH 水利枢纽工程地处欧亚大陆腹地,远离海洋。气候特征为:北部山区具有自然降水多,湿度大的气候特征;平原气候干燥,蒸发量较大,春、秋两季不明显。纬度高,气温低,少酷暑,多严寒,冬夏冷暖悬殊,年较差大。

本枢纽工程主要由拦河坝(碾压混凝土重力坝)、泄水建筑物(表孔和底孔坝段)、放水兼发电引水建筑物(放水兼发电引水坝段)、坝后式电站厂房和过鱼建筑物等组成。碾压混凝土重力坝坝顶高程 1 032.0 m,最大坝高 75.5 m,坝顶宽度 9 m,坝段总长 372.0 m。上游面 986.0 m 高程以上为铅直面,986.0 m 高程以下为向上游的倾斜面,坡度为 1∶0.15,坝体下游坝坡为 1∶0.75。泄水建筑物采用溢流表孔与底孔并排布置于河床坝段的方案。

二、主要水文成果

(一)设计径流

乌伦古河径流补给以降水及季节积雪融水为主,且有少量的冰川融水和地下水补给。因河流水量受气温影响,以冰雪融水为主,所以汛期河水来的突然,消失的早,融水集中,枯水期长,年内分配不均匀,以春夏季 5—7 月最集中,占全年径流量的 65%;径流年际变化较大,二台水文站实测最枯发生在 1982 年,实测最丰发生在 2010 年,最丰年份是最枯年份水量的 9.4 倍。

SETH 水库位于乌伦古河干流上游段,下距二台水文站约 20 km。SETH 水库多年平均年径流量采用算术平均值,C_v 采用该系列矩法估算后的目估适线调整值,C_s 为 P−Ⅲ型曲线计算适线调整后的地区综合值。坝址多年平均设计径流量 10.48 亿 m³。

(二)设计洪水

乌伦古河的洪水主要由季节性积雪消融形成,洪水类型主要分为融雪型洪水和降水融雪混合型洪水,春末夏初大量的冰雪消融是河流洪水形成的最基本的原因。洪水历时一般 5~10 d,洪水受气温影响较大,峰形多呈现一日一峰的变化规律,上游山区日变化显著,随沿程支流洪水的汇入,日变化相对减弱。SETH 水库坝址设计洪水直接采用水文站设计洪水成果,见表 1。

表 1坝址设计洪水成果表

项目	P(%)										
	0.02	0.05	0.1	0.2	0.5	1	2	3.33	5	10	20
洪峰流量 (m³/s)	1 480	1 340	1 230	934	816	726	636	569	516	425	333
24 h 洪量 (亿 m³)	1.212	1.099 2	1.012	0.769	0.672	0.598	0.524	0.469	0.425	0.350	0.275
3 d 洪量 (亿 m³)	3.264	2.952	2.712	2.060	1.800	1.600	1.400	1.260	1.140	0.939	0.737

乌伦古河流域洪水多发生在 5—7 月,个别年份 4、8 月也有大洪水出现。根据施工要求,本阶段按 4 月、5—7 月、8 月、9 月—翌年 3 月 4 个分期计算分期设计洪水。5—7 月设计洪水采用年最大设计洪水成果,其他各期设计洪水利用水文站实测水文资料分析计算,不跨期选样。分期设计洪峰流量成果见表 2。

表 2　　　　　　　　　　　　　　分期设计洪峰流量成果表　　　　　　　　　　　　单位:m³/s

分期	频率		
	5%	10%	20%
4 月	204	152	104
5—7 月	516	425	333
8 月	184	143	102
9 月—3 翌年月	105	79	55

(三)泥沙

SETH 水利枢纽多年平均悬移质输沙量 19.61 万 t,多年平均含沙量 0.19 kg/m³。来沙量主要集中在 4—7 月,占全年来沙量的 95.80%。根据当地河流泥沙特点,推移质入库沙量按悬移质的 10%计,即多年平均悬移质输沙量为 2.0 万 t,则多年平均输沙量为 22 万 t。

(四)水位流量关系

拟建的 SETH 水利枢纽河段各断面处无水位观测资料,用水力学公式推算本工程坝址、尾水、上下游围堰、交通桥等多处断面水位流量关系,经过上下游水位合理性分析确定采用成果。

(五)冰情

乌伦古河流域位于阿勒泰地区的东南部,冬季气温很低,青河气象站实测最低气温为 -49.7 ℃。河流封冻期长,冰情严重,一般 10 月进入初冰期,翌年 4 月开始解冻,一般年份河段冰厚达 1 m 左右,上游河段封冻天数约 150 d,下游河段约 130 d。

据 SETH 水利枢纽附近实测冰情资料统计:初冰一般在 10 月下旬,最早结冰日期为 10 月 2 日,最晚 11 月 26 日;终冰一般在 4 月中旬,最早终冰日期 3 月 25 日,最晚 4 月 30 日;初终冰天数平均 167 d,最长 195 d,最短 149 d。河流一般 11 月中旬封冻,最早开始封冻日期为 11 月 8 日,最晚 12 月 12 日;河流一般在 4 月上旬解冻,最早解冻日期 3 月 20 日,最晚日期 4 月 14 日,最长封冻天数为 158 d,最大河心冰厚为 1.36 m。

三、设计径流成果及应用

对于水库而言,通常指利用库容的蓄泄功能有计划地对河川径流进行控制和分配,SETH水利枢纽工程具有调蓄径流、调控洪水的显著作用。通过径流调节计算初拟工程特征水位及规模,水库调节计算的基本原理是水量平衡原理。

SETH水库设计调节计算采用时历法,计算时段为月,按照全流域17个灌区的取水口,设置17个计算断面,从上游至下游逐个进行水量平衡计算。由上游喀英德布拉克水库、ALTB水库、SETH水库,中游萨尔铁烈克水库、XK水库和DR大坝水库,下游4座平原水库联合调节,满足上、中、下游灌区用水和生态用水需要。

各水库及控制节点的径流量是径流调节的必要条件之一,设计径流的合理性对保证径流调节成果正确是非常重要的。为了满足设计需要,应充分考虑各产汇流条件,准确地计算各区域径流总量,同时要关注径流的年际变化、年内分配。例如计算ALTB水库径流量要利用上游支流大、小青河水文站资料,计算SETH水库径流量利用附近水文站资料,重点是计算两水库区间径流量时,要注意检查各月、年上下游及区间的径流模数是否协调,异常查找原因,是否有引水或修建工程初期蓄水等,各分区径流量之和与控制断面总量要一致。

四、设计洪水成果及应用

(一)设计标准及设计洪水成果

在河流上筑坝建库能在供水、防洪方面发挥作用,但是水库本身却直接承受着洪水的威胁,一旦洪水漫溢坝顶,将会造成严重灾害。为了处理好防洪问题,在设计水工建筑物时,必须选择一个相应的洪水作为依据,若此洪水定得过大,则会使工程造价增多而不经济,但工程比较安全;若此洪水定得过小,虽然工程造价降低,但遭受破坏的风险增大,因此,设计洪水的准确性至关重要。设计洪水成果的大小直接关系到泄水建筑物的规模,进而影响工程的总体布局。

SETH水库大坝的设计洪水标准为100年一遇,校核洪水标准1000年一遇。水文站及坝址河段没有调查到历史洪水,用实测洪水系列计算的设计洪水成果,存在偏小的可能。根据暴雨洪水特性、调查与实测洪水对比分析,额尔齐斯河与乌伦古河大洪水基本上同步发生,考虑到额尔齐斯河调查到了1912年历史洪水,计算1000年一遇($P=0.1\%$)校核洪水抽样误差为19%。邻近河流布尔津河,为E河的一级支流。群库勒水文站位于布尔津县冲乎尔乡的布尔津河上,群库勒站实测1957—2007年洪水峰量系列频率适线成果与群库勒站实测1957—2007年洪水峰量系列加入1931年历史洪水设计洪水成果比较,1000年一遇($P=0.1\%$)设计洪水成果相对差为17%~23%。综合分析,SETH水库设计采用水文站校核洪水($P=0.1\%$)加大20%使用。

(二)设计洪水过程线及泄流建筑物

采用峰、量控制的同频率放大法计算SETH坝址设计洪水过程线,流量过程线历时7 d。从实测资料中选取典型洪水过程线,选取峰高量大、洪水集中、主峰靠后等对工程不利的洪水过程为典型,从水文站实测资料中选取1969、1975、1988、1993年等洪水过程,通过分析不同典型的设计洪水过程线,选定采用1988年6月洪水过程线作为典型,洪峰、24 h洪量、3 d洪量、7 d洪量控制,计算坝址设计洪水过程线。

SETH 水库主要泄流建筑物有 13# 坝段表孔溢流坝段，总长 25.0 m，采用 2×8.0 m 布置方式。12# 坝段为底孔坝段，采用有压泄水孔型式，孔长 39.7 m，孔口尺寸为 3.0 m×4.5 m，进口底坎高程为 976.0 m。进口检修闸门采用坝顶门机控制，出口工作弧门采用液压启闭机控制。消力池池底高程取为 963 m，长为 70 m，宽 30.5 m，尾坎顶高程 969 m，尾坎顶宽 2 m，坡度 1:1。边墙采用半重力式挡土墙，墙顶高程 975 m。消力池后接 15 m 防冲护坦，底板厚度 1 m。SETH 水库泄水建筑物消能防冲设计洪水标准取 50 年一遇，本工程泄水建筑物采用底流消能方式。根据工程总体布局的情况计算表孔、底孔泄流能力。

在入库设计洪水过程线、泄流建筑物泄流曲线等成果基础上，进行了洪水调节计算。SETH 水库防洪调度方式为：在发生 20 年一遇及以下洪水时，水库最大下泄流量为 395 m³/s，相应防洪库容为 0.15 亿 m³；在发生 20～30 年一遇洪水时，水库最大下泄流量为 479 m³/s，相应防洪库容为 0.06 亿 m³；当发生大于 30 年一遇洪水时，在不造成人造洪峰的条件下水库全部泄洪设施敞泄。

SETH 水库正常蓄水位为 1 027 m，水库 $P=5\%$ 防洪高水位 1 027.88 m，水库 $P=3.33\%$ 防洪高水位 1 028.24 m，水库设计洪水位 1 028.24 m 和 1 028.24 m 时，泄流能力 880.1 m³/s；校核洪水位 1 029.94 m，泄流能力 1 056.0 m³/s。

（三）施工洪水及截流工程

按照《水利水电工程施工组织设计规范》(SL 303—2004) 的规定，确定导流建筑物级别为 4 级。导流建筑物采用土石结构，洪水标准为重现期 10～20 年；施工导流标准选用 10 年一遇，年最大洪峰流量 425 m³/s。

施工截流时间选在第 1 年 9 月中旬，流量采用 5 年一遇月平均流量为 32.8 m³/s，采用立堵方式。计算导流底孔上游水位—流量关系曲线，截流水位为 972.70 m，考虑 0.80 m 超高，截流戗堤顶高程为 973.50 m。

五、冰情特征值及防冰措施

SETH 水利枢纽河段无冰情资料，其特征值采用邻近水文站的冰情资料。由于坝址河段结冰期长，冰厚度大，施工导流阶段河道和水流条件发生变化，建议施工导流阶段加强气温、水情监测及预报，导流设计应考虑河道束窄水位壅高，施工围堰考虑防冰措施。

围堰挡水历经两个冰期。对比坝址处天然水位—流量关系和导流底孔高程—泄量曲线，导流底孔过流期间坝前会壅水，且随着流量增加，壅水长度增加。当通过的流量为多年平均流量时，壅水长度在 3 km 左右。

实测资料表明，弯道处最容易卡冰结坝、形成冰坝。SETH 库区受地质构造影响，河流蜿蜒曲折，直弯、"Ω"型弯道密布，河流弯曲系数达 2.1。因此，库区在开河期可能会形成连续多处的冰坝，但库区基本无人居住。开河期，受正气温影响，冰块融化迅速。某处形成冰坝后，冰块堆积加厚，部分冰块在冰坝溃决后搁置在滩地上融化。坝址上游 4.3 km 以上即是一个曲率半径很小的"Ω"型弯道。开河期受河冰释放水流的影响，河流流量较大。受流量及河流弯曲度影响，此处形成的冰坝较高，冰坝溃决影响的范围较大，很可能影响到坝前围堰的安全。建议上游出现冰坝时，在开河期停止施工，撤离贵重的机械设备，避免不必要的损失。

六、水位—流量关系的采用

水位—流量关系的确定直接影响大坝的规模、施工围堰的高度及工程造价,尤其在缺乏水文测验资料的断面进行水位—流量关系计算是工程设计的难点。水文站在工程的下游 20 km,坝址处没有水位—流量观测资料。对于无系统水文观测资料的断面,分析水位—流量关系的方法主要有水文相关法、水力学法。

由于 SETH 水利枢纽各断面处无水位观测资料,只有实测纵横断面资料,只能利用实测纵横断面资料,用水力学公式估算水位—流量关系。坝址河段河谷呈 V 型,河床质为细砂和卵石,分析水文站实测水位、流量资料,糙率采用水文站的高水位稳定的糙率值 0.033。实测坝址河段河道比降约为 1.77‰,利用水力学公式:$Q = (A/n) \cdot R^{2/3} \cdot I^{1/2}$ 求出不同水位下的流量。河段顺直、沿程无深坑、河道过水断面无突变,水力学公式计算水位流量关系精度高;对于过水断面变化明显河段,为了提高计算精度,增加测量断面,采用多断面计算河道综合比降。

随着工作阶段的深入,河道大断面及地形图资料不断丰富,水文专业在计算水位—流量关系时,要与需求方水工、施工、机电专业密切配合,核实新老测量断面相对位置,确定最新正确的基础资料后计算水位—流量关系。在 SETH 水库建设河段需要计算多个断面的水位流量关系,主要有永久建筑物上、下坝址及电站尾水位置,临时建筑物上下游围堰、交通桥等位置,必须保证各专业设计要求的上下游水位—流量关系协调合理。

七、结　　语

水文设计成果是水工建筑物设计的重要基础条件之一,坝址设计径流和设计年输沙量对水库死水位、正常高水位起决定作用,设计洪水的大小决定设计和校核洪水位及泄流建筑物的规模,施工洪水、水位—流量关系直接影响导流及围堰等临时建筑物的投资,所以准确计算水文成果,与工程设计密切配合是非常重要的。

SETH 水利枢纽坝址工程地质问题及施工处理

李英海　　曹荣国

SETH 水利枢纽坝址以上集水面积 18 050 km²，多年平均径流量 10.50 亿 m³。枢纽建筑物主要由拦河坝、泄水建筑物、发电引水系统、坝后式电站厂房和过鱼建筑物等组成。拦河坝为碾压混凝土重力坝，正常蓄水位 1 027 m，最大坝高 75.5 m，坝顶高程为 1 032.0 m。水库总库容 2.94亿 m³，多年平均供水量 2.676 亿 m³，设计水平年改善灌溉面积 27.61 万亩，电站装机 27.6 MW。工程等别为 II 等，工程规模为大(2)型。

随着工程建设的进展，工程地质勘察与研究也已进入高潮，前期勘察设计得出的主要结论，正在接受实践的检验，对施工中出现的新的地质问题，如坝基建基面岩体裂隙差异风化问题，15#~16#坝段风化深槽问题，10#、12#坝段缓倾角裂隙抗滑稳定问题，进行了深入研究和分析论证，并为设计和施工提供准确的地质基础资料。

一、工程地质条件

坝址位于剥蚀低山区、乌伦古河上游，地面高程 970~1 110 m，高差约 140 m。河谷呈不对称"U"形谷，总体走向 NE 向，谷底宽约 150 m，两岸山体基岩裸露，右岸岸坡较陡，坡度 30°~36°，左岸岸坡稍缓，坡度 30°~34°，局部见有陡壁。

坝址基岩主要为华力西期(γ_4^{2f})侵入体，侵入体外围主要为石炭系地层，河床、沟谷等分布有第四系松散堆积物。华力西期(γ_4^{2f})侵入体以岩基形式在坝址范围分布，平面上呈长椭圆形，长 1.95 km，宽 1.15 km，岩性主要为钾长辉长岩、二长辉长岩及石英正长岩岩脉。石炭系中统巴塔马依内山组(C_2b)岩性主要为玄武岩、凝灰岩及砂岩，局部夹泥质粉砂岩、凝灰质砂岩，分布于坝基外围。第四系主要为全新统冲积(Q_4^{al})、冲洪积(Q_4^{al+pl})、坡洪积(Q_4^{dl+pl})及崩坡积(Q_4^{col+dl})砂砾石和碎石，分布于河床、河漫滩、冲沟及坡脚处，厚度一般小于 5 m。

华力西期(γ_4^{2f})侵入岩中断层发育较少，侵入体周边石炭系地层断层较发育。主要有区域性乌伦古河断裂 F11，左岸单薄山脊断层 f27，左岸上游断层 f34，侵入体南侧与石炭系接触面断层 f37 及小断层 f(1)~f(3)，侵入体中发育小断层 f(4)~f(8)等。乌伦古河断裂(F11)是区域性构造，断裂距坝址最近 600 m，基本沿乌伦古河的西南岸展布，长约 130 km。总体走向 NW，倾向 SW，倾角 60°~80°，为右旋走滑逆断层。断裂在乌伦古河被第四系覆盖，为晚更新世活动断裂，未发现全新世活动迹象。

岩体风化以物理风化为主要特征，化学风化微弱。两岸风化深度一般随高程的增加逐渐变大，在河床部位无强风化带或强风化带较薄。在断层带和节理密集带中，风化作用加剧。

坝址区地下水类型主要有松散层孔隙潜水和基岩裂隙潜水。松散层孔隙潜水主要赋存于河床及两侧的第四系冲积砂卵砾石、坡洪积碎石中，基岩裂隙潜水主要赋存于凝灰岩及侵入岩中，地下水位略高于同期河水位。

二、岩体物理力学性质

(一)室内岩石试验

钾长辉长岩侵入体的颗粒密度 $2.75 \sim 2.83$ g/cm³,孔隙率 $0.29\% \sim 1.86\%$;弱风化岩石饱和单轴抗压强度 $65.4 \sim 102.0$ MPa,属坚硬岩;微风化-新鲜岩石饱和单轴抗压强度 $63.10 \sim 121.00$ MPa,属坚硬岩。

二长辉长岩侵入体的颗粒密度 $2.76 \sim 2.82$ g/cm³,孔隙率 $0.19\% \sim 1.75\%$;弱风化岩石饱和单轴抗压强度 $68.0 \sim 145.0$ MPa,属坚硬岩;微风化-新鲜岩石饱和单轴抗压强度 $92.2 \sim 142.0$ MPa,属坚硬岩。

(二)岩体地球物理特性

坝基辉长岩声波波速一般超过 $3\ 000$ m/s,弱风化及微风化-新鲜岩体一般超过 $4\ 000$ m/s。泥质粉砂岩岩体声波波速 $1\ 700 \sim 5\ 500$ m/s,微风化-新鲜岩体平均值 $2\ 600$ m/s。岩体的声波波速主要受结构面发育程度、岩石风化程度及岩性控制。

左右岸平洞强风化岩体的纵波速度 $2\ 200 \sim 3\ 030$ m/s,动弹性模量 $7.78 \sim 16.72$ GPa;弱风化岩体的纵波速度 $3\ 030 \sim 4\ 250$ m/s,动弹性模量 $16.72 \sim 39.01$ GPa;微风化岩体的纵波速度 $4\ 040 \sim 4450$ m/s,动弹性模量 $33.62 \sim 42.69$ GPa。

钻孔录像显示,坝基岩体中裂隙较发育,以陡倾角裂隙为主,缓倾角裂隙局部发育,呈闭合-张开状,裂隙张开度一般小于 2.0 mm,地表个别可达 $6 \sim 81$ mm,多无充填,部分张开较大者有方解石或岩屑充填,部分裂隙的裂隙面粗糙或有黄色锈膜。

三、坝基岩体分类与物理力学指标建议值

根据《水利水电工程地质勘察规范》(GB 50487—2008)及前期勘察成果,考虑坝基岩性、岩体风化与卸荷程度、岩体结构类型、岩体完整性和结构面的发育特征等因素,以及岩石饱和单轴抗压强度、岩体纵波速度、完整性系数等定量指标,建立了坝基岩体工程地质分类标准,见表1。

表1　　　　　　　　　　　　　　　坝基岩体工程地质分类

岩体类别	岩体特征	工程地质评价	岩体主要特征指标		
			饱和单轴抗压强度 R_b(MPa)	纵波速度 v_p(m/s)	完整性系数 K_v
A_{II}	岩体呈块状或次块状结构,结构面轻微发育-中等发育,延展性差,多闭合,岩体呈微风化-新鲜状态。岩体力学特性各方向的差异不显著	岩体较完整,强度高,抗滑、抗变形性能强,不需作专门性地基处理	>85	>4 500	>0.60
A_{III}	岩体呈次块状或镶嵌状结构,结构面中等发育-较发育,弱风化状	岩块强度较高,岩体完整性差,地基处理以提高岩体整体性为重点	>60	3 500 ~ 4 500	0.35 ~ 0.60
A_{IV}	岩体呈镶嵌或碎裂结构,结构面很发育,多张开或夹碎屑和泥,岩块间嵌合力弱。多呈强风化状或为构造破碎带	岩体较破碎,抗滑、抗变形性能差,一般不宜作高混凝土坝地基	—	2 500 ~ 3 500	0.20 ~ 0.35
A_V	岩体呈散体结构,由岩块夹泥或泥包岩块组成,具有散体连续介质特征。多呈全风化状或为构造破碎带	岩体破碎,不能作为高混凝土坝地基	—	<2 500	<0.20

综合分析场地地质条件、岩(石)体试验及测试成果,并结合岩体工程地质分类、霍克-布朗准则,类比相似工程经验,提出坝址区岩体强度指标建议值,见表2。

表2 坝址区岩体(石)强度指标建议值

岩体类别	岩性	风化程度	弹性模量(GPa)	变形模量(GPa)	饱和抗压强度(MPa)	抗剪强度指标		
						C'(MPa)	f'	f
A_{II}	γ_4^{2f}侵入岩	微-新	18~20	11~13	100	1.4~1.6	1.20~1.30	
A_{III}	γ_4^{2f}侵入岩	弱风化	12~14	6~8	60	0.9~1.1	0.90~1.10	
A_{IV}	γ_4^{2f}侵入岩、构造带	强风化	4~6	1~3		0.3~0.4	0.60~0.70	
A_V	γ_4^{2f}侵入岩、构造带	破碎带	1~2	0.5~1		0.05~0.1	0.40~0.50	
裂隙								0.40~0.50
混凝土/岩		弱风化				0.7~0.9	0.80~0.95	0.55~0.65
		微-新				1.0~1.2	0.85~1.00	0.65~0.75

四、工程地质评价

(一)坝基可利用岩土体

坝址地层主要为第四系松散堆积物和华力西期(γ_4^{2f})侵入岩。两岸斜坡地段基岩出露,松散覆盖层主要分布在河床及两侧滩地。第四系松散堆积物厚度不大,结构松散,成分较杂,砾石粒径大小不均,渗透性强,不能满足混凝土坝坝基要求,需要全部挖除。

强风化岩体因结构面发育,多张开,岩体破碎,不满足高混凝土重力坝对坝基的要求,建议挖除,建议以弱风化带中下部-新鲜岩体为坝基。

坝基岩体中节理裂隙较发育,为提高坝基岩体的整体性和抗变形能力,进行固结灌浆是必要的。

(二)坝基抗滑稳定问题

坝基岩体为块状、次块状结构,虽然局部有缓倾角结构面发育,但很难形成连续的滑动面,因此,坝基不存在深层抗滑稳定问题,大坝抗滑稳定主要取决于混凝土与基岩接触面。施工开挖过程中,必要时可进行局部处理。坝基岩体及结构面抗剪强度指标建议值见表2。

(三)坝基渗漏与渗透稳定性

1.坝基及绕坝渗漏量

坝基为华力西期(γ_4^{2f})辉长岩侵入岩,坝基范围无断层发育,节理裂隙为主要含水透水通道,坝基渗漏为裂隙式渗流。

根据钻孔压水试验成果,坝基岩体渗透性不均一。总体看,上部岩体渗透性强,随深度增加,岩体渗透性逐渐变弱。左岸孔深30 m以下岩体透水性有减弱趋势,岩体以弱透水性为主,局部呈中等透水性;河床孔深40 m以下岩体透水性减弱,多为弱透水性;右岸孔深50 m以下岩体透水性减弱,多为弱透水性。

水库蓄水后,坝区将存在坝基和绕坝渗漏问题,渗漏类型以基岩裂隙渗漏的形式为主。经计算,在不考虑防渗措施的前提下,坝基及两岸绕坝渗漏总量为 0.516 m^3/s。

2. 坝基岩体渗透稳定性

坝基岩体中未发现大的断层,结构面以构造裂隙为主,规模不大,多呈闭合状态,连通性差,且多无充填物。因此,坝基岩体的渗透稳定性良好。

3. 坝基岩体可灌性分析

由坝址河床及两岸钻孔中进行的 355 段压水试验成果,岩体透水率 0.5~170 Lu,总体以弱透水为主。岩体渗透性不一,渗透性主要受裂隙发育情况控制。

钻孔录像显示,坝基岩体中裂隙局部发育,以陡倾角裂隙为主,呈闭合-张开状,裂隙张开度一般小于 2.0 mm,个别较大,多无充填,部分张开较大者有方解石或岩屑充填,部分裂隙的裂隙面粗糙或有黄色锈膜。

总体看,坝基岩体是可灌浆的,通过灌浆可有效降低岩体的渗透性,提高岩体的整体性和抗变形能力。

4. 坝基渗流控制措施建议

从前述分析的情况来看,坝基岩体渗透稳定性好,坝基渗漏为裂隙散流形式,不存在大的集中渗漏问题。基于此,建议坝基渗流控制以降低坝基扬压力、减少渗漏量为主要目标。

从钻孔压水试验成果看,随深度增加岩体透水率降低趋势明显。坝轴线处岩体透水率小于 3 Lu,埋深 40.00~85.00 m,相应高程 905.33~989.03 m。考虑到岩体渗透性不均一,建议防渗帷幕进入透水率小于 3 Lu 岩体以下一定深度。

坝址两岸地下水位低缓,无相对隔水层,不具备完全封闭条件,建议防渗帷幕长度根据绕坝渗漏量综合考虑。

坝基岩体渗透性不均一,局部结构面发育,建议加强帷幕灌浆和适当加密坝基排水孔。

(四)左岸近坝单薄山脊渗漏与渗透稳定性

坝址左岸近坝地段(距坝轴线 60~460 m)山体单薄,可能存在永久渗漏问题。经计算,预计水库蓄水后左岸单薄山体的渗漏量约为 0.035 m^3/s,乌伦古河多年平均径流量为 33 m^3/s,则左岸单薄山体渗漏量约占入库径流量的 1‰。虽然渗漏量不大,但渗漏段较为集中且山体单薄,岩体中结构面发育,较为破碎,建议采取防渗处理措施,并进行必要的监测工作。

五、施工期针对工程地质问题的处理

(一)坝基岩体质量评价及验收标准

坝基岩体主要为华力西期(γ_4^{2f})弱风化中下部-微风化钾长辉长岩及二长辉长岩。岩体大部分呈块状-次块状,坝基岩体中节理裂隙较发育。

根据《水利水电工程地质勘察规范》(GB 50487—2008)要求,针对本工程左岸先期开挖揭露的坝基岩体特性及前期勘察分析成果,并类比工程经验,提出了适合本工程的坝基岩体质量验收标准建议值,见表3。

在工程施工过程中,根据坝基的岩体结构、岩体完整性、结构面发育程度及其组合情况、岩体和结构面的抗滑、抗变形能力,结合坝基岩体弹性波测试验收标准,对坝基岩体进行类别划分。综合 SETH 水利枢纽工程坝基岩体质量评价,坝基岩体以 A_{III-1} 类为主,部分为 A_{II} 类,局部

为 A_{III-2} 类。对不满足 A_{III-2} 类的坝基岩体进行了工程处理,比如针对裂隙风化部位采取深挖置换混凝土处理、部分不满足条件的坝基铺设钢筋网等。利用以上验收标准,很好地解决了本工程的坝基岩体验收问题,给设计及施工提供了准确的坝基岩体质量评价资料。

表3 坝基岩体验收标准

岩体类别	岩体特征	坝基检测指标(m/s)		保证率(%)
		声波	地震波	
A_{II}	岩体呈块状或次块状结构,结构面轻微发育–中等发育,延展性差,多闭合,岩体呈微风化–新鲜状态;岩体力学特性各方向的差异不显著	>4 100	>3 500	80
A_{III-1}	岩体以次块状结构为主,结构面中等发育,局部存在有影响坝基、坝肩稳定的楔形体,弱风化状	>3 600	>3 000	80
A_{III-2}	岩体以镶嵌状结构为主,结构面发育,延伸性差,岩块间嵌合力较好,弱风化状	>3 200	>2 500	80

注: 低波速部分不得集中分布。河床部位以钻孔声波测试值为主,边坡部位可采用地震波测试值。

(二)坝基岩体差异风化问题

坝基岩体主要为华力西期(γ_4^{2f})弱风化中下部–微风化钾长辉长岩及二长辉长岩。岩体大部分呈块状–次块状,坝基岩体中节理裂隙较发育。由于岩体裂隙的差异风化,在裂隙发育部位岩体风化程度较高,裂隙及周边岩体大部分呈强风化–弱风化上部,不满足建基岩体要求。对此,设计专门出台了《坝址区裂隙及断层处理设计通知》,针对裂隙发育规模的不同采取了相应的挖除置换处理方案。在坝基联合验收时,针对局部密集发育的裂隙采取现场定位,根据定位调整固结灌浆钻孔孔位的处理方式,取得了较好的效果。

在 $15^{\#}\sim16^{\#}$ 坝段,沿顺河向构造破碎带(断层 f、裂隙 L15–J2)差异风化作用形成了风化深槽。深槽在平面上为顺河向展布,呈上游(坝踵)宽、下游(坝趾)窄的"y"形展布;在剖面上呈浅部宽、深部窄的"V"形展布。风化深槽上游宽度 7~8 m,下游宽度 1.5~2.5 m,揭露深度 12~13 m(层底高程 951~952 m)。风化深槽以全–强风化状辉长岩为主,力学性质和水理性质差。为提高风化深槽及其周边岩体的整体性和抗变形能力,设计采取了对风化深槽内风化岩体挖除置换三级配 C25 混凝土回填处理方案,并加强风化深槽下部的固结灌浆施工。

(三)坝基抗滑稳定问题

河床 $10^{\#}$、$12^{\#}$ 坝段局部有缓倾角结构面发育,大部分为岩屑岩块型,部分为岩屑夹泥型及泥夹岩屑型,结构面抗剪强度较低,对大坝基础抗滑稳定有不利影响。对表层的缓倾角结构面采取了挖除的方式,对埋深比较大的缓倾角裂隙采取布置锚筋束的处理方式,从而解决了坝基深层抗滑稳定问题。

(四)左岸近坝单薄山脊渗漏与渗透稳定性

针对前期勘察过程中查明的左岸近坝单薄山脊渗漏问题,在施工期布置了 1~2 排帷幕灌浆孔进行防渗灌浆。根据先期完成的部分区段检查孔检查成果,帷幕灌浆基本达到了设计要求的岩体透水率 q 小于 5 Lu 的验收标准。对部分不满足要求的孔段,进行了补充灌浆处理。从而解决了左岸近坝单薄山脊渗漏及渗透稳定性问题,取得了良好的效果。

六、结　语

SETH 水利枢纽工程坝址区地层岩性为华力西期(γ_4^{2f})侵入钾长辉长岩及二长辉长岩。坝址区靠近乌伦古河断裂,坝基岩体节理裂隙较为发育,辉长岩岩体在裂隙发育部位产生差异风化,与小规模断层组合形成风化深槽,对坝基稳定及变形产生不利影响。坝基岩体局部发育的缓倾角裂隙,对重力坝坝基抗滑稳定产生不利影响。通过在施工期对上述地质现象进行深入的勘察研究,查明了存在的工程地质问题,为设计及施工提供了可靠的地质基础资料。

(作者单位:中水北方勘测设计研究有限责任公司)

SETH 水利枢纽工程坝址区岩质边坡稳定性分析

SETH 水库总库容 2.94 亿 m^3，水库多年平均供水量 2.58 亿 m^3，设计水平年改善灌溉面积 27.61 万亩，电站装机 27.6 MW。工程建成后，可使下游沿线乡镇防洪标准的洪水重现期由 10 年提高到 20 年，县城防洪标准由 20 年提高到 30 年。工程等别为 Ⅱ 等，工程规模为大（2）型。工程区岩体风化作用明显，岩体物理风化作用强烈。岩体风化表现出较强的不均一性，地貌上泥岩、页岩、片岩多呈低洼地形，强风化带厚度一般超过 10 m；凝灰岩、砂岩及侵入岩较为坚硬，抗风化力相对较强，地貌上多呈凸起地形，强风化带厚度一般小于 8 m。区内构造发育，构造带附近岩体破碎，风化强烈。靠近河流及大的冲沟局部切割陡峻。陡峻山坡多为基岩边坡，岩体卸荷强烈，坡角较陡，河道内见崩落、滑落块石，岸坡稳定性对工程建设是一个不利因素，因此分析坝址区边坡稳定性极为重要。

一、地质概况

（一）地层岩性

工程区广泛分布泥盆系、石炭系、新近系及第四系地层。泥盆系岩性为安山玢岩、凝灰岩、凝灰质砂岩等。石炭系岩性为安山玄武玢岩、凝灰岩、角砾凝灰岩等。新近系岩性为橙红色粉砂岩、泥岩及石膏。第四系主要为中更新统冲积物及上更新统、全新统冲积物，主要分布在河流两岸各级阶地、山前斜坡、山间洼地及下游冲洪积平原。侵入岩在工程区分布广泛，以华力西中期为主，岩性主要为中、酸性岩。

（二）地质构造

乌伦古河断裂（F11）自坝址南侧通过，距坝址左岸最近约 600 m，距厂房约 700 m，该断裂为晚更新世活动断裂，未发现全新世活动迹象。二台断裂为全新世活动断裂，其南端两个分支距坝址最近的距离分别为 2.2 km 和 7.0 km，距离上坝址更远。

（三）岩体物理力学性质

坝址区钾长辉长岩和二长辉长岩室内物理力学试验成果见表 1~4。

表 1　　　　　　　　　　钾长辉长岩物理力学性质试验成果（弱风化）

项目	颗粒密度（g/cm³）	块体密度（g/cm³）		孔隙率（%）	吸水率（%）		干抗压强度（MPa）	干弹性模量（GPa）
		干	饱和		自然	饱和		
块数	6	6	6	5	6	6	5	5
最小值	2.75	2.67	2.70	0.70	0.41	0.41	82.6	28.9
最大值	2.82	2.79	2.80	1.25	1.25	3.32	119.0	74.5
平均值	2.79	2.73	2.75	1.06	0.79	1.62	102.1	48.7

项目	饱和抗压强度（MPa）	饱和弹性模量（GPa）	饱和变形模量（GPa）	饱和泊松比	软化系数	冻后抗压强度（MPa）	冻融系数	冻融损失率（%）
块数	5	6	6	6	4	6	4	6
最小值	65.4	20.0	15.3	0.16	0.55	45.9	0.64	0
最大值	102.0	42.6	41.7	0.44	0.91	94.5	0.90	0
平均值	80.1	31.1	27.9	0.25	0.74	71.2	0.75	0

表 2 　　　　　　　　　　钾长辉长岩物理力学性质试验成果（微风化–新鲜）

项目	颗粒密度（g/cm³）	块体密度（g/cm³）		孔隙率（%）	吸水率（%）		干抗压强度（MPa）	干弹性模量（GPa）
		干	饱和		自然	饱和		
块数	23	23	23	22	23	23	21	21
最小值	2.76	2.68	2.71	0.29	0.30	0.42	67	26.7
最大值	2.83	2.79	2.81	1.86	1.09	2.92	200	72.2
平均值	2.78	2.74	2.75	0.82	0.52	1.08	134	53.4

项目	饱和抗压强度（MPa）	饱和弹性模量（GPa）	饱和变形模量（GPa）	饱和泊松比	软化系数	冻后抗压强度（MPa）	冻融系数	冻融损失率（%）
块数	20	23	23	23	14	24	12	25
最小值	63.1	29.3	20.0	0.10	0.51	35.0	0.61	0
最大值	121.0	70.8	67.7	0.36	0.89	142.0	0.93	0
平均值	85.8	47.4	41.7	0.24	0.66	64.3	0.76	0

表 3 　　　　　　　　　　二长辉长岩物理力学性质试验成果（弱风化）

项目	颗粒密度（g/cm³）	块体密度（g/cm³）		孔隙率（%）	吸水率（%）		干抗压强度（MPa）	干弹性模量（GPa）
		干	饱和		自然	饱和		
块数	11	11	11	11	11	11	11	11
最小值	2.77	2.74	2.75	0.19	0.23	0.33	68.5	43.5
最大值	2.81	2.77	2.78	1.75	0.63	1.29	204.0	77.5
平均值	2.78	2.75	2.76	0.83	0.40	0.69	140.0	59.4

项目	饱和抗压强度（MPa）	饱和弹性模量（GPa）	饱和变形模量（GPa）	饱和泊松比	软化系数	冻后抗压强度（MPa）	冻融系数	冻融损失率（%）
块数	10	11	7	6	8	11	7	11
最小值	68.0	35.8	34.3	0.11	0.45	42.5	0.58	0
最大值	145.0	60.6	59.7	0.24	0.77	142.0	0.94	0
平均值	103.0	47.0	47.3	0.19	0.62	96.6	0.76	0

表 4 　　　　　　　　　　二长辉长岩物理力学性质试验成果（微风化–新鲜）

项目	颗粒密度（g/cm³）	块体密度（g/cm³）		孔隙率（%）	吸水率（%）		干抗压强度（MPa）	干弹性模量（GPa）
		干	饱和		自然	饱和		
块数	29	29	29	29	29	29	29	29
最小值	2.76	2.73	2.75	0.20	0.24	0.30	115.0	37.9
最大值	2.82	2.79	2.80	1.38	0.50	1.20	199.0	79.4
平均值	2.78	2.76	2.77	0.74	0.36	0.60	157.9	58.2

项目	饱和抗压强度（MPa）	饱和弹性模量（GPa）	饱和变形模量（GPa）	饱和泊松比	软化系数	冻后抗压强度（MPa）	冻融系数	冻融损失率（%）
块数	25	29	15	18	23	29	18	29
最小值	92.2	27.2	40.3	0.10	0.51	56.5	0.51	0
最大值	142.0	73.1	66.7	0.23	0.98	127.0	0.99	0
平均值	120.8	54.6	54.6	0.17	0.75	92.4	0.77	0

二、岩质边坡静力稳定性分析与计算

(一)建立模型

根据坝址右岸岩质边坡实际尺寸,边坡高 173 m,在侵入岩地区为了简化计算,将岩质边坡视为一个各项同性体,为了弥补这种简化带来的缺陷,在赋予材料参数时进行了适当的折减,折减系数为 0.8。概化边界绘制模型如图 1 所示,根据实际情况,y 轴左侧为非临空面,在 y 轴上限制 x 方向位移,同理 x 轴下部为基岩面,在 x 轴上限制 y 方向位移。黄色区域为输入的材料区域,材料参数取值见表 1~4,单元格划分间距为 2 m。

(二)应力分析

根据建立的模型,利用 GEO-STUDIO 中 SIGMA/W 模块对已建立的模型进行分析计算,迭代次数为 10 次,计算分析出岩质边坡的总应力分布云图,如图 2 所示。在坡脚,向坡内的坡面拐点处应力集中,最大可达 20 kPa,随着高程降低应力越容易集中。

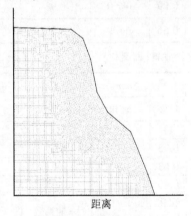

图 1　边坡概化模型

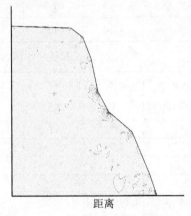

图 2　总应力分布云图

(三)岩质边坡有限元分析计算

根据 SIGMA/W 计算结果,在继承其应力分布情况下,利用 SLOPE/W 模块计算其潜在的危险滑移面,经计算安全系数为 5.1,如图 3 所示。边坡安全图如图 4 所示。

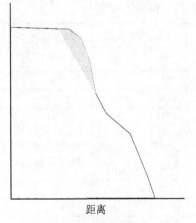

图 3　潜在危险滑移面分布图

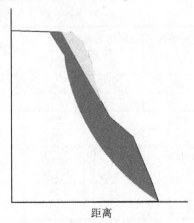

图 4　边坡安全图

三、地震工况下的稳定性分析

（一）地震参数选取

SETH 水利枢纽工程最大坝高 75.5 m，总库容 2.94 亿 m³。按《中国地震动峰值加速度区划图》（GB 18306—2015），坝址区 50 年超越概率 10% 的地震动峰值加速度为 0.20g，相应地震基本烈度为Ⅷ度，地震反应谱特征周期为 0.45 s。据此利用 QUAKE/W 模块生成相应的地震时程曲线，模拟地震持续 10 s，如图 5 所示。

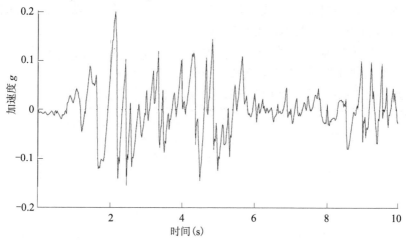

图 5   地震时程曲线

（二）地震工况下的应力重分布

经计算分析，地震工况下应力分布如图 6 所示，最大应力为可达 210 kPa，主要集中在向坡内的坡面拐点处，因此，地震过程中向坡内的坡面拐点处最易受到破坏。

（三）地震工况下边坡稳定性分析

将地震后的应力重分布情况继承到边坡稳定性计算中，以便能更好反映地震后安全系数与地震前的变化，经计算，地震后安全系数较低，$K=2.368$，潜在危险滑动面如图 7 所示。

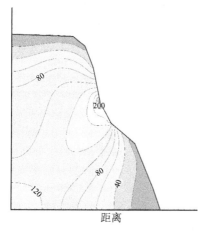

图 6   地震工况下应力重分布图

图 7   地震工况下潜在危险滑动面

四、结　语

（1）在侵入岩地区，岩质边坡稳定性分析可以简化模型，适当折减岩体物理力学参数，折减系数大小视开挖情况与地质条件而定。

（2）经过计算得知，岩质边坡开挖过程中，在向坡内的坡面拐点处、坡脚处容易形成应力集中，在宏观反映上即为剥离、破碎、小块崩落。

（3）经分析，选取的典型岩质边坡处于稳定状态，考虑辉长岩易于风化，其物理力学参数随风化程度加强而降低，加之新疆昼夜温差较大，在温度应力作用下，边坡易产生失稳。在施工过程中，对于表层松动岩体应及时清除，必要时做柔性防护网。

（4）地震工况下，地震动的作用导致岩体内部应力增高，在向坡内的坡面拐点处应力集中，易受到地震破坏。地震工况下，边坡安全系数降至 $K = 2.368$。

（5）在边坡开挖过程中，应严格控制坡比，避免变坡比开挖，防止坡面变坡比拐点处产生应力集中，造成表部岩体崩落。

（作者单位：中水北方勘测设计研究有限责任公司）

SETH 水利枢纽大坝工程坝基开挖爆破试验及成果分析

一、工程概况

SETH 水利枢纽主要由碾压混凝土重力坝(含挡水坝段、表孔和底孔坝段、放水兼发电引水坝段等)及消能防冲建筑物、坝后式电站厂房和过鱼建筑物等组成。

两岸坝肩主要为华力西期(γ_4^{2f})辉长岩,抗风化能力较弱,强风化岩体水平厚度不大。坝址岩石因风化和卸荷作用,表部岩体破碎,左、右岸岸坡局部岩体可能存在有掉块或小范围崩塌等现象,但不会对岸坡岩体整体稳定造成大的影响。

SETH 水利枢纽坝基石方爆破开挖量在 40 万 m^3,爆破施工工期 2 个月,作业面窄,工程量大,施工强度高。

二、爆破试验

结合本工程实际地质、地形及现有机械设备,2017 年 4 月 1 日,承包人在左右岸坝基范围内进行了爆破参数调整试验,坝基上部开挖采用台阶爆破、周边预裂的爆破方式,保护层采用一次爆破法挖除。根据以往的经验,本次爆破试验设计拟定炮孔直径 $d=100$ mm、孔深 $L=10$ m 的钻孔参数,采用 HCR1200-ED2 型钻机钻孔。通过计算得出合适的单位耗药量、预裂爆破线装药密度、起爆网路及最大单段药量,爆破试验前后对爆破区域进行了声波测试,综合分析研究爆破影响和效果。

(一)爆破试验参数

针对左右岸坝基开挖部分岩性硬度变化大的特点,对左右岸部位拟定相同的爆破试验参数,具体参数见表 1~3。

表 1　　　　　　　　　　　　　　　预裂爆破参数表

组号	钻机	钻头直径 (mm)	孔径 (mm)	孔深 (m)	孔距 (cm)	钻孔角度 (°)	间距系数	不耦合系数	线装药密度 (g/m)	堵塞段 (cm)	底部加强装药量(g)
左右岸	HCR1200-ED2	76	90	10	60	63	10	2.00	300	130	600

表 2　　　　　　　　　　　　　　　辅助孔爆破参数表

爆破组号	爆破分类	孔径 (mm)	孔深 (m)	钻孔角度 (°)	梯段高度 (m)	最小抵抗线 (m)	排距 (m)	间距 (m)	堵塞长度 (m)	药卷直径 (mm)	单耗 (kg/m³)	装药量 (kg)
左右岸	缓冲孔	90	2.3	90	8.94	1.0	—	1.3	1.3	32	0.21	0.8

表 3　　　　　　　　　　　　　　　主体爆破参数表

爆破组号	爆破分类	孔径 (mm)	孔深 (m)	钻孔角度 (°)	梯段高度 (m)	最小抵抗线 (m)	排距 (m)	间距 (m)	堵塞长度 (m)	药卷直径 (mm)	单耗 (kg/m³)	装药量 (kg)
左右岸	主爆孔	90	10	90	8.94	1.6	2.5	2.5	2.8	32	6	12.72

预裂孔炸药采用乳化炸药,辅助孔及主爆孔采用2#岩石硝铵炸药,爆破试验网路采用塑料导爆管毫秒微差爆破网路。

左右岸预裂孔均采用间隔装药。从孔口到孔底线装药密度为0.3 kg/m,导爆索上的药卷均匀分布,药卷间距为35 cm,药卷长度为15 cm,孔口段堵塞长度1.3 m。孔底段为克服岩体底部夹制力进行加强装药,装药量为0.9 kg。装药结构如图1所示。

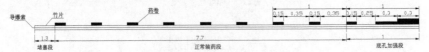

图1　装药结构示意图(单位:m)

辅助孔采用连续装药,孔距1.3 m;排距1.5 m;孔深2.3 m;单耗药量0.21 kg/m³;长度$L=2$ m,堵塞长度0.7 m;单响药量$Q_{max}=0.8$ kg,总孔数16个;总装药量101.76 kg,非电雷管共16发;导爆索共20.8 m。

主爆孔采用连续装药,孔距2.5 m,排距2.5 m,孔深10 m,单耗药量$q=0.36$ kg/m³,单响药量$Q=12.72$ kg,装药长度7.2 m,堵塞长度2.8 m,总孔数20个;总装药量$\sum Q=824.4$ kg,非电雷管共40发;导爆索共65 m。

炮孔布设采用梅花形布孔,起爆方式采用微差挤压起爆。炮孔布设及起爆方式具体如图2所示。

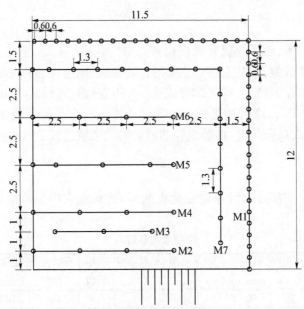

图2　炮孔平面布置图(单位:m)

起爆方式采用塑料导爆管毫秒微差爆破网路,起爆顺序按照图2所示 M1-M2-M3-M4-M5-M6-M7依次起爆。

(二)爆破试验效果

爆破后经现场检查及岩石粒径分析发现,爆破参数满足开挖要求,边坡平整,超欠挖在规范允许范围之内,预裂孔残孔率在80%以上,预裂爆破效果明显,但出渣料粒径达不到预期效果,大块率偏高,影响出渣速度。

三、声波测试成果

(一) 依据及方法

爆破试验前后进行了声波测试,在左右岸各布置2个钻孔,左岸声波孔孔深各5 m,右岸声波钻孔各6.6 m,声波测试工程量共46.4 m。钻孔声波波速测试采用单孔测试,自孔底向上提升逐点连续测试,测试使用双道记录,测试点距0.2 m,并进行了不少于总工作量5%的检查观测,均方相对误差$m<3.0\%$,符合《水利水电工程物探规程》(SL 326—2005)中的要求。

根据《水电水利工程爆破安全监测规程》(DL/T 5333—2005)有关内容要求,声波检测法判断爆破破坏或岩体质量的标准,以同部位的爆后波速与爆前波速的变化率 η 来衡量。爆破后声波波速的变化率 η,按下式计算:

$$\eta = \left| 1 - \frac{v_{p2}}{v_{p1}} \right| \times 100\%$$

式中　η——爆破后声波波速的变化率,%;

　　　v_{p1}——爆破前的声波波速,m/s;

　　　v_{p2}——爆破后的声波波速,m/s。

爆破影响深度声波检测判断标准见表4。

表4　　　　　　　　　　　**爆破影响深度声波检测法判断标准**

爆破后声波波速变化率(%)	破坏情况
$\eta \leqslant 10$	爆破破坏甚微或未破坏
$10 < \eta \leqslant 15$	爆破破坏轻微
$\eta > 15$	爆破破坏

(二) 测试成果分析

各孔爆破前后声波对比测试曲线图如图3~6所示。

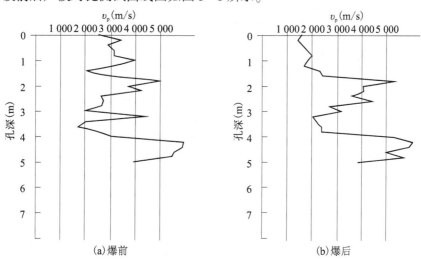

(a)爆前　　　　　　　　　　　(b)爆后

图3　1#钻孔声波波速—孔深曲线图

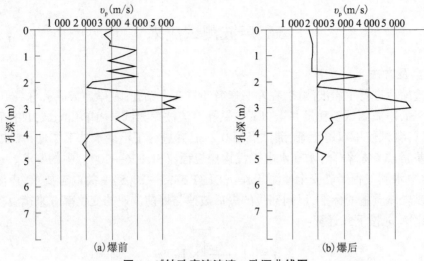

(a) 爆前　　　　　　　(b) 爆后

图4　2#钻孔声波波速—孔深曲线图

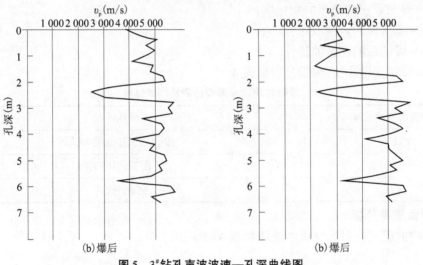

(b) 爆后　　　　　　　(b) 爆后

图5　3#钻孔声波波速—孔深曲线图

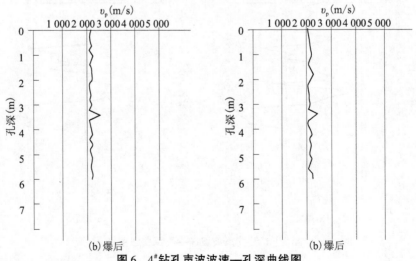

(b) 爆后　　　　　　　(b) 爆后

图6　4#钻孔声波波速—孔深曲线图

图3~6可知,钻孔原岩应力带与相对速度较低的应力下降带之间的界限比较清楚。因地质条件影响,左岸爆破试验区岩体0~1.4 m测试段爆前爆后波速差异大,为爆破影响;1.4~5 m测试段爆前爆后波速差异小,未受爆破影响或影响较小。右岸爆破试验区岩体0~1.6 m测试段爆前爆后波速差异大,为爆破影响;1.6~6.6 m测试段爆前爆后波速差异小,未受爆破影响或影响较小。因此,可以得出本次爆破试验爆破松动圈影响厚度约1.4 m范围,满足设计和规范相关要求。

四、试验总结

(一)试验效果总结

本次爆破试验采取的参数,基本满足开挖要求,试验区爆后边坡平整,超欠挖在允许范围之内,预裂孔残孔率在80%以上,预裂爆破效果明显;爆破松动圈影响厚度约1.4 m范围,满足设计和规范相关要求,取得了本工程地质条件下基本爆破参数。

(二)参数调整

鉴于爆破后渣料大块率偏高,影响出渣速度等问题,在后续爆破中进行生产性试验予以调整和改进,对爆破试验获取的参数进行了微调,微调后爆破效果达到了预期效果。

1.装药结构调整

调整预裂孔的线装药结构,减小线装药量,将试验时线装药量0.3 kg/m,药卷间距0.35 m调整为线装药量0.25 kg/m,药卷间距0.25 m,底部加强装药为0.6 kg,如图7所示。

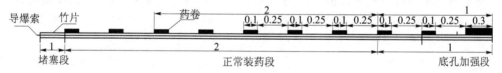

图7 调整后的装药结构示意图(单位:m)

2.钻孔参数调整

辅助孔间距及装药量不变,主爆孔间距调整为2 m,排距调整为2 m,堵塞长度调整为2 m,具体参数见表5。

表5   主爆孔参数表

爆破组号	爆破分类	孔径(mm)	孔深(m)	钻孔角度(°)	梯段高度(m)	最小抵抗线(m)	排距(m)	间距(m)	堵塞长度(m)	药卷直径(mm)	单耗(kg/m³)	装药量(kg)
左右岸	主爆孔	90	10	90	8.94	1.6	2	2.0	2	32	0.4	16.8

(作者单位:二滩国际工程咨询有限责任公司)

坝基岩体爆破开挖及卸荷回弹影响深度检测与评价

刘栋臣　赵洪鹏　魏树满

水利工程坝基爆破开挖是岩石基础常见的开挖形式。基岩爆破开挖是一个复杂的静、动力学过程,当炸药在岩体炮孔中爆炸后,炸药爆炸后的动力效应在岩体中的破坏作用,按爆破影响的范围可分为爆源区、爆破中区和爆破远区。若按炸药爆炸后的能量作用方式可分为:在爆源附近有炸药爆炸形成的高压冲击波和高压气体区;在爆破中区岩体的冲击波衰减为压应力波和具有一定压力的气体区;在爆破远区压应力衰减为爆破地震波(弹性波)。按炸药爆炸后岩体的破坏状况可分为粉碎区、破裂区、振动区。

通过上述对岩石破坏原因分析,不难看出:从施工角度分析,炸药能量越大越好,高能量炸药爆破岩石破碎程度高、范围大;从工程角度分析,基岩扰动程度越小越好,两者之间是一对矛盾体。粉碎区和破裂区的岩石在爆破后清除;由于爆炸压力和爆生气体经过破裂区到达振动区后,能量耗损很大,应力波已转化为弹性波,只能引起岩体发生弹性振动,已不具备使岩石产生明显破坏的功能,所以振动区的岩体一般作建基岩体被保留下来。但自然界的岩体都经受过多期的构造运动,即便在完整岩体中,虽然外观完整,但其内部是有损伤的,即有隐微小裂纹或小至穿晶、绕晶小裂纹,在爆炸应力波或弹性波的冲击下,小裂纹的长度沿原有裂纹尖端外延伸长,使完整岩体中的小裂纹损伤程度扩大;同时,当上部岩体挖除后,打破了原来水平应力和自重应力场,将使其重新分布,形成了新的卸荷回弹岩体,从而导致层面和裂隙面的开度显化或开度扩大。

因此,检测和评价爆破振动区岩体卸荷回弹的影响深度,对工程施工和设计具有重要意义。在 SETH 水利枢纽工程,为评价坝基岩体爆破开挖及卸荷回弹的影响程度等,在坝基不同高程建基面基础均布置了钻孔声波测试工作。

一、工程简介

(一)工程概况

SETH 水利枢纽是流域规划确定的具有多年调节功能的水库,工程任务为工业供水和防洪,兼顾灌溉和发电,为加强流域水资源管理和维持生态创造条件。

枢纽建筑物主要由拦河坝、泄水建筑物、发电引水系统、坝后式电站厂房和过鱼建筑物等组成。拦河坝为碾压混凝土重力坝,最大坝高 75.5 m,水库总库容 2.94 亿 m³。工程等别为 Ⅱ 等,工程规模为大(2)型。

(二)地形地貌

坝址位于剥蚀低山区,地面高程 970~1 110 m,高差约 140 m。河谷呈不对称 U 形谷,总体走向 NE 向,谷底宽约 150 m。河道较平缓,坡降约 1.2‰。主河槽偏向右岸,宽约 50 m,勘察期间水深 0.7~2.0 m。河漫滩主要分布在河床两岸,生长有杨、柳科植物。

两岸山体基岩裸露,山顶呈浑圆状,高程 1 100~1 110 m。右岸岸坡较陡,坡度 30°~36°,沿岸多有陡壁分布。左岸岸坡稍缓,坡度 30°~34°,局部见有陡壁。

(三)地层岩性

坝基岩体主要为华力西期(γ_4^{2f})侵入体。岩性主要为钾长辉长岩、二长辉长岩。

(1)钾长辉长岩:肉红色,中、细粒半自形粒状结构,块状构造。岩石由钾长石(35%~55%)、斜长石(20%~25%)、石英(10%~15%)、角闪石(5%~10%)、单斜辉石等组成。

(2)二长辉长岩:灰褐色,中、细粒半自形粒状结构,块状构造。岩石由斜长石(50%~65%)、辉石(15%~35%)、钾长石(10%~15%)、石英(5%~10%)、角闪石(3%~5%)、单斜辉石等组成。

二、测试成果

(一)单孔测试对比结果

1.16#-ZK11 和 16#-ZK4 钻孔

根据 16#坝段的 16#-ZK11 钻孔与其附近的 2017 年优化设计勘察时的 16#-ZK4 钻孔(16#-ZK11 和 16#-ZK4 钻孔水平距离为 1.6 m)在同高程的声波纵波速度对比结果(如图 1(a)所示)可知:

(1)开挖前,16#-ZK4 钻孔建基面以下岩体的 v_p—H 曲线相对平缓,波速变化差异不大;岩体弹性参数较高,实测声波波速为 3 910~5 560 m/s,整体平均波速为 4 960 m/s,岩体动弹性模量为31.03~72.58 GPa,平均值为 55.82 GPa,岩体完整性系数为 0.42~0.86,均值为 0.69,整体上属较完整岩体,说明在原岩状态下的坝基岩体质量较好。

(2)开挖后,建基面以下岩体的 v_p—H 曲线与开挖前相比自上而下可划分为波速降低段和稳定波速段,在高程 961.9 m(对应孔深为 1.7 m)以上,16#-ZK11 钻孔实测声波波速为 2 210~3 970 m/s,平均值为 3 270 m/s,岩体动弹性模量为 7.58~32.21 GPa,平均值为 21.11 GPa,岩体完整性系数为 0.14~0.44,均值为 0.31,整体上属较破碎岩体;在高程 961.9 m(对应孔深为 1.7 m)以下,16#-ZK11 钻孔实测声波波速为 2 430~5 680 m/s,平均值为 5 050 m/s,岩体动弹性模量为 9.59~76.35 GPa,平均值为 59.13 GPa,岩体完整性系数为0.16~0.90,均值为 0.72,整体上属较完整岩体,说明在原岩状态下的坝基岩体质量较好。

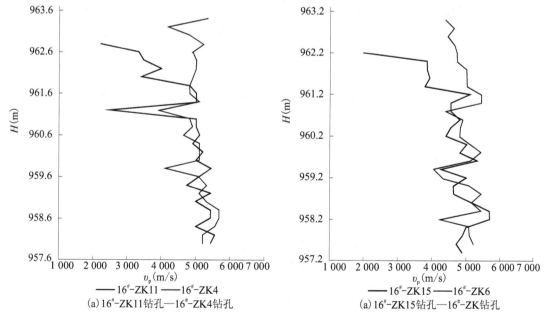

(a)16#-ZK11 钻孔—16#-ZK4 钻孔   (a)16#-ZK15 钻孔—16#-ZK6 钻孔

图 1　开挖前后单孔声波纵波速度对比图

2.16#-ZK15 和 16#-ZK6 钻孔

根据 16# 坝段的 16#-ZK15 钻孔与其附近的 2017 年优化设计勘察时的 16#-ZK6 钻孔(16#-ZK15 和 16#-ZK6 钻孔水平距离为 3.0 m)在同高程的声波纵波速度对比结果(如图 1b 所示)可知:

(1)开挖前,16#-ZK6 钻孔建基面以下岩体的 v_p—H 曲线相对平缓,波速变化差异不大;岩体弹性参数较高,实测声波波速为 4 030~5 440 m/s,整体平均波速为 4 920 m/s,岩体动弹性模量为 33.41~68.92 GPa,平均值 54.71 GPa,岩体完整性系数为 0.45~0.82,均值为 0.67,整体上属较完整岩体,说明在原岩状态下的坝基岩体质量较好。

(2)开挖后,建基面以下岩体的 v_p—H 曲线与开挖前相比自上而下可划分为波速降低段和稳定波速段,在高程 961.1 m(对应孔深为 1.9 m)以上,16#-ZK15 钻孔实测声波波速为 1 980~3 910 m/s,平均值为 3 480 m/s,岩体动弹性模量为 5.78~31.03 GPa,平均值为 25.06 GPa,岩体完整性系数为 0.11~0.42,均值为 0.35,整体上属较破碎岩体;在高程 961.1 m(对应孔深为 1.9 m)以下,16#-ZK15 钻孔实测声波波速为 4 240~5 680 m/s,平均值为 4 880 m/s,岩体动弹性模量为 37.81~76.35 GPa,平均值为 53.57 GPa,岩体完整性系数为 0.50~0.90,均值为 0.66,整体上属较完整岩体,说明在原岩状态下的坝基岩体质量较好。

对比开挖前后钻孔声波测试结果表明:16# 坝段在建基面以下埋深 1.7~1.9 m 以上普遍存在一层相对低波速岩体,该层与对应段原状岩体相比,平均波速降低 26%~33%,平均动弹性模量降低 49%~61%。说明坝基建基面形成后,在一定深度范围内的岩体受到了不同程度的破坏并发生了卸荷回弹变形。

(二)不同平台的测试结果

通过对同高程平台钻孔声波测试结果的相同孔深进行平均计算,可获得不同高程平台的平均 v_p—H(孔深)曲线(如图 2 所示),由此可看到自上而下都存在波速降低段和稳定波速段。

1.左岸 964 m 高程平台

该平台由 7# 和 9# 部分、8# 坝段组成,共测试并统计 10 个钻孔。在孔深 2.1 m 以上的波速降低段的平均值为 3 510 m/s,其下部的稳定波速段的平均值为 4 620 m/s,平均波速降低约 24%。

2.河床 959 m 高程平台

该平台由 9# 部分、10# 和 11# 坝段组成,共测试并统计 27 个钻孔。在平均孔深 0.9 m 以上的波速降低段的平均值为 3 690 m/s,其下部的稳定波速段的平均值为 4 610 m/s,平均波速降低约 20%。

3.河床 956 m 高程平台

该平台由 13#、14# 部分坝段组成,共测试并统计 20 个钻孔。在平均孔深 0.9 m 以上的波速降低段的平均值为 3 630 m/s,其下部的稳定波速段的平均值为 4 750 m/s,平均波速降低约 24%。

4.右岸 963 m 高程平台

该平台由 15#、16# 部分坝段组成,共测试并统计 12 个钻孔。在平均孔深 1.7 m 以上的波速降低段的平均值为 3 510 m/s,其下部的稳定波速段的平均值为 4 420 m/s,平均波速降低约 21%。

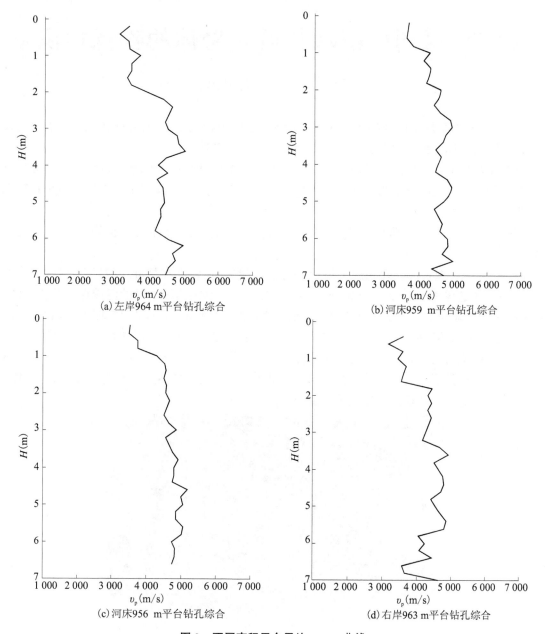

(a) 左岸964 m平台钻孔综合

(b) 河床959 m平台钻孔综合

(c) 河床956 m平台钻孔综合

(d) 右岸963 m平台钻孔综合

图 2   不同高程平台平均 v_p—H 曲线

三、结　语

(1)单孔声波测试的对比结果表明,坝基岩体爆破开挖后在一定深度范围内的岩体受到了不同程度的破坏并产生了卸荷回弹变形。

(2)两岸坝段在高程963~964 m平台的平均影响深度为1.7~2.1 m;河床坝段在高程963~964 m平台的平均影响深度约为0.9 m。

(作者单位:中水北方勘测设计研究有限责任公司)

SETH 水利枢纽坝基风化岩体的物探检测

张美多　　　魏树满

SETH 水利枢纽是流域规划确定的具有多年调节功能的水库,工程任务为工业供水和防洪,兼顾灌溉和发电,为加强流域水资源管理和维持生态创造条件。

枢纽建筑物主要由拦河坝、泄水建筑物、发电引水系统、坝后式电站厂房和过鱼建筑物等组成。拦河坝为碾压混凝土重力坝,最大坝高 75.5 m,水库总库容 2.94 亿 m³,工程等别为 Ⅱ 等,工程规模为大(2)型。

坝基岩体主要为华力西期(γ_4^{2f})侵入体。岩性主要为肉红色钾长辉长岩、灰褐色二长辉长岩。

在为 14# ~16# 坝段基础开挖优化设计进行物探测试时,发现在坝 0+252、下 0+000—坝 0+264、下 0+048 连线和坝 0+268、下 0+000—坝 0+271、下 0+048 连线之间的区域存在低波速异常体,推测为构造破碎带。在 15# ~16# 坝段开挖至 963.5 m 高程时,发现在 15# 坝段坝轴线下游靠近 16# 坝段附近岩体破碎,施工单位用挖掘机试挖,结果非常易挖(如图 1 所示)。岩体呈土黄色、全风化状,说明低波速异常体为风化岩体。为查明风化岩体的空间分布及物性特征,在基础开挖后又加密布置了检测钻孔并进行了岩体声波测井及钻孔电视观察等物探测试工作,物探成果为采取有效的工程处理措施提供了重要依据。

图 1　风化岩体照片

一、物探成果

在优化设计时布置了 12 个钻孔,在基础开挖后为查明风化岩体的具体位置又布置了 7 个物探检测孔,钻孔布置如图 2 所示。每个钻孔均进行岩体声波测井及钻孔电视观察等工作。

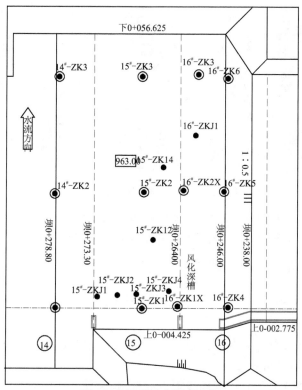

图 2　物探钻孔布置示意图

根据各钻孔的声波测试结果绘制的坝轴线、坝下 0+024、坝下 0+048 断面的声波纵波速度等值线如图 3 所示,不同高程平面的声波纵波速度等值线如图 4 所示。

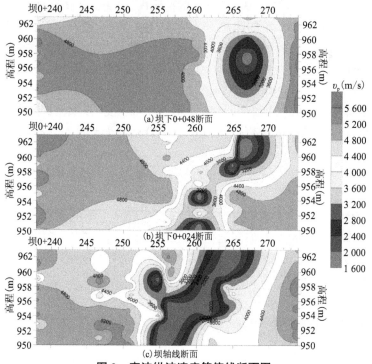

图 3　声波纵波速度等值线断面图

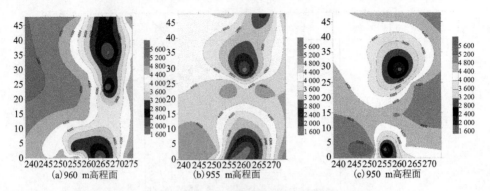

图 4　声波纵波速度等值线平面图

结合实际开挖结果并综合钻孔电视观察与岩体声波纵波速度的对比关系,分析认为:全风化岩体的声波纵波速度低于 2 000 m/s;强风化岩体的声波纵波速度一般在 2 000~3 200 m/s;弱岩体的声波纵波速度一般高于 3 200 m/s。

二、成果分析

15# 与 16# 坝段之间发育一条断层,其产状为 NE42°~45°SE∠75°~78°。全、强风化岩体主要分布在断层的上盘,具体分析如下:

(1)在断面上(如图 3 所示):①坝轴线附近的全、强风化岩体连续分布在 v_p<3 200 m/s 的范围内,由 963 m 高程面的坝 0+260—0+269 向 950 m 高程面的坝 0+254—0+259 范围延伸,岩体为土黄色、破碎-较破碎、局部掉块,实测岩体声波纵波速度为 1 670~2 400 m/s;②坝下 0+024 断面附近的全、强风化岩体断续分布在 v_p<3 200 m/s 的范围内,由 963 m 高程面的坝 0+265—0+270 向 950 m 高程面的坝 0+258—0+262 范围延伸,孔内岩体为土黄色、破碎-较破碎、局部掉块,实测岩体声波纵波速度为 1 570~2 720 m/s;③坝下 0+048 断面附近的全、强风化岩体主要分布在坝 0+265—0+269、高程 960~953 m 的 v_p<2 800 m/s 的范围内,孔内岩体为土黄色、破碎-较破碎、局部掉块,实测岩体声波纵波速度为 1 740~2 660 m/s。

(2)在平面上(如图 4 所示):①浅部的 960 m 高程平面上全、强风化岩体分布的连续性相对较好;②955 m 高程平面上全、强风化岩体呈断续分布;③950 m 高程平面上全、强风化岩体呈局部分布。

三、结　　语

在物探检测范围内,15#~16# 坝段附近的全、强风化岩体主要分布在断层的上盘,孔内岩体为土黄色、破碎-较破碎、局部掉块,实测岩体声波纵波速度为 1 570~2 720 m/s;在浅部建基面附近分布范围相对较大、连续性较好,由上游坝轴线附近向下游坝趾影响范围变小;在 950 m 高程平面上全强风化岩体呈局部分布。

设计人员依据物探成果,针对全、强风化岩体及周边较破碎岩体采取了挖除后回填三级配混凝土并加强固结和帷幕灌浆等措施。

(作者单位:中水北方勘测设计研究有限责任公司)

SETH 水利枢纽帷幕灌浆试验及成果分析

孔西康　　黄荣佳

一、工程概况

(一)工程简介

SETH 水利枢纽主要由碾压混凝土重力坝(含挡水坝段、表孔和底孔坝段、放水兼发电引水坝段等)及消能防冲建筑物、坝后式电站厂房和过鱼建筑物等组成。

坝基开挖宽度 90 m,长 372 m,为确保坝基渗透稳定,设计布置 2 排帷幕。为确保左、右岸延伸段基岩渗透稳定,减少库容损失,设计分别在左岸布置 700 m 帷幕灌浆和右岸 200 m 帷幕灌浆。

(二)工程地质和水文地质简况

坝基地层主要为第四系松散堆积物和华力西期(γ_4^{2f})辉长岩侵入体,河床覆盖层以全新统冲积层砂卵砾石为主,最大厚度 5.2 m。

两岸坝肩主要为华力西期(γ_4^{2f})辉长岩,抗风化能力较弱,强风化岩体水平厚度不大。坝址岩石因风化和卸荷作用,表部岩体破碎,左、右岸岸坡局部岩体可能存在有掉块或小范围崩塌等现象,但不会对岸坡岩体整体稳定造成大的影响。

因河流水量受气温影响,以冰雪融水为主,融水集中,枯水期长,年内分配不均匀,以春夏季 5—7 月最集中,占全年径流量的 65%。个别年份 4 月和 8 月也有大洪水出现。

二、帷幕灌浆设计布置及要求

(一)帷幕灌浆设计布置

SETH 水利枢纽坝基防渗帷幕采取上堵下排的措施,在坝基廊道布置 2 排帷幕灌浆封堵,并在廊道下游侧设置排水孔及时排除局部渗水。廊道内布置 2 排帷幕孔,排距 0.7 m、孔距 2 m,上游排为主帷幕,孔深 60 m,下游排为副帷幕,孔深 47 m。左右坝肩及延伸段均布置 1 排帷幕灌浆孔,孔距 2 m,局部设置 2 排,排距 2 m,孔距 2 m,孔深左岸 62.2 m,右岸 100.8 m。

(二)质量标准及要求

(1)坝基灌后透水率 $q \leqslant 3$ Lu,左岸近坝段和右岸透水率 $q \leqslant 3$ Lu,左岸远坝段透水率 $q \leqslant 5$ Lu。

(2)帷幕灌浆质量主要采用钻孔取芯和压水试验进行检查。

(3)检查时间:压水试验检查工作应在该部位灌浆结束 14 d 后进行。

(4)帷幕压水试验检查孔的布置。根据灌浆资料、施工情况、工程部位的重要性确定,其数量不少于帷幕灌浆孔数的 10%,每个单元检查孔数量不少于 1 个。坝体混凝土与基岩接触段及下一孔段的合格率应为 100%,再向下各孔段合格率应在 90% 以上,其余不合格孔段透水率值不应超过规定值的 150%,且不集中。

(5)先导孔、检查孔及其他灌浆孔的压水试验的压力为该孔段最大灌浆压力的 80%,但不大于 1 MPa,采用单点法。

（6）先导孔按设计深度终孔段压水试验透水率 $q \leq 3$ Lu（左岸远坝段透水率 $q \leq 5$ Lu）时终孔，当大于以上值时需加深一段（5 m）直至满足设计要求，从而确定帷幕灌浆深度，基本形成一道相对封闭的防渗体。

三、帷幕灌浆试验布置

（一）试验主要目的

（1）试验验证设计孔距灌后检查能否满足设计防渗标准，推荐未满足设计防渗标准的合理孔距布置。

（2）通过试验说明金刚石钻头清水回转钻进与潜孔锤冲击回转钻进造孔对可灌性是否存在差异。

（3）通过试验推荐适宜的施工方法、施工程序、灌浆压力、水灰比。

（4）确定合理的工效和资源配置，为后期工期计划和保证提供依据。

（5）通过先导孔及Ⅰ序孔灌前压水试验了解岩石的原始渗透性和完整性，灌后确定岩石的可灌性和耗灰量，为后期施工耗灰量提供依据。

（二）试验布置方案

为达到以上试验目的，在左岸帷幕桩号 0+450，距帷幕线 200 m 附近，岩性相近的非帷幕线区域布设帷幕试验段。布置单排帷幕孔，孔距 2 m 和 1.5 m 两个试验区，长度 20 m，孔深为左岸帷幕设计平均孔深 54 m。试验区为无盖重施工，均下入孔口管 3 m，深入基岩 2 m，孔口管以下为帷幕灌浆段。一试验区（孔距 2 m）5 个孔，Ⅰ序 2 个、Ⅱ序 1 个、Ⅲ序 2 个；二区（1.5m）8 个孔，Ⅰ序 2 个、Ⅱ序 2 个、Ⅲ序 4 个。检查孔 3 个，布置在吃浆量较大的两孔中间，一区布置 1 个，二区布置 2 个，其目的为分别检查 2 m 和 1.5 m 不同孔距的灌后效果。声波测试采取灌前、灌后岩体波速对比分析，灌前一区测试 2 个Ⅰ序孔（WS1、WS5），灌后对检查孔（WSJ-1）进行测试，二区声波测试 1 个Ⅰ序孔（WS9），灌后对 2 个检查孔（WSJ-2、WSJ-3）进行测试，对帷幕灌浆效果的评价提供参考依据。左岸帷幕灌浆试验区平面布置示意图如图 1 所示。

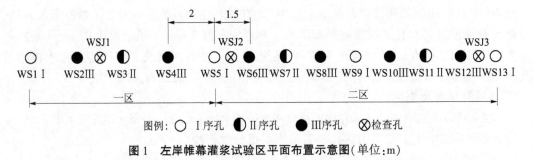

图 1　左岸帷幕灌浆试验区平面布置示意图（单位：m）

（三）帷幕灌浆试验工程量

帷幕灌浆试验工程量统计见表 1。

位置	孔数	灌浆段数	压水试验（段）	进尺（m）			检查孔
				非灌段	钻灌	合计	
一区	5	60	60	14.4	270.2	284.6	54(1个)
二区	8	96	96	25.9	481.9	507.8	108(2个)
合计	13	156	156	37.3	702.1	739.4	162(3个)

表1 　帷幕灌浆试验工程量统计表

四、试验主要施工程序及方法

（一）主要施工程序和工艺流程

1.施工程序

总体程序是先完成13个孔上部非灌段的钻孔、下孔口管及浓浆封闭凝固，后进行各孔序的钻灌工作，最后进行检查孔的施工。即：施工准备→测量放样→上部非灌段的钻孔、下孔口管及浓浆封闭凝固→Ⅰ序孔→Ⅱ序孔→Ⅲ序孔→检查孔。非灌段钻孔施工不受孔序的影响。

2.工艺流程

孔口封闭灌浆法：施工准备→孔位放样→钻机定位→非灌段钻孔→下孔口管→拔出跟管钻进套管→孔口管镶铸并待凝→钻第一段→冲洗→压水试验→孔口封闭→灌浆→钻下一段→……终孔验收→终孔段灌浆、封孔。其流程图如图2所示。

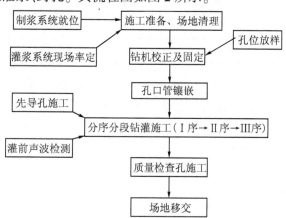

图2　帷幕灌浆施工工艺流程图

（二）钻孔施工

1.上部非灌段钻孔

该部位采用SKY100J履带跟管钻机配置φ127 mm偏心钻头，φ127 mm套管跟进钻孔，风压1.0~1.5 MPa，钻到位后下入φ110 mm钢管作为孔口管，然后拔出套管并对孔口管底部进行水泥浓浆封闭凝固，孔口管顶部高出地面10 cm。

2.灌浆段钻孔

一区灌浆段钻孔采用多种工艺，其中WS5为取芯孔，孔径φ91 mm，金刚石钻头清水回转钻进，WS1~WS4为全断面破碎不取芯孔，孔径为φ59 mm，金刚石全断面清水回转钻进。二区灌浆段采用 XY-Ⅱ型钻机及 SKY100J 履带跟管钻机 2 种造孔工艺,其中 WS6~WS8 孔为全断面破碎不取芯孔,金刚石全断面破碎清水回转钻进,WS9~WS13 采用潜孔锤冲击回转钻进工艺,孔径 ϕ91 mm。采用不同钻进工艺目的是通过试验分析说明金刚石钻头清水回转钻进与潜孔锤冲击回转钻进造孔对可灌性是否存在差异和影响。其具体要求如下:

(1)孔位应符合设计要求,钻孔应标注孔号和孔序,开孔位置与设计孔位偏差不大于 10 cm,孔深与设计深度误差不大于 20 cm,钻机应安装稳固。

(2)灌浆孔的钻进应按灌浆程序分序分段进行。

(3)取芯钻孔,岩芯按取芯次序统一编号,填牌装箱,并绘制钻孔柱状图和进行岩芯描述。

(4)在钻孔过程中,应对钻孔漏浆、孔壁稳定、芯样长度及其他能充分反映地层特性的因素进行观测和记录。

(5)钻孔冲洗,每段灌浆孔在钻完后,应先用大流量清水冲洗,直到孔口回水完全变清且延续 5~10 min 为止,孔底残存杂质厚度小于 20 cm。

3.钻孔孔斜控制

为保帷幕钻孔孔斜在设计要求范围内,随时进行孔斜检测,及时纠偏,具体采取以下措施:

(1)开孔前先稳固好钻机,对准孔位后,校正钻机水平度及立轴前后左右的角度,保证开孔向准确,复核后才开孔钻进。

(2)使用测斜仪定期检测,及时控制和纠偏。按规范要求偏斜率不大于 2.5% 进行控制。帷幕灌浆钻孔允许孔深偏差值见表 2。

表 2　　　　　　　　　　帷幕灌浆钻孔允许孔深偏差值

孔深(m)	20	30	40	50	60	80	100
最大允许偏差值(m)	0.25	0.5	0.8	1.15	1.5	2.0	2.5

为保证钻孔孔底偏差在设计范围内,钻孔在施工过程中首先将钻机架设牢固稳定,人工用水平尺及罗盘进行水平面找平和垂直度控制,钻机用地锚、加大槽钢底座接触面积等措施,开孔孔位准确,孔口管理设稳固及保证竖直。钻孔过程中严格控制,尤其是钻孔前 20 m 控制,使用冲击器造孔时采用大口径钻杆以起到导正作用,在遇到破碎地层及软弱夹层时,严格控制压力及钻速,以低钻速低压力缓速通过,以控制孔斜。测斜仪采用 KXP-1S 轻便数字测斜仪,测斜成果反映孔斜偏差均满足规范要求。

通过试验区造孔工效反映,金刚石取芯回转钻进单机每台班(12 h)进尺 5~7 m,金刚石全破碎回转钻进单机每台班(12 h)进尺 7~8 m,潜孔锤冲击回转钻进单机每台班(12 h)进尺 15~20 m。

(三)灌浆施工

灌浆工艺流程为:孔位放样→钻机校正→钻孔→裂隙冲洗→验孔→声波测试→压水试验→灌浆(分序分段进行)→封孔灌浆→待凝人工封填。

1.钻孔冲洗及裂隙冲洗

钻孔完毕应用导管伸入距孔底 50 cm 处,通入大流量水流,从孔底向孔外进行冲洗,钻孔冲洗直至回清水后 10 min 结束,孔内沉积厚度未超过 20 cm。灌浆前采用压力水进行裂隙冲洗,裂隙冲洗压力为灌浆压力的 80%,压力超过 1 MPa 时,采用 1 MPa。裂隙冲洗回清水 10 min 后结束,裂隙冲洗与压水试验结合进行,总时间 30 min 左右。当邻近有正在灌浆的孔或邻近灌浆孔结束不足 24 h 时,不能进行裂隙冲洗。灌浆段裂隙冲洗后,应立即连续进行灌浆作业,因故中断时间间隔超过 24 h 时,灌浆前重新进行裂隙冲洗。

2. 声波测试

声波测试采取灌前、灌后岩体波速对比分析。灌前一区测试 2 个 I 序孔(WS1、WS5),灌后对检查孔 (WSJ-1)进行测试,二区声波测试 2 个 I 序孔(WS9、WS13),灌后对 2 个检查孔 (WSJ-2、WSJ-3)进行测试;对帷幕灌浆效果的评价提供参考依据。声波测试采用 WSD-2A 数字声波仪,自下而上逐点测试,点距 0.20 m。

3. 压水试验

考虑到试验段的特殊性,设计要求试验段灌前 I 序孔进行五点法压水试验,采用 5 个阶段三级压力进行,最大压力为 1 MPa,五点法压水每 1 min 测读 1 次压入流量,取最后的流量值做为计算流量,压水压力为 0.3、0.6、1 MPa 三级压力,当试验段灌浆压力小于 1 MPa 时采用单点法压水。后期施工按设计要求先导孔和检查孔均进行单点法压水,5 min 读数 1 次,连续 4 次读数最大值与最小值之差小于 1 L 或最终值的 10%,视为稳定即可结束,其余孔均做简易压水,每 5 min 测读 1 次压入流量,压水时间 20 min 即可结束。压水试验成果以透水率 q 表示,单位为吕荣(Lu)。透水率按规范《水工建筑物水泥灌浆施工技术规范》(SL 62—2014)附录 B 计算。

先导孔和检查孔压水试验方法采用水囊塞分段卡塞,以保证试验结果的准确性。

4. 灌浆及封孔灌浆

1)灌浆方式

灌浆采用孔口封闭自上而下分段循环式灌浆法,上部非灌段使用孔口管隔离。灌浆段长为:第一段 2 m、第二段 3 m、第三段 4 m,以下各段均为 5 m。

2)灌浆材料及浆液配比

灌浆材料采用纯水泥浆灌注。水泥使用 42.5 普通硅酸盐水泥,水泥细度为通过 80 μm 方孔筛的筛余量不大于 5%。要求材料新鲜,不得使用过期、失效和散装水泥。制浆设备为高速搅拌机,后期帷幕施工制浆采用 XG-HZJ 卧式水泥自动拌合系统,浆液搅拌完成后通过过滤网进入量浆筒后仍需低速搅拌,灌浆泵选用往复柱塞型注浆泵,输浆管路用高压钢编管,灌浆泵和回浆管均安装压力表,其目的是指导升压和随时验证压力传感器的可靠性。压力表须定期检查,压力表与管路之间设有胶皮隔离装置,灌浆栓塞为孔口封闭器。灌浆记录使用成都西江科技有限公司生产的 CMS2008 (4 通道)自动记录仪。

3)浆液配比

配比选用水灰比(重量比)为 5:1、3:1、2:1、1:1、0.7:1、0.5:1 六个比级,开灌水灰比选用5:1。

4)变浆原则

当灌浆压力保持不变,注入率持续减少时,或当注入率不变而压力持续升高时,不得改变水灰比。当某一比级浆液的注入量已达 300 L 以上或灌注时间已达 1 h,而灌浆压力和注入率均无改变或改变不显著时,应改浓一级。当注入率大于 30 L/min 时,可根据具体情况越级变浓。灌浆过程中,灌浆压力或注入率突然改变较大时,应立即查明原因,采取相应的措施处理。灌浆过程中应定时测记浆液密度。

5)灌浆压力

灌浆压力是保证和控制灌浆质量的重要因素,除第一段外,灌浆压力应尽快达到设计值,试验段帷幕灌浆压力按表3执行。

表 3   试验段帷幕灌浆压力控制表

段次	段长(m)	最大灌浆压力(MPa)
1	2.0	0.3
2	3.0	0.8
3	4.0	1.5
4	5.0	2.2
以下各段	5.0	2.2

压力表安装在孔口回浆管上。压力读数应读压力表指针摆动的中值,压力表指针摆动范围应小于灌浆压力的 20%,摆动幅度应作记录。灌浆过程须尽快达到设计压力,但注入率大时应分级升压,严禁低压灌浆高压结束。

6)灌浆结束标准和封孔及人工封填

(1)帷幕灌浆在规定最大灌浆压力下注入率不大于 1 L/min 时,继续 30 min,即可结束。

(2)灌浆孔全孔灌浆结束并经验收合格后进行封孔。封孔采用全孔灌浆封孔法,即先采用射浆管从钻孔底部(不大于 50 cm)将孔内余浆置换成水灰比 0.5∶1 的浓浆,将射浆管提出,而后将孔口封闭,进行灌浆封孔。封孔灌浆压力为灌浆段最大压力,当注入率不大于 1 L/min 时,延续 60 min 即可结束。待凝后若孔口空余部分深度大于 3 m(后期廊道灌浆部位),采用全孔灌浆法继续封孔,小于 3 m 时可使用更浓的水泥浆或干硬性水泥砂浆人工封填捣实。

7)灌浆特殊情况处理

当灌浆压力或注入率突然改变较大时,应立即查明原因,采取相应的措施处理。灌浆过程中发现冒浆、漏浆时,可采取表面封堵、间歇灌浆、待凝等方法进行处理。灌浆过程中如回浆变浓,宜换用相同水灰比的新浆进行灌注,若效果不明显,延续 30 min,即可停止灌注。

灌浆过程中如发现串浆时,采用下述方法处理:

如被串孔正在钻进,应立即停钻。串浆量不大于 1 L/min 时,可在被串孔内通入水流。串浆量较大,尽可能与被串孔同时灌注,并严格按照注入率及压力对比关系进行分级压力控制;当无条件同时灌注时,应封堵被串孔后将灌浆孔继续灌注至结束,8 h 后将被串孔扫孔验收后再行灌注。

灌浆工作必须连续进行,因故中断时,应按下述原则处理,并作记录。尽可能缩短中断时间,及早恢复灌浆;若中断时间超过 30 min,应设法冲洗钻孔,如冲洗无效,则应扫孔重灌。恢复灌浆时,应使用开灌比级的水泥浆进行灌注,如注入率较中断前增减不显著时应按变浆原则灌注至结束,如注入率较中断前减少很多,且在短时间内停止吸浆,应采取有效的补救措施并取得监理工程师同意。

五、帷幕灌浆试验成果分析与效果检查

(一)试验成果分析

试验段灌前共做压水试验 156 段,透水率最大状态表现为泵最大流量(100 L/min)情况下无压无返水(地表冒水),为异常压水段应不列入计算统计范围(WS13 号孔第 1 段孔深 2.8~5.0 m),正常压水试验为 155 段,最大透水率 120 Lu,最小透水率 3.09 Lu,小于 5 Lu 共有 2 段,灌前Ⅰ序平均透水率 38.18 Lu,透水率 $q<10$ Lu 占 24%,透水率 10 Lu$<q<$30 Lu 占 45%,透水率 $q>$30 Lu 占 31.4%。总灌浆进尺 702.1 m,灌浆段数 156 段,总注入水泥 296 t,最大单注 2 746 kg/m,最小单注 29 kg/m,平均单注 412 kg/m。

试验段一区、二区各透水率和注入量见表 4。

表 4   试验段透水率和注入量情况统计表

部位	孔序	孔数	钻孔总深（m）	灌浆总深（m）	注入水泥总量(t)	平均单位注入量(kg/m)	平均透水率(Lu)	总段数
一区	Ⅰ序孔	2	113.9	108.2	82	757	41.42	24
	Ⅱ序孔	1	56.9	54	192	360	35.76	12
	Ⅲ序孔	2	113.8	108	112	104	10.65	24
	合计	5	284.6	270.2	113	417	29.286	
二区	Ⅰ序孔	2	113.6	107.9	95	885	34.94	24
	Ⅱ序孔	2	113.7	108	46	426	27.43	24
	Ⅲ序孔	4	223.6	216	34	158	13.59	48
	合计	8	450.9	431.9	176	407	25.32	96
总计	Ⅰ序孔	4	227.8	216	186	859	38.18	48
	Ⅱ序孔	3	170.6	162	65	403	30.21	36
	Ⅲ序孔	6	345.4	324	45	142	12.11	72
	合计	13	739.5	702.1	296	412	27.3	156

1.一区(孔距 2 m)灌浆成果统计分析

灌前压水透水率和灌浆注入量说明：Ⅰ序孔、Ⅱ序孔、Ⅲ序孔平均透水率分别为 41.42、35.76、10.65 Lu,平均单位注入量分别为 757、360、104 kg/m,其中单位注入量小于 100 kg/m 的占 34%,单位注入量 100~300 kg/m 的占 23%,单位注入量大于 300 kg/m 占 43%。

2.二区(孔距 1.5 m)灌浆成果统计分析

灌前压水透水率和灌浆注入量说明：Ⅰ序孔、Ⅱ序孔、Ⅲ序孔平均透水率分别为 34.94、27.43、13.59 Lu,平均单位注入量分别为 885、426、158 kg/m,其中单位注入量小于 100 kg/m 的占 26%,单位注入量 100~300 kg/m 的占 27%,单位注入量大于 300 kg/m 占 47%。

综合以上试验成果分析,试验区基岩原始透水性较大(Ⅰ序孔平均透水率 38.18 Lu),裂隙发育较破碎。通过灌浆逐渐加密,透水率和注入量均有较大的递减,体现了较好的灌浆效果。特别是Ⅰ序、Ⅱ序加密后,Ⅲ序孔递减幅度很大,说明灌浆效果显著。

(二)金刚石回转钻进与潜孔锤回转冲击钻进造孔可灌性对比分析说明

为验证金刚石钻头清水回转钻进与潜孔锤冲击回转钻进造孔对可灌性是否存在差异,二区试验段各选择 4 个孔分别做金刚石钻头清水回转钻进与潜孔锤回转冲击钻进,对造孔可灌性是否存在差异进行对比分析,其结果说明如下：

金刚石回转全破碎钻进 4 个孔,Ⅰ序孔 1 个,Ⅱ序孔 1 个,Ⅲ序孔 2 个。其中Ⅰ序孔、Ⅱ序孔、Ⅲ序孔平均透水率分别为 37.35、27.58、10.64 Lu,平均单位注入量分别为 833、337、84 kg/m。

潜孔锤回转冲击钻进 4 个孔,Ⅰ序孔 1 个,Ⅱ序孔 1 个,Ⅲ序孔 2 个。其中Ⅰ序孔、Ⅱ序孔、Ⅲ序孔平均透水率分别为 32.53、27.28、16.54 Lu,平均注入量分别为 936、514、232 kg/m。另外由于潜孔锤回转冲击钻进造孔携带岩粉的高速气流作用使孔内形成较大的负压区,从而更有利于裂隙内的软弱充填物在抽吸作用下被携带到孔外,因此反映出较好的可灌性。

金刚石回转全破碎钻进Ⅰ序孔平均透水率 37.35 Lu,平均单位注入量 833 kg/m;潜孔锤回转冲击钻进Ⅰ序孔平均透水率 32.53 Lu,平均单位注入量 936 kg/m。

以上结果反映无论是金刚石回转全破碎钻进或是潜孔锤回转冲击钻进都具有较好的可灌性,随着灌浆次序逐渐加密,其透水率和单位注入量都有较大幅度的递减,反映较好的灌浆规律,充分说明以上两种造孔工艺都能取得较好的灌浆效果和灌浆质量。

(三)灌浆效果检查

1.检查孔成果说明

帷幕灌浆质量检查以检查孔压水试验成果为主,结合物探声波检测、灌浆资料、钻孔取芯等进行质量综合评定。帷幕灌浆结束 14 d 后进行检查孔压水试验,试验区设 3 个检查孔,位置布设由监理工程师根据灌浆成果现场确定。检查孔采用自上而下分段压水,压水试验采用单点法,检查孔直径为 $\phi 91$ mm,采用双管钻具或半合管钻具取芯钻进,段长与灌浆段长一致,逐段取芯和逐段压水。全孔压水试验结束后,进行物探灌后声波测试,完成后灌浆采用自下而上分段灌浆,灌浆段长和压力与帷幕灌浆孔一致。

帷幕灌浆检查孔的合格标准:检查孔岩芯采取率应大于 85%,并进行地质描述。检查孔压水透水率 $q \leqslant 5$ Lu。其余孔段压水合格率应在 90% 以上,不合格段的透水率指标不超过设计值的 150%($\leqslant 7.5$ Lu),且不集中,灌浆质量可认为合格。

共布置 3 个检查孔,J1 布置在 WS2~WS3 灌浆孔中间,主要检查孔距 2 m 的灌浆效果,J2、J3 分别布置在 WS5~WS6、WS12~WS13 灌浆孔中间,其中 J2 主要检查孔距 1.5 m 金刚石清水回转钻进造孔的灌浆效果,J3 主要检查孔距 1.5 m 潜孔锤冲击回转钻进造孔的灌浆效果。其检查孔压水试验成果见表 5。

表 5　　　　　　　　　　　　　　检查孔压水试验成果统计表

序号	检查孔孔号	桩号(m)	试段位置起~止(m)	透水率(Lu)	平均透水率(Lu)	备注
1	J1	0+003.0	2.9~4.9	2.13	3.90	灌浆孔距 2 m 金刚石回转钻进
			4.9~7.9	4.57		
			7.9~11.9	4.23		
			11.9~16.9	2.39		
			16.9~21.9	4.06		
			21.9~26.9	4.53		
			26.9~31.9	4.9		
			31.9~36.9	5.64		
			36.9~41.9	4.1		
			41.9~46.9	3.8		
			46.9~51.9	3.3		
			51.9~56.9	4.09		

序号	检查孔孔号	桩号(m)	试段位置 起~止(m)	透水率(Lu)	平均透水率(Lu)	备注
2	J2	0+008.75	2.9~4.9	2.08	3.85	灌浆孔距 1.5 m 金刚石回转钻进
			4.9~7.9	4.29		
			7.9~11.9	4.37		
			11.9~16.9	3.35		
			16.9~21.9	5.85		
			21.9~26.9	4.39		
			26.9~31.9	2.76		
			31.9~36.9	4.57		
			36.9~41.9	3.43		
			41.9~46.9	4.7		
			46.9~51.9	2.82		
			51.9~56.9	3.55		
3	J3	0+019.25	2.8~4.8	2.05	3.33	灌浆孔距 1.5 m 潜孔锤冲击回转钻进
			4.8~7.8	3.72		
			7.8~11.8	3.39		
			11.8~16.8	2.96		
			16.8~21.8	2.54		
			21.8~26.8	3.15		
			26.8~31.8	4.01		
			31.8~36.8	3.55		
			36.8~41.8	4.22		
			41.8~46.8	4.22		
			46.8~51.8	2.57		
			51.8~56.8	3.65		

检查孔压水试验成果表明,一区(2 m 孔距)检查孔(J1)共做压水试验 12 段,其中最大透水率 5.64 Lu(孔深 31.9~36.9 m),最小透水率 2.13 Lu,平均透水率 3.90 Lu,不合格段 1 段(<7.5 Lu),合格率 92%,灌浆质量满足合格要求。二区(1.5 m 孔距)检查孔(J2、J3)共 2 孔,做压水试验 24 段,其中最大透水率 5.85 Lu(J2 孔 16.9~21.9 m),最小透水率 2.08 Lu,平均透水率 3.59 Lu,不合格段 1 段(<7.5 Lu),合格率 96%,灌浆质量满足合格要求。

2.检查孔岩芯及结石情况说明

试验段灌浆完成 14 d 后根据监理、设计要求布设 3 个检查孔进行金刚石钻孔取芯及压水试验和物探灌后声波测试,以对试验段帷幕灌浆效果进行检查。从岩芯取样情况看,SWJ1 孔(桩号 0+003 m)3~19 m 岩芯相对完整,岩芯采取率为 91%,其中 10~11.50 m 区间破碎严重,19~57 m 岩芯较为破碎,岩芯采取率为65%,总孔岩芯平均采取率为77.5%,孔内在11.4~50.4 m位置取出水泥结石,结石厚3~5 mm。SWJ2孔(桩号0+008.25)3~26 m岩芯相对完整,岩芯采取率为77.5%,其中4~5.90 m区间为泥质夹层,26~42 m岩芯极为破碎,为泥质夹层互层,岩芯采取率为43%,42~57 m岩芯较为破碎,岩芯采取率为46%,总孔岩芯平均采取率为61%,孔内在31.5 m和32.8 m位置取出水泥结石,结石厚3 cm左右。SWJ3孔(桩号0+019.25 m)3~7 m岩芯相对破碎,岩芯采取率为85%,7~40 m区间岩芯较为完整,岩芯采取率为91.5%,40~57 m岩芯较为破碎,为泥质夹层互层,岩芯采取率为66%,总孔岩芯平均采取率为76.5%,孔内在16.7 m和20.9 m位置取出水泥结石,结石厚0.5~1 cm。

3.物探声波检测成果说明

按设计要求试验区4个Ⅰ序孔分别进行了物探灌前灌后原位声波测试和检查孔灌后测试。测试结果如下:

灌浆孔距2 m的试验区灌前平均波速3 377 m/s,波速小于3 000 m/s的占25.4%,灌后检查孔平均波速3 667 m/s,最低波速均大于3 000 m/s,波速平均提高8.5%。

灌浆孔距1.5 m灌前平均波速3 673 m/s,波速小于3 000 m/s的占17.8%,灌后检查孔平均波速3 863 m/s,最低波速均大于3 000 m/s,波速平均提高5.2%。

以上成果反映,灌前波速小于3 000 m/s的低速段占21%左右,灌后均消除,灌后平均波速提高5%~8%,低速异常段基本消除,说明灌浆效果较好。

六、试验总结

通过本次帷幕灌浆试验成果分析,得到以下结论和建议:

(1)试验区基岩灌前Ⅰ序孔透水率较大,说明基岩裂隙发育较破碎,平均单位注入量412 kg/m,岩石注入量较大,可灌性较好。

(2)灌浆试验所采用的施工方法、施工程序、水灰比等参数是可行合理的,设计灌浆压力基本适宜合理,但在无混凝土盖重或非管段盖重小于3 m情况下建议应适当降低上部灌浆段压力。

(3)试验区灌浆孔完成后,检查孔压水试验透水率基本小于5 Lu,个别大于5 Lu但未超过7.5 Lu且不集中,合格率94%以上,均满足设计防渗标准。说明帷幕灌浆设计孔距2 m和1.5 m是较合理的,建议在无盖重或灌浆高程较低的部位按设计要求的加密措施采取补强处理,以确保帷幕防渗的效果。

(4)二区金刚石钻头清水回转钻进与潜孔锤冲击回转钻进不同造孔工艺的灌浆成果分析及效果检查,充分说明无论是金刚石回转钻进或是潜孔锤回转冲击钻进都具有较好的可灌性,随着灌浆次序逐渐加密,其透水率和单位注入量都有较大幅度的递减,反映较好的灌浆规律,都能取得较好的灌浆效果和灌浆质量。

(5)为避免两坝肩延伸段因孔较深,金刚石回转钻进孔内易发生事故,宜采用潜孔锤回转冲击钻进的造孔工艺,但在廊道内考虑施工安全和作业人员的职业健康,宜采用金刚石回转钻进的造孔工艺。

(作者单位:二滩国际工程咨询有限责任公司)

SETH 水利枢纽固结灌浆试验及成果分析

孔西康　　黄荣佳

一、工程概况

(一)工程简介

SETH 水利枢纽工程任务为工业供水和防洪,兼顾灌溉和发电,水库总库容为 2.94 亿 m³,多年平均供水量 2.631 亿 m³,设计水平年改善灌溉面积 27.61 万亩,电站装机 27.6 MW。工程主要由拦河坝(碾压混凝土重力坝)、泄水建筑物(表孔和底孔坝段)、放水兼发电引水建筑物(放水兼发电引水坝段)、坝后式电站厂房和过鱼建筑物等组成。工程建成后,可使下游沿线乡镇防洪标准的洪水重现期由 10 年提高到 20 年,县城防洪标准由 20 年提高到 30 年。

(二)工程地质

坝址位于剥蚀低山区,地面高程 970~1 110 m,河谷呈不对称"U"形谷,谷底宽约 150 m,河道较平缓,主河槽偏向右岸,宽约 50 m。河漫滩主要分布在河床两岸,两岸山体基岩基本裸露,山顶高程 1 100~1 110 m。右岸岸坡较陡,坡度约为 42°,沿右岸多有陡壁分布。左岸岸坡稍缓,坡度约为 30°。坝基地层主要为第四系松散堆积物和华力西期(γ_4^{2f})辉长岩侵入体,河床覆盖层以全新统冲积层砂卵砾石为主,最大厚度 5.2 m。两岸坝肩主要为华力西期(γ_4^{2f})辉长岩,抗风化能力较弱,强风化岩体水平厚度不大。坝址岩石因风化和卸荷作用,表部岩体破碎,左、右岸岸坡局部岩体可能存在有掉块或小范围崩塌等现象,但不会对岸坡岩体整体稳定造成大的影响。

二、固结灌浆试验布置

(一)试验目的

(1)试验论证本工程拟采用的灌浆方法和钻孔方式在技术上的可行性、施工效果的可靠性、经济上的合理性。

(2)试验验证设计孔排距是否能满足设计标准,通过加密等措施处理合格后推荐满足设计标准的灌浆布置,如孔距、排距、压力等。

(3)推荐适宜的施工方法、施工程序、灌浆压力、水灰比。

(4)确定合理的工效和资源配置,为后期工期计划和保证提供依据。

(二)试验依据

(1)《水工建筑物水泥灌浆施工技术规范》(SL 62—2014);

(2)《固结灌浆试验大纲》(ETI/GGJ[2017]批复 027 号);

(3)SETH 水利枢纽工程坝基固结灌浆施工技术要求。

(三)试验区布置

在上游导流墙混凝土基础面上布设固结灌浆试验区,固结灌浆孔设置 4 排,每排 5 孔,其中孔排距 3 m 两排(1#排与 2#排),孔排距 2 m 两排(3#排与 4#排),总孔数为 20 个(Ⅰ序 12 个、Ⅱ

序 8 个)。固结灌浆试验孔深为深入基岩 8 m,分 2 段:第一段为接触段,段长 2 m;第二段 6 m,混凝土盖重 3 m,总孔深为 11 m。检查孔 3 个,布置在试验段相对中间的位置,其目的为分别检查 3 m 孔排距和 2 m 孔排距的灌浆孔,在不同孔排距下的灌浆效果,声波测试分 4 个孔进行,灌前 4 个 I 序孔(1-3、2-3、3-3、4-3),分别作单孔声波测试和 1-3 与 2-3,3-3 与 4-3 的穿透声波测试,灌后在原孔原位分别作单孔声波测试和穿透声波测试,其目的是对比分析同一位置灌前和灌后的检测数据,计算提高率和提高量,作为对固结灌浆效果评价的主要依据。固结灌浆试验平面布置示意图如图 1 所示。

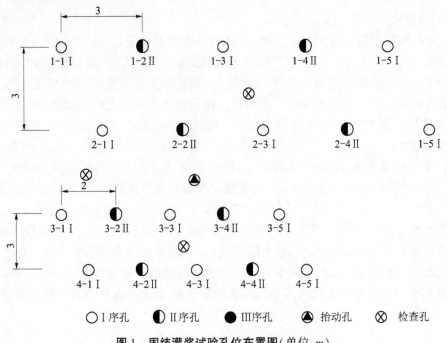

图 1　固结灌浆试验孔位布置图(单位:m)

三、固结灌浆试验施工

(一)施工工艺
循环式灌浆:施工准备→孔位放样→钻机定位→钻第一段→冲洗→压水试验→孔口卡塞→灌浆→钻下一段→……终孔验收→终孔段灌浆、封孔。如图 2 所示。

(二)抬动变形观测
为准确了解岩石和盖板抬动情况,验证相对抬动的可行性,抬动孔位于试验区 2# 排与 3# 排之间,桩号为 0+098.5,孔深 6 m,底部 0.5 m 用砂浆固定。抬动变形监测资料反映,抬动值为零,说明在设计压力下盖板未抬动。

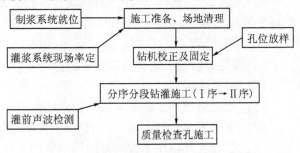

图 2　固结灌浆施工工艺流程图

（三）钻孔

固结灌浆试验孔采用履带式潜孔钻机造孔，孔径 $\phi 91$ mm。灌浆试验检查孔采用 XY-2 型地质钻机进行取芯钻进，孔径 $\phi 91$ mm。其具体要求如下：

(1) 孔位符合设计要求，钻孔标注孔号和孔序，开孔位置与设计孔位偏差不大于 10 cm，孔深与设计深度误差不大于 20 cm，钻机安装稳固。

(2) 灌浆孔的钻进按灌浆程序分序分段进行。

(3) 在钻孔过程中，记录相应数据及特殊情况，包括混凝土厚度、涌水、裂隙、断层等。

（四）钻孔冲洗与压水试验

1. 钻孔冲洗

每段灌浆孔在钻完后，先用大流量清水冲洗，直至孔口回水澄清，孔底沉淀小于 20 cm。钻孔段在清水冲洗完成后，下入灌浆塞用压力水冲洗，冲洗水压采用该孔段灌浆压力的 80%；在裂隙冲洗时，有串孔现象发生时采用风、水轮换冲洗，风压采用 20%～50%灌浆压力，压力超过 0.5 MPa 时，采用 0.5 MPa。冲洗至回水清净且延续 10 min 结束，总冲洗时间不大于 20 min。

2. 压水试验

灌浆前采用自上而下分段压水，压水试验采用单点法压水。其成果以透水率 q 表示，单位为吕荣(Lu)。按《水工建筑物水泥灌浆施工技术规范》(SL 62—2014)附录 A 执行。

（五）灌浆施工

1. 灌浆方式

灌浆采用自上而下循环式分序分段灌浆。

2. 灌浆材料及浆液配比

1) 灌浆材料

采用纯水泥浆灌注。水泥使用 425 普通硅酸盐水泥，水泥细度为通过 80 μm 方孔筛的筛余量不大于 5%。材料不得使用过期、失效和散装水泥。制浆设备为高速搅拌机，浆液搅拌完成后通过滤网进入低速搅拌槽(连接灌浆泵)，灌浆泵选用往复柱塞型注浆泵，输浆管路为钢编管，灌浆泵和回浆管均安装压力表，其目的是指导升压和随时验证压力传感器的可靠性。压力表须定期检查，压力表与管路之间设有胶皮隔离装置，阻塞为孔口卡塞。灌浆记录使用自动记录仪，其型号为 CMS2008 (4 通道)，产地是成都西江科技有限公司。

2) 浆液配比

水灰比(重量比)为 3:1、2:1、1:1、0.5:1 四个比级，开灌水灰比 3:1。

3. 灌浆压力

(1) 灌浆压力是保证和控制灌浆质量的重要因素，试验段固结灌浆压力以表 1 执行。

表 1　　　　　　　　　　　试验段固结灌浆压力控制表

段次	段长(m)	灌浆压力(MPa)	
		I	II
1	2	0.4	0.5
2	6	0.5	0.7

(2)压力表安装在孔口回浆管上。压力读数应读压力表指针摆动的中值,压力表指针摆动范围应小于灌浆压力的20%,摆动幅度应作记录。灌浆应尽快达到设计压力,但注入率大时应分级升压,严禁低压灌浆高压结束。

(六)灌浆结束标准及封孔

(1)固结灌浆在最大设计灌浆压力下注入率不大于1 L/min时,继续30 min,即可结束。

(2)灌浆孔全孔灌浆结束后进行封孔。

(3)固结灌浆封孔采用导管注浆封孔法,孔口涌水的灌浆孔采用全孔灌浆封孔法。

四、固结灌浆试验成果分析

(一)灌浆过程数据分析

1.试验段成果及分析

试验段共布置4排孔,孔数20个,灌浆进尺160 m,总注入水泥50 340 kg,平均单位注灰量314.6 kg/m。其中,1#排与2#排孔排距为3 m×3 m,Ⅰ序孔6个,Ⅱ序孔4个。Ⅰ序平均透水率5 545.1 Lu,最大透水率11 526.4 Lu(压水时,无压力无回水),最小透水率825.66 Lu。Ⅰ序平均单位注灰量711.57 kg/m,最大单注1 695.06 kg/m。Ⅱ序平均透水率37.28 Lu,最大透水率71.32 Lu,最小透水率20.38 Lu。Ⅱ序平均单位注灰量47.92 kg/m,最大单注69.62 kg/m。

(1)孔排距3 m×3 m平均单位注灰量446 kg/m,其中单位注灰量小于50 kg/m的占35%,50~500 kg/m的占40%,大于500 kg/m的占25%。平均透水率2 791.19 Lu,其中透水率$q<3$ Lu的占0%,3 Lu$<q<$15 Lu的占10%,15 Lu$<q<$30 Lu的占20%,$q>$30 Lu的占70%,见表2。

表2　　　　　　　　　孔排距3 m×3 m注入量和透水率情况统计表

孔序	孔数	钻孔(m)	灌浆(m)	注入水泥总量(t)	单位注入量(kg/m)	平均透水率(Lu)	总段数
Ⅰ序	6	66	48	34.15	711.57	5545.1	12
Ⅱ序	4	44	32	1.53	47.92	37.28	8
总计	10	110	80	35.68	446	2791.19	20

(2)3#排与4#排孔排距为2 m×2 m,Ⅰ序孔6个,Ⅱ序孔4个,其中Ⅰ序孔平均透水率5 376.85 Lu,最大透水率15 178.3 Lu(无压力无回水),最小透水率22.05 Lu,平均单位注灰量286.1 kg/m,最大单注805.75 kg/m。Ⅱ序平均透水率11.98 Lu,最大透水率21.38 Lu,最小透水率3.02 Lu。平均单位注灰量27.54 kg/m,最大单注34.18 kg/m。

该试验区平均单位注灰量182.6 kg/m,其中单位注灰量小于50 kg/m的占41%,50~500 kg/m的占41%,大于500 kg/m的占18%。平均透水率2694.4 Lu,其中透水率$q<3$ Lu的占0%,3 Lu$<q<$15 Lu的占26%,15 Lu$<q<$30 Lu的占32%,$q>$30 Lu的占41%,见表3。

表3　　　　　　　　　孔排距2m×2m注入量和透水率情况统计表

孔序	孔数	钻孔(m)	灌浆(m)	注入水泥总量(t)	单位注入量(kg/m)	平均透水率(Lu)	总段数
Ⅰ序	6	66	48	13.73	286.1	5 376.85	12
Ⅱ序	4	44	32	0.88	27.54	11.98	8
总计	10	110	80	14.61	182.6	2 694.4	20

2.加密试验段成果及分析

根据现场灌浆成果结合地质情况等分析,要求对试验段原孔排距 3 m×3 m(1#排与2#排)进行加密,加密后间、排距为 1.5 m×1.5 m。对原孔排距 2 m×2 m(3#排与4#排)的试验区加密后孔距 2 m,排距 1 m。加密后试验段示意图如图 3 所示。

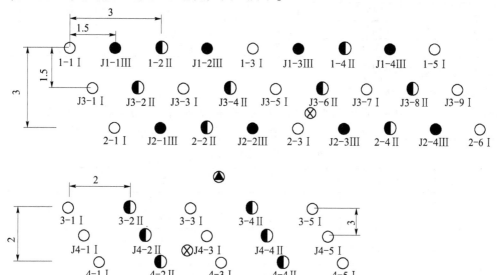

图3　加密后试验段示意图(单位:m)

(1)孔排距 1.5 m×1.5 m 加密孔共 17 个,加密孔平均透水率 8.25 Lu,最大透水率9.18 Lu,最小透水率 3.74 Lu。加密孔平均单位注灰量 210.6 kg/m,最大单注 373.84 kg/m。该试验段平均单位注灰量 210.6 kg/m,其中单位注灰量小于 50 kg/m 的占 45%,50~500 kg/m 的占 40%,大于 500 kg/m 的占 15%。平均透水率 1 245.79 Lu,其中透水率 $q<3$ Lu 的占 0%,3 Lu$<q<$15 Lu的占 55%,15 Lu$<q<$30 Lu 的占 15%,透水率 $q>$30 Lu 的占 30%,见表 4。

表4　　　　　　孔排距 1.5 m×1.5 m(加密后)注入量和透水率情况统计表

孔序	孔数	钻孔(m)	灌浆(m)	注入水泥总量(t)	单位注入量(kg/m)	平均透水率(Lu)	总段数
Ⅰ序	6	66	48	34.15	711.57	5 545.1	12
Ⅱ序	4	44	32	1.53	47.92	37.28	8
加密孔	17	187	136	9.85	44.2	8.25	34
总计	27	297	216	45.53	210.6	1 863.5	54

(2)孔排距 2 m×2 m(3#排与4#排)的试验区进行加排后变为孔距 2 m,排距 1 m,加密排共 5 个孔,平均透水率 8.4 Lu,单位注灰量 67.91 kg/m,其中Ⅰ序孔 9 个,Ⅱ序孔 6 个。Ⅰ序孔平均透水率3587.8 Lu,最大透水率 15 178.3 Lu,最小透水率 7.2 Lu,单位注灰量 226.6 kg/m,最大单注 805.75 kg/m。Ⅱ序孔平均透水率 10.1 Lu,最大透水率 21.38 Lu,最小透水率 3.02 Lu,Ⅱ序单位注灰量 32.4 kg/m,最大单注 42.24 kg/m。孔排距 2 m×1 m 平均单位注灰量 148.9 kg/m,其中单位注灰量小于 50 kg/m 的占 47%,50~500 kg/m 的占 39%,大于 500 kg/m 的占 14%。平均

透水率1 798.9 Lu,其中透水率$q<3$ Lu 的占3%,3 Lu$<q<$15 Lu 的占42%,15 Lu$<q<$30 Lu 的占26%,透水率$q>$30 Lu 的占29%,见表5。

表5　　　　　　　　　孔排距2 m×1 m(加密后)注入量和透水率情况统计表

孔序	孔数	钻孔（m）	灌浆（m）	注入水泥总量(t)	单位注入量(kg/m)	平均透水率(Lu)	总段数
Ⅰ序	9	99	72	16.32	226.6	3 587.8	18
Ⅱ序	6	66	48	1.55	32.41	10.1	12
总计	15	165	120	17.87	148.9	1 798.9	30

(二)试验检查成果分析

1.压水试验数据分析

灌后效果主要以物探声波测试和检查孔压水试验分析评价,检查孔压水试验时间为灌后7 d进行,物探声波测试在灌后14 d进行。布置3个检查孔,其压水试验成果见表6。

表6　　　　　　　　　　　原设计检查孔压水试验成果表

序号	孔号	桩号	起止孔深(m)	透水率(Lu)	说明
1	J1	0+101.75	3~5	48.39	孔排距3 m×3 m
			5~11	7	
2	J2	0+095.75	3~5	56.5	孔排距3 m×3 m
			5~11	3.3	
3	J3	0+098	3~5	2.36	孔排距2 m×2 m
			5~11	6.9	

从表6试验段检查孔压水试验汇总可以看出,检查孔透水率均未达到设计的防渗要求($q<$3 Lu)。透水率较大的集中在混凝土与基岩接触段,从岩石取芯看在第一段3~5 m位置岩石破碎,风化严重,采取结石相对较多且密集。初步判断为钻孔间排距较大,基岩裂隙发育,造成透水率较大。导致灌浆渗透半径较小,没有达到设计防渗要求($q<$3 Lu)标准。

根据现场灌浆效果、地质情况,对试验段原孔排距3 m×3 m(1#排与2#排)进行加密,加密后孔排距变为1.5 m×1.5 m。对原孔排距2 m×2 m(3#排与4#排)的试验区进行加排后变为孔距2 m,排距1 m,见表7。

表7　　　　　　　　　　加密后检查孔压水试验成果表

序号	孔号	桩号	起止孔深(m)	透水率(Lu)	说明
1	J4	0+101.75	3~5	2.4	孔排距1.5 m×1.5 m
			5~11	2.39	
2	J5	0+095.75	3~5	1.23	孔排距2 m×1 m
			5~11	1.92	

根据灌浆间排距调整后检查孔数据显示,在孔排距变为1.5 m×1.5 m、2 m×1 m两种方案灌浆后布置J4、J5 2个检查孔,加密后透水率J4(第一段2.4 Lu、第二段2.39 Lu)和J5(第一段1.23 Lu、第二段1.92 Lu)均小于3 Lu,满足设计要求。

2.声波检测数据分析

从灌前、灌后进行的声波检测数据分析(见表8),孔间排距3 m×3 m灌前平均波速为3 593 m/s,灌后平均波速为4 123 m/s,平均提高率14.75%,基本达到了设计要求;孔间排距2 m×2 m灌前平均波速为3 771 m/s,灌后平均波速为4 354 m/s,平均提高15.4%,达到了固结灌浆质量检查灌前波速3 500 m/s$\leq v_p \leq$4 200 m/s,灌后波速提高15%~20%的设计要求。

表 8　　　　　　　　　　　声波检测数据统计表

孔号	桩号	灌前平均波速(m/s)	灌后平均波速(m/s)	提高率(%)	平均提高率(%)
1-3	0+096.5	3 531	4 077	15.4	14.75
2-3	0+095	3 656	4 169	14.0	
3-3	0+098.5	3 619	4 175	15.3	15.4
4-3	0+097.5	3 924	4 533	15.5	
J-1	0+101.75	3 682	4 482	21.7	21.4
J-2	0+095.75	3 682	4 441	20.6	
J-3	0+098	3 682	4 493	22.0	

（三）特殊情况说明

在试验段施工过程中,1.5 m×1.5 m 1 排 1#-3#孔(Ⅰ序)在第 2 段(5~11 m)灌前透水率 1 092.67 Lu,单位注灰量 2 227.17 kg/m。灌前压水呈无压力无回水,灌注时间共计 7 h 20 min,浓浆灌注 3 925 kg 后仍无压力无回水,采取待凝措施。待凝 4 次后复灌结束。

五、试验结论

（1）通过孔排距 3 m×3 m 和 2 m×2 m 试验区的灌前压水试验,可以看出岩层非常破碎,注入量大,可灌性好。通过灌浆处理可提高基岩整体性和抗变形能力。

（2）使用的钻孔设备和灌浆机具以及自动记录仪有较好的适宜性,具有操作方便,性能可靠的特点,造孔、裂隙冲洗、压水试验和灌浆压力、水灰比等工艺配套合理,均能满足施工要求。

（3）加密后孔排距 1.5 m×1.5 m 和 2 m×1 m 检查孔压水试验结果小于 3 Lu,满足设计要求。

（4）物探声波测试 3 m×3 m 波速提高率为 14.75%,2 m×1 m 波速提高率为 15.4%,基本满足设计要求。

（5）从抬动监测数据显示,灌浆过程中未发生抬动,说明灌浆压力和混凝土盖板厚度参数是适宜的。

（6）固结灌浆现场试验结果表明,在本工程地质条件下,设计 3 m×3 m 的孔排距过大,透水率大于设计要求,经过加密到 1.5 m×1.5 m 和 2 m×1 m 后检查孔压水试验结果满足设计要求。

（作者单位:二滩国际工程咨询有限公司）

SETH 水利枢纽工程电气一次设计

林　顺　　张慧丰

SETH 水利枢纽工程位于阿勒泰地区青河县境内,工程以供水和防洪为主,兼顾灌溉和发电。工程配套小型水电站 1 座,在电力系统中承担基荷任务,总装机容量为 27.6 MW,装设 2 台容量为 12 MW 的大机组及 1 台容量为 3.6 MW 的小机组。本文对 SETH 水利枢纽工程电气一次各个系统设计进行简要介绍。

一、接入电力系统方式

根据 SETH 水电站装机容量及当地电网情况,电站以 1 回 110 kV 架空线路接入电网,送电距离为 30 km。

二、电气主接线

根据电站的技术特点及在电力系统中的作用,设计中对发电机-变压器组合和升高电压侧接线方案进行研究及比选。

(一)发电机—变压器接线

根据电站的单机容量,机端电压确定为 10.5 kV。本电站装机 3 台,发电机电压侧接线可选择为单元接线、扩大单元接线+单元接线、三机一变扩大单元接线 3 种接线方案,如图 1 所示。

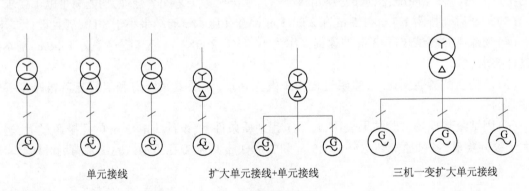

単元接线　　　　　　扩大单元接线+单元接线　　　　　　三机一变扩大单元接线

图 1　3 种接线方式

本电站小机组用于生态基流,故对其接线的可靠性、灵活性要求较高;2 台大机组装机总容量为 24 MW,不会对系统造成较大冲击。单元接线+扩大单元接线具有较高的可靠性,既可以满足小机组灵活运行的要求,又可以减低投资。因此,发电机—变压器接线选择为小机组单元接线和 2 台大机组扩大单元接线的混合接线方式。

(二)升高电压侧接线

结合电站接入系统方案及发电机机压侧接线的选择结果,电站升高电压侧额定电压为 110 kV,规模为二进一出。升高电压侧可选择的接线形式有:单母线、双母线、角型接线等,设计中对单母线、角型接线 2 种接线型式进行比选,如图 2 所示。

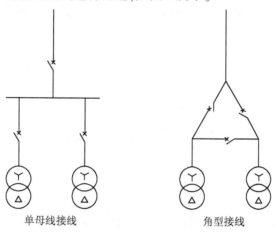

单母线接线　　　　　　　角型接线

图 2　2 种接线型式

2 种接线形式可靠性和灵活性均能满足本工程要求,只是设备投资有一定差别。单母线接线应用广泛,接线简单可靠,结合高压配电装置采用 GIS 设备,设计中推荐升压电压侧接线型式为单母线接线。

(三)厂用电接线

分别由单元接线机端及扩大单元机端引接 1 回电源作为厂用电的主供电电源;由当地电网引接 1 回 10 kV 电源作为厂用电的备用电源;设置 1 台柴油发电机作为应急电源。厂用电系统采用 400 V 一级电压供电,采用单母线分段接线方式。

三、主要电气设备

(一)发电机断路器

每台机组发电机出口设置发电机专用断路器,安装在机压配电柜内,断路器主要参数为:

型式	真空型发电机专用断路器
额定电压	12 kV
额定电流	2 000 A
额定短路开断电流	40 kA
额定短路开断电流的直流分量	≥75%

(二)主变压器

电站设置 2 台主变压器,变压器为三相、油浸式、双绕组升压变压器。主要参数如下:

型号	S11-31500(5000)/110
额定容量	31 500(5 000)kVA
额定电压	121 ±2×2.5%/10.5 kV
冷却方式	ONAN
调压方式	无载调压

(三)110 kV 配电装置

本电站地处高原且环境较恶劣,属于寒冷地区,地震烈度较高,GIS 设备虽然造价略高,但在占地面积、设备运行安全可靠性、运行、维护和检修、设备的抗污秽性能和安装工期等方面具有比较明显的优势,因此,110 kV 配电装置采用 GIS 设备。最主要参数如下：

型号   SF₆ 全封闭式组合电器

额定电压   126 kV

额定电流(主母线)   1 250 A

额定开断电流   40 kA

四、过电压保护及接地

(一)过电压保护

(1)为防止静电耦合过电压危及主变低压侧线圈绝缘,设置相应的过电压保护装置。

(2)110 kV GIS 管道母线与架空出线处,装设 110 kV 氧化锌避雷器。

(3)主变中性点设置隔离开关、避雷器和放电间隙。

(二)直击雷保护

(1)110 kV 出线侧以设置避雷线为主要保护。

(2)枢纽所有建筑物均按规范进行防雷保护,建筑物顶部设避雷带并直接接地。

(三)接地

枢纽工程设置一个整体的接地网,主要由大坝接地网和厂房接地网组成,GIS 室、主变室等设置均压网,各接地网之间设置不少于 2 根连接线。接地网充分利用自然接地体,接地电阻要求不大于 1 Ω。

(作者单位:中水北方勘测设计研究有限责任公司)

SETH 水利枢纽工程电气二次设计

李秀丽　周海霞　国　栋

SETH 水利枢纽工程以供水和防洪为主,兼顾灌溉和发电。电站装设 3 台水轮发电机组,2 台大机组单机容量 12 MW,1 台小机组单机容量 3.6 MW,总装机容量为 27.6 MW,2 台大机组采用扩大单元接线,连接的主变压器容量为 31.5 MVA,小机组采用发变组单元接线,连接的主变压器容量为 5 MVA。110 kV 为单母线接线,1 回 110 kV 出线接入新建成的青格里110 kV 变电站。电站由阿勒泰地调进行调度。

一、计算机监控系统

(一) 设计原则

监控系统采用全计算机监控方式。电站计算机监控系统分为电站控制级及现地控制级。运行人员在中控室通过操作员工作站实现对全厂主要机电设备的集中控制与监视。现地控制单元完全独立,即使电站级设备全部故障,现地控制单元仍可完成对电站设备的监视和控制。全厂公用设备、机组辅助设备等采用独立的智能控制装置,在设备附近设现地控制箱或控制盘(柜),各装置均设有远方手动/现地手动/自动控制方式选择开关,可实现不同控制方式的转化及闭锁。

(二) 系统结构及配置

采用分层分布开放式系统结构,通过双星型光纤以太网连接电站控制级和现地控制级,网络传输速率为 100 Mb/s,通信规约符合 TCP/IP 标准。

电站控制级设 2 台主计算机兼操作员工作站、1 台工程师兼培训工作站、1 套五防工作站、1 套厂内通信兼语音报警服务器、2 套远动工作站、1 套大屏幕拼接墙(与视频系统合用)、1 套网络设备、2 台黑白网络打印机、1 套时钟接收和授时装置、UPS 电源及通信网关设备等。电站控制级完成全厂监控功能及数据管理功能,并负责与调度中心计算机系统的数据通信。计算机监控系统设置的 2 台远动工作站完成与地调系统的数据通信工作。

现地控制级分别设置 3 套机组 LCU、1 套开关站及公用 LCU,现地控制单元负责所辖设备的监视、控制以及接受上位机控制命令并将各单元设备运行状态、运行参数、相关故障及事故信号上送电站级。在与电站级上位机脱离的情况下,各现地控制单元能够保证独立完成各辖区设备的监视与控制。

在 2 套远动工作站和上级调度之间分别设置纵向加密认证装置。控制 I 区与控制 II 区之间设置防火墙,监控系统与管理大区之间设置 1 套横向隔离设备。同时为主计算机兼操作员工作站、远动工作站设置安全加固的操作系统,采用专用软件强化操作系统访问控制能力,以及配置安全的应用程序。

(三) 系统功能

电站控制级主要功能为负责对本电站的计算机监控系统的管理,AGC/AVC 计算及处理,历史及实时数据库管理,在线及离线计算等,数据库保存生产过程和系统事件、维护记录、运行小时统计、专家系统等。用于对整个电站设备的运行状况、数据及画面监视，发布操作命令，生成各种图表曲线，具有事故、故障信号的分析处理等功能。完成电话语音查询、报警自动传呼、语音报警输出等功能。完成电站监控系统与地调的数据通信。

现地控制单元的主要功能包括现地数据采集处理、实时数据库、顺序控制流程、逻辑控制流程、电气测量、人机接口、报警、自诊断以及与系统中其他部分的数据交换等。

(四)公用及机组辅助系统监视与控制

调速器油压装置控制、技术供水系统控制、检修排水系统控制、厂房渗漏排水系统控制、低压压缩空气系统控制等的监视设备,采用 PLC 加现场总线的智能化控制装置,在各受控设备旁设置现地控制柜,实现公用及机组辅助设备的自动控制和现地手动控制,自动控制由现地控制装置 PLC 闭环完成,相关运行状态、故障及事故信号送至相应 LCU。各系统通过串行通信口及 I/O 接口实现与监控系统的通信。

设置防水淹厂房系统。在厂房 960 m 高层设置不少于 3 套水位信号器,当水淹厂房时报警,严重时停机并关闭机组进口主阀。

(五)坝区设备控制

溢流坝段表孔弧形工作闸门、泄洪底孔均采用液压启闭机操作,在表孔和底孔启闭机分别设置现地控制盘,采用 PLC 完成对闸门的控制。现地控制盘通过光通信接口与站控级通信。

大坝渗漏排水的 2 台深井泵,采用 PLC 完成对闸门的控制。现地控制盘通过光通信接口与站控级通信。

二、励磁系统

发电机励磁系统采用自并励可控硅静止励磁方式,可控硅整流器采用三相全控桥式整流器,发电机的励磁电源由接在机端的励磁变压器经晶闸管整流后供给,励磁系统由励磁变压器、微机调节控制装置、可控硅整流装置、起励灭磁装置及转子过电压保护装置等部分组成。

励磁系统采用双微机励磁调节器,具有双自动电压调节通道,双通道之间相互诊断、相互跟踪、相互切换,在运行通道出现故障的情况下系统安全自动切换到备用通道,2 个通道互为热备用,且都有手动调节功能,可用于调试、试验。

励磁起励方式采用直流起励及残压起励。

三、继电保护

继电保护系统包括 2 台 12 MW 发电机保护,1 台 3.6 MW、1 台 31.5 MVA 主变压器保护,1 台 5 MVA 主变压器保护,110 kV 母线保护,110 kV 线路保护,3 台 630 kVA 厂用变、励磁变保护、厂房与生活管理区之间的线路保护、生活管理区配电系统保护。采用微机型保护装置,按《继电保护和安全自动装置技术规程》(GB/T 14285—2006)的要求进行配置。

四、直流电源

电站设 1 套直流系统,作为全厂控制、保护、断路器操作、起励及事故照明等负荷的供电电源,系统电压为 220 V。

直流系统采用单母线分段接线。直流电源系统包括 2 组蓄电池、2 台充电-浮充装置、2 台微机绝缘监测装置、2 台电池巡检、1 套集中监控装置、配电及保护器具、检测仪表等。直流系统带 1 套逆变电源装置,为事故照明 380 V 交流负荷供电。

蓄电池采用阀控式密封免维护铅酸蓄电池,正常时应按浮充电方式运行。电池容量按 1 h 事故放电时间选择,选用 2 组 400 Ah 蓄电池,电池单体电压为 2 V。蓄电池采用电池架安装。

浮充电装置选用高频开关整流模块,每套模块均为 $N+1$ 热备份设置,模块带有智能功能。

(五)二次等电位接地网

电站监控系统与保护系统共用 1 个等电位接地网,在继保室、GIS 室、机旁盘部位的盘柜下,沿着盘柜布置方向敷设 100 mm² 专用铜排或铜缆,首末端连接成环,形成等电位接地网,等电位接地网由至少 4 根截面不小于 50 mm² 的多股铜导线接入电站的主接地网,各盘柜内的接地铜排应由截面不小于 50 mm² 的导线分别接入等电位接地网。

五、结　语

SETH 水利枢纽工程电气二次设计采用行业及市场主流的设计理念,根据工程规模及特点,对计算机监控系统、励磁系统、保护系统、直流电源等进行了针对性的设计。

(作者单位:中水北方勘测设计研究有限责任公司)

SETH 水利枢纽工程金属结构布置与设计

田志伟　　莘　龙

SETH 水利枢纽工程位于阿勒泰地区,为多年调节水库,水库总库容为 2.94 亿 m³。工程任务为工业供水和防洪,兼顾灌溉和发电,为加强乌伦古河流域水资源管理和维持生态创造条件,发电服从供水和防洪。电站在电力系统中承担基荷任务,大机组装机容量为 2×12 MW,年利用小时数 2 953 h,小机组容量为 3.6 MW,年利用小时数 3 850 h。

由于本工程地处高寒地区,坝址区多年极端最高气温为 40.9 ℃,多年极端最低气温为-42.0 ℃;多年平均气温为 3.6 ℃;最大河心冰厚为 1.36 m,冰情严重,部分金属结构设备上需设有防冰防冻设施。

SETH 水利工程金属结构主要分布在表孔溢流坝段、底孔溢流坝段、放水兼电站取水口、电站厂房尾水、升鱼机、导流底孔等部位。金属结构共计 13 套埋件,15 扇闸门,11 台启闭设备,金属结构工程量约 1 952 t。

一、表孔溢流坝段

表孔溢流坝段位于大坝的左侧,设有 1 孔露顶式弧形工作闸门,用于泄洪。与平板闸门相比,弧形闸门具有水流条件好、闸顶布置简单(省去平板闸门布置需要的高排架结构)等优点。在弧形工作闸门上游侧设置 1 套平面叠梁检修闸门,用于弧形工作闸门及门槽的检修。

(一)弧形工作闸门

弧形工作闸门参数为 10 m×12.0 m-11.386 m(宽×高-设计水头,下同),最高设计挡水水位 1 028.24 m,底坎高程 1 016.854 m。弧形闸门由门叶结构、支臂结构、水封装置、3 对侧轮装置、支铰装置等组成。弧形闸门主要结构材料采用 Q345D。弧形闸门为双主横梁、斜支臂结构,支臂与门叶、支臂与支铰之间连接均采用螺栓连接。为减少闸门启闭力,支铰轴承采用自润滑球面轴承。

闸门埋件主要材料为 Q235C 钢板、12Cr18Ni9Si3 不锈钢板及型钢,截面形式为焊接组合结构。

闸门侧止水为"L"型橡皮,底止水"I"型橡皮,侧水封橡皮采用复合材料。

闸门动水启闭,由 2×1 250 kN 露顶式弧门液压启闭机操作,设 1 套液压泵站,液压泵站安装在坝顶的液压泵站室内。为了提高液压泵站运行的可靠性,液压泵站设 2 套电动机-油泵组,2 组互为备用。弧形闸门液压启闭机除能在液压泵站室内现地操作外,亦可在集中控制室内进行远程操作。

表孔弧形闸门在冬季有运行要求,门槽设置防冰冻装置,闸门上设置防冰压装置,拟采用敷设发热电缆方式。

(二)叠梁检修闸门

叠梁检修闸门参数为 10 m×8.5 m-8.00 m,设计水位为正常蓄水位 1 027.00 m,底坎高程 1 019.00 m。闸门共分 4 节,每节高度为 2.125 m,运行方式为静水闭门,第一节叠梁闸门小开度提门,充水平压后启门。

闸门主要材料为 Q235C。门叶为主横梁、面板、小梁焊接结构,闸门止水布置在下游面板侧,侧止水为"P"型橡皮,底止水"I"型橡皮,水封橡皮采用复合材料。闸门采用复合材料滑块支承。

闸门埋件主要材料为 Q235C 钢板、12Cr18Ni9Si3 不锈钢板及型钢,截面形式为焊接组合结构。

闸门启闭由 2 000 kN 单向门机上容量为 2×125 kN 的电动葫芦通过机械抓梁进行操作。

闸门及抓梁平时存放在门库中,如图 1 所示。

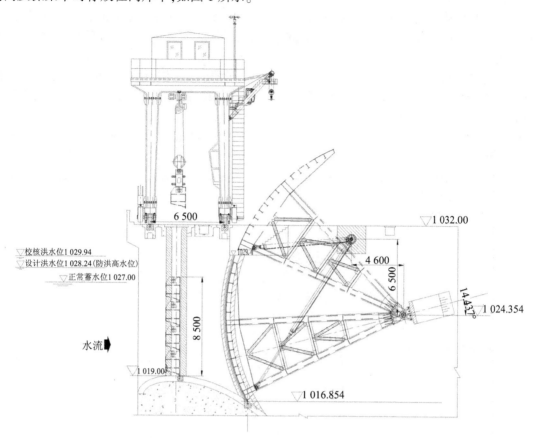

图 1　表孔金属结构布置图(尺寸单位:mm;高程单位:m)

二、底孔溢流坝段

底孔溢流坝段设 1 孔潜孔弧形工作闸门用于水库的泄洪与放水,在工作闸门上游侧设 1 套平面定轮事故检修闸门,用于工作闸门及门槽的检修。

(一)弧形工作闸门

弧形工作闸门参数为 3 m×4.724 m-57.306 m,最高设计挡水水位 1 028.24 m,底坎高程 970.934 m。弧形闸门由门叶结构、支臂结构、水封装置、侧轮装置、支铰装置等组成。弧形闸门主要结构材料采用 Q345D。弧形闸门为双主横梁、直支臂结构,支臂与门叶、支臂与支铰之间连接均采用螺栓连接,支铰轴承采用自润滑球面轴承。

闸门埋件主要材料为 Q235C 钢板、12Cr18Ni9Si3 不锈钢板及型钢,截面形式为焊接组合结构。

闸门顶止水为 2 道,胸墙和门叶上各设 1 道,闸门侧止水为“P60B”型橡皮,底止水“Ⅰ”型橡皮,侧水封橡皮采用复合材料。

闸门动水启闭,由 1 250/600 kN 液压启闭机操作,设 1 套液压泵站。液压泵站安装在坝身的液压泵站室内。为了提高液压泵站运行的可靠性,液压泵站设 2 套电动机-油泵组,2 组互为备用。液压泵站室内设 125 kN 单梁起重机,用于液压油缸的安装及维护检修。弧形闸门液压启闭机除能在液压泵站室内现地操作外,亦可在集中控制室内进行远程操作。

(二)事故检修闸门

平面事故检修闸门参数为 3 m×5.6 m−52.24 m,最高设计挡水水位 1 028.24 m,底坎高程 976.00 m。运行方式为小开度提门充水,充水平压后启门,动水闭门。为保证闸门动水闭门,闸门需配重。

闸门主要材料为 Q235D。门叶为主横梁、面板、小梁焊接结构,闸门止水布置在上游面板侧,顶侧止水为"P"型橡皮,底止水"I"型橡皮,顶侧水封橡皮采用复合材料。闸门采用定轮支承,轴承采用自润滑滑动轴承。

闸门埋件主要材料为 ZG310−570、Q235C 钢板、12Cr18Ni9Si3 不锈钢板及型钢,截面形式为焊接组合结构。

闸门启闭共用启闭容量为 2 000 kN 单向门机通过液压抓梁进行操作。闸门及液压抓梁平时存放在门库中,如图 2 所示。

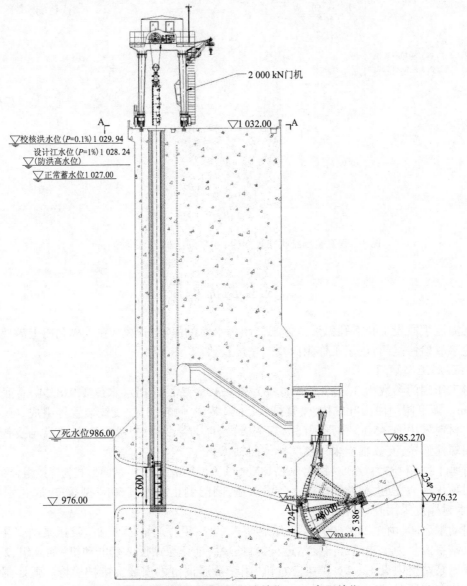

图 2　底孔金属结构布置图(尺寸单位:mm;高程单位:m)

三、放水兼发电取水口

根据电站运行要求,保证取水库表层水,放水兼电站取水口采用分层取水的方式。目前大中型工程中分层取水方式运用较多的是叠梁闸门型式和多层取水口型式。根据水库水位变化范围,叠梁闸门分层取水型式的土建工程量小于多层取水口型式。又由于该水库为年调节水库,水位变化的周期较长,叠梁闸门启闭不是非常频繁,经过综合分析比较,本工程采用叠梁闸门分层取水的型式,根据库水位变化逐节启闭。放水兼电站取水口沿水流方向依次设有拦污栅、分层取水叠梁闸门、事故检修闸门。拦污栅、分层取水叠梁闸门前后设水位检测装置,当门顶水深大于最大过流水深时,发增加挡水叠梁闸门报警信号;当门顶水深小于最小过流水深时,发减少挡水叠梁闸门报警信号。

(一)拦污栅及清污机

取水口拦污栅共2孔,为竖直布置,拦污栅参数为4.5 m×51.44 m-4 m,拦污栅共分16节,单节高度3.215 m,底坎高程979.00 m。拦污栅由框架、栅条组成,框架采用两主横梁焊接结构,正向设有滑块支承,滑块材料为复合材料,侧向、反向利用轨道定位,节间通过销轴连接。

拦污栅主要材料为Q235C钢板和型钢,截面形式为焊接组合结构。

拦污栅通过平衡梁与双向门机连接,进行操作,门机容量为2×630 kN。门机轨道间距为7.85 m,门机轨道安装高程为1 032.0 m,总扬程为56.0 m。门机上设有100 kN回转吊,用于闸门的安装及检修。

拦污栅采用抓斗清污机进行清污。清污抓斗采用双向门机操作。在拦污栅右侧设清污抓斗库,用于存放清污抓斗。

(二)叠梁闸门

取水口分层取水叠梁闸门共2孔,闸门参数为4.5 m×48 m-4 m(按最大4 m水压差设计),共分12节,每节高度4.0 m,底坎高程979.00 m。

闸门主要材料为Q235D。门叶为主横梁、面板焊接结构,闸门止水布置在上游面板侧,侧止水为"P"型橡皮,底止水"Ⅰ"型橡皮,侧水封橡皮采用复合材料。闸门采用滑块支承,滑块材料为复合材料。

闸门埋件主要材料为Q235C钢板、12Cr18Ni9Si3不锈钢板及型钢,截面形式为焊接组合结构。

运行方式为动水启闭,当门顶水深达到6.5 m时,动水闭门;当门顶水深小于2.5 m时,动水启门。闸门根据水库水位变化逐节启闭,在叠梁闸门右侧设两个门库,用于存放不用的叠梁闸门。叠梁闸门采用2×630 kN双向门式启闭机通过液压自动抓梁启闭,并在叠梁闸门前后设挡水高度指示装置。

(三)事故检修闸门

电站进水口事故检修闸门共1孔,闸门参数为4.5 m×4.8 m-49.24 m,最高设计挡水水位1 028.24 m,底坎高程979.00 m。

闸门主要材料为Q345D。门叶为主横梁、面板、小梁焊接结构,闸门止水布置在面板下游侧,顶侧止水为"P"型橡皮,底止水"Ⅰ"型橡皮,顶侧水封橡皮采用复合材料。闸门采用定轮支承,轴承采用自润滑滑动轴承。

闸门埋件主要材料为ZG340-640、Q235C钢板、12Cr18Ni9Si3不锈钢板及型钢,截面形式为焊接组合结构。

运行方式为动水闭门,小开度提门充水平压后启门。为保证闸门动水闭门,闸门需配重。

闸门启闭采用启闭容量为 2 000 kN 单向门机通过液压抓梁进行操作。门机轨道间距为 6.5 m,门机轨道安装高程为 1 032.0 m,总扬程为 59.0 m。

闸门及液压抓梁平时存放在门库中,如图 3 所示。

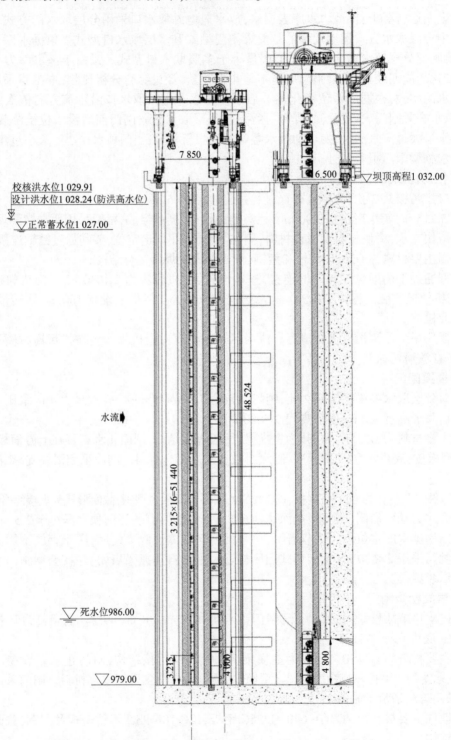

图 3 放水兼电站取水口金属结构布置图(尺寸单位:mm;高程单位:m)

四、电站尾水

3 台机组设 3 个尾水出口,其中 2 台大机组,1 台小机组,每台大机组各设 1 套 4.5 m×4 m-13.19 m 检修闸门,最高设计尾水水位 972.69 m,底坎高程 959.50 m。其中 1 套用于大机组维修及安装,另外 1 套用于施工期临时封堵;另一小机组设 1 套 4.0 m×2.6 m-13.79 m 检修闸门,最高设计尾水水位 972.69 m,底坎高程 958.90 m,用于小机组的安装及维修。

闸门主要材料为 Q235D。门叶为主横梁、面板、小梁焊接结构,闸门止水布置在上游面板侧,顶侧止水为"P"型橡皮,底止水"I"型橡皮,水封橡皮采用复合材料。闸门采用复合材料滑块支承。

闸门埋件主要材料为 Q235C 钢板、12Cr18Ni9Si3 不锈钢板及型钢,截面形式为焊接组合结构。

3 套检修闸门运行方式均为静水闭门,充水阀充水平压后启门。

闸门采用设在尾水平台的 2×160 kN 单向移动式门机通过液压抓梁进行启闭。门机轨道间距为 3.3 m,门机轨道安装高程为 974.0 m,总扬程为 20.0 m。闸门及液压抓梁平时存放在门库中。

五、升鱼机

为了保护乌伦古河鱼类资源,保证上下游鱼类的交流,完成其正常的生命周期,维持乌伦古河工程区域鱼类生态环境的连通性,根据项目建议书阶段环评对于保护鱼类资源的要求与建议,工程考虑设置过鱼设施,本阶段考虑采用升鱼机系统诱鱼提升过坝。

过鱼方案为以短鱼道与升鱼轨道相结合的"轨道升鱼机"方案,整个方案可概括为"诱鱼短鱼道+轨道排架+回转吊车"系统。整套方案布置于大坝下游右岸,以便利用常年保证的坝后电站尾水作为诱鱼水流。系统首部建筑物为诱鱼道,于电站尾水池下游 150~200 m 处,依傍右岸岸坡盘升高程,末端延伸至坝脚集鱼池,鱼道内水流由接于集鱼池左壁的引水管引自生态放水管;运鱼过坝利用轨道与塔式起重机。

首先利用容量为 4×30 kN 的单向台车(带有自动抓起设备,启吊容量为 4×30 kN)将放在集鱼池底部的集鱼箱提升并运至运鱼电动小车上,运鱼电动小车将集鱼箱运至坝脚,再由坝上的塔式起重机(带有自动抓起设备,启吊容量为 68 kN)吊运至库区沿岸放生,完成鱼类洄游过坝的需求。塔式起重机在最大回转半径处起吊容量为 68 kN,最大回转半径为 40 m,塔式起重机安装在大坝下游,安装高程为 1 032.0 m。

六、施工导流

导流底孔位于大坝左侧,共 1 孔,闸门尺寸为 8 m×5 m-53.5 m,底槛高程为 971.0 m,设计挡水位 1 024.5 m,下闸水位 971.8 m,24 h 后,闸前水位 977.0 m。

闸门主要材料为 Q345D。门叶为主横梁、面板、小梁焊接结构,闸门止水布置在下游面板侧,顶侧止水为"P"型橡皮,底止水"I"型橡皮,水封橡皮采用复合材料。闸门采用复合材料滑块支承。

闸门埋件外露面为不锈钢复合钢板,其他材料为 Q235C 钢板、022Cr22Ni5Mo3N 不锈钢板及型钢,焊接组合结构。

闸门在下闸水位时利用闸门自重动水闭门。该闸门的启闭由固定卷扬式启闭机进行操作,启闭机安装在高程为 991.0 m 的启闭机平台上,启闭机容量为 2×800 kN,启闭机设开度显示器及荷重限制器,现地控制。

七、结　语

本文介绍了 SETH 水利枢纽工程金属结构布置与设计。在设计中考虑了坝面平整美观的原则,优化金属结构布置设计,采用表孔叠梁闸门、底孔事故闸门和电站进口事故闸门共用门机的布置方式,取消了原来的固定卷扬机及排架柱,不仅节省了工程投资,还使坝面平整美观,没有突兀感。

(作者单位:中水北方勘测设计研究有限责任公司)

SETH 水利枢纽工程过鱼设施的金属结构布置与设计

闵祥科　　尹　航

一、工程概况

SETH 水利枢纽工程的主要工程任务为:以供水和防洪为主,兼顾灌溉和发电,并为加强流域内水资源管理和水生态保护创造条件。该工程主要由拦河坝、泄水建筑物、放水兼发电引水建筑物、坝后式电站厂房和过鱼建筑物等组成。水库总库容 2.94 亿 m³,最大坝高为 75.5 m,水库多年平均供水量 2.58 亿 m³,设计水平年改善灌溉面积 27.61 万亩,电站装机 27.6 MW。工程建成后,可使下游沿线乡镇防洪标准的洪水重现期由 10 年提高到 20 年,县城防洪标准由 20 年提高到 30 年。

工程建成后,势必会对鱼类的洄游造成影响,为了保护河道内鱼类资源,保证大坝上下游鱼类的交流,完成其正常的生命周期,维护河道工程区域鱼类生态环境的连通性,根据环评对保护鱼类资源的要求与建议,工程设置了过鱼设施。

二、过鱼方案的确定

过鱼设施是通过人工干预使鱼类主动或被动通过河道障碍物,到达其繁殖地、索饵场或越冬场等重要生活场所的工程或技术手段,其主要形式包括鱼道、仿自然通道、升鱼机、集运鱼设施和鱼闸等。过鱼设施在国际上已经有 300 多年的修建历史。低水头大坝通常采用鱼道,水头大于 10 m 或更高的大坝,多采用升鱼机和鱼闸。鱼闸和升鱼机在国外,如英国、澳大利亚、巴西和俄罗斯均有应用。我国已建的过鱼设施主要为鱼道,鱼闸、升鱼机在我国已建工程中应用较少。但是,从成本效益考虑,升鱼机是解决高坝过鱼问题的最佳方案。因为升鱼机可用于特别高的水坝,其设计与建设成本基本上与水坝高度无关,而且过鱼种类范围广,对鱼类的行为和游泳能力要求也较低。

根据环评水生生态专题单位提供的资料,SETH 水利枢纽工程河段分布有 6 种鱼类,其中土著鱼类 5 种,分别是贝加尔雅罗鱼、河鲈、尖鳍鮈、北方须鳅和北方花鳅;非土著鱼类 1 种,为麦穗鱼。其中,主要鱼类为贝加尔雅罗鱼和河鲈。根据对工程流域内鱼类、工程建筑物布置以及工程造价等多方面综合分析,SETH 水利枢纽工程过鱼方案采用鱼道与升鱼机相结合的方式,整个方案可概括为"鱼道+轨道排架+回转吊车"系统。整套系统布置于大坝下游右岸,系统首部建筑物为鱼道,位于电站尾水池下游 150~200 m 处,以便常年利用坝后电站尾水作为诱鱼水流。系统首部以短鱼道与下游河床相接,鱼类可通过鱼道上溯游至一定高程处的集鱼池,鱼道内水流由接于集鱼池左壁的引水管引自生态放水管,运鱼过坝首先利用电动葫芦将放在集鱼池底部的集鱼箱提升并运至运鱼电动小车上,运鱼电动小车将集鱼箱运至坝脚,再由坝上的塔式起重机吊运至库区沿岸放生,完成鱼类洄游过坝的需求。该布置衔接连续性强,并且避免了坝高库长而单纯使用鱼道过鱼造成的鱼道过长、鱼类难以攀爬的问题。

三、升鱼机方案设计

升鱼机主要负责将诱来的鱼类通过塔式起重机提升至大坝上游河道,主要包括集鱼箱、运输小车及轨道、电动葫芦、塔式起重机、自动抓梁等设备。集鱼箱内鱼类达到一定数量后,启吊容量为 2×50 kN 的电动葫芦通过自动机械抓梁与集鱼箱连接,将集鱼池底部的集鱼箱提升并运至运鱼电动小车上后,自动机械抓梁脱钩,运鱼电动小车沿水平轨道将集鱼箱运至坝脚,再由坝上启吊容量为 68 kN 的塔式起重机通过自动抓梁抓起集鱼箱吊运至库区,完成鱼类洄游过坝的需求,整个过程大约需要 40 min,如图 1 所示。

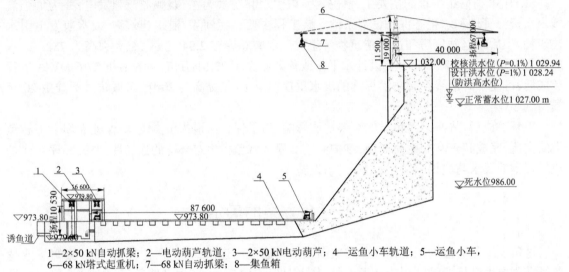

1—2×50 kN 自动抓梁;2—电动葫芦轨道;3—2×50 kN电动葫芦;4—运鱼小车轨道;5—运鱼小车;
6—68 kN塔式起重机;7—68 kN自动抓梁;8—集鱼箱

图 1　升鱼机方案布置图(尺寸单位:mm;高程单位:m)

(一)集鱼箱方案设计

集鱼箱长 1.5 m,宽 1.5 m,高 1.5 m,有效容积为 2 m³,主要用来装载洄游鱼类,内部设有诱鱼装置,保证将通过鱼道游到集鱼池的鱼成功诱到集鱼箱内。集鱼箱承载结构由钢结构骨架、支承座板及橡皮垫块等组成,结构件均采用光滑的构件,以确保鱼类在进出集鱼箱时不被划伤。

根据集鱼系统布置及集鱼箱的集鱼、运输、投放鱼等要求,同时考虑到集鱼箱结构的复杂性和操作控制方便性等因素,集鱼箱侧底部设有进鱼口及防逃出装置,集鱼箱在放入水中后,进鱼口自行打开,鱼类可以通过进鱼口进入箱内,当计鱼器显示集鱼箱内的鱼已经达到一定数量后,就可提升集鱼箱,此时进鱼口自行关闭。集鱼箱顶部设有防水流溢出及鱼类逃逸装置,以防止鱼类跃出,集鱼箱每面均布置 4 个弹性导向轮,可沿集鱼箱池内壁轨道垂直起升,以免集鱼箱在起升过程中过分晃动。

由于集鱼箱工作时间较长,为保证箱体中水质达到运输要求,集鱼箱中设有鱼类维生系统,主要包括增氧系统及砂滤系统,该系统能保证鱼在集鱼箱内存活 2 h 以上。集鱼箱侧底部设有放鱼阀门,集鱼箱投放鱼时,放鱼阀门在放入水中时能自动打开,在提升集鱼箱离开水面时能自行关闭。为了保证打开放鱼阀门时较低的流速,集鱼箱的水深较浅,放鱼阀门应尽量大。为保证水放空后没有鱼留下,集鱼箱底部设计成倾斜底面,坡度比为 1:10。集鱼箱设有防撞缓冲装置,保证在集鱼、运输、投放鱼的过程中对鱼类的伤害降至最小。

（二）运输小车方案设计

运送小车共 1 台，放置在高程为 973.8 m 的水平轨道上，水平轨道采用铁道轻型轨道，主要包括承载结构以及夹轨器、防风锚定装置、埋件等附属设备，水平轨道一端位于集鱼池处附近，另一端位于坝脚，运行距离约 88 m。运送小车主要作用是将集鱼箱从集鱼池水平转运至坝脚。

运送小车由车架结构、承载结构、行走机构、阻进器、行程检测及行程开关等必要的附属设备组成。车架结构由 Q345C 钢板焊接组成，通过主横梁及水平连接梁系，将集鱼箱荷载传递至台车架及车轮组。行走机构由电动机、制动器、减速器、联轴器、台车架和车轮组、电力拖动设备等组成。控制系统采用无线遥控和有线现地控制相结合的方式，由视频监控系统、行程检测系统、信号收发系统等组成，并集成安装在小车上。

考虑到运送小车操作的方便性，运送小车在水平轨道上的驱动运行方式采用自行式，自行式的动力源拟采用外接电源或蓄电池，如采用蓄电池供电，下游轨道端头应设置充电桩，充电桩有快充和慢充两种模式，蓄电池容量不小于 30 kVAh，充电一次可往返 10 次以上。运送小车设有行程限制装置，运行至轨道两端端头时能自动切断电源，停止运行。

（三）起吊设备

电动葫芦启闭容量为 2×50 kN，扬程为 11 m，行走速度为 20 m/min，装设在集鱼池上方的排架柱上，主要作用是通过机械自动抓梁将集鱼池底部的集鱼箱提升并运至运鱼电动小车上。电动葫芦的小车和起升机构均设有可靠的制动系统及终点行程限位装置和缓冲装置。抓梁出厂前应作挂脱集鱼箱的模拟试验，以确保抓梁抓起集鱼箱的过程中，动作灵敏、准确。

塔式起重机启闭容量为 68 kN，总扬程为 67 m，最大回转半径为 40 m，回转角度为 0°～200°，负责将集鱼箱从下游坝脚吊运至上游沿岸库区。

四、结　语

水电工程的建设导致自然河流生态条件发生改变，工程河段的鱼类势必会受到不利影响。过鱼设施在促进坝上坝下鱼类遗传信息交流、维护自然鱼类基因库、保证鱼类种质资源、维护鱼类种群结构等方面，起到了很大的作用。SETH 水利枢纽工程过鱼设施的建设，为大坝上下游鱼类的交流提供了渠道，对该流域内鱼类资源的保护起到了一定的积极作用，可供其他同类工程借鉴。对于鱼类资源较为丰富的河道，可以考虑采用增加集鱼箱数量和增设赶鱼栅等措施来提高过鱼效率。

（作者单位：中水北方勘测设计研究有限责任公司）

SETH 水利枢纽工程厂用电系统设计

阚 琪

SETH 水利枢纽工程任务以供水和防洪为主,兼顾灌溉和发电,并为加强乌伦古河流域水资源管理和水生态保护创造条件。水库总库容 2.94 亿 m^3,电站装机 27.6 MW,多年平均发电量为 8 245 万 kW·h。工程建成后,可使下游沿线乡镇防洪标准的洪水重现期由 10 年提高到 20 年,县城防洪标准由 20 年提高到 30 年。工程等别为 II 等,工程规模为大(2)型。

一、电站厂用电系统的特点

(一)供电范围广,负荷点分散
SETH 厂用电系统按供电区域分为:

(1)坝后主厂房:包括机组自用电、渗漏/检修排水系统、空压系统、技术供水系统、通风采暖系统、厂房尾水。

(2)坝后副厂房:包括 GIS 室、主变场地、中控室、电缆夹层。

(3)大坝:大坝渗漏排水系统、大坝底孔启闭机房、大坝表孔启闭机房、坝体廊道、电梯机房、升鱼机塔吊。

(4)管理营地。

(5)其他建筑单体:柴油机房、消防排水泵房、消力池、警卫室、生态阀室。

(二)负荷等级高、供电距离远
SETH 枢纽具有泄洪功能,底孔闸门启闭机、表孔闸门启闭机等与泄洪相关的负荷均被定义为 I 类负荷。对此类负荷采用双电源、双通道供电。大坝底孔启闭机房及表孔启闭机房设低压配电分盘,负荷的两路电源分别取自 2 段机端母线,为防止 1 条路径发生事故,此两路电源分别经过 2 条路径送至负荷供电点。另外,厂房渗漏排水系统、检修排水系统、空压系统、技术供水系统等也均采用双电源供电。

厂房低压配电室至大坝底孔启闭机房电缆敷设路径约 270 m,至大坝底孔启闭机房电缆敷设路径约 320 m,至消防排水泵房约 200 m。

二、厂用电电源的选择

(一)电站主接线
SETH 水电站装机 3 台,其中 2 台的单机额定容量 12 MW,1 台 3.6 MW。电站发电机侧 2 台 12 MW 机组采用扩大单元接线,1 台 3.6 MW 机组采用单元接线,发电机电压均为 10.5 kV,发电机出口装设断路器,并设有避雷器和供测量及保护用的电压互感器,励磁变压器也由机组出口引接。12 MW 发电机至主变压器低压侧的连线采用共箱封闭母线,3.6 MW 发电机至主变压器低压侧的连线采用高压电缆。

SETH 水电站经 110 kV 一级电压接入系统,出线 1 回,架空线路接入距电站约 25 km 的青格里 110 kV 变电站。升高电压侧采用单母线接线，110 kV 配电装置采用 SF₆ 全封闭组合电器（GIS）设备，110 kV 配电装置至 110 kV 出线平台直接由 GIS 套管架空引出。

厂用电供电采用一级电压供电方式。本电站厂用电设置有 10/0.4 kV 厂变 3 台，厂变 3 回电源分别取自电站发电机出口主变压器的 10.5 kV 侧以及保留的施工变电站。设置 1 台 600 kW 柴油发电机组作为保安电源。

管理区位于电站厂房下游约 1 km 处，电站发电后，从厂房内的 10 kV 母线引 1 回 10 kV 线路作为其供电主电源，保留的施工变电站引备用电源。管理区低压系统不在本次设计范围之内。

电站电气主接线如图 1 所示。

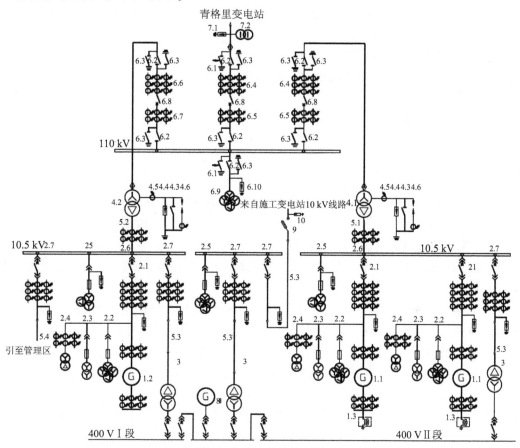

图 1　电站电气主接线图

(二)厂用电电源选择的原则

（1）全厂机组运行时，大型水力发电厂应不少于 3 个厂用电电源同时供电；中型水力发电厂也应该有 2 个厂用电电源。

（2）部分机组运行时，大型水力发电厂至少应有 2 个厂用电电源同时供电；中型水力发电厂也应该有 2 个厂用电电源，但允许其中 1 个处于备用状态。

（3）全厂停电时，大型水力发电厂至少应有 2 个厂用电电源同时供电，但允许其中 1 个处于备用状态。中型水力发电厂也应该有 1 个厂用电电源供电。

（4）满足各种运行方式下厂用电负荷需要，并保证可靠供电。

(5)厂用电电源相对独立。

(6)当一个电源发生故障时,另一个电源应能自动或远方操作切换投入。

(三)厂用电电源的引接方式

《水力发电厂厂用电设计规程》规定,"厂用电电源首先应考虑从发电机电压母线或单元分支线上引接,由本电站机组供电。当单元接线上装设断路器或隔离开关时,厂用电宜在主变压器低压侧引接"。由于本电站所有机组均设有发电机断路器,厂用电源采用在主变低压侧引接的方式,正常情况下由机组供给厂用电源,在停机的时候从系统倒送厂用电。由于本电站有生态小机组,年利用小时数较高,因此,该方式供电可靠性高,接线简单,布置方便,经济性好,作为本电站厂用电主供电源。

为了提高厂用电的可靠性和连续性,设置可靠的外来电源作为厂用电的备用电源。根据本电站的情况,备用电源的取得方式有以下几种:

(1)通过主变从系统倒送厂用电。

(2)从永久保留的施工变电站取得 10 kV 电源。

(3)设置柴油发电机。

(四)厂用电电压等级

由于本电站装机容量不大,厂区负荷供电点在 400 V 供电范围之内,故本电站厂用电采用电压等级为 400 V,中性点直接接地的 TN-C-S 系统。

三、厂用电接线方式

(一)厂用电接线设计原则

综合考虑电站枢纽布置、设备布置及厂用电负荷的构成、分布等因素,按以下原则进行电站厂用电设计。

(1)满足各负荷中心分区供电的要求。根据负荷位置及负荷作用分别在机组旁、厂房渗漏/检修排水系统、大坝表孔启闭机房、大坝底孔启闭机房、大坝渗漏排水泵房、柴油机房、副厂房 GIS 室、消力池、厂房配电室、低压压缩空气系统、厂房技术供水系统、生态阀室、尾水平台、主变处、地下消防泵房、油处理室等处设置动力分盘或动力配电箱。各处负荷就近由动力分盘或动力箱供电。厂房内的照明由专门的动力分盘进行供电。

(2)厂用电接线尽量简化,有利于继电保护系统和备自投方式的实现。

(3)供用电系统和机组自用电系统分开,机组自用电相对独立,有利于提高机组自用电的供电质量和供电可靠性。

(4)满足机组启动和停运的供电要求,尽量减少厂用电的切换操作。

(5)考虑大坝度汛安全,设置柴油发电机作为保安电源。

(6)双电源供电的负荷,2 个电源分别取自两段 400 V 母线段。

(7)装设 3 台厂用电变压器互为备用或其中 1 台为明备用时,计及负荷分配不均匀等情况,每台的额定容量宜为厂用电最大负荷的 60%。

(二)厂用电接线方式及设备布置

本电站厂用电系统采用单母线分段接线,共分 3 段。电站自 10 kV 机端母线Ⅰ段和Ⅱ段各引接 1 台容量为 630 kV 的厂用变压器,为全厂提供厂用电源并作为全厂第一电源点,分别接入厂用电系统Ⅰ、Ⅱ段母线。双电源供电负荷的2个电源分别取自400 V的Ⅰ、Ⅱ段母线。

电站运行中,110 kV系统倒送作为全厂第二电源点。施工变电所按永久性变电所设计,经一回10 kV线路接入厂用电Ⅲ段母线作为第三电源点,通过1台630 kV厂用变压器接入厂用电Ⅲ段母线。

Ⅰ,Ⅱ,Ⅲ段母线的运行方式:

(1)正常运行情况下3段母线分段独立运行,3段母线之间的母联断开;11B厂用变为Ⅰ段母线供电;12B厂用变为Ⅱ段母线供电;Ⅲ段母线不带负荷,13B空载运行。

(2)当11B(12B)变压器失电时,Ⅰ(Ⅱ)段母线与Ⅲ段母线之间的母联闭合,由13B变压器为Ⅰ(Ⅱ)段母线中的全部负荷供电。

(3)当11B和12B厂用变压器同时失电时,Ⅰ、Ⅱ段母线与3D母线之间的2个母联全部闭合,由13B变压器为Ⅰ、Ⅱ段母线中的重要负荷供电。

(4)当11B、12B、13B变压器全部失电时,Ⅰ、Ⅱ段母线与Ⅲ母线之间的两个母联全部闭合,由柴油发电机为Ⅰ、Ⅱ段母线中的保安负荷供电。

电站10 kV系统盘柜、400 V盘柜及3台厂用变压器均布置于主厂房地下配电室内。此配电室即为厂用电电源中心。主厂房设置主电缆廊道,贯通全厂,并与各主要配电盘柜之间采用电缆沟、桥架和支架作为电缆通路,各机组与主电缆廊道之间设置电缆廊道、电缆沟。

设置柴油发电机组作为保安电源(主要用于在全厂失去厂用电电源的情况下保证厂房排水和泄洪系统等负荷的供电)。柴油机房布置于大坝坝后位置。

四、主要厂用电设备选择

(一)站用变压器

根据《水利水电工程厂(站)用电系统设计规范》中厂用电最大负荷统计计算结果,所统计的机组自用电最大负荷为135 kW,全厂公用电最大负荷为1 000 kW。根据最大负荷统计法计算厂用电最大负荷:

$$S_{js} = K_z \sum p_z + k_g \sum p_g$$

其中,机组自用电综合系数K_z取0.76,全厂共用电综合系数K_z取0.78。故全厂厂用电最大负荷为885 kW。每台的额定容量宜为厂用电最大负荷的60%,故每台厂用变压器容量为630 kVA。厂用变其他参数为:

型号和型式	SCB13-630/10(降压变压器)
额定容量	630 kVA
额定电压	10.5 ±2×2.5%/0.4 kV
阻抗电压	4%
接线组别	D,yn11
调压方式	无载调压

(二)柴油发电机

额定功率	600 kW
额定电压	400/230 V
额定频率	50 Hz

额定转速	1 500 r/min
额定功率因数	0.8(滞后)

五、结　语

(1)SETH厂用电电源从两机组段各引一电源,外来备用电源引自保留的施工变电站。另设柴油发电机组作为保安电源。电源选择满足各种运行方式下的厂用电负荷需要,并保证了供电的可靠性、连续性。

(2)厂用电采用0.4 kV一级供电,满足电站供电容量、供电距离和电能质量的要求。

(3)所选用的厂用电设备和元器件具有目前国内先进水平,保证运行安全可靠。

(作者单位:中水北方勘测设计研究有限责任公司)

SETH 水利枢纽大坝工程金属结构制造安装监理工作

宁　钟　　宋燕宁

一、明确监理工作依据

监理依据是监理工作的根本和目标,是监理工作的准则和标准,作为监理工程师必须非常熟悉、熟练掌控;一般情况下,监理依据主要包括如下内容:
(1)国家的法律、行政法规和部门规章。
(2)工程建设有关技术标准和相关规定。
(3)发包人与监理人签订的工程监理合同。
(4)发包人与承包人签订的工程施工合同。
(5)施工图纸、设计技术要求、设计通知和其他技术资料等设计文件。

二、编制监理工作体系文件,设置质量控制点

为切实履行 SETH 水利枢纽工程施工监理合同,二滩国际工程咨询有限责任公司于 2016 年 9 月组建了 SETH 水利枢纽工程监理部,作为派出机构代表公司履约。监理机构进场后根据工程监理合同及施工合同,编制了工程项目监理规划并获得发包人批准。根据批准的监理规划编制了监理工作管理制度、监理实施细则、监理工作计划等监理工作体系文件。

监理工作管理制度是监理工作组织、管理工作的规范性文件,依据国家法律法规,监理合同,工程所在地地方政府、发包人和监理单位的管理规定,并结合工程项目实际情况进行编制,是监理工程师、监理员的行为准则。完善的监理工作管理制度,明确监理工作目标和方法,为现场监理工作规范、有序开展提供有力保障和保证。

监理实施细则是监理工程师编制的作业性指导文件,是监理工程师、监理员的行动准则,通过编制监理实施细则,进一步了解特定项目的特点、设计和规范要求,也是一个学习的过程;同时,通过监理实施细则与承包人交流,让承包人了解监理工作的流程,对质量的要求,对合同、规程、规范的理解。监理实施细则设置了质量控制点和停止检查点,达到质量控制点和停止检查点时,必须通知监理工程师检查,未经验收合格不得进入下道工序。

一般情况下,对于金属结构制作安装,质量控制点设置如下:原材料采购前对生产厂家的批准、原材料到货后的检查、组拼完成后的检查、焊接完成后的检查(包括外观及内部质量检查)、除锈后的检查、防腐后的检查、出厂前的检查。

三、督促、检查承包人组织机构、管理体系的建立及运转

承包人是施工质量的责任主体,承包人管理水平的高低,施工作业人员的质量意识强弱,最终反映在施工质量的结果和效果上。建立健全现场组织机构、质量保证体系是保证施工质量的

关键,只有承包人的质量管理体系健全了,有合格的、足够数量的管理和生产人员,认真履行职责,做到事事有人管,事事有人负责,施工人员质量意识强,才能进行系统的管理,才能保证施工质量;若承包人现场质量保证体系不健全,质量管理就会出现漏洞,就不能实现"三检制",往往监理工程师的检查验收代替了承包人的自检,甚至监理工程师成了承包人的技术员、质检员,这样,监理工程师成为施工质量的唯一管理者,达不到施工质量要求,因此,必须督促承包人建立健全现场组织机构和质量保证体系。

四、审查施工方案,确保施工方法合理

施工方案是承包人根据自身的情况,对施工的总体安排,是对组织机构的设立、具体施工人员的安排、技术措施、设备、材料供应、质量控制、进度计划、安全管理等的统筹安排。为了使承包人的施工方案合理、可行,在正确的方法下指导施工,始终如一地坚持执行施工工艺,使质量处于稳定受控状态,必须督促承包人上报专项施工方案,监理工程师依据施工合同文件、设计文件及规范要求,对质量的保证措施、安全保证措施、技术方案和进度计划等方面进行重点审查。

对于金属结构施工,焊接质量的控制是施工的重点,督促承包人进行焊接工艺评定试验,上报焊接工艺评定试验报告,审查承包人的焊接工艺评定报告,在焊接工艺评定合格的基础上,方可按焊接工艺实施焊接。

五、注重原材料的控制

对原材料的控制是金属结构施工质量控制的源头。金属结构件主要施工用材料有钢材、焊材、焊剂等。

原材料采购,如果是承包人采购,监理工程师就要求承包人上报拟订的生产厂家的资质证明文件,经监理、业主审查同意后,承包人方可采购;如果是业主直接采购,监理工程师也要获取生产厂家的相关资质证明文件备查。

原材料到货后,要督促承包人进行原材料常规检验,及时获取产品合格证明书,若有必要,及时进行见证取样,督促承包人进行相关的抽样检验。

六、加强特种作业人员管理

焊接质量的控制是金属结构施工质量控制的重点。电焊工、质检人员和无损检测人员水平的高低,直接影响金属结构件的焊接质量和检测质量,必须坚持持证上岗。要求承包人建立电焊工、质检人员和无损检测人员管理档案,上报特种作业人员资质证明文件,在施工过程中,要一一核对。对于工期长、人员变动较大的项目,要随时掌握焊工、质检人员和无损检测人员变动情况,出现新增人员,要求承包人提供相关的资质证明文件,否则不准上岗;在施工现场,要定期或不定期地抽查上岗作业人员,检查他们的资格证。

在审查焊工证时,要注意焊工证是否在有效期内,以及允许的焊接位置及焊接材料。审查无损检测人员资格证时,要注意资格证的有效期、等级及检测检测的项目。

七、加强作业环境的控制

金属结构制作安装,野外作业较多,作业环境相对较差,特别要注意作业环境条件,当作业环境条件不允许施工的时候,坚决不能施工。例如,雨天未采取很好的防风、防雨措施不能施工,在这一点上对焊接和切割的影响非常大,在大风和雨天进行焊接和切割作业,直接影响焊接质量和钢材的性能。在作业环境较差的情况下,监理人员就更应该加强巡视检查,督促承包人采取措施改善作业环境,或者责令暂停施工,待作业环境改善再恢复施工。

八、加强作业设备及检测工器具管理

作业设备及检测工器具是施工和检测的手段,对施工质量有重要影响,作业设备及检测工器具直接影响工程施工质量,性能优良、先进、稳定的设备对施工质量起到保证作用。例如,钢板下料就有手割枪、半自动切割机、数控切割机等不同种类的切割设备,只要条件允许,都要尽量选择先进的设备,并且要经常的维护,保持其性能稳定。检测工器具的质量达不到要求,其检测的数据就不准确,导致对质量的判断不准确,必须按要求进行调试和有资质的单位定期检验。因此,必须督促承包人建立重要工器具台账,在台账中注明购买时间、进场时间、性能状态、定期检验检查时间等,及时掌握设备的性能,一旦出现性能下降,及时维护或更换。

九、施工过程中的巡视检查及平行检验

巡视检查是监理工程师的主动检查,一旦发现问题,立即纠正。巡视检查的主要内容有:检查质量保证体系运行情况,质检人员到岗情况;检查特种作业人员持证上岗情况,特别是电焊工、无损检测人员必须持证上岗;检查施工工艺执行情况,是否按批准的施工工艺执行;检查无损检测情况,是否及时进行了无损检测,无损检测的结果如何都要随时了解。

平行检验是在承包人自检合格的基础上,监理工程师独立进行的复核性检验,主要是对关键尺寸的复核测量。例如:闸门埋件安装的孔口中心及门槽中心的复核测量、弧门支铰中心的复核测量、弧门半径的测量、油缸机架中心的测量、平板闸门扭曲度的测量、平板闸门水封平面度的测量、防腐漆膜厚度的抽检,等等。

十、关注焊缝检测检验

焊接质量的控制是金属结构制安质量控制的重点,无损检测的情况直接反映了焊缝的焊接质量,焊缝的一次检查合格率是施工工艺、施工人员水平、责任心、焊接设备及作业环境的集中反映,一旦出现异常情况,要及时分析原因,采取改进施工工艺、改善作业环境、更换设备、辞退不称职的焊工等措施进行处理。监理工程师必须督促承包人按合同及规范要求及时进行无损检测,随时了解无损检测情况,掌握无损检测的进度,掌握焊接质量。经常性参与无损检测工作,仔细查看无损检测报告,查看 X 射线底片。

十一、重视防腐工作

由于金属结构件的防腐工作在施工当时不会产生直接的不良后果,容易被忽视,尤其是承包人。但金属结构件的防腐质量直接影响其使用寿命,若防腐质量达不到要求,随着时间的推移,就会出现生锈,渐渐降低其性能,甚至导致破坏,所以防腐工作也是一项非常重要的工作。设备每运行一段时间后,都要进行防腐检查,对出现问题的部位要进行补涂。

防腐工作的关键是除锈,除锈一般采用喷砂的方法,局部可采用砂轮打磨,除锈等级根据设计要求执行,粗糙度要求是除锈的关键,可以采用试块比对和粗糙度仪测量的方法检测。粗糙度达到要求了,漆膜附着力才能够达到要求。防腐喷涂根据设计要求和油漆生产厂家油漆使用说明书要求控制油漆的喷涂环境条件、喷涂次数、层数;对漆膜厚度、漆膜针孔和漆膜附着力试验进行检查。

十二、参加运行检验及试验

金属结构设备的运行检验及试验是对设备制作安装质量的整体检验,金属结构设备运行检验及试验结果是金属结构设备制造安装质量的集中反映,监理工程师全程跟踪运行检验试验,就能从整体上掌握设备制造安装质量。例如,参加闸门的无水试运行,闸门上下运行平稳,无异常声响;在封水状态,水封不透光,水封压缩量满足设计要求;闸门平压阀开闭灵活,并进行渗漏检查。参加闸门有水试运行,在闸门封闭状态下,渗漏量不超过设计要求。参加启闭机的荷载试验,在各级荷载下,启闭机运行平稳,无异常声响;扰度值在规范范围内;连接螺栓无松动,结构焊缝无异常;三相电流平稳;制动器调试正确,限位装置设置正确,灵敏可靠等,进行全面的了解和掌握。

(作者单位:二滩国际工程咨询有限责任公司)

特种阀门在 SETH 水利枢纽工程中的应用

马果　刘婕

SETH 水利枢纽工程位于阿勒泰地区青河县境内,为多年调节能力的水库,水库总库容为 2.94 亿 m^3。工程任务为工业供水和防洪,兼顾灌溉和发电。工程设置有工业供水及生态流量管路,鱼道生态补水管路,其中工业供水及生态流量管路用于机组停机或水库水位低于最低发电水位以下时下放生态流量和工业用水。鱼道生态补水管路用于每年 4—6 月份下放鱼道用水。其中工业供水及生态流量管路工作阀采用固定锥形阀,用于下泄流量时消能;鱼道补水管路工作阀采用活塞式流量调节阀,用于鱼道补水时精确调流、消能。

一、电站概况

SETH 水电站水头范围为 36.2~59.00 m,额定水头为 50.00 m。水库水位范围为 986.00~1 027.00 m,水库水位落差较大,电站设置最低发电水位 1 005.00 m。考虑本工程任务为工业供水和防洪,兼顾灌溉和发电,为保证在机组停机时不影响向下游供水,在机组压力钢管岔管处引出一条 DN1 600 mm 的旁通管至下游尾水,要求旁通管路应在水库水位 986.00~1 027.00 m 的范围内,下泄流量在 4.8~11.6 m^3/s 的范围内连续可调。为保证 4—6 月份鱼类洄游,工程设置有鱼道,在机组压力钢管岔管处引出一条 DN800 mm 的鱼道补水管,要求鱼道补水管路应在水库水位 986.00~1 027.00 m 的范围内,控制恒定的下泄流量 1.5 m^3/s。系统布置如图 1 所示。

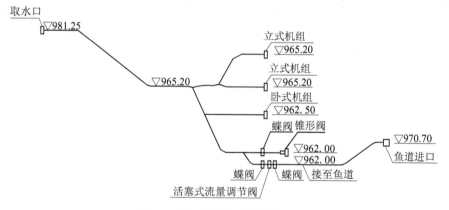

图 1　系统布置图(高程单位:m)

二、设备型式选择

旁通供水管路下泄流量范围 4.8~11.6 m^3/s,水头范围为 19~38 m,鱼道补水管路下泄流量恒定为 1.5 m^3/s,水头范围为 16~57 m,可选的阀门型式为活塞式流量调节阀和固定锥形阀,两种阀门具有调流和消能的功能。

活塞式流量调节阀工作原理:阀门由壳体、导流体、活塞缸、曲柄连杆、驱动装置等组成,通过一个活塞状圆柱体在阀体内轴向运行,改变阀体内套筒的过流面积,从而改变阀门过流量,流量调节具备较好的线性关系。流道成轴对称布置,流体经过时不会产生紊流,水柱在套筒内对撞消能,气泡在套筒中央溃灭,从而避免阀体气蚀破坏,整个阀门振动及噪声较小。根据上下游压差的大小,套筒型式可分为锥孔型、开槽型、扇叶型、环喷型、复合型等多种型式。该阀门类型调节精度高,但是过流能力相对较低,如图 2 所示。

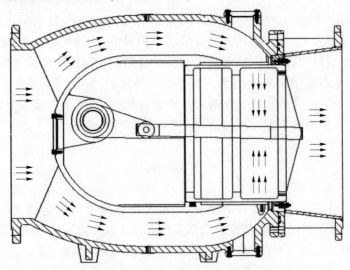

图 2　活塞式流量调节阀示意图

　　锥形阀工作原理:阀门由阀体、套筒闸、导流锥、导流罩(根据需要)、传动杆、驱动装置等组成。通过套筒闸前后移动调节阀门开度,水流从阀体内流出,撞击在 45°的锥体上,水流以辐射状散射出去,然后与空气/水体摩擦成水雾状,从而达到消能的目的。安装型式可根据现场情况设置为水平式、垂直式、45°式等多种型式,既可对空出流也可淹没出流。该阀门类型消能效果好,过流能力强,过阀流速高,布置灵活,但是调节精度相对较差,如图 3 所示。

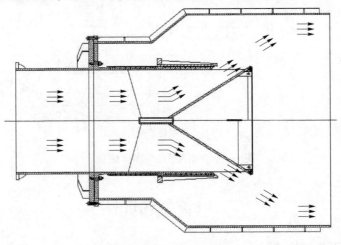

图 3　锥形阀示意图

　　针对本项目两条管线的供水特点,旁通供水管路供水流量大,对阀门通流能力要求较高,同等条件下流量系数越高则阀门体积越小,相对投资越小,对阀门的调节精度要求相对较低,因此,选用锥形阀。鱼道补水管路对流量调节精度要求较高,流量过大/过小均会影响诱鱼和鱼类洄游的效果,因此,选用活塞式流量调节阀。

三、阀门参数选择与设备布置

(一)阀门参数选择

锥形阀应在水库水位为 986.00~1 005.00 m 的范围内,下泄流量在 4.8~11.6 m³/s 的范围内连续可调,阀门应满足 2 个条件:①阀门在水库水位最低时下泄最大流量;②阀门在水库水位最高时下泄最小流量。同时结合锥形阀的特点,过阀流速不宜超过 25 m/s,阀门开度不宜小于10%。结合以上要求及引水管道特性,计算选择阀门直径为 1.4 m,压力等级为 1.0 MPa。

活塞式流量调节阀应在水库水位为 986.00~1 027.00 m 的范围内,下泄流量恒定为1.5 m³/s时,满足两个条件:①阀门在水库水位最低时下泄最大流量;②阀门在水库水位最高时下泄最小流量。同时结合活塞式流量调节阀的结构特点,过阀流速不宜超过 6 m/s,阀门开度不宜小于5%。结合以上要求及引水管道特性,计算选择阀门直径为 0.8 m,压力等级为1.0 MPa。

(二)阀门布置

本工程所在地区气候寒冷,冬季极端最低气温可达-42 ℃,若阀门布置在室外,对阀门材料、密封材料、执行机构要求均较高,且同时需要阀室内设置供暖装置,提高了运行维护工作量。结合本电站情况,将阀门布置在安装场下阀坑内,其中锥形阀导流罩固定在厂房侧墙内,采用淹没出流,侧墙外部设置消能池,结合尾水渠布置,消能池长度约为 15 m,宽度为 3.9 m,消能池与尾水渠联通,联通箱涵面积为 2 m×4 m,箱涵底部高程 969.0 m,高于正常尾水位 968.84 m。正常情况下,消力池内充满水,作为水垫协助消能,同时,在消力池侧壁加装钢板提高消力池防冲能力。当锥形阀密封圈损坏时,利用水泵抽干消能池内积水,从消能池内进入更换密封圈。阀门布置如图4 所示。

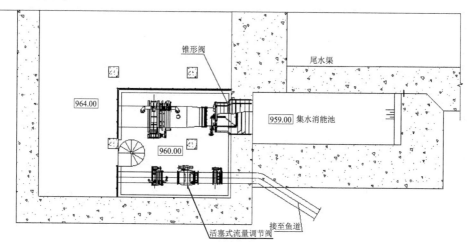

图4 阀门平面布置图

为便于阀门安装维护,在阀门顶部安装单轨电动葫芦。同时在阀坑内设置渗漏集水坑,由2 台潜水排污泵排至尾水渠。

四、经验与结语

(1)在该项目背景下,利用锥形阀作为机组旁通下泄供水流量,简化了工程布置,降低了工程投资,同时锥形阀通过较高的过流系数降低了设备体积,更进一步降低了设备投资,也给后续运行维护带来了便利。

(2)本工程利用活塞式流量调节阀下放鱼道用水,通过较高的调节精度保证了鱼道供水的可靠性,从而保证了鱼道过鱼能力。

(3)近年来,类似活塞式流量调节阀和锥形阀等特种阀门在水利水电工程中应用越来越多,为实现工程任务提供了新的解决方案,而且降低了工程投资,多个工程的成功应用证明了其运行安全可靠,可以在后续工程中推广使用。

(作者单位:中水北方勘测设计研究有限责任公司)

抗冲耐磨混凝土优化设计研究

蒋小健　王立成　田　野

一、工程概况

SETH 水利枢纽工程任务为供水和防洪,兼顾灌溉和发电,并为加强流域水资源管理和水生态保护创造条件。工程主要由碾压混凝土重力坝(含挡水坝段、表孔和底孔坝段、放水兼发电引水坝段等)及消能防冲建筑物、坝后式电站厂房和升鱼机等组成。水库总库容 2.94 亿 m^3,最大坝高 75.5 m,坝顶长度 372 m,共分成 21 个坝段,主河床布置泄水坝段,左、右岸布置非溢流坝段。坝后式电站厂房共装机 3 台,总容量 27.6 MW。工程建成后,可使下游沿线乡镇防洪标准的洪水重现期由 10 年提高到 20 年,县城防洪标准由 20 年提高到 30 年。

工程为 Ⅱ 等工程,工程规模为大(2)型。拦河坝(含挡水坝段、表孔和底孔坝段、放水兼发电引水坝段等)及消能防冲建筑物为 2 级建筑物,升鱼机和电站厂房为 3 级建筑物,导流建筑物级别为 4 级。

该工程导流采用河床分期导流,上、下游围堰形成之后,采用坝体临时导流底孔过流方式。临时导流底孔设计采用 50 cm 厚的 C40 抗冲磨混凝土,基底结构混凝土为 C25 二级配常态混凝土。在导流底孔施工完成,拆模后发现,导流底孔边墙出现 20 多条裂缝,底板也出现 1 条几乎贯穿坝段的裂缝。后期花费了大量人力、物力及财力进行了处理。

该工程溢流面、消力池、永久底孔出口以外部位设计均采用 50 cm 厚的 C40 抗冲磨混凝土,下部采用 C25 常态混凝土。存在以下问题:C40 混凝土水泥掺量大,水化热高,在温度应力作用下极易产生裂缝,高速水流的脉动压力通过裂缝易将消力池底板掀起破坏,国内外这样的工程事故较多;下部结构混凝土标号为 C25,而高强混凝土标号为 C40,两种混凝土弹模相差较大,易产生裂缝,且施工不便,施工过程需要分仓浇筑,尤其是立面,施工难度较大。

因此,有必要对抗冲磨混凝土设计进行优化。

二、设计优化研究

(一)SK-PAM 特种抗冲磨材料

SK-PAM 特种抗冲磨树脂砂浆是中国水科院结构材料所以新型柔性氨基树脂、特种固化剂为胶结材料,添加特种抗冲磨填料混合配制研发而成的特种高韧性抗冲磨树脂砂浆,其具有优异的柔韧性和抗冲磨能力,胶结体系完全不同于传统的环氧砂浆和聚合物砂浆,是一种新型胶结材料体系的抗冲磨防护砂浆。

(二)室内试验研究

1.拉伸强度和伸长率

拉伸强度和伸长率是表征抗冲磨材料柔韧性和抗开裂能力的重要指标。试验结果表明,特种抗冲磨树脂砂浆拉伸强度 5.45 MPa,试验配比下砂浆伸长率可达 5.74%,根据工程需要,通过调整砂浆配比,其最大伸长率可达 10% 以上,表明特种抗冲磨砂浆属于柔韧性材料,具有较强的适应协调变形能力,不容易发生开裂、脱空等问题。

2.基面粘接试验

在大坝溢流面等位置,在夏季由于受太阳直射,地面温度最高可达 50 ℃以上,对薄层材料与基面的粘接能力是严峻的考验,薄层修补材料容易发生脱空、翘起等破坏,因此,采用高温水浴试验,检验特种抗冲磨砂浆抗高温粘接能力。试验结果表明,高弹性修补砂浆与混凝土平均粘接强度为 2.63 MPa,55 ℃高温水浴后粘接强度仍达 2.34 MPa,且拉拔试验的破坏形式均为内聚破坏,说明特种抗冲磨树脂砂浆与混凝土的黏结强度大于混凝土的抗拉强度,具有良好的环境适应能力,可以应用在混凝土缺陷的修补中。图 1 和图 2 分别为常温成型粘接试验和 55 ℃高温水浴后粘接试验。

 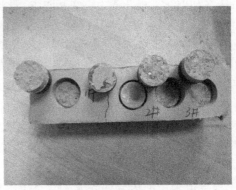

图 1　常温成型粘接试验　　　　　图 2　255 ℃高温水浴后粘接试验

3.抗压抗折试验

抗压强度试验结果表明,试验配比条件下的特种抗冲磨树脂砂浆抗压强度可达 20 MPa,抗折强度为 11.9 MPa,砂浆压折比仅为 1.68,说明砂浆具有优异的抗裂性能。特种抗冲磨树脂砂浆在受压条件下,砂浆本体产生压缩变形,直到超过最大受力能力发生破坏,但砂浆本体并没有发生剥落,说明特种抗冲磨树脂砂浆具有优异的柔韧性能。抗折试验时试件逐渐从底部逐渐向上裂开,破坏形式表现为韧性破坏。

4.抗冲磨对比试验

试验结果表明,在同等条件下,特种抗冲磨树脂砂浆的抗冲磨强度是高强环氧砂浆的 5 倍以上。图 3 是环氧砂浆冲磨后的形态,可以看出环氧砂浆被冲出很深的凹槽,表现出典型的悬移质微切削破坏形式。图 4 是特种抗冲磨砂浆冲磨后的形态,只是表面均匀的被磨损掉一层,圆环中部砂浆表面还比较完整,圆环法试验进一步证明特种抗冲磨砂浆具有优异的抗冲磨能力。

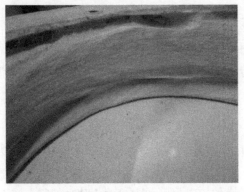 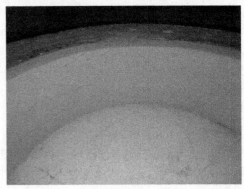

图 3　高强环氧砂浆圆环法抗冲磨试验后情况　　图 4　7SK-PAM 砂浆圆环法抗冲磨试验后冲磨情况

5.低温冻断对比实验

为验证特种抗冲磨树脂砂浆的抗低温开裂性能,参照《水工沥青混凝土试验规程》(DL/T 5362—2006)中沥青混凝土的冻断试验进行了特种抗冲磨树脂砂浆和环氧砂浆材料的低温冻断对比试验。整个冻断试验机置于高低温试验箱中,试验时高低温试验箱温度从20 ℃开始以30 ℃/h的速率降温,冻断试验机通过数据采集系统监测试件在降温过程中的收缩位移,并通过电机进行补偿,控制整个试验过程中冻断试件不发生收缩位移。在此过程中,试件中应力不断增长,达到一定值时,试件开裂,此温度即为冻断温度。

低温冻断对比试验试验结果(见表1)表明:特种抗冲磨树脂砂浆的冻断温度达-42 ℃,而环氧砂浆的平均冻断温度只有-15 ℃,说明特种抗冲磨树脂砂浆具有优异的低温抗裂性能。

表1   特种抗冲磨树脂砂浆冻断试验结果

序号	材料名称	冻断温度(℃)	平均值(℃)	冻断应力(MPa)	平均值(MPa)
1	K-PAM	-38.3		5.2	
2		-42.5	-42.3	6.7	6.2
3		-46.1		6.6	
4	氧砂浆	-15.59	-14.98	12.80	2.25
5		-14.37		11.69	

(三)材料性能指标

材料性能指标见表2。

表2   材料性能表

序号	项目	性能指标	备注
1	密度(kg/m³)	2 100	
2	操作时间(20 ℃,min)	>40	
3	固化时间(20 ℃,h)	约12	
4	28 d抗压强度(MPa)	≥20.0	
5	28 d抗拉强度(MPa)	≥5.0	
6	28 d抗折强度(MPa)	≥10	
7	28 d与混凝土粘结强度(MPa)	>2.5或基面破坏	
8	抗冲磨强度(h/(g/cm²))	>5.2	圆环法,同条件对比试验结果高强环氧砂浆为0.93
9	冻断温度(℃)	≥-40	
10	毒性物质含量	—	

(四)采用新材料优点

(1)优异的抗冲击、抗气蚀、抗冲磨性能:试验结果表明其抗冲磨强度是环氧砂浆的 5 倍以上。

(2)优异的柔韧性和抗开裂能力:采用的树脂材料本体具有 2 倍以上的伸长率,与传统的脆性材料环氧砂浆和聚合物砂浆相比,SK-PAM 砂浆具有优异的柔韧性能。

(3)极佳的耐久性能:新型树脂具有优异的耐候性能,制成砂浆后基本不存在长期老化问题。

(4)简便的施工性能:常温条件下直接拌和即可施工,立面不下坠,适用于干燥面、潮湿面、低温环境等不同条件的要求,砂浆表面平整光洁。

(5)环保无毒、无污染。

(五)施工工艺

1.施工工序

施工工序:混凝土表面清理打磨→清洗→涂刷底涂→浇筑 SK-PAM 特种抗冲磨树脂砂浆→养护。

具体施工工艺如下:

(1)施工面分割:将所需施工面作分割,分割面积为 5 m×10 m~5 m×20 m,浇注之前统一规划,采用跳仓方式进行浇注,避免大面积施工带来的问题。

(2)基面处理:用角磨机对面板混凝土表面进行打磨,用高压水枪冲洗表面的灰尘、浮渣,要求混凝土表面干燥、平整、坚固。基层平整,不允许有凹凸不平、松动和起砂、掉灰等缺陷存在。应在基层面收仓后、未终凝前进行冲毛处理,标准为小石、粗砂微露。施工前,先用铲刀和高压风将基层表面突出物、砂浆疙瘩及浮尘等杂物彻底清理干净,如发现油污、铁锈等要用钢丝刷砂纸和有机溶剂等将其彻底清理干净。

(3)基层宜呈干燥状态,含水率以小于 7%为宜。其简单测定方法是将面积 1 m²、厚度为 1.5~2.0 mm 后的橡皮板覆盖在基层表面上,放置 2~3 h,如果覆盖的基层表面无水印,紧贴基层一侧的橡胶板无凝结水印,即可满足施工要求。

(4)涂刷底涂:基面处理后,在混凝土表面涂刷专用潮湿型界面剂(如基面含水率大于 7%),涂刷厚度要求薄而均匀,无漏涂现象。

(5)浇筑 SK-PAM 特种抗冲磨树脂砂浆:待界面剂表干后,首先涂刷一遍 SK-PAM 树脂基液,然后立即浇筑 SK-PAM 特种抗冲磨树脂砂浆,平面一次可浇筑至设计厚度,立面根据厚度要求可分层浇筑(每层厚度 2 mm),直至达到设计厚度。砂浆表面要求平整光滑。

(6)养护:砂浆浇筑完工后,24 h 内不能被水浸泡,常温养护 28 d 方可过水运行。

2.接缝表面聚脲封闭处理

(1)沿裂缝进行表面打磨,打磨宽度 25 cm。

(2)清除打磨表面的粉尘,并把打磨区域清洗或擦拭干净。

(3)待混凝土表面干燥后,涂刷 SK 刮涂聚脲专用界面剂。

(4)待界面剂指干后,可涂刮第一遍聚脲,并且表面铺设胎基布,胎基布宽度为 15 cm;待第一遍聚脲指干后,涂刮第二遍聚脲涂层,最终涂层厚度为 2 mm。

(5)聚脲涂刷后 3 d 内不得过水。

抗冲磨材料施工接缝表面聚脲封闭处理图如图 5 所示。

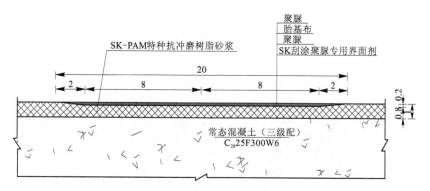

图5　抗冲磨材料施工接缝表面聚脲封闭处理图(单位:cm)

3.基层混凝土问题处理

施工过程中,如果基层混凝土出现问题,可采取下列措施进行处理:

(1)蜂窝麻面。混凝土的蜂窝麻面可使用环氧腻子进行填补平整,深度小于5 cm的孔洞可使用环氧砂浆修复平整。

(2)裂缝。混凝土表面如果存在裂缝,裂缝开度小于0.1 mm,可沿裂缝磨一个"V"型槽,深度在5 mm左右,然后用环氧腻子修复平整;

如果混凝土表面裂缝开度不小于0.2 mm,首先需要恢复混凝土的整体性,可采用化灌方式对裂缝进行化学灌浆,灌浆料使用环氧灌浆料。

(3)渗水。解决混凝土表面裂缝渗水,可用化学灌浆进行止水处理,化灌材料主要使用聚氨酯灌浆材料。

(4)局部低强度混凝土存在。如果浇筑的混凝土局部出现不满足强度要求,可凿除局部不符合要求的混凝土,如果凿除深度在5 cm左右,可使用聚合物砂浆或环氧砂浆修复平整,如果凿除深度大于5 cm,可使用聚合物混凝土或环氧混凝土进行修复。必要时需要插筋。

(5)抗冻融问题。混凝土成型后内部呈微孔结构,混凝土出现冻融主要是水通过微孔渗透到混凝土中,抗冲磨材料本身具有良好的防渗性能,使水无法渗透到混凝土中,解决冻融问题。

4.SK-PAM 特种抗冲磨树脂砂浆缺陷处理

如施工过程中抗冲磨树脂砂浆被尖锐的物体划破,出现裂缝,需进行修补。

(1)根据划破的范围大小,剔除周边部分,剔除范围为缝隙周围扩展5 cm。

(2)采用风枪清除基面的碎渣及浮尘,微露粗砂。

(3)在清理后的基面上涂刷专用潮湿型界面剂(如基面含水率大于7%),涂刷厚度要求薄而均匀,无漏涂现象。

(4)待界面剂表干后,首先涂刷一遍 SK-PAM 树脂基液,然后立即浇筑 SK-PAM 特种抗冲磨树脂砂浆,平面一次可浇筑至设计厚度,立面根据厚度要求可分层浇筑(每层厚度2 mm),直至达到设计厚度。将新老砂浆接缝处人工抹平,做到平整光滑。

(六)适用范围

(1)水工建筑物过流面的抗冲磨防护。

(2)水工建筑物泄洪冲刷破坏后的修复。

(3)混凝土结构的抗冻融保护及破坏后的修复。

(4)混凝土结构表面缺陷的修补与加固。

三、抗冲磨材料应用范围确定

根据数值模拟计算(如图6、7所示)结果,确定流速大于 15 m/s 的区域涂刷抗冲磨材料。

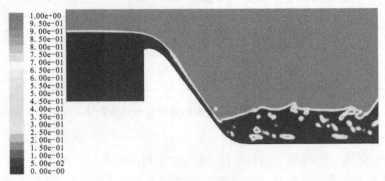

图 6　消力池流态图

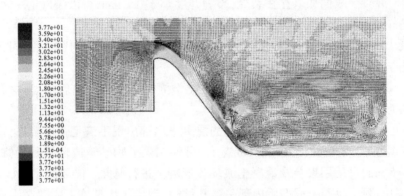

图 7　消力池流速矢量图

四、工程投资变化

(1)采用上述 SK-PAM 特种抗冲磨树脂砂浆涂抹厚度约为 0.8～1 cm,每平米造价约为 650 元,枢纽工程需涂抹部位面积约为 5 100 m²,费用为 332 万元;

(2)原设计侧墙模板节省投资 50 万元;

(3)原 C40 混凝土改为 C25 混凝土,面积 13 700 m²,厚度 50 cm,方量为 6 850 m³,每方混凝土节省投资(696-483＝213)213 元,共节约 146 万元

不考虑施工方便及工期节省,采用 SK-PAM 特种抗冲磨树脂砂浆整个投资增加约为 332-50-146＝136(万元)(见表3),投资增加不多,业主表示完全可以接受。

表3　　　　　　　　　　　　　　　　　工程投资变化　　　　　　　　　　　　　　单位:万元

方案	SK-PAM	侧墙模板	混凝土	合计
优化方案	+332	-50	-146	+136

五、结　语

综上所述,从抗冲耐磨效果、施工便利、工程质量与安全及工程投资方面来看,采用 SK-PAM 特种抗冲磨树脂砂浆代替 C40 抗冲磨混凝土,效果良好。经参建各方商议,拟将原设计 C40 抗冲磨混凝土优化为采用 SK-PAM 特种抗冲磨树脂砂浆,厚度底板采用 1 cm,边墙部位采用 0.8 cm。

(作者单位:蒋小键　阿勒泰地区 SETH 水库管理处
王立成　田　野　中水北方勘测设计研究有限责任公司)

SETH 水利枢纽工程整体水工模型试验研究

吕会娇　禹胜颖　李桂青　陈　浩

一、工程概况

SETH 水利枢纽工程任务为工业供水和防洪,兼顾灌溉和发电。电站装机 27.6 MW。工程等别为 Ⅱ 等,工程规模为大(2)型。本工程为碾压混凝土重力坝,主要由拦河坝(碾压混凝土重力坝)、泄水建筑物(表孔和底孔坝段)、放水兼发电引水建筑物(放水兼发电引水坝段)、坝后式电站厂房和过鱼建筑物等组成,拦河坝最大坝高 75.5 m,从左岸至右岸布置 1#~21#共 21 个坝段,坝顶总长 372.0 m。挡水建筑物混凝土重力坝的设计洪水重现期为 100 年一遇,校核洪水重现期为 1 000 年一遇。泄水建筑物消能防冲设计洪水标准取 50 年一遇,水电站厂房设计洪水标准取 50 年一遇,校核洪水标准取 200 年一遇。

二、模型设计

根据试验内容要求,模型试验范围包括坝轴线上游 450.00 m 内的地形(高程模拟到 1 032.00 m)、下游 650.00 m 内的地形(高程模拟到 968.00 m)、宽度最宽为 600.00 m。该河段包含重力坝挡水坝段、表孔坝段、底孔坝段和电站坝段等建筑物。上游水位测点位置:坝上游 L0-150.00 m,下游水位测点位置:坝下游 L0+225.00 m。根据试验研究目的,选择几何比尺 $\alpha_L = \alpha_H = 50$ 的正态模型。水流运动主要作用力是重力,因此,模型按重力相似准则设计,保持原型、模型弗劳德数相等。

模型制作时,电站及表孔、底孔和消力池段等建筑物均采用有机玻璃制作,几何精度为 0.2 mm;上、下游地形(定床)采用高程控制法定点,用水泥沙浆抹面,几何精度控制在 2 mm 以内。采用精度为±0.5%的电磁流量计量测流量;采用活动测针(水准仪)量测水面线,精度为±0.3 mm;采用精度为 2%的直读式光电旋桨流速仪量测流速。

三、模型试验成果

(一)泄流能力

1.表孔

表孔的泄流能力根据规范 SL 319—2005 附录 A.3 公式计算:

$$Q = C\, m\varepsilon\sigma_s B\sqrt{2\,g}H_w^{\frac{3}{2}} = MB\sqrt{2\,g}H_w^{\frac{3}{2}} \tag{1}$$

式中　Q——泄量;

　　　m——流量系数;

　　　ε——侧收缩系数;

　　　B——闸室总净宽;

　　　M——包括收缩系数在内的综合流量系数;

g——重力加速度；

H_w——未计入行近流速的堰上总水头。

试验对表孔敞泄时的过流能力进行观测，其水位—流量关系曲线如图1所示。当上游水位为设计水位（$H = 1\ 028.24$ m）时，实测下泄流量为 583.26 m³/s，比设计计算值 550.4 m³/s 大 5.97%，综合流量系数为 0.469；当上游水位为校核水位（$H = 1\ 029.94$ m）时，实测下泄流量为 771.00 m³/s，比设计计算值 721.4 m³/s 大 19.15%，综合流量系数为 0.481，表孔的设计规模满足泄量要求。

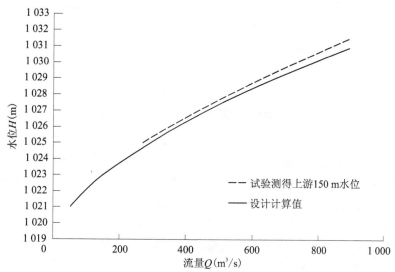

图1 表孔敞泄上游水位—流量关系曲线

2.底孔

底孔泄流能力计算公式如下：

$$Q = \sigma_s \mu eB \sqrt{2gH_0}$$ （2）

式中　Q——流量；

B——孔口宽度；

H_0——计入行近流速的闸前水头；

g——重力加速度；

σ_s——淹没系数；

μ——闸孔流量系数。

试验对底孔敞泄时的过流能力进行观测，其上游水位—流量关系曲线如图2所示。当上游水位为设计水位（$H = 1\ 028.24$ m）时，实测下泄流量为 387.50 m³/s，比设计计算值 329.68 m³/s 大 17.54%，闸孔流量系数为 0.721；当上游水位为校核水位（$H = 1\ 029.94$ m）时，实测下泄流量为 393.20 m³/s，比设计计算值 334.78 m³/s 大 17.45%，闸孔流量系数为 0.719。底孔的设计规模满足泄量要求。

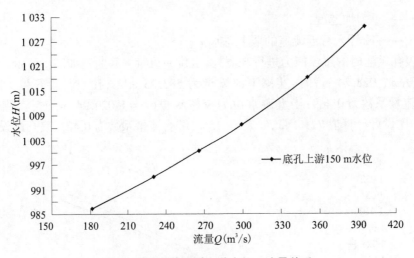

图 2　泄洪闸敞泄时上游水位—流量关系

（二）原方案消力池

原设计方案消力池池长 80 m，底孔出口段后孔口宽度由 3 m 扩散到 7 m，其后接反弧段与消力池相接，表底孔共用 1 个消力池。消力池底板顶高程为 963 m，墙顶高程为 975 m，消力池底部总宽度为 23.5 m，尾坎顶高程 970 m，顶宽 2 m，上游坡比 1:2，下游为直立式，坎后设混凝土防冲板，顶高程为 969.0 m。试验表明，按 50 年一遇的洪水标准联合泄洪时，此布置方式下消力池存在以下问题：消能不充分；表底孔间未设隔墙，表底孔单独放水时消力池内产生侧向回流，水流流态紊乱；池中水位较高翻越边墙进入厂区。

（三）消力池优化方案 1

针对原设计方案出现的不利水流现象，对消力池的体型进行修改，具体措施有：

（1）在原表底孔共用的消力池中增加宽度为 2.5 m 的隔墙，使表孔、底孔单独消能。

（2）扩宽消力池宽度，底孔出口段后孔口宽度由 3 m 扩散到 10 m，比原方案增宽 3 m。

（3）降低消力池底板高程，底板高程由 963 m 降低至 961 m。

（4）加长池长，池长由 80 m 增加到 90.5 m。

（5）增加消力池边墙高度，将墙顶高程由原来的 975.0 m 调整为 977.0 m。

（6）调整尾坎体型，由原来上游坡比 1:2、下游直立式改为上游直立式、下游坡比 1:1，且降低坎后防冲板高程，由 969 m 降低为 967.5 m。

消力池优化后，隔墙的增设使表底孔单独消能，池内不再产生侧向回流；建筑物消能防冲设计标准 50 年一遇洪水工况下，表孔消力池内产生淹没水跃，出池水流平稳，坎上最大底流速为 6.63 m/s，表孔消力池基本满足安全运行的要求。底孔消力池内的水利要素相较于原方案也得到明显改善，50 年一遇洪水工况下，水流在底孔消力池内形成完整水跃，出池流速 9.12 m/s。流速相较原方案虽有降低，但仍然偏大，仍对下游产生冲刷。

（四）消力池优化方案 2

针对优化方案 1 出现的问题，再次对消力池的体型进行修改，即将消力池底板高程由 961 m 降低为 959 m，尾坎顶高程由 970 m 降低为 968.5 m。修改前后消力池体型如图 3 所示。

消力池体型再次优化修改后，建筑物消能防冲标准 50 年一遇洪水工况下，水流在消力池内流态相对稳定，底孔出池流速降低为 6.68 m/s，相较优化方案 1 降低 26.75%。再次优化后的消力池体型满足下游消能防冲要求。

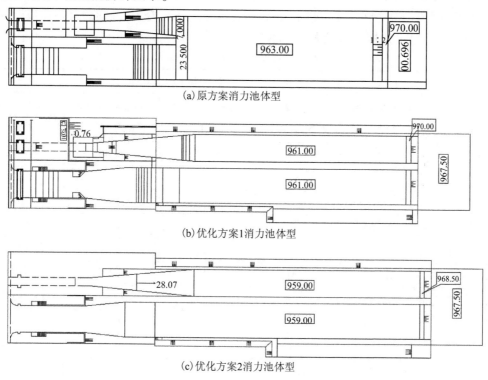

(a)原方案消力池体型

(b)优化方案1消力池体型

(c)优化方案2消力池体型

图3　修改前后消力池体型图

(五)表底孔堰面时均压力

沿表孔中心线布设8个测点,沿底孔中心线布设9个测点,孔口四周边墙和顶部布设3个测点,具体布设位置如图4所示。针对表底孔堰面的时均压力测试,分别进行了50年一遇、100年一遇、200年一遇和1 000年一遇洪水的试验,其测试结果见表1。

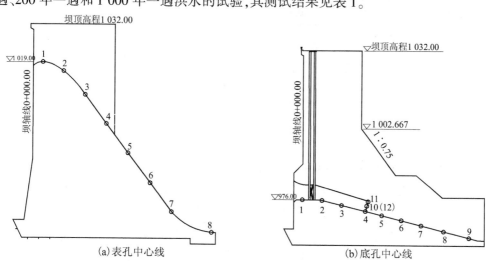

(a)表孔中心线　　　　　　　　　(b)底孔中心线

图4　表底孔堰面时均压力测点布设图

各试验工况下,表孔 $2^{\#}$ 测点均产生负压,50年一遇洪水和100年一遇洪水时, $3^{\#}$ 测点也产生负压。正压最大值均发生在 $8^{\#}$ 测点位置,最大为110.16 kPa,负压最大值均发生在 $2^{\#}$ 测点。

随着闸门开度的增大、流量的增加,堰顶 1# 测点的时均压力逐渐减小。底孔堰面时均压力均为正值,最大值均发生在 1# 测点,且随着流量的增加,压力值逐渐增大。试验测得,孔口四周顶部压力最大为 16.95 kPa,边墙压力最大为 40.87 kPa,也均为正值。

表1 各工况表底孔堰面时均压力

部位	测点编号	测点高程(m)	各试验工况时均压力(kPa)			
			50 年一遇洪水 (636 m³/s)	100 年一遇洪水 (726 m³/s)	200 年一遇洪水 (816 m³/s)	1 000 年一遇洪水 (1 056 m³/s)
表孔	1	1 019.00	63.67	56.31	47.48	14.12
	2	1 016.01	−5.11	−5.11	−5.11	0.28
	3	1 008.00	−3.98	−4.47	2.39	7.30
	4	998.00	2.88	5.33	7.79	14.16
	5	988.00	2.08	4.38	6.94	12.57
	6	978.00	1.41	3.37	5.83	11.22
	7	968.06	43.00	45.94	45.94	35.15
	8	962.56	98.87	96.91	92.49	110.16
底孔	1	976.00	92.11	288.32	288.32	294.69
	2	975.75	123.53	124.02	125.49	126.47
	3	974.00	93.59	93.57	94.08	95.06
	4	971.78	57.51	57.51	57.51	57.51
	5	970.25	30.31	28.35	29.82	28.84
	6	968.38	28.10	28.11	28.11	28.11
	7	966.50	29.82	34.73	29.33	30.80
	8	964.30	33.76	37.68	34.25	36.21
	9	961.88	103.15	111.00	109.53	119.34

四、消力池底板脉动压力

在优化方案 2 的基础上,试验对表底孔消力池底板进行脉动压力测试,测点位置如图 5 所示。针对脉动压力的测试进行了 50 年一遇洪水、100 年一遇洪水、200 年一遇洪水和 1 000 年一遇洪水的试验,分别得到了表底孔消力池底板的脉压均方根沿程分布图,如图 6、7 所示。

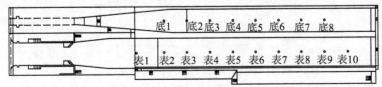

图 5 表底孔消力池底板脉动压力测试布点图

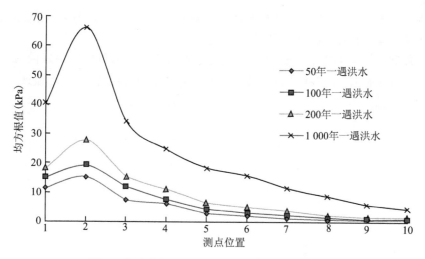

图6 表孔消力池底板脉压均方根值沿程分布图

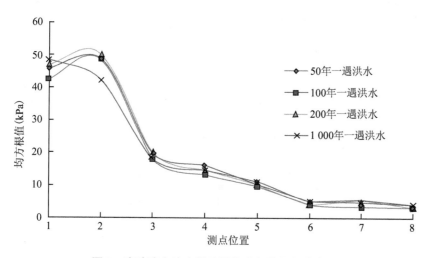

图7 底孔消力池底板脉压均方根值沿程分布图

消力池底板水流脉动压力在跃首附近,即水跃最大紊动强度区域达到最大,随后沿流程逐渐衰减,在衰减的总趋势下偶有小幅起伏。1 000年一遇洪水工况下,表孔消力池底板2#测点位置脉压均方根值达到最大,为66 kPa,相当于6.73 m水柱高度;200年一遇洪水工况下,底板脉压均方根值达到最大,为50.10 kPa,相当于5.11 m水柱高度。

五、结 语

(1)设计水位和校核水位下,表、底孔实测下泄流量均大于设计计算值,说明表、底孔的设计规模满足泄量要求。

(2)表孔控泄运行时,表孔堰面弧线中间位置、弧线和直线相接位置均有负压产生,各试验工况下,底孔堰面和孔口四周的时均压力均为正值。

(3)消力池边墙的脉动压力最大值发生在旋滚区水流紊动最为剧烈的位置,而后沿程逐渐减小；消力池底板脉动压力在跃首附近水跃最大紊动强度区域达到最大,随后沿流程逐渐衰减,但在衰减的总趋势下有时也有小幅起伏。

(4)试验各洪水标准下方案 2 较方案 1:消力池形成水跃的跃首位置更靠前;消力池内水流翻滚和消能更充分;水流经翻滚消能后,出池前水流更平稳;水流出池时坎上流速更小。故认为优化方案 2 优于优化方案 1。

(作者单位:中水北方勘测设计研究有限责任公司)

SETH 电站取水防沙及沉沙池沉沙冲沙试验研究

安 辉　吕会娇

SETH 电站分为大坝枢纽、引水系统、厂区枢纽、营地设施和道路 5 个部分。其中大坝枢纽由溢流坝、冲沙坝、挡墙、消力池及下游护坦、上坝公路等部分组成。引水系统由进水口、引水渠道、沉沙池等建筑物组成。由于工程来沙量大,库容较小,且库前河道宽阔,极易淤积泥沙,尤其是汛期洪水挟带大量泥沙,对工程的危害性很大。为力求引水的同时少进沙,促进水沙分离,引入"清水"而拦截底沙,取水口上游设置一道拦沙坎。模型试验通过多种不同试验工况的测量,通过对原布置方案取水防沙问题进行分析研究,对其防沙设施进行了优化完善,提出行之有效的取水方式,解决了电站的取水防沙问题,保证电站正常引水发电。

一、水文泥沙资料

SETH 电站为径流引水式电站,电站装机 69 MW,设计引用流量 20 m³/s,对应河水泥沙浓度为 0.2 kg/m³。电站坝址年平均来沙量 15.8 万 t(折合 11.7 万 m³,泥沙容重 13.5 t/m³),有效库容为 59.3 万 m³。溢流坝段上游正常蓄水位为 1 711.20 m,最大洪水位为 1 715.20 m。设计最大洪水频率为 500 年一遇,洪水流量为 872 m³/s,对应河水泥沙浓度为 4 kg/m³;100 年一遇洪水流量为 705 m³/s,对应河水泥沙浓度为 2 kg/m³;10 年一遇洪水流量为 259 m³/s,对应河水泥沙浓度为 1 kg/m³;常遇洪水为 2 年一遇洪水,洪水流量为 130 m³/s,对应河水泥沙浓度为0.5 kg/m³。

二、模型设计

试验采用正态模型,几何比尺 $\alpha_L = \alpha_h = 40$,模型设计应同时满足水流运动相似、泥沙起动和沉降相似。模型主要相似比尺见表 1。模型上游截取河道地形长 640 m,地形高程模拟到 1 720 m,坝前横向范围模拟宽度为 320 m,保证泄水建筑物进口流态不受边界影响,下游截取河道地形长 360 m,地形高程模拟到 1 720 m。上述模拟范围足以消除模型边界对库区水流影响,保证模型的可靠性。工程布置如图 1 所示。

表 1　主要相似比尺汇总表

比尺名称	水平比尺	垂直比尺	流速比尺	糙率比尺	流量比尺	含沙量比尺	泥沙冲淤变形时间比尺
比尺符号	α_L	α_h	α_v	α_n	α_Q	α_S	α_{t2}
比尺数值	40	40	6.32	1.85	10119.29	1	6.32

根据原型河道泥沙观测资料,得到河道中悬移质粒径级配和坝址河床推移质粒径级配,经对多种模型沙比选,采用石英沙作为模型沙,其容重及稳定干容重值与原型沙基本相同。模型沙悬移质中值粒径 d_{50} 为 0.021 mm,模型推移质 d_{50} 为 0.24 mm。

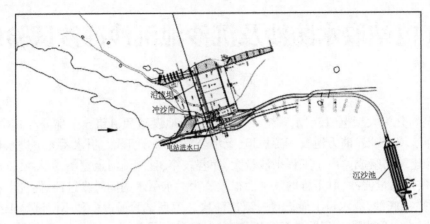

图 1　工程布置图

三、电站进水口取水防沙试验研究

电站取水口位于河道右侧,紧邻大坝冲沙道,原设计方案采用"正向取水"方式,取水方向平行于河道,设置单孔取水。针对电站进水口需要解决的取水、防沙问题,避免推移质泥沙进入水电站,模型试验进行以下试验研究,见表 2。

表 2　　　　　　　　　　　　　　　　电站进水口取水防沙研究

设计方案	取水方式	取水特点
原设计方案	正向取水	满足取水要求,但拦沙坎易翻水翻沙
优化设计方案	侧向取水	满足取水要求,阻止翻沙

(一)原设计方案试验研究

原设计方案采用正向取水方式,进水口前设拦沙坎,拦沙坎体型为由进水口和冲沙闸之间隔墩始直段加弧段形式与左岸边墙相接。当进水口单独取水时,控制下游沉沙池水面高程为1 710.59 m,实测进水口前上游水位为 1 711.16 m,低于正常蓄水位 1 711.20 m,说明正向取水方案进水口的设计满足取水要求。但是试验观察发现,当进水口左侧冲沙闸进行拉沙时,拦沙坎会对进入冲沙闸的水流起到导流作用,对拉沙效果影响较大,拦沙坎自隔墩始直线段为 15 m,后开始起弧在进水口前约 27 m 位置与左岸边墙交接,起弧位置冲沙闸前横向断面变宽,水流速度变低,冲沙闸拉沙效果较差,拦沙坎正前方的淤沙不被拉走,并且引水过程中水流的前推作用会使此部分泥沙翻越拦沙坎进入引水渠道,从而影响电站的正常发电运行。

(二)优化设计方案研究

针对原设计方案存在的问题,对拦沙坎体型进行优化,即将拦沙坎自隔墩始直线段由 15 m延长为 27 m,而后开始起弧,与左岸边墙交接位置较原体型往上游方向前移约 12 m,并且将拦沙坎弧段开始至与左岸边墙交接部分的坎顶高程加高 4 m,优化后电站"正向取水"的引水方式变为"侧向取水"。

试验观察发现,侧向取水的引水方式不仅能满足电站取水要求,还改善了冲沙闸的拉沙效果,阻止了翻沙现象发生。在侧向取水方式基础上,试验按照电站物理模型试验泥沙资料和一般洪水历时,进行了为期约 15 d 的洪水过程模拟,即模拟 10 d 正常引水流量 20 m³/s,河水含沙量 0.2 kg/m³;模拟 2 d 上游来流流量 50 m³/s,河水含沙量 0.3 kg/m³;模拟 2 d 常遇洪水流量 130 m³/s,河水含沙量 0.5 kg/m³;模拟 6 h 10 年一遇洪水流量 259 m³/s,河水含沙量 1 kg/m³。

引水流量 20 m³/s 时,水流在拦沙坎直段上流速为 0.70~1.75 m/s,水流在拦沙坎与进水口前的范围内形成 3 个回流区,即拦沙坎加高区域与左岸边墙形成的水域范围、拦沙坎直线段与左岸边墙形成的水域范围和进水口胸墙与两侧边墩形成的水域范围。水流稳定后,进水口胸墙位置水流表流速为 0.54 m/s,底流速为 0.67 m/s。进水口前水深高、水流速度低,加沙后悬沙会漂浮在水流表面,水质混浊。由于水流在拦沙坎与进水口区域内形成回流以及进水口前水深高、水流速度低,挟沙水流在进水口及冲沙闸前易落淤。模拟引水流量 20 m³/s,10 d 后冲沙闸前约 6.40 m,泥沙落淤厚度最大约为 0.60 m;距进水口边墩约 5.60 m,泥沙落淤厚度最大约为 1.20 m;距进水口胸墙约 3.60 m,泥沙落淤厚度约为 1.40 m。因此,建议观察进水口前落淤情况,必要时进行人工清淤。

试验模拟上游来流流量 50 m³/s,河水含沙量 0.3 kg/m³,2 d 后发现冲沙闸前约 6.4 m 位置落淤厚度约为 1 m。模拟上游来流为常遇洪水流量 130 m³/s,河水含沙量 0.5 kg/m³,2 d 后发现,随着流量的加大以及河水含沙量的增加,泥沙在冲沙闸前落淤增多,其落淤速度较上游来流流量为 20 m³/s 和 50 m³/s 时增大,冲沙闸前约 6.40 m 位置泥沙落淤厚度约为 1.80 m。因此,当上游来流流量大于常遇洪水流量 130 m³/s 时,不建议进水口引水。模拟 10 年一遇洪水流量 259 m³/s,河水含沙量 1 kg/m³,6 h 后发现,进水口前约 8 m 位置,泥沙落淤厚度最大约为 1.4 m,冲沙闸前约 6.4 m 位置泥沙落淤厚度最大约 2 m。原来河道中因为正常引水而自然形成的沟槽,来洪水后被淤平,冲沙闸左侧导墙的影响,使水流产生绕流,从而使导墙左侧泥沙冲刷严重,易对导墙墙角产生淘刷,因而,应加强冲沙闸左侧导墙的防护。

四、沉沙池内悬移质沉降试验研究

利用沉沙池处理泥沙是水利工程中一项行之有效的措施,沉降率是沉沙池设计的主要控制指标,泥沙沉降率的计算直接影响着沉沙池的经济指标。本工程中,沉沙池与进水口通过连接渠道相连,沉沙池总长 113.03 m,主要包含进口渐变段、沙室段、末端溢流堰和集水渠、冲沙道等结构。沉沙池平面布置形式如图 2 所示。

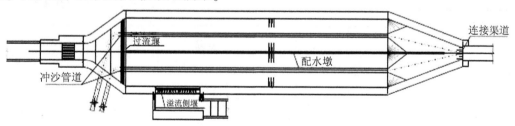

图 2　沉沙池平面图

(一)沉沙池沉沙

沉沙池的工作原理是水流进入沉沙池后,流速显著减小,使得水流挟沙能力降低,从而改变了原有水流泥沙运动的状态,达到沉沙的目的。沉沙池内流场分布越均匀,越有利于泥沙沉降,沉沙池的沉降效果越好。电站正常引水时,沉沙池内水面高程为 1 710.59 m,水流以 2.22 m/s 的流速进入沉沙池的连接段,配水墩将沉沙池分为左池和右池,由于受上游弯段连接渠道的影响,水流在沉沙池内形成较大范围的回流区,水流进入左池工作段的流速明显大于进入右池工作段的流速。连接段渠道内水流经沉沙池上游连接,扩散段进入工作段,随着过流断面沿程扩大,流速沿程递减,粗粒泥沙逐渐沉落。首端沉沙受水流冲刷作用,形成类似鱼鳞状形态,下游泄水渠方向沉沙形态较平坦。其沉沙形态如图3所示。

图3 沉沙池内沉沙形态

进水口引水约15 d后,左池沉沙体积约为247.12 m³,右池沉沙体积约为251.81 m³,左、右池沉沙相对均匀,沉沙体积相差不大。试验测得上游来流不同流量时沉沙池的沉降率,并将引水15 d后的沉沙池体积的增长速率与引水流量20 m³/s引水10 d沉沙体积的增长速率进行了对比,见表3。

表3 沉沙池沉降速率对比分析

上游来流流量 Q(m³/s)	引水流量 Q(m³/s)	沉沙池沉降率 (%)	进水口闸门开度 e(m)	引水天数 (d)	沉降速率(m³/d)
20	20	96.92	敞泄	10	左池:15.94 右池:22.99
50	20	96.43	0.96	2	
130	20	95.17	0.62	2	左池:17.53 右池:4.36
259	20	94.38	0.54	0.25	

由表3可知,当上游来流流量为259 m³/s时(10年一遇洪水),沉沙池粒径大于等于0.2 mm的泥沙沉降率为94.38%,略低于95%,不满足设计沉降率要求,因此,当上游来流大于常遇洪水流量130 m³/s时不建议进水口引水。若以沉沙高程达到沉沙池水深的1/4为淤满情况计算,上游来流流量只为20 m³/s,河水含沙量0.2 kg/m³时,沉沙池淤满需要时间约为1.8个

月;若按引水 15 d 的沉沙速率推演计算,沉沙池淤满需要时间约为 1.5 个月。

(二)沉沙池冲沙

原设计方案沉沙池冲沙管道直径为 1 m,左右池各分别设置一个冲沙管道,冲沙过程中发现冲沙孔前水流流速偏小,沉积泥沙不易被带走,究其原因是冲沙管道半径偏小,冲沙能力较弱。对冲沙管道体型进行了 2 种方案的优化(均考虑为水流自然冲沙)。优化方案 1:分别在左右池各增加一个管径相等的冲沙管道;优化方案 2:将左右池冲沙管道直径增大为 1.4 m。针对两种优化方案分别进行沉沙池冲沙试验。

1.优化方案 1 冲沙试验

试验首先进行泄空冲沙,待沉沙池内水量泄空时,上游进水口闸门局部开启给定 $1\sim 2$ m³/s 的流量,此时沉沙池底部沟槽内沉沙随水流向前滚动沿着冲沙管道流出,冲沙孔前流速约为 3 m/s,孔前水深约为 1 m。由于沉沙池横断面为梯形槽形式,底部沟槽两侧均存在 1:2.5 的坡度,当沉沙池底部沟槽内沉沙冲完,高程在 1 m 水深以上的沉沙将不受水流冲刷作用,此时应逐渐加大冲沙流量至 $4\sim 5$ m³/s,流量加大,沉沙池内水深增高,水流冲刷作用将沟槽两侧高程在 1 m 水深以上的沉沙带入沟槽,随水流运动向前移动。以进水口正常引水运行 15 d 沉沙池沉积的泥沙为例,上游 $1\sim 2$ m³/s 流量和 $4\sim 5$ m³/s 流量交替运行,约冲沙 2 h 后,沉沙池内沉沙基本由冲沙孔冲走,淤积满的沉沙池冲沙一次需要时间约为 4.5 h。

2.优化方案 2 冲沙试验

试验同样首先进行泄空冲沙,待冲沙孔前水深降至 1.4 m 时,沉沙会随着水流沿冲沙管道冲出。沉沙池内原有水量泄空时,上游进水口闸门局部开启给定 $4\sim 5$ m³/s 的流量,此时沉沙池底部沟槽内沉沙随着水流向前滚动沿着冲沙管道流出,冲沙孔前流速约为 3 m/s,孔前水深约为 1.4 m。当沉沙池底部沟槽内沉沙冲完,高程在 1.4 m 水深以上的沉沙将不受水流冲刷作用,此时需要人工辅助用高压水枪冲洗沟槽两侧高程在 1.4 m 水深以上的沉沙,使其随斜坡滑落进入沟槽,随水流运动向前移动。以进水口正常引水运行 15 d 沉沙池沉积的泥沙为例,上游 $4\sim 5$ m³/s 流量冲沙,采用人工辅助方式即用高压水枪冲跳较高位置沉沙和在冲沙孔前人工扰动加速冲沙,约 2 h 后沉沙池内沉沙基本由冲沙孔冲走,沉沙池淤满冲沙时长约 5 h。

对比分析冲沙管道两种体型优化方案的冲沙结果可知,两种优化方案达到的冲沙效果基本相同,都能满足设计冲沙需求,但相较于优化方案 1,优化方案 2 管径较大,冲沙孔前水深约为 1.4 m 时即可开始冲沙,孔前冲沙范围相对较大,并且每池 1 根冲沙管道,造价相对较低,施工工艺相对简单,因此,冲沙管道体型建议采用优化方案 2。

五、结　语

本文采用物理模型试验对径流引水式电站的取水、防沙问题进行了研究,通过优化拦沙坎体型,使原来"正向引水"调整为"侧向引水",解决了进水口前的翻水翻沙问题。对沉沙池的沉沙规律进行研究,同时优化沉沙池冲沙管道体型,保证了沉沙池内沉沙的顺利排出,满足了工程中水轮机对悬移质泥沙的要求,保障了电站的正常发电运行。

(1)电站进水口应采用"侧向取水"方式,不仅能有效阻止坎前推移质在水流作用下翻越拦沙坎,还能改善冲沙闸拉沙效果。

(2)上游来流大于常遇洪水流量 130 m³/s 时,沉沙池粒径大于等于 0.2 mm 的泥沙沉降率为 94.38%,略低于 95%,不满足设计沉降率要求,不建议进水口引水。

(3)冲沙管道优化方案 2 体型,冲沙孔前水深约为 1.4 m 时即可开始冲沙,孔前冲沙范围相对较大,施工工艺相对简单,冲沙管道体型建议采用优化方案 2。

(4)鉴于河道泥沙的复杂性、不确定性,建议工程运行后,应加强对取水口与拦沙坎之间区域、沉沙池内泥沙淤积的现场观测,根据实际淤积形态随时采取必要的运行措施以减少泥沙淤积,维持电站正常引水。

(作者单位:安辉　水利部海委引滦工程管理局
吕会娇　中水北方勘测设计研究有限责任公司)

SETH 水利枢纽工程调度管理信息化系统

周 海 霞

一、概　　述

SETH 水利枢纽工程需接受水调系统和电调系统联合调度,工程调度运行按照"电调服从水调"的原则进行。为了水库的现代化管理能力,使水库继续更加有效地发挥供水、防洪和发电的效益,本工程建设了信息化系统,可在管理处实现对枢纽和电站等运行现场的远程监视、控制和管理。

二、设计目标

本工程的调度管理信息化系统建设内容包括闸门监控、工程安全监测、水情测报、视频监控、电站监控、水库调度等,将各子系统进行有效整合并形成统一的数据中心和应用平台,高效地服务于流域相关领导和各级管理部门的日常业务应用。本系统建设采用统一应用支撑平台,综合集成各类信息化系统,建立统一的数据中心和统一应用系统,并提供统一的访问机制,实现不同权限用户的数据访问和业务应用,达到信息资源共享和业务协同的目标。

三、系统设计原则

(1)开放性和标准化。
(2)智能化技术。
(3)可管理性和可维护性。
(4)安全防护。
(5)统一的人机界面。
(6)数据完整性原则。
(7)数据一致性原则。

四、一体化平台特性

(一)面向服务设计,多业务模块无缝融合的一体化平台
调度综合一体化平台遵循面向服务的软件体系架构(SOA),采用分布式的服务组件模式,大大降低了应用间的耦合性,并具有良好的开放性,可适应集中管理运维中心的需求。实现电站监控、水库调度、大坝监测以及其他第三方应用的一体化集成,多业务无缝融合。

(二)高度可扩展性
调度综合一体化平台采用分层设计技术,整个系统按 SOA 框架部署,基础平台参照 CORBA 标准开发基于实时系统的开放分布式应用中,该层对底层操作系统和硬件平台进行封装,对外提供与具体应用系统无关的统一的开发和运行接口。该平台有效地利用各种操作系统的资源,系统稳定高效。应用平台提供从图形管理、界面管理、数据采集、SCADA 应用、Web 应用、报表和打印等应用功能。

(三)可视化技术

在一体化应用中,提供友好的图形人机界面和网络动态着色,深入应用可视化技术,改变传统的过多以数字和表格表达电厂运行参数的现象,利用最新的计算机图形学和三维显示技术,将 SCADA 采集和高级应用分析计算的数据用动态图形更加形象、直观地表达出来,进一步方便对电站监控、水库调度、大坝监测进行运行监视。

五、一体化平台总体架构

系统以现地测控系统为基础,以数据处理与交互平台为纽带,全面、及时地采集所需数据,进行统一处理,并存入实时数据库和历史数据库;构建统一的数据共享平台,统一安全可靠地进行数据存储管理;通过统一应用支撑平台,对统一数据平台中的数据进行专业化的数据分析与处理,并提供统一的综合数据应用支撑。在统一应用支撑平台上实现闸控、水情、工程安全等基本业务的综合应用,实现洪水预报、事故应急预案与决策支持等决策支持综合应用。通过统一基础支撑、安全防护管理及标准规范体系,为全面提高工程各项业务的处理能力、实现调水过程的自动化和水库运行安全提供基础保障。

调度综合一体化平台采用面向服务、分层、分布的体系架构,由硬件层、系统层、数据层、服务层、基础应用层及应用层构成。调度综合一体化平台系统的总体架构如图 1 所示。

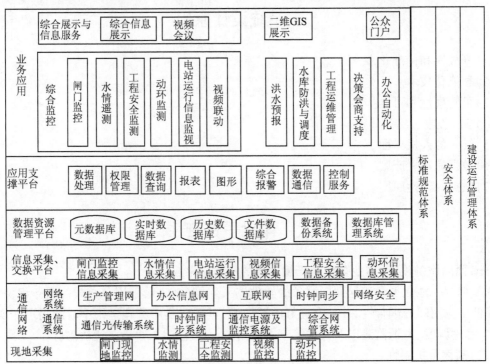

图 1　调度综合一体化平台系统总体架构图

六、系统总体网络架构

本系统按照总体系统的要求亦采取纵向分层、横向分区的系统结构。

SETH水利枢纽管理处负责管理处所辖范围的监控与调度。

在横向上设置内网(控制区、管理区)和外网。内网又分为控制区和管理区。

控制区部署闸门监控、水情监测、工程安全监测、动环监控、电站监视、视频联动等生产控制业务;管理区部署水库防洪和调度、工程运维管理、洪水预报、办公自动化、GIS及综合展示与信息服务等管理类业务。控制区与管理区之间设置正、反向隔离装置实现数据的安全交换。外网与内网完全物理隔离,外网统一接入调度中心,由调度中心外网出口接入公网。

本枢纽的所有业务应用均部署在管理处,现场控制数据传送至管理处,在管理处经过加工、处理后通过网络上送调度中心(备调中心)。调度中心(备调中心)实现数据同步。管理处的控制区和管理区由调度中心下达指令,管理处执行水量分配与控制。

根据系统总体框架,本系统主要划分为信息采集与远程监控系统(水情测报、大坝安全监测、计算机监控、视频监视)、通信网络系统、水库调度中心应用系统。

七、结　　语

信息化系统建成后,工程管理中心可对水库、电站日常及历史资料、自动观测数据进行实时科学的分析处理并保存。在管理处经过加工、处理后通过网络上送调度中心,从而实现数据同步。信息化系统的建设提高了本工程的现代化管理水平,为了本流域调水工程的调度信息化打下基础。

(作者单位:中水北方勘测设计研究有限责任公司)

三维设计在 SETH 水利枢纽工程中的应用

尹　航　　闵祥科

一、设计内容概述

本文以潜孔平面滑动钢闸门为分析对象,利用 Solidworks 进行三维参数化设计。基本设计思路:首先根据基本设计参数以及闸门运行工况,通过分析及计算来确定闸门主要定位尺寸、主要结构截面尺寸以及设计意图;其次在装配体中利用自上而下的设计方法建立布局草图,根据布局草图建立三维模型;之后把建立好的子装配体插入整体装配体中,根据相对位置关系进行装配、干涉检查,根据干涉结果调整结构;然后在零件模型的焊件选项中输入二维图材料明细表中所需的参数;最后利用建好的三维模型在二维图纸中切出需要的视图。在整个工程设计过程中基本设计参数出现变化,调整三维模型中的关键设计参数,二维图纸就会随之做出相应的调整,从而缩短设计人员的工作时间,提高工作效率。

二、三维参数化建模

平面滑动钢闸门主要由门叶结构、水封装置及滑块装置三部分组成。

Solidworks 软件中建立三维模型的方法主要有两种,分别是自下而上设计方法和自上而下设计方法。本设计中的平面滑动钢闸门采用两种方法的结合,即门叶结构和水封装置采用自上而下的设计方法,滑块装置采用自下而上的设计方法。

(一)建立布局草图

在 Solidworks 中新建一个装配体,在各个视图中建立布局草图。

在前视基准面建立的布局草图中确定闸门结构的主要定位尺寸,包括边梁间距、主梁间距、水平次梁间距、纵向次梁间距和侧向挡块间距等。在右视基准面布局草图中绘制一根主梁截面尺寸,并利用穿透命令来定位主梁位置,安装水平次梁孔,并利用穿透命令来定位孔的位置和吊耳孔等。在俯视图中绘制一根边梁的截面和纵梁的截面,并利用穿透命令来确定边梁截面和纵梁截面的位置。

根据计算好的尺寸新建一个草图基准面,用以绘制闸门水封。布局草图如图 1 所示。

(二)闸门结构设计

在装配体中插入用以绘制门叶结构的新零件,并利用绘制好的布局草图编辑零件。以新插入零件的右视基准面作为草图基准面编辑主梁上翼缘,利用转换实体引用命令把布局草图中绘制好的主梁翼缘转换到新零件的右视基准面中,退出草图编辑状态,通过拉伸命令生成主梁上翼缘,利用相同的方式生成主梁腹板和主梁后翼缘。在新零件的右视图中分别绘制草

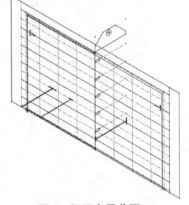

图 1　闸门布局草图

图阵列点和草图驱动点,分别利用草图阵列命令来绘制其余主梁的腹板和下翼缘。为了便于后

期闸门结构的调整,不使用布局草图中的点作为驱动点。

以新插入零件的前视基准面作为草图基准面,把布局草图中的水平次梁线转换到该基准面中,之后利用焊件模板中的结构构件功能生成水平型钢次梁。

以新插入零件的上视基准面作为草图基准面编辑边梁腹板,利用转换实体引用命令把布局草图中绘制好的边梁腹板转换到新零件的上视基准面中,退出草图编辑状态,通过拉伸命令生成边梁腹板,利用相同的方式生成边梁后翼缘。利用镜像命令生成另外一侧的边梁结构。

以新插入零件的上视基准面作为草图基准面编辑纵梁腹板,利用转换实体引用命令把布局草图中绘制好的纵梁腹板转换到新零件的上视基准面中,退出草图编辑状态,通过拉伸命令生成纵梁腹板,利用相同的方式生成纵梁后翼缘。在新零件的上视图中分别绘制草图阵列点和草图驱动点,分别利用草图阵列命令来绘制其余纵梁的腹板和下翼缘。为了便于后期闸门结构的调整,不使用布局草图中的点作为驱动点。

利用拉伸、草图阵列、镜像及剪切等命令绘制面板、侧向挡块、滑块垫板及筋板等结构。

闸门结构绘制完成之后,接下来需要为出闸门结构二维图做准备工作。首先右键点击闸门零件设计树中的切割清单,在弹出的菜单中选择创建边界框;其次右键单击切割清单项目选择属性,复制弹出的菜单中所需要的"数值/文字表达"内容,退出切割清单属性;之后右键点击焊接,在弹出的下拉菜单中选择属性,把复制的内容粘贴到相应的表格内。

图 2　闸门等轴侧视图

按照相应的方法绘制水封装置和自下向上的设计方法装配滑块装置,之后再利用 Solidworks 中提供的静态干涉检查对装配体进行干涉检查,确定没有问题后再进行二维切图。装配好的闸门如图 2 所示。

三、二维制图

三维模型建立完成之后,使用 Solidworks 软件自带的功能就可转换成二维图。闸门总图的二维图绘制相对容易一些,本文中讲述闸门结构图的二维图绘制。

利用 Solidworks 软件制作二维图时,选择模板中所需的图纸规格,之后利用软件的视图创建模块对已有的闸门结构建立所需要的视图,从而生成二维图。之后插入焊件切割清单,把之前在闸门结构零件中填好的切割清单属性导入到二维图中,通过调节切割清单中的序号来调整零件的序号。

Solidworks 软件带有自动标注,但该种标注方式较混乱,因此通过手动标注来对闸门结构进行标注。

四、结论与建议

(1)传统设计需要在头脑中把二维图向三维图转换来判断图纸中是否存在设计缺陷。与传统二维设计相比,三维模型的直观性和全面性可以避免出现一些专业配合上的误差或者错误。

(2)三维模型建立完成之后需要切换成二维图纸,需要满足传统二维图的制图习惯,增加工作难度,因此有必要建立三维出图的标准。

(3)现在的工程开始要求进行整体三维设计,在三维设计配合没有任何问题之后再开工,进一步证明三维设计是以后的发展方向。

(4)现阶段参数化设计完成的闸门仅能用于孔口尺寸及设计水头相近、结构型式类似的闸门设计,并且还是通过二维平面进行结构计算。下一阶段可以通过.NET框架下多语言混合编程及Frame-works API技术,将应力分析软件与图形设计软件有机地结合起来,形成完整的闸门设计。

(作者单位:中水北方勘测设计研究有限责任公司)